Edoardo Sernesi è professore ordinario di Geometria all'Università Roma Tre.

PROGRAMMA DI MATEMATICA, FISICA, ELETTRONICA

EDOARDO SERNESI

GEOMETRIA 1

SECONDA EDIZIONE RIVEDUTA E AMPLIATA

BOLLATI BORINGHIERI

Prima edizione 1989
Seconda edizione riveduta e ampliata 2000
Ristampa gennaio 2012

Torino, corso Vittorio Emanuele II, 86
Gruppo editoriale Mauri Spagnol
ISBN 978-88-339-5547-9

www.bollatiboringhieri.it

Stampato in Italia da Press Grafica - Gravellona Toce (VB)

Indice

Prefazione

La presente opera, rivolta anzitutto agli studenti di Matematica, tratta gli argomenti usualmente svolti in un primo corso di geometria nelle università italiane. Supponendo note le principali proprietà dei numeri reali e complessi e utilizzando la teoria degli spazi vettoriali e l'algebra lineare, vi si espongono i fatti fondamentali delle geometrie affini, euclidea e proiettiva e la teoria elementare delle curve algebriche piane.

Per conciliare il più possibile l'esigenza del rigore con quella, pure importante, di non appesantire la trattazione con una teoria algebrica troppo astratta e formale, l'algebra lineare è esposta con gradualità e in alternanza con la geometria. Questo anche al fine di porre nel dovuto rilievo gli aspetti geometrici della teoria degli spazi vettoriali.

Il volume si compone di quattro capitoli, più due appendici i cui contenuti, di carattere algebrico, esulano dall'algebra lineare.

L'esposizione, di tipo elementare, si avvale di numerosi esempi per facilitare l'apprendimento dei concetti più delicati. Lo stesso scopo hanno gli esercizi che compaiono al termine di ogni paragrafo (di molti di essi si dà la soluzione a fine volume). In molti casi i paragrafi sono corredati di "Complementi" che contengono spunti per approfondimenti ulteriori. (Vi si trovano, fra l'altro, i fatti essenziali sulle ipersuperfici in spazi di dimensione qualunque, e la classificazione delle quadriche.)

Nell'organizzazione della materia, infine, si è cercato di assicurare una flessibilità sufficiente da consentire una lettura diversificata, e dunque una maggior libertà nell'organizzazione dei corsi. Ad esempio, la trattazione del capitolo 3 può essere svolta prima di quella del capitolo 2; allo stesso modo, è possibile passare direttamente dallo studio della geometria euclidea (cap. 2) a quello delle sole curve piane affini ed euclidee (cap. 4) giungendo rapidamente alla classificazione delle coniche. È pure possibile una lettura che separi più nettamente l'algebra lineare dalla geometria, e che può ben conciliarsi con le esigenze di un corso diviso in due semestri.

E. S.

AVVERTENZE

Il testo presuppone la conoscenza delle nozioni di base della teoria degli insiemi e delle principali proprietà degli insiemi numerici fondamentali, per i quali si usano le seguenti notazioni:

N: l'insieme dei numeri interi naturali (0 incluso).
Z: l'insieme dei numeri interi relativi.
Q: l'insieme dei numeri razionali.
R: l'insieme dei numeri reali.
C: l'insieme dei numeri complessi.

In prima lettura la conoscenza dei numeri complessi non è strettamente necessaria.

Le notazioni e i simboli adottati sono quelli di uso più comune nella letteratura. Per comodità del lettore ne diamo un elenco.

$A \subset B$ oppure $B \supset A$ significano: l'insieme A è un sottoinsieme dell'insieme B.

$a \in A$ significa: a è un elemento dell'insieme A.

$A \cup B$, $A \cap B$, $A \times B$ sono rispettivamente l'unione, l'intersezione e il prodotto cartesiano dei due insiemi A e B.

Se $A \subset B$, $B \setminus A$ denota l'insieme differenza di B meno A, che consiste di tutti gli elementi di B che non appartengono ad A.

Se $n \geq 1$ è un intero e A è un insieme, A^n denota il prodotto cartesiano di A per se stesso n volte.

La scrittura

$$\begin{aligned} f: A &\to B \\ a &\mapsto b \end{aligned}$$

significa che l'applicazione f dell'insieme A nell'insieme B manda l'elemento $a \in A$ in $b \in B$.

Se $f: A \to B$ e $g: B \to C$ sono applicazioni, la loro composizione si denota con $g \circ f$.

Per ogni numero intero positivo k, il simbolo $k!$ denota il prodotto $1 \cdot 2 \cdot \ldots \cdot k$, chiamato "$k$ fattoriale". Per definizione si pone $0! = 1$.

Dati $a, b \in \mathrm{R}$, $a < b$, si denoteranno con (a, b), $[a, b]$, $(a, b]$, $[a, b)$ gli intervalli rispettivamente aperto, chiuso, aperto a sinistra, aperto a destra, di estremi a e b.

Il coniugato $a - ib$ di un numero complesso $z = a + ib$ si denota con $\bar{z}$. Il modulo di z è $\sqrt{a^2 + b^2}$ e si denota con $|z|$.

Per gli altri simboli utilizzati rinviamo il lettore alla lista che si trova alla fine del volume.

Le nozioni introdotte nelle Appendici vengono liberamente utilizzate nel testo.

Geometria 1

A Stefania e Marta

Capitolo 1
Geometria affine

1 Vettori geometrici. Spazi vettoriali

Lo studio della geometria nella scuola secondaria si basa sul sistema assiomatico di Euclide, nella formulazione moderna che gli fu data da David Hilbert (1862-1943) alla fine del secolo XIX. Per la geometria piana tale sistema considera come enti primitivi il punto e la retta. Inoltre vengono considerate come primitive alcune nozioni quali: l'appartenenza di un punto a una retta; il giacere di un punto tra altri due punti; l'uguaglianza di segmenti; l'uguaglianza di angoli (le nozioni di segmento e di angolo sono definite a partire dagli assiomi).

Analogo sistema di assiomi esiste per la geometria dello spazio.

Noi adotteremo un altro punto di vista, che consiste nel fondare la geometria su $\mathbb{R}$ e sul concetto di "vettore". L'assiomatica basata su tale concetto, oltre ad essere molto semplice, riveste una grande importanza in tutta la matematica.

Per motivare le definizioni che dovremo dare, cominceremo con l'introdurre il concetto di vettore nel piano e nello spazio della geometria di Euclide (che d'ora in poi chiameremo *piano e spazio ordinari*), e metteremo in evidenza le proprietà che verranno successivamente utilizzate per l'impostazione assiomatica. Per ora ci limiteremo a considerazioni di carattere intuitivo, senza curarci di dare dimostrazioni complete.

Un *vettore applicato* (o *segmento orientato*) dello spazio ordinario è individuato da un *punto iniziale* A e da un *punto finale* B, e viene denotato con il simbolo (A, B). Il punto A si dice anche *punto di applicazione* del vettore applicato dato. Un vettore applicato viene rappresentato con una freccia che congiunge i punti A e B come nella figura 1.1.

Due vettori applicati (A, B) e (C, D) si dicono *equipollenti* se hanno la stessa *direzione*, la stessa *lunghezza* e lo stesso *verso*, cioè se giacciono su rette parallele (eventualmente coincidenti) e se, movendo una delle due rette parallelamente a

Figura 1.1

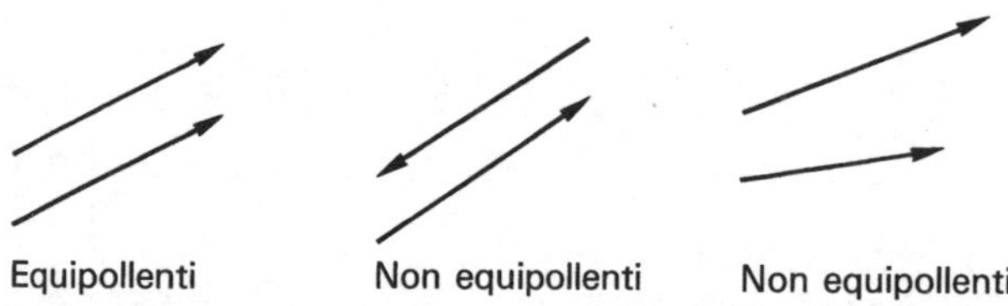

Figura 1.2

se stessa, è possibile portare i due segmenti a sovrapporsi in modo che i loro punti iniziali e i loro punti finali coincidano. Nell'insieme di tutti i vettori applicati l'equipollenza è una relazione di equivalenza, perché soddisfa in modo evidente le tre proprietà di riflessività, simmetria e transitività. Un *vettore geometrico* (o semplicemente *vettore*) è, per definizione, una classe di equipollenza di vettori applicati, cioè è l'insieme di tutti i segmenti orientati equipollenti a un segmento orientato assegnato (fig. 1.2).

I vettori verranno di solito denotati con lettere in neretto **a**, **b**, **v**, **w** ecc.

Ogni vettore applicato che individua il vettore **a** si dirà *rappresentante di* **a**. Il vettore avente rappresentante (A, B) verrà anche denotato con $\overrightarrow{AB}$. Dato un punto A, ogni vettore **a** ha un rappresentante, e uno solo, applicato in A.

Nella definizione non abbiamo escluso che $A = B$. Il vettore individuato da uno qualunque dei segmenti orientati (A, A) si chiama *vettore nullo*: esso ha lunghezza nulla, direzione e verso indeterminati e si denota con **0**.

Si può definire la *somma di due vettori* mediante loro rappresentanti nel modo seguente (fig. 1.3).

Siano $\mathbf{a} = \overrightarrow{AB}$ e $\mathbf{b} = \overrightarrow{BC}$; allora $\mathbf{a} + \mathbf{b} = \overrightarrow{AC}$.

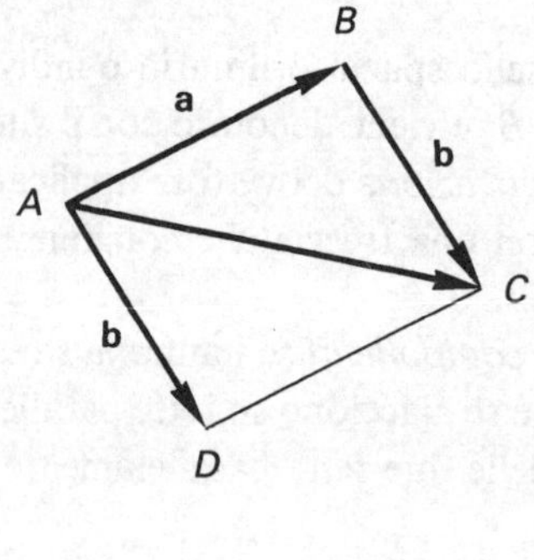

Figura 1.3

Se invece i vettori **a** e **b** sono dati mediante loro rappresentanti applicati nello stesso punto, cioè $\mathbf{a} = \overrightarrow{AB}$ e $\mathbf{b} = \overrightarrow{AD}$ rispettivamente, allora $\mathbf{a} + \mathbf{b} = \overrightarrow{AC}$, dove il punto C è il quarto vertice del parallelogramma i cui altri vertici sono A, B, D. Questo modo di costruire $\mathbf{a} + \mathbf{b}$ è chiamato *regola del parallelogramma*.

L'operazione di somma di due vettori è associativa, cioè

$$\mathbf{a} + (\mathbf{b} + \mathbf{c}) = (\mathbf{a} + \mathbf{b}) + \mathbf{c} \qquad [1.1]$$

per ogni terna di vettori **a**, **b**, **c**. Ciò si verifica immediatamente utilizzando la figura 1.4.

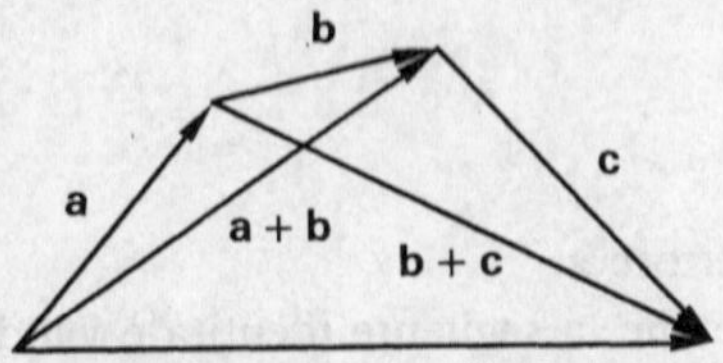

Figura 1.4

Dalla [1.1] segue che sommando tre vettori si possono omettere le parentesi perché la scrittura $\mathbf{a} + \mathbf{b} + \mathbf{c}$ ha un solo significato. Una proprietà simile vale per la somma di un numero finito qualunque di vettori (cfr. osservazione 1.3(2)).

Da come è stata definita è evidente che l'operazione di somma è commutativa, cioè che

$$\mathbf{a} + \mathbf{b} = \mathbf{b} + \mathbf{a}$$

per ogni coppia di vettori **a**, **b**.

Si noti anche che il vettore **0** soddisfa alla

$$\mathbf{a} + \mathbf{0} = \mathbf{0} + \mathbf{a}$$

per ogni vettore **a**.

Se $\mathbf{a} = \overrightarrow{AB}$ denoteremo con $-\mathbf{a}$ il vettore $\overrightarrow{BA}$. Esso verifica evidentemente l'identità:

$$\mathbf{a} + (-\mathbf{a}) = \mathbf{0}.$$

Definiamo ora il *prodotto di un vettore* **a** *per un numero reale* k (i numeri reali, nel contesto dei vettori, vengono anche chiamati *scalari*). Esso è, per definizione, il vettore $k\mathbf{a}$ che ha la stessa direzione di **a**, lunghezza uguale a quella di **a** moltiplicata per $|k|$, e verso discorde o concorde con **a** a seconda che k abbia segno positivo o negativo; se $k = 0$ oppure $\mathbf{a} = \mathbf{0}$, allora $k\mathbf{a} = \mathbf{0}$.

L'operazione di moltiplicazione di un vettore per uno scalare è compatibile con quella di somma di vettori e con le operazioni di somma e di prodotto tra scalari.

Ad esempio la seguente identità è di immediata verifica:

$$n\mathbf{a} = \mathbf{a} + \ldots + \mathbf{a} \quad (n \text{ volte})$$

per ogni vettore **a** e per ogni intero positivo n. In particolare

$$1\mathbf{a} = \mathbf{a}.$$

Inoltre

$$(-1)\mathbf{a} = -\mathbf{a}.$$

Si può verificare facilmente che

$$(k+h)\mathbf{a} = k\mathbf{a} + h\mathbf{a}$$

e che

$$(kh)\mathbf{a} = k(h\mathbf{a})$$

per ogni coppia di scalari k, h e per ogni vettore **a**.

È anche facile verificare geometricamente che la seguente identità è valida:

$$k(\mathbf{a} + \mathbf{b}) = k\mathbf{a} + k\mathbf{b}$$

per ogni scalare k e per ogni coppia di vettori **a**, **b**.

In modo simile al precedente si introducono i vettori della retta e i vettori del piano ordinario.

È importante notare che, per definire i vettori e le operazioni di somma di due vettori e di moltiplicazione di un vettore per uno scalare, abbiamo solo usato il concetto di parallelismo tra rette e la possibilità di confrontare le lunghezze di due segmenti situati su rette parallele (cioè la possibilità di trovare il numero reale k che rappresenta la misura di uno di essi rispetto all'altro, e viceversa, di associare a un segmento e a uno scalare k un secondo segmento che abbia misura k rispetto al primo). Queste possibilità sono garantite dagli assiomi della geometria euclidea.

Non abbiamo richiesto, per le nostre definizioni, che sia possibile confrontare due segmenti qualsiasi o misurare l'angolo di due semirette. In particolare non è necessario disporre di un'unità di misura assoluta delle distanze, né del concetto di perpendicolarità.

Ora che abbiamo verificato in modo geometrico intuitivo le proprietà dei vettori, capovolgeremo il punto di vista prendendo queste proprietà come assiomi per la definizione di "spazio vettoriale".

Uno spazio vettoriale è sempre definito in relazione a un *campo* di scalari (cfr. app. *A*), che nell'esempio precedente era R, ma che può scegliersi in modo del tutto generale. Noi non ci metteremo nella massima generalità possibile, ma prenderemo per campo di scalari un sottocampo di C.

Pertanto d'ora in poi (ad eccezione che in app. *A*) *denoteremo con* K *un sottocampo di* C *che si supporrà fissato una volta per tutte.*

In prima lettura sarà sufficiente limitarsi a considerare il caso K = R. Tuttavia è molto importante tenere presente che ciò che diremo ha una validità più generale.

1.1 Definizione *Uno* spazio vettoriale su K, *ovvero un* K-spazio vettoriale, *è un insieme* **V** *tale che*:
1) *per ogni coppia di elementi* **v**, **w** ∈ **V** *sia definito un terzo elemento di* **V**, *che denoteremo con* **v** + **w**, *e che chiameremo la* somma di **v** più **w**,
2) *per ogni* **v** ∈ **V** *e per ogni* *k* ∈ K *sia definito un elemento di* **V**, *che denoteremo con k***v**, *e che chiameremo* prodotto di **v** per *k*,
in modo che le seguenti proprietà siano soddisfatte:

SV1 (*Proprietà associativa*) *Per ogni* **u**, **v**, **w** ∈ **V** *si ha*

$$(\mathbf{u} + \mathbf{v}) + \mathbf{w} = \mathbf{u} + (\mathbf{v} + \mathbf{w}).$$

SV2 (*Esistenza dello zero*) *Esiste un elemento* **0** ∈ **V**, *chiamato lo* zero, *o il* vettore nullo, *tale che*

$$\mathbf{0} + \mathbf{v} = \mathbf{v} + \mathbf{0} = \mathbf{v}$$

per ogni **v** ∈ **V**.

SV3 (*Esistenza dell'opposto*) *Per ogni* **v** ∈ **V** *l'elemento* (−1)**v** *soddisfa l'identità*

$$\mathbf{v} + (-1)\,\mathbf{v} = \mathbf{0}.$$

SV4 (*Proprietà commutativa*) *Per ogni* **u**, **v** ∈ **V** *si ha*

$$\mathbf{u} + \mathbf{v} = \mathbf{v} + \mathbf{u}.$$

SV5 (*Proprietà distributiva rispetto alla somma di vettori*) *Per ogni* **u**, **v** ∈ **V** *e per ogni k* ∈ K *si ha*

$$k(\mathbf{u} + \mathbf{v}) = k\mathbf{u} + k\mathbf{v}.$$

SV6 (*Proprietà distributiva rispetto alla somma di scalari*) *Per ogni* **v** ∈ **V** *e per ogni h*, *k* ∈ K *si ha*

$$(h + k)\,\mathbf{v} = h\mathbf{v} + k\mathbf{v}.$$

SV7 *Per ogni* **v** ∈ **V** *e per ogni h*, *k* ∈ K *si ha*

$$(hk)\,\mathbf{v} = h(k\mathbf{v}).$$

SV8 *Per ogni* $\mathbf{v} \in \mathbf{V}$ *si ha*

$$1\mathbf{v} = \mathbf{v}.$$

Diremo anche che le due operazioni definiscono sull'insieme **V** una *struttura di* K*-spazio vettoriale.*

È implicito che su un insieme possono a priori esistere diverse strutture di spazio vettoriale, cioè diversi modi di definire su **V** delle operazioni che ne facciano uno spazio vettoriale, eventualmente su campi diversi (cfr. esempio 1.2(4)).

Gli elementi dello spazio vettoriale **V** si dicono *vettori*, e gli elementi di K si dicono *scalari*.

I vettori della forma $k\mathbf{v}$, $k \in \mathsf{K}$, si dicono *proporzionali a* (o *multipli di*) **v**.

Per ogni $\mathbf{v} \in \mathbf{V}$ il vettore $(-1)\mathbf{v}$, chiamato l'*opposto* di **v**, si indica con $-\mathbf{v}$, e si scriverà $\mathbf{u} - \mathbf{v}$ invece di $\mathbf{u} + (-1)\mathbf{v}$.

Dagli assiomi SV1, ..., SV8 seguono diverse proprietà elementari che verranno discusse alla fine di questo paragrafo (cfr. 1.3), e che d'ora in poi supporremo note al lettore.

Quando K = R (K = C), **V** si dice anche *spazio vettoriale reale* (*spazio vettoriale complesso*).

Un insieme costituito da un solo elemento è in modo banale un K-spazio vettoriale il cui unico elemento è il vettore nullo. Verrà denotato con (**0**).

Vediamo ora alcuni esempi non banali di spazio vettoriali.

1.2 *Esempi*

1. Le proprietà che abbiamo verificato all'inizio del paragrafo implicano che l'insieme **V** dei vettori geometrici del piano, quello dei vettori geometrici dello spazio e quello dei vettori geometrici della retta, dotati delle operazioni di somma di due vettori e di prodotto di un vettore per uno scalare, costituiscono altrettanti spazi vettoriali su R.

2. Siano $n \geq 1$ un intero e $\mathbf{V} = \mathsf{K}^n$, l'insieme delle n-uple ordinate di elementi di K.

Definiamo la somma di due n-uple $(x_1, ..., x_n)$, $(y_1, ..., y_n) \in \mathsf{K}^n$ come

$$(x_1, ..., x_n) + (y_1, ..., y_n) = (x_1 + y_1, ..., x_n + y_n)$$

e, per ogni $k \in \mathsf{K}$, $(x_1, ..., x_n) \in \mathsf{K}^n$, definiamo

$$k(x_1, ..., x_n) = (kx_1, ..., kx_n);$$

in particolare

$$-(x_1, ..., x_n) = (-x_1, ..., -x_n).$$

È immediato verificare che, con queste operazioni, K^n soddisfa gli assiomi SV1, ..., SV8 e quindi è un K-spazio vettoriale. Esso viene solitamente chiamato l'*n-spazio numerico su* K.

L'1-spazio numerico è K stesso, il quale, con le sue proprie operazioni di somma e di prodotto, è uno spazio vettoriale su sé stesso.

Se $(x_1, \ldots, x_n) \in K^n$, gli scalari $x_1, \ldots, x_n$ si dicono *componenti*, e x_i è l'*i-esima componente*, di $(x_1, \ldots, x_n)$.

3. Sia $\mathbf{I}$ un insieme non vuoto qualunque e sia $\mathbf{V}$ l'insieme i cui elementi sono le applicazioni $f: \mathbf{I} \to K$. Per ogni f, $g \in \mathbf{V}$ definiamo $f + g: \mathbf{I} \to K$ ponendo

$$(f+g)(x) = f(x) + g(x)$$

per ogni $x \in \mathbf{I}$. Otteniamo in questo modo un elemento $f + g \in \mathbf{V}$.

Se $f \in \mathbf{V}$ e $k \in K$, definiamo $kf: \mathbf{I} \to K$ ponendo

$$(kf)(x) = kf(x)$$

per ogni $x \in \mathbf{I}$. Si ottiene quindi $kf \in \mathbf{V}$.

È facile verificare che $\mathbf{V}$, con le operazioni che abbiamo introdotto, è un K-spazio vettoriale.

4. Sia F un sottocampo di K. Se $\mathbf{V}$ è uno spazio vettoriale su K, allora su $\mathbf{V}$ resta indotta una struttura di F-spazio vettoriale dalle stesse operazioni che definiscono la struttura di K-spazio vettoriale. In altre parole, la somma di due vettori rimane la stessa, e la moltiplicazione di un vettore per uno scalare $\alpha \in F$ si definisce considerando α come un elemento di K e quindi utilizzando la definizione di moltiplicazione per elementi di K.

Ad esempio, il campo C dei numeri complessi può essere considerato, oltre che uno spazio vettoriale complesso (l'1-spazio numerico su C), anche come uno spazio vettoriale reale, perché R è un sottocampo di C.

1.3 *Osservazioni*

1. Alcune delle proprietà che discendono dagli assiomi SV1, ..., SV8 di spazio vettoriale sono evidenti nel caso dei vettori geometrici, ma richiedono una dimostrazione nel caso di uno spazio vettoriale qualsiasi. Vediamole.

Denotiamo con $\mathbf{V}$ un K-spazio vettoriale.

In $\mathbf{V}$ *esiste un solo vettore nullo*, cioè, se $\mathbf{0}_1$ e $\mathbf{0}_2$ sono vettori tali che $\mathbf{0}_1 + \mathbf{v} = \mathbf{v}$, $\mathbf{0}_2 + \mathbf{v} = \mathbf{v}$ per ogni $\mathbf{v} \in \mathbf{V}$, allora $\mathbf{0}_1 = \mathbf{0}_2$.

Infatti, ponendo $\mathbf{v} = \mathbf{0}_1$ nella $\mathbf{0}_2 + \mathbf{v} = \mathbf{v}$ si ottiene $\mathbf{0}_2 + \mathbf{0}_1 = \mathbf{0}_1$, mentre ponendo $\mathbf{v} = \mathbf{0}_2$ nella $\mathbf{0}_1 + \mathbf{v} = \mathbf{v}$ si ottiene $\mathbf{0}_1 + \mathbf{0}_2 = \mathbf{0}_2$. Quindi

$$\mathbf{0}_1 = \mathbf{0}_2 + \mathbf{0}_1 = \mathbf{0}_1 + \mathbf{0}_2 = \mathbf{0}_2.$$

Per ogni $\mathbf{v} \in \mathbf{V}$ *esiste un solo opposto*, cioè, se $\mathbf{v} + \mathbf{v}_1 = \mathbf{0} = \mathbf{v} + \mathbf{v}_2$, allora $\mathbf{v}_1 = \mathbf{v}_2$.

Infatti si ha

$$\mathbf{v}_1 = \mathbf{0} + \mathbf{v}_1 = (\mathbf{v} + \mathbf{v}_2) + \mathbf{v}_1 = \mathbf{v} + (\mathbf{v}_2 + \mathbf{v}_1) = \mathbf{v} + (\mathbf{v}_1 + \mathbf{v}_2) = (\mathbf{v} + \mathbf{v}_1) + \mathbf{v}_2 = \\ = \mathbf{0} + \mathbf{v}_2 = \mathbf{v}_2.$$

Per ogni $\mathbf{a}, \mathbf{b} \in \mathbf{V}$, *l'equazione* $\mathbf{x} + \mathbf{a} = \mathbf{b}$ *ha l'unica soluzione* $\mathbf{x} = \mathbf{b} - \mathbf{a}$.
Infatti $(\mathbf{b} - \mathbf{a}) + \mathbf{a} = \mathbf{b}$, e, se $\mathbf{x} + \mathbf{a} = \mathbf{b}$, allora

$$\mathbf{x} = (\mathbf{x} + \mathbf{a}) - \mathbf{a} = \mathbf{b} - \mathbf{a}.$$

Per ogni $\mathbf{v} \in \mathbf{V}$, *si ha* $0\mathbf{v} = \mathbf{0}$, dove $0 \in \mathsf{K}$ è lo scalare zero e $\mathbf{0} \in \mathbf{V}$ è il vettore zero.
Infatti $0\mathbf{v} = (0 + 0)\mathbf{v} = 0\mathbf{v} + 0\mathbf{v}$, e quindi $0\mathbf{v} = 0\mathbf{v} - 0\mathbf{v} = \mathbf{0}$.
Analogamente *si ha* $k\mathbf{0} = \mathbf{0}$ *per ogni* $k \in \mathsf{K}$.
Infatti $k\mathbf{0} = k(\mathbf{0} + \mathbf{0}) = k\mathbf{0} + k\mathbf{0}$, e quindi $k\mathbf{0} = k\mathbf{0} - k\mathbf{0} = \mathbf{0}$.

2. Sia $\mathbf{V}$ un K-spazio vettoriale. Dati tre vettori $\mathbf{u}, \mathbf{v}, \mathbf{w} \in \mathbf{V}$, scriveremo $\mathbf{u} + \mathbf{v} + \mathbf{w}$ per denotarne la somma effettuata in uno dei due modi possibili, i quali, per l'assioma SV1, danno lo stesso risultato.

Supponiamo ora dati $n \geq 3$ vettori $\mathbf{v}_1, \ldots, \mathbf{v}_n \in \mathbf{V}$. Vogliamo dimostrare che la loro somma eseguita disponendo in un modo qualunque le parentesi:

$$(\mathbf{v}_1 + (\mathbf{v}_2 + (\ldots + \mathbf{v}_n) \ldots) \qquad [1.2]$$

dà un risultato che dipende solo da $\mathbf{v}_1, \ldots, \mathbf{v}_n$, e che quindi può essere denotato con $\mathbf{v}_1 + \ldots + \mathbf{v}_n$, omettendo le parentesi.

Procediamo per induzione su n: se $n = 3$ l'affermazione è vera per l'assioma SV1.

Sia $n \geq 4$ e supponiamo dimostrato l'asserto per ogni intero k compreso tra 3 ed $n - 1$.

Possiamo scrivere due diverse somme [1.2] come $\boldsymbol{\alpha} + \boldsymbol{\beta}$ e $\boldsymbol{\gamma} + \boldsymbol{\delta}$ rispettivamente, dove $\boldsymbol{\alpha}, \boldsymbol{\beta}$ sono somme in cui compaiono $\mathbf{v}_1, \ldots, \mathbf{v}_k$, e $\mathbf{v}_{k+1}, \ldots, \mathbf{v}_n$ rispettivamente, mentre in $\boldsymbol{\gamma}, \boldsymbol{\delta}$ compaiono $\mathbf{v}_1, \ldots, \mathbf{v}_j$ e $\mathbf{v}_{j+1}, \ldots, \mathbf{v}_n$ rispettivamente, per opportuni interi positivi j, k minori di n.

Se $k = j$, allora, per l'ipotesi induttiva, si ha $\boldsymbol{\alpha} = \boldsymbol{\gamma}$ e $\boldsymbol{\beta} = \boldsymbol{\delta}$, e quindi $\boldsymbol{\alpha} + \boldsymbol{\beta} = \boldsymbol{\gamma} + \boldsymbol{\delta}$.

Supponiamo ora $k < j$. Per l'ipotesi induttiva si ha

$$\boldsymbol{\alpha} + (\mathbf{v}_{k+1} + \ldots + \mathbf{v}_j) = \boldsymbol{\gamma}$$

$$(\mathbf{v}_{k+1} + \ldots + \mathbf{v}_j) + \boldsymbol{\delta} = \boldsymbol{\beta}$$

e quindi $\boldsymbol{\alpha} + \boldsymbol{\beta} = \boldsymbol{\alpha} + (\mathbf{v}_{k+1} + \ldots + \mathbf{v}_j) + \boldsymbol{\delta} = \boldsymbol{\gamma} + \boldsymbol{\delta}$.

Esercizi

1. Un'applicazione s: $\mathsf{N} \to \mathsf{K}$ dell'insieme dei numeri naturali in K si dice *successione di elementi di* K. Se $s(n) = a_n \in \mathsf{K}$, la successione s si denota anche con $\{a_n\}_{n \in \mathsf{N}}$, o semplicemente con $\{a_n\}$.
Sia S_K l'insieme di tutte le successioni di elementi di K. Si definiscano in S_K le operazioni seguenti:

$$\{a_n\} + \{b_n\} = \{a_n + b_n\}, \qquad k\{a_n\} = \{ka_n\}$$

per ogni $\{a_n\}$, $\{b_n\} \in S_K$, $k \in K$. Dimostrare che, con queste operazioni, S_K è un K-spazio vettoriale (questo è un caso particolare dello spazio vettoriale **V** considerato nell'esempio 1.2(3)).

2. Una *successione* $\{a_n\} \in S_R$ si dice *limitata* se esiste $R \in R$ tale che $a_n \leq R$ per ogni $n \in N$. Sia L_R il sottoinsieme di S_R costituito dalle successioni limitate. Dimostrare che, con le stesse operazioni definite nell'esercizio (1), L_R è uno spazio vettoriale reale.

3. Siano a, $b \in R$, $a < b$, e sia $C_{(a,b)}$ l'insieme di tutte le applicazioni continue definite nell'intervallo (a, b) a valori in R. Per ogni f, $g \in C_{(a,b)}$ si definisca $f + g$: $(a, b) \to R$ ponendo

$$(f+g)(x) = f(x) + g(x) \quad \text{per ogni} \quad x \in (a, b).$$

Se $f \in C_{(a,b)}$ e $c \in R$, si definisca cf: $(a, b) \to R$ ponendo

$$(cf)(x) = cf(x) \quad \text{per ogni} \quad x \in (a, b).$$

Dimostrare che $f + g$ e cf sono continue e quindi nel modo anzidetto restano definite due operazioni su $C_{(a,b)}$. Dimostrare che con queste operazioni $C_{(a,b)}$ è uno spazio vettoriale reale.

4. Sia X un'indeterminata e sia $K[X]$ l'insieme dei polinomi in X a coefficienti in K. Per ogni f, $g \in K[X]$ e $\alpha \in K$, siano $f + g \in K[X]$ il polinomio somma di f e g, e $\alpha f \in K[X]$ il polinomio prodotto di α, considerato come un polinomio costante, per f. Dimostrare che, con queste operazioni, $K[X]$ è un K-spazio vettoriale.

2 Matrici

Siano m, n interi positivi. Una *matrice* $m \times n$ *a elementi in* K è una tabella rettangolare

$$A = \begin{pmatrix} a_{11} & a_{12} & \dots & a_{1n} \\ a_{21} & a_{22} & \dots & a_{2n} \\ \vdots & \vdots & & \vdots \\ a_{m1} & a_{m2} & \dots & a_{mn} \end{pmatrix}$$

di mn elementi di K. Scriveremo anche $A = (a_{ij})_{\substack{1 \leq i \leq m \\ 1 \leq j \leq n}}$ o semplicemente $A = (a_{ij})$.
L'*i-esima riga* della matrice A è la matrice $1 \times n$

$$A^{(i)} = (a_{i1} \quad a_{i2} \quad \dots \quad a_{in}), \quad i = 1, \dots, m$$

e la *j-esima colonna* è la matrice $m \times 1$

$$A_{(j)} = \begin{pmatrix} a_{1j} \\ a_{2j} \\ \vdots \\ a_{mj} \end{pmatrix}, \quad j = 1, \dots, n.$$

A possiede m righe ed n colonne. Ognuno degli elementi a_{ij} della matrice è contrassegnato da due indici, di cui il primo denota la riga (*indice di riga*) e il secondo la colonna (*indice di colonna*) cui l'elemento appartiene. a_{ij} viene chiamato l'*elemento di posto i, j*.

Ad esempio

$$\begin{pmatrix} 3 & -2 & \frac{4}{5} \\ \sqrt{2} & \pi & 183 \end{pmatrix} \qquad [2.1]$$

è una matrice 2×3 a elementi in R; le sue righe sono

$$\left(3 \quad -2 \quad \frac{4}{5}\right), \quad (\sqrt{2} \quad \pi \quad 183),$$

e le sue colonne

$$\begin{pmatrix} 3 \\ \sqrt{2} \end{pmatrix}, \begin{pmatrix} -2 \\ \pi \end{pmatrix}, \begin{pmatrix} \frac{4}{5} \\ 183 \end{pmatrix}.$$

L'elemento di posto 2,1 è $\sqrt{2}$, quello di posto 1,3 è $\frac{4}{5}$.

Se $m = n$ la *matrice A* si dice *quadrata di ordine n*.

Una matrice $1 \times n$, cioè a una sola riga ed n colonne, viene anche chiamata *vettore riga* oppure *n-vettore riga*, mentre una matrice $n \times 1$, a n righe e una colonna, si dice *vettore colonna*, oppure *n-vettore colonna*.

La *trasposta* della matrice $m \times n$ $A = (a_{ij})$ è la matrice $n \times m$

$${}^tA = (a_{ji}) = \begin{pmatrix} a_{11} & a_{21} & \dots & a_{m1} \\ a_{12} & a_{22} & \dots & a_{m2} \\ \vdots & \vdots & & \vdots \\ a_{1n} & a_{2n} & \dots & a_{mn} \end{pmatrix}$$

ottenuta scambiando tra loro le righe e le colonne di A. Ad esempio, la trasposta della matrice [2.1] è

$$\begin{pmatrix} 3 & \sqrt{2} \\ -2 & \pi \\ \frac{4}{5} & 183 \end{pmatrix}.$$

L'insieme di tutte le matrici $m \times n$ a elementi in K si denota con $M_{m,n}(\mathsf{K})$ e l'insieme di tutte le matrici quadrate di ordine n con $M_n(\mathsf{K})$. Ovviamente $M_{n,n}(\mathsf{K}) = M_n(\mathsf{K})$, ed $M_1(\mathsf{K}) = \mathsf{K}$, perché una matrice 1×1 non è altro che un elemento di K.

Una convenzione molto utile che adotteremo d'ora in poi consiste nell'identificare K^n con $M_{n,1}(\mathsf{K})$, l'insieme degli n-vettori colonna. Pertanto un n-vettore colonna

$$\begin{pmatrix} x_1 \\ x_2 \\ \vdots \\ x_n \end{pmatrix},$$

denotato brevemente con $\mathbf{x}$, verrà identificato con l'elemento $(x_1, x_2, \ldots, x_n) \in \mathsf{K}^n$. Scriveremo anche $\mathbf{x} = {}^t(x_1 \quad x_2 \quad \ldots \quad x_n)$.

2.1 Proposizione *Ponendo*

$$(a_{ij}) + (b_{ij}) = (a_{ij} + b_{ij})$$
$$k(a_{ij}) = (ka_{ij})$$

per ogni $(a_{ij}), (b_{ij}) \in M_{m,n}(\mathsf{K})$, $k \in \mathsf{K}$, *si definisce su* $M_{m,n}(\mathsf{K})$ *una struttura di* K-*spazio vettoriale. Lo zero è la* matrice nulla $m \times n$, *cioè la matrice* $m \times n$ *avente tutti i suoi elementi uguali a* 0.

La dimostrazione è lasciata al lettore.

Se $A = (a_{ij})$ e $B = (b_{ij})$, $k \in \mathsf{K}$, le matrici $(a_{ij} + b_{ij})$ e (ka_{ij}) si denoteranno con $A + B$ e kA rispettivamente.

È possibile definire un'operazione di prodotto tra matrici.

Dati un n-vettore riga

$$A = (a_1 \quad a_2 \quad \ldots \quad a_n)$$

e un n-vettore colonna

$$B = \begin{pmatrix} b_1 \\ b_2 \\ \vdots \\ b_n \end{pmatrix},$$

il loro *prodotto* è l'elemento di K definito dalla seguente identità:

$$(a_1 \quad a_2 \quad \dots \quad a_n)\begin{pmatrix} b_1 \\ b_2 \\ \vdots \\ b_n \end{pmatrix} = a_1 b_1 + a_2 b_2 + \dots + a_n b_n. \qquad [2.2]$$

Più in generale, date una matrice $A = (a_{ij}) \in M_{m,n}(\mathsf{K})$ e una matrice $B = (b_{jk}) \in \in M_{n,p}(\mathsf{K})$, il loro *prodotto righe per colonne* è la matrice $AB \in M_{m,p}(\mathsf{K})$ il cui elemento di posto i, k è il prodotto della i-esima riga di A per la k-esima colonna di B. In formule si ha

$$AB = (A^{(i)} B_{(k)}) = a_{i1} b_{1k} + a_{i2} b_{2k} + \dots + a_{in} b_{nk}.$$

Il prodotto di un vettore riga per un vettore colonna, definito dalla [2.2], è un caso particolare di prodotto righe per colonne di due matrici.

Si noti che il prodotto AB è stato definito nell'ipotesi che il numero delle colonne di A sia uguale al numero delle righe di B: esprimeremo questo fatto dicendo che *le matrici A e B possono essere moltiplicate.*

Ad esempio, le matrici $\begin{pmatrix} 1 & 2 & 1 \\ 2 & 3 & 0 \end{pmatrix}$ e $\begin{pmatrix} 2 & 1 & 0 & -1 \\ 0 & 1 & 1 & 0 \\ 1 & 3 & 6 & 2 \end{pmatrix}$ possono essere moltiplicate, e il loro prodotto è:

$$\begin{pmatrix} 1 & 2 & 1 \\ 2 & 3 & 0 \end{pmatrix}\begin{pmatrix} 2 & 1 & 0 & -1 \\ 0 & 1 & 1 & 0 \\ 1 & 3 & 6 & 2 \end{pmatrix} = \begin{pmatrix} 3 & 6 & 8 & 1 \\ 4 & 5 & 3 & -2 \end{pmatrix}.$$

Invece le matrici $\begin{pmatrix} 2 & 1 & 0 & -1 \\ 0 & 1 & 1 & 0 \\ 1 & 3 & 6 & 2 \end{pmatrix}$ e $\begin{pmatrix} 1 & 2 & 1 \\ 2 & 3 & 0 \end{pmatrix}$ non possono essere moltiplicate.

In particolare due qualsiasi matrici quadrate A, $B \in M_n(\mathsf{K})$ possono essere moltiplicate. Si noti però che in generale $AB \neq BA$. Ad esempio:

$$\begin{pmatrix} 1 & 1 \\ 0 & 1 \end{pmatrix}\begin{pmatrix} 1 & 0 \\ 1 & 0 \end{pmatrix} = \begin{pmatrix} 2 & 0 \\ 1 & 0 \end{pmatrix},$$

mentre

$$\begin{pmatrix} 1 & 0 \\ 1 & 0 \end{pmatrix} \begin{pmatrix} 1 & 1 \\ 0 & 1 \end{pmatrix} = \begin{pmatrix} 1 & 1 \\ 1 & 1 \end{pmatrix}.$$

Se $A = (a_{ij}) \in M_n(\mathsf{K})$, gli elementi a_{11}, a_{22}, ..., a_{nn} costituiscono la *diagonale principale* di A. Se tutti gli elementi a_{ij}, $i \neq j$, sono nulli, A si dice *matrice diagonale*. Una particolare matrice diagonale $n \times n$ è la *matrice unità* $\mathbf{I}_n = (\delta_{ij})$, dove

$$\delta_{ij} = \begin{cases} 1 & \text{se } i = j \\ 0 & \text{se } i \neq j. \end{cases} \qquad [2.3]$$

Il δ_{ij} definito dalla [2.3] è detto *simbolo di Kronecker*.

Ad esempio

$$\mathbf{I}_1 = (1), \quad \mathbf{I}_2 = \begin{pmatrix} 1 & 0 \\ 0 & 1 \end{pmatrix}, \quad \mathbf{I}_3 = \begin{pmatrix} 1 & 0 & 0 \\ 0 & 1 & 0 \\ 0 & 0 & 1 \end{pmatrix}.$$

Una matrice quadrata $A \in M_n(\mathsf{K})$ si dice *triangolare superiore* (*triangolare inferiore*) se $a_{ij} = 0$ per ogni $i > j$ (per ogni $i < j$). A si dice *strettamente triangolare superiore* (*strettamente triangolare inferiore*) se $a_{ij} = 0$ per ogni $i \geq j$ (per ogni $i \leq j$). Ad esempio, delle tre matrici quadrate a elementi reali:

$$\begin{pmatrix} 7 & 0 \\ 0 & 2 \end{pmatrix}, \quad \begin{pmatrix} -1 & \sqrt{3} & -7 \\ 0 & 0 & \frac{1}{2} \\ 0 & 0 & -3 \end{pmatrix}, \quad \begin{pmatrix} 0 & 0 & 0 & 0 \\ 7 & 0 & 0 & 0 \\ 1 & \frac{\pi}{2} & 0 & 0 \\ 0 & 1 & \frac{1}{2} & 0 \end{pmatrix},$$

la prima è diagonale, la seconda è triangolare superiore, la terza è strettamente triangolare inferiore.

Una matrice quadrata $A \in M_n(\mathsf{K})$ si dice *unitriangolare* (*superiore* o *inferiore*) se è triangolare (superiore o inferiore) e inoltre ha uguali a 1 tutti gli elementi della diagonale principale.

Una matrice quadrata $A \in M_n(\mathsf{K})$ tale che ${}^tA = A$ si dice *simmetrica*; se invece ${}^tA = -A$, *allora* A si dice *antisimmetrica*. Ad esempio la matrice

$$\begin{pmatrix} -1 & 5 & 3 \\ 5 & 0 & -1 \\ 3 & -1 & \frac{\pi}{2} \end{pmatrix}$$

è simmetrica, ma non lo è la matrice

$$\begin{pmatrix} 1 & 0 \\ 3 & \sqrt{7} \end{pmatrix}.$$

La matrice

$$\begin{pmatrix} 0 & -5 & \frac{1}{2} \\ 5 & 0 & 3 \\ -\frac{1}{2} & -3 & 0 \end{pmatrix}$$

è antisimmetrica.

Si noti che ogni matrice antisimmetrica ha necessariamente nulli gli elementi della diagonale principale.

2.2 Proposizione

1) *Se A, $B \in M_{m,n}(\mathsf{K})$, C, $D \in M_{n,p}(\mathsf{K})$ e $k \in \mathsf{K}$, allora*

$$(A+B)C = AC + BC$$
$$A(C+D) = AC + AD$$
$$A(kC) = k(AC) = (kA)C$$
$$A\mathbf{I}_n = A, \quad \mathbf{I}_n C = C$$

2) *Se $A \in M_{m,n}(\mathsf{K})$, $B \in M_{n,p}(\mathsf{K})$, $C \in M_{p,s}(\mathsf{K})$, allora*

$$(AB)C = A(BC).$$

3) *Se A e B possono essere moltiplicate, allora ${}^tB$ e ${}^tA$ possono essere moltiplicate e si ha*

$${}^t(AB) = {}^tB\,{}^tA.$$

4) *Se A, $B \in M_{m,n}(\mathsf{K})$, allora*

$${}^tA + {}^tB = {}^t(A+B).$$

Dimostrazione

1) Siano $A^{(i)} = (a_{i1} \quad a_{i2} \quad \dots \quad a_{in})$, $B^{(i)} = (b_{i1} \quad b_{i2} \quad \dots \quad b_{in})$ le i-esime righe di A e di B rispettivamente, $i = 1, \dots, m$, e

$$C_{(k)} = \begin{pmatrix} c_{1k} \\ c_{2k} \\ \vdots \\ c_{nk} \end{pmatrix}$$

la k-esima colonna di C, $k=1, \dots, p$. L'elemento di posto i, k di $(A+B)C$ è

$$(A+B)^{(i)}C_{(k)} = (a_{i1}+b_{i1})c_{1k} + (a_{i2}+b_{i2})c_{2k} + \dots + (a_{in}+b_{in})c_{nk}$$

mentre l'elemento di posto i, k di $AC+BC$ è

$$A^{(i)}C_{(k)} + B^{(i)}C_{(k)} = (a_{i1}c_{1k} + a_{i2}c_{2k} + \dots + a_{in}c_{nk}) + (b_{i1}c_{1k} + b_{i2}c_{2k} + \dots \\ \dots + b_{in}c_{nk})$$

e quindi essi sono uguali. La seconda e la terza identità si dimostrano in modo analogo.

L'elemento di posto i, j di $A\mathbf{I}_n$ è

$$A^{(i)}(\mathbf{I}_n)_{(j)} = a_{i1}0 + \dots + a_{ij-1}0 + a_{ij}1 + a_{ij+1}0 + \dots + a_{in}0 = a_{ij},$$

e quindi $A\mathbf{I}_n = A$. Similmente si dimostra che $\mathbf{I}_n C = C$.

2) Si osservi che $AB \in M_{m,p}(\mathsf{K})$ e $BC \in M_{n,s}(\mathsf{K})$, e pertanto sia AB e C che A e BC possono essere moltiplicate. L'i-esima riga di AB, $i=1, \dots, m$, è

$$(AB)^{(i)} = (A^{(i)}B_{(1)} \quad A^{(i)}B_{(2)} \quad \dots \quad A^{(i)}B_{(p)})$$

mentre la h-esima colonna di (BC), $h=1, \dots, s$, è

$$(BC)_{(h)} = \begin{pmatrix} B^{(1)}C_{(h)} \\ B^{(2)}C_{(h)} \\ \vdots \\ B^{(n)}C_{(h)} \end{pmatrix}.$$

Pertanto l'elemento di posto i, h di $(AB)C$ è

$$\begin{aligned}(AB)^{(i)}C_{(h)} &= (A^{(i)}B_{(1)})c_{1h} + (A^{(i)}B_{(2)})c_{2h} + \dots + (A^{(i)}B_{(p)})c_{ph} = \\ &= (a_{i1}b_{11} + a_{i2}b_{21} + \dots + a_{in}b_{n1})c_{1h} + \\ &\quad + (a_{i1}b_{12} + a_{i2}b_{22} + \dots + a_{in}b_{n2})c_{2h} + \dots \\ &\quad \dots + (a_{i1}b_{1p} + a_{i2}b_{2p} + \dots + a_{in}b_{np})c_{ph}.\end{aligned} \tag{2.4}$$

L'elemento di posto i, h di $A(BC)$ è invece

$$\begin{aligned}A^{(i)}(BC)_{(h)} &= a_{i1}(B^{(1)}C_{(h)}) + a_{i2}(B^{(2)}C_{(h)}) + \dots + a_{in}(B^{(n)}C_{(h)}) = \\ &= a_{i1}(b_{11}c_{1h} + b_{12}c_{2h} + \dots + b_{1p}c_{ph}) + \\ &\quad + a_{i2}(b_{21}c_{1h} + b_{22}c_{2h} + \dots + b_{2p}c_{ph}) + \dots \\ &\quad \dots + a_{in}(b_{n1}c_{1h} + b_{n2}c_{2h} + \dots + b_{np}c_{ph}).\end{aligned} \tag{2.5}$$

Confrontando [2.4] e [2.5] vediamo che essi coincidono, perché entrambi sono la somma di tutti i prodotti della forma $a_{ij}b_{jk}c_{kh}$ al variare di $j=1, \dots, n$ e di $k=1, \dots, p$. Quindi le due matrici $(AB)C$ e $A(BC)$ coincidono elemento per elemento e l'asserto è provato.

3) Supponiamo $A \in M_{m,n}(\mathsf{K})$ e $B \in M_{n,p}(\mathsf{K})$. Allora ${}^tB \in M_{p,n}(\mathsf{K})$ e ${}^tA \in M_{n,m}(\mathsf{K})$, e quindi ${}^tB$ e ${}^tA$ possono essere moltiplicate. Si ha

$$ {}^t(AB)_{ji} = (AB)_{ij} = A^{(i)}B_{(j)} = ({}^tB)^{(j)}({}^tA)_{(i)} = ({}^tB{}^tA)_{ji}. $$

4) La dimostrazione è lasciata al lettore.

Dalla (2) della proposizione 2.2 segue che possiamo scrivere ABC per denotare indifferentemente $(AB)\,C$ oppure $A(BC)$, perché queste due matrici coincidono. Più in generale, se $A_1, A_2, \ldots, A_m$ sono matrici ad elementi in K tali che A_k ed A_{k+1} possono essere moltiplicate per $k = 1, \ldots, m-1$, si dimostra facilmente che il loro prodotto eseguito disponendo in un modo qualunque le parentesi:

$$ A_1(A_2(\ldots A_m)\ldots) $$

dà un risultato che dipende solo da $A_1, A_2, \ldots, A_m$. Pertanto denoteremo d'ora in poi tale prodotto con il simbolo $A_1A_2\ldots A_m$. La dimostrazione è simile a quella data in 1.3(2), ed è lasciata al lettore.

Una matrice quadrata A di ordine n si dice *invertibile* se esiste una matrice $M \in M_n(\mathsf{K})$ tale che $AM = MA = \mathbf{I}_n$. Se esiste, M è unica: infatti, se N è tale che $AN = NA = \mathbf{I}_n$, allora

$$ M = M\mathbf{I}_n = M(AN) = (MA)\,N = \mathbf{I}_nN = N. $$

M è l'*inversa di* A, e si denota con A^{-1}.

Se $A \in M_n(\mathsf{K})$ è invertibile, allora affinché una matrice $M \in M_n(\mathsf{K})$ sia l'inversa di A è sufficiente che sia verificata una sola delle due condizioni $AM = \mathbf{I}_n$, $MA = \mathbf{I}_n$. Infatti, se per esempio $AM = \mathbf{I}_n$, si ha anche

$$ MA = (A^{-1}A)\,MA = A^{-1}(AM)\,A = A^{-1}\mathbf{I}_nA = A^{-1}A = \mathbf{I}_n. $$

Similmente si dimostra che $MA = \mathbf{I}_n$ implica $AM = \mathbf{I}_n$.

La matrice unità $\mathbf{I}_n$ è invertibile e coincide con la sua inversa.

Segue immediatamente dalla definizione che $(A^{-1})^{-1} = A$ per ogni matrice invertibile $A \in M_n(\mathsf{K})$.

Se $A, B \in M_n(\mathsf{K})$ sono invertibili, allora anche AB lo è, e si ha $(AB)^{-1} = B^{-1}A^{-1}$. Infatti

$$ (B^{-1}A^{-1})\,(AB) = B^{-1}(A^{-1}A)\,B = B^{-1}\mathbf{I}_nB = B^{-1}B = \mathbf{I}_n. $$

Più in generale, se $A_1, \ldots, A_k \in M_n(\mathsf{K})$ sono invertibili, allora il loro prodotto $A_1A_2\ldots A_k$ è invertibile, e si ha

$$ (A_1A_2\ldots A_k)^{-1} = A_k^{-1}\ldots A_2^{-1}A_1^{-1}. $$

La verifica è simile alla precedente.

Nel paragrafo 3 descriveremo un procedimento che permette di calcolare l'inversa di una matrice invertibile assegnata.

Il sottoinsieme di $M_n(\mathsf{K})$ costituito dalle matrici invertibili viene denotato con $GL_n(\mathsf{K})$.

Se $k \geq 1$ è un intero, denoteremo con A^k il prodotto $AA \ldots A$ di una matrice $A \in M_n(\mathsf{K})$ per sé stessa k volte; porremo $A^0 = \mathbf{I}_n$. Se $A \in GL_n(\mathsf{K})$ definiamo

$$A^{-k} = (A^{-1})^k.$$

Una matrice quadrata reale $A \in M_n(\mathsf{R})$ si dice *ortogonale* se ${}^tAA = \mathbf{I}_n$, cioè se ${}^tA = A^{-1}$. L'insieme delle matrici ortogonali $n \times n$ si indica con $O(n)$. Per definizione $O(n) \subset GL_n(\mathsf{R})$.

Le uniche matrici ortogonali 1×1 sono (1) e (-1). Una matrice $A \in M_2(\mathsf{R})$ è ortogonale se e solo se è della forma

$$A = \begin{pmatrix} a & -b \\ b & a \end{pmatrix} \qquad [2.6]$$

oppure

$$A = \begin{pmatrix} a & b \\ b & -a \end{pmatrix} \qquad [2.7]$$

con $a^2 + b^2 = 1$. Infatti, se $A = (a_{ij})$ si ha

$${}^tAA = \begin{pmatrix} a_{11}^2 + a_{21}^2 & a_{11}a_{12} + a_{21}a_{22} \\ a_{12}a_{11} + a_{22}a_{21} & a_{12}^2 + a_{22}^2 \end{pmatrix}$$

e quindi $A \in O(2)$ se e solo se

$$a_{11}^2 + a_{21}^2 = 1 = a_{12}^2 + a_{22}^2$$
$$a_{11}a_{12} + a_{21}a_{22} = 0.$$

Dall'ultima condizione si deduce che esiste $\rho \neq 0$ tale che

$$(a_{11}, a_{21}) = (-\rho a_{22}, \rho a_{12}).$$

Dalle condizioni precedenti discende che $\rho^2 = 1$, cioè $\rho = \pm 1$. Quindi $a_{12} = \pm a_{21}$, $a_{22} = \mp a_{11}$, e A è di una delle due forme dette.

Torneremo più diffusamente a parlare delle matrici ortogonali nei paragrafi 20 e 21.

Per descrivere le matrici è spesso utile la cosiddetta *notazione a blocchi*. Tale notazione consiste nello scrivere una matrice $A \in M_{m,n}(\mathsf{K})$ nella forma seguente:

$$A = \begin{pmatrix} A_{11} & A_{12} & \ldots & A_{1k} \\ A_{21} & A_{22} & \ldots & A_{2k} \\ \vdots & \vdots & & \vdots \\ \vdots & \vdots & & \vdots \\ A_{h1} & A_{h2} & \ldots & A_{hk} \end{pmatrix},$$

dove le A_{ij} sono a loro volta matrici di ordini opportuni: precisamente $A_{ij} \in M_{m_i, n_j}(\mathsf{K})$, dove $m_1 + m_2 + \ldots + m_h = m$, $n_1 + n_2 + \ldots + n_k = n$.

Ad esempio, la matrice [2.1] può essere anche denotata a blocchi nella forma seguente:

$$A = (B \quad C),$$

dove

$$B = \begin{pmatrix} 3 & -2 \\ \sqrt{2} & \pi \end{pmatrix}, \quad C = \begin{pmatrix} \frac{4}{5} \\ 183 \end{pmatrix}.$$

2.3 *Osservazione*

È possibile considerare matrici a elementi in un dominio qualsiasi D, anziché nel campo K. Denoteremo con $M_{m,n}(\mathsf{D})$ (rispettivamente $M_n(\mathsf{D})$) l'insieme di tutte le matrici $m \times n$ (quadrate di ordine n) a elementi in D. I casi che considereremo più frequentemente nel seguito sono $\mathsf{D} = \mathsf{Z}$ e $\mathsf{D} = \mathsf{K}[X_1, \ldots, X_N]$, dove $X_1, \ldots, X_N$ sono indeterminate. Il prodotto di due matrici a elementi in uno stesso dominio D si definisce come nel caso D = K. La proposizione 2.2 si estende senza cambiamenti se nel suo enunciato il campo K viene sostituito da un dominio D.

Esercizi

1. Calcolare:

a) $\begin{pmatrix} 3 & 1 \\ -1 & 1 \end{pmatrix} \begin{pmatrix} 2 & 1 & 4 \\ 0 & 6 & 0 \end{pmatrix} \begin{pmatrix} 1 \\ \sqrt{2} \\ \frac{3}{2} \end{pmatrix}$

b) $\begin{pmatrix} 2 \\ -3 \end{pmatrix} (1 \quad 5 \quad \sqrt{37} \quad 429\pi \quad 2 \quad -2 \quad 1) \begin{pmatrix} 3 \\ 0 \\ 0 \\ 1 \\ 2 \\ 6 \end{pmatrix}$

c) $\begin{pmatrix} 0 \\ 1 \\ 0 \\ 2 \end{pmatrix} (5 \quad 0 \quad 1 \quad 0).$

2. Sia

$$A = \begin{pmatrix} 1 & 2 \\ 0 & 3 \end{pmatrix} \in M_2(\mathsf{R}).$$

Calcolare:

a) A^2 b) $3A^3 - \dfrac{1}{2}A + A^0$ c) ${}^tA^2 + A\,{}^tA + {}^tAA - 3\mathbf{I}_2$.

3. Sia

$$A = \begin{pmatrix} 1 & 1 & -1 \\ 0 & 2 & \dfrac{1}{2} \\ 0 & -2 & -1 \end{pmatrix} \in M_3(\mathsf{R}).$$

Calcolare $A^2 - {}^tA + \mathbf{I}_3$.

4. Calcolare $\dfrac{1}{3}\begin{pmatrix} \dfrac{i}{2} & 1+i \\ -2i & 1 \end{pmatrix}^2 + \mathbf{I}_2$.

5. Sia $A \in M_n(\mathsf{K})$. Dimostrare che $A + {}^tA$ è simmetrica e che $A - {}^tA$ è antisimmetrica. Dedurre che A può essere espressa come somma di una matrice simmetrica e di una antisimmetrica.

6. Esprimere le seguenti matrici a elementi numeri razionali come somma di una matrice simmetrica e di una antisimmetrica:

a) $\begin{pmatrix} 1 & 2 \\ -1 & 0 \end{pmatrix}$

b) $\begin{pmatrix} 3 & 1 \\ 1 & 0 \end{pmatrix}$

c) $\begin{pmatrix} 1 & 0 & 0 \\ 1 & -1 & -1 \\ 2 & 1 & 0 \end{pmatrix}$.

7. Dimostrare che se $A \in M_n(\mathsf{K})$, allora ${}^tAA$ è simmetrica.

8. Una matrice $N \in M_n(\mathsf{K})$ si dice *nilpotente* se esiste un intero $k \geq 1$ tale che $A^k = \mathbf{0}$, dove $\mathbf{0} \in M_n(\mathsf{K})$ è la matrice nulla. Dimostrare che per ogni a, b, $c \in \mathsf{K}$ le matrici

$$\begin{pmatrix} 0 & a \\ 0 & 0 \end{pmatrix} \text{ e } \begin{pmatrix} 0 & a & b \\ 0 & 0 & c \\ 0 & 0 & 0 \end{pmatrix}$$

sono nilpotenti. Dimostrare che, più in generale, ogni matrice $A \in M_n(\mathsf{K})$ strettamente triangolare (superiore o inferiore) è nilpotente.

9. Dimostrare che una matrice $A \in M_n(\mathsf{K})$ nilpotente non è invertibile.

10. Stabilire quali delle seguenti matrici sono ortogonali:

a) $\begin{pmatrix} \frac{\sqrt{2}}{2} & -\frac{\sqrt{2}}{2} \\ \frac{\sqrt{2}}{2} & \frac{\sqrt{2}}{2} \end{pmatrix}$

b) $\begin{pmatrix} 1 & 0 \\ 0 & -1 \end{pmatrix}$ c) $\begin{pmatrix} 1 & -1 \\ -1 & 1 \end{pmatrix}$

d) $\begin{pmatrix} \frac{\sqrt{3}}{3} & -\frac{2\sqrt{3}}{3} \\ \frac{2\sqrt{3}}{3} & \frac{\sqrt{3}}{3} \end{pmatrix}$ e) $\begin{pmatrix} -\frac{\sqrt{3}}{3} & \frac{\sqrt{6}}{3} \\ \frac{\sqrt{6}}{3} & \frac{\sqrt{3}}{3} \end{pmatrix}$

f) $\begin{pmatrix} -\frac{\sqrt{2}}{2} & 0 & \frac{\sqrt{2}}{2} \\ 0 & 1 & 0 \\ \frac{\sqrt{2}}{2} & 0 & \frac{\sqrt{2}}{2} \end{pmatrix}$ g) $\begin{pmatrix} 0 & -1 & 0 \\ 0 & 0 & -1 \\ -1 & 0 & 0 \end{pmatrix}$

h) $\begin{pmatrix} 0 & 1 & 1 \\ 0 & 0 & 0 \\ 1 & 1 & 0 \end{pmatrix}$ i) $\begin{pmatrix} \frac{1}{2} & \frac{\sqrt{3}}{2} & 0 \\ \frac{\sqrt{3}}{2} & -\frac{1}{2} & 0 \\ 0 & 0 & 1 \end{pmatrix}$

j) $\begin{pmatrix} \frac{1}{9} & \frac{8}{9} & -\frac{4}{9} \\ \frac{8}{9} & \frac{1}{9} & \frac{4}{9} \\ -\frac{4}{9} & \frac{4}{9} & \frac{7}{9} \end{pmatrix}$ k) $\begin{pmatrix} 1 & 0 & 0 & 0 \\ 0 & 0 & 0 & 1 \\ 0 & \frac{\sqrt{2}}{2} & \frac{\sqrt{2}}{2} & 0 \\ 0 & -\frac{\sqrt{2}}{2} & \frac{\sqrt{2}}{2} & 0 \end{pmatrix}$.

11. Siano

$$A = \begin{pmatrix} a_1 & 0 & \dots & 0 \\ 0 & a_2 & \dots & 0 \\ \vdots & \vdots & & \vdots \\ 0 & 0 & \dots & a_n \end{pmatrix} \qquad B = \begin{pmatrix} b_1 & 0 & \dots & 0 \\ 0 & b_2 & \dots & 0 \\ \vdots & \vdots & & \vdots \\ 0 & 0 & \dots & b_n \end{pmatrix} \in M_n(\mathsf{K})$$

due matrici diagonali di ordine n. Dimostrare che

$$AB = BA = \begin{pmatrix} a_1 b_1 & 0 & \dots & 0 \\ 0 & a_2 b_2 & \dots & 0 \\ \vdots & & & \vdots \\ 0 & 0 & \dots & a_n b_n \end{pmatrix}.$$

3 Sistemi di equazioni lineari

Le matrici intervengono in modo naturale nello studio dei "sistemi di equazioni lineari".

Siano $X_1, \dots, X_n$ indeterminate. Un'*equazione lineare* (o *di primo grado*) nelle incognite $X_1, \dots, X_n$ a coefficienti in K è un'equazione della forma

$$a_1 X_1 + \dots + a_n X_n = b \qquad [3.1]$$

oppure della forma equivalente

$$a_1 X_1 + \dots + a_n X_n - b = 0$$

in cui $a_1, \dots, a_n, b \in \mathsf{K}$. La [3.1] deve intendersi come una relazione tra quantità variabili o incognite, rappresentate dalle indeterminate $X_1, \dots, X_n$.

Una *soluzione dell'equazione* [3.1] è un elemento $(x_1, \dots, x_n)$ di K^n che, sostituito nella [3.1] al posto della n-upla $(X_1, \dots, X_n)$, dà luogo a una identità.

La [3.1] si dice *omogenea* (*non omogenea*) se $b = 0$ (se $b \neq 0$).

Se si considerano simultaneamente $m \geq 1$ equazioni lineari nelle incognite $X_1, \dots, X_n$:

$$\begin{aligned} a_{11} X_1 + a_{12} X_2 + \dots + a_{1n} X_n &= b_1 \\ a_{21} X_1 + a_{22} X_2 + \dots + a_{2n} X_n &= b_2 \\ \vdots \qquad\qquad & \quad \vdots \\ a_{m1} X_1 + a_{m2} X_2 + \dots + a_{mn} X_n &= b_m, \end{aligned} \qquad [3.2]$$

si ottiene un *sistema di m equazioni lineari nelle n incognite* $X_1, \dots, X_n$. Il sistema [3.2] si dice *omogeneo* (*non omogeneo*) se $b_1 = b_2 = \dots = b_m = 0$ (se $b_i \neq 0$ per qualche i).

Una *soluzione del sistema* [3.2] è un elemento $(x_1, \dots, x_n) \in \mathsf{K}^n$ che è soluzione simultanea delle m equazioni [3.2]. Il sistema si dice *compatibile* (*incompatibile*) se possiede almeno una soluzione (se non possiede soluzioni). Ogni sistema omogeneo ammette almeno la soluzione $(0, \dots, 0)$, che viene detta *soluzione banale*, e quindi è compatibile; ogni sua altra soluzione si dice *non banale*.

Si noti che, viceversa, se il sistema [3.2] ammette la soluzione $(0, \dots, 0)$, allora è omogeneo.

Ad esempio il sistema di equazioni a coefficienti reali

$$X_1 + 2X_2 = 1$$
$$X_1 + 2X_2 = 0$$

è incompatibile, perché i primi membri delle due equazioni sono uguali, ma non lo sono i secondi membri e quindi non esiste alcun $(x_1, x_2) \in \mathsf{R}^2$ che soddisfi entrambe le equazioni.

Il sistema

$$X_1 + X_2 = 1$$
$$X_1 - X_2 = 3$$

è compatibile e ammette l'unica soluzione $(2, -1)$, che si ottiene nel modo seguente. Sommando membro a membro le due equazioni, si ottiene la nuova equazione $2X_1 = 4$, che è soddisfatta dall'unico valore $X_1 = 2$; sostituendo questo valore nella prima equazione si ottiene l'unico valore $X_2 = -1$ che la soddisfa. Inoltre la coppia $(2, -1)$ è soluzione anche della seconda equazione, e quindi è l'unica soluzione del sistema.

Il sistema

$$X_1 + 3X_2 = -1$$
$$2X_1 + 6X_2 = -2$$

è compatibile ed ammette le infinite soluzioni $(-1 - 3t, t)$ al variare del parametro $t \in \mathsf{R}$. Infatti le due equazioni sono proporzionali e quindi hanno le stesse soluzioni: risolvendo per esempio la prima si trovano le soluzioni dette.

Il sistema

$$\begin{aligned} a_{11}X_1 + a_{12}X_2 + \dots + a_{1n}X_n &= 0 \\ a_{21}X_1 + a_{22}X_2 + \dots + a_{2n}X_n &= 0 \\ \vdots \qquad\qquad & \quad \vdots \\ a_{m1}X_1 + a_{m2}X_2 + \dots + a_{mn}X_n &= 0 \end{aligned} \qquad [3.3]$$

si dice il *sistema omogeneo associato al sistema* [3.2].

3.1 PROPOSIZIONE *Se il sistema* [3.2] *è compatibile, le sue soluzioni sono tutte e sole le n-uple ottenute sommando a una qualsiasi di esse una soluzione del sistema omogeneo associato* [3.3].

Dimostrazione

Denotiamo con Σ e Σ_0 i due sottoinsiemi di K^n i cui elementi sono rispettivamente le soluzioni del sistema [3.2] e del sistema [3.3]. Se $(y_1, \dots, y_n) \in \Sigma$ e $(x_1, \dots, x_n) \in \Sigma_0$, allora

$$(y_1, \dots, y_n) + (x_1, \dots, x_n) = (y_1 + x_1, \dots, y_n + x_n) \in \Sigma.$$

Infatti per ogni $j = 1, \dots, m$ si ha

$$\begin{aligned} a_{j1}(y_1 + x_1) + a_{j2}(y_2 + x_2) + \dots + a_{jn}(y_n + x_n) = \\ = (a_{j1}y_1 + a_{j2}y_2 + \dots + a_{jn}y_n) + (a_{j1}x_1 + a_{j2}x_2 + \dots + a_{jn}x_n) = \\ = b_j + 0 = b_j. \end{aligned}$$

Viceversa, fissata $(y_1, y_2, \dots, y_n) \in \Sigma$, per ogni altra $(z_1, z_2, \dots, z_n) \in \Sigma$ si ha

$$(z_1 - y_1, z_2 - y_2, \dots, z_n - y_n) \in \Sigma_0$$

perché:

$$\begin{aligned} a_{j1}(z_1 - y_1) + \dots + a_{jn}(z_n - y_n) = a_{j1}z_1 + \dots + a_{jn}z_n - \\ - (a_{j1}y_1 + a_{j2}y_2 + \dots + a_{jn}y_n) = b_j - b_j = 0 \end{aligned}$$

per ogni $j = 1, \dots, m$.

Poiché

$$(z_1, z_2, \dots, z_n) = (y_1, y_2, \dots, y_n) + (z_1 - y_1, z_2 - y_2, \dots, z_n - y_n)$$

abbiamo l'asserto.

Al sistema [3.2] possiamo associare la matrice $A = (a_{ij}) \in M_{m,n}(\mathsf{K})$ formata dai coefficienti delle incognite delle m equazioni del sistema, che si dice la *matrice dei coefficienti* del sistema [3.2]. Aggiungendo ad A come $(n+1)$-esima colonna la

$$\mathbf{b} = \begin{pmatrix} b_1 \\ b_2 \\ \vdots \\ b_m \end{pmatrix}$$

formata dai termini costanti delle equazioni [3.2], si ottiene la matrice ad m righe e $n+1$ colonne:

$$(A\,\mathbf{b}) = \begin{pmatrix} a_{11} & a_{12} & \dots & a_{1n} & b_1 \\ a_{21} & a_{22} & \dots & a_{2n} & b_2 \\ \vdots & \vdots & & \vdots & \vdots \\ a_{m1} & a_{m2} & \dots & a_{mn} & b_m \end{pmatrix},$$

che diremo la *matrice orlata* del sistema [3.2].

Possiamo interpretare gli m primi membri di [3.2] come le componenti di un vettore colonna e riscrivere la [3.2] come un'uguaglianza di vettori colonna:

$$\begin{pmatrix} a_{11}X_1 + a_{12}X_2 + \dots + a_{1n}X_n \\ a_{21}X_1 + a_{22}X_2 + \dots + a_{2n}X_n \\ \vdots \\ a_{m1}X_1 + a_{m2}X_2 + \dots + a_{mn}X_n \end{pmatrix} = \begin{pmatrix} b_1 \\ b_2 \\ \vdots \\ b_m \end{pmatrix}. \qquad [3.4]$$

Ponendo

$$\mathbf{X} = \begin{pmatrix} X_1 \\ X_2 \\ \vdots \\ X_n \end{pmatrix}$$

e considerando $\mathbf{X}$ come un vettore colonna, il primo membro della [3.4] è il prodotto righe per colonne $A\mathbf{X}$. Il sistema [3.2] si scrive quindi anche nella seguente forma più concisa:

$$A\mathbf{X} = \mathbf{b}. \qquad [3.5]$$

Viceversa è evidente che per ogni matrice a m righe ed $n+1$ colonne esiste un sistema di m equazioni lineari nelle incognite $X_1, \dots, X_n$ di cui essa è la matrice orlata. Nel seguito utilizzeremo spesso questa corrispondenza biunivoca esistente tra matrici e sistemi di equazioni lineari per semplificare la trattazione, riducendoci a considerare matrici anziché sistemi.

Un sistema di equazioni lineari nelle incognite $X_1, \dots, X_n$ si dice *a gradini* se ha la forma seguente:

$$\begin{aligned} a_{11}X_1 + a_{12}X_2 + \dots \qquad\qquad & + a_{1n}X_n = b_1 \\ a_{22}X_2 + \dots \qquad\qquad & + a_{2n}X_n = b_2 \\ & \vdots \\ a_{mm}X_m + \dots & + a_{mn}X_n = b_m \end{aligned} \tag{3.6}$$

con $a_{11}a_{22}\dots a_{mm} \neq 0$. La matrice dei coefficienti di [3.6] è

$$\begin{pmatrix} a_{11} & a_{12} & \dots & & & a_{1n} \\ 0 & a_{22} & \dots & & & a_{2n} \\ \vdots & \vdots & & & & \vdots \\ 0 & 0 & \dots & a_{mm} & \dots & a_{mn} \end{pmatrix}.$$

In particolare $m \leq n$.

Supponiamo $m = n$. L'ultima equazione di [3.6] è soddisfatta dal solo valore $x_n = b_n a_{nn}^{-1}$, il quale, sostituito nella penultima equazione, fornisce un unico valore x_{n-1} che la soddisfa. I valori x_{n-1}, x_n così ottenuti, sostituiti nella terz'ultima equazione, danno luogo a un unico valore x_{n-2} che la soddisfa. Procedendo in questo modo si arriva a ottenere un'unica soluzione di [3.6]. Quindi *un sistema a gradini di n equazioni in n incognite possiede un'unica soluzione.*

Se $m < n$ il sistema [3.6] può essere riscritto nella forma equivalente seguente:

$$\begin{aligned} a_{11}X_1 + a_{12}X_2 + \dots + a_{1m}X_m &= b_1 - (a_{1m+1}X_{m+1} + \dots + a_{1n}X_n) \\ a_{22}X_2 + \dots + a_{2m}X_m &= b_2 - (a_{2m+1}X_{m+1} + \dots + a_{2n}X_n) \\ &\vdots \\ a_{mm}X_m &= b_m - (a_{mm+1}X_{m+1} + \dots + a_{mn}X_n). \end{aligned}$$

Dando valori arbitrari $t_{m+1}, \dots, t_n \in \mathsf{K}$ alle incognite $X_{m+1}, \dots, X_n$ si ottiene un sistema a gradini di m equazioni nelle m incognite $X_1, \dots, X_m$:

$$\begin{aligned} a_{11}X_1 + a_{12}X_2 + \dots + a_{1m}X_m &= b_1 - (a_{1m+1}t_{m+1} + \dots + a_{1n}t_n) \\ a_{22}X_2 + \dots + a_{2m}X_m &= b_2 - (a_{2m+1}t_{m+1} + \dots + a_{2n}t_n) \\ &\vdots \\ a_{mm}X_m &= b_m - (a_{mm+1}t_{m+1} + \dots + a_{mn}t_n), \end{aligned} \tag{3.7}$$

il quale ha un'unica soluzione. Ne deduciamo che il sistema [3.6] ammette le infinite soluzioni ottenute dalle [3.7] al variare dei parametri $t_{m+1}, \dots, t_n$ in K. Dal modo in cui si calcolano le soluzioni si deduce che ogni soluzione di [3.7] si esprime come una n-upla

$$(S_1(t_{m+1}, \ldots, t_n), S_2(t_{m+1}, \ldots, t_n), \ldots, S_n(t_{m+1}, \ldots, t_n)) \quad [3.8]$$

in cui gli $S_i(t_{m+1}, \ldots, t_n)$ sono polinomi di primo grado nei parametri $t_{m+1}, \ldots, t_n$. La [3.8] è la *soluzione generale del sistema* [3.6].

La n-upla dei termini costanti $(c_1, \ldots, c_n)$ degli S_i è una delle soluzioni, precisamente quella corrispondente ai valori $t_{m+1} = \ldots = t_n = 0$. Da ciò e dalla proposizione 3.1 segue che la n-upla di polinomi omogenei in $t_{m+1}, \ldots, t_n$

$$(S_1(t_{m+1}, \ldots, t_n) - c_1, S_2(t_{m+1}, \ldots, t_n) - c_2, \ldots, S_n(t_{m+1}, \ldots, t_n) - c_n)$$

è la soluzione generale del sistema omogeneo associato a [3.6].

In particolare vediamo che *un sistema a gradini è sempre compatibile*. Esprimeremo il fatto che le soluzioni di [3.6] si ottengono come funzioni di $n - m$ parametri liberi di variare arbitrariamente, dicendo che *il sistema* [3.6] *possiede* ∞^{n-m} *soluzioni*. Nel caso $n = m$ intenderemo con ciò dire che il sistema possiede una sola soluzione.

Un'equazione lineare [3.1] in cui $(a_1, a_2, \ldots, a_n) \neq (0, \ldots, 0)$ si può considerare come un particolare sistema a gradini, salvo scambiare tra loro due delle variabili se $a_1 = 0$; pertanto essa possiede ∞^{n-1} soluzioni.

Due *sistemi di equazioni lineari* nelle stesse incognite $X_1, \ldots, X_n$ si dicono *equivalenti* se possiedono le stesse soluzioni. Per essere equivalenti due sistemi non devono necessariamente avere lo stesso numero di equazioni.

Vogliamo ora studiare un procedimento, detto *metodo di eliminazione di Gauss-Jordan*, che permette di stabilire se un sistema è compatibile oppure no, e nel caso affermativo di trovarne tutte le soluzioni. Tale procedimento consiste nel sostituire il sistema assegnato con un sistema a gradini, ad esso equivalente, mediante passaggi successivi detti "operazione elementari sulle equazioni del sistema". Esse corrispondono ad altrettante operazioni sulle righe della matrice orlata.

Esistono tre tipi di *operazioni elementari sulle righe di una matrice*:

I) scambiare tra loro due righe della matrice;
II) moltiplicare una riga della matrice per uno scalare non nullo;
III) sostituire una riga della matrice con quella ottenuta sommando ad essa un multiplo di un'altra riga.

Le corrispondenti *operazioni elementari sulle equazioni di un sistema* sono le seguenti:

I) scambiare tra loro due equazioni del sistema;
II) moltiplicare (primo e secondo membro di) un'equazione per uno stesso scalare non nullo;
III) sostituire un'equazione con quella ottenuta sommando ad essa un multiplo di un'altra equazione.

Se si effettua su di un sistema un'operazione elementare del tipo (I), il nuovo sistema che si ottiene è equivalente al precedente, perché le soluzioni di un sistema non dipendono dall'ordine in cui si considerano le sue equazioni. Similmente un'operazione del tipo (II) non cambia l'insieme delle soluzioni del sistema perché due equazioni proporzionali hanno le stesse soluzioni. Anche un'operazione del tipo (III) non modifica l'insieme delle soluzioni del sistema: infatti se una n-upla $(x_1, \dots, x_n) \in \mathsf{K}^n$ soddisfa due equazioni del sistema,

$$\begin{aligned} a_{i1}X_1 + a_{i2}X_2 + \dots + a_{in}X_n &= b_i \\ a_{j1}X_1 + a_{j2}X_2 + \dots + a_{jn}X_n &= b_j, \end{aligned} \qquad [3.9]$$

allora per un qualsiasi $c \in \mathsf{K}$ essa è soluzione delle due equazioni

$$\begin{aligned} a_{i1}X_1 + a_{i2}X_2 + \dots + a_{in}X_n &= b_i \\ (a_{j1}X_1 + a_{j2}X_2 + \dots + a_{jn}X_n) + c(a_{i1}X_1 + a_{i2}X_2 + \dots + a_{in}X_n) &= b_j + cb_i. \end{aligned} \qquad [3.10]$$

Si verifica in modo simile che viceversa ogni soluzione delle [3.10] soddisfa le [3.9].

Quindi, *se si effettua una qualsiasi operazione elementare sulle equazioni di un sistema si ottiene un sistema ad esso equivalente.*

Supponiamo dunque di avere assegnato un sistema [3.2]. Osserviamo preliminarmente che se una delle sue equazioni, diciamo la i-esima, ha identicamente nullo il primo membro, cioè è della forma

$$0 = b_i,$$

allora essa è identicamente soddisfatta se $b_i = 0$, mentre è incompatibile se $b_i \neq 0$. Nel primo caso potremo cancellare l'equazione e ottenere un sistema equivalente al precedente, nel secondo caso il sistema [3.2] è incompatibile. Possiamo pertanto supporre che nessuno dei primi membri di [3.2] sia identicamente nullo.

Possiamo inoltre supporre che sia $a_{i1} \neq 0$ per qualche $i = 1, \dots, m$: ciò può essere ottenuto scambiando eventualmente tra loro due delle incognite. Con un'operazione elementare (I) possiamo ottenere $a_{11} \neq 0$, e moltiplicando per a_{11}^{-1} la prima equazione (operazione elementare (II)) possiamo ridurci al caso $a_{11} = 1$. Sommando alle successive equazioni la prima moltiplicata rispettivamente per $-a_{21}$ $-a_{31}, \dots, -a_{m1}$ (operazione elementare (III)) si ottiene un nuovo sistema della forma seguente:

$$\begin{aligned} X_1 + a'_{12}X_2 + \dots + a'_{1n}X_n &= b'_1 \\ a'_{22}X_2 + \dots + a'_{2n}X_n &= b'_2 \\ \vdots \qquad\qquad & \quad \vdots \\ a'_{m2}X_2 + \dots + a'_{mn}X_n &= b'_m. \end{aligned} \qquad [3.11]$$

Se qualcuna delle equazioni del sistema [3.11] è della forma $0 = 0$, possiamo ometterla senza modificare l'insieme delle soluzioni. Se invece compare un'equazione della forma $0 = b_i'$, con $b_i' \neq 0$, allora il sistema è incompatibile, e pertanto anche [3.2] è incompatibile ed il procedimento si arresta. Possiamo pertanto supporre che nessuno dei primi membri del sistema [3.11] sia identicamente nullo.

Ora procediamo sul sistema [3.11] senza più occuparci della prima equazione e ragionando, sulle rimanenti equazioni, come nel caso precedente. Effettuando eventualmente un cambiamento dell'ordine delle variabili ed operazioni elementari (I) (II) possiamo supporre $a_{22}' = 1$. Sommando alle successive equazioni la prima moltiplicata rispettivamente per $-a_{32}', -a_{42}', \dots, -a_{m2}'$ (operazione elementare (III)), si ottiene un nuovo sistema della forma seguente:

$$\begin{aligned} X_1 + a_{12}'X_2 + a_{13}'X_3 + \dots + a_{1n}'X_n &= b_1' \\ X_2 + a_{23}''X_3 + \dots + a_{2n}''X_n &= b_2'' \\ a_{33}''X_3 + \dots + a_{3n}''X_n &= b_3'' \\ \vdots \qquad\qquad & \vdots \\ a_{s3}''X_3 + \dots + a_{sn}''X_n &= b_s''. \end{aligned} \tag{3.12}$$

Dopo aver eliminato dal sistema [3.12] tutte le equazioni della forma $0 = 0$, verifichiamo se vi compare un'equazione della forma $0 = b_i''$, $b_i'' \neq 0$: in caso affermativo il sistema è incompatibile e pertanto anche [3.2] lo è, ed il procedimento ha termine. In caso contrario applichiamo di nuovo lo stesso procedimento al sistema [3.12] escludendo le prime due equazioni.

Questo procedimento potrà essere iterato fintanto che non si arrivi a un sistema incompatibile oppure a un sistema a gradini equivalente al sistema [3.2] da cui eravamo partiti. Nel primo caso possiamo concludere che il sistema [3.2] è incompatibile. Nel secondo caso possiamo calcolare le soluzioni del sistema a gradini, che sono anche le soluzioni di [3.2], ed il procedimento di Gauss-Jordan ha termine. La soluzione generale del sistema a gradini che si è ottenuto è detta *soluzione generale del sistema* [3.2].

Daremo ora alcuni esempi per illustrare il procedimento di eliminazione di Gauss-Jordan. Nella pratica è preferibile operare sulla matrice orlata del sistema piuttosto che sulle equazioni. Inoltre è più opportuno effettuare i cambiamenti nell'ordine delle variabili che dovessero rendersi necessari, corrispondenti allo scambio di colonne della matrice, solo dopo aver effettuato tutte le necessarie operazioni elementari sulle righe.

3.2 *Osservazioni ed esempi*

1. $\mathsf{K} = \mathsf{R}$

$$X_1 + 2X_2 + 3X_3 = 1 \qquad 2X_1 + X_2 + 4X_3 = 2 \qquad 3X_1 - 3X_2 + X_3 = 1.$$

Eseguiamo operazioni elementari sulle righe della matrice orlata:

$$\begin{pmatrix} 1 & 2 & 3 & 1 \\ 2 & 1 & 4 & 2 \\ 3 & -3 & 1 & 1 \end{pmatrix} \to \begin{pmatrix} 1 & 2 & 3 & 1 \\ 0 & -3 & -2 & 0 \\ 0 & -9 & -8 & -2 \end{pmatrix} \to$$

$$\to \begin{pmatrix} 1 & 2 & 3 & 1 \\ 0 & 1 & \frac{2}{3} & 0 \\ 0 & 0 & -2 & -2 \end{pmatrix} \to \begin{pmatrix} 1 & 2 & 3 & 1 \\ 0 & 1 & \frac{2}{3} & 0 \\ 0 & 0 & 1 & 1 \end{pmatrix}$$

Il sistema ridotto a gradini è

$$\begin{aligned} X_1 + 2X_2 + 3X_3 &= 1 \\ X_2 + \frac{2}{3}X_3 &= 0 \\ X_3 &= 1, \end{aligned}$$

che possiede l'unica soluzione

$$\left(-\frac{2}{3}, -\frac{2}{3}, 1\right).$$

2. $K = R$

$$\begin{aligned} X_3 + 2X_4 &= 3 \\ 2X_1 + 4X_2 - 2X_3 \qquad &= 4 \\ 2X_1 + 4X_2 - X_3 + 2X_4 &= 7. \end{aligned} \qquad [3.13]$$

Eseguiamo operazioni elementari sulle righe della matrice orlata:

$$\begin{pmatrix} 0 & 0 & 1 & 2 & 3 \\ 2 & 4 & -2 & 0 & 4 \\ 2 & 4 & -1 & 2 & 7 \end{pmatrix} \to \begin{pmatrix} 1 & 2 & -1 & 0 & 2 \\ 2 & 4 & -1 & 2 & 7 \\ 0 & 0 & 1 & 2 & 3 \end{pmatrix} \to$$

$$\to \begin{pmatrix} 1 & 2 & -1 & 0 & 2 \\ 0 & 0 & 1 & 2 & 3 \\ 0 & 0 & 1 & 2 & 3 \end{pmatrix} \to \begin{pmatrix} 1 & 2 & -1 & 0 & 2 \\ 0 & 0 & 1 & 2 & 3 \end{pmatrix}.$$

Il sistema corrispondente è

$$\begin{aligned} X_1 + 2X_2 - X_3 \qquad &= 2 \\ X_3 + 2X_4 &= 3. \end{aligned}$$

Prendendo le variabili nell'ordine X_1, X_3, X_2, X_4 le stesse equazioni si riscrivono nella forma seguente:

$$\begin{aligned} X_1 - X_3 + 2X_2 \qquad &= 2 \\ X_3 \qquad + 2X_4 &= 3. \end{aligned}$$

Abbiamo pertanto un sistema a gradini, la cui soluzione generale, che è anche la soluzione generale del sistema [3.13], è

$$(x_1, x_2, x_3, x_4) = (5 - 2t - 2u, t, 3 - 2u, u), \quad t, u \in \mathsf{R}.$$

Il sistema possiede ∞^2 soluzioni.

3. $\mathsf{K} = \mathsf{R}$

$$\begin{aligned} X_2 - X_3 &= -1 \\ X_1 \qquad + X_3 &= 1 \\ 2X_1 + X_2 + X_3 &= 2. \end{aligned}$$

Eseguiamo operazioni elementari sulle righe della matrice orlata:

$$\begin{pmatrix} 0 & 1 & -1 & -1 \\ 1 & 0 & 1 & 1 \\ 2 & 1 & 1 & 2 \end{pmatrix} \to \begin{pmatrix} 1 & 0 & 1 & 1 \\ 0 & 1 & -1 & -1 \\ 2 & 1 & 1 & 2 \end{pmatrix} \to$$

$$\to \begin{pmatrix} 1 & 0 & 1 & 1 \\ 0 & 1 & -1 & -1 \\ 0 & 1 & -1 & 0 \end{pmatrix} \to \begin{pmatrix} 1 & 0 & 1 & 1 \\ 0 & 1 & -1 & -1 \\ 0 & 0 & 0 & 1 \end{pmatrix}.$$

La terza riga corrisponde all'equazione incompatibile $0 = 1$; pertanto il sistema è incompatibile.

4. Ogni sistema omogeneo di m equazioni in n incognite, con $n \geq m$, possiede ∞^N soluzioni per qualche $N \geq n - m$. Infatti il sistema è compatibile perché omogeneo, e il procedimento di Gauss-Jordan lo trasforma in un sistema a gradini di p equazioni con $p \leq m$. Quindi il sistema originario possiede ∞^{n-p} soluzioni ed $n - p \geq n - m$. Vediamo un esempio.

$K = R$

$$\begin{aligned} X_1 + X_2 + 2X_3 + X_4 \quad &= 0 \\ X_1 + X_2 + X_3 + 2X_4 - X_5 &= 0 \\ X_1 + X_2 \quad + 3X_4 - 2X_5 &= 0 \\ X_1 + X_2 + 3X_3 \quad + X_5 &= 0. \end{aligned} \tag{3.14}$$

Questo sistema è omogeneo; in questo caso è sufficiente considerare la matrice dei coefficienti, anziché la matrice orlata. Eseguiamo operazioni elementari sulle righe della matrice:

$$\begin{pmatrix} 1 & 1 & 2 & 1 & 0 \\ 1 & 1 & 1 & 2 & -1 \\ 1 & 1 & 0 & 3 & -2 \\ 1 & 1 & 3 & 0 & 1 \end{pmatrix} \rightarrow \begin{pmatrix} 1 & 1 & 2 & 1 & 0 \\ 0 & 0 & -1 & 1 & -1 \\ 0 & 0 & -2 & 2 & -2 \\ 0 & 0 & 1 & -1 & 1 \end{pmatrix} \rightarrow$$

$$\rightarrow \begin{pmatrix} 1 & 1 & 2 & 1 & 0 \\ 0 & 0 & 1 & -1 & 1 \\ 0 & 0 & 0 & 0 & 0 \\ 0 & 0 & 0 & 0 & 0 \end{pmatrix} \rightarrow \begin{pmatrix} 1 & 1 & 2 & 1 & 0 \\ 0 & 0 & 1 & -1 & 1 \end{pmatrix}$$

e scambiamo tra loro la seconda e la terza colonna:

$$\begin{pmatrix} 1 & 1 & 2 & 1 & 0 \\ 0 & 0 & 1 & -1 & 1 \end{pmatrix} \rightarrow \begin{pmatrix} 1 & 2 & 1 & 1 & 0 \\ 0 & 1 & 0 & -1 & 1 \end{pmatrix}.$$

Otteniamo il sistema a gradini

$$\begin{aligned} X_1 + 2X_3 + X_2 + X_4 \quad &= 0 \\ X_3 \quad - X_4 + X_5 &= 0 \end{aligned}$$

che possiede ∞^3 soluzioni. Pertanto la soluzione generale del sistema [3.14] è

$$(x_1, x_2, x_3, x_4, x_5) = (-t - 3u + 2v,\ t,\ u - v,\ u,\ v) \qquad t, u, v \in R.$$

5. Supponiamo che

$$A\mathbf{X} = \mathbf{b}, \tag{3.15}$$

$A \in M_n(K)$, $\mathbf{b} \in K^n$, sia un sistema di n equazioni in n incognite tale che A sia invertibile. Allora esso è compatibile e possiede un'unica soluzione $\mathbf{x} = {}^t(x_1 \dots x_n) \in K^n$

data dall'espressione

$$\mathbf{x} = A^{-1}\mathbf{b}. \tag{3.16}$$

Infatti, sostituito nella [3.15] al posto di $\mathbf{X}$ il valore di $\mathbf{x}$ dato dalla [3.16], si ottiene l'identità $AA^{-1}\mathbf{b} = \mathbf{b}$ e quindi $\mathbf{x}$ è una soluzione. Viceversa ogni soluzione $\mathbf{y} \in \mathsf{K}^n$ soddisfa $A\mathbf{y} = \mathbf{b}$: moltiplicando primo e secondo membro a sinistra per A^{-1} troviamo $\mathbf{y} = A^{-1}\mathbf{b} = \mathbf{x}$.

La [3.16] fornisce un metodo per trovare la soluzione di un sistema [3.15] di n equazioni in n incognite tale che A sia invertibile, purché si sappia calcolare A^{-1}. Tale metodo si dice *metodo dell'inversa.*

Vedremo tra poco un procedimento per calcolare A^{-1} per mezzo di operazioni elementari sulle righe di A.

6. È conveniente introdurre una notazione per le operazioni elementari I), II), III) sulle righe di una matrice introdotte a pagina 38. Denoteremo con:

$r_{i,j}(A)$ la matrice ottenuta scambiando tra loro le righe i-esima e j-esima di una matrice $A \in M_{n,m}(\mathsf{K})$;

$r_i(\alpha)(A)$ la matrice ottenuta moltiplicando per $\alpha \in \mathsf{K}^*$ l'i-esima riga di A;

$r_{i,j}(\alpha)(A)$ la matrice ottenuta sommando alla i-esima riga di A la j-esima moltiplicata per $\alpha \in \mathsf{K}^*$.

Se su una matrice $A \in M_{n,m}(\mathsf{K})$ si effettua due volte l'operazione $r_{i,j}$ si riottiene la stessa matrice A; cioè $r_{i,j}(r_{i,j}(A)) = A$. Lo stesso avviene se si effettua l'operazione $r_i(\alpha)$ seguita dalla $r_i(\alpha^{-1})$, oppure se si effettua la $r_{i,j}(\alpha)$ seguita dalla $r_{i,j}(-\alpha)$. Ciò si esprime dicendo che ognuna delle operazioni elementari $r_{i,j}$, $r_i(\alpha)$, $r_{i,j}(\alpha)$, ha per inversa ancora un'operazione elementare. Precisamente, le operazioni $r_{i,j}$, $r_i(\alpha^{-1})$ e $r_{i,j}(-\alpha)$ sono le inverse delle operazioni $r_{i,j}$, $r_i(\alpha)$ e $r_{i,j}(\alpha)$ rispettivamente.

Siano A, B due matrici in $M_{n,m}(\mathsf{K})$. B si dice *equivalente per righe* ad A se B si può ottenere da A mediante operazioni elementari sulle righe.

L'equivalenza per righe è una relazione di equivalenza tra matrici in $M_{m,n}(\mathsf{K})$.

Infatti ogni matrice A è equivalente a se stessa e quindi la relazione è riflessiva. Inoltre, se B è ottenuta da A mediante una successione di operazioni elementari sulle righe, allora A è ottenuta da B mediante la successione delle inverse delle stesse operazioni elementari ma eseguite in ordine inverso: quindi la relazione è simmetrica. Infine, se B è equivalente ad A e C è equivalente a B allora C si può ottenere da A eseguendo le operazioni elementari che la trasformano in B seguite da quelle che trasformano B in C: quindi C è equivalente a A e la relazione è anche transitiva.

In modo del tutto analogo al caso delle operazioni elementari sulle righe, si introducono le *operazioni elementari sulle colonne* di una matrice A.

Esistono tre tipi di operazioni elementari sulle colonne di una matrice:

I) scambiare tra loro due colonne della matrice;

II) moltiplicare una colonna della matrice per uno scalare nullo;

III) sostituire una colonna della matrice con quella ottenuta sommando ad essa un multiplo di un'altra colonna.

Per le operazioni elementari sulle colonne di una matrice $A \in M_{m,n}$ analoghe delle $r_{i,j}(A)$, $r_i(\alpha)(A)$ e $r_{i,j}(\alpha)(A)$ utilizzeremo le notazioni $c_{i,j}(A)$, $c_i(\alpha)(A)$ e $c_{i,j}(\alpha)(A)$.

Una matrice $B \in M_{m,n}(\mathsf{K})$ si dice *equivalente per colonne* ad una matrice $A \in M_{m,n}(\mathsf{K})$ se B si può ottenere da A mediante operazioni elementari sulle colonne.

In modo del tutto simile al caso dell'equivalenza per righe, si dimostra che l'*equivalenza per colonne è una relazione di equivalenza* tra matrici in $M_{m,n}(\mathsf{K})$.

7. È facile verificare che una operazione elementare sulle righe della matrice identità $\mathbf{I}_n$ agisce come la corrispondente operazione elementare sulle colonne. In altre parole si ha

$$r_{i,j}(\mathbf{I}_n) = c_{i,j}(\mathbf{I}_n)$$
$$r_i(\alpha)(\mathbf{I}_n) = c_i(\alpha)(\mathbf{I}_n)$$
$$r_{i,j}(\alpha)(\mathbf{I}_n) = c_{i,j}(\alpha)(\mathbf{I}_n)$$

per $1 \leq i, j \leq n$ e $\alpha \in \mathsf{K}^*$.

Una *matrice elementare di ordine n* è una matrice $E \in M_n(\mathsf{K})$ che può essere ottenuta dalla matrice identità per mezzo di un'operazione elementare sulle righe (o sulle colonne). Ad esempio, ognuna delle seguenti matrici è elementare di ordine 4 a elementi reali:

$$\begin{pmatrix} 1 & 0 & 0 & 0 \\ 0 & 0 & 0 & 1 \\ 0 & 0 & 1 & 0 \\ 0 & 1 & 0 & 0 \end{pmatrix}, \quad \begin{pmatrix} 1 & 0 & 0 & 0 \\ 0 & 1 & 0 & 0 \\ 0 & 0 & 2 & 0 \\ 0 & 0 & 0 & 1 \end{pmatrix}, \quad \begin{pmatrix} 1 & 0 & 0 & 0 \\ 0 & 1 & 5 & 0 \\ 0 & 0 & 1 & 0 \\ 0 & 0 & 0 & 1 \end{pmatrix}.$$

Introduciamo le seguenti notazioni per le matrici elementari di ordine n:

E^n_{ij}: matrice ottenuta scambiando tra loro l'i-esima e la j-esima riga di $\mathbf{I}_n$;

$E^n_i(c)$: matrice ottenuta moltiplicando per $c \in \mathsf{K}^*$ la i-esima riga di $\mathbf{I}_n$;

$E^n_{ij}(c)$: matrice ottenuta sommando alla i-esima riga di $\mathbf{I}_n$ la j-esima moltiplicata per $c \in \mathsf{K}$.

Talvolta adotteremo la scrittura più semplice E_{ij}, $E_i(c)$ ed $E_{ij}(c)$ per denotare le matrici elementari.

L'utilità di queste matrici sta nel fatto che, se $A \in M_{n,m}(\mathsf{K})$, allora *ogni operazione elementare sulle righe* (*sulle colonne*) *di A si ottiene moltiplicando a sinistra* (*a destra*) *A per la corrispondente matrice elementare*.

La dimostrazione di quest'affermazione è lasciata al lettore.

Le seguenti identità sono di verifica immediata:

$$E_{ij}^{-1} = E_{ji}$$
$$E_i(c)^{-1} = E_i(c^{-1})$$
$$E_{ij}(c)^{-1} = E_{ij}(-c).$$

In particolare vediamo che le matrici elementari sono invertibili e hanno per inverse matrici elementari dello stesso tipo.

8. Sia $A \in M_n(\mathsf{K})$. Le seguenti condizioni sono equivalenti:

a) A è invertibile;

b) A si può esprimere come prodotto di matrici elementari;

c) A è equivalente per righe a $\mathbf{I}_n$;

d) A è equivalente per colonne a $\mathbf{I}_n$.

(a) ⇒ (b). Per quanto visto nell'esempio 5 il sistema omogeneo di n equazioni in n incognite $A\mathbf{X} = \mathbf{0}$ ha l'unica soluzione $\mathbf{x} = \mathbf{0}$. Quindi, utilizzando il procedimento di Gauss-Jordan, con operazioni elementari esso può essere trasformato in un sistema a gradini di n equazioni omogenee in n incognite, cioè della forma

$$\begin{aligned} X_1 + a'_{12}X_2 + \dots + a'_{1n}X_n &= 0 \\ X_2 + \dots + a'_{2n}X_n &= 0 \\ &\vdots \\ X_{n-1} + a'_{n-1\,n}X_n &= 0 \\ X_n &= 0. \end{aligned}$$

Con ulteriori operazioni elementari del tipo (III) è possibile ridurre questo sistema nella forma $\mathbf{X} = \mathbf{0}$, cioè

$$\begin{aligned} X_1 \qquad\qquad &= 0 \\ X_2 \qquad &= 0 \\ &\vdots \\ X_n &= 0. \end{aligned}$$

Tale trasformazione corrisponde alla moltiplicazione a sinistra del primo membro del sistema $A\mathbf{X} = \mathbf{0}$ per il prodotto di un numero finito di matrici elementari, cioè si ha

$$E^{(1)} \dots E^{(s)} A\mathbf{X} = \mathbf{X} = \mathbf{I}_n\mathbf{X}$$

per opportune matrici elementari $E^{(1)}, E^{(2)}, \dots, E^{(s)}$. Pertanto $E^{(1)} \dots E^{(s)} A = \mathbf{I}_n$; per l'unicità di A^{-1} si ha $E^{(1)} \dots E^{(s)} = A^{-1}$ e quindi

$$A = (E^{(1)} \dots E^{(s)})^{-1} = E^{(s)-1} \dots E^{(2)-1} E^{(1)-1}$$

è un prodotto di matrici elementari.

(b) ⇒ (a). Se A è un prodotto di matrici elementari, allora è invertibile perché ognuno dei fattori lo è.

(b) ⇔ (c). A è equivalente per righe a $\mathbf{I}_n$ se e solo se $A = E^{(1)} \dots E^{(s)} \mathbf{I}_n$ per opportune matrici elementari $E^{(1)} \dots E^{(s)}$, e ciò è equivalente a (b).

(b) ⇔ (d) si dimostra nello stesso modo.

9. Da 7 e 8 segue immediatamente che due matrici M, $N \in M_{m,n}(\mathsf{K})$ sono equivalenti per righe e solo esiste $A \in \mathrm{GL}_m(\mathsf{K})$ tale che $AM = N$.

Similmente M, $N \in M_{m,n}(\mathsf{K})$ sono equivalenti per colonne se e solo se esiste $A \in \mathrm{GL}_n(\mathsf{K})$ tale che $MA = N$.

10. Siano A, $B \in M_n(\mathsf{K})$, allora M e la matrice $(A\ \ B) \in M_{n,2n}$ possono essere moltiplicate, e dalla definizione di prodotto righe per colonne segue che

$$M(A\ \ B) = (MA\ \ MB).$$

Supponiamo che la matrice $A \in M_n(\mathsf{K})$ sia invertibile e consideriamo la matrice $(A\ \ \mathbf{I}_n) \in M_{n,2n}$. Moltiplicandola a sinistra per A^{-1} otteniamo

$$A^{-1}(A\ \ \mathbf{I}_n) = (\mathbf{I}_n\ \ A^{-1}).$$

Poiché dall'osservazione 8 segue che A^{-1} è esprimibile come prodotto di matrici elementari, vediamo che la matrice $(\mathbf{I}_n\ \ A^{-1})$ può essere ottenuta a partire da $(A\ \ \mathbf{I}_n)$ mediante operazioni elementari sulle righe.

Si ottiene così il seguente metodo pratico per stabilire se una matrice data $A \in M_n(\mathsf{K})$ è invertibile e, se lo è, per trovare A^{-1}. Si considera la matrice $(A\ \ \mathbf{I}_n)$: se, effettuando operazioni elementari sulle sue righe, è possibile ottenere una matrice della forma $(\mathbf{I}_n\ \ B)$, allora A è invertibile e la matrice B così ottenuta necessariamente coincide con A^{-1}. Se invece ciò non è possibile, allora A non è invertibile.

Consideriamo ad esempio la matrice

$$\begin{pmatrix} 1 & 1 \\ 2 & -1 \end{pmatrix}.$$

Si ha

$$\begin{pmatrix} 1 & 1 & 1 & 0 \\ 2 & -1 & 0 & 1 \end{pmatrix} \to \begin{pmatrix} 1 & 1 & 1 & 0 \\ 0 & -3 & -2 & 1 \end{pmatrix} \to$$

$$\to \begin{pmatrix} 1 & 1 & 1 & 0 \\ 0 & 1 & \frac{2}{3} & -\frac{1}{3} \end{pmatrix} \to \begin{pmatrix} 1 & 0 & \frac{1}{3} & \frac{1}{3} \\ 0 & 1 & \frac{2}{3} & -\frac{1}{3} \end{pmatrix}.$$

Quindi A è invertibile e $A^{-1} = \begin{pmatrix} \frac{1}{3} & \frac{1}{3} \\ \frac{2}{3} & -\frac{1}{3} \end{pmatrix}$.

Invece la matrice $\begin{pmatrix} 2 & 1 \\ 1 & \frac{1}{2} \end{pmatrix}$ non è invertibile. Infatti la $\begin{pmatrix} 2 & 1 & 1 & 0 \\ 1 & \frac{1}{2} & 0 & 1 \end{pmatrix}$ non può essere trasformata in una della forma $(\mathbf{I}_2\ B)$ con operazioni elementari. La verifica di questo fatto è lasciata al lettore.

Consideriamo ora

$$A = \begin{pmatrix} 1 & 1 & 2 \\ 0 & 1 & 0 \\ -1 & 0 & 1 \end{pmatrix}.$$

Si ha

$$\begin{pmatrix} 1 & 1 & 2 & 1 & 0 & 0 \\ 0 & 1 & 0 & 0 & 1 & 0 \\ -1 & 0 & 1 & 0 & 0 & 1 \end{pmatrix} \to \begin{pmatrix} 1 & 1 & 2 & 1 & 0 & 0 \\ 0 & 1 & 0 & 0 & 1 & 0 \\ 0 & 1 & 3 & 1 & 0 & 1 \end{pmatrix} \to$$

$$\to \begin{pmatrix} 1 & 1 & 2 & 1 & 0 & 0 \\ 0 & 1 & 0 & 0 & 1 & 0 \\ 0 & 0 & 3 & 1 & -1 & 1 \end{pmatrix} \to \begin{pmatrix} 1 & 0 & 2 & 1 & -1 & 0 \\ 0 & 1 & 0 & 0 & 1 & 0 \\ 0 & 0 & 3 & 1 & -1 & 1 \end{pmatrix} \to$$

$$\to \begin{pmatrix} 1 & 0 & 0 & \frac{1}{3} & -\frac{1}{3} & -\frac{2}{3} \\ 0 & 1 & 0 & 0 & 1 & 0 \\ 0 & 0 & 3 & 1 & -1 & 1 \end{pmatrix} \to \begin{pmatrix} 1 & 0 & 0 & \frac{1}{3} & -\frac{1}{3} & -\frac{2}{3} \\ 0 & 1 & 0 & 0 & 1 & 0 \\ 0 & 0 & 1 & \frac{1}{3} & -\frac{1}{3} & \frac{1}{3} \end{pmatrix}.$$

Quindi A è invertibile e

$$A^{-1} = \begin{pmatrix} \frac{1}{3} & -\frac{1}{3} & -\frac{2}{3} \\ 0 & 1 & 0 \\ \frac{1}{3} & -\frac{1}{3} & \frac{1}{3} \end{pmatrix}.$$

Nel paragrafo 6 descriveremo un altro metodo per calcolare l'inversa di una matrice.

Esercizi

1. Risolvere i seguenti sistemi con il metodo di eliminazione di Gauss-Jordan:

a) (K = Q)
$$\begin{aligned} X - 3Y + 5Z &= 0 \\ 2X - 4Y + 2Z &= 0 \\ 5X - 11Y + 9Z &= 0 \end{aligned}$$

b) (K = Q)
$$\begin{aligned} X_1 - 2X_2 + 3X_3 + 4X_4 + 5X_5 &= 0 \\ X_1 + 4X_2 + 7X_4 + 2X_5 &= 0 \\ X_1 + 4X_2 + 7X_4 + 2X_5 &= 0 \\ 2X_1 + 2X_2 + 3X_3 + 11X_4 + 7X_5 &= 0 \\ 3X_1 + 6X_2 + 3X_3 + 18X_4 + 9X_5 &= 0 \end{aligned}$$

c) (K = R)
$$\begin{aligned} X_1 + 2X_2 - \sqrt{2}X_3 &= 0 \\ 3X_1 - (\sqrt{2}+6)X_3 &= 0 \\ -X_1 + X_2 + 3X_3 &= -1 \end{aligned}$$

d) (K = C)
$$\begin{aligned} 2X_2 + X_4 + 5X_5 &= i \\ 2X_1 + 2X_3 + X_4 - 3X_5 &= i \\ X_1 + X_2 + X_3 + X_4 + X_5 &= 0 \end{aligned}$$

e) (K = R)
$$\begin{aligned} X_3 + 2X_4 &= 3 \\ 2X_1 + 4X_2 - 2X_3 &= 4 \\ 2X_1 + 4X_2 - X_3 + 2X_4 &= 7. \end{aligned}$$

2. Dimostrare che una matrice diagonale

$$A = \begin{pmatrix} a_1 & 0 & \dots & 0 \\ 0 & a_2 & \dots & 0 \\ \vdots & \vdots & & \vdots \\ 0 & 0 & \dots & a_n \end{pmatrix} \in M_n(\mathsf{K})$$

è invertibile se e solo se $a_1 a_2 \dots a_n \neq 0$, ed in tal caso la sua inversa è

$$A^{-1} = \begin{pmatrix} a_1^{-1} & 0 & \dots & 0 \\ 0 & a_2^{-1} & \dots & 0 \\ \vdots & \vdots & & \vdots \\ 0 & 0 & \dots & a_n^{-1} \end{pmatrix}.$$

3. Calcolare $3A^{-1} - AB^{-2}$, dove $A = \begin{pmatrix} 1 & -1 \\ 1 & 1 \end{pmatrix}$, $B = \begin{pmatrix} 0 & 2 \\ -1 & 1 \end{pmatrix}$.

4. Calcolare l'inversa, se esiste, di ognuna delle seguenti matrici:

a) (K = Q) $\begin{pmatrix} \frac{1}{2} & \frac{1}{3} \\ 5 & 2 \end{pmatrix}$ b) (K = R) $\begin{pmatrix} 3 & \sqrt{3} \\ 1 & \frac{1}{\sqrt{3}} \end{pmatrix}$

c) (K = R) $\begin{pmatrix} 0 & -1 & \sqrt{2} \\ 1 & 0 & 3 \end{pmatrix} \begin{pmatrix} -3 & 2 \\ -\sqrt{2} & 4 \\ -1 & 0 \end{pmatrix}$

d) (K = C) $\begin{pmatrix} 1 & i \\ 2i & -1 \end{pmatrix}$ e) (K = C) $\begin{pmatrix} 2 & 2-i \\ 2+i & -2 \end{pmatrix}$

f) (K = C) $\begin{pmatrix} 1 & \frac{1}{2} \\ 2i & 1 \end{pmatrix}$ g) (K = Q) $\begin{pmatrix} 6 & -3 & -2 \\ 5 & -2 & -2 \\ 5 & -3 & -1 \end{pmatrix}$

h) (K = Q) $\begin{pmatrix} -1 & 2 & -1 \\ -5 & 13 & -10 \\ 2 & -5 & 4 \end{pmatrix}$ i) (K = Q) $\begin{pmatrix} 1 & 0 & 1 \\ 1 & 1 & 0 \\ -1 & 1 & 0 \end{pmatrix}$

j) (K = C) $\begin{pmatrix} 2i & 0 & 1 \\ 0 & 0 & i \\ 1 & 1 & 1 \end{pmatrix}$ k) (K = Q) $\begin{pmatrix} -1 & 0 & 0 & 2 \\ 0 & 1 & 0 & 0 \\ 1 & 0 & 0 & 1 \\ 1 & 0 & 1 & 1 \end{pmatrix}$

l) (K = C) $\begin{pmatrix} 0 & 0 & 0 & i \\ 0 & 0 & 1 & 0 \\ 0 & 1 & 0 & 0 \\ i & 0 & 0 & 0 \end{pmatrix}$.

5. Risolvere i seguenti sistemi con il metodo dell'inversa:

a) (K = Q)
$$\begin{aligned} X + Y - \frac{Z}{2} &= 1 \\ 12Y - Z &= 12 \\ X + 3Y &= 3 \end{aligned}$$

b) (K = C)
$$\begin{aligned} iX - Y &= 2i \\ 3X - 2iY &= 1 \end{aligned}$$

c) (K = R)
$$\begin{aligned} X + Z &= \sqrt{2} \\ X + \sqrt{2}Y + \frac{1}{2}Z &= 2\sqrt{2} \\ \frac{\sqrt{2}}{2}X + 2Y + \frac{\sqrt{2}}{2}Z &= 3. \end{aligned}$$

6. Esprimere ciascuna delle seguenti matrici quadrate ad elementi reali come prodotto di matrici elementari:

a) $\begin{pmatrix} 0 & 2 \\ \frac{1}{2} & 0 \end{pmatrix}$ b) $\begin{pmatrix} 1 & -1 \\ 2 & 0 \end{pmatrix}$ c) $\begin{pmatrix} 3 & 5 \\ 1 & 2 \end{pmatrix}$

d) $\begin{pmatrix} 2 & 1 & 0 \\ 1 & 1 & 0 \\ 0 & 0 & 2 \end{pmatrix}$ e) $\begin{pmatrix} 1 & 3 & 0 \\ 2 & 1 & 1 \\ 2 & -1 & 0 \end{pmatrix}$.

4 Alcune nozioni di algebra lineare

Sia **V** uno spazio vettoriale su K.

4.1 DEFINIZIONE *Un sottoinsieme non vuoto* **W** *di* **V** *si dice* sottospazio vettoriale *di* **V** *se*:

1) *per ogni* $\mathbf{w}_1$, $\mathbf{w}_2 \in \mathbf{W}$, *la somma* $\mathbf{w}_1 + \mathbf{w}_2$ *appartiene a* **W**;
2) *per ogni* $\mathbf{w} \in \mathbf{W}$ *e per ogni* $c \in$ K, *il prodotto* $c\mathbf{w}$ *appartiene a* **W**.

Le condizioni (1) e (2) della definizione 4.1 implicano che le operazioni di somma e di prodotto per uno scalare definite in **V** inducono altrettante operazioni in **W**; inoltre, per la proprietà (2) applicata agli scalari 0, −1, si ha rispettivamente $\mathbf{0} = 0\mathbf{w} \in \mathbf{W}$ e $-\mathbf{w} \in \mathbf{W}$. Quindi **W** soddisfa gli assiomi SV2 ed SV3. Poiché gli altri assiomi SV1, SV4, ..., SV8 sono soddisfatti da **V**, essi sono a maggior ragione soddisfatti da **W**. Quindi **W** è esso stesso uno spazio vettoriale.

È evidente che se **W** è un sottospazio di **V** e **U** è un sottospazio di **W**, allora **U** è un sottospazio di **V**. Analogamente, se **U** e **W** sono sottospazi di **V** ed $\mathbf{U} \subset \mathbf{W}$, allora **U** è un sottospazio di **W**.

4.2 *Esempi*

1. Esempi di sottospazi di un qualsiasi spazio vettoriale **V** sono **V** stesso e il sottoinsieme costituito dal solo **0**, che si denota con $\langle \mathbf{0} \rangle$. Questi due sottospazi sono detti *sottospazi impropri* o *banali* di **V**.

Sia $\mathbf{v} \in \mathbf{V}$ un elemento qualsiasi. L'insieme

$$\langle \mathbf{v} \rangle = \{ c\mathbf{v} : c \in \mathsf{K} \}$$

costituito da tutti i multipli di **v** costituisce un altro esempio di sottospazio di **V**; la verifica è immediata ed è lasciata al lettore. Nel piano e nello spazio ordinari, i sottospazi della forma $\langle \mathbf{v} \rangle$ sono quelli che si ottengono fissando una retta e considerando tutti i vettori ad essa paralleli.

2. Sia $\mathbf{V} = \mathsf{K}^n$, $n \geq 2$. Il sottoinsieme $\mathbf{H}_1$ di $\mathbf{V}$ costituito dalle n-uple della forma $(0, x_2, \ldots, x_n)$, al variare di $x_2, \ldots, x_n \in \mathsf{K}$, è un sottospazio vettoriale di K^n. Infatti $\mathbf{H}_1$ non è vuoto; inoltre, per ogni $x_2, \ldots, x_n, y_2, \ldots, y_n, c \in \mathsf{K}$, si ha

$$(0, x_2, \ldots, x_n) + (0, y_2, \ldots, y_n) = (0, x_2 + y_2, \ldots, x_n + y_n) \in \mathbf{H}_1$$
$$c(0, x_2, \ldots, x_n) = (0, cx_2, \ldots, cx_n) \in \mathbf{H}_1.$$

In modo analogo si verifica che per ogni indice i compreso tra 1 ed n il sottoinsieme $\mathbf{H}_i$ di K^n costituito dalle n-uple il cui i-esimo elemento è uguale a 0 è un sottospazio vettoriale.

Dati $a_1, \ldots, a_n \in \mathsf{K}$ non tutti uguali a 0, sia

$$\mathbf{H} = \{(x_1, \ldots, x_n) \in \mathsf{K}^n \colon a_1x_1 + \ldots + a_nx_n = 0\}.$$

Se $(x_1, \ldots, x_n), (y_1, \ldots, y_n) \in \mathbf{H}$ e $c \in \mathsf{K}$, allora

$$a_1(x_1 + y_1) + \ldots + a_n(x_n + y_n) = a_1x_1 + \ldots + a_nx_n + a_1y_1 + \ldots + a_ny_n = \\ = 0 + 0 = 0$$
$$a_1(cx_1) + \ldots + a_n(cx_n) = c(a_1x_1 + \ldots + a_nx_n) = c0 = 0,$$

cioè $(x_1, \ldots, x_n) + (y_1, \ldots, y_n) \in \mathbf{H}$ e $c(x_1, \ldots, x_n) \in \mathbf{H}$; pertanto $\mathbf{H}$ è un sottospazio vettoriale di K^n. I sottospazi $\mathbf{H}_i$ sono casi particolari di $\mathbf{H}$ che si ottengono prendendo $a_i = 1$ e $a_j = 0$, se $j \neq i$.

In modo simile il lettore può verificare che, più in generale, *l'insieme* $\Sigma \subset \mathsf{K}^n$ *costituito dalle soluzioni di un assegnato sistema di equazioni lineari omogenee in n incognite è un sottospazio vettoriale di* K^n.

3. Sia $\mathbf{V}$ lo spazio vettoriale reale dei vettori geometrici dello spazio ordinario, sia π un piano e P un punto di π. *L'insieme* $\mathbf{W}$ *dei vettori di* $\mathbf{V}$ *della forma* $\overrightarrow{PQ}$ *per qualche* $Q \in \pi$ *è un sottospazio vettoriale di V.*

Infatti per ogni $Q, R \in \pi$ si ha

$$\overrightarrow{PQ} + \overrightarrow{PR} \in \mathbf{W},$$

perché il quarto vertice del parallelogramma di vertici P, Q, R appartiene a π, mentre per ogni $c \in \mathsf{R}$ e $Q \in \pi$ si ha

$$c\overrightarrow{PQ} \in \mathbf{W}$$

perché la retta contenente P e Q è contenuta in π.

Si noti che $\mathbf{W}$ dipende solo da π e non dalla scelta del punto $P \in \pi$ utilizzato per definirlo.

Segue subito dalla definizione 4.1 che se $\mathbf{U}$ e $\mathbf{W}$ sono due sottospazi vettoriali di $\mathbf{V}$, l'intersezione $\mathbf{U} \cap \mathbf{W}$ è ancora un sottospazio vettoriale di $\mathbf{V}$.

Più in generale, *l'intersezione* $\bigcap_{i\in I}\mathbf{W}_i$ *di una famiglia qualsiasi* $\{\mathbf{W}_i\}_{i\in I}$ *di sottospazi vettoriali di* $\mathbf{V}$ *è un sottospazio vettoriale di* $\mathbf{V}$. La verifica è immediata ed è lasciata al lettore.

L'unione $\mathbf{U}\cup\mathbf{W}$ di due sottospazi non è in generale un sottospazio di $\mathbf{V}$. Ad esempio, se $\mathbf{u}$ e $\mathbf{w}$ sono due vettori non proporzionali di $\mathbf{V}$, allora $\langle\mathbf{u}\rangle\cup\langle\mathbf{w}\rangle$ contiene i vettori $\mathbf{u}$ e $\mathbf{w}$, ma non contiene $\mathbf{u}+\mathbf{w}$, perché questo non è multiplo né di $\mathbf{u}$ né di $\mathbf{w}$: $\langle\mathbf{u}\rangle\cup\langle\mathbf{w}\rangle$ non soddisfa la condizione (1) della definizione 4.1.

Il sottoinsieme di $\mathbf{V}$ costituito da tutti i vettori della forma $\mathbf{u}+\mathbf{w}$, al variare di $\mathbf{u}$ in $\mathbf{U}$ e di $\mathbf{w}$ in $\mathbf{W}$, verrà denotato con $\mathbf{U}+\mathbf{W}$.

Se $\mathbf{u}_1, \mathbf{u}_2\in\mathbf{U}$, $\mathbf{w}_1, \mathbf{w}_2\in\mathbf{W}$, e $c\in\mathsf{K}$ allora

$$(\mathbf{u}_1+\mathbf{w}_1)+(\mathbf{u}_2+\mathbf{w}_2)=(\mathbf{u}_1+\mathbf{u}_2)+(\mathbf{w}_1+\mathbf{w}_2)\in\mathbf{U}+\mathbf{W}$$

$$c(\mathbf{u}_1+\mathbf{w}_1)=c\mathbf{u}_1+c\mathbf{w}_1\in\mathbf{U}+\mathbf{W}$$

e quindi $\mathbf{U}+\mathbf{W}$ è un sottospazio vettoriale di $\mathbf{V}$. Esso si chiama il *sottospazio somma dei sottospazi* $\mathbf{U}$ *e* $\mathbf{W}$.

Si osservi che $\mathbf{U}+\mathbf{W}$ contiene $\mathbf{U}\cup\mathbf{W}$ perché contiene tutti i vettori $\mathbf{u}=\mathbf{u}+\mathbf{0}$ e $\mathbf{w}=\mathbf{0}+\mathbf{w}$ al variare di $\mathbf{u}\in\mathbf{U}$ e di $\mathbf{w}\in\mathbf{W}$.

Se $\mathbf{U}\cap\mathbf{W}=\langle\mathbf{0}\rangle$, allora $\mathbf{U}+\mathbf{W}$ è detto *somma diretta di* $\mathbf{U}$ *e* $\mathbf{W}$, e si denota con $\mathbf{U}\oplus\mathbf{W}$.

$\mathbf{U}+\mathbf{W}$ *è somma diretta se e solo se ogni suo vettore si esprime in modo unico nella forma* $\mathbf{u}+\mathbf{w}$.

Infatti, se $\mathbf{U}+\mathbf{W}=\mathbf{U}\oplus\mathbf{W}$ e

$$\mathbf{u}+\mathbf{w}=\mathbf{u}'+\mathbf{w}'$$

per qualche $\mathbf{u}, \mathbf{u}'\in\mathbf{U}$, $\mathbf{w}, \mathbf{w}'\in\mathbf{W}$, allora $\mathbf{u}-\mathbf{u}'=\mathbf{w}'-\mathbf{w}\in\mathbf{U}\cap\mathbf{W}$, e quindi

$$\mathbf{u}-\mathbf{u}'=\mathbf{w}'-\mathbf{w}=\mathbf{0},$$

cioè

$$\mathbf{u}=\mathbf{u}' \text{ e } \mathbf{w}=\mathbf{w}'.$$

Viceversa, se $\mathbf{v}\in\mathbf{U}\cap\mathbf{W}$, allora si ha

$$\mathbf{0}=\mathbf{0}+\mathbf{0}=\mathbf{v}-\mathbf{v}$$

e dall'ipotesi di unicità segue che $\mathbf{v}=-\mathbf{v}=\mathbf{0}$. Quindi $\mathbf{U}\cap\mathbf{W}=\langle\mathbf{0}\rangle$ e la somma è diretta.

Se $\mathbf{V}=\mathbf{U}\oplus\mathbf{W}$ i *sottospazi* $\mathbf{U}$ e $\mathbf{W}$ si dicono *supplementari* in $\mathbf{V}$.

Nel caso in cui $\mathbf{U}=\langle\mathbf{u}\rangle$, $\mathbf{W}=\langle\mathbf{w}\rangle$, con $\mathbf{u}, \mathbf{w}\in\mathbf{V}$ non proporzionali, si ha $\langle\mathbf{u}\rangle\cap\langle\mathbf{w}\rangle=\langle\mathbf{0}\rangle$. $\langle\mathbf{u}\rangle\oplus\langle\mathbf{w}\rangle$ consiste di tutti i vettori della forma $a\mathbf{u}+b\mathbf{w}$, al variare di $a, b\in\mathsf{K}$. La figura 4.1 si riferisce al caso dello spazio ordinario.

Se $\mathbf{U}$ *e* $\mathbf{W}$ *sono due* K*-spazi vettoriali, il loro prodotto cartesiano* $\mathbf{U}\times\mathbf{W}$ *è un* K*-spazio vettoriale se si definiscono in esso le operazioni di somma di due vettori*

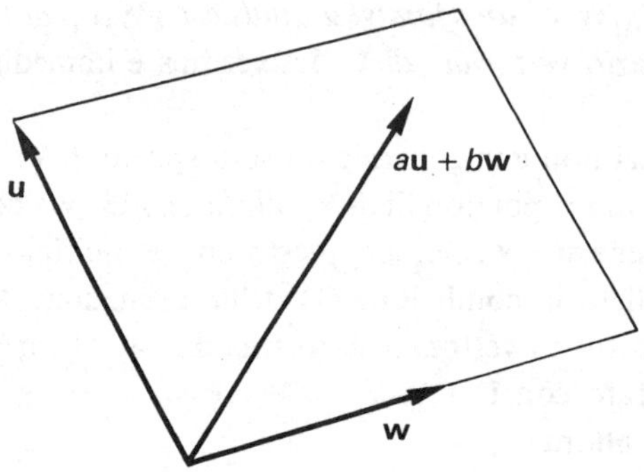

Figura 4.1

e di prodotto di un vettore per uno scalare nel modo seguente:

$$(\mathbf{u}, \mathbf{w}) + (\mathbf{u}', \mathbf{w}') = (\mathbf{u} + \mathbf{u}', \mathbf{w} + \mathbf{w}')$$

$$a(\mathbf{u}, \mathbf{w}) = (a\mathbf{u}, a\mathbf{w})$$

per ogni $(\mathbf{u}, \mathbf{w}), (\mathbf{u}', \mathbf{w}') \in \mathbf{U} \times \mathbf{W}$, $a \in \mathsf{K}$. *Il vettore nullo di* $\mathbf{U} \times \mathbf{W}$ *è* $(\mathbf{0}, \mathbf{0})$.

Le verifiche di questi fatti sono lasciate al lettore.
I sottoinsiemi

$$\mathbf{U}' = \{(\mathbf{u}, \mathbf{0}) : \mathbf{u} \in \mathbf{U}\}$$

$$\mathbf{W}' = \{(\mathbf{0}, \mathbf{w}) : \mathbf{w} \in \mathbf{W}\}$$

sono due sottospazi di $\mathbf{U} \times \mathbf{W}$. Si ha evidentemente

$$\mathbf{U}' \cap \mathbf{W}' = (\mathbf{0}, \mathbf{0});$$

inoltre

$$(\mathbf{u}, \mathbf{w}) = (\mathbf{u}, \mathbf{0}) + (\mathbf{0}, \mathbf{w})$$

per ogni $(\mathbf{u}, \mathbf{w}) \in \mathbf{U} \times \mathbf{W}$. Pertanto si ha

$$\mathbf{U} \times \mathbf{W} = \mathbf{U}' \oplus \mathbf{W}'.$$

Ad esempio lo spazio vettoriale K^{m+n} si identifica con $\mathsf{K}^n \times \mathsf{K}^m$, ed è somma diretta dei due sottospazi

$$\mathsf{K}^{n'} = \{(x_1, x_2, \dots, x_n, 0, \dots, 0) : x_1, \dots, x_n \in \mathsf{K}\}$$

$$\mathsf{K}^{m'} = \{(0, \dots, 0, y_1, y_2, \dots, y_m) : y_1, \dots, y_m \in \mathsf{K}\}.$$

Se $\mathbf{V}_1, \dots, \mathbf{V}_m$ sono sottospazi vettoriali del K-spazio vettoriale $\mathbf{V}$, si definisce

$$\mathbf{V}_1 + \dots + \mathbf{V}_m := \{\mathbf{v}_1 + \dots + \mathbf{v}_m : \mathbf{v}_i \in \mathbf{V}_i,\ i = 1, \dots, m\}$$

Si verifica in modo del tutto analogo al caso di due sottospazi che $\mathbf{V}_1 + \dots + \mathbf{V}_m$ è un sottospazio vettoriale di $\mathbf{V}$, che si dice *sottospazio somma* di $\mathbf{V}_1, \dots, \mathbf{V}_m$.

Per definizione, per ogni elemento $\mathbf{v} \in \mathbf{V}_1 + \cdots + \mathbf{V}_m$ esistono $\mathbf{v}_1 \in \mathbf{V}_1, \ldots, \mathbf{v}_m \in \mathbf{V}_m$ tali che $\mathbf{v} = \mathbf{v}_1 + \cdots + \mathbf{v}_m$. Se per ogni $\mathbf{v} \in \mathbf{V}_1 + \cdots + \mathbf{V}_m$ gli elementi $\mathbf{v}_1 \in \mathbf{V}_1, \ldots, \mathbf{v}_m \in \mathbf{V}_m$ sono univocamente determinati, $\mathbf{V}_1 + \cdots + \mathbf{V}_m$ si dice *somma diretta* di $\mathbf{V}_1, \ldots, \mathbf{V}_m$, e si denota con $\mathbf{V}_1 \oplus \cdots \oplus \mathbf{V}_m$.

Un procedimento per costruire sottospazi vettoriali è fornito dalla nozione di "combinazione lineare".

Siano $\mathbf{v}_1, \ldots, \mathbf{v}_n \in \mathbf{V}$ e $a_1, \ldots, a_n \in \mathsf{K}$. Il vettore

$$a_1\mathbf{v}_1 + \ldots + a_n\mathbf{v}_n \qquad [4.1]$$

si dice *combinazione lineare dei vettori* $\mathbf{v}_1, \ldots, \mathbf{v}_n$ e $a_1, \ldots, a_n$ si dicono *coefficienti della combinazione lineare*.

Se i coefficienti sono tutti uguali a 0, allora la [4.1] è uguale al vettore $\mathbf{0}$ e si dice *combinazione lineare banale* di $\mathbf{v}_1, \ldots, \mathbf{v}_n$. Ogni combinazione lineare di $\mathbf{v}_1, \ldots, \mathbf{v}_n$ in cui i coefficienti non siano tutti nulli si dice *non banale*.

(*Attenzione*: una combinazione lineare può essere non banale e tuttavia essere uguale al vettore nullo. Questo è il caso ad esempio di $0\mathbf{v} + a\mathbf{0}$, per ogni $\mathbf{v} \in \mathbf{V}$, $a \in \mathsf{K}^*$.)

Le combinazioni lineari di un vettore $\mathbf{v} \in \mathbf{V}$ sono i suoi multipli.

Si noti che

$$\mathbf{v}_i = 0\mathbf{v}_1 + \ldots + 0\mathbf{v}_{i-1} + 1\mathbf{v}_i + 0\mathbf{v}_{i+1} + \ldots + 0\mathbf{v}_n$$

è combinazione lineare di $\mathbf{v}_1, \ldots, \mathbf{v}_n$, $i = 1, \ldots, n$.

Segue immediatamente dalla definizione 4.1 che se $\mathbf{W}$ è un sottospazio vettoriale di $\mathbf{V}$ e $\mathbf{v}_1, \ldots, \mathbf{v}_n$ sono elementi di $\mathbf{W}$, allora ogni combinazione lineare di $\mathbf{v}_1, \ldots, \mathbf{v}_n$ appartiene a $\mathbf{W}$.

4.3 PROPOSIZIONE *Sia* $\{\mathbf{v}_1, \ldots, \mathbf{v}_n\}$ *un sottoinsieme finito di vettori di* $\mathbf{V}$. *L'insieme* $\langle \mathbf{v}_1, \ldots, \mathbf{v}_n \rangle$ *costituito da tutte le combinazioni lineari di* $\mathbf{v}_1, \ldots, \mathbf{v}_n$ *è un sottospazio vettoriale di* $\mathbf{V}$. *Esso è uguale all'intersezione di tutti i sottospazi di* $\mathbf{V}$ *che contengono* $\{\mathbf{v}_1, \ldots, \mathbf{v}_n\}$.

Dimostrazione

Se $a_1\mathbf{v}_1 + \ldots + a_n\mathbf{v}_n$ e $b_1\mathbf{v}_1 + \ldots + b_n\mathbf{v}_n$ sono due elementi qualsiasi di $\langle \mathbf{v}_1, \ldots, \mathbf{v}_n \rangle$ e $c \in \mathsf{K}$, allora

$$(a_1\mathbf{v}_1 + \ldots + a_n\mathbf{v}_n) + (b_1\mathbf{v}_1 + \ldots + b_n\mathbf{v}_n) = (a_1 + b_1)\mathbf{v}_1 + (a_2 + b_2)\mathbf{v}_2 + \ldots \\ \ldots + (a_n + b_n)\mathbf{v}_n$$

e

$$c(a_1\mathbf{v}_1 + \ldots + a_n\mathbf{v}_n) = ca_1\mathbf{v}_1 + ca_2\mathbf{v}_2 + \ldots + ca_n\mathbf{v}_n$$

sono elementi di $\langle \mathbf{v}_1, \ldots, \mathbf{v}_n \rangle$, e quindi $\langle \mathbf{v}_1, \ldots, \mathbf{v}_n \rangle$ è un sottospazio vettoriale di $\mathbf{V}$.

Denotiamo con $\mathbf{W}$ l'intersezione di tutti i sottospazi di $\mathbf{V}$ che contengono $\{\mathbf{v}_1, \ldots, \mathbf{v}_n\}$. Poiché $\langle \mathbf{v}_1, \ldots, \mathbf{v}_n \rangle$ è un sottospazio vettoriale contenente $\{\mathbf{v}_1, \ldots, \mathbf{v}_n\}$, si ha $\mathbf{W} \subset \langle \mathbf{v}_1, \ldots, \mathbf{v}_n \rangle$. D'altra parte $\mathbf{W}$, essendo un sottospazio, contiene tutte le combinazioni lineari di suoi elementi, e quindi contiene quelle di $\mathbf{v}_1, \ldots, \mathbf{v}_n$; cioè $\mathbf{W} \supset \langle \mathbf{v}_1, \ldots, \mathbf{v}_n \rangle$. In conclusione $\mathbf{W} = \langle \mathbf{v}_1, \ldots, \mathbf{v}_n \rangle$.

Chiameremo $\langle \mathbf{v}_1, \ldots, \mathbf{v}_n \rangle$ il *sottospazio generato da* $\mathbf{v}_1, \ldots, \mathbf{v}_n$.

Osserviamo che, se $1 \leq m < n$, il sottospazio $\langle \mathbf{v}_1, \ldots, \mathbf{v}_m \rangle$ è contenuto in $\langle \mathbf{v}_1, \ldots, \mathbf{v}_n \rangle$, perché ogni combinazione lineare di $\mathbf{v}_1, \ldots, \mathbf{v}_m$ è anche una combinazione lineare di $\mathbf{v}_1, \ldots, \mathbf{v}_n$:

$$a_1\mathbf{v}_1 + \ldots + a_m\mathbf{v}_m = a_1\mathbf{v}_1 + \ldots + a_m\mathbf{v}_m + 0\mathbf{v}_{m+1} + \ldots + 0\mathbf{v}_n.$$

Diremo che $\mathbf{v}_1, \ldots, \mathbf{v}_n$ *generano* $\mathbf{V}$, oppure che $\{\mathbf{v}_1, \ldots, \mathbf{v}_n\}$ *è un sistema di generatori di* $\mathbf{V}$, se $\langle \mathbf{v}_1, \ldots, \mathbf{v}_n \rangle = \mathbf{V}$. Quindi $\mathbf{v}_1, \ldots, \mathbf{v}_n$ generano $\mathbf{V}$ se e solo se per ogni $\mathbf{v} \in \mathbf{V}$ esistono $a_1, \ldots, a_n \in \mathsf{K}$ tali che

$$\mathbf{v} = a_1\mathbf{v}_1 + \ldots + a_n\mathbf{v}_n.$$

4.4 Definizione *I vettori* $\mathbf{v}_1, \ldots, \mathbf{v}_n \in \mathbf{V}$ *si dicono* linearmente dipendenti *se esistono scalari* $a_1, \ldots, a_n \in \mathsf{K}$ *non tutti nulli tali che*

$$a_1\mathbf{v}_1 + \ldots + a_n\mathbf{v}_n = \mathbf{0},$$

o, equivalente, se il vettore $\mathbf{0}$ *si può esprimere come loro combinazione lineare non banale.*

Altrimenti $\mathbf{v}_1, \ldots, \mathbf{v}_n$ *si dicono* linearmente indipendenti.

L'insieme $\{\mathbf{v}_1, \ldots, \mathbf{v}_n\}$ *si dirà* linearmente dipendente (linearmente indipendente) *se i vettori* $\mathbf{v}_1, \ldots, \mathbf{v}_n$ *sono linearmente dipendenti (linearmente indipendenti).*

Vediamo alcune semplici conseguenze della definizione 4.4.

4.5 Proposizione *Un vettore* $\mathbf{v}$ *è linearmente dipendente se e solo se* $\mathbf{v} = \mathbf{0}$.

4.6 Proposizione *Se* $\mathbf{v}_1$ *e* $\mathbf{v}_2$ *sono due vettori tali che* $\mathbf{v}_2$ *sia proporzionale a* $\mathbf{v}_1$, *cioè tali che* $\mathbf{v}_2 = a\mathbf{v}_1$ *per qualche* $a \in \mathsf{K}$, *allora* $\mathbf{v}_1$ *e* $\mathbf{v}_2$ *sono linearmente dipendenti.*

Infatti $a\mathbf{v}_1 - \mathbf{v}_2 = \mathbf{0}$ è una loro combinazione lineare con coefficienti a e -1, e quindi non entrambi nulli.

Viceversa, *se* $\mathbf{v}_1$ *e* $\mathbf{v}_2$ *sono due vettori linearmente dipendenti, allora uno di essi è multiplo dell'altro.* Infatti $a_1\mathbf{v}_1 + a_2\mathbf{v}_2 = \mathbf{0}$, cioè $a_2\mathbf{v}_2 = -a_1\mathbf{v}_1$, con a_1, a_2 non entrambi uguali a 0, implica, supponendo ad esempio $a_2 \neq 0$, che $\mathbf{v}_2 = a\mathbf{v}_1$, dove $a = -a_1a_2^{-1}$.

4.7 Proposizione $\mathbf{v}_1, \ldots, \mathbf{v}_n \in \mathbf{V}$, $n \geq 2$, *sono linearmente dipendenti se e solo se uno almeno di essi si può esprimere come combinazione lineare dei rimanenti.*

Infatti, se $\mathbf{v}_1, \ldots, \mathbf{v}_n$ sono linearmente dipendenti, allora

$$\mathbf{0} = a_1\mathbf{v}_1 + \ldots + a_n\mathbf{v}_n,$$

con $a_i \neq 0$ per qualche i; quindi

$$a_i\mathbf{v}_i = -(a_1\mathbf{v}_1 + \ldots + a_{i-1}\mathbf{v}_{i-1} + a_{i+1}\mathbf{v}_{i+1} + \ldots + a_n\mathbf{v}_n)$$

cioè

$$\begin{aligned} \mathbf{v}_i &= -a_i^{-1}(a_1\mathbf{v}_1 + \ldots + a_{i-1}\mathbf{v}_{i-1} + a_{i+1}\mathbf{v}_{i+1} + \ldots + a_n\mathbf{v}_n) = \\ &= -a_i^{-1}a_1\mathbf{v}_1 - \ldots - a_i^{-1}a_{i-1}\mathbf{v}_{i-1} - a_i^{-1}a_{i+1}\mathbf{v}_{i+1} - \ldots - a_i^{-1}a_n\mathbf{v}_n. \end{aligned}$$

Viceversa, se per qualche i

$$\mathbf{v}_i = b_1\mathbf{v}_1 + \ldots + b_{i-1}\mathbf{v}_{i-1} + b_{i+1}\mathbf{v}_{i+1} + \ldots + b_n\mathbf{v}_n,$$

allora

$$\mathbf{0} = b_1\mathbf{v}_1 + \ldots + b_{i-1}\mathbf{v}_{i-1} - \mathbf{v}_i + b_{i+1}\mathbf{v}_{i+1} + \ldots + b_n\mathbf{v}_n$$

e quindi $\mathbf{v}_1, \ldots, \mathbf{v}_n$ sono linearmente dipendenti.

4.8 PROPOSIZIONE *Se l'insieme* $\{\mathbf{v}_1, \ldots, \mathbf{v}_n\}$ *contiene il vettore* $\mathbf{0}$, *allora* $\mathbf{v}_1, \ldots, \mathbf{v}_n$ *sono linearmente dipendenti.*

Supponiamo infatti che si abbia $\mathbf{v}_i = \mathbf{0}$ per qualche i compreso tra 1 ed n. Allora si ha

$$0\mathbf{v}_1 + \ldots + 0\mathbf{v}_{i-1} + 1\mathbf{v}_i + 0\mathbf{v}_{i+1} + \ldots + 0\mathbf{v}_n = \mathbf{v}_i = \mathbf{0},$$

e $\mathbf{0}$ è una combinazione lineare non banale di $\mathbf{v}_1, \ldots, \mathbf{v}_n$.

Si può anche osservare che $\mathbf{v}_i = \mathbf{0}$ può essere espresso come combinazione lineare di $\mathbf{v}_1, \ldots, \mathbf{v}_{i-1}, \mathbf{v}_{i+1}, \ldots, \mathbf{v}_n$, la loro combinazione lineare banale, e quindi $\mathbf{v}_1, \ldots, \mathbf{v}_n$ sono linearmente dipendenti per la proposizione 4.7.

4.9 PROPOSIZIONE *Se* $\mathbf{v}_1, \ldots, \mathbf{v}_n$ *sono linearmente indipendenti e* $1 \leq m < n$, *allora* $\mathbf{v}_1, \ldots, \mathbf{v}_m$ *sono linearmente indipendenti. Equivalentemente, se* $\mathbf{v}_1, \ldots, \mathbf{v}_m$ *sono linearmente dipendenti allora anche* $\mathbf{v}_1, \ldots, \mathbf{v}_n$ *sono linearmente dipendenti.*

Dimostriamo la seconda affermazione. Se $\mathbf{v}_1, \ldots, \mathbf{v}_m$ sono linearmente dipendenti, allora

$$\mathbf{0} = a_1\mathbf{v}_1 + \ldots + a_m\mathbf{v}_m = a_1\mathbf{v}_1 + \ldots + a_m\mathbf{v}_m + 0\mathbf{v}_{m+1} + \ldots + 0\mathbf{v}_n$$

per qualche scelta di $a_1, \ldots, a_m \in \mathsf{K}$ non tutti nulli, e quindi il terzo membro è una combinazione lineare non banale di $\mathbf{v}_1, \ldots, \mathbf{v}_n$ che è uguale a $\mathbf{0}$, cioè $\mathbf{v}_1, \ldots, \mathbf{v}_n$ sono linearmente dipendenti.

4.10 PROPOSIZIONE *Se* $\mathbf{v}_1, \ldots, \mathbf{v}_n$ *sono linearmente indipendenti, e* $a_1, \ldots, a_n$,

$b_1, \ldots, b_n \in K$ sono tali che

$$a_1\mathbf{v}_1 + \ldots + a_n\mathbf{v}_n = b_1\mathbf{v}_1 + \ldots + b_n\mathbf{v}_n,$$

allora $a_1 = b_1$, $a_2 = b_2, \ldots, a_n = b_n$.

Infatti, essendo

$$\mathbf{0} = a_1\mathbf{v}_1 + \ldots + a_n\mathbf{v}_n - (b_1\mathbf{v}_1 + \ldots + b_n\mathbf{v}_n) = (a_1 - b_1)\mathbf{v}_1 + \ldots + (a_n - b_n)\mathbf{v}_n$$

si deve avere $a_1 - b_1 = a_2 - b_2 = \ldots = a_n - b_n = 0$.

4.11 Definizione *Un sottoinsieme finito $\{\mathbf{v}_1, \ldots, \mathbf{v}_n\}$ di $\mathbf{V}$ si dice* base finita, *o semplicemente* base, di $\mathbf{V}$ *se $\mathbf{v}_1, \ldots, \mathbf{v}_n$ sono linearmente indipendenti e generano $\mathbf{V}$.*

Se $\{\mathbf{v}_1, \ldots, \mathbf{v}_n\}$ è una base, allora, poiché $\mathbf{v}_1, \ldots, \mathbf{v}_n$ generano $\mathbf{V}$, per ogni $\mathbf{v} \in \mathbf{V}$ esistono $a_1, \ldots, a_n \in K$ tali che

$$\mathbf{v} = a_1\mathbf{v}_1 + \ldots + a_n\mathbf{v}_n; \qquad [4.2]$$

inoltre, per la proposizione 4.10, $a_1, \ldots, a_n$ sono univocamente determinati da $\mathbf{v}$.

I coefficienti $a_1, \ldots, a_n$ della combinazione lineare [4.2] si dicono le *coordinate di* $\mathbf{v}$ *rispetto alla base* $\{\mathbf{v}_1, \ldots, \mathbf{v}_n\}$, e $(a_1, \ldots, a_n)$ si dice la *n-upla delle coordinate di* $\mathbf{v}$. Quindi, una volta assegnata una base $\{\mathbf{v}_1, \ldots, \mathbf{v}_n\}$ di $\mathbf{V}$, ad ogni vettore $\mathbf{v} \in \mathbf{V}$ viene univocamente associata una n-upla di coordinate; viceversa ogni n-upla $(a_1, \ldots, a_n) \in K^n$ individua univocamente il vettore [4.2] di cui essa è la n-upla delle coordinate.

Un vettore $\mathbf{v}$ di coordinate $a_1, \ldots, a_n$ verrà spesso denotato con $\mathbf{v}(a_1, \ldots, a_n)$.

Lo spazio vettoriale $(\mathbf{0})$ costituito dal solo vettore $\mathbf{0}$ non possiede una base finita, perchè il suo unico elemento è linearmente dipendente. Non tutti gli spazi vettoriali diversi da $(\mathbf{0})$ possiedono una base finita (cfr. esempio 4.15(5)).

Dimostreremo tra poco che se uno spazio vettoriale $\mathbf{V}$ possiede una base costituita da n elementi, ogni altra base ha lo stesso numero n di elementi. Questo risultato fondamentale è conseguenza del teorema seguente.

4.12 Teorema *Sia $\{\mathbf{v}_1, \ldots, \mathbf{v}_n\}$ un sistema di generatori di $\mathbf{V}$ e siano $\mathbf{w}_1, \ldots, \mathbf{w}_m$ elementi di $\mathbf{V}$. Se $m > n$, allora $\mathbf{w}_1, \ldots, \mathbf{w}_m$ sono linearmente dipendenti.*

Dimostrazione

Per la proposizione 4.9, se $\mathbf{w}_1, \ldots, \mathbf{w}_n$ sono linearmente dipendenti lo sono anche $\mathbf{w}_1, \ldots, \mathbf{w}_m$. Pertanto non sarà restrittivo dimostrare l'asserto supponendo che $\mathbf{w}_1, \ldots, \mathbf{w}_n$ siano linearmente indipendenti. Sarà sufficiente dimostrare che $\mathbf{w}_1, \ldots, \mathbf{w}_n$ generano $\mathbf{V}$, perché da ciò seguirà che $\mathbf{w}_m$ può esprimersi come loro combinazione lineare, e quindi dalla proposizione 4.7 seguirà la dipendenza lineare di $\mathbf{w}_1, \ldots, \mathbf{w}_m$.

Dall'ipotesi che $\mathbf{v}_1, \ldots, \mathbf{v}_n$ generano $\mathbf{V}$ si deduce che esistono scalari $a_1, \ldots, a_n$

tali che

$$\mathbf{w}_1 = a_1\mathbf{v}_1 + \ldots + a_n\mathbf{v}_n.$$

Poiché abbiamo supposto che $\mathbf{w}_1, \ldots, \mathbf{w}_n$ siano linearmente indipendenti, $\mathbf{w}_1$ è diverso da $\mathbf{0}$ e quindi i coefficienti $a_1, \ldots, a_n$ non sono tutti nulli. Salvo rinumerare $\mathbf{v}_1, \ldots, \mathbf{v}_n$, possiamo supporre $a_1 \neq 0$. Pertanto:

$$\mathbf{v}_1 = a_1^{-1}\mathbf{w}_1 - a_1^{-1}a_2\mathbf{v}_2 - \ldots - a_1^{-1}a_n\mathbf{v}_n,$$

cioè $\mathbf{v}_1 \in \langle \mathbf{w}_1, \mathbf{v}_2, \ldots, \mathbf{v}_n\rangle$. Poiché ovviamente anche $\mathbf{v}_2, \ldots, \mathbf{v}_n \in \langle \mathbf{w}_1, \mathbf{v}_2, \ldots, \mathbf{v}_n\rangle$, si ha

$$\langle \mathbf{w}_1, \mathbf{v}_2, \ldots, \mathbf{v}_n\rangle \supset \langle \mathbf{v}_1, \mathbf{v}_2, \ldots, \mathbf{v}_n\rangle = \mathbf{V},$$

cioè $\mathbf{w}_1, \mathbf{v}_2, \ldots, \mathbf{v}_n$ generano $\mathbf{V}$.

Supponiamo ora che per qualche $1 \leq s \leq n-1$ si abbia

$$\langle \mathbf{w}_1, \ldots, \mathbf{w}_s, \mathbf{v}_{s+1}, \ldots, \mathbf{v}_n\rangle = \mathbf{V}. \qquad [4.3]$$

Segue da ciò che esistono scalari $b_1, \ldots, b_s, c_{s+1}, \ldots, c_n$ tali che

$$\mathbf{w}_{s+1} = b_1\mathbf{w}_1 + \ldots + b_s\mathbf{w}_s + c_{s+1}\mathbf{v}_{s+1} + \ldots + c_n\mathbf{v}_n.$$

Poiché $\mathbf{w}_1, \ldots, \mathbf{w}_s, \mathbf{w}_{s+1}$ sono linearmente indipendenti, uno almeno dei coefficienti $c_{s+1}, \ldots, c_n$ deve essere diverso da 0: salvo rinumerare $\mathbf{v}_{s+1}, \ldots, \mathbf{v}_n$ se necessario, possiamo supporre $c_{s+1} \neq 0$. Deduciamo che

$$\mathbf{v}_{s+1} = -c_{s+1}^{-1}b_1\mathbf{w}_1 - \ldots - c_{s+1}^{-1}b_s\mathbf{w}_s + c_{s+1}^{-1}\mathbf{w}_{s+1} - \ldots - c_{s+1}^{-1}c_n\mathbf{v}_n,$$

e quindi $\mathbf{v}_{s+1} \in \langle \mathbf{w}_1, \ldots, \mathbf{w}_s, \mathbf{w}_{s+1}, \mathbf{v}_{s+2}, \ldots, \mathbf{v}_n\rangle$ (rispettivamente, $\mathbf{v}_n \in \langle \mathbf{w}_1, \ldots, \mathbf{w}_n\rangle$ se $s = n-1$). Pertanto si ha

$$\langle \mathbf{w}_1, \ldots, \mathbf{w}_s, \mathbf{w}_{s+1}, \mathbf{v}_{s+2}, \ldots, \mathbf{v}_n\rangle \supset \langle \mathbf{w}_1, \ldots, \mathbf{w}_s, \mathbf{v}_{s+1}, \ldots, \mathbf{v}_n\rangle = \mathbf{V}$$

cioè $\mathbf{w}_1, \ldots, \mathbf{w}_s, \mathbf{w}_{s+1}, \mathbf{v}_{s+2}, \ldots, \mathbf{v}_n$ (rispettivamente $\mathbf{w}_1, \ldots, \mathbf{w}_n$) generano $\mathbf{V}$.

Abbiamo già dimostrato che l'ipotesi [4.3] è vera se $s = 1$; la conclusione segue allora per induzione su s.

4.13 Corollario *Siano* $\{\mathbf{v}_1, \ldots, \mathbf{v}_n\}$ e $\{\mathbf{w}_1, \ldots, \mathbf{w}_m\}$ *due basi dello spazio vettoriale* $\mathbf{V}$. *Allora* $m = n$.

Dimostrazione

Poiché $\mathbf{v}_1, \ldots, \mathbf{v}_n$ generano $\mathbf{V}$ e $\mathbf{w}_1, \ldots, \mathbf{w}_m$ sono linearmente indipendenti, dal teorema 4.12 segue che $m \leq n$. D'altra parte, poiché $\mathbf{w}_1, \ldots, \mathbf{w}_m$ generano $\mathbf{V}$ e $\mathbf{v}_1, \ldots, \mathbf{v}_n$ sono linearmente indipendenti, dallo stesso teorema segue che anche $n \leq m$. Quindi $m = n$.

4.14 Definizione *Se il* K*-spazio vettoriale* $\mathbf{V}$ *possiede una base finita* $\{\mathbf{v}_1, \ldots, \mathbf{v}_n\}$, *il numero n si dice* dimensione di $\mathbf{V}$, *e si denota con* $\dim_K(\mathbf{V})$, *o* *semplicemente* dim(**V**). *Se* **V** = (**0**) *consiste del solo vettore nullo, si pone* dim(**V**) = 0.

Se **V** = (**0**), *oppure* **V** *possiede una base finita, diremo che* **V** *ha* dimensione finita.

Dal corollario 4.13 segue che la definizione di dimensione è ben posta perché il numero di elementi di una base dipende solo da **V**.

4.15 *Esempi*

1. Sia $\mathbf{v} = OP$ un vettore geometrico non nullo della retta ordinaria. Poiché ogni altro vettore geometrico è multiplo di $\mathbf{v}$, $\{\mathbf{v}\}$ è una base dello spazio dei vettori geometrici della retta ordinaria, il quale quindi ha dimensione 1.

Sia **V** lo spazio vettoriale reale dei vettori geometrici del piano ordinario, e siano $\mathbf{v}_1$ e $\mathbf{v}_2$ due vettori non proporzionali di **V**, che penseremo applicati in uno stesso punto O, rappresentati nella forma

$$\mathbf{v}_1 = \overrightarrow{OP}_1,\ \mathbf{v}_2 = \overrightarrow{OP}_2$$

per opportuni punti P_1 e P_2 (fig. 4.2). Dalla proposizione 4.6 segue che $\mathbf{v}_1$ e $\mathbf{v}_2$ sono linearmente indipendenti. Denotiamo con $\mathscr{r}_1$ (con $\mathscr{r}_2$) la retta contenente i punti O e P_1 (i punti O e P_2).

Sia $\mathbf{v} = \overrightarrow{OP} \in \mathbf{V}$ un vettore qualsiasi. Detto Q_1 (rispettivamente Q_2) il punto di intersezione con $\mathscr{r}_1$ (con $\mathscr{r}_2$) della retta parallela a $\mathscr{r}_2$ (a $\mathscr{r}_1$) e passante per P, sia $\overrightarrow{OQ}_1 = a_1\overrightarrow{OP}_1$ e $\overrightarrow{OQ}_2 = a_2\overrightarrow{OP}_2$ per opportuni $a_1, a_2 \in \mathsf{R}$.

Poiché

$$\mathbf{v} = \overrightarrow{OQ}_1 + \overrightarrow{OQ}_2 = a_1\overrightarrow{OP}_1 + a_2\overrightarrow{OP}_2 = a_1\mathbf{v}_1 + a_2\mathbf{v}_2$$

vediamo che $\mathbf{v}$ è combinazione lineare di $\mathbf{v}_1$ e di $\mathbf{v}_2$ e che quindi $\mathbf{v}_1$, $\mathbf{v}_2$ generano **V**. Dunque $\{\mathbf{v}_1, \mathbf{v}_2\}$ è una base di **V**. Pertanto **V** ha dimensione 2.

Nello spazio ordinario tre vettori geometrici $\mathbf{v}_1 = \overrightarrow{OP}_1$, $\mathbf{v}_2 = \overrightarrow{OP}_2$, $\mathbf{v}_3 = \overrightarrow{OP}_3$ sono linearmente indipendenti se e solo se i punti O, P_1, P_2, P_3 non giacciono in uno stesso piano: ciò segue subito dal fatto che la dipendenza lineare di $\mathbf{v}_1$, $\mathbf{v}_2$, $\mathbf{v}_3$ equivale all'essere uno di essi combinazione lineare dei rimanenti. Se $\mathbf{v}_1$, $\mathbf{v}_2$, $\mathbf{v}_3$ sono linearmente indipendenti, allora, con una costruzione simile a quella illustrata dalla figura 4.2 nel caso del piano ordinario, si verifica che ogni vettore geometrico si può esprimere come loro combinazione lineare. Quindi $\{\mathbf{v}_1, \mathbf{v}_2, \mathbf{v}_3\}$ è una base, e i vettori geometrici dello spazio ordinario costituiscono uno spazio vettoriale reale di dimensione 3.

2. Sia $n \geq 1$. Consideriamo lo spazio vettoriale numerico K^n, e siano

$$\mathbf{E}_1 = (1, 0, \ldots, 0), \quad \mathbf{E}_2 = (0, 1, 0, \ldots, 0), \quad \ldots, \quad \mathbf{E}_n = (0, \ldots, 0, 1).$$

I vettori $\mathbf{E}_1, \ldots, \mathbf{E}_n$ generano K^n. Infatti per ogni $(x_1, \ldots, x_n) \in \mathsf{K}^n$ si ha

$$(x_1, \ldots, x_n) = x_1\mathbf{E}_1 + x_2\mathbf{E}_2 + \ldots + x_n\mathbf{E}_n. \qquad [4.4]$$

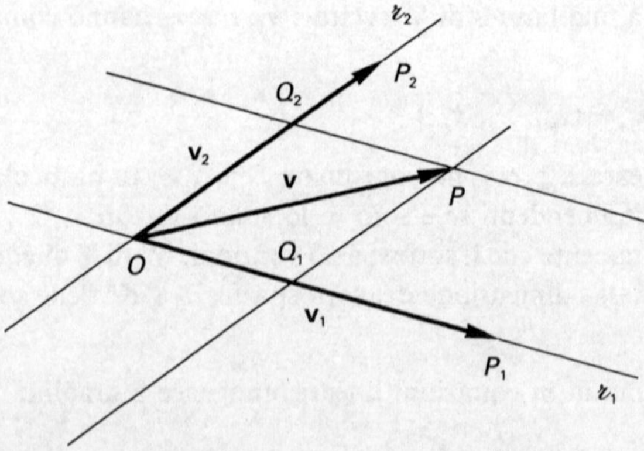

Figura 4.2

Inoltre, essendo $(x_1, \ldots, x_n) = \mathbf{0}$ se e solo se $x_1 = x_2 = \ldots = x_n = 0$, segue dalla [4.4] che $\mathbf{E}_1, \ldots, \mathbf{E}_n$ sono linearmente indipendenti. Quindi $\{\mathbf{E}_1, \ldots, \mathbf{E}_n\}$ è una base di K^n e K^n ha dimensione n.

$\{\mathbf{E}_1, \ldots, \mathbf{E}_n\}$ si chiama la *base canonica* di K^n.

Per $n = 1$ otteniamo che il campo K, considerato come uno spazio vettoriale su se stesso, ha dimensione 1, la sua base canonica essendo costituita dal solo $1 \in \mathsf{K}$.

Dalla [4.4] segue che le coordinate di un vettore $(x_1, \ldots, x_n)$ rispetto alla base canonica coincidono con le sue componenti $x_1, \ldots, x_n$.

3. Siano $A \in M_{m,n}(\mathsf{K})$, $\mathbf{X} = {}^t(X_1 \quad X_2 \quad \ldots \quad X_n)$ indeterminate, e

$$A\mathbf{X} = \mathbf{0} \tag{4.5}$$

il sistema omogeneo, di m equazioni nelle incognite $\mathbf{X}$, la cui matrice dei coefficienti è A. Denotiamo con Σ_0 l'insieme delle soluzioni del sistema. Come abbiamo già osservato nell'esempio 4.2(2), Σ_0 è un sottospazio vettoriale di K^n. Le m equazioni [4.5] si dicono *equazioni cartesiane del sottospazio* Σ_0 *di* K^n. Quindi, per definizione, due diversi sistemi di equazioni lineari omogenee nelle incognite $\mathbf{X}$ sono equivalenti se e solo se sono equazioni cartesiane dello stesso sottospazio di K^n.

Gli elementi di Σ_0 possono interpretarsi come relazioni di dipendenza lineare tra le colonne $A_{(1)}, A_{(2)}, \ldots, A_{(n)}$ di A, considerate come vettori di K^m. Infatti $\mathbf{x} = {}^t(x_1 \quad x_2 \quad \ldots \quad x_n) \in \mathsf{K}^n$ è soluzione di [4.5] se e solo se $A\mathbf{x} = \mathbf{0}$, o, equivalentemente, se e solo se

$$A_{(1)}x_1 + A_{(2)}x_2 + \ldots + A_{(n)}x_n = \mathbf{0}.$$

Più in generale, sia $\mathbf{V}$ un K-spazio vettoriale di dimensione n e $\mathbf{b} = \{\mathbf{b}_1, \ldots, \mathbf{b}_n\}$ una sua base. Si verifica subito che l'insieme dei vettori $\mathbf{v} \in \mathbf{V}$ le cui coordinate sono soluzioni di un sistema omogeneo della forma [4.5] costituisce un sottospazio vettoriale $\mathbf{W}$ di $\mathbf{V}$. Le [4.5] si dicono *equazioni cartesiane di* $\mathbf{W}$ *rispetto alla base* $\mathbf{b}$.

Si osservi che se rispetto a una base $\mathbf{b}$ di $\mathbf{V}$ i vettori $\mathbf{v}_1, \ldots, \mathbf{v}_m$ hanno coordinate rispettivamente

$$\mathbf{x}_1 = (x_{11}, \ldots, x_{1n}), \ldots, \mathbf{x}_m = (x_{m1}, \ldots, x_{mn})$$

allora una combinazione lineare $\Sigma_{i=1}^m \alpha_i \mathbf{v}_i$ ha coordinate $\Sigma_{i=1}^m \alpha_i \mathbf{x}_i$; in particolare $\mathbf{v}_1, \ldots, \mathbf{v}_m$ sono linearmente indipendenti se e solo se lo sono i vettori $\mathbf{x}_1, \ldots, \mathbf{x}_m$ di K^n. Da ciò segue immediatamente che il sottospazio vettoriale $\mathbf{W}$ di $\mathbf{V}$ di equazioni cartesiane [4.5] ha la stessa dimensione del sottospazio $\Sigma_0 \subset \mathsf{K}^n$ delle soluzioni del sistema [4.5].

4. Consideriamo un sistema di m equazioni lineari omogenee a gradini:

$$\begin{aligned} a_{11}X_1 + a_{12}X_2 + \ldots \qquad & + a_{1n}X_n = 0 \\ a_{22}X_2 + \ldots \qquad & + a_{2n}X_n = 0 \\ & \vdots \\ a_{mm}X_m + \ldots & + a_{mn}X_n = 0, \end{aligned} \qquad [4.6]$$

$a_{11}\ a_{22}\ \ldots\ a_{mm} \neq 0$. Se $n = m$, il sistema [4.6] ammette solo la soluzione banale. Se $n > m$ le ∞^{n-m} soluzioni di questo sistema sono ottenute dando valori arbitrari alle incognite $X_{m+1}, \ldots, X_n$, e risolvendo il corrispondente sistema di m equazioni nelle $X_1, \ldots, X_m$. Consideriamo in particolare le $n - m$ soluzioni

$$\begin{aligned} s_{m+1} &= (s_{m+1\,1}, s_{m+1\,2}, \ldots, s_{m+1\,m}, 1, 0, \ldots, 0) \\ s_{m+2} &= (s_{m+2\,1}, s_{m+2\,2}, \ldots, s_{m+2\,m}, 0, 1, 0, \ldots, 0) \\ &\ \vdots \\ s_n &= (s_{n1}, s_{n2}, \ldots, s_{nm}, 0, \ldots, 0, 1) \end{aligned}$$

ottenute in corrispondenza alle $(n - m)$-uple

$$(t_{m+1}, t_{m+2}, \ldots, t_n) = (1, 0, \ldots, 0), (0, 1, 0, \ldots, 0), \ldots, (0, \ldots, 0, 1)$$

rispettivamente.

Per ogni $t_{m+1}, t_{m+2}, \ldots, t_n \in \mathsf{K}$ si ha

$$\begin{aligned} t_{m+1}s_{m+1} + t_{m+2}s_{m+2} + \ldots + t_ns_n = (t_{m+1}s_{m+1\,1} + \ldots + t_ns_{n1}, t_{m+1}s_{m+1\,2} + \ldots \\ \ldots + t_ns_{n2}, \ldots, t_{m+1}s_{m+1\,m} + \ldots + t_ns_{nm}, t_{m+1}, t_{m+2}, \ldots, t_n). \end{aligned} \qquad [4.7]$$

Il secondo membro è uguale a $(0, \ldots, 0)$ se e solo se $t_{m+1} = t_{m+2} = \ldots = t_n = 0$. Quindi $s_{m+1}, s_{m+2}, \ldots, s_n$ sono linearmente indipendenti.

Il secondo membro della [4.7] è la soluzione del sistema [4.6] che corrisponde alla scelta dei valori $t_{m+1}, t_{m+2}, \ldots, t_n$ per le incognite $X_{m+1}, \ldots, X_n$; la [4.7] mostra che tale soluzione è combinazione lineare di $s_{m+1}, s_{m+2}, \ldots, s_n$. Quindi $s_{m+1}, s_{m+2}, \ldots, s_n$ generano lo spazio Σ_0 delle soluzioni del sistema [4.6]. Segue che $\{s_{m+1}, s_{m+2}, \ldots, s_n\}$ è una base di Σ_0. In particolare, $\dim(\Sigma_0) = n - m$. Pertanto l'infinità delle soluzioni del sistema omogeneo a gradini [4.6], così come è stata definita nel paragrafo 3, coincide con la dimensione dello spazio delle sue soluzioni.

Più in generale, poiché ogni sistema di equazioni lineari omogenee [4.5] è equivalente a un sistema a gradini, abbiamo che *l'infinità delle soluzioni di un sistema di equazioni lineari omogenee è uguale alla dimensione dello spazio delle sue soluzioni*.

5. Sia X un'indeterminata. Il K-spazio vettoriale $\mathsf{K}[X]$ dei polinomi in X a coefficienti in K non ha dimensione finita.

Supponiamo infatti per assurdo che esista una base finita $\{f_1(X), \ldots, f_n(X)\}$ di $\mathsf{K}[X]$. Detti $d_1, \ldots, d_n$ i gradi di $f_1(X), \ldots, f_n(X)$ rispettivamente, poniamo $D = \max\{d_1, \ldots, d_n\}$, e sia $f(X)$ un polinomio di grado $d > D$. Poiché $\{f_1(X)\}, \ldots, f_n(X)\}$ è una base, esistono $a_1, \ldots, a_n \in \mathsf{K}$ tali che

$$f(X) = a_1 f_1(X) + \ldots + a_n f_n(X).$$

Ma il polinomio a secondo membro ha grado non superiore a D e quindi non può essere uguale a $f(X)$. Questa contraddizione implica che la base finita $\{f_1(X), \ldots, f_n(X)\}$ non esiste.

In modo simile si dimostra che il K-spazio vettoriale $\mathsf{K}[X_1, \ldots, X_n]$ dei polinomi nelle indeterminate $X_1, \ldots, X_n$ a coefficienti in K non ha dimensione finita.

6. Per un qualsiasi intero positivo d, lo spazio vettoriale $\mathsf{K}[X_1, \ldots, X_n]_d$ costituito dai polinomi omogenei di grado d in $X_1, \ldots, X_n$ a coefficienti in K e dal polinomio 0 possiede una base finita: ad esempio quella costituita da tutti i monomi monici di grado d. Quindi $\mathsf{K}[X_1, \ldots, X_n]_d$ ha dimensione finita uguale a $\binom{d+n-1}{d}$, per il lemma A.11; in particolare lo spazio vettoriale $\mathsf{K}[X_1, \ldots, X_n]_1$ dei polinomi omogenei di primo grado in $X_1, \ldots, X_n$ ha dimensione n.

7. Lo spazio vettoriale $M_{m,n}(\mathsf{K})$ delle matrici $m \times n$ a elementi in K ha dimensione mn. Consideriamo infatti, per ogni $1 \leq i \leq m$, $1 \leq j \leq n$, la matrice 1_{ij} che ha 1 nel posto i, j e ogni altro elemento uguale a 0. Otteniamo così un insieme di nm matrici $\{1_{11}, 1_{12}, \ldots, 1_{mn}\}$, che costituisce una base di $M_{m,n}(\mathsf{K})$. Infatti, se $A = (a_{ij}) \in M_{m,n}(\mathsf{K})$, allora in modo unico si ha

$$A = a_{11} 1_{11} + a_{12} 1_{12} + \ldots + a_{mn} 1_{mn}.$$

4.16 PROPOSIZIONE *Supponiamo che* $\dim(\mathbf{V}) = n$.

1) *Se* $\mathbf{v}_1, \ldots, \mathbf{v}_n \in \mathbf{V}$ *sono linearmente indipendenti*, $\{\mathbf{v}_1, \ldots, \mathbf{v}_n\}$ *è una base di* $\mathbf{V}$.

2) *Se* $\mathbf{v}_1, \ldots, \mathbf{v}_k \in \mathbf{V}$ *sono linearmente indipendenti, esistono* $\mathbf{v}_{k+1}, \ldots, \mathbf{v}_n \in \mathbf{V}$ *tali che* $\{\mathbf{v}_1, \ldots, \mathbf{v}_n\}$ *sia una base di* $\mathbf{V}$.

Dimostrazione

1) È sufficiente mostrare che $\langle \mathbf{v}_1, \ldots, \mathbf{v}_n \rangle = \mathbf{V}$. Per ipotesi esiste una base $\{\mathbf{b}_1, \ldots, \mathbf{b}_n\}$ di $\mathbf{V}$, e ciò implica, per il teorema 4.12, che per ogni $\mathbf{v} \in \mathbf{V}$ i vettori $\mathbf{v}_1, \ldots, \mathbf{v}_n, \mathbf{v}$ sono linearmente dipendenti. Pertanto esistono $a_1, \ldots, a_n, a \in \mathsf{K}$ non

tutti nulli tali che

$$a_1\mathbf{v}_1 + \dots + a_n\mathbf{v}_n + a\mathbf{v} = \mathbf{0}.$$

Poiché $\mathbf{v}_1, \dots, \mathbf{v}_n$ sono linearmente indipendenti, deve essere $a \neq 0$. Quindi si ha

$$\mathbf{v} = -a^{-1}a_1\mathbf{v}_1 - \dots - a^{-1}a_n\mathbf{v}_n,$$

cioè $\mathbf{v} \in \langle \mathbf{v}_1, \dots, \mathbf{v}_n \rangle$. Essendo $\mathbf{v} \in \mathbf{V}$ arbitrario, si ha l'asserto.

2) Per il teorema 4.12 deve essere $k \leq n$. Se $k = n$ la conclusione segue dalla parte (1); supponiamo dunque $k < n$.

$\mathbf{v}_1, \dots, \mathbf{v}_k$ non possono generare $\mathbf{V}$, altrimenti si avrebbe una base costituita da $k \neq n$ elementi, il che contraddirebbe il corollario 4.13. Pertanto possiamo trovare un vettore $\mathbf{v}_{k+1} \in \mathbf{V} \setminus \langle \mathbf{v}_1, \dots, \mathbf{v}_k \rangle$.

Supponiamo che $a_1, \dots, a_k, a_{k+1} \in \mathsf{K}$ siano tali che

$$a_1\mathbf{v}_1 + \dots + a_k\mathbf{v}_k + a_{k+1}\mathbf{v}_{k+1} = \mathbf{0}.$$

Deve essere $a_{k+1} = 0$, perché se fosse $a_{k+1} \neq 0$ si avrebbe

$$\mathbf{v}_{k+1} = -a_{k+1}^{-1}a_1\mathbf{v}_1 - \dots - a_{k+1}^{-1}a_k\mathbf{v}_k,$$

cioè $\mathbf{v}_{k+1} \in \langle \mathbf{v}_1, \dots, \mathbf{v}_k \rangle$, il che è contro l'ipotesi; pertanto si deve anche avere $a_1 = \dots = a_k = 0$, perché $\mathbf{v}_1, \dots, \mathbf{v}_k$ sono linearmente indipendenti. Dunque i vettori $\mathbf{v}_1, \dots, \mathbf{v}_k, \mathbf{v}_{k+1}$ sono linearmente indipendenti.

Se $k + 1 = n$ si conclude, per la parte (1), che $\{\mathbf{v}_1, \dots, \mathbf{v}_k, \mathbf{v}_{k+1}\}$ è una base, e l'asserto è provato; se invece $k + 1 < n$ possiamo ripetere il ragionamento precedente e trovare $\mathbf{v}_{k+2} \in \mathbf{V}$ tale che $\{\mathbf{v}_1, \dots, \mathbf{v}_k, \mathbf{v}_{k+1}, \mathbf{v}_{k+2}\}$ siano linearmente indipendenti. Iterando questo procedimento $n - k$ volte è possibile trovare $\mathbf{v}_{k+1}, \mathbf{v}_{k+2}, \dots, \mathbf{v}_n \in \mathbf{V}$ tali che $\{\mathbf{v}_1, \dots, \mathbf{v}_n\}$ siano linearmente indipendenti. Per la (1), $\{\mathbf{v}_1, \dots, \mathbf{v}_n\}$ è una base, e l'asserto è provato.

4.17 COROLLARIO *Se* $\dim(\mathbf{V}) = n$, *ogni sottospazio vettoriale* $\mathbf{W}$ *di* $\mathbf{V}$ *ha dimensione finita non superiore a* n.

Dimostrazione

Per il teorema 4.12, per ogni sottoinsieme finito $\{\mathbf{w}_1, \dots, \mathbf{w}_m\}$ di $\mathbf{W}$ costituito da vettori linearmente indipendenti deve essere $m \leq n$. Quindi, se $\mathbf{W}$ ha dimensione finita, ogni sua base deve essere costituita da non più di n elementi, cioè $\dim(\mathbf{W}) \leq n$. D'altra parte, se $\mathbf{W}$ non avesse dimensione finita, per ogni sottoinsieme finito $\{\mathbf{w}_1, \dots, \mathbf{w}_m\}$ di vettori linearmente indipendenti di $\mathbf{W}$ si avrebbe $\langle \mathbf{w}_1, \dots, \mathbf{w}_m \rangle \neq \mathbf{W}$, e quindi esisterebbe $\mathbf{w}_{m+1} \in \mathbf{W}$ tale che $\mathbf{w}_1, \dots, \mathbf{w}_m, \mathbf{w}_{m+1}$ siano linearmente indipendenti (cfr. dimostrazione di 4.16(2)). Ciò implica l'esistenza di insiemi finiti di vettori linearmente indipendenti di $\mathbf{V}$ con un numero arbitrariamente alto di elementi, il che è impossibile per il teorema 4.12.

Se in particolare $\dim(\mathbf{W}) = 0$ oppure n, allora $\mathbf{W} = \langle \mathbf{0} \rangle$ oppure $\mathbf{W} = \mathbf{V}$ rispettivamente.

Per ogni sottospazio vettoriale **W** di **V**, il numero

$$\dim(\mathbf{V}) - \dim(\mathbf{W})$$

si dice *codimensione di* **W** *in* **V**.

4.18 Proposizione *Sia* **V** *uno spazio vettoriale di dimensione n,* $\mathbf{b} = \{\mathbf{b}_1, \ldots, \mathbf{b}_n\}$ *una sua base, e* **W** *un suo sottospazio vettoriale. Allora* **W** *possiede equazioni cartesiane rispetto a* **b**.

Dimostrazione
Sia

$$\left\{\mathbf{f}_1 = \sum_{j=1}^{n} \beta_{1,j}\mathbf{b}_j, \ldots, \mathbf{f}_m = \sum_{j=1}^{n} \beta_{mj}\mathbf{b}_j\right\}$$

una base di **W**. Consideriamo il sistema omogeneo (che ha rango m perché $\mathbf{f}_1, \ldots, \mathbf{f}_m$ sono linearmente indipendenti):

$$B\mathbf{X} = \mathbf{0}$$

dove $B = (\beta_{ij})$ e $\mathbf{X} = {}^t(X_1, \ldots, X_n)$. Sia $\{(a_{11}, \ldots, a_{1n}), \ldots, (a_{n-m1}, \ldots, a_{n-mn})\}$ una base dello spazio delle sue soluzioni. Allora le coordinate dei vettori $\mathbf{f}_1, \ldots, \mathbf{f}_m$ sono soluzioni del sistema omogeneo:

$$\sum_{j=1}^{n} a_{1j}X_j = 0$$

$$\sum_{j=1}^{n} a_{n-mj}X_j = 0$$

e quindi questo è un sistema di equazioni cartesiane di un sottospazio vettoriale contenente **W**. Poichè le sue equazioni sono linearmente indipendenti, tale sottospazio ha dimensione m e quindi coincide con **W**.

Dimostreremo ora un'importante formula che mette in relazione le dimensioni di due sottospazi, della loro intersezione e della loro somma.

4.19 Teorema *Siano* **U** *e* **W** *due sottospazi di dimensione finita dello spazio vettoriale* **V**. *Allora* $\mathbf{U} \cap \mathbf{W}$ *e* $\mathbf{U} + \mathbf{W}$ *hanno dimensione finita e*

$$\dim(\mathbf{U}) + \dim(\mathbf{W}) = \dim(\mathbf{U} + \mathbf{W}) + \dim(\mathbf{U} \cap \mathbf{W}). \qquad [4.8]$$

In particolare, $\mathbf{U} + \mathbf{W}$ *è somma diretta di* **U** *e* **W** *se e solo se*

$$\dim(\mathbf{U} + \mathbf{W}) = \dim(\mathbf{U}) + \dim(\mathbf{W}).$$

Dimostrazione
$\mathbf{U} \cap \mathbf{W}$ è un sottospazio di **U**, che ha dimensione finita, e quindi anche $\mathbf{U} \cap \mathbf{W}$ ha dimensione finita. Sia dunque $\{\mathbf{z}_1, \ldots, \mathbf{z}_q\}$ una base di $\mathbf{U} \cap \mathbf{W}$. Per la proposizione 4.16(2) esistono $\mathbf{u}_1, \ldots, \mathbf{u}_t \in \mathbf{U}$ e $\mathbf{w}_1, \ldots, \mathbf{w}_s \in \mathbf{W}$ tali che $\{\mathbf{z}_1, \ldots, \mathbf{z}_q, \mathbf{u}_1, \ldots, \mathbf{u}_t\}$

sia una base di **U** e $\{\mathbf{z}_1, \dots, \mathbf{z}_q, \mathbf{w}_1, \dots, \mathbf{w}_s\}$ sia una base di **W**. Poiché

$$\dim(\mathbf{U}) + \dim(\mathbf{W}) - \dim(\mathbf{U} \cap \mathbf{W}) = q + t + s,$$

per dimostrare la prima parte del teorema sarà sufficiente dimostrare che $\{\mathbf{z}_1, \dots, \mathbf{z}_q, \mathbf{u}_1, \dots, \mathbf{u}_t, \mathbf{w}_1, \dots, \mathbf{w}_s\}$ è una base di $\mathbf{U} + \mathbf{W}$.

Sia $\mathbf{u} + \mathbf{w} \in \mathbf{U} + \mathbf{W}$. Esistono scalari $a_1, \dots, a_q, a'_1, \dots, a'_q, b_1, \dots, b_t, c_1, \dots, c_s$ tali che

$$\mathbf{u} = a_1\mathbf{z}_1 + \dots + a_q\mathbf{z}_q + b_1\mathbf{u}_1 + \dots + b_t\mathbf{u}_t$$
$$\mathbf{w} = a'_1\mathbf{z}_1 + \dots + a'_q\mathbf{z}_q + c_1\mathbf{w}_1 + \dots + c_s\mathbf{w}_s.$$

Si ha quindi

$$\mathbf{u} + \mathbf{w} = (a_1 + a'_1)\mathbf{z}_1 + \dots + (a_q + a'_q)\mathbf{z}_q + b_1\mathbf{u}_1 + \dots + b_t\mathbf{u}_t + c_1\mathbf{w}_1 + \dots$$
$$\dots + c_s\mathbf{w}_s.$$

Dunque $\mathbf{z}_1, \dots, \mathbf{z}_q, \mathbf{u}_1, \dots, \mathbf{u}_t, \mathbf{w}_1, \dots, \mathbf{w}_s$ generano $\mathbf{U} + \mathbf{W}$.

Supponiamo ora che $a_1, \dots, a_q, b_1, \dots, b_t, c_1, \dots, c_s \in \mathsf{K}$ siano tali che

$$a_1\mathbf{z}_1 + \dots + a_q\mathbf{z}_q + b_1\mathbf{u}_1 + \dots + b_t\mathbf{u}_t + c_1\mathbf{w}_1 + \dots + c_s\mathbf{w}_s = \mathbf{0}. \qquad [4.9]$$

Dalla [4.9] segue che

$$c_1\mathbf{w}_1 + \dots + c_s\mathbf{w}_s = -(a_1\mathbf{z}_1 + \dots + a_q\mathbf{z}_q + b_1\mathbf{u}_1 + \dots + b_t\mathbf{u}_t). \qquad [4.10]$$

Poiché il primo membro della [4.10] appartiene a **W**, il secondo membro sta in $\mathbf{U} \cap \mathbf{W}$. Essendo $\{\mathbf{z}_1, \dots, \mathbf{z}_q\}$ una base di $\mathbf{U} \cap \mathbf{W}$, si ha

$$a_1\mathbf{z}_1 + \dots + a_q\mathbf{z}_q + b_1\mathbf{u}_1 + \dots + b_t\mathbf{u}_t = e_1\mathbf{z}_1 + \dots + e_q\mathbf{z}_q$$

per opportuni $e_1, \dots, e_q \in \mathsf{K}$, o, equivalentemente,

$$(a_1 - e_1)\mathbf{z}_1 + \dots + (a_q - e_q)\mathbf{z}_q + b_1\mathbf{u}_1 + \dots + b_t\mathbf{u}_t = \mathbf{0}.$$

Per l'indipendenza lineare di $\mathbf{z}_1, \dots, \mathbf{z}_q, \mathbf{u}_1, \dots, \mathbf{u}_t$ tutti i coefficienti sono 0, e in particolare $b_1 = \dots = b_t = 0$. Per la [4.9] si ha dunque

$$a_1\mathbf{z}_1 + \dots + a_q\mathbf{z}_q + c_1\mathbf{w}_1 + \dots + c_s\mathbf{w}_s = \mathbf{0}.$$

Dall'indipendenza lineare di $\mathbf{z}_1, \dots, \mathbf{z}_q, \mathbf{w}_1, \dots, \mathbf{w}_s$ segue che anche

$$a_1 = \dots = a_q = c_1 = \dots = c_s = 0.$$

Quindi $\mathbf{z}_1, \dots, \mathbf{z}_q, \mathbf{u}_1, \dots, \mathbf{u}_t, \mathbf{w}_1, \dots, \mathbf{w}_s$ sono linearmente indipendenti. L'ultima asserzione del teorema segue immediatamente dalla [4.8] e dalla definizione di somma diretta.

La [4.8] è detta *formula di Grassmann vettoriale*.

Esercizi

1. Stabilire quali dei seguenti insiemi di vettori sono linearmente indipendenti, quali sono un sistema di generatori dello spazio, e quali costituiscono una base:

In $\mathbf{R}^2$:

a) $\{(1, 123), (-\pi, -\pi)\}$ b) $\{(2, -1/3), (-1, 1/6)\}$

c) $\{(4/5, 5/4), (4,5)\}$ d) $\{(1, 2), (11, -7\sqrt{2}), (-1, 1)\}$.

In $\mathbf{R}^3$:

e) $\{(1, 1, 3), (2, 2, 0), (3, 3, -3)\}$

f) $\{(1, -1, -\sqrt{5}), (1, 1, \sqrt{5}), (0, 1, 2\sqrt{5})\}$

g) $\{(1, 0, 0), (1, 1, 1), (0, 1, 2), (-1, -2, -3)\}$.

In $\mathbf{C}^4$:

h) $\{(1, 0, i, 0), (i, 0, i, 0), (0, 1, 1, 0), (0, i, 0, i)\}$

i) $\{(0, 1, 1, 0), (0, -i, -2i, 1), (0, i, 0, 1), (1, 0, 0, 0)\}$

2. Dimostrare che le matrici

$$\begin{pmatrix} 1 & 1 & 1 \\ 2 & 0 & 1 \end{pmatrix}, \begin{pmatrix} 1 & 1 & 0 \\ -1 & 0 & 1 \end{pmatrix}, \begin{pmatrix} 2 & -2 & 1 \\ 1 & 0 & 0 \end{pmatrix} \in M_{2,3}(\mathbf{Q})$$

sono linearmente indipendenti.

3. Stabilire quali dei seguenti sottoinsiemi di $\mathbf{R}^3$ sono sottospazi vettoriali:

a) $\{(0, 0, 0)\}$ b) $\{(x, 0, 0): x \in \mathbf{R}, x \neq 0\}$

c) $\{(x, y, z): x - 2y + z = 1\}$ d) $\{(t, t, t): 0 \leq t \leq 1\}$

e) $\{(t, t, t): 0 < t < 1\}$ f) $\mathbf{R}^3 \setminus \{(0, 0, 1)\}$

g) $H_1 \cup H_2 \cup H_3$, dove $H_i = \{(x_1, x_2, x_3): x_i = 0\}$

h) $\{(x, y, z): x^2 + y^2 + z^2 = 1\}$

i) $\{(x, y, z): x + y - 5z = 0, 2(x + y) = 0\}$ j) $\{(t, 1, t): t \in \mathbf{R}\}$.

4. Sia $\mathbf{V}$ uno spazio vettoriale reale di dimensione 3, e sia $\{\mathbf{i}, \mathbf{j}, \mathbf{k}\}$ una base di $\mathbf{V}$. Siano $\mathbf{U} = \langle \mathbf{i} + \mathbf{j}, \mathbf{i} - \mathbf{j} \rangle$, $\mathbf{W} = \langle \mathbf{j} + \mathbf{k}, \mathbf{j} - \mathbf{k} \rangle$. Dimostrare che $\mathbf{V} = \mathbf{U} + \mathbf{W}$, e che la somma non è diretta.

5. Dimostrare che $\mathbf{R}^4 = \mathbf{U} \oplus \mathbf{W}$, dove

$\mathbf{U} = \langle (1, 0, -\sqrt{5}, 0), (\sqrt{5}, 0, -1, 0) \rangle$,

$\mathbf{W} = \langle (0, -2, 0, 3), (0, 1, 0, 1) \rangle$,

6. Dimostrare che $\mathbf{R}^3 = \mathbf{U} \oplus \mathbf{W}$, dove

$\mathbf{U} = \{(x, y, z): x - y = 0\}$,

$\mathbf{W} = \langle (1, 0, 1) \rangle$.

7. Utilizzando esclusivamente operazioni elementari sui vettori, trovare una base del sottospazio di $\mathbf{Q}^4$ generato dai seguenti vettori:

$\mathbf{v}_1 = (1, 1, 2, 3)$, $\mathbf{v}_2 = (3, 2, 1, 0)$, $\mathbf{v}_3 = (-1, 0, 3, 6)$, $\mathbf{v}_4 = (2, 2, 2, 2)$.

8. Dimostrare che gli n vettori

$$(1, 1, \dots, 1), (0, 1, \dots, 1), (0, 0, 1, \dots, 1), \dots, (0, \dots, 0, 1, 1), (0, \dots, 0, 1)$$

costituiscono una base di K^n.

9. Sia $\mathbf{V}$ un K-spazio vettoriale. Si supponga che $\mathbf{v}_1, \dots, \mathbf{v}_k \in \mathbf{V}$ siano linearmente indipendenti; dimostrare che $\lambda_1\mathbf{v}_1, \dots, \lambda_k\mathbf{v}_k$ sono linearmente indipendenti per ogni $\lambda_1, \dots, \lambda_k \in \mathsf{K}^*$.

10. Sia $1 \leq i \leq n$. Determinare una base del sottospazio H_i di K^n.

11. Dimostrare che $\mathrm{GL}_n(\mathsf{K})$ non è un sottospazio vettoriale di $M_n(\mathsf{K})$.

12. Sia $A = (a_{ij}) \in M_n(\mathsf{K})$. La *traccia* di A è

$$\mathrm{tr}(A) = a_{11} + a_{22} + \dots + a_{nn}.$$

Dimostrare che il sottoinsieme $\mathcal{T}_0$ di $M_n(\mathsf{K})$ costituito dalle matrici aventi traccia uguale a 0 è un sottospazio vettoriale, e calcolarne la dimensione.

13. Le matrici di $M_2(\mathsf{C})$

$$\Sigma_1 = \begin{pmatrix} 0 & 1 \\ 1 & 0 \end{pmatrix}, \quad \Sigma_2 = \begin{pmatrix} 0 & -\mathrm{i} \\ \mathrm{i} & 0 \end{pmatrix}, \quad \Sigma_3 = \begin{pmatrix} 1 & 0 \\ 0 & -1 \end{pmatrix}$$

si dicono *matrici di Pauli*. Dimostrare che:

a) $\Sigma_1^2 = \Sigma_2^2 = \Sigma_3^2 = \mathbf{I}_2$

$$\begin{aligned} \Sigma_1\Sigma_2 &= \mathrm{i}\Sigma_3 & \Sigma_2\Sigma_1 &= -\mathrm{i}\Sigma_3 \\ \Sigma_2\Sigma_3 &= \mathrm{i}\Sigma_1 & \Sigma_3\Sigma_2 &= -\mathrm{i}\Sigma_1 \\ \Sigma_3\Sigma_1 &= \mathrm{i}\Sigma_2 & \Sigma_1\Sigma_3 &= -\mathrm{i}\Sigma_2. \end{aligned}$$

b) $\{\mathbf{I}_2, \Sigma_1, \Sigma_2, \Sigma_3\}$ è una base di $M_2(\mathsf{C})$.

Calcolare le coordinate in tale base delle matrici

$$1_{11} = \begin{pmatrix} 1 & 0 \\ 0 & 0 \end{pmatrix}, \quad 1_{12} = \begin{pmatrix} 0 & 1 \\ 0 & 0 \end{pmatrix},$$

$$1_{21} = \begin{pmatrix} 0 & 0 \\ 1 & 0 \end{pmatrix}, \quad 1_{22} = \begin{pmatrix} 0 & 0 \\ 0 & 1 \end{pmatrix}.$$

14. Dimostrare che lo spazio vettoriale S_{K} delle successioni di elementi di K non ha dimensione finita.

15. Dimostrare che l'insieme L_{R} delle successioni limitate di numeri reali costituisce un sottospazio vettoriale dello spazio S_{R}. Dimostrare che L_{R} non ha dimensione finita.

16. Sia S_{K} lo spazio vettoriale delle successioni di elementi di K, e sia P_{K} il sottoinsieme di S_{K} costituito dalle successioni $\{a_n\}$ tali che $a_n = 0$ per tutti gli n sufficientemente grandi. Dimostrare che P_{K} è un sottospazio vettoriale di S_{K}.

17. Siano $a, b \in \mathsf{R}$, $a < b$. Dimostrare che lo spazio vettoriale $C_{(a,b)}$ di tutte le applicazioni continue dell'intervallo (a, b) in R non ha dimensione finita.

18. Sia X un'indeterminate e $d \geq 1$ un intero. Dimostrare che il sottoinsieme $\mathsf{K}[X]_{\leq d}$ *di* $\mathsf{K}[X]$ costituito dai polinomi di grado non superiore a d e dal polinomio 0 è un sottospazio vettoriale di dimensione $d+1$.

19. Dimostrare che i polinomi omogenei di secondo grado

$$X_2^2, \quad X_1^2 + X_2^2,\ X_0^2 + X_1^2 + X_2^2, \quad X_0X_1,\ X_1X_2, \quad X_0X_2$$

costituiscono una base di $\mathsf{K}[X_0, X_1, X_2]_2$.

20. Siano $\mathbf{W}_0$, $\mathbf{W}_{01}$, $\mathbf{W}_{012}$ i seguenti sottoinsiemi di $\mathsf{K}[X_0, X_1, X_2]_2$:

$$\mathbf{W}_0 = \{F \in \mathsf{K}[X_0, X_1, X_2]_2 \colon F \text{ è divisibile per } X_0\};$$
$$\mathbf{W}_{01} = \{F \in \mathsf{K}[X_0, X_1, X_2]_2 \colon F = X_0L_0 + X_1L_1 \text{ per qualche } L_0, L_1 \in \mathsf{K}[X_0, X_1, X_2]_1\};$$
$$\mathbf{W}_{012} = \{F \in \mathsf{K}[X_0, X_1, X_2]_2 \colon F = X_0L_0 + X_1L_1 + X_2L_2 \text{ per qualche } L_0, L_1, L_2 \in \mathsf{K}[X_0, X_1, X_2]_1\}.$$

Dimostrare che $\mathbf{W}_0$, $\mathbf{W}_{01}$ e $\mathbf{W}_{012}$ sono sottospazi vetoriali di $\mathsf{K}[X_0, X_1, X_2]_2$ e calcolarne la dimensione.

21. Una successione $\{a_n\}$ di elementi di K è una *successione di Fibonacci* se per ogni $n \geq 0$ si ha $a_{n+2} = a_n + a_{n+1}$. Dimostrare che le successioni di Fibonacci costituiscono un sottospazio vettoriale F_{K} di S_{K}, e che $\dim(F_{\mathsf{K}}) = 2$.

22. Sia $\mathbf{V}$ un K-spazio vettoriale e siano $\mathbf{v}_1, \ldots, \mathbf{v}_m \in \mathbf{V}$. Dimostrare che

$$\langle \mathbf{v}_1, \ldots, \mathbf{v}_m \rangle = \langle \mathbf{v}_1 \rangle \oplus \cdots \oplus \langle \mathbf{v}_m \rangle$$

se e solo se $\mathbf{v}_1, \ldots, \mathbf{v}_m$ sono linearmente indipendenti.

5 Rango

Il metodo di eliminazione di Gauss-Jordan, molto utile in pratica per risolvere sistemi di equazioni lineari, non si presta troppo bene ad essere utilizzato in questioni teoriche, in cui è preferibile avere criteri generali di risolubilità espressi attraverso le matrici associate al sistema. Criteri di questo tipo possono essere ottenuti in modo naturale per mezzo della nozione di "rango".

Se $\mathbf{V}$ è un K-spazio vettoriale, e $\{\mathbf{v}_1, \ldots, \mathbf{v}_m\}$ è un sottoinsieme finito di $\mathbf{V}$, il *rango di* $\{\mathbf{v}_1, \ldots, \mathbf{v}_m\}$ è il massimo numero di vettori linearmente indipendenti appartenenti a $\{\mathbf{v}_1, \ldots, \mathbf{v}_m\}$. Equivalentemente, il rango di $\{\mathbf{v}_1, \ldots, \mathbf{v}_m\}$ è la dimensione del sottospazio vettoriale $\langle \mathbf{v}_1, \ldots, \mathbf{v}_m \rangle$.

Se $A \in M_{m,n}(\mathsf{K})$, il *rango per righe di* A è il rango dell'insieme delle sue righe, cioè il massimo numero di righe linearmente indipendenti di A, considerate come vettori di K^n. Analogamente si definisce il *rango per colonne di* A.

L'utilità di queste nozioni deriva dal seguente risultato.

5.1 TEOREMA *Il rango per righe e il rango per colonne di una matrice $A \in M_{m,n}(\mathsf{K})$ coincidono.*

Dimostrazione

Siano r il rango per righe e c il rango per colonne di A. Se $r = 0$, allora tutti gli elementi di A sono nulli e quindi anche $c = 0$. Pertanto possiamo supporre $r > 0$.

Una relazione di dipendenza lineare tra le colonne di A è una soluzione non banale del sistema omogeneo

$$A\mathbf{X} = \mathbf{0} \qquad [5.1]$$

dove $\mathbf{X} = {}^t(X_1 \dots X_n)$. Pertanto il rango per colonne di A è individuato dall'insieme delle soluzioni del sistema [5.1]. Se le righe di A si dispongono in ordine diverso, c non cambia perché un cambiamento nell'ordine delle equazioni del sistema, cioè una successione di operazioni elementari (I), non influisce sull'insieme delle sue soluzioni. Neanche r cambia se si riordinano le righe di A, perché il rango di un insieme di vettori non dipende dal loro ordine.

Pertanto non è restrittivo supporre che le prime r righe di A siano linearmente indipendenti. La matrice

$$A^* = \begin{pmatrix} a_{11} & a_{12} & \dots & a_{1n} \\ a_{21} & a_{22} & \dots & a_{2n} \\ \vdots & \vdots & & \vdots \\ a_{r1} & a_{r2} & \dots & a_{rn} \end{pmatrix}$$

ha rango per righe uguale a r.

Consideriamo il sistema

$$A^*\mathbf{X} = \mathbf{0} \qquad [5.2]$$

e sia $(x_1, \dots, x_n)$ una sua soluzione. Se $r < m$, allora per ogni $i = r+1, \dots, m$ l'i-esima riga di A è combinazione lineare delle righe di A^*, e quindi si ha

$$a_{i1}x_1 + \dots + a_{in}x_n = \alpha_1(a_{11}x_1 + \dots + a_{1n}x_n) + \dots + \alpha_r(a_{r1}x_1 + \dots + a_{rn}x_n) = = 0 + \dots + 0 = 0$$

per opportuni $\alpha_1, \dots, \alpha_r \in \mathsf{K}$. Pertanto $(x_1, \dots, x_n)$ è anche soluzione di [5.1]. Viceversa è ovvio che ogni soluzione di [5.1] è soluzione di [5.2], che è un suo sottosistema. In conclusione [5.1] e [5.2] sono equivalenti, e quindi il rango per colonne di A^* è uguale a c. Poiché le colonne di A^* sono vettori di K^r, si ha $c \leq r$.

Ragionando allo stesso modo su ${}^tA$ si deduce che anche $r \leq c$, e l'asserto è provato.

Il valore comune del rango per righe e del rango per colonne di A si dice *rango di A* e si denota con $r(A)$. È evidente che $r(A) \leq \min(m, n)$ per ogni $A \in M_{m,n}(\mathsf{K})$.

5.2 Proposizione

1) *Se A e B sono due matrici che possono essere moltiplicate, allora*

$$r(AB) \leq \min(r(A),\ r(B)).$$

2) *Se* $A \in \mathrm{GL}_m(\mathsf{K})$, $B \in M_{m,n}(\mathsf{K})$, $C \in \mathrm{GL}_n(\mathsf{K})$, *allora*

$$r(AB) = r(B) = r(BC). \qquad [5.3]$$

3) Se B, $\tilde{B} \in M_{m,n}(\mathsf{K})$ sono equivalenti per righe (colonne), allora $r(B) = r(\tilde{B})$.

Dimostrazione

1) Siano $A = (a_{ij}) \in M_{m,n}(\mathsf{K})$ e $B = (b_{jh}) \in M_{n,s}(\mathsf{K})$. Per ogni $i = 1, \ldots, m$, la i-esima riga di AB è

$$\begin{aligned} A^{(i)}B &= (a_{i1}b_{11} + \ldots + a_{in}b_{n1},\ a_{i1}b_{12} + \ldots + a_{in}b_{n2}, \ldots, a_{i1}b_{1s} + \ldots + a_{in}b_{ns}) = \\ &= (a_{i1}b_{11},\ a_{i1}b_{12}, \ldots, a_{i1}b_{1s}) + (a_{i2}b_{21},\ a_{i2}b_{22}, \ldots, a_{i2}b_{2s}) + \ldots \\ &\qquad \ldots + (a_{in}b_{n1},\ a_{in}b_{n2}, \ldots, a_{in}b_{ns}) = \\ &= a_{i1}B^{(1)} + a_{i2}B^{(2)} + \ldots + a_{in}B^{(n)}. \end{aligned}$$

Quindi, essendo ogni $A^{(i)}B$ combinazione lineare delle righe di B, si ha

$$\langle A^{(1)}B,\ A^{(2)}B, \ldots, A^{(m)}B \rangle \subset \langle B^{(1)},\ B^{(2)}, \ldots, B^{(n)} \rangle$$

e pertanto $r(AB) \leq r(B)$.

D'altra parte si ha anche

$$r(AB) = r({}^t(AB)) = r({}^tB\,{}^tA) \leq r({}^tA) = r(A)$$

e la (1) è dimostrata.

2) Per la (1) si ha

$$r(AB) \leq r(B) = r(A^{-1}(AB)) \leq r(AB)$$

e quindi $r(AB) = r(B)$. La seconda uguaglianza in [5.3] si dimostra in modo simile.

3) Segue immediatamente dalla (2), tenuto conto dell'osservazione 3.2 (9).

5.3 Teorema *Una matrice quadrata di ordine n è invertibile se e solo se ha rango n.*

Dimostrazione

Per la proposizione 5.2(2) una matrice invertibile A ha lo stesso rango di $\mathbf{I}_n = A^{-1}A$. Il rango di $\mathbf{I}_n$ è n, perché le sue righe costituiscono la base canonica $\{\mathbf{E}_1, \ldots, \mathbf{E}_n\}$ di K^n. Viceversa, se A ha rango n, le sue righe $A^{(1)}, \ldots, A^{(n)}$ costituiscono una base di K^n. Quindi, per ogni $i = 1, \ldots, n$, esistono $b_{i1}, \ldots, b_{in} \in \mathsf{K}$ tali che

$$\mathbf{E}_i = b_{i1}A^{(1)} + b_{i2}A^{(2)} + \ldots + b_{in}A^{(n)}. \qquad [5.4]$$

Consideriamo la matrice $B=(b_{ij})\in M_n(\mathsf{K})$. La [5.4] equivale all'identità

$$\mathbf{I}_n = BA$$

e quindi A è invertibile.

Una *sottomatrice* $p\times q$ di una matrice $A\in M_{m,n}(\mathsf{K})$ è una matrice costituita dagli elementi di A comuni a p righe e a q colonne fissate in A. Scelti indici $1\le i_1<i_2<\ldots<i_p\le m$ e $1\le j_1<j_2<\ldots<j_q\le n$, la sottomatrice di A corrispondente alle righe i_1-esima, i_2-esima, ..., i_p-esima, e alle colonne j_1-esima, j_2-esima, ..., j_q-esima, si denota con $A(i_1\ i_2\ \ldots\ i_p|j_1\ j_2\ \ldots\ j_q)$. È una matrice $p\times q$.

Ad esempio se

$$A=\begin{pmatrix} 5 & -2 & 1 & 0 & \sqrt{3} \\ 8 & 0 & -1 & 3 & \frac{1}{10} \\ 2 & -5 & \pi & \sqrt{2} & 6 \\ \frac{1}{2} & 1 & 1 & 0 & -5 \end{pmatrix}\in M_{4,5}(\mathsf{R}),$$

allora

$$A(2\ 4|3\ 4\ 5)=\begin{pmatrix} -1 & 3 & \frac{1}{10} \\ 1 & 0 & -5 \end{pmatrix}\in M_{2,3}(\mathsf{R})$$

5.4 PROPOSIZIONE *Se B è una sottomatrice della matrice A, allora $r(B)\le r(A)$.*

Dimostrazione

Sia $A\in M_{m,n}(\mathsf{K})$ e $B=A(i_1\ i_2\ \ldots\ i_p|j_1\ j_2\ \ldots\ j_q)$. Consideriamo la sottomatrice di A

$$C=A(i_1\ i_2\ \ldots\ i_p|1\ 2\ \ldots\ n)\in M_{p,n}(\mathsf{K})$$

costituita dalla i_1-esima, i_2-esima, ..., i_p-esima riga. La disuguaglianza

$$r(C)\le r(A) \qquad [5.5]$$

è ovvia se interpretata come una relazione tra i ranghi per righe delle due matrici. D'altra parte B è una sottomatrice di C, e precisamente

$$B=C(1\ 2\ \ldots\ p|j_1\ j_2\ \ldots\ j_q),$$

la sottomatrice costituita dalla j_1-esima, j_2-esima, ..., j_q-esima colonna di C.

Anche in questo caso la disuguaglianza

$$r(B) \leq r(C) \qquad [5.6]$$

è ovvia se interpretata come relazione tra i ranghi per colonne delle due matrici.

La [5.5] e la [5.6] insieme implicano $r(B) \leq r(A)$.

Come conseguenza dei risultati che precedono abbiamo il seguente teorema.

5.5 Teorema *Il rango di una matrice A è uguale al massimo degli ordini delle sue sottomatrici quadrate invertibili.*

Dimostrazione

Sia ρ il massimo degli ordini delle sottomatrici quadrate invertibili di A. Dalle proposizioni 5.3 e 5.4 segue che $\rho \leq r(A)$. D'altra parte, posto $r = r(A)$, se le righe $A^{(i_1)}, A^{(i_2)}, \ldots, A^{(i_r)}$ di A sono linearmente indipendenti, la sottomatrice $B = A(i_1 \ldots i_r | 1 \ldots n)$ ha rango r, e quindi possiede r colonne linearmente indipendenti $B_{(j_1)}, B_{(j_2)}, \ldots, B_{(j_r)}$. La sottomatrice quadrata $B(1 \ldots r | j_1 \ldots j_r)$ di B ha rango r, cioè è invertibile. Poiché

$$B(1 \ldots r | j_1 \ldots j_r) = A(i_1 \ldots i_r | j_1 \ldots j_r)$$

è una sottomatrice di A, si ha anche $\rho \geq r(A)$.

La nozione di "determinante", che introdurremo nel prossimo paragrafo, ed il teorema 5.5 insieme forniscono un metodo pratico per calcolare il rango di una matrice (cfr. corollario 6.6).

Dalla dimostrazione del teorema 5.5 segue che se $B = A(i_1 \ldots i_r | j_1 \ldots j_r)$ è una sottomatrice quadrata invertibile di A, allora le righe $A^{(i_1)}, A^{(i_2)}, \ldots, A^{(i_r)}$ di A sono linearmente indipendenti. Similmente, le colonne $A_{(j_1)}, A_{(j_2)}, \ldots, A_{(j_r)}$ sono linearmente indipendenti.

Passiamo ora a considerare i sistemi di equazioni lineari. La nozione di rango permette di dare il seguente semplice criterio di compatibilità di un sistema.

5.6 Teorema (Kronecker-Rouché-Capelli) *Un sistema di m equazioni in n incognite*

$$A\mathbf{X} = \mathbf{b}, \qquad [5.7]$$

dove $A \in M_{m,n}(\mathrm{K})$, $\mathbf{b} \in M_{m,1}(\mathrm{K})$, $\mathbf{X} = {}^t(X_1 \ldots X_n)$, è compatibile se e solo se

$$r(A) = r(A\,\mathbf{b}).$$

In tal caso il sistema [5.7] *possiede ∞^{n-r} soluzioni, dove $r = r(A)$.*

Dimostrazione

Sia

$$A = \begin{pmatrix} a_{11} & a_{12} & \dots & a_{1n} \\ a_{21} & a_{22} & & a_{2n} \\ \vdots & \vdots & & \vdots \\ a_{m1} & a_{m2} & \dots & a_{mn} \end{pmatrix}.$$

Una n-upla $(x_1, \dots, x_n) \in \mathsf{K}^n$ è soluzione di [5.7] se e solo se si ha

$$x_1 \begin{pmatrix} a_{11} \\ a_{21} \\ \vdots \\ a_{m1} \end{pmatrix} + x_2 \begin{pmatrix} a_{12} \\ a_{22} \\ \vdots \\ a_{m2} \end{pmatrix} + \dots + x_n \begin{pmatrix} a_{1n} \\ a_{2n} \\ \vdots \\ a_{mn} \end{pmatrix} = \begin{pmatrix} b_1 \\ b_2 \\ \vdots \\ b_m \end{pmatrix}. \qquad [5.8]$$

La [5.8] esprime la condizione che il vettore **b** sia combinazione lineare delle colonne di A. Questa condizione è verificata se e solo se la matrice $(A\,\mathbf{b})$ ha lo stesso rango per colonne di A, cioè se e solo se $r(A) = r(A\,\mathbf{b})$. La prima parte del teorema è dimostrata.

Se il sistema [5.7] è compatibile, e $r = r(A)$, possiamo supporre che le sue prime r equazioni siano linearmente indipendenti e sostituire [5.7] con il sistema equivalente:

$$\begin{aligned} a_{11}X_1 + a_{12}X_2 + \dots + a_{1n}X_n &= b_1 \\ a_{21}X_1 + a_{22}X_2 + \dots + a_{2n}X_n &= b_2 \\ \vdots \qquad\qquad & \quad \vdots \\ a_{r1}X_1 + a_{r2}X_2 + \dots + a_{rn}X_n &= b_r. \end{aligned} \qquad [5.9]$$

Applicando il procedimento di Gauss-Jordan al sistema [5.9], nessuna delle equazioni si riduce a $0 = 0$, perché ciò implicherebbe che essa è linearmente dipendente da quelle che la precedono. Quindi il sistema [5.9] si può trasformare in un sistema a gradini di r equazioni; ciò significa che [5.9], e quindi [5.7], possiede ∞^{n-r} soluzioni.

Esercizi

1. Calcolare il rango delle seguenti matrici a elementi razionali:

a) $\begin{pmatrix} \frac{1}{2} & 3 & 1 & -1 \\ 1 & 4 & 2 & 0 \\ -\frac{1}{2} & -2 & -1 & 0 \end{pmatrix}$ b) $\begin{pmatrix} 1 & 1 & -1 \\ 0 & 1 & 1 \\ 1 & -1 & -1 \\ 0 & 0 & 1 \\ 0 & 0 & 0 \end{pmatrix}$

c) $\begin{pmatrix} 1 & -2 & 3 & 4 & 5 \\ 1 & 4 & 0 & 7 & 2 \\ 2 & 2 & 3 & 11 & 7 \\ 3 & 6 & 3 & 18 & 9 \end{pmatrix}$.

2. Dimostrare che tutte le matrici $n \times m$ a elementi in K di rango minore o uguale a 1 sono della forma

$$\begin{pmatrix} a_1 \\ \vdots \\ a_n \end{pmatrix} (b_1 \dots b_m), \qquad a_1, a_n, b_1, \dots, b_n \in \mathsf{K}.$$

6 Determinanti

In questo paragrafo descriveremo un modo di associare un elemento di K, chiamato "il determinante di A", ad ogni matrice quadrata A a elementi in K. Il determinante, come vedremo, è uno strumento di fondamentale importanza pratica in algebra lineare.

Faremo uso del *simbolo di sommatoria* Σ per denotare la somma di un numero finito di termini contrassegnati da uno o più indici; gli insiemi di variabilità degli indici saranno indicati sotto e/o sopra al simbolo Σ.

Similmente il simbolo Π sarà utilizzato per denotare un prodotto.

6.1 Definizione *Sia $n \geq 1$ e*

$$A = \begin{pmatrix} a_{11} & a_{12} & \dots & a_{1n} \\ a_{21} & a_{22} & \dots & a_{2n} \\ \vdots & \vdots & & \vdots \\ a_{n1} & a_{n2} & \dots & a_{nn} \end{pmatrix} \in M_n(\mathsf{K}).$$

Il determinante di A *è l'elemento di* K

$$\det(A) = \sum_{p \in \sigma_n} \epsilon(p) a_{1p(1)} a_{2p(2)} \dots a_{np(n)}, \qquad [6.1]$$

dove σ_n *denota l'insieme di tutte le permutazioni di* $\{1, 2, \dots, n\}$ *e dove* $\epsilon(p)$ *è il segno della permutazione* $p \in \sigma_n$ (cfr. app. *B*); $\det(A)$ *verrà anche indicato con* $\det(a_{ij})$ *oppure con* $|A|$.

La [6.1] è una somma di $n!$ termini, che, a meno del segno, sono tutti i possibili prodotti di n elementi di A appartenenti a righe ed a colonne diverse.

Se $n = 1$, allora $A = (a)$ e si ha $\det(A) = a$.

Se $n = 2$ e

$$A = \begin{pmatrix} a_{11} & a_{12} \\ a_{21} & a_{22} \end{pmatrix},$$

allora

$$\begin{vmatrix} a_{11} & a_{12} \\ a_{21} & a_{22} \end{vmatrix} = a_{11}a_{22} - a_{12}a_{21}.$$

Se $n = 3$ si ha

$$\begin{vmatrix} a_{11} & a_{12} & a_{13} \\ a_{21} & a_{22} & a_{23} \\ a_{31} & a_{32} & a_{33} \end{vmatrix} = a_{11}a_{22}a_{33} - a_{11}a_{23}a_{32} + a_{12}a_{23}a_{31} - a_{12}a_{21}a_{33} + a_{13}a_{21}a_{32} - a_{13}a_{22}a_{31}.$$

Al crescere di n il determinante di una matrice $n \times n$ qualsiasi non è facile da calcolare direttamente a partire dalla sua definizione [6.1]. Vedremo tra poco dei modi più semplici di farlo senza dover ricorrere alla [6.1].

Se $A \in M_n(\mathsf{K})$, denoteremo come al solito con $A^{(1)}, \dots, A^{(n)}$ le sue righe e con $A_{(1)}, \dots, A_{(n)}$ le sue colonne; scriveremo, con notazione a blocchi,

$$A = (A_{(1)} A_{(2)} \quad \dots \quad A_{(n)})$$

oppure

$$A = \begin{pmatrix} A^{(1)} \\ A^{(2)} \\ \vdots \\ A^{(n)} \end{pmatrix}.$$

Scriveremo quindi

$$\det(A) = \det(A_{(1)}A_{(2)} \;\; \dots \;\; A_{(n)}) = \det \begin{pmatrix} A^{(1)} \\ A^{(2)} \\ \vdots \\ A^{(n)} \end{pmatrix}.$$

Con queste notazioni il determinante verrà considerato come una funzione di n vettori colonna oppure di n vettori riga.

6.2 TEOREMA *Sia $n \geq 1$ un intero e sia*

$$A = (a_{ij}) = (A_{(1)}A_{(2)} \;\; \dots \;\; A_{(n)}) = \begin{pmatrix} A^{(1)} \\ A^{(2)} \\ \vdots \\ A^{(n)} \end{pmatrix} \in M_n(\mathsf{K}).$$

Allora:

1) $\det({}^tA) = \det(A)$.

2) *Se $A^{(i)} = cV + c'V'$, per qualche $1 \leq i \leq n$, $c, c' \in \mathsf{K}$, cioè se la i-esima riga di A è combinazione lineare di due n-vettori riga, allora*

$$\det(A) = c \det \begin{pmatrix} A^{(1)} \\ \vdots \\ V \\ \vdots \\ A^{(n)} \end{pmatrix} + c' \det \begin{pmatrix} A^{(1)} \\ \vdots \\ V' \\ \vdots \\ A^{(n)} \end{pmatrix}.$$

Analogamente, se $A_{(i)} = cW + c'W'$ per qualche $1 \leq i \leq n$, $c, c' \in \mathsf{K}$, dove W e W' sono due n-vettori colonna, si ha

$$\det(A) = c \det(A_{(1)} \; \dots \; W \; \dots \; A_{(n)}) + c' \det(A_{(1)} \; \dots \; W' \; \dots \; A_{(n)}).$$

3) *Se la matrice $B \in M_n(\mathsf{K})$ è ottenuta da A scambiando tra loro due righe oppure due colonne, si ha* $\det(B) = -\det(A)$.

4) *Se A ha due righe oppure due colonne uguali, allora* $\det(A) = 0$.

5) $\det(\mathbf{I}_n) = 1$.

Dimostrazione

1) Si ha

$$\det({}^tA) = \sum_{p \in \sigma_n} \epsilon(p)\, a_{p(1)1} a_{p(2)2} \dots a_{p(n)n}. \qquad [6.2]$$

A meno del segno, gli addendi di [6.2] sono gli stessi di [6.1]; infatti il termine

$$a_{p(1)1}a_{p(2)2}\dots a_{p(n)n} \qquad [6.3]$$

può anche essere scritto nella forma seguente:

$$a_{1q(1)}a_{2q(2)}\dots a_{nq(n)} \qquad [6.4]$$

dove $q = p^{-1} \in \sigma_n$. Osservando poi che $\epsilon(p^{-1}) = \epsilon(p)$, si conclude che gli addendi di $\det(A)$ e di $\det({}^tA)$ sono gli stessi, cioè $\det(A) = \det({}^tA)$.

2) Le due affermazioni sono equivalenti per la (1), e quindi è sufficiente dimostrare la prima. Siano

$$V = (v_1 \ \dots \ v_n),\ V' = (v_1' \ \dots \ v_n').$$

Si ha

$$(a_{i1} \ a_{i2} \ \dots \ a_{in}) = (cv_1 + c'v_1' \quad cv_2 + c'v_2' \quad \dots \quad cv_n + c'v_n')$$

e

$$\begin{aligned}\det(A) &= \sum_{p\in\sigma_n} \epsilon(p)\, a_{1p(1)}a_{2p(2)}\dots a_{np(n)} = \\ &= \sum_{p\in\sigma_n} \epsilon(p)\, a_{1p(1)}\dots(cv_{p(i)} + c'v'_{p(i)})\dots a_{np(n)} = \\ &= c\sum_{p\in\sigma_n} \epsilon(p)\, a_{1p(1)}\dots v_{p(i)}\dots a_{np(n)} + c'\sum_{p\in\sigma_n} \epsilon(p)\, a_{1p(1)}\dots v'_{p(i)}\dots a_{np(n)} = \\ &= c\det\begin{pmatrix} A^{(1)} \\ \vdots \\ V \\ \vdots \\ A^{(n)}\end{pmatrix} + c'\det\begin{pmatrix} A^{(1)} \\ \vdots \\ V' \\ \vdots \\ A^{(n)}\end{pmatrix}.\end{aligned}$$

3) Per la (1) è sufficiente dimostrare la (3) nel caso in cui B sia ottenuta da A scambiando due righe, siano esse la i-esima e la j-esima, dove $1 \le i < j \le n$. Posto $B = (b_{hk})$, si ha

$$\begin{aligned}\det(B) &= \sum_{p\in\sigma_n} \epsilon(p)\, b_{1p(1)}\dots b_{ip(i)}\dots b_{jp(j)}\dots b_{np(n)} = \\ &= \sum_{p\in\sigma_n} \epsilon(p)\, a_{1p(1)}\dots a_{jp(i)}\dots a_{ip(j)}\dots a_{np(n)} = \\ &= \sum_{p\in\sigma_n} \epsilon(p)\, a_{1(tp)(1)}\dots a_{i(tp)(i)}\dots a_{j(tp)(j)}\dots a_{n(tp)(n)}\end{aligned}$$

dove abbiamo denotato con t la trasposizione che scambia i con j. Poiché

$\epsilon(p) = -\epsilon(t \circ p)$ e poiché al variare di $p \in \sigma_n$, $t \circ p$ descrive tutto σ_n, si deduce:

$$\det(B) = \sum_{q \in \sigma_n} -\epsilon(q)\, a_{1q(1)} \dots a_{iq(i)} \dots a_{jq(j)} \dots a_{nq(n)} = -\det(A).$$

4) Supponiamo che A abbia due righe uguali. Scambiando tra loro tali righe si ottiene ancora la matrice A. Per la (3) si ha quindi $\det(A) = -\det(A)$, sicché $\det(A) = 0$.

5) L'unico addendo di $\det(\mathbf{I}_n)$ diverso da 0 è

$$a_{11} a_{22} \dots a_{nn} = 1.$$

Dal teorema 6.2 segue facilmente il risultato seguente.

6.3 Corollario *Se* $A, B \in M_n(\mathrm{K})$, *allora* $\det(AB) = \det(A)\det(B)$. *In particolare, se* A *è invertibile, allora* $\det(A^{-1}) = \det(A)^{-1}$.

Dimostrazione

Siano $A = (a_{ij})$ e

$$B = \begin{pmatrix} B^{(1)} \\ B^{(2)} \\ \vdots \\ B^{(n)} \end{pmatrix}.$$

Si ha, utilizzando la (2) e la (3) del teorema 6.2:

$$\det(AB) = \det \begin{pmatrix} a_{11}B^{(1)} + \dots + a_{1n}B^{(n)} \\ a_{21}B^{(1)} + \dots + a_{2n}B^{(n)} \\ \vdots \\ a_{n1}B^{(1)} + \dots + a_{nn}B^{(n)} \end{pmatrix} =$$

$$= \sum_{p \in \sigma_n} \det \begin{pmatrix} a_{1p(1)}B^{(p(1))} \\ a_{2p(2)}B^{(p(2))} \\ \vdots \\ a_{np(n)}B^{(p(n))} \end{pmatrix} = \sum_{p \in \sigma_n} a_{1p(1)} \dots a_{np(n)} \det \begin{pmatrix} B^{(p(1))} \\ B^{(p(2))} \\ \vdots \\ B^{(p(n))} \end{pmatrix} =$$

$$= \sum_{p \in \sigma_n} \epsilon(p)\, a_{1p(1)} \dots a_{np(n)} \det \begin{pmatrix} B^{(1)} \\ B^{(2)} \\ \vdots \\ B^{(n)} \end{pmatrix} = \det(A)\det(B).$$

L'ultima affermazione segue immediatamente dalla prima applicata al prodotto $\mathbf{I}_n = AA^{-1}$, tenuto conto del teorema 6.2(5).

Una proprietà fondamentale del determinante è la sua relazione con il rango, che è espressa dal seguente teorema.

6.4 TEOREMA *Sia $A \in M_n(\mathsf{K})$. Allora* $\det(A) \neq 0$ *se e solo se* $r(A) = n$.

Dimostrazione

Se $r(A) = n$, allora A è invertibile per il teorema 5.4. Dal corollario 6.3 segue che dev'essere $\det(A^{-1}) = \det(A)^{-1}$, e pertanto $\det(A) \neq 0$.

Supponiamo $r(A) < n$, cioè che le righe di A siano linearmente dipendenti. Salvo scambiare tra loro due righe di A, il che, per il teorema 6.2(3), non influisce sulla conclusione, possiamo supporre che

$$A^{(1)} = c_2 A^{(2)} + \dots + c_n A^{(n)}, \qquad c_2, \dots, c_n \in \mathsf{K},$$

cioè che la prima riga sia combinazione lineare delle rimanenti righe di A. Per il teorema 6.2(2) si ha

$$\det(A) = c_2 \det\begin{pmatrix} A^{(2)} \\ A^{(2)} \\ \vdots \\ A^{(n)} \end{pmatrix} + c_3 \det\begin{pmatrix} A^{(3)} \\ A^{(2)} \\ \vdots \\ A^{(n)} \end{pmatrix} + \dots + c_n \det\begin{pmatrix} A^{(n)} \\ A^{(2)} \\ \vdots \\ A^{(n)} \end{pmatrix}.$$

Poiché ognuna delle matrici che compaiono a secondo membro ha due righe uguali, per il teorema 6.2(4) il suo determinante è 0. Pertanto

$$\det(A) = c_2 0 + c_3 0 + \dots + c_n 0 = 0.$$

6.5 DEFINIZIONE *Sia $M \in M_{m,n}(\mathsf{K})$. Un* minore *di M è il determinante di una sua sottomatrice quadrata. L'*ordine *del minore è l'ordine della sottomatrice quadrata corrispondente.*

Sia $A = (a_{ij}) \in M_n(\mathsf{K})$. I minori

$$D_1 = a_{11},\ D_2 = \det(A(12|12)), \dots, D_i = \det(A(12 \dots i|12 \dots i)), \dots, D_n = \det(A)$$

si dicono minori principali *di A.*

Abbiamo il seguente utile corollario.

6.6 COROLLARIO *Sia $M \in M_{m,n}(\mathsf{K})$. Il rango di M è uguale al massimo ordine dei minori non nulli di M.*

Il corollario è immediata conseguenza dei teoremi 5.6 e 6.4.

Le seguenti ulteriori proprietà del determinante seguono facilmente dai teoremi precedenti.

6.7 PROPOSIZIONE *Sia* $A = (a_{ij}) \in M_n(\mathsf{K})$:

1) *Se* A *ha una riga oppure una colonna nulla,* $\det(A) = 0$.

2) *Se* $B \in M_n(\mathsf{K})$ *è ottenuta da* A *sommando a una sua riga (colonna) un multiplo scalare di un'altra riga (colonna), allora* $\det(B) = \det(A)$.

Dimostrazione

1) Se A ha una riga, o una colonna, nulla, $r(A) < n$, e quindi $\det(A) = 0$ per il teorema 6.4.

2) Supponiamo che si abbia $B = (B_{(1)} \ \dots \ B_{(n)})$ con $B_{(i)} = A_{(i)} + cA_{(j)}$, per qualche $i \neq j$, e $B_{(k)} = A_{(k)}$ per ogni $k \neq i$. Allora

$$\det(B) = \det(A) + c\det(A_{(1)} \ \dots \ A_{(j)} \ \dots \ A_{(n)}) = \det(A) + c0 = \det(A)$$

perché $(A_{(1)} \ \dots \ A_{(j)} \ \dots \ A_{(n)})$ ha uguali la i-esima e la j-esima colonna, e quindi ha determinante uguale a 0. In modo simile si procede nel caso in cui $B^{(i)} = A^{(i)} + cA^{(j)}$.

Daremo ora una definizione che ha una notevole importanza pratica nel calcolo dei determinanti.

6.8 DEFINIZIONE *Data* $A = (a_{ij}) \in M_n(\mathsf{K})$, *per ogni* $1 \leq i, j \leq n$ *sia* $A(1 \dots \hat{\imath} \dots \dots n | 1 \dots \hat{\jmath} \dots n)$ *la sottomatrice quadrata di ordine* $n - 1$ *di* A *ottenuta cancellando la* i*-esima riga e la* j*-esima colonna.*

Il complemento algebrico (*o* cofattore) dell'elemento a_{ij} *di* A *è*

$$A_{ij} = (-1)^{i+j} \det(A(1 \dots \hat{\imath} \dots n | 1 \dots \hat{\jmath} \dots n)).$$

La matrice cofattore di A *è*

$$\mathrm{cof}(A) = (A_{ij}) \in M_n(\mathsf{K}).$$

Il risultato seguente fornisce un procedimento induttivo per calcolare il determinante di una matrice.

6.9 PROPOSIZIONE *Sia* $A \in M_n(\mathsf{K})$. *Per ogni* $1 \leq i, j \leq n$ *si ha*

$$\det(A) = a_{i1}A_{i1} + a_{i2}A_{i2} + \dots + a_{in}A_{in} \qquad [6.5]$$

e

$$\det(A) = a_{1j}A_{1j} + a_{2j}A_{2j} + \dots + a_{nj}A_{nj}. \qquad [6.6]$$

La [6.5] *e la* [6.6] *sono rispettivamente lo* sviluppo di $\det(A)$ secondo la i-esima riga *e* secondo la j-esima colonna.

Dimostrazione
Sostituendo A con la sua trasposta ci si riduce a dimostrare solo la [6.5]. Mediante $i-1$ scambi fra righe contigue di A si ottiene una matrice

$$A' = \begin{pmatrix} A'^{(1)} \\ A'^{(2)} \\ \vdots \\ A'^{(n)} \end{pmatrix}$$

la cui prima riga è $A'^{(1)} = A^{(i)}$, e le rimanenti righe sono nella stessa posizione relativa delle righe di A, cioè

$$\begin{pmatrix} A'^{(2)} \\ A'^{(3)} \\ \vdots \\ A'^{(n)} \end{pmatrix} = \begin{pmatrix} A^{(1)} \\ \vdots \\ A^{(i-1)} \\ A^{(i+1)} \\ \vdots \\ A^{(n)} \end{pmatrix}.$$

Si ha pertanto

$$\det(A') = (-1)^{i-1}\det(A).$$

Inoltre, per ogni $1 \leq j \leq n$:

$$\begin{aligned} A'_{1j} &= (-1)^{j+1}\det[A'(2 \dots n \mid 1 \dots \hat{j} \dots n)] = \\ &= (-1)^{j+1}\det[A(1 \dots \hat{i} \dots n \mid 1 \dots \hat{j} \dots n) = (-1)^{i+1}A_{ij}. \end{aligned}$$

Quindi, se la [6.5] è vera per A', lo è anche per A. Quest'osservazione ci consente di limitarci a considerare il caso $i = 1$, cioè a dimostrare lo sviluppo [6.5] di A secondo la prima riga.

A questo scopo consideriamo i termini della sommatoria [6.1] in cui compare a_{1j}, che sono della forma

$$\epsilon(p)\, a_{1j} a_{2p(2)} \dots a_{np(n)} \qquad [6.7]$$

dove $p \in \sigma_n$ è una permutazione tale che $p(1) = j$. Ad ogni tale p possiamo far corrispondere la permutazione $q \in \sigma_{n-1}$ definita, per $k = 1, \dots, n-1$, da

$$\begin{aligned} q(k) &= p(k+1) && \text{se } p(k+1) < j \\ &= p(k+1) - 1 && \text{se } p(k+1) > j. \end{aligned} \qquad [6.8]$$

Si ha

$$(-1)^{j-1}\epsilon(q) = \epsilon(p).$$

Infatti la permutazione $r \in \sigma_n$ definita da

$$r(1) = 1,$$
$$r(k) = q(k-1), \qquad k = 2, \dots, n$$

è ottenuta componendo p con $j-1$ trasposizioni di elementi contigui, e quindi soddisfa $\epsilon(r) = (-1)^{j-1}\epsilon(p)$. D'altra parte, per definizione, si ha evidentemente $\epsilon(q) = \epsilon(r)$.

Poniamo $B = (b_{hk}) = A(2 \dots n | 1 \dots \hat{j} \dots n)$. Poiché al variare di $p \in \sigma_n$ tale che $p(1) = j$ la permutazione q definita dalla [6.8] descrive tutto σ_{n-1}, la somma dei termini [6.7] è uguale a

$$a_{1j}(-1)^{j-1} \sum_{q \in \sigma_{n-1}} \epsilon(q) b_{1q(1)} \dots b_{n-1\,q(n-1)} = a_{1j}(-1)^{j-1} \det(B) = a_{1j}A_{1j}.$$

In conclusione, la somma di tutti i termini della [6.1] è uguale a $\sum_j a_{1j}A_{1j}$, che è la [6.5] per $i = 1$.

Nell'applicare la proposizione 6.9 è conveniente, quando possibile, scegliere una riga o una colonna nella quale compaiano degli zeri, allo scopo di abbreviare i calcoli.

Il seguente corollario fornisce in particolare un metodo pratico per calcolare l'inversa di una matrice $A \in GL_n(K)$, alternativo a quello descritto nell'esempio 3.2(8).

6.10 Corollario *Per ogni $A = (a_{ij}) \in M_n(K)$ sussiste l'identità*

$$A\,{}^t[\text{cof}(A)] = \det(A)\mathbf{I}_n. \qquad [6.9]$$

In particolare, se A è invertibile, si ha

$$A^{-1} = \frac{1}{\det(A)}\,{}^t[\text{cof}(A)]. \qquad [6.10]$$

Dimostrazione

La [6.9] è equivalente alle n^2 identità seguenti:

$$\sum_{k=1}^{n} a_{ik}A_{jk} = \det(A)\,\delta_{ij} \qquad [6.11]$$

dove δ_{ij} è il simbolo di Kronecker. Infatti il primo membro è l'elemento di posto i, j della matrice $A\,{}^t[\text{cof}(A)]$. Nel caso $i = j$ la [6.11] coincide con la [6.5], che è già stata dimostrata. Se $i \neq j$ la [6.11] è

$$\sum_{k=1}^{n} a_{ik}A_{jk} = 0. \qquad [6.12]$$

Per la proposizione 6.9, il primo membro della [6.12] è lo sviluppo secondo la i-esima riga del determinante della matrice B ottenuta da A sostituendo la sua riga i-esima alla j-esima. Poiché B ha due righe uguali il suo determinante è 0, e pertanto la [6.12] è vera.

La [6.10] segue dalla [6.9] moltiplicando ambo i membri a sinistra per $\det(A)^{-1}A^{-1}$.

Il metodo dell'inversa, che abbiamo introdotto nel paragrafo 3 per risolvere un sistema di n equazioni lineari in n incognite, può ora essere formulato in un modo diverso, e più preciso, noto come *regola di Cramer*:

6.11 Corollario (Regola di Cramer) *Siano* $A = (a_{ij}) \in GL_n(\mathsf{K})$, $\mathbf{b} = {}^t(b_1 \dots b_n)$ *un n-vettore colonna e*

$$AX = \mathbf{b} \qquad [6.13]$$

il corrispondente sistema di n equazioni in n incognite. L'unica soluzione di [6.13], $\mathbf{x} = {}^t(x_1 \dots x_n)$, *è data dalla formula*

$$x_i = \frac{\sum_{k=1}^{n} b_k A_{ki}}{\det(A)}, \qquad i = 1, \dots, n. \qquad [6.14]$$

Dimostrazione

Basta ricordare la regola dell'inversa [3.16] che dà $\mathbf{x} = A^{-1}\mathbf{b}$, e sostituire la [6.10] al posto di A^{-1}.

Si noti che il secondo membro della [6.14] ha per numeratore il determinante della matrice ottenuta da A sostituendo la colonna $\mathbf{b}$ al posto della colonna i-esima.

Descriveremo ora un metodo di calcolo dei determinanti che generalizza la proposizione 6.9. Allo scopo avremo bisogno della seguente generalizzazione della definizione 6.8.

6.12 Definizione *Sia* $A \in M_n(\mathsf{K})$, *e sia*

$$M = A(i_1 \ \dots \ i_k | j_1 \ \dots \ j_k)$$

una sottomatrice quadrata di ordine k di A. Il complemento algebrico (*o* cofattore) *di M è*

$$(-1)^{i_1 + \dots + i_k + j_1 + \dots + j_k} \det(A(\{1, \dots, n\} \setminus \{i_1, \dots, i_k\} \mid \{1, \dots, n\} \setminus \{j_1, \dots, j_k\}),$$

cioè è il determinante della sottomatrice quadrata di ordine n − k di A ottenuta cancellando le righe e le colonne di M, preso con il segno + o − a seconda che $i_1 + \dots + i_k + j_1 + \dots + j_k$ *sia pari o dispari.*

Nel caso particolare $k = 1$ si riottiene la definizione 6.8 di complemento algebrico di un elemento di A.

Dimostreremo ora un teorema che generalizza lo sviluppo del determinante secondo una riga o una colonna.

6.13 Teorema (Laplace) *Sia $A \in M_n(\mathsf{K})$, e siano assegnate $k \leq n$ righe (colonne) di A. Allora* $\det(A)$ *è uguale alla somma dei prodotti dei minori di ordine k di A estratti dalle righe (colonne) assegnate per i corrispondenti cofattori.*

Dimostrazione

La daremo nel caso delle righe, lasciando al lettore l'immediata estensione al caso delle colonne.

Denotiamo con $D(A)$ la somma indicata nell'enunciato, che vogliamo dimostrare essere uguale a $\det(A)$. Il prodotto di un minore di ordine k estratto dalle k righe assegnate per il corrispondente complemento algebrico è una somma di $k!(n-k)!$ termini, perché il minore è un determinante di ordine k, e quindi ottenuto sommando $k!$ termini, mentre il cofattore è un determinante di ordine $n-k$, quindi somma di $(n-k)!$ termini. Inoltre il numero dei minori di ordine k distinti che si possono estrarre dalle k righe assegnate è

$$\binom{n}{k} = \frac{n!}{k!(n-k)!}.$$

Pertanto $D(A)$ è somma di $\binom{n}{k} k!(n-k)! = n!$ termini. Poiché anche $\det(A)$ è somma di $n!$ termini, sarà sufficiente dimostrare che ogni termine di $D(A)$ appare almeno una volta in $\det(A)$.

Supponiamo dapprima che le righe assegnate siano $A^{(1)}, A^{(2)}, \dots, A^{(k)}$. I termini di $D(A)$ sono prodotti di un termine di $\det(A(1 \dots k \mid j_1 \dots j_k)$ per uno di $\det(A(k+1 \dots n \mid \{1, \dots, n\} \setminus \{j_1, \dots, j_k\})$, per qualche scelta di $j_1, \dots, j_k$, moltiplicati per $(-1)^{1+\dots+k+j_1+\dots+j_k}$. Consideriamo il caso particolare in cui $\{j_1, \dots, j_k\} = \{1, \dots, k\}$. Un termine di $D(A)$ corrispondente è della forma

$$\begin{aligned}(-1)^{1+\dots+k+1+\dots+k}&[\epsilon(s)\, a_{1s(1)} \dots a_{ks(k)}]\,[\epsilon(t)\, a_{k+1\,k+t(1)} \dots a_{n\,k+t(n-k)}] = \\ &= \epsilon(s)\epsilon(t)[a_{1s(1)} \dots a_{k\,s(k)} a_{k+1\,k+t(1)} \dots a_{n\,k+t(n-k)}]\end{aligned} \qquad [6.15]$$

dove $s \in \sigma_k$, $t \in \sigma_{n-k}$.

Per riconoscere che [6.15] è un termine di $\det(A)$ osserviamo che la permutazione

$$u = \begin{pmatrix} 1 & \dots & k & k+1 & \dots & n \\ s(1) & \dots & s(k) & k+t(1) & \dots & k+t(n-k) \end{pmatrix}$$

ha segno uguale a $\epsilon(s)\epsilon(t)$, perché ogni indice $s(h)$ è minore di ogni indice $t(\ell)$, e quindi il numero di trasposizioni di cui u è prodotto è la somma del numero di trasposizioni di s e di quelle di t. Da ciò segue che [6.15] è un termine di $\det(A)$.

Per dimostrare che il prodotto di un termine di $\det(A(1 \dots k \mid j_1 \dots j_k)$ per uno di $\det(A(k+1 \dots n \mid \{1, \dots, n\} \setminus \{j_1, \dots, j_k\})$ moltiplicati per $(-1)^{1+\dots+k+j_1+\dots+j_k}$, per *scelta arbitraria di* $1 \leq j_1 < j_2 < \dots < j_k \leq n$, è un termine di $\det(A)$, scambiamo tra loro opportunamente le colonne di A in modo da ottenere una matrice B in cui la j_1-esima colonna, la j_2-esima colonna ecc.

di A si trovino rispettivamente come prima, seconda, ..., k-esima colonna. Così facendo si operano $(j_1 - 1) + (j_2 - 1) + (j_k - 1) = j_1 + \ldots + j_k - (1 + \ldots + k)$ scambi di colonne, e quindi

$$\det(B) = (-1)^{j_1 + \ldots + j_k - (1 + \ldots + k)} \det(A) = (-1)^{1 + \ldots + k + j_1 + \ldots + j_k} \det(A).$$

Il termine di $D(A)$ che stiamo considerando è uguale a $(-1)^{1 + \ldots + k + j_1 + \ldots + j_k}$ per un termine di $D(B)$ del tipo che abbiamo considerato nella prima parte della dimostrazione, e quindi è uguale a $(-1)^{1 + \ldots + k + j_1 + \ldots + j_k}$ per un termine di $\det(B)$, cioè è uguale a un termine di $\det(A)$.

Se le righe assegnate sono $A^{(i_1)}, A^{(i_2)}, \ldots, A^{(i_k)}$, consideriamo la matrice C ottenuta da A con opportune trasposizioni delle righe in modo che la i_1-esima riga, la i_2-esima riga ecc. di A siano rispettivamente prima, seconda, ..., k-esima riga di C. Il numero di inversioni effettuate è

$$(i_1 - 1) + (i_2 - 1) + \ldots + (i_k - 1) = i_1 + \ldots i_k - (1 + \ldots + k),$$

e quindi $\det(C) = (-1)^{i_1 + \ldots + i_k - (1 + \ldots + k)} \det(A)$. D'altra parte ogni termine di $D(C)$ è uguale a $(-1)^{i_1 + \ldots + i_k - (1 + \ldots + k)}$ per un termine di $D(A)$, e quindi

$$D(C) = (-1)^{i_1 + \ldots + i_k - (1 + \ldots + k)} D(A).$$

Confrontando otteniamo $D(A) = \det(A)$, come si voleva.

Il procedimento per calcolare il determinante di una matrice quadrata descritto dal teorema 6.13 è chiamato *metodo di Laplace* o *sviluppo di Laplace*. Esso è particolarmente utile quando la matrice A di cui si vuole calcolare il determinante ha molti elementi uguali a 0. Consideriamo ad esempio la matrice

$$A = \begin{pmatrix} 1 & -2 & 1 & 0 \\ 2 & 1 & -2 & 0 \\ 0 & -3 & 1 & 4 \\ 0 & -1 & 2 & -1 \end{pmatrix}.$$

Sviluppando $\det(A)$ con il metodo di Laplace rispetto alle prime due righe si trova:

$$\det(A) = (-1)^6 \begin{vmatrix} 1 & -2 \\ 2 & 1 \end{vmatrix} \begin{vmatrix} 1 & 4 \\ 2 & -1 \end{vmatrix} + (-1)^7 \begin{vmatrix} 1 & 1 \\ 2 & -2 \end{vmatrix} \begin{vmatrix} -3 & 4 \\ -1 & -1 \end{vmatrix} =$$

$$= 5 \times (-9) - (-4) \times 7 = -17.$$

Il calcolo di $\det(A)$ mediante lo sviluppo secondo una riga o una colonna sarebbe stato più laborioso.

6.14 *Osservazioni ed esempi*

1. Sia A una matrice triangolare superiore (inferiore). Sviluppandone il determinante secondo la prima colonna (la prima riga), si trova subito, procedendo per induzione su n, che $\det(A)$ è uguale al prodotto degli elementi della diagonale principale.

2. Sia data una matrice $M \in M_{m,n}(\mathrm{K})$ e supponiamo di volerne calcolare il rango utilizzando il corollario 6.6. Supposto che M non sia la matrice nulla, e quindi che il suo rango sia almeno 1, si dovranno calcolare i minori di ordine via via crescente, a partire dall'ordine 2. Quando per un certo r si sarà trovato un minore di ordine r non nullo, mentre tutti i minori di ordine $r+1$ si annullano (oppure non ce ne sono se $r = \min(m, n)$), si concluderà che $r(M) = r$. Infatti dall'annullarsi di tutti i minori di ordine $r+1$ discende l'annullarsi dei minori di ordine superiore: ciò segue subito per induzione su s sviluppando ogni minore di ordine $s > r$ secondo una sua riga o una sua colonna.

Il calcolo del rango può essere semplificato notevolmente se si tiene conto del cosiddetto *principio dei minori orlati*, cioè della seguente osservazione.

Sia $B = M(i_1 \dots i_r | j_1 \dots j_r)$ una sottomatrice quadrata di un certo ordine r della matrice M, tale che $\det(B) \neq 0$. Supponiamo che ogni sottomatrice quadrata di ordine $r+1$ di M ottenuta aggiungendo a B una riga e una colonna di M (fig. 6.1) abbia determinante nullo, cioè che i cosiddetti *minori orlati di* B siano tutti nulli. Allora M ha rango r.

Infatti dall'ipotesi $\det(B) \neq 0$ discende che le colonne j_1-esima, ..., j_r-esima di M sono linearmente indipendenti, e pertanto la condizione sui minori orlati implica che ogni altra colonna di M è combinazione lineare delle colonne j_1-esima, ..., j_r-esima. Quindi M ha rango r.

Ad esempio, la matrice

$$M = \begin{pmatrix} 1 & 1 & 2 & 3 \\ 1 & 1 & 0 & 0 \\ 0 & 0 & 2 & 3 \end{pmatrix}$$

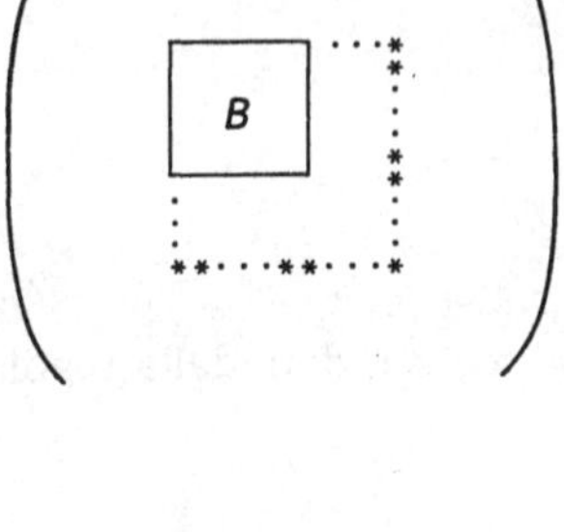

Figura 6.1

ha rango 2. Infatti la sottomatrice

$$B = M(12|13) = \begin{pmatrix} 1 & 2 \\ 1 & 0 \end{pmatrix}$$

ha $\det(B) = -2$, e quindi $r(M) \geq 2$; inoltre i due minori orlati sono:

$$\det(M(123|123) = \begin{vmatrix} 1 & 1 & 2 \\ 1 & 1 & 0 \\ 0 & 0 & 2 \end{vmatrix} = 0$$

e

$$\det(M(123|134) = \begin{vmatrix} 1 & 2 & 3 \\ 1 & 0 & 0 \\ 0 & 2 & 3 \end{vmatrix} = 0,$$

e quindi $r(M) = 2$.

3. Il determinante, per la sua stessa definizione [6.1], è ben definito anche quando gli elementi della matrice quadrata A appartengono a un dominio qualsiasi D. Ovviamente il determinante di una matrice siffatta è ancora un elemento del dominio D. Ad esempio il determinante di una matrice in $M_n(\mathsf{K}[X])$, cioè ad elementi polinomi in una indeterminata X a coefficienti in K, è un polinomio di $\mathsf{K}[X]$; se $A \in M_n(\mathsf{Z})$, allora $\det(A)$ è un numero intero ecc. Noi utilizzeremo quest'osservazione e considereremo per esempio matrici a elementi polinomi di una o più variabili, i loro determinanti quando esse sono quadrate, i minori ecc.

4. Consideriamo il seguente sistema di tre equazioni in tre incognite:

$$\begin{aligned} 2X_1 + 3X_2 - X_3 &= 1 \\ X_1 + 4X_2 + 2X_3 &= 2 \\ 3X_1 - X_2 - X_3 &= 3. \end{aligned}$$

Il determinante della matrice dei coefficienti è

$$\begin{vmatrix} 2 & 3 & -1 \\ 1 & 4 & 2 \\ 3 & -1 & -1 \end{vmatrix} = 30 \neq 0$$

e quindi il sistema ammette un'unica soluzione (x_1, x_2, x_3), data dalla regola di

Cramer:

$$x_1 = \frac{\begin{vmatrix} 1 & 3 & -1 \\ 2 & 4 & 2 \\ 3 & -1 & -1 \end{vmatrix}}{\det(A)} = 36/30 = 6/5$$

$$x_2 = \frac{\begin{vmatrix} 2 & 1 & -1 \\ 1 & 2 & 2 \\ 3 & 3 & -1 \end{vmatrix}}{\det(A)} = 6/30 = -1/5$$

$$x_3 = \frac{\begin{vmatrix} 2 & 3 & 1 \\ 1 & 4 & 2 \\ 3 & -1 & 3 \end{vmatrix}}{\det(A)} = 24/30 = 4/5.$$

5. Supponiamo assegnato un sistema di m equazioni in n incognite, in cui i coefficienti delle incognite e i termini noti siano funzioni di uno o più parametri variabili in K. Per ogni valore assunto dai parametri si ottiene un diverso sistema a coefficienti in K di cui si vuole accertare la compatibilità e ricercare le eventuali soluzioni: lo studio dei casi che si presentano e la ricerca delle rispettive soluzioni si dice la *discussione del sistema assegnato*. Il modo più efficace e naturale di procedere in questo caso è quello di utilizzare il teorema 5.7 analizzando i valori possibili del rango della matrice dei coefficienti e della matrice orlata in funzione dei parametri. Una volta stabiliti i valori dei parametri per cui il sistema è compatibile, e in ogni caso l'infinità delle soluzioni, si procederà a risolverlo in ciascun caso.

Consideriamo ad esempio il sistema a coefficienti reali nelle incognite X, Y, Z:

$$\begin{aligned} X - Y + mZ &= 0 \\ mY - Z &= 0 \\ -X + Y + Z &= m. \end{aligned}$$

Il determinante della matrice dei coefficienti è $m^2 + m$, che si annulla per $m = 0$, -1. Per ogni $m \neq 0, -1$ la matrice dei coefficienti ha rango 3 e quindi il sistema è compatibile, per il teorema 5.7, e possiede l'unica soluzione

$$\left(1 - m, \frac{1}{m+1}, \frac{m}{m+1}\right).$$

Quando $m = 0$ si ottiene il sistema omogeneo

$$\begin{aligned} X - Y &= 0 \\ -Z &= 0 \\ -X + Y + Z &= 0, \end{aligned}$$

che possiede le infinite soluzioni: $\{(t, t, 0)\colon t \in \mathsf{R}\}$. Quando $m = -1$ si ottiene il sistema

$$\begin{aligned} X - Y - Z &= 1 \\ -Y - Z &= -1 \\ -X + Y + Z &= -2 \end{aligned}$$

che è incompatibile.

6. Siano $x_1, x_2, \ldots, x_n \in \mathsf{K}$, $n \geq 2$. Il determinante $V(x_1, x_2, \ldots, x_n)$ della *matrice di Vandermonde*

$$\begin{pmatrix} 1 & 1 & \ldots & 1 \\ x_1 & x_2 & \ldots & x_n \\ x_1^2 & x_2^2 & \ldots & x_n^2 \\ \vdots & \vdots & & \vdots \\ x_1^{n-1} & x_2^{n-1} & \ldots & x_n^{n-1} \end{pmatrix}$$

è detto *determinante di Vandermonde* relativo a $x_1, x_2, \ldots, x_n$.

Si ha

$$V(x_1, x_2, \ldots, x_n) = (x_2 - x_1) \ldots (x_n - x_1)(x_3 - x_2) \ldots (x_n - x_2)(x_4 - x_3) \ldots \ldots (x_n - x_{n-1}), \qquad [6.16]$$

il secondo membro essendo il prodotto di tutti i termini della forma $(x_i - x_j)$, $1 \leq j < i \leq n$.

La [6.16] si dimostra per induzione su n, il caso $n = 2$ essendo ovvio. Supponiamo $n \geq 3$ e che la [6.16] sia stata dimostrata per $n - 1$. Operiamo sulle righe della matrice di Vandermonde, sottraendo dall'n-esima riga la $(n-1)$-esima moltiplicata per x_1, dalla $(n-1)$-esima la $(n-2)$-esima moltiplicata per x_1 ecc. Si ottiene

$$V(x_1, x_2, \ldots, x_n) = \begin{vmatrix} 1 & 1 & \ldots & 1 \\ 0 & x_2 - x_1 & \ldots & x_n - x_1 \\ 0 & x_2(x_2 - x_1) & \ldots & x_n(x_n - x_1) \\ \vdots & \vdots & & \vdots \\ 0 & x_2^{n-2}(x_2 - x_1) & \ldots & x_n^{n-2}(x_n - x_1) \end{vmatrix} =$$

$$= (x_2 - x_1)(x_3 - x_1)\dots(x_n - x_1)\begin{vmatrix} 1 & 1 & \dots & 1 \\ x_2 & x_3 & \dots & x_n \\ \vdots & \vdots & & \vdots \\ x_2^{n-2} & x_3^{n-2} & \dots & x_n^{n-2} \end{vmatrix} =$$

$$= (x_2 - x_1)(x_3 - x_1)\dots(x_n - x_1)\, V(x_2, \dots, x_n) = V(x_1, x_2, \dots, x_n).$$

7. Non è difficile dimostrare che le proprietà (2), (3) e (5) del teorema 6.2 sono sufficienti a caratterizzare univocamente il determinante. Precisamente, si dimostra che, se $D\colon M_n(\mathsf{K}) \to \mathsf{K}$ è un'applicazione tale che, per ogni $A = (A_{(1)} \dots \dots A_{(n)}) \in M_n(\mathsf{K})$ si abbia

a) $D(A_{(1)} \dots cV + c'V' \dots A_{(n)}) = cD(A_{(1)} \dots V \dots A_{(n)}) + {} + c'D(A_{(1)} \dots V' \dots A_{(n)})$ se $A_{(j)} = cV + c'V'$,

b) $D(A_{(1)} \dots A_{(i)} \dots A_{(j)} \dots A_{(n)}) = -D(A_{(1)} \dots A_{(j)} \dots A_{(i)} \dots A_{(n)})$ per ogni $1 \le i < j \le n$,

c) $D(\mathbf{I}_n) = 1$,

allora

$$D(A) = \det(A)$$

per ogni $A \in M_n(\mathsf{K})$.

Esercizi

1. Calcolare l'inversa di ognuna delle matrici dell'esercizio 4 (§ 3) utilizzando il corollario 6.10.

2. Discutere i seguenti sistemi nelle incognite reali X, Y, in cui m è un parametro reale:

a) $\begin{aligned} 2X - Y &= m + 1 \\ mX + Y &= 1 \end{aligned}$

b) $\begin{aligned} 2X + mY &= 1 \\ 2X + (1 + m)\,Y &= 1 \\ (3 - m)\,X + 3\,Y &= 1 + m \end{aligned}$

c) $\begin{aligned} 2X + mY &= -4 \\ mX - 3Y &= 5 \\ 3X + Y &= -5m. \end{aligned}$

3. Discutere i seguenti sistemi nelle incognite reali X, Y, Z, in cui m è un parametro reale:

a) $\begin{aligned} X + mY + Z &= 2m \\ mX + Y + Z &= 2 \end{aligned}$

b) $\begin{aligned} Y + mZ &= m + 1 \\ X + Y + Z &= 2 \\ mX + Y &= m + 1 \end{aligned}$

c) $\begin{aligned} 2X + mY + mZ &= 1 \\ mX + 2Y + mZ &= 1 \\ mX + mY + 2Z &= 1 \end{aligned}$

d) $\begin{aligned} X + Y - 2Z &= 0 \\ 2X - Y + mZ &= 0 \\ X - Y - Z &= 0 \end{aligned}$

e) $\begin{aligned} X + Y + 2Z &= 1 \\ X + 2Y + 4Z &= 1 \\ 2X + 3Y + 6Z &= m \end{aligned}$ f) $\begin{aligned} X - Y \quad &= 2 \\ mY + Z &= m \\ Y + mZ &= m \end{aligned}$

g) $\begin{aligned} mY + (m-2)Z &= 0 \\ mX + Y + 2Z &= 0 \\ mX + 3Z &= 0 \end{aligned}$ h) $\begin{aligned} X - Y + Z &= 0 \\ -X - mY + 2mZ &= -1/3 \\ mX + mY &= -1/3. \end{aligned}$

4. Risolvere i seguenti sistemi con la regola di Cramer:

a) (K = R) $\begin{aligned} 2X - Y \quad &= 2 - \sqrt{2} \\ -X + \sqrt{2}Z &= 1 \\ \sqrt{2}X + Y \quad &= 2\sqrt{2} \end{aligned}$ b) (K = C) $\begin{aligned} 2X + iY + Z &= 1 - 2i \\ 2Y - iZ &= -2 + 2i \\ iX + iY + iZ &= 1 + i \end{aligned}$

c) (K = Q) $\begin{aligned} X_1 + 2X_3 \quad &= 4 \\ -X_1 + X_2 \quad &= -1 \\ X_2 + X_3 \quad &= 2 \\ X_1 + X_4 &= 1. \end{aligned}$

5. Siano A, B, $C \in M_n(\mathsf{K})$, e siano M, $N \in M_{2n}(\mathsf{K})$ le matrici seguenti:

$$M = \begin{pmatrix} A & B \\ \mathbf{0} & C \end{pmatrix}, \quad N = \begin{pmatrix} A & \mathbf{0} \\ B & C \end{pmatrix}.$$

Dimostrare che $\det(M) = \det(A)\det(C) = \det(N)$.

6. Sia $A = (a_{ij}) \in M_{n-1\,n}(\mathsf{K})$ e $r(A) = n - 1$. Dimostrare che le ∞^1 soluzione del sistema omogeneo in n incognite $A\mathbf{X} = \mathbf{0}$ sono proporzionali alla n-upla dei minori di ordine massimo di A, presi a segni alterni.

7. Siano $a_1, a_2, \ldots, a_n \in \mathsf{K}^*$. Si consideri la matrice $M = (m_{ij}) \in M_n(\mathsf{K})$ così definita:

$m_{ii} = 1 + a_i, \quad i = 1, \ldots, n,$
$m_{ij} = 1 \quad \text{se } i \neq j.$

Dimostrare che $\det(M) = a_1 a_2 \ldots a_n \left(1 + \dfrac{1}{a_1} + \dfrac{1}{a_2} + \ldots + \dfrac{1}{a_n}\right)$.

8. Siano D un dominio e $x, a_{12}, \ldots, a_{1n}, a_{23}, \ldots, a_{2n}, \ldots, a_{n-2\,n-1}, a_{n-2\,n}, a_{n-1\,n} \in \mathsf{D}$. Dimostrare la seguente identità:

$$\begin{vmatrix} x & a_{12} & \cdots & & a_{1n} \\ x & x & a_{23} & \cdots & a_{2n} \\ \cdot & & & & \cdot \\ \cdot & & & & \cdot \\ x & \cdots & & x & a_{n-1\,n} \\ x & \cdots & & x & x \end{vmatrix} = x(x - a_{12})(x - a_{23})(x - a_{34}) \ldots (x - a_{n-1\,n}).$$

9. Siano A, $C \in M_n(\mathsf{K})$ con C unitriangolare superiore. Dimostrare che le matrici A, ^tCA, AC e ^tCAC hanno uguali i minori principali.

7 Spazi affini (I)

In questo paragrafo introdurremo gli "spazi affini", che generalizzano il piano e lo spazio ordinari, e nei quali lo spazio dei vettori è assegnato nella definizione. Negli spazi affini si studiano esclusivamente le proprietà geometriche deducibili per mezzo dell'uso dei vettori.

Le figure che accompagnano il testo si riferiscono per lo più al piano e allo spazio ordinari e costituiscono esclusivamente un supporto intuitivo alla lettura.

7.1 Definizione *Sia* **V** *uno spazio vettoriale su* K. *Uno* spazio affine su **V** (*ovvero uno* spazio affine con spazio vettoriale associato **V**) *è un insieme non vuoto* **A**, *i cui elementi si dicono* punti *di* **A**, *tale che sia data un'applicazione*

$$\mathbf{A} \times \mathbf{A} \rightarrow \mathbf{V} \qquad [7.1]$$

che associa ad ogni $(P, Q) \in \mathbf{A} \times \mathbf{A}$ *un vettore di* **V**, *denotato con* $\overrightarrow{PQ}$ *e chiamato* vettore di punto iniziale P e di punto finale Q, *in modo che i seguenti due assiomi siano soddisfatti:*

SA1 *Per ogni punto* $P \in \mathbf{A}$ *e per ogni vettore* $\mathbf{v} \in \mathbf{V}$ *esiste un unico punto* $Q \in \mathbf{A}$ *tale che*

$$\overrightarrow{PQ} = \mathbf{v}.$$

SA2 *Per ogni terna* P, Q, R *di punti di* **A** *è soddisfatta la seguente identità:*

$$\overrightarrow{PQ} + \overrightarrow{QR} = \overrightarrow{PR}.$$

Per ogni $(P, Q) \in \mathbf{A} \times \mathbf{A}$ *diremo* P punto di applicazione del vettore $\overrightarrow{PQ}$. *Se* K = R (K = C) **A** *si dice* spazio affine reale (spazio affine complesso). *L'applicazione* [7.1] *definisce una* struttura di spazio affine *sull'insieme* **A**.

Prendendo $P = Q = R$ nell'assioma SA2 abbiamo che $\overrightarrow{PP} = \mathbf{0}$ per ogni $P \in \mathbf{A}$. Prendendo invece $R = P$ troviamo $\overrightarrow{QP} = -\overrightarrow{PQ}$ per ogni P, $Q \in \mathbf{A}$.

Similmente a quanto accade per gli spazi vettoriali, su un insieme non vuoto **A** possono esistere diverse strutture di spazio affine, cioè diversi modi di assegnare uno spazio vettoriale **V** e una applicazione $\mathbf{A} \times \mathbf{A} \rightarrow \mathbf{V}$ che soddisfa SA1 e SA2.

Nel seguito *considereremo esclusivamente spazi affini tali che lo spazio vettoriale associato* **V** *abbia dimensione finita.*

La dimensione di **V** è detta *dimensione dello spazio affine* **A**, ed è denotata con dim(**A**).

Uno spazio affine di dimensione 1 (dimensione 2) viene comunemente chiamato *retta affine* (*piano affine*).

7.2 *Esempi*

1. La retta, il piano e lo spazio ordinari sono rispettivamente una retta affine reale, un piano affine reale e uno spazio affine reale di dimensione 3. Gli spazi vettoriali associati sono quelli dei vettori geometrici dei rispettivi spazi, e l'operazione che associa un vettore a una coppia ordinata di punti è quella con cui nel paragrafo 1 abbiamo definito i vettori geometrici. Quindi gli spazi affini sono generalizzazioni della retta, del piano e dello spazio ordinari.

2. Sia $\mathbf{V}$ uno spazio vettoriale di dimensione finita su K. Ponendo

$$\overrightarrow{\mathbf{ab}} = \mathbf{b} - \mathbf{a}$$

si definisce su $\mathbf{V}$ una struttura di spazio affine su sé stesso.

L'assioma SA1 è soddisfatto perché per ogni punto $\mathbf{p} \in \mathbf{V}$ e per ogni vettore $\mathbf{v} \in \mathbf{V}$ il punto $\mathbf{q} = \mathbf{p} + \mathbf{v}$ è l'unico che soddisfi l'identità $\mathbf{q} - \mathbf{p} = \mathbf{v}$. La proprietà SA2 è verificata perché sussiste l'identità

$$\mathbf{r} - \mathbf{p} = (\mathbf{q} - \mathbf{p}) + (\mathbf{r} - \mathbf{q})$$

per ogni $\mathbf{p}$, $\mathbf{q}$, $\mathbf{r} \in \mathbf{V}$.

Quindi ogni spazio vettoriale $\mathbf{V}$ può considerarsi come uno spazio affine, su se stesso. Con questa struttura di spazio affine, $\mathbf{V}$ si denoterà con $\mathbf{V}_a$.

3. Un caso particolare dell'esempio precedente si ha prendendo $\mathbf{V} = \mathsf{K}^n$. Lo spazio affine $(\mathsf{K}^n)_a$ si chiama *n-spazio affine numerico su* K. Esso si denota con $\mathbf{A}^n(\mathsf{K})$, o semplicemente $\mathbf{A}^n$ quando dal contesto il campo K risulti individuato senza possibilità di equivoco.

L'assioma SA1 implica che se in uno spazio affine $\mathbf{A}$ si fissa un punto $O \in \mathbf{A}$ e si associa ad ogni punto $P \in \mathbf{A}$ il vettore $\overrightarrow{OP} \in \mathbf{V}$, si ottiene una corrispondenza biunivoca di $\mathbf{A}$ su $\mathbf{V}$. Tale corrispondenza è la generalizzazione di quella che, nello spazio ordinario in cui si sia fissato un punto O, associa ad ogni punto P il vettore geometrico rappresentato dal segmento orientato di punto iniziale O e punto finale P.

7.3 Definizione *Siano* $\mathbf{V}$ *un* K*-spazio vettoriale e* $\mathbf{A}$ *uno spazio affine su* $\mathbf{V}$. *Un* sistema di coordinate affini (*ovvero un* riferimento affine) *nello spazio* $\mathbf{A}$ *è assegnato una volta fissati un punto* $O \in \mathbf{A}$ *e una base* $\{\mathbf{e}_1, \ldots, \mathbf{e}_n\}$ *di* $\mathbf{V}$; *esso viene denotato con* $O\mathbf{e}_1 \ldots \mathbf{e}_n$.

Per ogni punto $P \in \mathbf{A}$ si ha $\overrightarrow{OP} = a_1\mathbf{e}_1 + \ldots + a_n\mathbf{e}_n$ per opportuni $a_1, \ldots, a_n \in \mathsf{K}$. Gli scalari $a_1, \ldots, a_n$ si dicono *coordinate affini* (o semplicemente *coordinate*) e $(a_1, \ldots, a_n)$ si dice *n-upla delle coordinate*, di P rispetto al riferimento $O\mathbf{e}_1 \ldots \mathbf{e}_n$.

Il punto O si dice *origine* del sistema di coordinate. Esso ha $(0, \ldots, 0)$ per n-upla delle coordinate.

Dato un riferimento affine $O\mathbf{e}_1 \ldots \mathbf{e}_n$ in $\mathbf{A}$, scriveremo $P(x_1, \ldots, x_n)$ per denotare un punto $P \in \mathbf{A}$ di coordinate $x_1, \ldots, x_n$ (la fig. 7.1 si riferisce al piano ordinario).

Se $A(a_1, \ldots, a_n)$, $B(b_1, \ldots, b_n) \in \mathbf{A}$, il vettore $\overrightarrow{AB}$ ha $(b_1 - a_1, \ldots, b_n - a_n)$ come n-upla di coordinate rispetto alla base $\{\mathbf{e}_1, \ldots, \mathbf{e}_n\}$. Ciò segue dall'identità $\overrightarrow{AB} = \overrightarrow{OB} - \overrightarrow{OA}$.

Se $\mathbf{A} = \mathbf{A}^n$, il riferimento affine $O\mathbf{E}_1 \ldots \mathbf{E}_n$ in cui $O = (0, \ldots, 0)$ ed $\{\mathbf{E}_1, \ldots, \mathbf{E}_n\}$ è la base canonica di K^n, si dice *riferimento affine standard*. In questo riferimento ogni punto $(x_1, \ldots, x_n) \in \mathbf{A}^n$ ha sé stesso come n-upla di coordinate.

I più importanti sottoinsiemi di uno spazio affine sono i "sottospazi affini", che ora introdurremo.

7.4 Definizione *Sia* $\mathbf{V}$ *un* K*-spazio vettoriale e sia* $\mathbf{A}$ *uno spazio affine su* $\mathbf{V}$. *Siano assegnati un punto* $Q \in \mathbf{A}$ *e un sottospazio vettoriale* $\mathbf{W}$ *di* $\mathbf{V}$. *Il* sottospazio affine passante per Q e parallelo a $\mathbf{W}$ *è il sottoinsieme* S *di* $\mathbf{A}$ *costituito da tutti i punti* $P \in \mathbf{A}$ *tali che* $\overrightarrow{QP} \in \mathbf{W}$.

Si noti che $Q \in S$, perché il sottospazio vettoriale $\mathbf{W}$ contiene il vettore nullo $\mathbf{0} = \overrightarrow{QQ}$; in particolare $S \neq \emptyset$.

Il sottospazio $\mathbf{W} \subset \mathbf{V}$ è chiamato *giacitura di* S; il numero $\dim(\mathbf{W})$ è detto *dimensione di* S e si indica con $\dim(S)$.

Se $\dim(S) = 0$, allora $S = \{Q\}$ è un punto; viceversa, ogni sottoinsieme di $\mathbf{A}$ costituito da un solo punto è un sottospazio affine di dimensione 0.

Se $\dim(S) = 1$, S si dice *retta di* $\mathbf{A}$ e $\mathbf{W}$ *direzione di* S; un qualunque vettore non nullo $\mathbf{a} \in \mathbf{W}$ è un *vettore di direzione* della retta. Segue dalla definizione che la retta S consiste di tutti i punti $P \in \mathbf{A}$ tali che $\overrightarrow{QP} = t\mathbf{a}$ per qualche $t \in \mathsf{K}$.

Se $\dim(S) = 2$, S si dice *piano di* $\mathbf{A}$. (La fig. 7.2 rappresenta un piano dello spazio ordinario.)

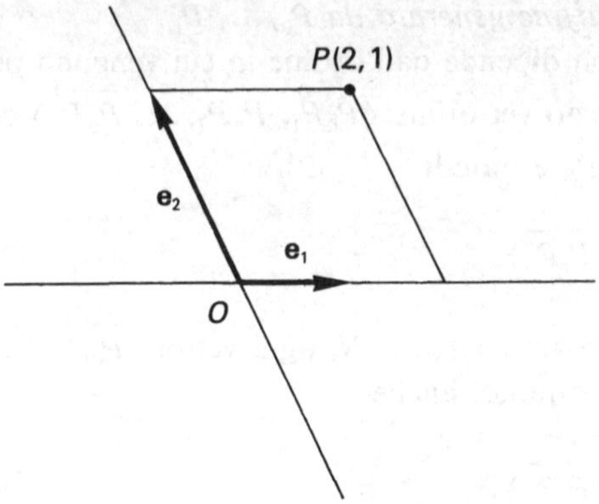

Figura 7.1

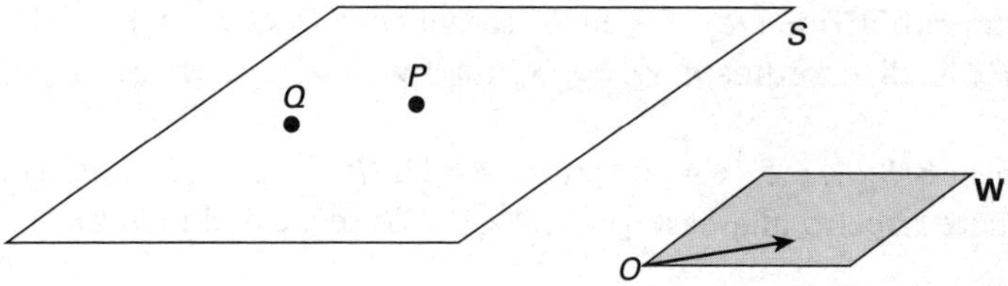

Figura 7.2

La dimensione di un sottospazio affine non può superare dim(**A**). Se dim(S) = dim(**A**), allora S = **A**, perché in tal caso **W** = **V** e quindi $\overrightarrow{QP} \in \mathbf{W}$ per ogni $P \in \mathbf{A}$.

Se dim(S) = dim(**A**) – 1, S è detto *iperpiano*. Ad esempio una retta in un piano affine è un iperpiano, e così anche un piano in uno spazio affine di dimensione 3.

7.5 *Esempi*

1. Sia **A** lo spazio ordinario. I sottospazi affini di **A** sono i punti, le rette, i piani e **A** stesso.

2. Sia **V** uno spazio vettoriale non nullo di dimensione finita su K. Consideriamo un sottospazio vettoriale $\mathbf{W} \subset \mathbf{V}$ e un punto $\mathbf{q} \in \mathbf{V}_a$. Il sottospazio affine di $\mathbf{V}_a$ passante per **q** e parallelo a **W** è l'insieme

$$\mathbf{q} + \mathbf{W} = \{\mathbf{q} + \mathbf{w} \colon \mathbf{w} \in \mathbf{W}\}.$$

Infatti **q** + **W** consiste di tutti i $\mathbf{v} \in \mathbf{V}_a$ tali che $\mathbf{v} - \mathbf{q} \in \mathbf{W}$.

Se in particolare $\mathbf{q} \in \mathbf{W}$, allora **q** + **W** = **W**. Vediamo quindi che i sottospazi vettoriali di **V** sono particolari sottospazi affini di $\mathbf{V}_a$ e che ogni sottospazio affine è della forma **q** + **W**, per qualche $\mathbf{q} \in \mathbf{V}_a$ e per qualche sottospazio vettoriale $\mathbf{W} \subset \mathbf{V}$, cioè è un *traslato* di un sottospazio vettoriale di **V**.

3. Dati $N + 1 \geq 2$ punti $P_0, \ldots, P_N$ di uno spazio affine **A**, il sottospazio affine passante per P_0 e avente giacitura $\langle \overrightarrow{P_0P_1}, \overrightarrow{P_0P_2}, \ldots, \overrightarrow{P_0P_N} \rangle$ viene indicato con $\overline{P_0P_1 \ldots P_N}$ e si chiama *sottospazio affine generato da* $P_0, \ldots, P_N$.

È facile vedere che $\overline{P_0P_1 \ldots P_N}$ non dipende dall'ordine in cui vengono presi i punti $P_0, \ldots, P_N$. Infatti il sottospazio vettoriale $\langle \overrightarrow{P_0P_1}, \overrightarrow{P_0P_2}, \ldots, \overrightarrow{P_0P_N} \rangle$ contiene tutti i vettori $\overrightarrow{P_iP_j} = \overrightarrow{P_0P_j} - \overrightarrow{P_0P_i}$, e quindi

$$\langle \overrightarrow{P_0P_1}, \ldots, \overrightarrow{P_0P_N} \rangle \supset \langle \overrightarrow{P_iP_0}, \ldots, \overrightarrow{P_iP_N} \rangle \qquad [7.2]$$

per ogni $i = 1, \ldots, N$. Viceversa, per ogni $i = 1, \ldots, N$, ogni vettore $\overrightarrow{P_0P_j}$ si può esprimere come $\overrightarrow{P_0P_j} = \overrightarrow{P_iP_j} - \overrightarrow{P_iP_0}$, e quindi anche

$$\langle \overrightarrow{P_0P_1}, \ldots, \overrightarrow{P_0P_N} \rangle \subset \langle \overrightarrow{P_iP_0}, \ldots, \overrightarrow{P_iP_N} \rangle. \qquad [7.3]$$

Pertanto, se $P \in \mathbf{A}$ soddisfa $\overrightarrow{P_0P} \in \langle \overrightarrow{P_0P_1}, \ldots, \overrightarrow{P_0P_N} \rangle$, allora

$$\overrightarrow{P_iP} = \overrightarrow{P_0P} - \overrightarrow{P_0P_i} \in \langle \overrightarrow{P_iP_0}, \ldots, \overrightarrow{P_iP_N} \rangle$$

per la [7.3]. D'altra parte, se $\overrightarrow{P_iP} \in \langle \overrightarrow{P_iP_0}, \ldots, \overrightarrow{P_iP_N} \rangle$, allora

$$\overrightarrow{P_0P} = \overrightarrow{P_iP} - \overrightarrow{P_iP_0} \in \langle \overrightarrow{P_0P_i}, \ldots, \overrightarrow{P_0P_N} \rangle$$

per la [7.2].

Dalla definizione di $\overline{P_0P_1 \ldots P_N}$ segue che $\dim(\overline{P_0P_1 \ldots P_N}) \leq N$. Se vale l'uguaglianza i *punti* $P_0, \ldots, P_N$ si dicono *indipendenti*; altrimenti $P_0, \ldots, P_N$ si dicono *dipendenti*. Per definizione i punti $P_0, \ldots, P_N$ sono indipendenti se e solo se i vettori $\overrightarrow{P_0P_1}, \overrightarrow{P_0P_2}, \ldots, \overrightarrow{P_0P_N}$ sono linearmente indipendenti. Se $P_0, \ldots, P_N$ sono indipendenti, allora $N \leq \dim(\mathbf{A})$.

Due punti $P_0, P_1 \in \mathbf{A}$ sono indipendenti se e solo se sono distinti; in questo caso $\overline{P_0P_1}$ è una retta. Tre punti P_0, P_1, P_2 sono indipendenti se e solo se non appartengono a una retta; in questo caso $\overline{P_0P_1P_2}$ è un piano (fig. 7.3).

I punti $P_0, \ldots, P_N \in \mathbf{A}$ si dicono *allineati* (o *collineari*) se esiste una retta che li contiene, o, equivalentemente, se

$$\dim(\overline{P_0P_1 \ldots P_N}) \leq 1;$$

altrimenti $P_0, \ldots, P_N$ si dicono *non allineati* (o *non collineari*).

I punti $P_0, \ldots, P_N \in \mathbf{A}$ si dicono *complanari* se esiste un piano che li contiene, o, equivalentemente, se

$$\dim(\overline{P_0P_1 \ldots P_N}) \leq 2.$$

4. Sia $\mathbf{A}$ uno spazio affine su $\mathbf{V}$, e sia $C \in \mathbf{A}$. Per ogni $P \in \mathbf{A}$, il *punto simmetrico di P rispetto a C* è il punto $\sigma_C(P)$ che soddisfa l'identità vettoriale

$$\overrightarrow{C\sigma_C(P)} = -\overrightarrow{CP}.$$

Si osservi che si ha $\sigma_C(\sigma_C(P)) = P$ per ogni $P \in \mathbf{A}$ perché

$$\overrightarrow{C\sigma_C(\sigma_C(P))} = -\overrightarrow{C\sigma_C(P)} = \overrightarrow{CP}.$$

Se in $\mathbf{A}$ è fissato un riferimento affine $O\mathbf{e}_1 \ldots \mathbf{e}_n$, e i punti C e P hanno rispettivamente coordinate $c_1, \ldots, c_n$ e $x_1, \ldots, x_n$, il punto $\sigma_C(P)$ ha coordinate

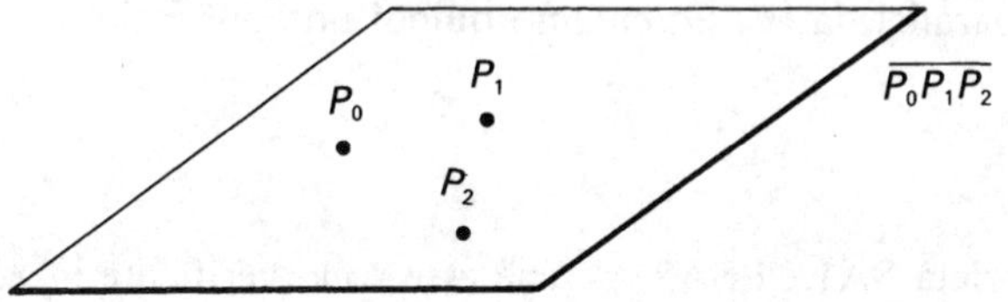

Figura 7.3

$2c_1 - x_1, \ldots, 2c_n - x_n$. Infatti

$$(2c_1 - x_1, \ldots, 2c_n - x_n) - (c_1, \ldots, c_n) = (c_1 - x_1, \ldots, c_n - x_n)$$

è la n-upla delle coordinate di $\overrightarrow{PC} = -\overrightarrow{CP}$. Nel caso particolare $C = O$, le coordinate di $\sigma_C(P)$ sono $-x_1, \ldots, -x_n$.

L'applicazione σ_C: $\mathbf{A} \to \mathbf{A}$ manda sottospazi affini in sottospazi affini. Più precisamente, sia $S \subset \mathbf{A}$ il sottospazio affine avente giacitura $\mathbf{W} \subset \mathbf{V}$ e passante per il punto $Q \in \mathbf{A}$. Allora $\sigma_C(S) = \{\sigma_C(P): P \in S\}$ è il sottospazio affine S' avente la stessa giacitura $\mathbf{W}$ e passante per $\sigma_C(Q)$.

Infatti, per ogni $P \in S$, si ha

$$\overrightarrow{\sigma_C(Q)\,\sigma_C(P)} = \overrightarrow{\sigma_C(Q)\,C} + \overrightarrow{C\sigma_C(P)} = \overrightarrow{CQ} - \overrightarrow{CP} = -\overrightarrow{QP} \in \mathbf{W},$$

e quindi $\sigma_C(P) \in S'$. Viceversa, se $P' \in S'$, allora, posto $P = \sigma_C(P')$, si ha

$$\overrightarrow{QP} = \overrightarrow{QC} + \overrightarrow{CP} = -\overrightarrow{\sigma_C(Q)\,C} - \overrightarrow{CP'} = -\overrightarrow{\sigma_C(Q)\,P'} \in \mathbf{W}$$

e quindi $P \in S$. Dunque $P' = \sigma_C(P) \in \sigma_C(S)$. (La fig. 7.4 si riferisce al piano ordinario.)

7.6 PROPOSIZIONE

1) *Un sottospazio affine è individuato dalla sua giacitura e da uno qualsiasi dei suoi punti.*

2) *Sia S un sottospazio affine di $\mathbf{A}$ avente giacitura $\mathbf{W}$. Associando ad ogni coppia di punti P, Q di S il vettore $\overrightarrow{PQ}$ si definisce su S una struttura di spazio affine su $\mathbf{W}$.*

Dimostrazione

1) Sia S il sottospazio affine di $\mathbf{A}$ passante per Q ed avente giacitura $\mathbf{W}$. Sia $M \in S$ e sia T il sottospazio affine passante per M ed avente giacitura $\mathbf{W}$.

Se $P \in S$, allora si ha

$$\overrightarrow{MP} = \overrightarrow{MQ} + \overrightarrow{QP} = -\overrightarrow{QM} + \overrightarrow{QP}$$

che è un vettore di $\mathbf{W}$ perché entrambi gli addendi vi appartengono; quindi $P \in T$.

Se viceversa $P \in T$, allora

$$\overrightarrow{QP} = \overrightarrow{QM} + \overrightarrow{MP} = -\overrightarrow{MQ} + \overrightarrow{MP} \in \mathbf{W},$$

e quindi $P \in S$. In conclusione, $S = T$.

2) Se $P, Q \in S$, allora $\overrightarrow{PQ} \in \mathbf{W}$ perché, per la (1), S coincide con il sottospazio affine passante per P e parallelo a $\mathbf{W}$. Otteniamo quindi un'applicazione

$$S \times S \to \mathbf{W}$$
$$(P, Q) \mapsto \overrightarrow{PQ}$$

la quale soddisfa le proprietà SA1 ed SA2, perché esse sono verificate in $\mathbf{A}$.

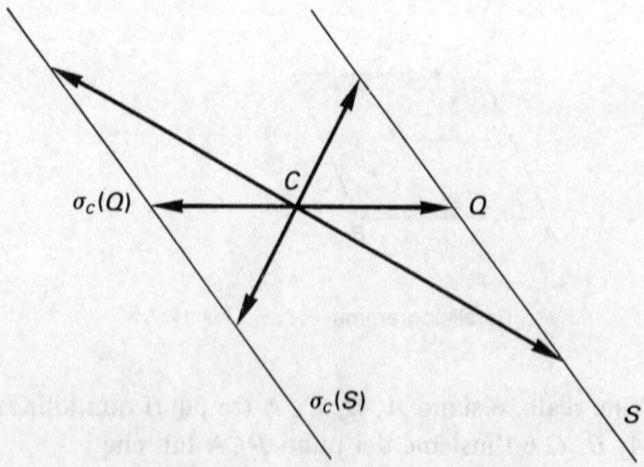

Figura 7.4

7.7 *Esempi e osservazioni*

1. Sia **A** uno spazio affine *reale* con spazio vettoriale associato **V**. Fissati un punto $Q \in \mathbf{A}$ e un vettore non nullo $\mathbf{a} \in \mathbf{V}$, l'insieme dei punti $P \in \mathbf{A}$ tali che

$$\overrightarrow{QP} = t\mathbf{a}$$

per qualche $t \geq 0$ è la *semiretta di origine Q e direzione* **a**.

Se A e B sono due punti distinti di **A**, il *segmento di estremi A e B* è l'insieme dei punti $P \in \mathbf{A}$ tali che

$$\overrightarrow{AP} = t\overrightarrow{AB}$$

per qualche $t \in \mathsf{R}$ tale che $0 \leq t \leq 1$, e si denota con AB.

I punti $P_1, \ldots, P_{t-1} \in AB$ che dividono il segmento in t parti uguali, cioè tali che $\overrightarrow{AP_1} = \overrightarrow{P_1P_2} = \ldots = \overrightarrow{P_{t-1}B}$, sono definiti dalle condizioni

$$\overrightarrow{AP_i} = \frac{i}{t}\overrightarrow{AB}, \quad i = 1, \ldots, t-1.$$

Se in **A** è fissato un riferimento affine $O\mathbf{e}_1 \ldots \mathbf{e}_n$ e $A = A(a_1, \ldots, a_n)$, $B = B(b_1, \ldots, b_n)$, $P_i = P_i(x_1, \ldots, x_n)$, la condizione è equivalente alla seguente:

$$(x_1 - a_1, \ldots, x_n - a_n) = \frac{i}{t}(b_1 - a_1, \ldots, b_n - a_n)$$

e pertanto

$$(x_1, \ldots, x_n) = \frac{1}{t}(ib_1 + (t-i)a_1, \ldots, ib_n + (t-i)a_n).$$

In particolare, il *punto medio del segmento AB* ha n-upla di coordinate

$$(x_1, \ldots, x_n) = \left(\frac{a_1 + b_1}{2}, \frac{a_2 + b_2}{2}, \ldots, \frac{a_n + b_n}{2}\right).$$

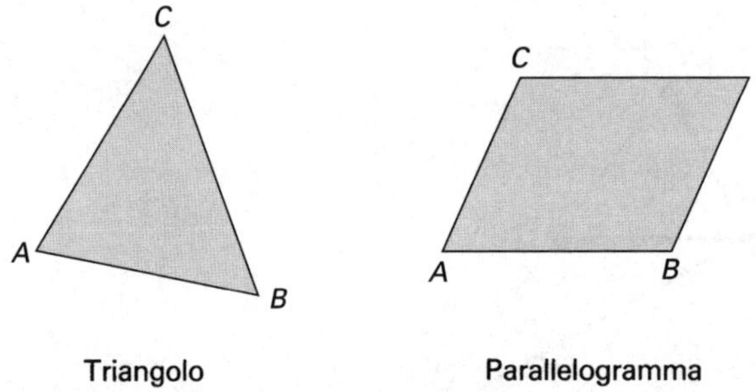

Figura 7.5

2. Sia **A** uno spazio affine reale, e siano A, B, $C \in \mathbf{A}$ tre punti non allineati. Il *triangolo di vertici A, B, C* è l'insieme dei punti $P \in \mathbf{A}$ tali che

$$\overrightarrow{AP} = t\overrightarrow{AB} + u\overrightarrow{AC}$$

per qualche t, $u \in \mathsf{R}$, con t, $u \geq 0$ e $t + u \leq 1$.

Il *parallelogramma individuato da A, B, C* (fig. 7.5) è l'insieme dei punti $P \in \mathbf{A}$ tali che

$$\overrightarrow{AP} = t\overrightarrow{AB} + u\overrightarrow{AC}$$

per qualche t, $u \in \mathsf{R}$, con $0 \leq t$, $u \leq 1$.

3. Sia **A** uno spazio affine reale, e siano A, B, C, $D \in \mathbf{A}$ punti non complanari. Il *tetraedro di vertici A, B, C, D* è l'insieme dei punti $P \in \mathbf{A}$ tali che

$$\overrightarrow{AP} = t\overrightarrow{AB} + u\overrightarrow{AC} + v\overrightarrow{AD}$$

per qualche t, u, $v \in \mathsf{R}$, con t, u, $v \geq 0$ e $t + u + v \leq 1$.

Il *parallelepipedo individuato da A, B, C, D* (fig. 7.6) è l'insieme dei punti $P \in \mathbf{A}$ tali che

$$\overrightarrow{AP} = t\overrightarrow{AB} + u\overrightarrow{AC} + v\overrightarrow{AD}$$

per qualche t, u, $v \in \mathsf{R}$, con $0 \leq t$, u, $v \leq 1$.

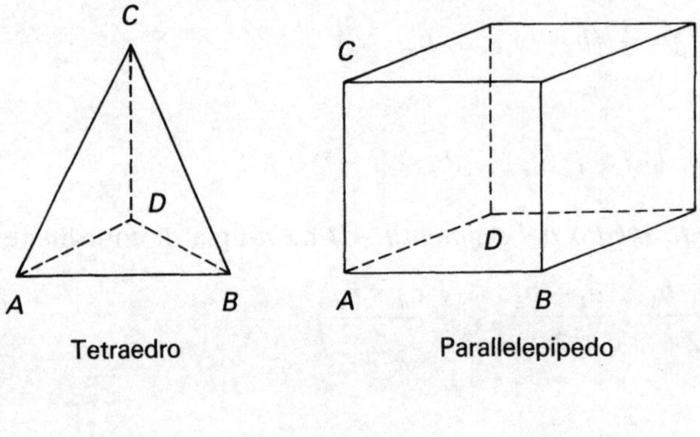

Figura 7.6

4. I segmenti, i triangoli e i tetraedri sono casi particolari di sottoinsiemi degli spazi affini reali chiamati "simplessi".

Sia **A** uno spazio affine reale, e siano $P_0, P_1, \ldots, P_k \in \mathbf{A}$ punti indipendenti. Il *k-simplesso di vertici* $P_0, P_1, \ldots, P_k$ è l'insieme dei punti $P \in \mathbf{A}$ tali che

$$\overrightarrow{P_0P} = t_1\overrightarrow{P_0P_1} + t_2\overrightarrow{P_0P_2} + \ldots + t_k\overrightarrow{P_0P_k}$$

per qualche $t_1, t_2, \ldots, t_k \in \mathsf{R}$, con $t_1, t_2, \ldots, t_k \geq 0$ e $\sum_{i=1}^{k} t_i \leq 1$.

Per $k = 1, 2, 3$ un k-simplesso è un segmento, un triangolo, un tetraedro rispettivamente.

5. Sia **A** uno spazio affine reale. Un *sottoinsieme* S di **A** si dice *convesso* se per ogni $A, B \in S$ il segmento AB è contenuto in S (fig. 7.7).

È facile verificare che ogni sottospazio affine e ogni simplesso **A** sono sottoinsiemi convessi.

Dalla definizione segue che l'intersezione di una famiglia qualsiasi di insiemi convessi è un insieme convesso.

Se $\mathscr{S}$ è un sottoinsieme di **A**, l'*inviluppo convesso* di $\mathscr{S}$ è il più piccolo sottoinsieme convesso di **A** contenente $\mathscr{S}$, cioè è l'intersezione di tutti i sottoinsiemi convessi di **A** che contengono $\mathscr{S}$ (fig. 7.8).

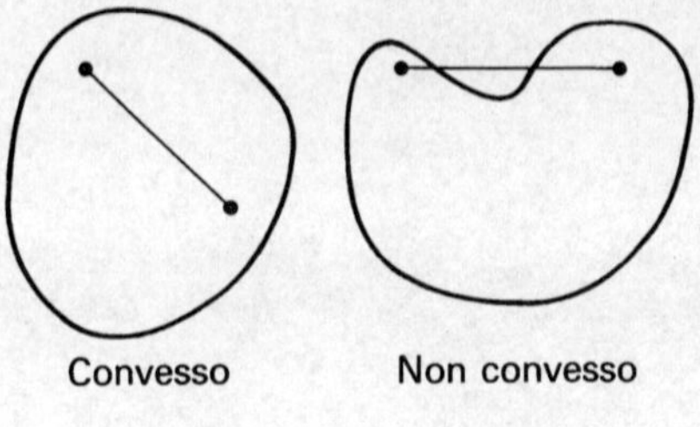

Figura 7.7

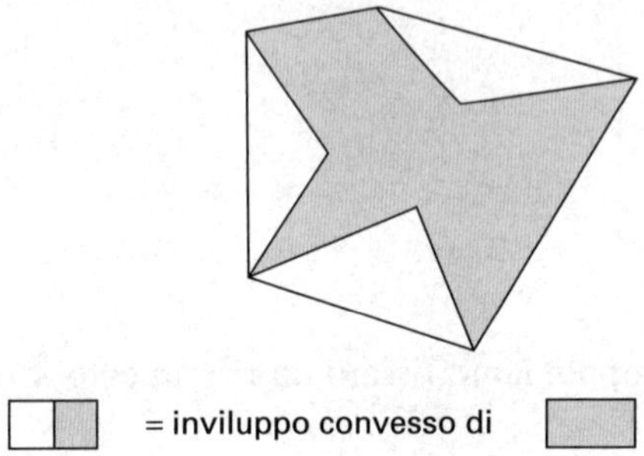

Figura 7.8

6. Sia **A** uno spazio affine con spazio vettoriale associato **V**. L'assioma SA1 definisce un'applicazione

$$t: \mathbf{A} \times \mathbf{V} \to \mathbf{A}$$

che associa a una coppia $(A, \mathbf{a})$ il punto $B = t(A, \mathbf{a})$ tale che $\overrightarrow{AB} = \mathbf{a}$.

L'applicazione t gode delle seguenti proprietà:

a) $t(t(A, \mathbf{a}), \mathbf{b}) = t(A, \mathbf{a} + \mathbf{b})$ per ogni $A \in \mathbf{A}$ e $\mathbf{a}, \mathbf{b} \in \mathbf{V}$;

b) per ogni $A, B \in \mathbf{A}$ esiste un unico $\mathbf{a} \in \mathbf{V}$ tale che $B = t(A, \mathbf{a})$.

Ponendo infatti $B = t(A, \mathbf{a})$, $C = t(t(A, \mathbf{a}), \mathbf{b})$, si ha $\overrightarrow{AB} = \mathbf{a}$, $\overrightarrow{BC} = \mathbf{b}$, e la (a) afferma che $\overrightarrow{AC} = \overrightarrow{AB} + \overrightarrow{BC}$, che è vero per l'assioma SA2.

La (b) è una riformulazione di SA1.

Viceversa, dati uno spazio vettoriale **V**, un insieme **A** e un'applicazione $t: \mathbf{A} \times \mathbf{V} \to \mathbf{A}$ che soddisfa le condizioni (a), (b), resta definita su **A** una struttura di spazio affine con spazio vettoriale associato **V**. Infatti, per la (b), t individua un'applicazione $\mathbf{A} \times \mathbf{A} \to \mathbf{V}$ che soddisfa SA1, e che, per la (a), soddisfa anche SA2.

7. Sia **A** uno spazio affine e $A, B, C, D \in \mathbf{A}$. Se $\overrightarrow{AB} = \overrightarrow{CD}$, allora $\overrightarrow{AC} = \overrightarrow{BD}$ (fig. 7.9).

Infatti si ha

$$\overrightarrow{AC} = \overrightarrow{AB} + \overrightarrow{BC}$$
$$\overrightarrow{BD} = \overrightarrow{BC} + \overrightarrow{CD},$$

e quindi

$$\overrightarrow{AC} - \overrightarrow{BD} = \overrightarrow{AB} - \overrightarrow{CD} = \mathbf{0},$$

cioè $\overrightarrow{AC} = \overrightarrow{BD}$.

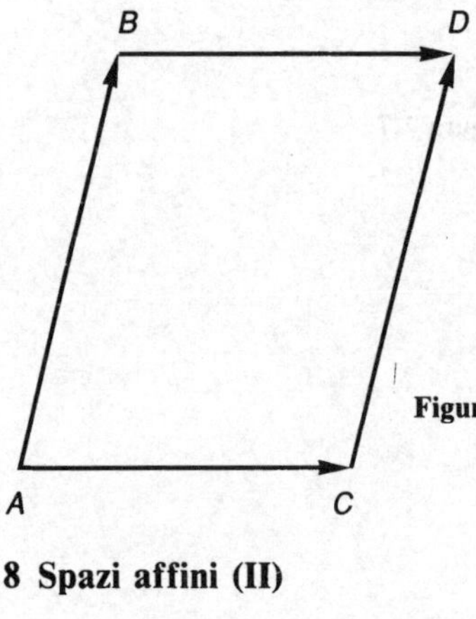

Figura 7.9

8 Spazi affini (II)

Sia **A** uno spazio affine su **V** in cui supponiamo fissato un riferimento affine $O\mathbf{e}_1 \ldots \mathbf{e}_n$.

Sia S il sottospazio affine passante per il punto $Q(q_1, \ldots, q_n) \in \mathbf{A}$ e parallelo al sottospazio vettoriale $\mathbf{W}$ di $\mathbf{V}$. Scegliamo una base $\{\mathbf{w}_1, \ldots, \mathbf{w}_s\}$ di $\mathbf{W}$, dove $\mathbf{w}_i(w_{1i}, \ldots, w_{ni})$, $i = 1, \ldots, s = \dim(S)$.

Per ogni punto $P(x_1, \ldots, x_n) \in S$ si ha

$$\overrightarrow{QP} = t_1 \mathbf{w}_1 + \ldots + t_s \mathbf{w}_s \tag{8.1}$$

per opportuni $t_1, \ldots, t_s \in \mathsf{K}$. Uguagliando le coordinate di primo e secondo membro della [8.1] si ottiene

$$\begin{aligned} x_1 &= q_1 + t_1 w_{11} + \ldots + t_s w_{1s} \\ x_2 &= q_2 + t_1 w_{21} + \ldots + t_s w_{2s} \\ &\vdots \\ x_n &= q_n + t_1 w_{n1} + \ldots + t_s w_{ns}. \end{aligned} \tag{8.2}$$

Al variare dei parametri $t_1, \ldots, t_s \in \mathsf{K}$ le [8.2] danno le coordinate di tutti i punti di S; le [8.2] sono *equazioni parametriche di S*.

Si noti che le equazioni parametriche [8.2] non sono univocamente determinate da S, ma dipendono dalla scelta di Q e di $\mathbf{w}_1, \ldots, \mathbf{w}_s$.

Nel caso in cui il sottospazio affine è una retta $\mathscr{r}$, passante per il punto $Q(q_1, \ldots, q_n)$ e avente vettore di direzione $\mathbf{a}(a_1, \ldots, a_n)$ (fig. 8.1), le [8.2] prendono la forma

$$\begin{aligned} x_1 &= q_1 + a_1 t \\ x_2 &= q_2 + a_2 t \\ &\vdots \\ x_n &= q_n + a_n t. \end{aligned} \tag{8.3}$$

Le [8.3] sono *equazioni parametriche della retta* $\mathscr{r}$.

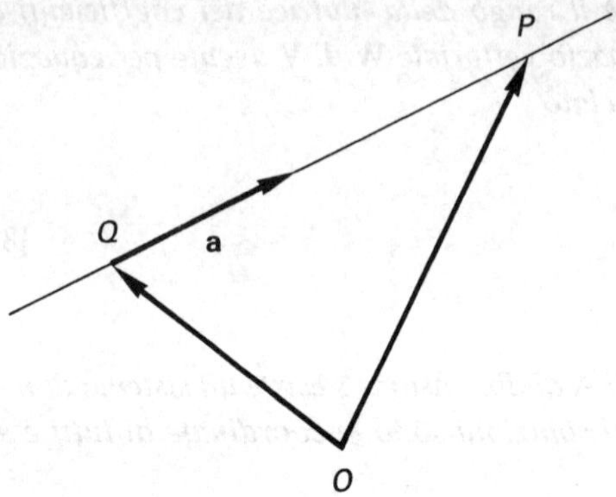

Figura 8.1

Quando la retta $\mathcal{r}$ è assegnata mediante due suoi punti distinti $Q(q_1, \ldots, q_n)$ e $Q'(q_1', \ldots, q_n')$, $\overrightarrow{QQ'}$ è un vettore di direzione di $\mathcal{r}$ e nelle [8.3] si può prendere $\mathbf{a} = \overrightarrow{QQ'}$, cioè $(a_1, \ldots, a_n) = (q_1' - q_1, \ldots, q_n' - q_n)$.

Se $n = 2$, cioè se $\mathbf{A}$ è un piano affine, le [8.3] si riducono a due equazioni. Le coordinate di $\mathbf{a}$ si denotano in questo caso di solito con l, m, le coordinate del punto variabile con x, y e quelle del punto Q con a, b; quindi le equazioni parametriche di una retta in un piano affine si scriveranno:

$$\begin{aligned} x &= a + lt \\ y &= b + mt. \end{aligned} \qquad [8.4]$$

Nel caso in cui $\dim(\mathbf{A}) = 3$ le equazioni parametriche di una retta si scrivono invece

$$\begin{aligned} x &= a + lt \\ y &= b + mt \\ z &= c + nt, \end{aligned} \qquad [8.5]$$

denotandosi con x, y, z le coordinate del punto variabile P, con l, m, n quelle del vettore di direzione e con a, b, c le coordinate del punto $Q \in \mathcal{r}$.

Torniamo a considerare il caso generale. Un altro modo di rappresentare un sottospazio affine mediante equazioni è dato dal seguente teorema.

8.1 Teorema

1) *Sia*

$$\begin{aligned} a_{11}X_1 + \ldots + a_{1n}X_n &= b_1 \\ \vdots \qquad & \quad \vdots \\ a_{t1}X_1 + \ldots + a_{tn}X_n &= b_n \end{aligned} \qquad [8.6]$$

un sistema di equazioni lineari nelle incognite $X_1, \ldots, X_n$. *L'insieme* S *dei punti di* $\mathbf{A}$ *le cui coordinate sono soluzioni di* [8.6], *se non è vuoto, è un sottospazio affine di dimensione* $n - r$, *dove* r *è il rango della matrice dei coefficienti del sistema. La giacitura di* S *è il sottospazio vettoriale* $\mathbf{W}$ *di* $\mathbf{V}$ *avente per equazioni cartesiane il sistema omogeneo associato*

$$\begin{aligned} a_{11}X_1 + \ldots + a_{1n}X_n &= 0 \\ \vdots \qquad & \quad \vdots \\ a_{t1}X_1 + \ldots + a_{tn}X_n &= 0. \end{aligned} \qquad [8.7]$$

2) *Per ogni sottospazio affine* S *di* $\mathbf{A}$ *di dimensione* s *esiste un sistema di* $n - s$ *equazioni lineari in* n *incognite le cui soluzioni sono le coordinate di tutti e soli i punti di* S.

Dimostrazione

1) Per ipotesi esiste un punto $Q(q_1, \ldots, q_n) \in S$. Per ogni punto $P(x_1, \ldots, x_n) \in S$ si ha

$$\begin{aligned} a_{j1}(x_1 - q_1) + \ldots + a_{jn}(x_n - q_n) &= a_{j1}x_1 + \ldots + a_{jn}x_n - (a_{j1}q_1 + \ldots + a_{jn}q_n) = \\ &= b_j - b_j = 0 \end{aligned} \qquad [8.8]$$

per ogni $j = 1, \ldots, t$, cioè $(x_1 - q_1, \ldots, x_n - q_n)$ è una soluzione del sistema [8.7], ovvero $\overrightarrow{QP} \in \mathbf{W}$; quindi S è contenuto nel sottospazio affine Σ passante per Q e parallelo a $\mathbf{W}$.

Viceversa, se $P(x_1, \ldots, x_n) \in \Sigma$, allora $\overrightarrow{QP} \in \mathbf{W}$ e quindi le coordinate $(x_1 - q_1, \ldots, x_n - q_n)$ di $\overrightarrow{QP}$ sono soluzione delle [8.7]. Si ha dunque

$$0 = a_{j1}(x_1 - q_1) + \ldots + a_{jn}(x_n - q_n) = a_{j1}x_1 + \ldots + a_{jn}x_n - (a_{j1}q_1 + \ldots + a_{jn}q_n)$$

ovvero

$$a_{j1}x_1 + \ldots + a_{jn}x_n = a_{j1}q_1 + \ldots + a_{jn}q_n = b_j$$

per ogni $j = 1, \ldots, t$, cioè $P \in S$. Quindi $S = \Sigma$ ed S è un sottospazio affine.

2) Supponiamo che $S \subset \mathbf{A}$ sia il sottospazio affine passante per il punto $Q(q_1, \ldots, q_n)$ e avente giacitura $\mathbf{W}$. Siano

$$\begin{aligned} a_{11}X_1 + \ldots + a_{1n}X_n &= 0 \\ &\vdots \\ a_{n-s\,1}X_1 + \ldots + a_{n-s\,n}X_n &= 0 \end{aligned}$$

equazioni cartesiane di $\mathbf{W}$. I punti $P(x_1, \ldots, x_n)$ di S sono caratterizzati dalla condizione $\overrightarrow{QP} \in \mathbf{W}$, cioè

$$a_{j1}(x_1 - q_1) + \ldots + a_{jn}(x_n - q_n) = 0, \qquad j = 1, \ldots, n-s,$$

ovvero

$$a_{j1}x_1 + \ldots + a_{jn}x_n = b_j, \qquad j = 1, \ldots, n-s$$

dove abbiamo posto $b_j = a_{j1}q_1 + \ldots + a_{jn}q_n$.

Dunque i punti $P(x_1, \ldots, x_n) \in S$ sono precisamente quei punti di $\mathbf{A}$ le cui coordinate sono soluzioni del sistema

$$\begin{aligned} a_{11}X_1 + \ldots + a_{1n}X_n &= b_1 \\ &\vdots \\ a_{n-s\,1}X_1 + \ldots + a_{n-s\,n}X_n &= b_{n-s}\,. \end{aligned}$$

Le [8.6] si dicono *equazioni cartesiane del sottospazio S rispetto al riferimento*

$O\mathbf{e}_1 \dots \mathbf{e}_n$. È evidente che le [8.6] non sono univocamente determinate da S: due sistemi di equazioni lineari definiscono lo stesso sottospazio affine di **A** se e solo se sono equivalenti.

8.2 *Osservazioni*

1. Il sottospazio S di equazioni cartesiane [8.6] contiene l'origine se e solo se $b_1 = \dots = b_t = 0$, cioè se e solo se il sistema è omogeneo. Quindi ogni sistema di equazioni lineari omogenee [8.7], oltre a definire un sottospazio vettoriale **W** di **V**, definisce anche un sottospazio affine S di **A** passante per l'origine e avente per giacitura **W**. Per ogni punto $P(x_1, \dots, x_n) \in S$ il vettore $\mathbf{w}(x_1, \dots, x_n)$ avente le stesse coordinate di P appartiene alla giacitura **W** di S; si ottiene così una corrispondenza biunivoca tra S e la sua giacitura **W**.

2. Dal teorema 8.1(2) segue che ogni iperpiano H di **A** si rappresenta con un'equazione cartesiana

$$a_1X_1 + \dots + a_nX_n = b,$$

in cui $a_1, \dots, a_n \in \mathsf{K}$ non sono tutti uguali a 0. In particolare, se $\dim(\mathbf{A}) = 2$ ogni retta di **A** ha un'equazione cartesiana della forma

$$a_1X_1 + a_2X_2 = b.$$

Analogamente, se $\dim(\mathbf{A}) = 3$ ogni piano di **A** ha un'equazione cartesiana della forma

$$a_1X_1 + a_2X_2 + a_3X_3 = b.$$

L'iperpiano H dello spazio affine **A** contiene l'origine se e solo se $b = 0$. In particolare, per ogni $j = 1, \dots, n$, l'iperpiano di equazione

$$X_j = 0$$

passa per l'origine; esso si dice *j-esimo iperpiano coordinato*.

8.3 Definizione *Siano S e T due sottospazi affini di* **A**, *aventi giaciture* **W** *ed* **U** *rispettivamente, di dimensione maggiore di zero.*
S e T si dicono paralleli *se* $\mathbf{W} \subset \mathbf{U}$ *oppure* $\mathbf{U} \subset \mathbf{W}$. *Scriveremo talvolta* $S \parallel T$ *come sinonimo di "S e T sono paralleli".*

Se $\dim(S) = \dim(T)$, allora S e T sono paralleli se e solo se $\mathbf{W} = \mathbf{U}$; in particolare due sottospazi affini uguali sono paralleli. Nella figura 8.2 sono rappresentati due piani paralleli dello spazio ordinario.

Nel caso in cui S e T sono due rette il loro parallelismo significa che hanno la stessa direzione, cioè che hanno vettori di direzione proporzionali.

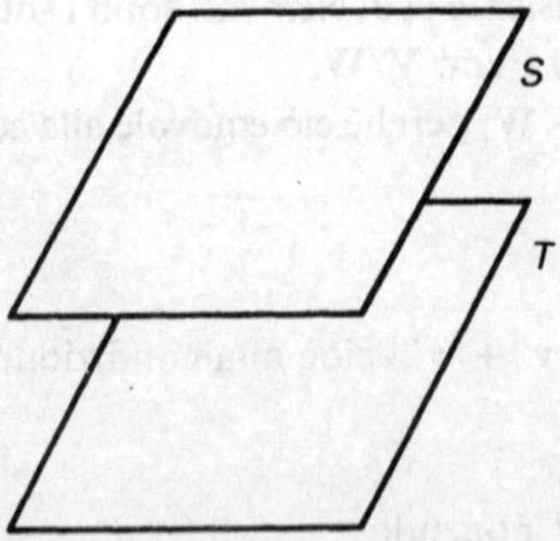

Figura 8.2

Se il sottospazio affine S è contenuto nel sottospazio affine T, allora S è parallelo a T: infatti al variare di P, $Q \in S$, il vettore $\overrightarrow{QP}$ descrive la giacitura $\mathbf{W}$ di S, ma è anche contenuto in quella $\mathbf{U}$ di T perché P, $Q \in T$. Quindi $\mathbf{W} \subset \mathbf{U}$.

8.4 Proposizione *Siano S, $T \subset \mathbf{A}$ due sottospazi affini paralleli, tali che* $\dim(S) \leqslant \dim(T)$.

1) *Se S e T hanno almeno un punto in comune, allora $S \subset T$.*

2) *Se* $\dim(S) = \dim(T)$, *ed S e T hanno almeno un punto in comune, allora $S = T$.*

Dimostrazione

1) Sia $Q \in S \cap T$. Per ogni $P \in S$ si ha $\overrightarrow{QP} \in \mathbf{W} \subset \mathbf{U}$, quindi $P \in T$; dunque $S \subset T$.

2) Se $\dim(S) = \dim(T)$, allora $\mathbf{W} = \mathbf{U}$: dalla (1) si deduce che $S \subset T$ e $T \subset S$, cioè $S = T$.

8.5 Corollario *Se S è un sottospazio affine di $\mathbf{A}$ e $P \in \mathbf{A}$, esiste un unico sottospazio affine T contenente P, parallelo a S e tale che* $\dim(T) = \dim(S)$.

Dimostrazione

Segue immediatamente dalla (2) del teorema 8.4.

Nel caso in cui $\mathbf{A}$ è il piano affine ordinario ed S una retta, il corollario 8.5 è equivalente al quinto postulato della geometria euclidea piana (il cosiddetto "postulato delle parallele"). Gli assiomi di piano affine implicano quindi la validità di tale postulato in un piano affine qualunque.

8.6 *Esempio*

Siano $\mathbf{V}$ uno spazio vettoriale su K e $\mathbf{W}$ un sottospazio vettoriale di $\mathbf{V}$. Dalla proposizione 8.4(2) segue che, se $\mathbf{v}$, $\mathbf{v}' \in \mathbf{V}$, i due sottospazi affini $\mathbf{v} + \mathbf{W}$ e $\mathbf{v}' + \mathbf{W}$ di $\mathbf{V}_a$ o coincidono oppure sono disgiunti. Da ciò segue che la famiglia dei sottospazi affini di $\mathbf{V}_a$ aventi giacitura $\mathbf{W}$ costituisce una partizione di $\mathbf{V}$. L'insieme quoziente di $\mathbf{V}$ rispetto a tale partizione, cioè l'insieme i cui elementi sono i sottospazi affini di $\mathbf{V}_a$ aventi giacitura $\mathbf{W}$, si denoterà con $\mathbf{V}/\mathbf{W}$.

Si noti che $\mathbf{v} + \mathbf{W} = \mathbf{v}' + \mathbf{W}$ se e solo se $\mathbf{v}' \in \mathbf{v} + \mathbf{W}$, perché ciò equivale alla condizione

$$(\mathbf{v} + \mathbf{W}) \cap (\mathbf{v}' + \mathbf{W}) \neq \emptyset$$

cioè all'esistenza di $\mathbf{w}, \mathbf{w}' \in \mathbf{W}$ tali che $\mathbf{v} + \mathbf{w} = \mathbf{v}' + \mathbf{w}'$, cioè alla condizione

$$\mathbf{v}' = \mathbf{v} + (\mathbf{w} - \mathbf{w}') \in \mathbf{v} + \mathbf{W}.$$

Definiamo un'operazione di somma in $\mathbf{V}/\mathbf{W}$ ponendo

$$(\mathbf{v}_1 + \mathbf{W}) + (\mathbf{v}_2 + \mathbf{W}) = (\mathbf{v}_1 + \mathbf{v}_2) + \mathbf{W}.$$

Quest'operazione è ben definita, perché non dipende dai vettori $\mathbf{v}_1$ e $\mathbf{v}_2$ che sono stati scelti per rappresentare i due sottospazi. Infatti, se

$$\mathbf{v}_1 + \mathbf{W} = \mathbf{v}_1' + \mathbf{W}, \qquad \mathbf{v}_2 + \mathbf{W} = \mathbf{v}_2' + \mathbf{W},$$

allora $\mathbf{v}_1' = \mathbf{v}_1 + \mathbf{w}_1$, $\mathbf{v}_2' = \mathbf{v}_2 + \mathbf{w}_2$ per qualche $\mathbf{w}_1, \mathbf{w}_2 \in \mathbf{W}$ e quindi

$$(\mathbf{v}_1' + \mathbf{v}_2') + \mathbf{W} = (\mathbf{v}_1 + \mathbf{v}_2 + \mathbf{w}_1 + \mathbf{w}_2) + \mathbf{W} = (\mathbf{v}_1 + \mathbf{v}_2) + \mathbf{W}.$$

Definiamo in $\mathbf{V}/\mathbf{W}$ un'operazione di moltiplicazione per elementi di K ponendo

$$c(\mathbf{v} + \mathbf{W}) = c\mathbf{v} + \mathbf{W}.$$

Anche quest'operazione è ben definita, perché $\mathbf{v} + \mathbf{W} = \mathbf{v}' + \mathbf{W}$ significa $\mathbf{v}' = \mathbf{v} + \mathbf{w}$, $\mathbf{w} \in \mathbf{W}$, e quindi

$$c\mathbf{v}' + \mathbf{W} = c(\mathbf{v} + \mathbf{w}) + \mathbf{W} = (c\mathbf{v} + c\mathbf{w}) + \mathbf{W} = c\mathbf{v} + \mathbf{W}.$$

Lo zero rispetto alla somma in $\mathbf{V}/\mathbf{W}$ è il sottospazio $\mathbf{W} = \mathbf{0} + \mathbf{W}$, come si vede subito. È immediato verificare che $\mathbf{V}/\mathbf{W}$, con le operazioni che abbiamo introdotto, è un K-spazio vettoriale, che si chiama *spazio vettoriale quoziente di* $\mathbf{V}$ *modulo* $\mathbf{W}$ (oppure *rispetto a* $\mathbf{W}$).

Si noti che se $\mathbf{V} = \mathbf{W}$, lo spazio $\mathbf{V}/\mathbf{W}$ possiede un unico elemento, $\mathbf{V}$ stesso, e quindi si identifica con lo spazio costituito dal solo vettore nullo. Se invece $\mathbf{W} = \langle \mathbf{0} \rangle$, i sottospazi affini di giacitura $\mathbf{W}$ sono i punti di $\mathbf{V}_a$, cioè lo spazio $\mathbf{V}/\mathbf{W}$ coincide con $\mathbf{V}$.

8.7 Definizione *Due sottospazi affini S e T di* $\mathbf{A}$ *non paralleli si dicono* sghembi (incidenti) *se sono privi di punti in comune* (*se hanno almeno un punto in comune*) (*fig.* 8.3).

Consideriamo due sottospazi affini S e T, con $\dim(S) = s$, $\dim(T) = t$. Suppo-

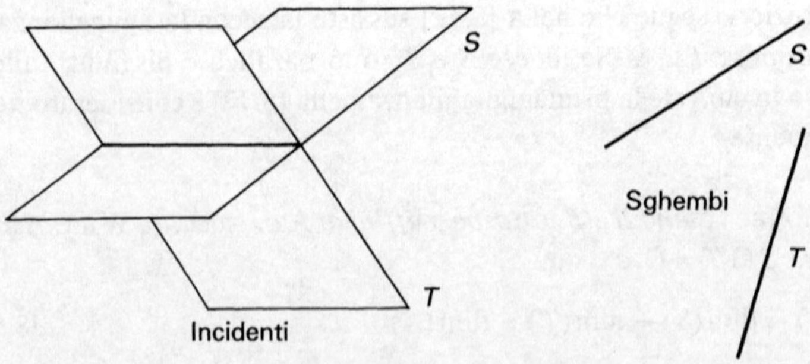

Figura 8.3

niamo che essi abbiano equazioni cartesiane:

$$S\colon \sum_{j=1}^{n} m_{ij} X_j = b_i, \qquad i = 1, \ldots, n-s, \qquad [8.8]$$

$$T\colon \sum_{j=1}^{n} n_{kj} X_j = c_k, \qquad k = 1, \ldots, n-t. \qquad [8.9]$$

L'intersezione $S \cap T$ è il luogo dei punti di **A** le cui coordinate sono simultaneamente soluzioni delle equazioni cartesiane di S e di T; quindi i punti di $S \cap T$ si ottengono in corrispondenza delle soluzioni del sistema

$$\begin{aligned} &\sum_{j=1}^{n} m_{ij} X_j = b_i, \qquad i = 1, \ldots, n-s, \\ &\sum_{j=1}^{n} n_{kj} X_j = c_k, \qquad k = 1, \ldots, n-t. \end{aligned} \qquad [8.10]$$

Per il teorema 8.1 il sistema [8.10], se ha soluzioni, rappresenta un sottospazio affine. Quindi, se non è vuoto, $S \cap T$ è un sottospazio affine di **A**.

La dimensione di $S \cap T$ è uguale a $n - r$, dove r è il rango della matrice dei coefficienti del sistema [8.10]. Poiché

$$r \leq n - s + n - t = 2n - (s + t),$$

si ha che, se $S \cap T \neq \emptyset$,

$$\dim(S \cap T) = n - r \geq n - [2n - (s + t)] = s + t - n. \qquad [8.11]$$

D'altra parte, essendo $S \cap T$ contenuto sia in S che in T, la sua dimensione non può superare il minimo tra s e t.

Riassumendo quanto detto, possiamo enunciare la seguente proposizione.

8.8 Proposizione *L'intersezione $S \cap T$ di due sottospazi affini S e T di* **A**, *se non è vuota, è un sottospazio affine tale che*

$$\dim(S) + \dim(T) - \dim(\mathbf{A}) \leq \dim(S \cap T) \leq \min[\dim(S), \dim(T)]. \qquad [8.12]$$

Dalla dimostrazione segue che nella [8.12] sussiste la seconda uguaglianza se e solo se $S \subset T$ oppure $T \subset S$. Se invece S e T sono paralleli e disgiunti, allora $S \cap T = \emptyset$. Il caso in cui vale la prima uguaglianza nella [8.12] è considerato nella proposizione seguente.

8.9 Proposizione *Siano S e T sottospazi affini di $\mathbf{A}$ di giaciture $\mathbf{W}$ e $\mathbf{U}$ rispettivamente. Allora $S \cap T \neq \emptyset$ e*

$$\dim(S \cap T) = \dim(S) + \dim(T) - \dim(\mathbf{A}) \qquad [8.13]$$

se e solo se $\mathbf{V} = \mathbf{W} + \mathbf{U}$.

Dimostrazione

Supponiamo che S e T abbiano equazioni cartesiane [8.8] e [8.9] rispettivamente. La [8.13] sussiste precisamente quando $S \cap T \neq \emptyset$ e si ha l'uguaglianza nella [8.11]. La [8.11] si può leggere come una relazione tra $s = \dim(\mathbf{W})$, $t = \dim(\mathbf{U})$ e $\dim(\mathbf{W} \cap \mathbf{U}) = \dim(S \cap T)$, ed è una conseguenza diretta della formula di Grassmann. Più precisamente, la formula di Grassmann afferma che la [8.11] è un'uguaglianza se e solo se $n = \dim(\mathbf{W} + \mathbf{U})$, cioè se solo se $\mathbf{V} = \mathbf{W} + \mathbf{U}$. Per concludere è quindi sufficiente mostrare che in questo caso il sistema [8.10] è compatibile. Ma la matrice dei coefficienti del sistema [8.10] ha rango $r = (n - s) + (n - t) = 2n - (s + t)$, che è il numero delle sue righe, e la matrice orlata ha lo stesso numero di righe e quindi lo stesso rango: il sistema è compatibile per il teorema 5.7.

Applicate ai casi $\dim(\mathbf{A}) = 2,3$, le proposizioni 8.8 e 8.9 permettono di ritrovare i risultati sulla posizione reciproca di rette e piani che sappiamo essere veri nel piano e nello spazio ordinari. Nei paragrafi 9 e 10 tratteremo questi casi direttamente senza ricorrere a questi risultati.

Un caso particolare importante della proposizione 8.9 è quello in cui le giaci-

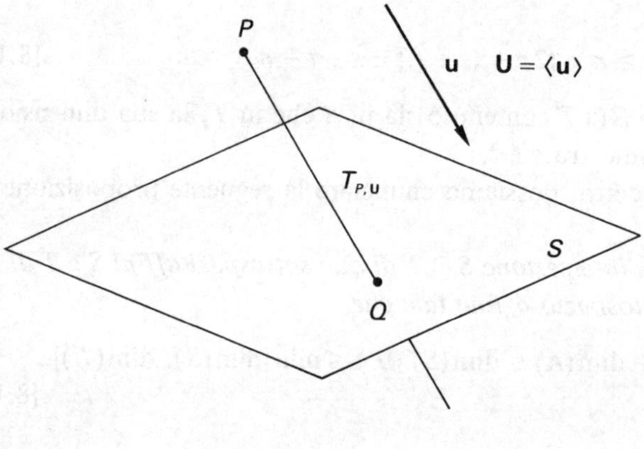

Figura 8.4

ture **W** e **U** dei sottospazi affini S e T sono supplementari in **V**, cioè tali che $\mathbf{V} = \mathbf{W} \oplus \mathbf{U}$: poiché in questo caso $\dim(S) + \dim(T) = \dim(\mathbf{A})$, la [8.13] afferma che S e T hanno un solo punto in comune. Ciò è quanto avviene ad esempio per due rette non parallele in un piano affine, oppure per un piano e una retta non paralleli in uno spazio di dimensione 3.

Da quest'osservazione si deduce la seguente costruzione geometrica. Sia S un sottospazio affine di dimensione s di **A**, e sia **W** la sua giacitura. Fissiamo un sottospazio vettoriale **U** di **V** tale che $\mathbf{W} \oplus \mathbf{U} = \mathbf{V}$. Per il corollario 8.5, per ogni punto $P \in \mathbf{A}$ esiste un unico sottospazio affine $T_{P,\mathbf{U}}$ contenente P e avente giacitura **U**. Dalla [8.13] segue che $S \cap T_{P,\mathbf{U}} = \{Q\}$. L'applicazione $p_{S,\mathbf{U}}: \mathbf{A} \to S$, definita ponendo $p_{S,\mathbf{U}}(P) = Q$, è chiamata *proiezione di* **A** *su* S *parallela a* **U**.

Se $\dim(\mathbf{U}) = 1$, allora S è un iperpiano e $p_{S,\mathbf{U}}$ è la *proiezione di* **A** *su* S *nella direzione* **U**. La figura 8.4 si riferisce allo spazio ordinario.

Esercizi

1. In $\mathbf{A}^3(\mathbf{C})$ sia $\not{p}$ il piano di equazione $2X + Y - 1 = 0$. In ciascuno dei seguenti casi calcolare le coordinate di $p_{\mathbf{u}}(x, y, z)$, dove $p_{\mathbf{u}}: \mathbf{A}^3 \to \not{p}$ è la proiezione, $(x, y, z) \in \mathbf{A}^3$ è un punto variabile e $\mathbf{u} \in \mathbf{C}^3$ è il vettore

a) (1, 0, 0) b) (i, 0, 0) c) (2i, i, 1) d) (0, i, 2).

2. Sia **A** uno spazio affine *reale* con spazio vettoriale associato **V**. Si supponga fissato un riferimento affine $O\mathbf{e}_1 \ldots \mathbf{e}_n$.
Sia $\mathbf{H} \subset \mathbf{A}$ un iperpiano di equazione

$$a_1X_1 + \ldots + a_nX_n + c = 0.$$

I sottoinsiemi di **A**

$$\Sigma_+ = \{P(x_1, \ldots, x_n) : a_1x_1 + \ldots + a_nx_n + c \geq 0\}$$

$$\Sigma_- = \{P(x_1, \ldots, x_n) : a_1x_1 + \ldots + a_nx_n + c \leq 0\}$$

sono i *semispazi* di **A** definiti da **H**. Dalla definizione segue che

$$\Sigma_+ \cap \Sigma_- = \mathbf{H}, \qquad \Sigma_+ \cup \Sigma_- = \mathbf{A}.$$

Verificare che la definizione di semispazio non dipende dall'equazione né dal sistema di riferimento.
Dimostrare che i semispazi sono sottoinsiemi convessi di **A**.
Se $\dim(\mathbf{A}) = 1$, ($\dim(\mathbf{A}) = 2$), i semispazi sono chiamati *semirette* (*semipiani*). Se $\dim(\mathbf{A}) = 1$, dimostrare che una semiretta, così definita, coincide con una semiretta di **A** come definita in 7.7(1).
(*Suggerimento*. Verificare che Σ_+ e Σ_- sono caratterizzati dalla seguente proprietà geometrica: fissato $P_0 \in \Sigma_+$ (rispettivamente $P_0 \in \Sigma_-$), il punto $P \in \Sigma_+$ (il punto $P \in \Sigma_-$) se solo se il segmento P_0P è interamente contenuto in Σ_+ (in Σ_-)).

3. Sia **A** uno spazio affine reale e siano A, B, C, D punti indipendenti di **A**. Dimostrare che il triangolo di vertici A, B, C è l'inviluppo convesso di $\{A, B, C\}$ e che il tetraedro di vertici A, B, C, D è l'inviluppo convesso di $\{A, B, C, D\}$.

9 Geometria in un piano affine

In questo paragrafo considereremo il caso dei piani affini, cioè degli spazi affini di dimensione 2 su K. Tra questi rientra come caso particolare il piano ordinario, che è un piano affine reale.

Consideriamo dunque uno spazio vettoriale **V** su K, tale che dim(**V**) = 2, e un piano affine **A** su **V**. Fissiamo un riferimento affine $O\mathbf{e}_1\mathbf{e}_2$ in **A** e denotiamo con x, y le coordinate di un punto variabile $P \in \mathbf{A}$ e con X, Y indeterminate. I sottospazi affini di **A** sono le rette, oltre ad **A** stesso e ai punti di **A**.

Ogni retta $\mathfrak{r}$ di **A** ha equazioni parametriche

$$\begin{aligned} x &= a + lt \\ y &= b + mt \end{aligned} \qquad [9.1]$$

in cui $Q(a, b)$ è un punto qualsiasi di $\mathfrak{r}$ e $\mathbf{v}(l, m)$ è un vettore di direzione di $\mathfrak{r}$. Poiché ha codimensione 1 in **A**, la retta $\mathfrak{r}$ si può anche rappresentare per mezzo di un'equazione cartesiana

$$AX + BY + C = 0, \qquad [9.2]$$

per opportuni A, B, $C \in$ K tali che $(A, B) \neq (0, 0)$. Le costanti A, B, C sono individuate da $\mathfrak{r}$ solo a meno di un comune fattore di proporzionalità non nullo, e quindi una retta $\mathfrak{r}$ possiede infinite equazioni [9.2], tutte tra loro proporzionali. La retta $\mathfrak{r}$ di equazione [9.2] contiene l'origine O se e solo se $C = 0$. Le rette di equazioni $X = 0$ e $Y = 0$ si dicono *assi coordinati*, rispettivamente *asse delle* Y e *asse delle* X.

Per ottenere un'equazione cartesiana della retta $\mathfrak{r}$ a partire da sue equazioni parametriche [9.1], cioè una volta noti un suo punto $Q(a, b)$ e un suo vettore di direzione $\mathbf{v}(l, m)$, si può osservare che le [9.1] esprimono la condizione che il vettore $\overrightarrow{QP}$ sia parallelo a $\mathbf{v}$, e che la stessa condizione può esprimersi imponendo che (x, y) sia soluzione dell'equazione in X, Y:

$$\begin{vmatrix} X - a & Y - b \\ l & m \end{vmatrix} = 0 \qquad [9.3]$$

cioè

$$m(X - a) - l(Y - b) = 0, \qquad [9.4]$$

o, equivalentemente,

$$mX - lY + lb - ma = 0. \qquad [9.5]$$

L'equazione [9.3] è soddisfatta da tutti e soli i punti $P(x, y) \in \mathfrak{r}$. Quindi la [9.3], oppure la [9.4] o la [9.5], è un'equazione cartesiana di $\mathfrak{r}$.

Se la retta r è assegnata mediante due suoi punti distinti $Q(a, b)$ e $Q'(a', b')$, allora come vettore di direzione si può prendere $\mathbf{v}(a' - a, b' - b) = \overrightarrow{QQ'}$ e la [9.3] prende la forma

$$\begin{vmatrix} X-a & Y-b \\ a'-a & b'-b \end{vmatrix} = 0. \tag{9.6}$$

9.1 PROPOSIZIONE *Siano r ed r' due rette di* **A** *di equazioni cartesiane*

$$AX + BY + C = 0,$$

e

$$A'X + B'Y + C' = 0$$

rispettivamente. Allora:

1) *r ed r' sono parallele se e solo se la matrice*

$$\begin{pmatrix} A & B \\ A' & B' \end{pmatrix} \tag{9.7}$$

ha rango 1, cioè se $AB' - A'B = 0$.

2) *Se r ed r' sono parallele, allora sono disgiunte oppure coincidono a seconda che la matrice*

$$\begin{pmatrix} A & B & C \\ A' & B' & C' \end{pmatrix} \tag{9.8}$$

abbia rango 2 oppure 1.

3) *r ed r' hanno uno e un solo punto in comune se e solo se la matrice* [9.7] *ha rango 2. In questo caso il punto $r \cap r'$ ha coordinate*

$$x_0 = \frac{CB' - C'B}{AB' - A'B}, \quad y_0 = \frac{AC' - A'C}{AB' - A'B}. \tag{9.9}$$

Dimostrazione

Le direzioni di r e di r' sono determinate dalle equazioni omogenee

$$AX + BY = 0,$$

e

$$A'X + B'Y = 0$$

rispettivamente. Quindi r ed r' sono parallele se e solo se $A' = \rho A$, $B' = \rho B$ per qualche $\rho \neq 0$ in K, cioè se e solo se la [9.7] ha rango 1. Ciò prova la (1).

La matrice [9.8] ha rango 1 se e solo se le equazioni di r e di r' sono proporzionali, cioè se e solo se $r = r'$. Quindi, se la [9.8] ha rango 2 e la [9.7] ha rango 1, r ed r' sono distinte e, per la (1), parallele, e pertanto non hanno punti in comune. La (2) è dimostrata.

Infine, la [9.7] ha rango 2 se e solo se r ed r' non sono parallele. In questo caso, per il teorema di Cramer, il sistema costituito dalle equazioni di r e di r' ha un'unica soluzione (x_0, y_0) data dalla [9.9]. Ciò prova la (3).

I casi che vengono considerati nell'enunciato della proposizione 9.1 sono tutti quelli che si possono presentare per la posizione reciproca di due rette di **A**, perché corrispondono a tutte le possibilità per un sistema di due equazioni lineari in due incognite. In particolare vediamo che l'unica possibilità perché due rette r ed r' non abbiano punti in comune è che la [9.7] abbia rango 1 e la [9.8] abbia rango 2, e questo caso corrisponde al parallelismo di r ed r'. Quindi *due rette di un piano affine non possono essere sghembe*.

Sia $Q(x_0, y_0) \in \mathbf{A}$. L'insieme Φ i cui elementi sono le rette di **A** passanti per Q si dice *fascio proprio di rette* e Q si dice il suo *centro* (fig. 9.1).

Siano

$$AX + BY + C = 0$$

$$A'X + B'Y + C' = 0$$

equazioni cartesiane di due rette distinte, aventi in comune il centro Q di Φ. Siano $\lambda, \mu \in \mathsf{K}$ due scalari non entrambi nulli; la retta di equazione cartesiana

$$\lambda(AX + BY + C) + \mu(A'X + B'Y + C') = 0 \qquad [9.10]$$

passa per Q e quindi appartiene al fascio Φ.

Viceversa, se $r \in \Phi$ e $P(x, y) \in r$ è un punto diverso da Q, la condizione

$$\lambda(Ax + By + C) + \mu(A'x + B'y + C') = 0 \qquad [9.11]$$

è un'equazione lineare omogenea in λ e μ che ha un'unica soluzione, determinata

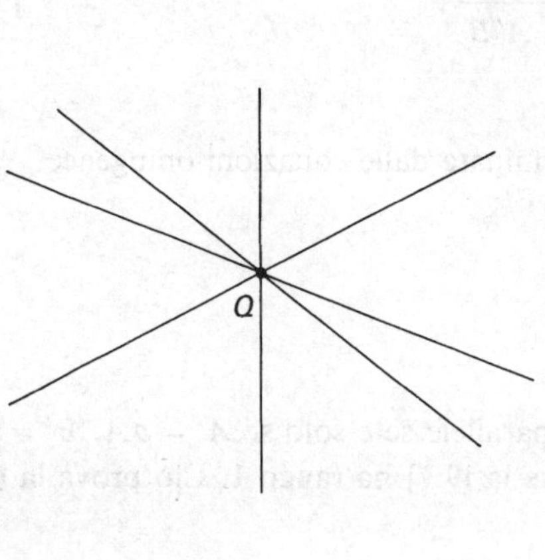

Figura 9.1

a meno di un fattore di proporzionalità: la retta [9.10] in cui λ e μ soddisfano la [9.11] appartiene a Φ e passa per P, quindi coincide con $\mathscr{r}$.

Pertanto tutte le rette di Φ si rappresentano nella forma [9.10]; una retta di Φ determina λ, μ solo a meno di un fattore di proporzionalità.

Un caso particolare della [9.10] si ha prendendo $\mathscr{r}$ ed $\mathscr{r}'$ parallele agli assi: si ottiene che ogni retta del fascio Φ si può scrivere nella forma

$$\lambda(X - x_0) + \mu(Y - y_0) = 0$$

per opportuni λ, μ.

I fasci di rette sono utili in pratica soprattutto quando il punto Q è individuato da due rette che lo contengono ma le sue coordinate non sono note, e si vuole individuare una retta contenente Q soddisfacente a condizioni assegnate, ad esempio la condizione di passare per un punto P diverso da Q, oppure di essere parallela ad una retta assegnata.

È talvolta più conveniente utilizzare un solo parametro non omogeneo t, invece della coppia di parametri omogenei λ, μ. In altre parole, anziché nella forma [9.10], si può scrivere la retta variabile nel fascio nella forma

$$AX + BY + C + t(A'X + B'Y + C') = 0, \qquad [9.12]$$

e la condizione di passaggio [9.11] diventa un'equazione lineare in t:

$$Ax + By + C + t(A'x + B'y + C') = 0, \qquad [9.13]$$

la cui soluzione, *se esiste*, determina la retta cercata.

Si faccia però attenzione: nella forma [9.13] si rappresentano tutte le rette del fascio Φ ad eccezione della retta

$$A'X + B'Y + C' = 0. \qquad [9.14]$$

Ciò corrisponde al fatto che l'equazione [9.13] è incompatibile se (e solo se)

$$A'x + B'y + C' = 0$$

e

$$Ax + By + C \neq 0,$$

cioè se $P \neq Q$ e P appartiene alla retta [9.14].

Con questa avvertenza, si può sempre utilizzare un parametro non omogeneo per determinare una retta del fascio Φ, purché si interpreti nel modo detto l'equazione [9.13] quando essa risulti incompatibile.

Considerazioni simili alle precedenti si possono fare nel caso dei "fasci impropri". Dato un vettore non nullo $\mathbf{v} \in \mathbf{V}$, l'insieme i cui elementi sono le rette di $\mathbf{A}$ aventi direzione $\langle \mathbf{v} \rangle$ è un *fascio improprio di rette*, e $\langle \mathbf{v} \rangle$ è la sua *direzione* (fig. 9.2).

Data una retta del fascio improprio Φ, di equazione

$$AX + BY + C = 0,$$

ogni altra retta di Φ è della forma

$$AX + BY + t = 0$$

al variare del parametro $t \in \mathsf{K}$. Ciò segue immediatamente dalla proposizione 9.1. Per ogni punto $P(x, y) \in \mathbf{A}$ esiste un'unica retta di Φ contenente P, che è quella corrispondente al valore

$$t = -(Ax + By).$$

Si noti che, mentre per individuare un fascio proprio sono necessarie due sue rette, un fascio improprio è individuato una volta assegnata una sola sua retta. Il motivo di ciò sarà chiaro quando, nel capitolo 3, interpreteremo i fasci dal punto di vista dalla geometria proiettiva.

9.2 *Esempio*

Sia $C(x_0, y_0) \in \mathbf{A}$ e sia $P(x, y)$ un altro punto qualsiasi. Il punto simmetrico di P rispetto a C è il punto $\sigma_C(P)$ tale che $\overrightarrow{C\sigma_C(P)} = \overrightarrow{PC}$ (cfr. esempio 7.5(4)). Le coordinate x', y' di $\sigma_C(P)$ sono individuate dalla condizione

$$(x' - x_0, y' - y_0) = (x_0 - x, y_0 - y)$$

e quindi sono

$$(x', y') = (2x_0 - x, 2y_0 - y).$$

Sia $\mathscr{r}$ la retta di equazioni parametriche

$$x = a + lt$$
$$y = b + mt.$$

Se $P(a + lt, b + mt) \in \mathscr{r}$, il punto $\sigma_C(P)$ è

$$(2x_0 - a - lt, 2y_0 - b - mt).$$

Da ciò discende che al variare di $P \in \mathscr{r}$ il punto $\sigma_C(P)$ descrive la retta di equazioni parametriche

$$x = 2x_0 - a - lt \qquad y = 2y_0 - b - mt,$$

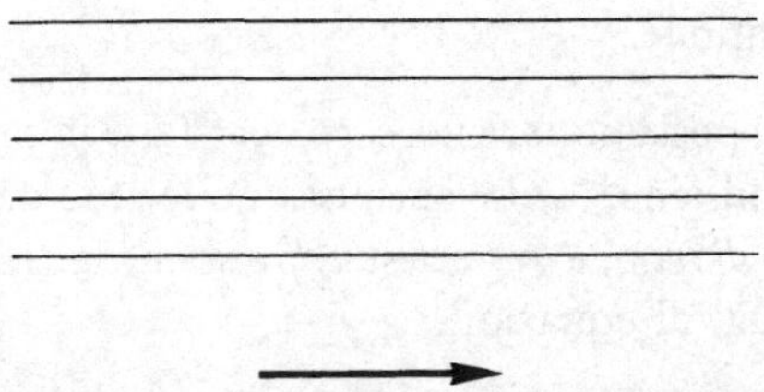

Figura 9.2

che denotiamo con $\sigma_C(r)$. Si noti che $\sigma_C(r)$ passa per $\sigma_C(Q)$, dove $Q(a, b) \in r$, ed è parallela a r, avendo un vettore di direzione di coordinate $(-l, -m)$).

Il risultato seguente è una generalizzazione del classico teorema di Talete a piani affini qualunque.

9.3 TEOREMA (TALETE) *Siano H, H', H'' rette parallele e distinte del piano affine* $\mathbf{A}$, *ed r_1, r_2 due rette non parallele ad H, H', H''. Siano inoltre*

$$P_i = r_i \cap H, \quad P_i' = r_i \cap H', \quad P_i'' = r_i \cap H'', \qquad i = 1, 2,$$

e k_1, $k_2 \in \mathsf{K}$ tali che

$$\overrightarrow{P_iP_i''} = k_i \overrightarrow{P_iP_i'}, \qquad i = 1, 2.$$

Allora $k_1 = k_2$.

Dimostrazione

Supponiamo $r_1 \neq r_2$ (fig. 9.3), perché se $r_1 = r_2$ il teorema è banalmente vero. Salvo scambiare tra loro due delle rette H, H', H'', possiamo supporre $P_1 \neq P_2$. Poniamo $\mathbf{v} = \overrightarrow{P_1P_2}$. Si ha

$$\overrightarrow{P_2P_2'} - \overrightarrow{P_1P_1'} = \overrightarrow{P_1'P_2'} - \overrightarrow{P_1P_2} = \alpha\mathbf{v}$$
$$\overrightarrow{P_2P_2''} - \overrightarrow{P_1P_1''} = \overrightarrow{P_1''P_2''} - \overrightarrow{P_1P_2} = \beta\mathbf{v}$$

per opportuni α, $\beta \in \mathsf{K}$.

Se $\alpha = 0$, r_1 ed r_2 sono parallele; allora anche $\beta = 0$, perché se fosse $\beta \neq 0$ il

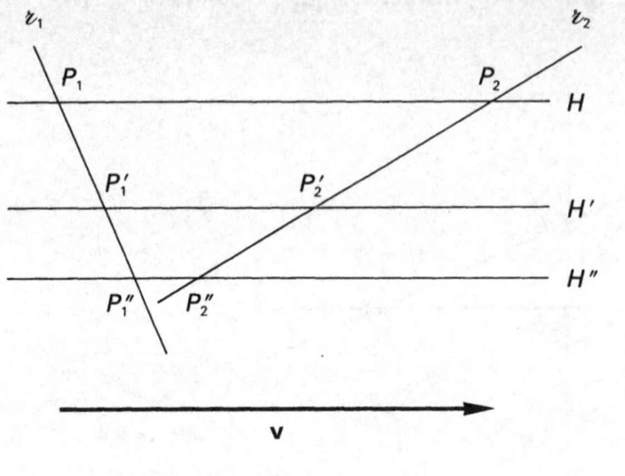

Figura 9.3

vettore **v** sarebbe parallelo a r_1 e a r_2, contro l'ipotesi. In questo caso:

$$\overrightarrow{P_2P_2''} = k_2\overrightarrow{P_2P_2'} = k_2\overrightarrow{P_1P_1'}$$
$$\overrightarrow{P_1P_1''} = k_1\overrightarrow{P_1P_1'}$$

e poiché $\overrightarrow{P_1P_1''} = \overrightarrow{P_2P_2''}$ otteniamo $k_1 = k_2$.
Se $\alpha \neq 0$ allora

$$\overrightarrow{P_2P_2''} - \overrightarrow{P_1P_1''} = \beta\mathbf{v} = \alpha^{-1}\beta(\alpha\mathbf{v}) = \alpha^{-1}\beta\overrightarrow{P_2P_2'} - \alpha^{-1}\beta\overrightarrow{P_1P_1'}. \qquad [9.15]$$

D'altra parte si ha anche

$$\overrightarrow{P_2P_2''} - \overrightarrow{P_1P_1''} = k_2\overrightarrow{P_2P_2'} - k_1\overrightarrow{P_1P_1'}. \qquad [9.16]$$

Poiché $\alpha \neq 0$, $\overrightarrow{P_1P_1'}$ e $\overrightarrow{P_2P_2'}$ non sono paralleli, e quindi sono linearmente indipendenti. Confrontando [9.15] e [9.16] deduciamo che $k_2 = \alpha^{-1}\beta = k_1$.

Il teorema di Talete afferma essenzialmente che lo scalare $k = k_1 = k_2$ dipende solo da H, H', H'' e non dalle rette trasversali r_1, r_2. Un caso particolare si ottiene prendendo r_1 ed r_2 incidenti in un punto $O \in H$. In questo caso si ha $P_1 = O = P_2$ e il teorema afferma che $\overrightarrow{OP_1''} = k\overrightarrow{OP_1'}$, $\overrightarrow{OP_2''} = k\overrightarrow{OP_2'}$.
Utilizzando il teorema di Talete dimostreremo ora due importanti risultati di geometria affine piana.

9.4 Teorema (Pappo) *Siano H e H' due rette distinte, del piano affine* **A**. *Siano P, Q, $R \in H$, P', Q', $R' \in H'$ punti distinti, nessuno dei quali comune ad H e ad H'. Se $\overline{PQ'} \parallel \overline{P'Q}$ e $\overline{QR'} \parallel \overline{Q'R}$, allora $\overline{PR'} \parallel \overline{P'R}$.*

Dimostrazione
Supponiamo che H e H' non siano parallele, e sia $\{O\} = H \cap H'$ (fig. 9.4).

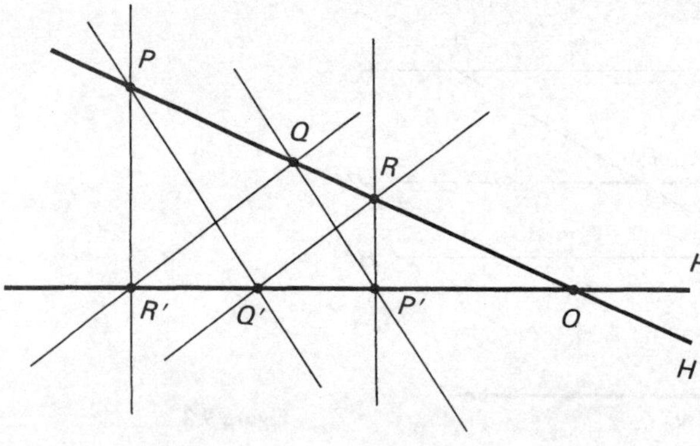

Figura 9.4

Per il teorema di Talete si ha, per opportuni h, $k \in \mathsf{K}^*$:

$$\overrightarrow{OP'} = k\overrightarrow{OQ'}, \quad \overrightarrow{OQ} = k\overrightarrow{OP} \quad \text{perché} \quad \overline{PQ'} \parallel \overline{P'Q},$$

$$\overrightarrow{OQ'} = h\overrightarrow{OR'}, \quad \overrightarrow{OR} = h\overrightarrow{OQ} \quad \text{perché} \quad \overline{QR'} \parallel \overline{Q'R}.$$

Ma allora:

$$\overrightarrow{PR'} = \overrightarrow{OR'} - \overrightarrow{OP} = h^{-1}\overrightarrow{OQ'} - k^{-1}\overrightarrow{OQ}$$

$$\overrightarrow{RP'} = \overrightarrow{OP'} - \overrightarrow{OR} = k\overrightarrow{OQ'} - h\overrightarrow{OQ},$$

e quindi $\overrightarrow{RP'} = hk\overrightarrow{PR'}$, cioè $\overline{RP'} \parallel \overline{PR'}$.

Se $H \parallel H'$, allora si ha

$$\overrightarrow{PQ} = \overrightarrow{Q'P'} \quad \text{perché} \quad \overline{PQ'} \parallel \overline{P'Q},$$

$$\overrightarrow{QR} = \overrightarrow{R'Q'} \quad \text{perché} \quad \overline{QR'} \parallel \overline{Q'R},$$

e quindi

$$\overrightarrow{PR} = \overrightarrow{PQ} + \overrightarrow{QR} = \overrightarrow{Q'P'} + \overrightarrow{R'Q'} = \overrightarrow{R'P'}.$$

Pertanto $\overline{PR'} \parallel \overline{P'R}$.

Esistono altre versioni del teorema di Pappo, per le quali rinviamo il lettore a [7] e [2]. Il secondo teorema che vogliamo dimostrare è dovuto a Desargues.

9.5 Teorema (Desargues) *Siano $A, B, C, A', B', C' \in \mathbf{A}$ punti a tre a tre non allineati, tali che $\overline{AB} \parallel \overline{A'B'}$, $\overline{BC} \parallel \overline{B'C'}$, $\overline{AC} \parallel \overline{A'C'}$. Allora le tre rette $\overline{AA'}$, $\overline{BB'}$, $\overline{CC'}$ sono parallele oppure hanno un punto in comune.*

Dimostrazione

Supponiamo che $\overline{AA'}$, $\overline{BB'}$, $\overline{CC'}$ non siano parallele. Allora due di esse si incontrano, e possiamo quindi supporre che $\overline{AA'} \cap \overline{BB'} = \{O\}$ (fig. 9.5).

Per il teorema di Talete applicato ad $\overline{AB}$, $\overline{A'B'}$ si ha

$$\overrightarrow{OA'} = k\overrightarrow{OA}, \quad \overrightarrow{OB'} = k\overrightarrow{OB}, \quad k \in \mathsf{K}.$$

Sia $\{C''\} = \overline{OC} \cap \overline{A'C'}$. Per il teorema di Talete applicato ad $\overline{AC}$, $\overline{A'C'}$ si ha

$$\overrightarrow{OC''} = k\overrightarrow{OC} \qquad [9.17]$$

perché $\overrightarrow{OA'} = k\overrightarrow{OA}$. D'altra parte, posto $\{C'''\} = \overline{OC} \cap \overline{B'C'}$, il teorema di Talete

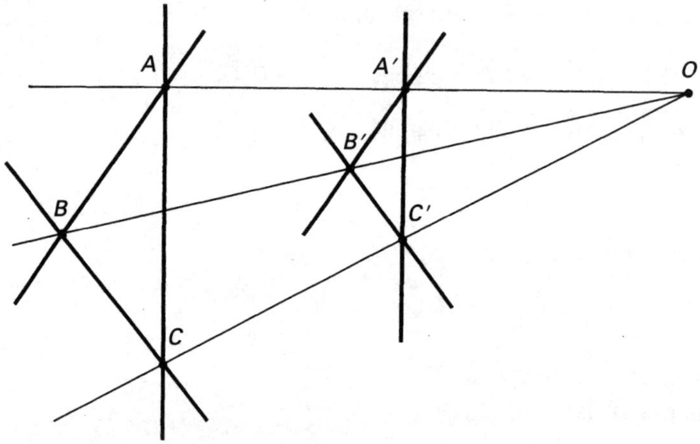

Figura 9.5

applicato alle rette $\overline{BC}$, $\overline{B'C'}$ implica che

$$\overrightarrow{OC'''} = k\overrightarrow{OC} \qquad [9.18]$$

perché $\overrightarrow{OB'} = k\overrightarrow{OB}$. Confrontando le [9.17] e [9.18] vediamo che $C'' = C''' = C'$, e quindi O, C, C' sono allineati.

Questi due teoremi hanno anche versioni proiettive che vedremo nel capitolo 3. La loro importanza è dovuta soprattutto alla relazione che hanno con la caratterizzazione degli spazi affini per mezzo di proprietà di natura grafica. (Per dettagli su quest'argomento cfr. [7] e [12].)

Esercizi

1. Stabilire quali delle seguenti sono terne di punti allineati di $\mathbf{A}^2(\mathbf{R})$:

a) $\left\{\left(\frac{1}{2}, 2\right), \left(\frac{1}{2}, 100\right), \left(\frac{1}{2}, \frac{\pi}{4}\right)\right\}$

b) $\{(1, 1), (1, -1), (-1, 1)\}$

c) $\left\{\left(\frac{5}{4}, \frac{9}{4}\right), \left(-\frac{3}{2}, -\frac{1}{2}\right), \left(\frac{1}{5}, \frac{6}{5}\right)\right\}$.

2. Determinare un'equazione cartesiana della retta r di $\mathbf{A}^2(\mathbf{R})$ contenente i punti P e Q in ognuno dei casi seguenti:

a) $P = \left(1, \frac{4}{3}\right)$, $Q = \left(\frac{3}{2}, 1\right)$ b) $P = (0, 172)$, $Q = (\sqrt{7}, 0)$

c) $P = \mathscr{s} \cap \mathscr{s}'$, $Q = \mathscr{t} \cap \mathscr{t}'$, dove $\mathscr{s}$, $\mathscr{s}'$, $\mathscr{t}$, $\mathscr{t}'$ sono le rette

$$\mathscr{s}: X + 5Y - 8 = 0, \quad \mathscr{s}': 3X + 6 = 0, \quad \mathscr{t}: 5X - \frac{Y}{2} = 1, \quad \mathscr{t}': X - Y = 5.$$

3. Determinare equazioni parametriche della retta di $\mathbf{A}^2(\mathsf{C})$ parallela al vettore $\mathbf{v}$ e passante per il punto $\mathscr{r} \cap \mathscr{s}$ in ciascuno dei casi seguenti:

a) $\mathbf{v} = (2, 4)$, $\quad \mathscr{r}: 3X - 2Y - 7 = 0$, $\quad \mathscr{s}: 2X + 3Y = 0$

b) $\mathbf{v} = (-5\sqrt{2}, 7)$, $\quad \mathscr{r}: X - Y = 0$, $\quad \mathscr{s}: X + Y = 1$.

4. Siano $P = (2, 3)$, $Q = (11, -\sqrt{5}) \in \mathbf{A}^2(\mathsf{R})$. Determinare il punto medio del segmento PQ.

5. In $\mathbf{A}^2(\mathsf{R})$ siano $P = (1, -1)$, $Q = (2, 15/2)$. Determinare i punti che suddividono il segmento PQ in 4 parti uguali.

6. Dimostrare la seguente generalizzazione del teorema di Talete.
In uno spazio affine $\mathbf{A}$ su K siano H, H', H'' iperpiani paralleli e distinti, e siano $\mathscr{r}_1$, $\mathscr{r}_2$ rette non parallele ad H, H', H''. Siano $P_i = \mathscr{r}_i \cap H$, $P_i' = \mathscr{r}_i \cap H'$, $P_i'' = \mathscr{r}_i \cap H''$, $i = 1, 2$, e siano $k_1, k_2 \in \mathsf{K}$ gli scalari tali che

$$\overrightarrow{P_iP_i''} = k_i \overrightarrow{P_iP_i'}, \qquad i = 1, 2.$$

allora $k_1 = k_2$.

10 Geometria in uno spazio affine di dimensione 3

Considereremo ora il caso degli spazi affini di dimensione 3. Tra questi rientra come caso particolare lo spazio ordinario.

Supponiamo assegnato un K-spazio vettoriale $\mathbf{V}$ di dimensione 3 e uno spazio affine $\mathbf{A}$ su $\mathbf{V}$. Fissiamo un riferimento affine $O\mathbf{e}_1\mathbf{e}_2\mathbf{e}_3$ in $\mathbf{A}$; denotiamo con x, y, z le coordinate di un punto variabile $P \in \mathbf{A}$ e con X, Y, Z indeterminate.

I sottospazi affini di $\mathbf{A}$ sono i piani e le rette, oltre ad $\mathbf{A}$ stesso e ai suoi punti.

Un piano $\mathscr{p}$ di $\mathbf{A}$ passante per un punto $Q(q_1, q_2, q_3)$ ha equazioni parametriche della forma

$$\begin{aligned} x &= q_1 + a_1u + b_1v \\ y &= q_2 + a_2u + b_2v \\ z &= q_3 + a_3u + b_3v, \end{aligned} \qquad [10.1]$$

dove $\{\mathbf{a}(a_1, a_2, a_3), \mathbf{b}(b_1, b_2, b_3)\}$ è una base della giacitura $\mathbf{W}$ del piano (fig. 10.1).

Il piano $\mathscr{p}$, avendo codimensione 1, si rappresenta anche con un'equazione

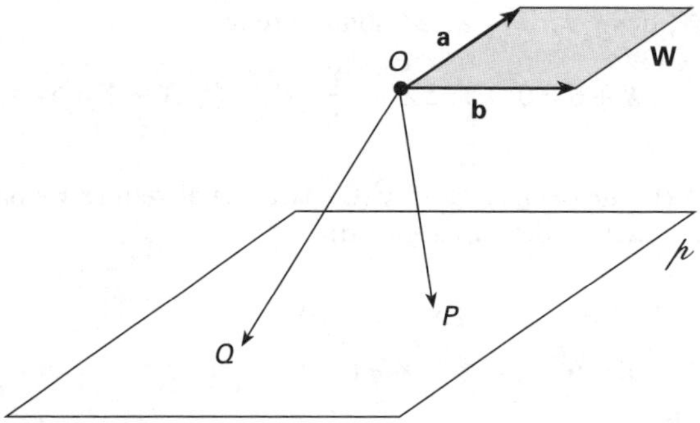

Figura 10.1

cartesiana

$$AX + BY + CZ + D = 0 \qquad [10.2]$$

per opportuni A, B, C, $D \in \mathsf{K}$ tali che $(A, B, C) \neq (0, 0, 0)$. Le costanti A, B, C, D sono individuate da $\mathscr{p}$ solo a meno di un comune fattore di proporzionalità non nullo.

Il piano $\mathscr{p}$ contiene l'origine O se e solo se $D = 0$. I piani di equazione $X = 0$, $Y = 0$, $Z = 0$ si dicono *piani coordinati*, e rispettivamente *piano YZ*, *piano XZ*, *piano XY*.

Possiamo ottenere un'equazione cartesiana [10.2] di $\mathscr{p}$ a partire dalle [10.1] osservando che esse esprimono la dipendenza lineare dei vettori $\overrightarrow{QP}$, **a**, **b**; le [10.1] sono pertanto equivalenti all'annullarsi del determinante della matrice le cui righe sono le coordinate di questi vettori. Quindi il punto $P(x, y, z)$ appartiene al piano passante per $Q(q_1, q_2, q_3)$ e parallelo a $\langle \mathbf{a}(a_1, a_2, a_3), \mathbf{b}(b_1, b_2, b_3) \rangle$ se e solo se le sue coordinate soddisfano l'equazione in X, Y, Z

$$\begin{vmatrix} X - q_1 & Y - q_2 & Z - q_3 \\ a_1 & a_2 & a_3 \\ b_1 & b_2 & b_3 \end{vmatrix} = 0. \qquad [10.3]$$

Espandendo il primo membro della [10.3] secondo la prima riga, e ponendo

$$A = \begin{vmatrix} a_2 & a_3 \\ b_2 & b_3 \end{vmatrix}, \quad B = -\begin{vmatrix} a_1 & a_3 \\ b_1 & b_3 \end{vmatrix}, \quad C = \begin{vmatrix} a_1 & a_2 \\ b_1 & b_2 \end{vmatrix}, \qquad [10.4]$$

si ottiene

$$A(X - q_1) + B(Y - q_2) + C(Z - q_3) = 0. \qquad [10.5]$$

Si noti che A, B, C, non sono tutti nulli: ciò segue dalla loro definizione e dal fatto che **a** e **b** sono linearmente indipendenti. Se poniamo

$$D = -Aq_1 - Bq_2 - Cq_3, \tag{10.6}$$

possiamo scrivere la [10.5] nella forma

$$AX + BY + CZ + D = 0. \tag{10.7}$$

La [10.7] è soddisfatta da tutti e soli i punti $P(x, y, z) \in \mathscr{p}$ e quindi è un'equazione cartesiana del piano $\mathscr{p}$.

Se $\mathscr{p}$ è assegnato mediante tre suoi punti non allineati $P_0(x_0, y_0, z_0)$, $P_1(x_1, y_1, z_1)$, $P_2(x_2, y_2, z_2)$, la sua giacitura è generata dai vettori $\overrightarrow{P_0P_1}$ e $\overrightarrow{P_0P_2}$, e la [10.3] prende la forma seguente:

$$\begin{vmatrix} X - x_0 & Y - y_0 & Z - z_0 \\ x_1 - x_0 & y_1 - y_0 & z_1 - z_0 \\ x_2 - x_0 & y_2 - y_0 & z_2 - z_0 \end{vmatrix} = 0. \tag{10.8}$$

La [10.8] è un'*equazione cartesiana del piano passante per i punti* P_0, P_1, P_2.

Una retta $\mathscr{r} \subset \mathbf{A}$ ha equazioni parametriche della forma

$$\begin{aligned} x &= a + lt \\ y &= b + mt \\ z &= c + nt, \end{aligned} \tag{10.9}$$

dove $Q(a, b, c) \in \mathscr{r}$ e $\mathbf{v}(l, m, n)$ è un suo vettore di direzione. La retta $\mathscr{r}$ può anche essere definita da due equazioni cartesiane, cioè come intersezione di due piani, perché ha codimensione 2:

$$\begin{aligned} AX + BY + CZ + D &= 0 \\ A'X + B'Y + C'Z + D' &= 0. \end{aligned} \tag{10.10}$$

La direzione di $\mathscr{r}$ è il sottospazio vettoriale di dimensione 1 di **V** definito dal sistema omogeneo associato

$$\begin{aligned} AX + BY + CZ &= 0 \\ A'X + B'Y + C'Z &= 0. \end{aligned} \tag{10.11}$$

Da ciò segue che il vettore $\mathbf{v}(l, m, n)$ di coordinate

$$l = \begin{vmatrix} B & C \\ B' & C' \end{vmatrix}, \quad m = -\begin{vmatrix} A & C \\ A' & C' \end{vmatrix}, \quad n = \begin{vmatrix} A & B \\ A' & B' \end{vmatrix}$$

è un vettore di direzione di $\mathscr{r}$, perché (l, m, n) è una soluzione non nulla del sistema [10.11].

Quest'osservazione fornisce un metodo pratico per calcolare un vettore di direzione di una retta r assegnata mediante equazioni cartesiane [10.10].

Se viceversa la retta r è assegnata mediante un suo punto $Q(a, b, c)$ e un suo vettore di direzione $\mathbf{v}(l, m, n)$, ovvero per mezzo delle [10.9], se ne possono ottenere equazioni cartesiane imponendo la condizione che si annullino i minori di ordine 2 della matrice

$$\begin{pmatrix} X-a & Y-b & Z-c \\ l & m & n \end{pmatrix}. \tag{10.12}$$

Infatti questa condizione nelle indeterminate X, Y, Z è soddisfatta dalle coordinate dei punti $P(x, y, z) \in \mathbf{A}$ tali che il vettore $\overrightarrow{QP}$ sia proporzionale a $\mathbf{v}$, cioè dai punti di r.

Supponendo ad esempio $l \neq 0$, la condizione detta è equivalente alle due equazioni seguenti:

$$\begin{aligned} &m(X-a) - l(Y-b) = 0 \\ &n(X-a) - l(Z-c) = 0, \end{aligned} \tag{10.13}$$

cioè alle

$$\begin{aligned} &mX - lY - (ma - lb) = 0 \\ &nX - lZ - (na - lc) = 0, \end{aligned} \tag{10.14}$$

che sono equazioni cartesiane di due piani *distinti* contenenti r (che i due piani sono distinti segue dal fatto che, essendo $l \neq 0$, la matrice dei coefficienti delle incognite delle due equazioni [10.14] ha rango due), i quali quindi definiscono r. Si noti che le [10.13] implicano l'annullamento del rimanente minore della [10.12]:

$$\begin{aligned} n(Y-b) - m(Z-c) = l^{-1}\{m[n(X-a) - l(Z-c)] - n[m(X-a) - \\ - l(Y-b)]\} = 0. \end{aligned}$$

10.1 PROPOSIZIONE *Siano p e p' due piani di* $\mathbf{A}$, *di equazioni cartesiane*

$$\begin{aligned} &AX + BY + CZ + D = 0, \\ &A'X + B'Y + C'Z + D' = 0 \end{aligned} \tag{10.15}$$

rispettivamente. Allora:

1) p *e* p' *sono paralleli se e solo se la matrice*

$$\begin{pmatrix} A & B & C \\ A' & B' & C' \end{pmatrix} \tag{10.16}$$

ha rango 1.

2) *Se la matrice* [10.16] *ha rango* 1, *allora* $\mathscr{p}$ *e* $\mathscr{p}'$ *sono paralleli e disgiunti oppure coincidono a seconda che la matrice*

$$\begin{pmatrix} A & B & C & D \\ A' & B' & C' & D' \end{pmatrix} \qquad [10.17]$$

abbia rango 2 *oppure* 1.

3) *Se* $\mathscr{p}$ *e* $\mathscr{p}'$ *non sono paralleli, allora sono incidenti e* $\mathscr{p} \cap \mathscr{p}'$ *è una retta; ciò avviene se e solo se la matrice* [10.16] *ha rango* 2.

Dimostrazione

I casi considerati nell'enunciato corrispondono alle possibilità che si hanno per il sistema [10.15], di cui la [10.16] e la [10.17] sono rispettivamente la matrice dei coefficienti e la matrice orlata.

Poiché le giaciture di $\mathscr{p}$ e di $\mathscr{p}'$ sono determinate dalle equazioni omogenee associate

$$\begin{aligned} &AX + BY + CZ = 0 \\ &A'X + B'Y + C'Z = 0, \end{aligned} \qquad [10.18]$$

il parallelismo di $\mathscr{p}$ e $\mathscr{p}'$ è equivalente alla condizione che le [10.18] siano proporzionali, cioè che la [10.16] abbia rango 1. In questo caso la matrice [10.17] ha rango 1 o 2 rispettivamente, a seconda che il sistema [10.15] sia compatibile oppure no, cioè che $\mathscr{p} \cap \mathscr{p}' \neq \emptyset$ oppure $\mathscr{p} \cap \mathscr{p}' = \emptyset$. Nel primo caso dev'essere $\mathscr{p} = \mathscr{p}'$ perché i due piani sono paralleli. Ciò dimostra (1) e (2).

Per la (1) la [10.16] ha rango 2 se e solo se $\mathscr{p}$ e $\mathscr{p}'$ non sono paralleli. In tal caso il sistema [10.15] è compatibile, perché anche la [10.17] ha rango 2. Il sistema [10.15] possiede ∞^1 soluzioni e $\mathscr{p} \cap \mathscr{p}'$ è una retta. Anche la (3) è dimostrata.

Passiamo ora a considerare il caso di una retta e di un piano. La proposizione seguente descrive tutti i casi che si possono presentare nella loro posizione relativa.

10.2 Proposizione *Sia* $\mathscr{r}$ *una retta di equazioni parametriche* [10.9] *e cartesiane* [10.10], *e sia* $\mathscr{p}''$ *un piano di equazione*

$$A''X + B''Y + C''Z + D'' = 0. \qquad [10.19]$$

1) $\mathscr{r}$ *e* $\mathscr{p}''$ *sono paralleli se e solo se*

$$\begin{vmatrix} A & B & C \\ A' & B' & C' \\ A'' & B'' & C'' \end{vmatrix} = 0 \qquad [10.20]$$

o, equivalentemente, se e solo se

$$A''l + B''m + C''n = 0. \qquad [10.21]$$

2) *Se la* [10.20] *è soddisfatta, allora* r *e* p'' *sono paralleli e disgiunti oppure coincidono a seconda che la matrice*

$$\begin{pmatrix} A & B & C & D \\ A' & B' & C' & D' \\ A'' & B'' & C'' & D'' \end{pmatrix} \qquad [10.22]$$

abbia rango 3 *oppure* 2.

3) *Se* r *e* p'' *non sono paralleli, allora sono incidenti ed* $r \cap p''$ *consiste di un solo punto; ciò avviene se e solo se*

$$\begin{vmatrix} A & B & C \\ A' & B' & C' \\ A'' & B'' & C'' \end{vmatrix} \neq 0 \qquad [10.23]$$

o, equivalentemente, se e solo se

$$A''l + B''m + C''n \neq 0. \qquad [10.24]$$

Dimostrazione

Supponiamo soddisfatta la [10.20]. Allora il sistema omogeneo

$$\begin{aligned} AX + BY + CZ &= 0 \\ A'X + B'Y + C'Z &= 0 \\ A''X + B''Y + C''Z &= 0 \end{aligned} \qquad [10.25]$$

è equivalente al sistema costituito dalle sue due prime equazioni, che definiscono la direzione di r. Pertanto ogni vettore di direzione di r soddisfa la terza equazione [10.25], che è un'equazione della giacitura di p''; cioè p'' ed r sono paralleli. Se viceversa p'' ed r sono paralleli, necessariamente la terza equazione [10.25] è dipendente dalle prime due, e la [10.20] è soddisfatta. L'equivalenza delle condizioni [10.20] e [10.21] si vede sviluppando il determinante [10.20] secondo la terza riga. La (1) è dimostrata.

Se p'' ed r sono paralleli, allora coincidono oppure sono disgiunti a seconda che il sistema

$$\begin{aligned} AX + BY + CZ + D &= 0 \\ A'X + B'Y + C'Z + D' &= 0 \\ A''X + B''Y + C''Z + D'' &= 0 \end{aligned} \qquad [10.26]$$

sia compatibile oppure no. Ciò prova la (2), tenuto conto del teorema 5.7.

Per la (1), $\mathscr{p}''$ ed $\mathscr{r}$ non sono paralleli se e solo se la [10.23] o la [10.24], che come già osservato sono equivalenti, sono soddisfatte. In questo caso il sistema [10.26] è compatibile e ammette un'unica soluzione, per il teorema 5.7. Quindi $\mathscr{r}$ e $\mathscr{p}''$ hanno un unico punto in comune.

La [10.20] e la [10.21] danno la *condizione di parallelismo di una retta e di un piano*.

Passiamo ora a considerare due rette e le loro posizioni relative.

Due rette $\mathscr{r}$ e $\mathscr{r}_1$ di $\mathbf{A}$ si dicono *complanari* se esiste un piano che le contiene entrambe.

10.3 Proposizione *Due rette $\mathscr{r}$ ed $\mathscr{r}_1$ di* $\mathbf{A}$ *sono complanari se e solo se una delle condizioni seguenti è verificata*:

1) *$\mathscr{r}$ ed $\mathscr{r}_1$ sono parallele;*
2) *$\mathscr{r}$ ed $\mathscr{r}_1$ sono incidenti.*

In particolare $\mathscr{r}$ ed $\mathscr{r}_1$ sono complanari se e solo se non sono sghembe.

Dimostrazione

Poiché due rette di un piano affine che non sono incidenti sono necessariamente parallele, se $\mathscr{r}$ ed $\mathscr{r}_1$ sono complanari, allora o sono parallele o sono incidenti.

Viceversa, se $\mathscr{r} = \mathscr{r}_1$, allora ovviamente $\mathscr{r}$ ed $\mathscr{r}_1$ sono complanari. Se $\mathscr{r}$ ed $\mathscr{r}_1$ sono parallele e distinte sono contenute nel piano che passa per un punto qualsiasi $Q \in \mathscr{r}$ e di giacitura $\langle \mathbf{v}, \overrightarrow{QQ_1} \rangle$, dove $\mathbf{v}$ è un vettore di direzione di $\mathscr{r}$ e di $\mathscr{r}_1$ e $Q_1 \in \mathscr{r}_1$. Se $\mathscr{r}$ ed $\mathscr{r}_1$ sono incidenti e distinte sono contenute nel piano passante per il punto $\mathscr{r} \cap \mathscr{r}_1$ e di giacitura $\langle \mathbf{v}, \mathbf{v}_1 \rangle$, dove $\mathbf{v}$ e $\mathbf{v}_1$ sono vettori di direzione di $\mathscr{r}$ e di $\mathscr{r}_1$ rispettivamente.

La proposizione che segue dà dei criteri per riconoscere la complanarità di due rette assegnate.

10.4 Proposizione *Siano $\mathscr{r}$ ed $\mathscr{r}_1$ due rette di* $\mathbf{A}$; *supponiamo che $\mathscr{r}$ abbia equazioni cartesiane* [10.10] *e che $\mathscr{r}_1$ abbia equazioni cartesiane*

$$\begin{aligned} A_1X + B_1Y + C_1Z + D_1 &= 0 \\ A_1'X + B_1'Y + C_1'Z + D_1' &= 0. \end{aligned} \qquad [10.27]$$

Siano $Q(a, b, c) \in \mathscr{r}$, $Q_1(a_1, b_1, c_1) \in \mathscr{r}_1$; siano inoltre $\mathbf{v}(l, m, n)$ e $\mathbf{v}_1(l_1, m_1, n_1)$ vettori di direzione di $\mathscr{r}$ e di $\mathscr{r}_1$ rispettivamente. Le seguenti condizioni sono equivalenti:

1) *$\mathscr{r}$ ed $\mathscr{r}_1$ sono complanari;*

2)

$$\begin{vmatrix} a-a_1 & b-b_1 & c-c_1 \\ l & m & n \\ l_1 & m_1 & n_1 \end{vmatrix} = 0;$$

3)

$$\begin{vmatrix} A & B & C & D \\ A' & B' & C' & D' \\ A_1 & B_1 & C_1 & D_1 \\ A_1' & B_1' & C_1' & D_1' \end{vmatrix} = 0.$$

Dimostrazione

(1) ⇒ (2) Se $\mathscr{r}$ ed $\mathscr{r}_1$ sono parallele, allora $\mathbf{v}$ e $\mathbf{v}_1$ sono proporzionali, e quindi la (2) è soddisfatta. Se $\mathscr{r}$ ed $\mathscr{r}_1$ sono incidenti, allora sono contenute in uno stesso piano $\mathscr{g}$; il vettore $\overrightarrow{QQ_1}$ appartiene alla giacitura di $\mathscr{g}$, che è generata da $\mathbf{v}$ e da $\mathbf{v}_1$, e di nuovo la (2) è soddisfatta.

(2) ⇒ (1) Se la (2) è soddisfatta, allora o le ultime due righe della matrice

$$\begin{pmatrix} a-a_1 & b-b_1 & c-c_1 \\ l & m & n \\ l_1 & m_1 & n_1 \end{pmatrix} \qquad [10.28]$$

sono proporzionali, e le due rette sono parallele, oppure la prima riga della [10.28] è combinazione lineare delle ultime due, e il piano $\mathscr{g}$ di giacitura $\langle \mathbf{v}, \mathbf{v}_1 \rangle$ passante per Q, che contiene $\mathscr{r}$, contiene anche Q_1, e quindi contiene $\mathscr{r}_1$. In ogni caso le due rette sono complanari.

(3) ⇒ (1) Se il sistema costituito dalle [10.10] e dalle [10.27] è compatibile, allora $\mathscr{r}$ ed $\mathscr{r}_1$ sono complanari perché hanno punti in comune.

Supponiamo che il sistema non sia compatibile. Allora, poiché il rango R della matrice

$$\begin{pmatrix} A & B & C & D \\ A' & B' & C' & D' \\ A_1 & B_1 & C_1 & D_1 \\ A_1' & B_1' & C_1' & D_1' \end{pmatrix} \qquad [10.29]$$

è al più 3, e quello r della matrice

$$\begin{pmatrix} A & B & C \\ A' & B' & C' \\ A_1 & B_1 & C_1 \\ A_1' & B_1' & C_1' \end{pmatrix} \qquad [10.30]$$

è almeno 2, si deve avere $R = 3$ ed $r = 2$. La condizione $r = 2$ implica che le due ultime righe della [10.30] sono combinazione lineare delle prime due; r ed r_1 hanno pertanto la stessa direzione, cioè sono parallele, e in particolare complanari.

(1) ⇒ (3) Se r ed r_1 sono incidenti il sistema costituito dalle [10.10] e dalle [10.27] è compatibile, e quindi la [10.29] ha rango minore di 4. Se invece r ed r_1 sono parallele, la [10.30] ha rango 2 e conseguentemente la [10.29] ha rango al più 3. In entrambi i casi la (3) è verificata.

Sia r una retta di **A**. L'insieme Φ dei piani di **A** che contengono r si dice *fascio proprio di piani*, ed r è detta *asse del fascio* (fig. 10.2).

Consideriamo due piani distinti p e p_1 di Φ, di equazioni rispettive

$$AX + BY + CZ + D = 0$$

$$A_1X + B_1Y + C_1Z + D_1 = 0.$$

Come nel caso dei fasci di rette, si verifica che ogni piano appartenente a Φ ha equazione

$$\lambda(AX + BY + CZ + D) + \mu(A_1X + B_1Y + C_1Z + D_1) = 0$$

per opportuni $\lambda, \mu \in K$ non entrambi nulli.

Anche in questo caso si può utilizzare un parametro non omogeneo t per rappresentare i piani del fascio nella forma

$$AX + BY + CZ + D + t(A_1X + B_1Y + C_1Z + D_1) = 0,$$

tenendo presente che il piano p_1 è l'unico elemento di Φ che non si può ottenere in questo modo.

Se q è un piano non parallelo a r, i piani appartenenti al fascio Φ di asse r intersecano q nelle rette appartenenti al fascio di rette di q di centro il punto $r \cap q$ (fig. 10.3).

Sia **W** un sottospazio di dimensione 2 di **V**. L'insieme Ψ dei piani di **A** che hanno giacitura **W** si dice *fascio improprio di piani* e **W** si dice *giacitura del fascio*.

Se q è un piano del fascio Ψ, di equazione

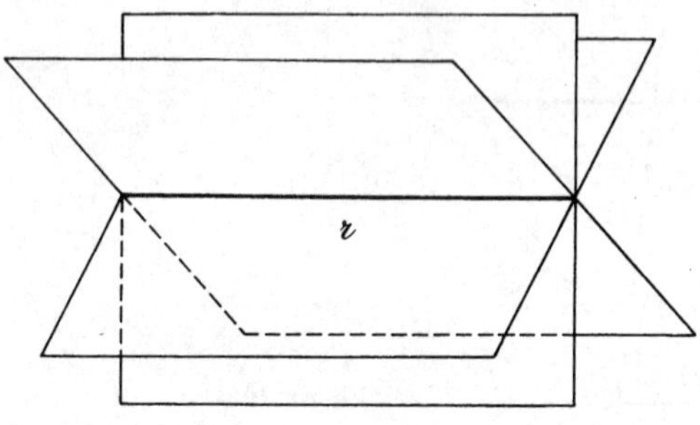

Figura 10.2

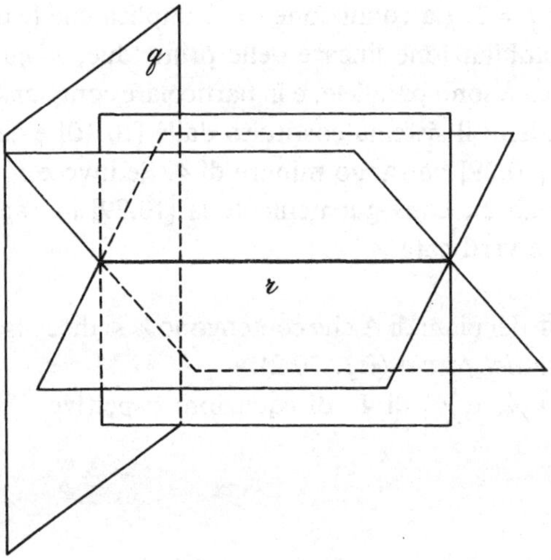

Figura 10.3

Se $\mathscr{q}$ è un piano del fascio Ψ, di equazione

$$AX + BY + CZ + D = 0,$$

allora ogni altro elemento di Ψ ha equazione

$$AX + BY + CZ + t = 0$$

al variare di $t \in \mathsf{K}$.

10.4 *Esempio*

Siano $\mathscr{r}$ ed $\mathscr{s}$ due rette sghembe di **A**, e sia $P \in \mathbf{A}$ un punto non appartenente a $\mathscr{r} \cup \mathscr{s}$ (fig. 10.4).

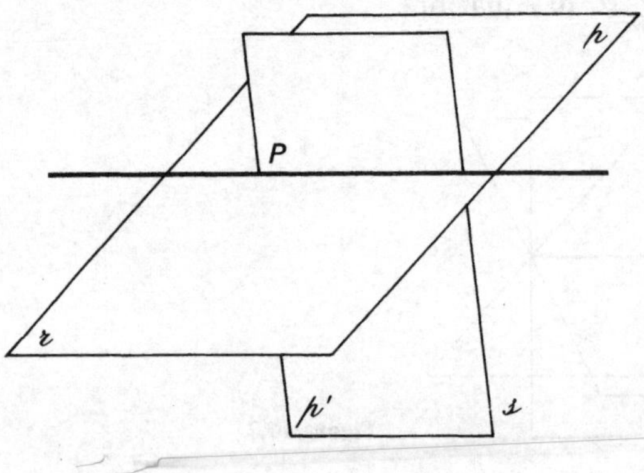

Figura 10.4

Esiste una e una sola retta contenente P e complanare sia con $\mathscr{r}$ che con $\mathscr{s}$.

Per vederlo si osservi che esiste un unico piano $\mathscr{p}$ contenente sia $\mathscr{r}$ che P, e un unico piano $\mathscr{p}'$ contenente sia $\mathscr{s}$ che P. Poiché $\mathscr{p}$ e $\mathscr{p}'$ hanno in comune il punto P e sono distinti (altrimenti $\mathscr{r}$ e $\mathscr{s}$ sarebbero complanari), $\mathscr{p} \cap \mathscr{p}'$ è una retta $\mathscr{l}$ che contiene P e, per costruzione, è complanare sia con $\mathscr{r}$ che con $\mathscr{s}$. L'unicità di $\mathscr{l}$ segue da quella di $\mathscr{p}$ e di $\mathscr{p}'$.

Si noti che certamente $\mathscr{l}$ non è parallela sia a $\mathscr{r}$ che a $\mathscr{s}$, perché in tal caso $\mathscr{r}$ ed $\mathscr{s}$ sarebbero parallele tra loro. Quindi $\mathscr{l}$ interseca almeno una delle due rette.

Esercizi

1. Stabilire quali delle seguenti sono terne di punti allineati di $\mathbf{A}^3(\mathbb{C})$:

a) $\left\{(2, 1, -3), (1, -1, 2), \left(\frac{3}{2}, 0, -\frac{1}{2}\right)\right\}$

b) $\{(1, 1, 1), (2, -1, 3), (2, 1, -5)\}$

c) $\{(i, 0, 0), (1+i, 2i, 1), (1, 2, -i)\}$

d) $\{(1, 0, 0), (2, -1, -1), (-2, -2, 1)\}$

e) $\{(1, 0, -1), (2, 1, 2), (-1, -1, 3)\}$

f) $\{(1-i, i, 2), (3, 6i, -3), (2-i, 3i, 1)\}$.

2. In ciascuno dei seguenti casi determinare, se esiste, il valore del parametro reale m in corrispondenza del quale si ottiene una terna di punti allineati di $\mathbf{A}^3(\mathbb{R})$:

a) $\{(2, -1, 2), (1, 1, 1), (2, -m+1, 4)\}$

b) $\{(3, 0, 0), (0, 1, 1), (m, m, m)\}$

c) $\{(1, -m, 0), (m, 1, 1), (1, -1, -3)\}$

d) $\{(1, m, 0), (2, \sqrt{2}, 1), (2, 110, 1)\}$.

3. Dopo aver verificato che ciascuna delle seguenti terne consiste di punti non allineati di $\mathbf{A}^3(\mathbb{R})$, determinare equazioni parametriche e cartesiane dei piani da esse rispettivamente individuati:

a) $\{(2, \sqrt{2}, 1), (1, 1, \sqrt{2}), (0, 0, 1)\}$

b) $\left\{(5, -1, 0), (1, 1, \sqrt{5}), \left(-3, 1, \frac{\pi}{2}\right)\right\}$

c) $\{(1, 1, 1), (-2, 1, 0), (2, 2, 2)\}$

d) $\{(1, 1000, 0), (3{,}55, 2\pi, 0), (1, 10^5, 0)\}$.

4. In ciascuno dei seguenti casi determinare un'equazione cartesiana del piano di $\mathbf{A}^3(\mathsf{C})$ passante per il punto Q e parallelo al piano $\mathscr{p}$:

a) $Q = (-1, 2, 2)$, $\mathscr{p}$: $X + 2Y + 3Z + 1 = 0$

b) $Q = (\mathrm{i}, \mathrm{i}, \mathrm{i})$, $\mathscr{p}$: $2X - Y = 0$

c) $Q = (1, \mathrm{i}, \mathrm{i} + 1)$, $\mathscr{p}$: $\mathrm{i}Y - 2Z + 3\mathrm{i} + 10 = 0$

d) $Q = (1 - 2\mathrm{i}, 1, \pi\mathrm{i})$, $\mathscr{p}$: $\mathrm{i}Y = 3$.

5. In ciascuno dei seguenti casi verificare se i tre piani di $\mathbf{A}^3(\mathsf{R})$ di equazioni assegnate appartengono o no a uno stesso fascio:

a) $X - Y + Z = 0$, $\quad -X + 3Y - 5Z + 2 = 0$, $\quad Y - 2Z + 1 = 0$

b) $2X - 3Y + 3 = 0$, $\quad X - Y + 6 = 0$, $\quad X - 3Z = -1$

c) $X - 5Y + 1 = 0$, $\quad X - 5Y = 0$, $\quad 2X + Z = 0$

d) $X - Y + Z + 5 = 0$, $\quad 2X - 2Y + 2Z + 77 = 0$, $\quad -X + Y - Z = 0$.

6. In ciascuno dei seguenti casi determinare equazioni parametriche e cartesiane della retta di $\mathbf{A}^3(\mathsf{R})$ passante per il punto Q e parallela al vettore $\mathbf{v}$:

a) $Q = (1, 1, 0)$, $\mathbf{v} = (2, -1, \sqrt{2})$ b) $Q = (-2, 2, -2)$, $\mathbf{v} = (1, 1, 0)$

c) $Q = (1, 2, 3)$, $\mathbf{v} = (1, 2, 3)$ d) $Q = (0, 0, 0)$, $\mathbf{v} = (1, 0, 0)$

e) $Q = (1, 1, 0)$, $\mathbf{v} = (1, 1, -1)$.

7. Determinare equazioni parametriche di ciascuna delle seguenti rette di $\mathbf{A}^3(\mathsf{C})$ assegnate mediante equazioni cartesiane:

a) $X - \mathrm{i}Y = 0$, $\quad 2Y + Z + 1 = 0$

b) $3X + Z - 1 = 0$, $\quad Y + Z - 5 = 0$

c) $X - 1 = 0$, $\quad Z - 1 = 0$

d) $2\mathrm{i}X - (\mathrm{i} + 2)Y + Z - 3 + \mathrm{i} = 0$, $\quad Z + \mathrm{i}Y = 2\mathrm{i}$.

8. In ciascuno dei seguenti casi determinare equazioni parametriche della retta di $\mathbf{A}^3(\mathsf{C})$ passante per il punto Q e parallela alla retta $\mathscr{r}$:

a) $Q = (1, 1, 0)$, $\quad \mathscr{r}$: $X - \mathrm{i}Y = 0$, $Z + 1 = 0$

b) $Q = (1, 0, 0)$, $\quad \mathscr{r}$: $X + 2Y - 1 = 0$, $X = 2$

c) $Q = (2, 1, -5)$, $\quad \mathscr{r}$: $Y = 2$, $\quad X = \mathrm{i}Z + 7$

d) $Q = (3, 0, 0)$, $\quad \mathscr{r}$: $3X - Y - Z + 1 = 0$, $X - 5Y + \sqrt{2}Z - 7000 = 0$.

9. In ciascuno dei seguenti casi determinare un'equazione cartesiana del piano di $\mathbf{A}^3(\mathsf{R})$ passante per il punto Q e parallelo alle rette $\mathscr{r}$ ed $\mathscr{s}$:

a) $Q = (1, -1, -2)$, $\quad \mathscr{r}$: $X - Y - 1 = 0$, $\quad X + Z - 5 = 0$, $\quad \mathscr{s}$: $X = 1$, $Z = 2$

b) $Q = (0, 1, 3)$, $\quad \mathscr{r}$: $X + Y + 5 = 0$, $\quad X - Y + 2Z = 0$,
$\mathscr{s}$: $2X + 2Y - 1 = 0$, $\quad X - Y + 2Z - 1 = 0$

c) $Q = (3, 3, 3)$, $\quad \mathscr{r}$: $X - 2Y + 1 = 0$, $\quad X + Z + 1 = 0$,
$\mathscr{s}$: $2X + 2Z - 1 = 0$, $\quad X - 2Y + 1 = 0$.

10. In ciascuno dei seguenti casi verificare se le rette r ed s di $\mathbf{A}^3(\mathsf{R})$ sono o no complanari e, nel caso lo siano, verificare se sono parallele o incidenti e, dopo aver verificato che sono distinte, determinare un'equazione cartesiana del piano che le contiene:

a) r: $x = 1 + t,\ y = -t,\ z = 2 + 2t$, s: $x = 2 - t,\ y = -1 + 3t,\ z = t$

b) r: $2X + Y + 1 = 0,\ Y - Z = 2$, s: $x = 2 - t,\ y = 3 + 2t,\ z = 1$

c) r: $2X + 3Y - Z = 0,\ 5X + 2Z - 1 = 0$, s: $3X - 3Y + 3Z - 1 = 0,$
$5X + 2Z + 1 = 0$

d) r: $2X + Z - 1 = 0,\ Y - Z + 1 = 0$, s: $2X - Y + 3Z = 0,\ 2X + Y - 3 = 0$

e) r: $X + 1 = 0,\quad Z - 2 = 0$, s: $2X + Y - 2Z + 6 = 0,\quad Y + Z - 2 = 0.$

11. In ciascuno dei seguenti casi determinare la posizione reciproca della retta r e del piano p di $\mathbf{A}^3(\mathsf{R})$ e, se sono incidenti, determinare il loro punto di intersezione:

a) r: $x = 1 + t,\ y = 2 - 2t,\ z = 1 - 4t$, p: $2X - Y + Z - 1 = 0$

b) r: $x = 2 - t,\ y = 1 + 2t,\ z = -1 + 3t$, p: $2X + 2Y - Z + 1 = 0$

c) r: $X + Z - 2 = 0,\ Y = 1$, p: $X - Y + 2Z - 5 = 0$

d) r: $X + Z + 1 = 0,\ X - Z = 0$, p: $X + Z - 1 = 0.$

12. In ciascuno dei seguenti casi determinare un'equazione cartesiana del piano di $\mathbf{A}^3(\mathsf{R})$ contenente il punto Q e la retta r:

a) $Q = (3, 3, 1)$, r: $x = 2 + 3t,\ y = 5 + t,\ z = 1 + 7t$

b) $Q = (2, 1, 0)$, r: $X - Y + 1 = 0,\ 3X + 5Z - 7 = 0$

c) $Q = (1, 0, 2)$, r: $Y + 2Z - 5 = 0,\ Z = 1$

d) $Q = (2, 2, 2)$, r: $x = 5 + t,\ y = -3 - 3t,\ z = 3 + 3t.$

13. In ciascuno dei seguenti casi determinare equazioni cartesiane della retta r di $\mathbf{A}^3(\mathsf{R})$ passante per il punto Q, contenuta nel piano p e incidente la retta s:

a) $Q = (1, 1, 0)$, p: $2X - Y + Z - 1 = 0$, s: $x = 2 - t,\ y = 2 + t,\ z = t$

b) $Q = (-1, -1, -1)$, p: $X + Y + Z + 3 = 0$, s: $X - 2Z + 4 = 0,$
$2Y - Z = 0$

c) $Q = (1, 2, 3)$, p: $2X - Y = 0$, s: $X + Z + 1 = 0,\ 2X + 2Y - Z - 3 = 0.$

14. In ciascuno dei seguenti casi determinare equazioni cartesiane della retta l di $\mathbf{A}^3(\mathsf{R})$ passante per il punto Q e complanare con le rette r ed s. Stabilire se l è incidente o parallela a r e a s:

a) $Q = (1, 1, 2)$, r: $3X - 5Y + Z + 1 = 0,\ 2X - 3Z + 9 = 0,$
s: $X + 5Y - 3 = 0,\ 2X + 2Y - 7Z + 7 = 0$

b) $Q = (2, 0, -2)$, r: $-X + 3Y - 2 = 0,\ X + Y + Z + 1 = 0,$
s: $x = 2 - t,\ y = 3 + 5t,\ z = -t$

c) $Q = (1, -1, -1)$, r: $2X + Y + 1 = 0,\ -2X + 3Y + Z = 0,$
s: $Y = 2,\ Z = 1.$

15. In ciascuno dei seguenti casi determinare il valore del parametro reale k per cui le rette $\mathscr{r}$ ed $\mathscr{s}$ di $\mathbf{A}^3(\mathsf{R})$ sono complanari. Determinare un'equazione cartesiana del piano che le contiene e trovarne il punto comune nel caso siano incidenti:

a) $\mathscr{r}$: $x = k + t,\ y = 1 + 2t,\ z = -1 + kt,$ $\quad\mathscr{s}$: $x = 2 - 2t,\ y = 3 + 3t,\ z = 1 - t$

b) $\mathscr{r}$: $x = 3 - t,\ y = 1 + 2t,\ z = k + t,$ $\quad\mathscr{s}$: $x = 1 + t,\ y = 1 + 2t,\ z = 1 + 3t$

c) $\mathscr{r}$: $X - kY + Z + 1 = 0,\ Y - k = 0,$ $\quad\mathscr{s}$: $X - Z + k = 0,\ Y = 1.$

16. In $\mathbf{A}^3(\mathsf{R})$ determinare un'equazione cartesiana del piano $\mathscr{p}$ contenente la retta comune ai due piani di equazioni

$$X + Y = 3, \qquad 2Y + 3Z = 4$$

e parallelo al vettore $\mathbf{v} = (3, -1, 2)$.

11 Applicazioni lineari

Siano $\mathbf{V}$ e $\mathbf{W}$ due K-spazi vettoriali. Un'*applicazione*

$$F\colon \mathbf{V} \to \mathbf{W}$$

si dice *lineare* se per ogni $\mathbf{v}, \mathbf{v}' \in \mathbf{V}$ e $c \in \mathsf{K}$ si ha

$$F(\mathbf{v} + \mathbf{v}') = F(\mathbf{v}) + F(\mathbf{v}') \qquad [11.1]$$

$$F(c\mathbf{v}) = cF(\mathbf{v}). \qquad [11.2]$$

Le due condizioni [11.1] e [11.2] sono equivalenti all'unica condizione

$$F(c\mathbf{v} + c'\mathbf{v}') = cF(\mathbf{v}) + c'F(\mathbf{v}') \qquad [11.3]$$

per ogni $\mathbf{v}, \mathbf{v}' \in \mathbf{V}$ e $c, c' \in \mathsf{K}$. Infatti la [11.3] si traduce nella [11.1] prendendo $c = c' = 1$ e nella [11.2] prendendo $c' = 0$; viceversa, se F soddisfa le [11.1] e [11.2], allora

$$F(c\mathbf{v} + c'\mathbf{v}') = F(c\mathbf{v}) + F(c'\mathbf{v}') = cF(\mathbf{v}) + c'F(\mathbf{v}'),$$

dove la prima uguaglianza segue dalla [11.1] e la seconda dalla [11.2].

Applicando ripetutamente la [11.3] si deduce che, se F è lineare, per ogni $\mathbf{v}_1, \mathbf{v}_2, \ldots, \mathbf{v}_n \in \mathbf{V}$ e $c_1, c_2, \ldots, c_n \in \mathsf{K}$ si ha

$$F(c_1\mathbf{v}_1 + c_2\mathbf{v}_2 + \ldots + c_n\mathbf{v}_n) = c_1F(\mathbf{v}_1) + c_2F(\mathbf{v}_2) + \ldots + c_nF(\mathbf{v}_n). \qquad [11.4]$$

Si osservi che la [11.2], applicata a $c = 0$ e $\mathbf{v} \in \mathbf{V}$ qualsiasi, implica che se F è lineare

$$F(\mathbf{0}) = \mathbf{0}.$$

Un'applicazione lineare $F\colon \mathbf{V} \to \mathbf{V}$ è detta *operatore lineare* su $\mathbf{V}$, oppure *endomorfismo* di $\mathbf{V}$.

Un'applicazione lineare F: $\mathbf{V} \to \mathsf{K}$ prende il nome di *funzionale lineare* su $\mathbf{V}$.

Se G: $\mathbf{U} \to \mathbf{V}$ ed F: $\mathbf{V} \to \mathbf{W}$ sono applicazioni lineari, la composizione $F \circ G$: $\mathbf{U} \to \mathbf{W}$ è un'applicazione lineare. La verifica è immediata ed è lasciata al lettore.

Diremo che un'applicazione lineare F: $\mathbf{V} \to \mathbf{W}$ è un *isomorfismo* se è un'applicazione biunivoca.

L'applicazione inversa F^{-1}: $\mathbf{W} \to \mathbf{V}$ è anch'essa lineare e quindi è un isomorfismo. Siano infatti $\mathbf{w}, \mathbf{w}' \in \mathbf{W}$, e $\mathbf{v} = F^{-1}(\mathbf{w})$, $\mathbf{v}' = F^{-1}(\mathbf{w}')$. Si ha

$$F^{-1}(\mathbf{w} + \mathbf{w}') = F^{-1}(F(\mathbf{v}) + F(\mathbf{v}')) = F^{-1}(F(\mathbf{v} + \mathbf{v}')) = \\ = \mathbf{v} + \mathbf{v}' = F^{-1}(\mathbf{w}) + F^{-1}(\mathbf{w}').$$

Analogamente, se $c \in \mathsf{K}$,

$$F^{-1}(c\mathbf{w}) = F^{-1}(cF(\mathbf{v})) = F^{-1}(F(c\mathbf{v})) = c\mathbf{v} = cF^{-1}(\mathbf{w}).$$

Un isomorfismo di uno spazio $\mathbf{V}$ in se stesso è un *automorfismo* di $\mathbf{V}$.

Nel seguito $\mathrm{Hom}(\mathbf{V}, \mathbf{W})$ denoterà l'insieme di tutte le applicazioni lineari di $\mathbf{V}$ in $\mathbf{W}$, $\mathrm{End}(\mathbf{V})$ l'insieme di tutti gli operatori lineari su $\mathbf{V}$, e $\mathbf{V}^{\vee}$ l'insieme di tutti i funzionali lineari su $\mathbf{V}$. Denoteremo poi con $\mathrm{GL}(\mathbf{V})$ il sottoinsieme di $\mathrm{End}(\mathbf{V})$ costituito dagli automorfismi.

11.1 *Esempi*

1. Per ogni $\mathbf{V}$ e $\mathbf{W}$ l'applicazione nulla $\boldsymbol{0}$: $\mathbf{V} \to \mathbf{W}$, definita da

$$\boldsymbol{0}(\mathbf{v}) = \mathbf{0} \in \mathbf{W}$$

per ogni $\mathbf{v} \in \mathbf{V}$, è un'applicazione lineare.

In ogni spazio vettoriale $\mathbf{V}$ l'identità $\mathbf{1}_{\mathbf{V}}$, cioè l'applicazione che manda ogni vettore in sé stesso, è un automorfismo. Se $F, G \in \mathrm{GL}(\mathbf{V})$, allora anche F^{-1} e $F \circ G$ appartengono a $\mathrm{GL}(\mathbf{V})$.

Se $c \in \mathsf{K}$, l'applicazione $c\mathbf{1}_{\mathbf{V}}$ definita da

$$(c\mathbf{1}_{\mathbf{V}})(\mathbf{v}) = c\mathbf{v}$$

è lineare. Se $c = 0$, allora $0\mathbf{1}_{\mathbf{V}} = \boldsymbol{0}$. Se $c \neq 0$, allora $c\mathbf{1}_{\mathbf{V}}$ è un automorfismo il cui inverso è $c^{-1}\mathbf{1}_{\mathbf{V}}$.

Se $\dim(\mathbf{V}) = 1$ gli unici operatori lineari su $\mathbf{V}$ sono quelli della forma $c\mathbf{1}_{\mathbf{V}}$. Sia infatti $F \in \mathrm{End}(\mathbf{V})$ ed $\mathbf{e} \in \mathbf{V}$, $\mathbf{e} \neq \mathbf{0}$; poiché $\{\mathbf{e}\}$ è una base di $\mathbf{V}$, si ha $F(\mathbf{e}) = c\mathbf{e}$ per qualche $c \in \mathsf{K}$, e quindi per ogni $\mathbf{v} = x\mathbf{e} \in \mathbf{V}$:

$$F(\mathbf{v}) = F(x\mathbf{e}) = xF(\mathbf{e}) = x(c\mathbf{e}) = c(x\mathbf{e}) = c\mathbf{v}.$$

2. Sia $\boldsymbol{e} = \{\mathbf{e}_1, \mathbf{e}_2, \ldots, \mathbf{e}_n\}$ una base del K-spazio vettoriale $\mathbf{V}$, e

$$\varphi_{\boldsymbol{e}}: \mathbf{V} \to \mathsf{K}^n$$

l'applicazione definita da

$$\varphi_e(x_1\mathbf{e}_1 + \ldots + x_n\mathbf{e}_n) = (x_1, \ldots, x_n),$$

cioè l'applicazione che associa ad ogni vettore $\mathbf{v} = x_1\mathbf{e}_1 + \ldots + x_n\mathbf{e}_n \in \mathbf{V}$ la n-upla $(x_1, \ldots, x_n)$ delle sue coordinate rispetto alla base $\boldsymbol{e}$.

φ_e *è un isomorfismo*. Infatti, per ogni $c \in \mathsf{K}$, $\mathbf{v} = x_1\mathbf{e}_1 + \ldots + x_n\mathbf{e}_n$, $\mathbf{v}' = y_1\mathbf{e}_1 + \ldots$ $\ldots + y_n\mathbf{e}_n \in \mathbf{V}$, si ha

$$\varphi_e(\mathbf{v} + \mathbf{v}') = \varphi_e((x_1 + y_1)\mathbf{e}_1 + \ldots + (x_n + y_n)\mathbf{e}_n) = (x_1 + y_1, \ldots, x_n + y_n) =$$
$$= (x_1, \ldots, x_n) + (y_1, \ldots, y_n) = \varphi_e(\mathbf{v}) + \varphi_e(\mathbf{v}')$$

$$\varphi_e(c\mathbf{v}) = (cx_1, \ldots, cx_n) = c(x_1, \ldots, x_n) = c\varphi_e(\mathbf{v}),$$

e quindi φ_e è lineare. Inoltre, per le proprietà delle coordinate di un vettore rispetto a una base, φ_e è biunivoca.

φ_e è l'*isomorfismo definito dalla base* $\boldsymbol{e}$.

Se ad esempio $\mathbf{V} = \mathsf{K}^n$, ed $\boldsymbol{e}$ è la base canonica, allora φ_e è l'identità di K^n in sé stesso.

3. Sia $\mathbf{V}$ un K-spazio vettoriale e siano $\mathbf{U}$, $\mathbf{W}$ due sottospazi supplementari in $\mathbf{V}$, cioè sia

$$\mathbf{V} = \mathbf{U} \oplus \mathbf{W}. \qquad [11.5]$$

Poiché ogni $\mathbf{v} \in \mathbf{V}$ si esprime in modo unico come $\mathbf{v} = \mathbf{u} + \mathbf{w}$, $\mathbf{u} \in \mathbf{U}$, $\mathbf{w} \in \mathbf{W}$, possiamo definire l'applicazione

$$p\colon \mathbf{V} \to \mathbf{W}$$

ponendo

$$p(\mathbf{u} + \mathbf{w}) = \mathbf{w}.$$

p è la *proiezione di* $\mathbf{V}$ *su* $\mathbf{W}$ *definita dalla decomposizione* [11.5].

p è un'applicazione lineare. Infatti, se $\mathbf{v} = \mathbf{u} + \mathbf{w}$, $\mathbf{v}' = \mathbf{u}' + \mathbf{w}' \in \mathbf{V}$, $c, c' \in \mathsf{K}$, allora:

$$p(c\mathbf{v} + c'\mathbf{v}') = p(c\mathbf{u} + c\mathbf{w} + c'\mathbf{u}' + c'\mathbf{w}') = p(c\mathbf{u} + c'\mathbf{u}' + c\mathbf{w} + c'\mathbf{w}') =$$
$$= c\mathbf{w} + c'\mathbf{w}' = cp(\mathbf{v}) + c'p(\mathbf{v}').$$

Se in particolare $\mathbf{W}$ è un iperpiano, allora $\mathbf{U} = \langle\mathbf{u}\rangle$ per qualche $\mathbf{u} \in \mathbf{V} \setminus \mathbf{W}$, e in questo caso p è detta *proiezione di* $\mathbf{V}$ *su* $\mathbf{W}$ *nella direzione* $\langle\mathbf{u}\rangle$.

Se $\{\mathbf{e}_1, \ldots, \mathbf{e}_n\}$ è una base di $\mathbf{V}$ e $1 \leq k < n$, la proiezione di $\mathbf{V}$ su $\langle\mathbf{e}_{k+1}, \ldots, \mathbf{e}_n\rangle$ definita dalla decomposizione $\mathbf{V} = \langle\mathbf{e}_1, \ldots, \mathbf{e}_k\rangle \oplus \langle\mathbf{e}_{k+1}, \ldots, \mathbf{e}_n\rangle$ è:

$$p(c_1\mathbf{e}_1 + \ldots + c_n\mathbf{e}_n) = c_{k+1}\mathbf{e}_{k+1} + \ldots + c_n\mathbf{e}_n.$$

Se π è il piano ordinario, $\mathscr{r}$ una sua retta, $\mathbf{V}$ e $\mathbf{W}$ sono gli R-spazi vettoriali dei vettori geometrici di π e di $\mathscr{r}$ rispettivamente, e $\mathbf{u} \in \mathbf{V} \setminus \mathbf{W}$ è un vettore non parallelo a $\mathscr{r}$, la proiezione di **V** su **W** nella direzione $\langle \mathbf{u} \rangle$ è l'applicazione illustrata dalla figura 11.1.

In modo simile, fissato un piano π nello spazio ordinario Σ, detti **V** e **W** gli spazi dei vettori geometrici di Σ e di π rispettivamente, e fissato $\mathbf{u} \in \mathbf{V} \setminus \mathbf{W}$, si descrive la proiezione p di **V** su **W** nella direzione $\langle \mathbf{u} \rangle$ (fig. 11.2).

Le proiezioni qui descritte per i vettori del piano e dello spazio ordinari sono basate sullo stesso principio geometrico con il quale abbiamo definito le proiezioni di uno spazio affine su un suo sottospazio alla fine del paragrafo 8.

4. Siano **V** uno spazio vettoriale su K ed $\boldsymbol{e} = \{\mathbf{e}_1, \ldots, \mathbf{e}_n\}$ una sua base. Per ogni $i = 1, \ldots, n$ definiamo

$$\eta_i \colon \mathbf{V} \to \mathsf{K}$$

ponendo

$$\eta_i(c_1\mathbf{e}_1 + \ldots + c_n\mathbf{e}_n) = c_i,$$

cioè associando ad ogni vettore la sua i-esima coordinata rispetto a $\boldsymbol{e}$. È facile verificare che η_i è un funzionale lineare su **V**. Infatti, presi comunque

$$\mathbf{v} = c_1\mathbf{e}_1 + \ldots + c_n\mathbf{e}_n, \quad \mathbf{v}' = d_1\mathbf{e}_1 + \ldots + d_n\mathbf{e}_n$$

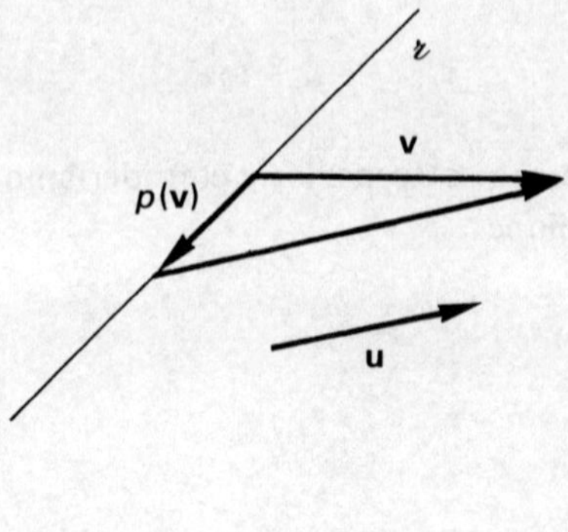

Figura 11.1

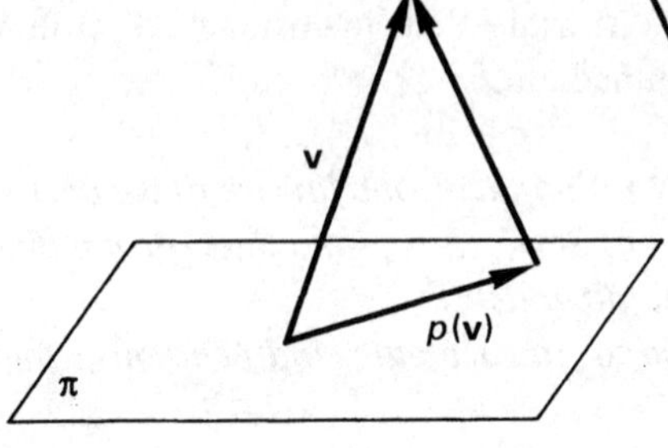

Figura 11.2

in $\mathbf{V}$ e k, $k' \in \mathsf{K}$, si ha

$$\eta_i(k\mathbf{v} + k'\mathbf{v}') = \eta_i((kc_1 + k'd_1)\,\mathbf{e}_1 + \ldots + (kc_n + k'd_n)\,\mathbf{e}_n) = kc_i + k'd_i = \\ = k\eta_i(\mathbf{v}) + k'\eta_i(\mathbf{v}').$$

5. Siano $\mathbf{V}$ uno spazio vettoriale su K e $\mathbf{U}$, $\mathbf{W}$ sottospazi supplementari in $\mathbf{V}$. Definiamo un'applicazione

$$\rho\colon \mathbf{V} \to \mathbf{V}$$

ponendo

$$\rho(\mathbf{u} + \mathbf{w}) = \mathbf{u} - \mathbf{w}$$

per ogni $\mathbf{v} = \mathbf{u} + \mathbf{w} \in \mathbf{V}$, $\mathbf{u} \in \mathbf{U}$, $\mathbf{w} \in \mathbf{W}$.

Si verifica subito che ρ è un operatore lineare che ha le seguenti proprietà:

$$\rho(\mathbf{u}) = \mathbf{u} \quad \text{per ogni } \mathbf{u} \in \mathbf{U},$$

$$\rho \circ \rho = \mathbf{1}_{\mathbf{V}}.$$

La seconda proprietà implica che ρ è invertibile, e quindi $\rho \in GL(\mathbf{V})$.

Se $\boldsymbol{e} = \{\mathbf{e}_1, \ldots, \mathbf{e}_n\}$ è una base di $\mathbf{V}$ e $1 \leq k < n$,

$$\mathbf{U} = \langle \mathbf{e}_1, \ldots \mathbf{e}_k \rangle, \ \mathbf{W} = \langle \mathbf{e}_{k+1}, \ldots, \mathbf{e}_n \rangle,$$

allora

$$\rho(c_1\mathbf{e}_1 + \ldots + c_n\mathbf{e}_n) = c_1\mathbf{e}_1 + \ldots + c_k\mathbf{e}_k - c_{k+1}\mathbf{e}_{k+1} - \ldots - c_n\mathbf{e}_n.$$

6. Sia $\mathbf{V}$ uno spazio vettoriale su K, $\mathbf{U}$ un suo sottospazio, e consideriamo lo spazio vettoriale quoziente $\mathbf{V}/\mathbf{U}$. L'applicazione

$$p\colon \mathbf{V} \to \mathbf{V}/\mathbf{U}$$

definita da

$$p(\mathbf{v}) = \mathbf{v} + \mathbf{U}$$

è lineare. Essa è chiamata *proiezione naturale* di $\mathbf{V}$ su $\mathbf{V}/\mathbf{U}$. Lasciamo al lettore il compito di verificare che p è lineare.

7. Sia $\mathbf{U}$ un sottospazio del K-spazio vettoriale $\mathbf{V}$. L'inclusione i di $\mathbf{U}$ in $\mathbf{V}$ è un'applicazione lineare. La verifica è immediata.

11.2 Proposizione *Siano $F\colon \mathbf{V} \to \mathbf{W}$ un'applicazione lineare di K-spazi vettoriali, $\mathbf{v}_1, \ldots, \mathbf{v}_n \in \mathbf{V}$ e $\mathbf{w}_i = F(\mathbf{v}_i)$, $i = 1, \ldots, n$. Se $\mathbf{v}_1, \ldots, \mathbf{v}_n$ sono linearmente dipendenti, anche $\mathbf{w}_1, \ldots, \mathbf{w}_n$ sono linearmente dipendenti.*

Equivalentemente, se $\mathbf{w}_1, \ldots, \mathbf{w}_n$ sono linearmente indipendenti, anche $\mathbf{v}_1, \ldots, \mathbf{v}_n$ sono linearmente indipendenti.

Dimostrazione

Dimostriamo la prima affermazione. Siano $c_1, \ldots, c_n \in \mathsf{K}$ scalari non tutti uguali a 0 tali che

$$c_1 \mathbf{v}_1 + \ldots + c_n \mathbf{v}_n = \mathbf{0}.$$

Allora si ha

$$c_1 \mathbf{w}_1 + \ldots + c_n \mathbf{w}_n = c_1 F(\mathbf{v}_1) + \ldots + c_n F(\mathbf{v}_n) = F(c_1 \mathbf{v}_1 + \ldots + c_n \mathbf{v}_n) = F(\mathbf{0}) = \mathbf{0},$$

e quindi $\mathbf{w}_1, \ldots, \mathbf{w}_n$ sono linearmente dipendenti.

11.3 Teorema *Siano* $\mathbf{V}$ *e* $\mathbf{W}$ *due* K*-spazi vettoriali,* $\mathbf{e} = \{\mathbf{e}_1, \mathbf{e}_2, \ldots, \mathbf{e}_n\}$ *una base di* $\mathbf{V}$*, e* $\mathbf{w}_1, \mathbf{w}_2, \ldots, \mathbf{w}_n$ *vettori arbitrari di* $\mathbf{W}$*. Esiste un'unica applicazione lineare* F: $\mathbf{V} \to \mathbf{W}$ *tale che*

$$F(\mathbf{e}_i) = \mathbf{w}_i, \quad i = 1, 2, \ldots, n.$$

Dimostrazione

Se F esiste è unica, perché per ogni

$$\mathbf{v} = x_1 \mathbf{e}_1 + x_2 \mathbf{e}_2 + \ldots + x_n \mathbf{e}_n \in \mathbf{V}$$

si deve avere, per la [11.4]:

$$F(\mathbf{v}) = x_1 F(\mathbf{e}_1) + \ldots + x_n F(\mathbf{e}_n) = x_1 \mathbf{w}_1 + x_2 \mathbf{w}_2 + \ldots + x_n \mathbf{w}_n \qquad [11.6]$$

e i coefficienti $x_1, x_2, \ldots, x_n$ sono univocamente determinati perché $\boldsymbol{e}$ è una base.

Sarà pertanto sufficiente dimostrare che l'applicazione F definita dalla [11.6] è lineare. Verifichiamo la condizione [11.1]. Se

$$\mathbf{v} = x_1 \mathbf{e}_1 + x_2 \mathbf{e}_2 + \ldots + x_n \mathbf{e}_n$$

$$\mathbf{v}' = y_1 \mathbf{e}_1 + y_2 \mathbf{e}_2 + \ldots + y_n \mathbf{e}_n$$

sono elementi di $\mathbf{V}$, si ha

$$\begin{aligned} F(\mathbf{v} + \mathbf{v}') &= (x_1 + y_1)\mathbf{w}_1 + (x_2 + y_2)\mathbf{w}_2 + \ldots + (x_n + y_n)\mathbf{w}_n = \\ &= (x_1 \mathbf{w}_1 + x_2 \mathbf{w}_2 + \ldots + x_n \mathbf{w}_n) + (y_1 \mathbf{w}_1 + y_2 \mathbf{w}_2 + \ldots + y_n \mathbf{w}_n) = \\ &= F(\mathbf{v}) + F(\mathbf{v}'). \end{aligned}$$

Verifichiamo la [11.2]. Se $c \in \mathsf{K}$ e $\mathbf{v} = x_1 \mathbf{e}_1 + x_2 \mathbf{e}_2 + \ldots + x_n \mathbf{e}_n$ si ha

$$\begin{aligned} F(c\mathbf{v}) &= cx_1 \mathbf{w}_1 + cx_2 \mathbf{w}_2 + \ldots + cx_n \mathbf{w}_n = \\ &= c(x_1 \mathbf{w}_1 + x_2 \mathbf{w}_2 + \ldots + x_n \mathbf{w}_n) = cF(\mathbf{v}). \end{aligned}$$

Quindi F è lineare.

11.4 Definizione *Sia* F: $\mathbf{V} \to \mathbf{W}$ *un'applicazione lineare di* K*-spazi vettoriali. Il* nucleo *di* F *è*

$$\mathrm{N}(F) = \{\mathbf{v} \in \mathbf{V} \colon F(\mathbf{v}) = \mathbf{0}\},$$

cioè $N(F)$ *è il sottoinsieme di* **V** *costituito da tutti i vettori che vengono mandati in* $\mathbf{0} \in \mathbf{W}$ *da F.*

*L'*immagine *di F è il sottoinsieme di* **W**

$$\mathrm{Im}(F) = \{\mathbf{w} = F(\mathbf{v}) \colon \mathbf{v} \in \mathbf{V}\}.$$

$N(F)$ *e* $\mathrm{Im}(F)$ *sono sottospazi vettoriali di* **V** *e di* **W** *rispettivamente (la verifica di questo fatto è lasciata al lettore). Se hanno dimensione finita, la dimensione di* $\mathrm{Im}(F)$ *si dice* rango *di F, e si denota con* $r(F)$, *la dimensione di* $N(F)$ *si dice* nullità *di F.*

Dalla [11.4] segue che se $\{\mathbf{e}_1, \mathbf{e}_2, \ldots, \mathbf{e}_n\}$ è una base di **V**, allora

$$\mathrm{Im}(F) = \langle F(\mathbf{e}_1), F(\mathbf{e}_2), \ldots, F(\mathbf{e}_n)\rangle.$$

11.5 Proposizione *Un'applicazione lineare* $F\colon \mathbf{V} \to \mathbf{W}$ *di* K*-spazi vettoriali è iniettiva se e solo se* $N(F) = \langle \mathbf{0} \rangle$.

Dimostrazione

Se F è iniettiva, allora $\mathbf{0}$ è l'unico elemento di $N(F)$, e quindi $N(F) = \langle \mathbf{0} \rangle$. Viceversa, supponiamo che $N(F) = \langle \mathbf{0} \rangle$. Se $\mathbf{v}, \mathbf{v}' \in \mathbf{V}$ sono tali che

$$F(\mathbf{v}) = F(\mathbf{v}'),$$

allora

$$F(\mathbf{v} - \mathbf{v}') = F(\mathbf{v}) - F(\mathbf{v}') = \mathbf{0}$$

e quindi $\mathbf{v} - \mathbf{v}' \in N(F)$. Poiché $\mathbf{0}$ è l'unico elemento di $N(F)$, si ha $\mathbf{v} - \mathbf{v}' = \mathbf{0}$, cioè $\mathbf{v} = \mathbf{v}'$. Quindi F è iniettiva.

Abbiamo il seguente importante teorema.

11.6 Teorema *Sia* $F\colon \mathbf{V} \to \mathbf{W}$ *un'applicazione lineare di* K*-spazi vettoriali, con* $\dim(\mathbf{V}) = n$. *Allora* $N(F)$ *e* $\mathrm{Im}(F)$ *hanno dimensione finita, e*

$$\dim[N(F)] + r(F) = n.$$

Dimostrazione

Poiché **V** ha dimensione finita, anche $N(F)$, che è un sottospazio di **V**, ha dimensione finita; sia $s = \dim(N(F))$. Fissiamo una base $\{\mathbf{n}_1, \ldots, \mathbf{n}_s\}$ di $N(F)$, e siano $\mathbf{v}_{s+1}, \ldots, \mathbf{v}_n \in \mathbf{V}$ tali che $\{\mathbf{n}_1, \ldots, \mathbf{n}_s, \mathbf{v}_{s+1}, \ldots, \mathbf{v}_n\}$ sia una base di **V**. Per completare la dimostrazione del teorema sarà sufficiente dimostrare che $\{F(\mathbf{v}_{s+1}), \ldots$ $\ldots, F(\mathbf{v}_n)\}$ è una base di $\mathrm{Im}(F)$.

Ogni vettore $\mathbf{w} \in \mathrm{Im}(F)$ è della forma

$$\begin{aligned}\mathbf{w} &= F(a_1\mathbf{n}_1 + \dots + a_s\mathbf{n}_s + b_{s+1}\mathbf{v}_{s+1} + \dots + b_n\mathbf{v}_n) = \\ &= a_1F(\mathbf{n}_1) + \dots + a_sF(\mathbf{n}_s) + b_{s+1}F(\mathbf{v}_{s+1}) + \dots + b_nF(\mathbf{v}_n) = \\ &= b_{s+1}F(\mathbf{v}_{s+1}) + \dots + b_nF(\mathbf{v}_n),\end{aligned}$$

per opportuni scalari $a_1, a_2, \dots a_s, b_{s+1}, \dots, b_n$. Quindi $F(\mathbf{v}_{s+1}), \dots, F(\mathbf{v}_n)$ generano $\mathrm{Im}(F)$.

Supponiamo che $c_{s+1}, \dots, c_n \in \mathsf{K}$ siano tali che

$$c_{s+1}F(\mathbf{v}_{s+1}) + \dots + c_nF(\mathbf{v}_n) = \mathbf{0}.$$

Allora

$$F(c_{s+1}\mathbf{v}_{s+1} + \dots + c_n\mathbf{v}_n) = c_{s+1}F(\mathbf{v}_{s+1}) + \dots + c_nF(\mathbf{v}_n) = \mathbf{0}$$

e quindi $c_{s+1}\mathbf{v}_{s+1} + \dots + c_n\mathbf{v}_n \in \mathrm{N}(F)$. Poiché $\{\mathbf{n}_1, \dots, \mathbf{n}_s\}$ è una base di $\mathrm{N}(F)$, esistono $d_1, \dots, d_s \in \mathsf{K}$ tali che

$$c_{s+1}\mathbf{v}_{s+1} + \dots + c_n\mathbf{v}_n = d_1\mathbf{n}_1 + \dots + d_s\mathbf{n}_s$$

cioè tali che

$$d_1\mathbf{n}_1 + \dots + d_s\mathbf{n}_s - c_{s+1}\mathbf{v}_{s+1} - \dots - c_n\mathbf{v}_n = \mathbf{0}.$$

Ma $\mathbf{n}_1, \dots, \mathbf{n}_s, \mathbf{v}_{s+1}, \dots, \mathbf{v}_n$ sono linearmente indipendenti, e quindi tutti i coefficienti sono nulli; in particolare

$$c_{s+1} = \dots = c_n = 0$$

ed $F(\mathbf{v}_{s+1}), \dots, F(\mathbf{v}_n)$ sono linearmente indipendenti.

Si noti che nell'enunciato del teorema precedente non si è supposto che $\mathbf{W}$ abbia dimensione finita.

Si ha il seguente

11.7 COROLLARIO *Se* $\mathbf{U}$ *è un sottospazio del* K*-spazio vettoriale* $\mathbf{V}$ *di dimensione finita, allora*

$$\dim(\mathbf{V}/\mathbf{U}) = \dim(\mathbf{V}) - \dim(\mathbf{U}). \qquad [11.7]$$

Dimostrazione

La proiezione naturale p: $\mathbf{V} \to \mathbf{V}/\mathbf{U}$ è suriettiva e ha nucleo uguale a $\mathbf{U}$.

Il corollario seguente fornisce una semplice caratterizzazione degli isomorfismi, e segue immediatamente dal teorema 11.6. La sua dimostrazione viene lasciata al lettore.

11.8 Corollario *Se* **V** *e* **W** *sono* K*-spazi vettoriali di dimensione finita tali che* dim(**V**) = dim(**W**), *ed* F: **V** → **W** *è un'applicazione lineare, allora le seguenti condizioni sono equivalenti*:

1) N(F) = ⟨**0**⟩;
2) Im(F) = **W**;
3) *F è un isomorfismo.*

Abbiamo il seguente teorema.

11.9 Teorema (di omomorfismo per gli spazi vettoriali) *Sia* F: **V** → **W** *un'applicazione lineare di* K*-spazi vettoriali. F definisce un isomorfismo*

$$F': \mathbf{V}/\mathrm{N}(F) \to \mathrm{Im}(F)$$

tale che

$$F = i \circ F' \circ p, \qquad [11.8]$$

dove p: **V** → **V**/N(F) *è la proiezione naturale e* i: Im(F) → **W** *è l'inclusione.*

Dimostrazione

Siano $\mathbf{v}_1$, $\mathbf{v}_2 \in \mathbf{V}$. Si ha $F(\mathbf{v}_1) = F(\mathbf{v}_2)$ se e solo se $F(\mathbf{v}_2 - \mathbf{v}_1) = \mathbf{0}$, cioè se e solo se $\mathbf{v}_2 - \mathbf{v}_1 \in \mathrm{N}(F)$, ovvero

$$F(\mathbf{v}_1) = F(\mathbf{v}_2) \Leftrightarrow \mathbf{v}_2 \in [\mathbf{v}_1 + \mathrm{N}(F)] \qquad [11.9]$$

Possiamo quindi definire F': **V**/N(F) → Im(F) ponendo

$$F'(\mathbf{v} + \mathrm{N}(F)) = F(\mathbf{v}).$$

F' è biunivoca perché, oltre ad essere ovviamente suriettiva, è anche iniettiva per la [11.9]. La verifica della linearità di F' e della [11.8] è lasciata al lettore.

11.10 Definizione *Siano* **V** *e* **W** *due* K*-spazi vettoriali.* **V** *e* **W** *si dicono* isomorfi, *oppure si dice che* **V** *è* isomorfo a **W**, *se esiste un isomorfismo* **V** → **W**.

Ogni spazio vettoriale è isomorfo a se stesso, perché $\mathbf{1}_{\mathbf{V}}$ è un isomorfismo. Se **V** è isomorfo a **W**, anche **W** è isomorfo a **V**, perché l'inverso di un isomorfismo è un isomorfismo. Infine, poiché la composizione di isomorfismi è un isomorfismo, se **V** è isomorfo a **W** e **W** è isomorfo a **U**, allora **V** è isomorfo a **U**. Quindi l'isomorfismo è una relazione di equivalenza tra spazi vettoriali.

11.11 Teorema *Due* K*-spazi vettoriali di dimensione finita sono isomorfi se e solo se hanno la stessa dimensione.*

Dimostrazione

Supponiamo **V** e **W** isomorfi, e sia F: **V** → **W** un isomorfismo. Poiché

$N(F) = \langle \mathbf{0} \rangle$, per il teorema 11.6 si ha

$$\dim(\mathbf{W}) = r(F) = \dim(\mathbf{V}).$$

Viceversa supponiamo $\dim(\mathbf{V}) = n = \dim(\mathbf{W})$, e siano $\{\mathbf{v}_1, \ldots, \mathbf{v}_n\}$ e $\{\mathbf{w}_1, \ldots, \mathbf{w}_n\}$ basi di $\mathbf{V}$ e di $\mathbf{W}$ rispettivamente. L'applicazione lineare $F: \mathbf{V} \to \mathbf{W}$ definita da

$$F(\mathbf{v}_i) = \mathbf{w}_i, \quad i = 1, \ldots, n,$$

è suriettiva perché $\mathbf{w}_1, \ldots, \mathbf{w}_n$ generano $\mathbf{W}$. Per il teorema 11.6, $\dim(N(F)) = 0$, e quindi F è anche iniettiva. Dunque F è un isomorfismo.

Terminiamo questo paragrafo con la descrizione di alcune proprietà dell'insieme dei funzionali lineari su uno spazio vettoriale.

Sia $\mathbf{V}$ un K-spazio vettoriale. È possibile introdurre in $\mathbf{V}^\vee$, l'insieme dei funzionali lineari su $\mathbf{V}$, una struttura di K-spazio vettoriale definendo le operazioni nel modo seguente.

Se $L_1, L_2 \in \mathbf{V}^\vee$, definiamo $L_1 + L_2 \in \mathbf{V}^\vee$ ponendo

$$(L_1 + L_2)(\mathbf{v}) = L_1(\mathbf{v}) + L_2(\mathbf{v}) \quad \text{per ogni} \quad \mathbf{v} \in \mathbf{V}.$$

Verifichiamo che $L_1 + L_2$ è lineare. Per ogni $\mathbf{v}, \mathbf{v}' \in \mathbf{V}$, $c \in K$ si ha

$$\begin{aligned}(L_1 + L_2)(\mathbf{v} + \mathbf{v}') &= L_1(\mathbf{v} + \mathbf{v}') + L_2(\mathbf{v} + \mathbf{v}') = \\ &= L_1(\mathbf{v}) + L_1(\mathbf{v}') + L_2(\mathbf{v}) + L_2(\mathbf{v}') = \\ &= L_1(\mathbf{v}) + L_2(\mathbf{v}) + L_1(\mathbf{v}') + L_2(\mathbf{v}') = \\ &= (L_1 + L_2)(\mathbf{v}) + (L_1 + L_2)(\mathbf{v}').\end{aligned}$$

$$\begin{aligned}(L_1 + L_2)(c\mathbf{v}) &= L_1(c\mathbf{v}) + L_2(c\mathbf{v}) = cL_1(\mathbf{v}) + cL_2(\mathbf{v}) = \\ &= c(L_1(\mathbf{v}) + L_2(\mathbf{v})) = \\ &= c(L_1 + L_2)(\mathbf{v}),\end{aligned}$$

e quindi $L_1 + L_2$ è lineare.

Se $L \in \mathbf{V}^\vee$ e $c \in K$, definiamo $cL \in \mathbf{V}^\vee$ ponendo

$$(cL)(\mathbf{v}) = cL(\mathbf{v}).$$

La verifica della linearità di cL è lasciata al lettore.

Il funzionale nullo $\boldsymbol{0} \in \mathbf{V}^\vee$, definito da

$$\boldsymbol{0}(\mathbf{v}) = \mathbf{0} \quad \text{per ogni} \quad \mathbf{v} \in \mathbf{V},$$

soddisfa evidentemente

$$L + \boldsymbol{0} = L \quad \text{per ogni} \quad L \in \mathbf{V}^\vee.$$

Lasciamo al lettore la facile verifica del fatto che $\mathbf{V}^\vee$, con le operazioni che abbiamo definito, è un K-spazio vettoriale. $\mathbf{V}^\vee$ si chiama *spazio vettoriale duale di* $\mathbf{V}$.

Supponiamo che $\mathbf{V}$ abbia dimensione finita, e sia $\mathbf{e} = \{\mathbf{e}_1, \dots, \mathbf{e}_n\}$ una sua base. Sia $1 \leq i \leq n$. Per il teorema 11.3 esiste un unico $\eta_i \in \mathbf{V}^\vee$ tale che

$$\eta_i(\mathbf{e}_j) = \delta_{ij}, \qquad [11.10]$$

dove

$$\delta_{ij} = \begin{cases} 0 & \text{se } i \neq j \\ 1 & \text{se } i = j \end{cases}$$

è il simbolo di Kronecker. Otteniamo così n funzionali lineari $\eta_1, \dots, \eta_n$, che sono gli stessi considerati nell'esempio 11.1(4).

11.12 Teorema *Sia* $\mathbf{V}$ *un* K*-spazio vettoriale di dimensione finita, e sia* $\{\mathbf{e}_1, \dots, \mathbf{e}_n\}$ *una sua base. L'insieme* $\{\eta_1, \dots, \eta_n\}$ *dei funzionali lineari definiti dalla* [11.10] *è una base di* $\mathbf{V}^\vee$; *in particolare*

$$\dim(\mathbf{V}^\vee) = \dim(\mathbf{V})$$

e quindi $\mathbf{V}$ e $\mathbf{V}^\vee$ *sono isomorfi.*

Dimostrazione

Sia $L \in \mathbf{V}^\vee$ e $a_1 = L(\mathbf{e}_1)$, $a_2 = L(\mathbf{e}_2)$, ..., $a_n = L(\mathbf{e}_n)$. Il funzionale $a_1\eta_1 + a_2\eta_2 + \dots + a_n\eta_n$ soddisfa l'identità

$$\begin{aligned}(a_1\eta_1 + \dots + a_n\eta_n)(\mathbf{e}_i) &= (a_1\eta_1)(\mathbf{e}_i) + \dots + (a_i\eta_i)(\mathbf{e}_i) + \dots + (a_n\eta_n)(\mathbf{e}_i) = \\ &= a_1\eta_1(\mathbf{e}_i) + \dots + a_i\eta_i(\mathbf{e}_i) + \dots + a_n\eta_n(\mathbf{e}_i) = \\ &= a_i\eta_i(\mathbf{e}_i) = a_i, \qquad i = 1, \dots, n\end{aligned}$$

e quindi $a_1\eta_1 + a_2\eta_2 + \dots + a_n\eta_n$ ha gli stessi valori di L sulla base $\{\mathbf{e}_1, \dots, \mathbf{e}_n\}$. Dal teorema 11.3 discende che

$$a_1\eta_1 + a_2\eta_2 + \dots + a_n\eta_n = L.$$

Quindi $\eta_1, \dots, \eta_n$ generano $\mathbf{V}^\vee$. Supponiamo ora che $a_1, \dots, a_n \in$ K siano tali che

$$a_1\eta_1 + a_2\eta_2 + \dots + a_n\eta_n = \mathbf{0}.$$

Allora, per ogni $i = 1, \dots, n$:

$$\begin{aligned}0 = \mathbf{0}(\mathbf{e}_i) &= (a_1\eta_1 + \dots + a_n\eta_n)(\mathbf{e}_i) = a_1\eta_1(\mathbf{e}_i) + \dots + a_n\eta_n(\mathbf{e}_i) = \\ &= a_i\eta_i(\mathbf{e}_i) = a_i.\end{aligned}$$

Quindi $a_1 = \dots = a_n = 0$, e pertanto $\eta_1, \dots, \eta_n$ sono anche linearmente indipendenti.

L'insieme di funzionali lineari $\{\eta_1, \dots, \eta_n\}$ è la *base duale* della base $\{\mathbf{e}_1, \dots, \mathbf{e}_n\}$ di $\mathbf{V}$.

Se $L = a_1\eta_1 + \ldots + a_n\eta_n \in \mathbf{V}^\vee$, si ha

$$L(x\mathbf{e}_1 + \ldots + x_n\mathbf{e}_n) = (a_1\eta_1 + \ldots + a_n\eta_n)(x_1\mathbf{e}_1 + \ldots + x_n\mathbf{e}_n) =$$
$$= (a_1\eta_1)(x_1\mathbf{e}_1 + \ldots + x_n\mathbf{e}_n) + \ldots + (a_n\eta_n)(x_1\mathbf{e}_1 + \ldots + x_n\mathbf{e}_n) =$$
$$= a_1x_1 + a_2x_2 + \ldots + a_nx_n,$$

perché $\eta_i(x_1\mathbf{e}_1 + \ldots + x_n\mathbf{e}_n) = x_i$, $i = 1, \ldots, n$. Quindi *ogni funzionale lineare su* $\mathbf{V}$ *si esprime in modo unico come un polinomio omogeneo di primo grado nelle coordinate dei vettori rispetto alla base* $\{\mathbf{e}_1, \ldots, \mathbf{e}_n\}$. *I coefficienti del polinomio sono le coordinate del funzionale rispetto alla base duale* $\{\eta_1, \ldots, \eta_n\}$.

In particolare, se $\mathbf{V} = \mathsf{K}^n$, e $\{\mathbf{E}_1, \ldots, \mathbf{E}_n\}$ è la base canonica, ogni funzionale lineare L su K^n si esprime in modo unico come un polinomio omogeneo di primo grado:

$$L(x_1, x_2, \ldots, x_n) = a_1x_1 + a_2x_2 + \ldots + a_nx_n. \qquad [11.11]$$

Si osservi che se il funzionale $L: \mathbf{V} \to \mathsf{K}$ non è nullo, la sua immagine è un sottospazio vettoriale di K diverso da $\langle 0 \rangle$, e quindi $\mathrm{Im}(L) = \mathsf{K}$; da ciò e dal teorema 11.6 segue che $\dim[\mathrm{N}(L)] = n - 1$.

11.13 Proposizione *Siano* $\mathbf{V}$ *un* K*-spazio vettoriale ed* $f, g \in \mathbf{V}^\vee$ *tali che si abbia* $f(\mathbf{v}) = 0$ *per ogni* $\mathbf{v} \in \mathrm{N}(g)$, *cioè* $\mathrm{N}(f) \supset \mathrm{N}(g)$. *Allora esiste* $c \in \mathsf{K}$ *tale che* $f = cg$.

Dimostrazione

Se $g = \boldsymbol{0}$, allora $\mathrm{N}(g) = \mathbf{V}$ e quindi $\mathrm{N}(f) = \mathbf{V}$, cioè $f = \boldsymbol{0} = g$. Supponiamo viceversa $g \neq \boldsymbol{0}$. In tal caso $\mathrm{N}(g)$ è un iperpiano. Fissiamo $\mathbf{e} \in \mathbf{V} \setminus \mathrm{N}(g)$, e sia $c \in \mathsf{K}$ tale che $f(\mathbf{e}) = cg(\mathbf{e})$. Si ha $\mathbf{V} = \langle \mathbf{e} \rangle \oplus \mathrm{N}(g)$ e quindi ogni $\mathbf{v} \in \mathbf{V}$ è della forma $\mathbf{v} = x\mathbf{e} + \mathbf{w}$, per qualche $\mathbf{w} \in \mathrm{N}(g)$ e $x \in \mathsf{K}$. Pertanto

$$f(\mathbf{v}) = f(x\mathbf{e} + \mathbf{w}) = f(x\mathbf{e}) + f(\mathbf{w}) = xf(\mathbf{e}) = xcg(\mathbf{e}) = cg(x\mathbf{e}) =$$
$$= cg(x\mathbf{e}) + c\mathbf{0} = cg(x\mathbf{e}) + cg(\mathbf{w}) = cg(x\mathbf{e} + \mathbf{w}) = cg(\mathbf{v}),$$

cioè $f = cg$.

Dati due K-spazi vettoriali $\mathbf{V}$ e $\mathbf{W}$, è possibile introdurre in $\mathrm{Hom}(\mathbf{V}, \mathbf{W})$ una struttura di K-spazio vettoriale definendo $F + G$ e cF, per ogni $F, G \in \mathrm{Hom}(\mathbf{V}, \mathbf{W})$, $c \in \mathsf{K}$, nel modo seguente:

$$(F + G)(\mathbf{v}) = F(\mathbf{v}) + G(\mathbf{v})$$
$$(cF)(\mathbf{v}) = cF(\mathbf{v}) \qquad \text{per ogni } \mathbf{v} \in \mathbf{V}.$$

Lasciamo al lettore il compito di verificare, in modo simile al caso di $\mathbf{V}^\vee = \mathrm{Hom}(\mathbf{V}, \mathsf{K})$, che queste due operazioni definiscono su $\mathrm{Hom}(\mathbf{V}, \mathbf{W})$ una struttura di K-spazio vettoriale, in cui lo zero è l'applicazione nulla $\boldsymbol{0}$.

Nel caso particolare $\mathbf{V} = \mathsf{K}$, lo spazio $\mathrm{Hom}(\mathsf{K}, \mathbf{W})$ è isomorfo a $\mathbf{W}$: un isomorfismo $\lambda: \mathbf{W} \to \mathrm{Hom}(\mathsf{K}, \mathbf{W})$ è definito associando a $\mathbf{w} \in \mathbf{W}$ l'applicazione lineare $\lambda(\mathbf{w}): \mathsf{K} \to \mathbf{W}$ tale che $\lambda(\mathbf{w})(1) = \mathbf{w}$; lasciamo al lettore la verifica del fatto che λ è un isomorfismo. λ si chiama *isomorfismo canonico* di $\mathbf{W}$ su $\mathrm{Hom}(\mathsf{K}, \mathbf{W})$, perché è individuato univocamente da $\mathbf{W}$.

11.14 *Complementi*

1. Sia $\mathbf{V}$ un K-spazio vettoriale. Il duale di $\mathbf{V}^\vee$, cioè lo spazio $\mathrm{Hom}(\mathbf{V}^\vee, \mathsf{K})$, si chiama *spazio biduale di* $\mathbf{V}$, e si denota con $\mathbf{V}^{\vee\vee}$. Se $\dim(\mathbf{V}) = n$, allora segue dal teorema 11.12 che

$$\dim(\mathbf{V}^{\vee\vee}) = \dim(\mathbf{V}^\vee) = \dim(\mathbf{V}) = n,$$

e i tre spazi $\mathbf{V}$, $\mathbf{V}^\vee$, $\mathbf{V}^{\vee\vee}$ sono tra loro isomorfi.

Se si sceglie una base $\{\mathbf{e}_1, \ldots, \mathbf{e}_n\}$ di $\mathbf{V}$, resta definita la base duale $\{\eta_1, \ldots, \eta_n\}$ di $\mathbf{V}^\vee$, e un isomorfismo $\varphi: \mathbf{V} \to \mathbf{V}^\vee$ è definito ponendo $\varphi(\mathbf{e}_i) = \eta_i$, $i = 1, \ldots, n$. L'isomorfismo φ dipende dalla base assegnata, cioè se si sceglie un'altra base di $\mathbf{V}$, si ottiene un isomorfismo diverso da φ (cfr. esercizio 6).

Per lo spazio $\mathbf{V}^{\vee\vee}$ si ha una situazione diversa: è infatti possibile definire un isomorfismo $\beta: \mathbf{V} \to \mathbf{V}^{\vee\vee}$ in modo del tutto intrinseco, cioè indipendente da qualunque scelta ulteriore, il quale per questo motivo si dice l'*isomorfismo canonico di* $\mathbf{V}$ *su* $\mathbf{V}^{\vee\vee}$.

β è l'applicazione che ad ogni $\mathbf{v} \in \mathbf{V}$ associa il funzionale $\beta(\mathbf{v}): \mathbf{V}^\vee \to \mathsf{K}$ definito nel modo seguente:

$$\beta(\mathbf{v})(L) = L(\mathbf{v})$$

per ogni $L \in \mathbf{V}^\vee$.

Verifichiamo che $\beta(\mathbf{v})$ è lineare:

$$\begin{aligned}\beta(\mathbf{v})(cL + c'L') &= (cL + c'L')(\mathbf{v}) = (cL)(\mathbf{v}) + (c'L')(\mathbf{v}) = \\ &= cL(\mathbf{v}) + c'L'(\mathbf{v}) = c\beta(\mathbf{v})(L) + c'\beta(\mathbf{v})(L'),\end{aligned}$$

per ogni $L, L' \in \mathbf{V}^\vee$, $c, c' \in \mathsf{K}$, e quindi $\beta(\mathbf{v})$ è un funzionale lineare su $\mathbf{V}^\vee$.

Verifichiamo ora che $\beta: \mathbf{V} \to \mathbf{V}^{\vee\vee}$ è lineare. Per ogni $\mathbf{v}, \mathbf{v}' \in \mathbf{V}$, $c, c' \in \mathsf{K}$, si ha

$$\begin{aligned}\beta(c\mathbf{v} + c'\mathbf{v}')(L) &= L(c\mathbf{v} + c'\mathbf{v}') = cL(\mathbf{v}) + c'L(\mathbf{v}') = \\ &= c\beta(\mathbf{v})(L) + c'\beta(\mathbf{v}')(L) = [c\beta(\mathbf{v}) + c'\beta(\mathbf{v}')](L)\end{aligned}$$

per ogni $L \in \mathbf{V}^\vee$, e quindi $\beta(c\mathbf{v} + c'\mathbf{v}') = c\beta(\mathbf{v}) + c'\beta(\mathbf{v}')$, cioè β è lineare.

Per dimostrare che β è un isomorfismo è sufficiente far vedere che $\mathrm{N}(\beta) = \langle \mathbf{0} \rangle$, perché $\dim(\mathbf{V}) = \dim(\mathbf{V}^{\vee\vee})$. Supponiamo per assurdo che esista $\mathbf{v} \in \mathbf{V}$, $\mathbf{v} \neq \mathbf{0}$, tale che $\beta(\mathbf{v}) = \boldsymbol{0} \in \mathbf{V}^{\vee\vee}$. Allora si ha

$$\beta(\mathbf{v})(L) = L(\mathbf{v}) = 0$$

per ogni $L \in \mathbf{V}^{\vee}$. Siano $\mathbf{v}_2, \ldots, \mathbf{v}_n \in \mathbf{V}$ tali che $\{\mathbf{v}, \mathbf{v}_2, \ldots, \mathbf{v}_n\}$ sia una base di $\mathbf{V}$. Il funzionale $L \in \mathbf{V}^{\vee}$ definito da

$$L(\mathbf{v}) = 1, \quad L(\mathbf{v}_i) = 0, \quad i = 2, \ldots, n,$$

dà una contraddizione.

2. Sia $\mathbf{V}$ un K-spazio vettoriale, $\dim(\mathbf{V}) = n$. Se $L \in \mathbf{V}^{\vee}$, i vettori del nucleo di L, cioè i $\mathbf{v} \in \mathbf{V}$ tali che $L(\mathbf{v}) = 0$, si dicono talvolta *ortogonali a L*. Se Φ è un sottoinsieme di $\mathbf{V}^{\vee}$, un vettore $\mathbf{v} \in \mathbf{V}$ si dirà *ortogonale a* Φ se $\mathbf{v}$ è ortogonale ad ogni $L \in \Phi$, cioè se $L(\mathbf{v}) = 0$ per ogni $L \in \Phi$. L'insieme

$$\Phi^{\perp} = \{\mathbf{v} \in \mathbf{V} : \mathbf{v} \text{ è ortogonale a } \Phi\} = \bigcap_{L \in \Phi} \mathrm{N}(L) \subset \mathbf{V}$$

è un sottospazio vettoriale perché è l'intersezione di una famiglia di sottospazi vettoriali di $\mathbf{V}$. Chiameremo $\Phi^{\perp}$ il *sottospazio di* $\mathbf{V}$ *ortogonale a* Φ.

Supponiamo in particolare che Φ sia un sottospazio vettoriale di $\mathbf{V}^{\vee}$. Sia $\dim(\Phi) = t$ e $\{L_1, \ldots, L_t\}$ una base di Φ. Allora si ha

$$\Phi^{\perp} = \mathrm{N}(L_1) \cap \ldots \cap \mathrm{N}(L_t) \qquad [11.12]$$

e

$$\dim(\Phi^{\perp}) = n - t. \qquad [11.13]$$

Infatti, se $\mathbf{v} \in \mathrm{N}(L_1) \cap \ldots \cap \mathrm{N}(L_t)$, allora per ogni $L = a_1L_1 + a_2L_2 + \ldots + a_tL_t$ si ha

$$L(\mathbf{v}) = a_1L_1(\mathbf{v}) + a_2L_2(\mathbf{v}) + \ldots + a_tL_t(\mathbf{v}) = 0$$

cioè $\mathbf{v} \in \mathrm{N}(L)$. Pertanto $\mathrm{N}(L_1) \cap \ldots \cap \mathrm{N}(L_t) \subset \Phi^{\perp}$. L'inclusione opposta è ovviamente vera, e la [11.12] segue.

Sia $m = \dim(\Phi^{\perp})$. Osserviamo che $\Phi^{\perp}$ coincide con il nucleo dell'applicazione lineare

$$\varphi : \mathbf{V} \to \mathsf{K}^t$$

definita da $\varphi(\mathbf{v}) = (L_1(\mathbf{v}), L_2(\mathbf{v}), \ldots, L_t(\mathbf{v}))$. Dal teorema 11.6 segue che $m \geq n - t$. Supponiamo per assurdo che sia $m > n - t$. Scegliamo una base $\{\mathbf{e}_1, \ldots, \mathbf{e}_n\}$ di $\mathbf{V}$ tale che $\{\mathbf{e}_1, \ldots, \mathbf{e}_m\}$ sia una base di $\Phi^{\perp}$.

La matrice $t \times n$:

$$\begin{pmatrix} 0 & \ldots & 0 & L_1(\mathbf{e}_{m+1}) & \ldots & L_1(\mathbf{e}_n) \\ 0 & \ldots & 0 & L_2(\mathbf{e}_{m+1}) & \ldots & L_2(\mathbf{e}_n) \\ \vdots & & \vdots & \vdots & & \vdots \\ 0 & \ldots & 0 & L_t(\mathbf{e}_{m+1}) & \ldots & L_t(\mathbf{e}_n) \end{pmatrix}$$

ha rango non superiore a $t-1$, perché ha $m > n-t$ colonne nulle. D'altra parte le sue t righe sono linearmente indipendenti, perché sono i vettori delle coordinate di $L_1, \ldots, L_t$ rispetto alla base $\{\eta_1, \ldots, \eta_n\}$, duale di $\{\mathbf{e}_1, \ldots, \mathbf{e}_n\}$. Abbiamo una contraddizione, e quindi dev'essere $m = n - t$.

3. Siano dati due spazi vettoriali complessi $\mathbf{V}$, $\mathbf{W}$. Un'applicazione

$$F: \mathbf{V} \to \mathbf{W}$$

si dice *antilineare* se soddisfa le seguenti condizioni:

$$F(\mathbf{v} + \mathbf{v}') = F(\mathbf{v}) + F(\mathbf{v}'), \qquad [11.14]$$

$$F(c\mathbf{v}) = \bar{c}F(\mathbf{v}), \qquad [11.15]$$

per ogni $\mathbf{v}$, $\mathbf{v}' \in \mathbf{V}$, $c \in \mathrm{C}$. Una condizione equivalente alle [11.14], [11.15] è la seguente:

$$F(c\mathbf{v} + c'\mathbf{v}') = \bar{c}F(\mathbf{v}) + \bar{c}'F(\mathbf{v}')$$

per ogni $\mathbf{v}$, $\mathbf{v}' \in \mathbf{V}$, c, $c' \in \mathrm{C}$. La verifica dell'equivalenza è lasciata al lettore.

4. Siano $\mathbf{U}$, $\mathbf{V}$, $\mathbf{W}$ dei K-spazi vettoriali e

$$\mathbf{U} \xrightarrow{f} \mathbf{V} \xrightarrow{g} \mathbf{W} \qquad [11.16]$$

applicazioni lineari. Se $g \circ f = 0$, cioè se la composizione $g \circ f$ è l'applicazione lineare nulla di $\mathbf{U}$ in $\mathbf{W}$, la [11.16] si dice un *complesso*. Evidentemente questa condizione è equivalente all'aversi $\mathrm{Im}(f) \subset \mathrm{N}(g)$.

Se $\mathrm{Im}(f) = \mathrm{N}(g)$ la [11.16] si dice *successione esatta*. Ovviamente una successione esatta è anche un complesso.

Se $\mathbf{U} = (\mathbf{0})$ la [11.16] è un complesso, ed è esatta se e solo se g è iniettiva. Se invece $\mathbf{W} = (\mathbf{0})$ la [11.16] è un complesso, ed è esatta se e solo se f è suriettiva.

Più in generale, una successione (finita o infinita) di K-spazi vettoriali e di applicazioni lineari:

$$\cdots \xrightarrow{f_{-1}} \mathbf{V}_0 \xrightarrow{f_0} \mathbf{V}_1 \xrightarrow{f_1} \mathbf{V}_2 \xrightarrow{f_2} \cdots \qquad [11.17]$$

è un *complesso* se

$$\mathrm{Im}(f_i) \subset \mathrm{N}(f_{i+1})$$

per ogni i. La [11.17] si dice *esatta in* $\mathbf{V}_i$ se

$$\mathrm{Im}(f_{i-1}) = \mathrm{N}(f_i)$$

e si dice *esatta* se è esatta in $\mathbf{V}_i$ per ogni i.

Una successione esatta della forma

$$(\mathbf{0}) \to \mathbf{U} \xrightarrow{f} \mathbf{V} \xrightarrow{g} \mathbf{W} \to (\mathbf{0}) \qquad [11.18]$$

si dice *successione esatta corta*.

In una successione esatta corta [11.18] f è iniettiva e g è suriettiva.

Esercizi

1. Siano g: $\mathbf{U} \to \mathbf{V}$, f: $\mathbf{V} \to \mathbf{W}$ applicazioni lineari. Dimostrare che

$$N(g) \subset N(f \circ g)$$

$$\text{Im}(f) \supset \text{Im}(f \circ g).$$

2. Dimostrare che, se F: $\mathbf{V} \to \mathbf{W}$ è un'applicazione lineare tale che $N(F) = \langle \mathbf{0} \rangle$, e $\mathbf{v}_1, \ldots$ $\ldots, \mathbf{v}_n \in \mathbf{V}$ sono vettori linearmente indipendenti, allora $F(\mathbf{v}_1), \ldots, F(\mathbf{v}_n)$ sono linearmente indipendenti.

3. Sia $H \subset \mathsf{R}^3$ il piano di equazione $X_1 + X_2 - X_3 = 0$, e sia $\mathbf{u} = (0, 1, 1)$. Dopo aver verificato che $\mathsf{R}^3 = H \oplus \langle \mathbf{u} \rangle$, trovare l'espressione analitica della proiezione $p : \mathsf{R}^3 \to H$ nella direzione $\langle \mathbf{u} \rangle$.

4. Sia $\mathbf{W}$ il sottospazio di R^4 di equazioni cartesiane

$$2X_1 + X_3 = 0, \qquad X_2 - 3X_4 = 0,$$

e sia $\mathbf{U} = \langle (1, 0, 0, 0), (0, 1, 0, 0) \rangle$. Dopo aver verificato che $\mathsf{R}^4 = \mathbf{U} \oplus \mathbf{W}$, trovare l'espressione analitica della proiezione $p : \mathsf{R}^3 \to \mathbf{W}$ definita dalla precedente decomposizione di R^4 in somma diretta.

5. Esprimendo i funzionali lineari su R^3 come polinomi omogenei in X_1, X_2, X_3 a coefficienti reali, determinare le basi di $(\mathsf{R}^3)^\vee$ duali di ognuna delle seguenti basi di R^3:

a) $\{(1, 0, 0), (0, 1, 0), (0, 0, 1)\}$

b) $\left\{(2, 0, 0), \left(0, \dfrac{1}{\sqrt{2}}, 0\right), \left(0, 0, -\dfrac{1}{6}\right)\right\}$

c) $\{(1, -1, 0), (0, 1, 1), (1, 0, 2)\}$

d) $\{(1, 0, 0), (1, 1, 0), (1, 1, 1)\}$.

6. Sia $\mathbf{V}$ un K-spazio vettoriale tale che $\dim(\mathbf{V}) = 1$, e sia $\mathbf{e} \in \mathbf{V} \setminus \{\mathbf{0}\}$. Sia $\eta \in \mathbf{V}^\vee$ il funzionale duale di $\mathbf{e}$, cioè il funzionale definito dalla condizione

$$\eta(\mathbf{e}) = 1.$$

Dimostrare che per ogni $a \in \mathsf{K}^*$:

a) il funzionale lineare duale di $a\mathbf{e}$ è $\zeta = a^{-1}\eta$;

b) se $\varphi, \psi : \mathbf{V} \to \mathbf{V}^\vee$ sono gli isomorfismi definiti rispettivamente da $\varphi(\mathbf{e}) = \eta$, $\psi(a\mathbf{e}) = \zeta$, allora $\psi = a^{-2}\varphi$.

12 Applicazioni lineari e matrici. Cambiamenti di coordinate affini

Siano $\mathbf{V}$ e $\mathbf{W}$ due K-spazi vettoriali di dimensione finita, e $\boldsymbol{v} = \{\mathbf{v}_1, \ldots, \mathbf{v}_n\}$ e $\boldsymbol{w} = \{\mathbf{w}_1, \ldots, \mathbf{w}_m\}$ basi di $\mathbf{V}$ e di $\mathbf{W}$ rispettivamente.

Sia $F: \mathbf{V} \to \mathbf{W}$ un'applicazione lineare. La matrice $m \times n$ la cui j-esima colonna, $j = 1, \ldots, n$, è costituita dalle coordinate del vettore $F(\mathbf{v}_j) \in \mathbf{W}$ rispetto alla base $\boldsymbol{w}$ è la *matrice associata a F rispetto alle basi* $\boldsymbol{v}$ *e* $\boldsymbol{w}$, e si denota con $M_{\boldsymbol{w},\boldsymbol{v}}(F)$. Esplicitamente:

$$M_{\boldsymbol{w},\boldsymbol{v}}(F) = \begin{pmatrix} m_{11} & m_{12} & \ldots & m_{1n} \\ m_{21} & m_{22} & \ldots & m_{2n} \\ \vdots & \vdots & & \vdots \\ m_{m1} & m_{m2} & \ldots & m_{mn} \end{pmatrix},$$

dove

$$F(\mathbf{v}_j) = m_{1j}\mathbf{w}_1 + m_{2j}\mathbf{w}_2 + \ldots + m_{mj}\mathbf{w}_m.$$

Ovviamente $M_{\boldsymbol{w},\boldsymbol{v}}(F)$ dipende, oltre che da F, anche dalle basi $\boldsymbol{v}$ e $\boldsymbol{w}$. L'utilità della matrice $M_{\boldsymbol{w},\boldsymbol{v}}(F)$ sta nel fatto che, una volta assegnate le due basi $\boldsymbol{v}$ e $\boldsymbol{w}$, da essa si può risalire all'applicazione lineare F, come chiarito dalla seguente proposizione.

12.1 PROPOSIZIONE *Siano* $\mathbf{V}$ *e* $\mathbf{W}$ *due* K*-spazi vettoriali,* $\boldsymbol{v} = \{\mathbf{v}_1, \ldots, \mathbf{v}_n\}$ *e* $\boldsymbol{w} = \{\mathbf{w}_1, \ldots, \mathbf{w}_m\}$ *basi di* $\mathbf{V}$ *e di* $\mathbf{W}$ *rispettivamente, e* $F: \mathbf{V} \to \mathbf{W}$ *un'applicazione lineare. Per ogni* $\mathbf{v} = x_1\mathbf{v}_1 + \ldots + x_n\mathbf{v}_n \in \mathbf{V}$ *si ha*

$$F(\mathbf{v}) = y_1\mathbf{w}_1 + \ldots + y_m\mathbf{w}_m$$

dove

$$\begin{pmatrix} y_1 \\ \vdots \\ y_m \end{pmatrix} = M_{\boldsymbol{w},\boldsymbol{v}}(F) \begin{pmatrix} x_1 \\ \vdots \\ x_n \end{pmatrix}.$$

Dimostrazione
Si ha:

$$\begin{aligned} F(\mathbf{v}) &= F(x_1\mathbf{v}_1 + x_2\mathbf{v}_2 + \ldots + x_n\mathbf{v}_n) = x_1F(\mathbf{v}_1) + x_2F(\mathbf{v}_2) + \ldots + x_nF(\mathbf{v}_n) = \\ &= x_1(m_{11}\mathbf{w}_1 + m_{21}\mathbf{w}_2 + \ldots + m_{m1}\mathbf{w}_m) + \\ &\quad + x_2(m_{12}\mathbf{w}_1 + m_{22}\mathbf{w}_2 + \ldots + m_{m2}\mathbf{w}_m) + \ldots \\ &\quad \ldots + x_n(m_{1n}\mathbf{w}_1 + m_{2n}\mathbf{w}_2 + \ldots + m_{mn}\mathbf{w}_m) = \\ &= \Big(\sum_{j=1}^{n} m_{1j}x_j\Big)\mathbf{w}_1 + \Big(\sum_{j=1}^{n} m_{2j}x_j\Big)\mathbf{w}_2 + \ldots + \Big(\sum_{j=1}^{n} m_{mj}x_j\Big)\mathbf{w}_m. \end{aligned}$$

Quindi il vettore colonna delle coordinate di $F(\mathbf{v})$ è

$$\begin{pmatrix} y_1 \\ y_2 \\ \vdots \\ y_m \end{pmatrix} = \begin{pmatrix} \sum_{j=1}^{n} m_{1j}x_j \\ \sum_{j=1}^{n} m_{2j}x_j \\ \vdots \\ \sum_{j=1}^{n} m_{mj}x_j \end{pmatrix} = M_{\boldsymbol{w},\boldsymbol{v}}(F) \begin{pmatrix} x_1 \\ x_2 \\ \vdots \\ x_n \end{pmatrix}.$$

Abbiamo il seguente teorema.

12.2 TEOREMA *Siano* $\mathbf{V}$ *e* $\mathbf{W}$ *due* K*-spazi vettoriali, e siano* $\boldsymbol{v} = \{\mathbf{v}_1, \ldots, \mathbf{v}_n\}$ *e* $\boldsymbol{w} = \{\mathbf{w}_1, \ldots, \mathbf{w}_m\}$ *basi di* $\mathbf{V}$ *e di* $\mathbf{W}$ *rispettivamente. L'applicazione*

$$M_{\boldsymbol{w},\boldsymbol{v}}: \mathrm{Hom}(\mathbf{V}, \mathbf{W}) \to M_{m,n}(\mathsf{K})$$
$$F \mapsto M_{\boldsymbol{w},\boldsymbol{v}}(F)$$

è un isomorfismo di K*-spazi vettoriali. In particolare*

$$\dim[\mathrm{Hom}(\mathbf{V}, \mathbf{W})] = mn.$$

Dimostrazione

Siano $F, G \in \mathrm{Hom}(\mathbf{V}, \mathbf{W})$, $M = M_{\boldsymbol{w},\boldsymbol{v}}(F)$, $N = M_{\boldsymbol{w},\boldsymbol{v}}(G)$, e $c \in \mathsf{K}$.

Se $\mathbf{v} = x_1\mathbf{v}_1 + \ldots + x_n\mathbf{v}_n$, denotiamo con $\mathbf{x} = {}^t(x_1 \ldots x_n)$ l'n-vettore colonna delle coordinate di $\mathbf{v}$ rispetto alla base $\boldsymbol{v}$. Gli m-vettori colonna delle coordinate di $F(\mathbf{v})$ e di $G(\mathbf{v})$ rispetto a $\boldsymbol{w}$ sono rispettivamente $M\mathbf{x}$ ed $N\mathbf{x}$, mentre il vettore colonna delle coordinate di $(F+G)(\mathbf{v}) = F(\mathbf{v}) + G(\mathbf{v})$ è $M\mathbf{x} + N\mathbf{x} = (M+N)\mathbf{x}$; quindi

$$M_{\boldsymbol{w},\boldsymbol{v}}(F+G) = M_{\boldsymbol{w},\boldsymbol{v}}(F) + M_{\boldsymbol{w},\boldsymbol{v}}(G).$$

Inoltre l'm-vettore colonna delle coordinate di $(cF)(\mathbf{v}) = cF(\mathbf{v})$ è $c(M\mathbf{x}) = (cM)\mathbf{x}$, e quindi

$$M_{\boldsymbol{w},\boldsymbol{v}}(cF) = cM_{\boldsymbol{w},\boldsymbol{v}}(F).$$

Pertanto $M_{\boldsymbol{w},\boldsymbol{v}}$ è un'applicazione lineare.

Sia $A \in M_{m,n}(\mathsf{K})$ e definiamo

$$F_A : \mathbf{V} \to \mathbf{W}$$

ponendo

$$F_A(x_1\mathbf{v}_1 + x_2\mathbf{v}_2 + \ldots + x_n\mathbf{v}_n) = (A^{(1)}\mathbf{x})\,\mathbf{w}_1 + (A^{(2)}\mathbf{x})\,\mathbf{w}_2 + \ldots + (A^{(m)}\mathbf{x})\,\mathbf{w}_m,$$

dove abbiamo denotato con $\mathbf{x} = {}^t(x_1 \dots x_n)$ e $A^{(1)}, A^{(2)}, \dots, A^{(m)}$ le righe di A. In altre parole, il vettore colonna delle coordinate di $F_A(\mathbf{v})$ è $A\mathbf{x}$.

Verifichiamo che F_A è un'applicazione lineare. Consideriamo due vettori qualsiasi $\mathbf{v} = x_1\mathbf{v}_1 + \dots + x_n\mathbf{v}_n$, $\mathbf{v}' = x_1'\mathbf{v}_1 + \dots + x_n'\mathbf{v}_n$ di $\mathbf{V}$. Si ha

$$\begin{aligned}F_A(\mathbf{v}+\mathbf{v}') &= A^{(1)}(\mathbf{x}+\mathbf{x}')\,\mathbf{w}_1 + \dots + A^{(m)}(\mathbf{x}+\mathbf{x}')\,\mathbf{w}_m = \\ &= (A^{(1)}\mathbf{x} + A^{(1)}\mathbf{x}')\,\mathbf{w}_1 + \dots + (A^{(m)}\mathbf{x} + A^{(m)}\mathbf{x}')\,\mathbf{w}_m = \\ &= (A^{(1)}\mathbf{x})\,\mathbf{w}_1 + \dots + (A^{(m)}\mathbf{x})\,\mathbf{w}_m + (A^{(1)}\mathbf{x}')\,\mathbf{w}_1 + \dots + (A^{(m)}\mathbf{x}')\,\mathbf{w}_m = \\ &= F_A(\mathbf{v}) + F_A(\mathbf{v}').\end{aligned}$$

Se $c \in \mathsf{K}$ si ha inoltre

$$\begin{aligned}F_A(c\mathbf{v}) &= (A^{(1)}c\mathbf{x})\,\mathbf{w}_1 + \dots + (A^{(m)}c\mathbf{x})\,\mathbf{w}_m = \\ &= c(A^{(1)}\mathbf{x})\,\mathbf{w}_1 + \dots + c(A^{(m)}\mathbf{x})\,\mathbf{w}_m = \\ &= c[(A^{(1)}\mathbf{x})\,\mathbf{w}_1 + \dots + (A^{(m)}\mathbf{x})\,\mathbf{w}_m] = cF_A(\mathbf{v}).\end{aligned}$$

Quindi F_A è lineare. Per definizione si ha

$$M_{\mathbf{w},\mathbf{v}}(F_A) = A.$$

D'altra parte, se $A = M_{\mathbf{w},\mathbf{v}}(F)$ si ha evidentemente $F_A = F$. In conclusione, l'applicazione

$$M_{m,n}(\mathsf{K}) \to \mathrm{Hom}(\mathbf{V}, \mathbf{W})$$
$$A \mapsto F_A$$

è l'inversa di $M_{\mathbf{w},\mathbf{v}}$. L'ultima affermazione del teorema segue dall'esempio 4.15(7).

L'applicazione F_A introdotta nel corso della dimostrazione del teorema 12.2 si dice *applicazione lineare associata alla matrice A rispetto alle basi $\mathbf{v}$ e $\mathbf{w}$*. Essa è definita, per ogni $A \in M_{m,n}(\mathsf{K})$, ponendo

$$F_A(x_1\mathbf{v}_1 + \dots + x_n\mathbf{v}_n) = y_1\mathbf{w}_1 + \dots + y_m\mathbf{w}_m,$$

dove $\mathbf{y} = A\mathbf{x}$, essendo $\mathbf{x} = {}^t(x_1 \dots x_n)$, $\mathbf{y} = {}^t(y_1 \dots y_m)$.

Si noti che $M_{\mathbf{w},\mathbf{v}}$ fa corrispondere all'applicazione lineare $\boldsymbol{0}$ la matrice nulla $m \times n$. Dalla definizione segue inoltre che per ogni $\mathbf{v} \in \mathbf{V}$ il vettore $F_A(\mathbf{v})$ ha per coordinate polinomi omogenei di primo grado nelle coordinate di $\mathbf{v}$.

12.3 PROPOSIZIONE *Siano* $\mathbf{U}$, $\mathbf{V}$, $\mathbf{W}$ *spazi vettoriali su* K *di dimensioni* s, n *ed* m, *e siano* $\mathbf{u} = \{\mathbf{u}_1, \dots, \mathbf{u}_s\}$, $\mathbf{v} = \{\mathbf{v}_1, \dots, \mathbf{v}_n\}$ *e* $\mathbf{w} = \{\mathbf{w}_1, \dots, \mathbf{w}_m\}$ *loro rispettive basi. Siano* $G: \mathbf{U} \to \mathbf{V}$ *ed* $F: \mathbf{V} \to \mathbf{W}$ *applicazioni lineari. Si ha*

$$M_{\mathbf{w},\mathbf{u}}(F \circ G) = M_{\mathbf{w},\mathbf{v}}(F)\, M_{\mathbf{v},\mathbf{u}}(G).$$

Dimostrazione

Se $\mathbf{u} = z_1\mathbf{u}_1 + z_2\mathbf{u}_2 + \dots + z_s\mathbf{u}_s \in \mathbf{U}$, siano

$$G(\mathbf{u}) = x_1\mathbf{v}_1 + x_2\mathbf{v}_2 + \dots + x_n\mathbf{v}_n$$

$$F(G(\mathbf{u})) = (F \circ G)(\mathbf{u}) = y_1\mathbf{w}_1 + y_2\mathbf{w}_2 + \dots + y_m\mathbf{w}_m.$$

Ponendo $\mathbf{z} = {}^t(z_1\ z_2\ \dots\ z_s)$, $\mathbf{x} = {}^t(x_1\ x_2\ \dots\ x_n)$, $\mathbf{y} = {}^t(y_1\ y_2\ \dots\ y_m)$, si ha

$$\mathbf{x} = M_{\boldsymbol{v},\boldsymbol{u}}(G)\,\mathbf{z}$$

$$\mathbf{y} = M_{\boldsymbol{w},\boldsymbol{v}}(F)\,\mathbf{x} = M_{\boldsymbol{w},\boldsymbol{v}}(F)\,[M_{\boldsymbol{v},\boldsymbol{u}}(G)\,\mathbf{z}] = [M_{\boldsymbol{w},\boldsymbol{v}}(F)\,M_{\boldsymbol{v},\boldsymbol{u}}(G)]\mathbf{z}.$$

Se $\mathbf{V} = \mathbf{W}$ e se $\boldsymbol{v} = \{\mathbf{v}_1, \dots, \mathbf{v}_n\}$ e $\boldsymbol{w} = \{\mathbf{w}_1, \dots, \mathbf{w}_n\}$ sono due basi di $\mathbf{V}$, ad ogni operatore lineare F su $\mathbf{V}$ è associata una matrice quadrata $M_{\boldsymbol{w},\boldsymbol{v}}(F) \in M_n(\mathsf{K})$.

Se $\boldsymbol{v} = \boldsymbol{w}$, dalla proposizione 12.3 segue che $F \in \mathrm{GL}(\mathbf{V})$ se e solo $M_{\boldsymbol{v},\boldsymbol{v}}(F) \in \mathrm{GL}_n(\mathsf{K})$, e in questo caso si ha

$$M_{\boldsymbol{v},\boldsymbol{v}}(F^{-1}) = M_{\boldsymbol{v},\boldsymbol{v}}(F)^{-1}.$$

Inoltre $M_{\boldsymbol{v},\boldsymbol{v}}(F) = \mathbf{I}_n$ se e solo se $F = \mathbf{1}_{\mathbf{V}}$.

Un caso particolare importante si ha prendendo due basi distinte $\boldsymbol{v}$ e $\boldsymbol{w}$ di $\mathbf{V}$ e $F = \mathbf{1}_{\mathbf{V}}$, l'applicazione identità. In questo caso $M_{\boldsymbol{w},\boldsymbol{v}}(\mathbf{1}_{\mathbf{V}})$ è detta *matrice del cambiamento di coordinate dalla base* $\boldsymbol{v}$ *alla base* $\boldsymbol{w}$.

Per definizione la colonna j-esima di $M_{\boldsymbol{w},\boldsymbol{v}}(\mathbf{1}_{\mathbf{V}})$ è costituita dalle coordinate di $\mathbf{v}_j$ rispetto alla base $\boldsymbol{w}$, per ogni $j = 1, \dots, n$. Per ogni vettore $\mathbf{v} \in \mathbf{V}$ si ha

$$\mathbf{v} = x_1\mathbf{v}_1 + x_2\mathbf{v}_2 + \dots + x_n\mathbf{v}_n = y_1\mathbf{w}_1 + y_2\mathbf{w}_2 + \dots + y_n\mathbf{w}_n$$

e, posto $\mathbf{x} = {}^t(x_1 \dots x_n)$, $\mathbf{y} = {}^t(y_1 \dots y_n)$, si ha

$$\mathbf{y} = M_{\boldsymbol{w},\boldsymbol{v}}(\mathbf{1}_{\mathbf{V}})\,\mathbf{x}.$$

Quindi la matrice $M_{\boldsymbol{w},\boldsymbol{v}}(\mathbf{1}_{\mathbf{V}})$ permette di ottenere le coordinate $\mathbf{y}$ di un vettore $\mathbf{v}$ rispetto alla base $\boldsymbol{w}$ una volta note le sue coordinate $\mathbf{x}$ rispetto alla base $\boldsymbol{v}$.

Si noti che, per la proposizione 12.3:

$$M_{\boldsymbol{v},\boldsymbol{w}}(\mathbf{1}_{\mathbf{V}})\,M_{\boldsymbol{w},\boldsymbol{v}}(\mathbf{1}_{\mathbf{V}}) = M_{\boldsymbol{v},\boldsymbol{v}}(\mathbf{1}_{\mathbf{V}}) = \mathbf{I}_n$$

e quindi

$$M_{\boldsymbol{v},\boldsymbol{w}}(\mathbf{1}_{\mathbf{V}}) = M_{\boldsymbol{w},\boldsymbol{v}}(\mathbf{1}_{\mathbf{V}})^{-1}. \qquad [12.1]$$

Supponiamo ora che lo spazio vettoriale $\mathbf{V}$ sia *reale*. Due basi $\boldsymbol{e} = \{\mathbf{e}_1, \ldots, \mathbf{e}_n\}$ ed $\boldsymbol{f} = \{\mathbf{f}_1, \ldots, \mathbf{f}_n\}$ di $\mathbf{V}$ si dicono *orientate concordemente* se $\det(M_{e,f}(\mathbf{1_V})) > 0$, e si scrive $\boldsymbol{e} \sim_c \boldsymbol{f}$. Altrimenti le due basi si dicono *orientate discordemente*.

Ogni base è orientata concordemente a sé stessa perché $M_{e,e}(\mathbf{1_V}) = \mathbf{I}_n$. Inoltre, poiché $M_{f,e}(\mathbf{1_V}) = M_{e,f}(\mathbf{1_V})^{-1}$, il fatto che due basi siano orientate concordemente o discordemente non dipende dall'ordine in cui esse sono state prese. Infine, se $\boldsymbol{e}$ ed $\boldsymbol{f}$ sono orientate concordemente, e così pure $\boldsymbol{f}$ e $\boldsymbol{g} = \{\mathbf{g}_1, \ldots, \mathbf{g}_n\}$, allora anche $\boldsymbol{e}$ e $\boldsymbol{g}$ sono orientate concordemente. Infatti si ha

$$\det(M_{e,g}(\mathbf{1_V})) = \det(M_{e,f}(\mathbf{1_V})(M_{f,g}(\mathbf{1_V})) = \det(M_{e,f}(\mathbf{1_V}))\det(M_{f,g}(\mathbf{1_V})) > 0.$$

Deduciamo che $\sim_c$ è una relazione di equivalenza nell'insieme $\mathscr{B}$ di tutte le basi di $\mathbf{V}$. Ogni classe di equivalenza si chiama *orientazione* di $\mathbf{V}$.

Quante sono le orientazioni di $\mathbf{V}$? Certamente almeno due, perché se $\boldsymbol{e} = \{\mathbf{e}_1, \ldots, \mathbf{e}_n\}$ è una base di $\mathbf{V}$, esiste qualche base orientata discordemente da $\boldsymbol{e}$, ad esempio la base $\boldsymbol{f} = \{-\mathbf{e}_1, \mathbf{e}_2, \ldots, \mathbf{e}_n\}$. Infatti

$$M_{e,f}(\mathbf{1_V}) = \begin{pmatrix} -1 & 0 & \ldots & 0 \\ 0 & 1 & \ldots & 0 \\ \vdots & \vdots & & \vdots \\ 0 & 0 & \ldots & 1 \end{pmatrix}.$$

D'altra parte, le orientazioni non sono più di due: infatti se esistessero tre basi $\boldsymbol{e}$, $\boldsymbol{f}$ e $\boldsymbol{g}$ orientate discordemente a due a due, si avrebbe l'assurdo

$$0 > \det(M_{e,g}(\mathbf{1_V})) = \det(M_{e,f}(\mathbf{1_V}))\det(M_{f,g}(\mathbf{1_V})) > 0.$$

Quindi $\mathbf{V}$ *possiede due orientazioni*, cioè $\mathscr{B}$ è ripartito in due classi di equivalenza rispetto a $\sim_c$. L'orientazione cui una data base $\boldsymbol{e} \in \mathscr{B}$ appartiene è l'*orientazione di* $\mathbf{V}$ *definita da* $\boldsymbol{e}$.

12.4 *Esempi*

1. Se $\mathbf{V} = \mathsf{K}^n$, $\mathbf{W} = \mathsf{K}^m$ e $\boldsymbol{v}$ e $\boldsymbol{w}$ sono le basi canoniche di K^n e di K^m rispettivamente, l'applicazione F_A associata a una matrice $A \in M_{m,n}(\mathsf{K})$ è data da

$$F_A(\mathbf{x}) = A\mathbf{x} \quad \text{per ogni } \mathbf{x} \in \mathsf{K}^n,$$

se gli elementi di K^n e di K^m sono visti come vettori colonna.

Poiché le colonne di A sono i vettori $F_A(\mathbf{E}_1), F_A(\mathbf{E}_2), \ldots, F_A(\mathbf{E}_n)$, si ha

$$\mathrm{Im}(F_A) = \langle F_A(\mathbf{E}_1), F_A(\mathbf{E}_2), \ldots, F_A(\mathbf{E}_n)\rangle.$$

In particolare $r(F_A) = r(A)$.

Si noti che le coordinate del vettore $A\mathbf{x}$ sono m polinomi omogenei di primo grado in $x_1, x_2, \dots, x_n$. Viceversa, una qualunque applicazione lineare $F: \mathsf{K}^n \to \mathsf{K}^m$ è della forma

$$F(x_1, x_2, \dots, x_n) = (F_1(x_1, x_2, \dots, x_n), F_2(x_1, x_2, \dots, x_n), \dots, F_m(x_1, x_2, \dots, x_n))$$

in cui ognuno degli $F_j(x_1, x_2, \dots, x_n)$ è un funzionale lineare su K^n: infatti F_j è uguale alla composizione

$$\eta_j \circ F: \mathsf{K}^n \to \mathsf{K}^m \to \mathsf{K},$$

che è lineare. Ricordando la [11.11], vediamo che ognuno degli $F_j(x_1, x_2, \dots, x_n)$ è un polinomio omogeneo di primo grado in $x_1, x_2, \dots, x_n$.

Quindi *ogni applicazione lineare* $F: \mathsf{K}^n \to \mathsf{K}^m$ *è definita da m polinomi omogenei di primo grado in* $x_1, \dots, x_n$, *e la corrispondente matrice ha per prima, seconda, ..., m-esima riga i coefficienti di* $F_1(x_1, x_2, \dots, x_n), F_2(x_1, x_2, \dots, x_n), \dots$ $\dots, F_m(x_1, x_2, \dots, x_n)$.

Ad esempio, alla matrice

$$A = \begin{pmatrix} 1 & 2 & \sqrt{2} \\ 3 & 1 & -\dfrac{1}{2} \end{pmatrix} \in M_{2,3}(\mathsf{R})$$

è associata l'applicazione lineare $F_A: \mathsf{R}^3 \to \mathsf{R}^2$ così definita:

$$F_A(x_1, x_2, x_3) = (x_1 + 2x_2 + \sqrt{2}x_3, 3x_1 + x_2 - x_3/2).$$

Viceversa all'applicazione lineare $F: \mathsf{R}^4 \to \mathsf{R}^3$ seguente:

$$F(x_1, x_2, x_3, x_4) = (2x_1 - x_3 + x_4, x_2 - \sqrt{3}x_3 + 3x_4/2, x_1 - x_2 + x_3 + 5x_4)$$

è associata la matrice

$$\begin{pmatrix} 2 & 0 & -1 & 1 \\ 0 & 1 & -\sqrt{3} & \dfrac{3}{2} \\ 1 & -1 & 1 & 5 \end{pmatrix}.$$

2. Siano $A \in M_{m,n}(\mathsf{K})$, $\mathbf{b} = {}^t(b_1 \dots b_m) \in \mathsf{K}^m$, e consideriamo il sistema di m equazioni lineari in n incognite

$$A\mathbf{X} = \mathbf{b}, \qquad [12.2]$$

dove $\mathbf{X} = {}^t(X_1 \dots X_n)$. Un vettore $\mathbf{x} = {}^t(x_1 \dots x_n) \in \mathsf{K}^n$ è una soluzione del sistema [12.2] se e solo se $F_A(\mathbf{x}) = \mathbf{b}$, dove $F_A: \mathsf{K}^n \to \mathsf{K}^m$ è l'applicazione lineare associata ad A. Affinché un $\mathbf{x} \in \mathsf{K}^n$ siffatto esista è necessario e sufficiente che $\mathbf{b} \in \mathrm{Im}(F_A)$.

D'altra parte, poiché $\mathrm{Im}(F_A)$ è generata dalle colonne di A, affinché $\mathbf{b} \in \mathrm{Im}(F_A)$, cioè affinché il sistema [12.2] sia compatibile, è necessario e sufficiente che

$$r(A) = r(A\,\mathbf{b}).$$

In questo modo abbiamo ottenuto una nuova dimostrazione del teorema di Kronecker-Rouché-Capelli.

Sappiamo che, se è compatibile, il sistema [12.2] possiede ∞^{n-r} soluzioni, dove $r = r(A)$. Ciò può essere dimostrato anche osservando che il sistema [12.2] possiede un'infinità di soluzioni uguale alla dimensione dello spazio delle soluzioni del sistema omogeneo associato

$$A\mathbf{X} = \mathbf{0},$$

e che tale spazio coincide con $\mathrm{N}(F_A)$. Per il teorema 11.6 abbiamo

$$\dim[\mathrm{N}(F_A)] = n - r(F) = n - r.$$

3. Sia $\mathbf{V}$ uno spazio vettoriale reale di dimensione 3, e sia $\boldsymbol{e} = \{\mathbf{e}_1, \mathbf{e}_2, \mathbf{e}_3\}$ una base di $\mathbf{V}$. Consideriamo le seguenti basi, i cui vettori assegniamo in coordinate rispetto a $\boldsymbol{e}$:

$$\boldsymbol{v} = \{\mathbf{v}_1(1, 1, 0), \mathbf{v}_2(2, 1, 1), \mathbf{v}_3(0, -2, 1)\}$$

$$\boldsymbol{w} = \{\mathbf{w}_1(-1, 0, 1), \mathbf{w}_2(1, -2, -3), \mathbf{w}_3(1, 1, 1)\}.$$

Si ha

$$M_{e,v}(\mathbf{1_V}) = \begin{pmatrix} 1 & 2 & 0 \\ 1 & 1 & -2 \\ 0 & 1 & 1 \end{pmatrix} \qquad M_{v,e}(\mathbf{1_V}) = M_{e,v}(\mathbf{1_V})^{-1} = \begin{pmatrix} 3 & -2 & -4 \\ -1 & 1 & 2 \\ 1 & -1 & -1 \end{pmatrix}.$$

Similmente

$$M_{e,w}(\mathbf{1_V}) = \begin{pmatrix} -1 & 1 & 1 \\ 0 & -2 & 1 \\ 1 & -3 & 1 \end{pmatrix}$$

$$M_{w,e}(\mathbf{1_V}) = M_{e,w}(\mathbf{1_V})^{-1} = \begin{pmatrix} \frac{1}{2} & -2 & \frac{3}{2} \\ \frac{1}{2} & -1 & \frac{1}{2} \\ 1 & -1 & 1 \end{pmatrix}.$$

Per calcolare $M_{w,v}(\mathbf{1_V})$ conviene utilizzare la proposizione 12.3. Si ha

$$M_{w,v}(\mathbf{1_V}) = M_{w,e}(\mathbf{1_V})\, M_{e,v}(\mathbf{1_V}) =$$

$$= \begin{pmatrix} \frac{1}{2} & -2 & \frac{3}{2} \\ \frac{1}{2} & -1 & \frac{1}{2} \\ 1 & -1 & 1 \end{pmatrix} \begin{pmatrix} 1 & 2 & 0 \\ 1 & 1 & -2 \\ 0 & 1 & 1 \end{pmatrix} = \begin{pmatrix} -\frac{3}{2} & \frac{1}{2} & \frac{11}{2} \\ -\frac{1}{2} & \frac{1}{2} & \frac{5}{2} \\ 0 & 2 & 3 \end{pmatrix}.$$

Infine, per calcolare $M_{v,w}(\mathbf{1_V})$ possiamo utilizzare l'identità

$$M_{v,w}(\mathbf{1_V}) = M_{w,v}(\mathbf{1_V})^{-1}$$

e calcolare l'inversa di $M_{w,v}(\mathbf{1_V})$, oppure scrivere

$$M_{v,w}(\mathbf{1_V}) = M_{v,e}(\mathbf{1_V})\, M_{e,w}(\mathbf{1_V}) =$$

$$= \begin{pmatrix} 3 & -2 & -4 \\ -1 & 1 & 2 \\ 1 & -1 & -1 \end{pmatrix} \begin{pmatrix} -1 & 1 & 1 \\ 0 & -2 & 1 \\ 1 & -3 & 1 \end{pmatrix} = \begin{pmatrix} -7 & 19 & -3 \\ 3 & -9 & 2 \\ -2 & 6 & -1 \end{pmatrix}.$$

4. Siano $\mathbf{V}$ e $\mathbf{W}$ spazi vettoriali reali, $\dim(\mathbf{V}) = 4$, $\dim(\mathbf{W}) = 2$, siano $v = \{\mathbf{v}_1, \mathbf{v}_2, \mathbf{v}_3, \mathbf{v}_4\}$ e $w = \{\mathbf{w}_1, \mathbf{w}_2\}$ basi di $\mathbf{V}$ e $\mathbf{W}$ rispettivamente, e sia $F: \mathbf{V} \to \mathbf{W}$ l'applicazione lineare tale che

$$M_{w,v}(F) = \begin{pmatrix} 1 & 3 & -2 & \frac{1}{2} \\ 2 & 0 & 1 & 0 \end{pmatrix}.$$

Siano

$$e = \{\mathbf{e}_1(1, 1, 1, 2), \mathbf{e}_2(2, -1, 3, 0), \mathbf{e}_3(\sqrt{2}, 1, 0, 0), \mathbf{e}_4(1, -\tfrac{1}{2}, 1, 5)\}$$
$$f = \{\mathbf{f}_1(2, -3), \mathbf{f}_2(-1, 3)\}$$

nuove basi di $\mathbf{V}$ e di $\mathbf{W}$ rispettivamente, assegnate mediante le loro coordinate nelle basi v e w. Per la proposizione 12.3 si ha

$$M_{f,e}(F) = M_{f,w}(\mathbf{1_W})\, M_{w,v}(F)\, M_{v,e}(\mathbf{1_V}).$$

Poiché

$$M_{w,f}(\mathbf{1_W}) = \begin{pmatrix} 2 & -1 \\ -3 & 3 \end{pmatrix}$$

$$M_{f,w}(\mathbf{1_W}) = M_{w,f}(\mathbf{1_W})^{-1} = \begin{pmatrix} \frac{1}{3} & \frac{1}{3} \\ -\frac{1}{3} & \frac{2}{3} \end{pmatrix}$$

$$M_{v,e}(\mathbf{1_V}) = \begin{pmatrix} 1 & 2 & \sqrt{2} & 1 \\ 1 & -1 & 1 & -\frac{1}{2} \\ 1 & 3 & 0 & 1 \\ 2 & 0 & 0 & 5 \end{pmatrix},$$

si ottiene

$$M_{f,e}(F) = \begin{pmatrix} \frac{1}{3} & \frac{1}{3} \\ -\frac{1}{3} & \frac{2}{3} \end{pmatrix} \begin{pmatrix} 1 & 3 & -2 & \frac{1}{2} \\ 2 & 0 & 1 & 0 \end{pmatrix} \begin{pmatrix} 1 & 2 & \sqrt{2} & 1 \\ 1 & -1 & 1 & -\frac{1}{2} \\ 1 & 3 & 0 & 1 \\ 2 & 0 & 0 & 5 \end{pmatrix} =$$

$$= \begin{pmatrix} 1 & 1 & -\frac{1}{3} & \frac{1}{6} \\ 1 & -1 & \frac{4}{3} & -\frac{1}{6} \end{pmatrix} \begin{pmatrix} 1 & 2 & \sqrt{2} & 1 \\ 1 & -1 & 1 & -\frac{1}{2} \\ 1 & 3 & 0 & 1 \\ 2 & 0 & 0 & 5 \end{pmatrix} =$$

$$= \begin{pmatrix} 2 & 0 & \sqrt{2}+1 & 1 \\ 1 & 7 & \sqrt{2}-1 & 2 \end{pmatrix}.$$

5. Nello spazio vettoriale $M_2(\mathbf{C})$ delle matrici 2×2 a coefficienti complessi consideriamo le basi

$$\boldsymbol{e} = \left\{ \mathbf{1}_{11} = \begin{pmatrix} 1 & 0 \\ 0 & 0 \end{pmatrix}, \mathbf{1}_{12} = \begin{pmatrix} 0 & 1 \\ 0 & 0 \end{pmatrix}, \mathbf{1}_{21} = \begin{pmatrix} 0 & 0 \\ 1 & 0 \end{pmatrix}, \mathbf{1}_{22} = \begin{pmatrix} 0 & 0 \\ 0 & 1 \end{pmatrix} \right\}$$

$$\boldsymbol{p} = \left\{ \mathbf{I}_2, \Sigma_1 = \begin{pmatrix} 0 & 1 \\ 1 & 0 \end{pmatrix}, \Sigma_2 = \begin{pmatrix} 0 & -\mathrm{i} \\ \mathrm{i} & 0 \end{pmatrix}, \Sigma_3 = \begin{pmatrix} 1 & 0 \\ 0 & -1 \end{pmatrix} \right\},$$

dove Σ_1, Σ_2 e Σ_3 sono le matrici di Pauli (cfr. esercizio 13, § 4). Poiché

$$\mathbf{I}_2 = \mathbf{1}_{11} + \mathbf{1}_{22}, \quad \Sigma_1 = \mathbf{1}_{12} + \mathbf{1}_{21}, \quad \Sigma_2 = -\,\mathrm{i}\mathbf{1}_{12} + \mathrm{i}\mathbf{1}_{21}, \quad \Sigma_3 = \mathbf{1}_{11} - \mathbf{1}_{22},$$

si ha:

$$M_{e,p}(\mathbf{1}) = \begin{pmatrix} 1 & 0 & 0 & 1 \\ 0 & 1 & -\mathrm{i} & 0 \\ 0 & 1 & \mathrm{i} & 0 \\ 1 & 0 & 0 & -1 \end{pmatrix},$$

$$M_{p,e}(\mathbf{1}) = M_{e,p}(\mathbf{1})^{-1} = \begin{pmatrix} \frac{1}{2} & 0 & 0 & \frac{1}{2} \\ 0 & \frac{1}{2} & \frac{1}{2} & 0 \\ 0 & \frac{\mathrm{i}}{2} & -\frac{\mathrm{i}}{2} & 0 \\ \frac{1}{2} & 0 & 0 & -\frac{1}{2} \end{pmatrix}.$$

In uno spazio affine **A** con spazio vettoriale associato **V** consideriamo due riferimenti affini, $E\mathbf{e}_1 \dots \mathbf{e}_n$ e $F\mathbf{f}_1 \dots \mathbf{f}_n$, e un punto qualsiasi $P \in \mathbf{A}$.

Sia $\mathbf{x} = {}^t(x_1 \dots x_n)$ il vettore colonna delle coordinate di P nel riferimento $E\mathbf{e}_1 \dots \mathbf{e}_n$ e sia $\mathbf{y} = {}^t(y_1 \dots y_n)$ quello delle coordinate di $P \in \mathbf{A}$ rispetto a $F\mathbf{f}_1 \dots \mathbf{f}_n$. Si ha

$$\overrightarrow{EP} = x_1\mathbf{e}_1 + \dots + x_n\mathbf{e}_n$$
$$\overrightarrow{FP} = y_1\mathbf{f}_1 + \dots + y_n\mathbf{f}_n.$$

Supponiamo di conoscere **x** e di voler trovare **y**.

Denotiamo con $\boldsymbol{e} = \{\mathbf{e}_1, \dots, \mathbf{e}_n\}$ ed $\boldsymbol{f} = \{\mathbf{f}_1, \dots, \mathbf{f}_n\}$ le due basi di **V**, con $A = (a_{ij}) = M_{f,e}(\mathbf{1}_\mathbf{V})$ e con $\mathbf{c} = {}^t(c_1 \dots c_n)$ il vettore delle coordinate di E rispetto a $F\mathbf{f}_1 \dots \mathbf{f}_n$. L'identità vettoriale

$$\overrightarrow{FP} = \overrightarrow{FE} + \overrightarrow{EP},$$

espressa rispetto alla base $\boldsymbol{f}$, ci dà

$$\mathbf{y} = A\mathbf{x} + \mathbf{c}. \qquad [12.3]$$

La [12.3] è la formula del *cambiamento di coordinate affini dal riferimento* $E\mathbf{e}_1 \dots \mathbf{e}_n$ *al riferimento* $F\mathbf{f}_1 \dots \mathbf{f}_n$.

Come era prevedibile, la [12.3] dipende solo dalle basi $\boldsymbol{e}$ ed $\boldsymbol{f}$ e dai punti E ed F, le origini nei due riferimenti affini assegnati.

Nel caso in cui lo spazio $\mathbf{A}$ è uno spazio affine reale, due riferimenti affini $E\mathbf{e}_1 \dots \mathbf{e}_n$ e $F\mathbf{f}_1 \dots \mathbf{f}_n$ si diranno *orientati concordemente* (*orientati discordemente*) se le basi $\boldsymbol{e}$ ed $\boldsymbol{f}$ sono orientate concordemente (orientate discordemente).

Consideriamo l'insieme $\mathscr{R}$ di tutti i riferimenti affini di $\mathbf{A}$, e in $\mathscr{R}$ diciamo equivalenti due riferimenti se sono orientati concordemente. Procedendo in modo simile al caso vettoriale, possiamo verificare che quella che abbiamo definito è effettivamente una relazione di equivalenza, e che le classi di equivalenza sono due. Esse si dicono le *orientazioni di* $\mathbf{A}$. L'orientazione cui un dato riferimento $E\mathbf{e}_1 \dots \mathbf{e}_n \in \mathscr{R}$ appartiene è l'*orientazione di* $\mathbf{A}$ *definita da* $E\mathbf{e}_1 \dots \mathbf{e}_n$.

12.5 *Esempi*

1. Se $E\mathbf{e}_1 \dots \mathbf{e}_n$ è un riferimento affine dello spazio affine $\mathbf{A}$ e se un secondo riferimento affine assegnato è $F\mathbf{e}_1 \dots \mathbf{e}_n$, cioè è ottenuto solo cambiando la posizione dell'origine e lasciando invariata la base dei vettori, la formula [12.3] si riduce alla seguente:

$$\mathbf{y} = \mathbf{x} + \mathbf{c}. \qquad [12.4]$$

Se invece il secondo riferimento è $E\mathbf{f}_1 \dots \mathbf{f}_n$, cioè è ottenuto cambiando la base dei vettori, ma non l'origine, la formula [12.3] diventa

$$\mathbf{y} = A\mathbf{x}. \qquad [12.5]$$

Ogni cambiamento di riferimento affine si può ottenere come la composizione di uno del tipo [12.4] seguito da uno del tipo [12.5], o viceversa. La verifica è lasciata al lettore.

2. Siano $E\mathbf{e}_1 \dots \mathbf{e}_n$, $F\mathbf{f}_1 \dots \mathbf{f}_n$ e $G\mathbf{g}_1 \dots \mathbf{g}_n$ tre riferimenti affini in $\mathbf{A}$, e siano $\mathbf{x} = {}^t(x_1 \dots x_n)$, $\mathbf{y} = {}^t(y_1 \dots y_n)$ e $z = {}^t(z_1 \dots z_n)$ i vettori delle coordinate di un punto $P \in \mathbf{A}$ rispetto ad ognuno dei riferimenti dati. Supponiamo che il passaggio dalle coordinate $\mathbf{x}$ alle $\mathbf{y}$ sia dato dalla [12.3] e che quello dalle $\mathbf{y}$ alle $\mathbf{z}$ sia dato dalla formula

$$\mathbf{z} = B\mathbf{y} + \mathbf{d} \qquad [12.6]$$

con $B = (b_{ij})$, e $\mathbf{d} = {}^t(d_1 \dots d_n)$. Allora la formula che esprime il passaggio dalla $\mathbf{x}$ alle $\mathbf{z}$ si ottiene sostituendo la [12.3] nella [12.6], e quindi è

$$\mathbf{z} = BA\mathbf{x} + (\mathbf{d} + B\mathbf{c}).$$

3. Con le notazioni della [12.3] la formula che esprime il passaggio dalle coordinate $\mathbf{y}$ alle $\mathbf{x}$, cioè il passaggio inverso di quello dato dalla [12.3], è

$$\mathbf{x} = A^{-1}\mathbf{y} - A^{-1}\mathbf{c}. \qquad [12.7]$$

Infatti, sostituendo la [12.3] nel secondo membro della [12.7] si ottiene l'identità $\mathbf{x} = \mathbf{x}$.

4. Sia **A** uno spazio affine reale di dimensione 3, e sia **V** lo spazio vettoriale associato. Siano $E\mathbf{e}_1\mathbf{e}_2\mathbf{e}_3$ ed $F\mathbf{f}_1\mathbf{f}_2\mathbf{f}_3$ due riferimenti affini in **A**. Supponiamo che

$$\mathbf{f}_1 = \mathbf{e}_1 + \mathbf{e}_2, \quad \mathbf{f}_2 = -\mathbf{e}_1 + \mathbf{e}_3, \quad \mathbf{f}_3 = \mathbf{e}_1 + \mathbf{e}_2 + \mathbf{e}_3,$$

e che F abbia coordinate $(5, -3/2, 1/2)$ nel riferimento $E\mathbf{e}_1\mathbf{e}_2\mathbf{e}_3$.

Per conoscere la formula di cambiamento di coordinate dal riferimento $E\mathbf{e}_1\mathbf{e}_2\mathbf{e}_3$ al riferimento $F\mathbf{f}_1\mathbf{f}_2\mathbf{f}_3$ occorre conoscere la matrice $M_{f,e}(\mathbf{1_V})$, nonché le coordinate c_1, c_2, c_3 di E rispetto a $F\mathbf{f}_1\mathbf{f}_2\mathbf{f}_3$. Si ha

$$M_{e,f}(\mathbf{1_V}) = \begin{pmatrix} 1 & -1 & 1 \\ 1 & 0 & 1 \\ 0 & 1 & 1 \end{pmatrix}$$

e quindi

$$M_{f,e}(\mathbf{1_V}) = M_{e,f}(\mathbf{1_V})^{-1} = \begin{pmatrix} -1 & 2 & -1 \\ -1 & 1 & 0 \\ 1 & -1 & 1 \end{pmatrix}.$$

Per determinare (c_1, c_2, c_3) utilizziamo la matrice $M_{f,e}(\mathbf{1_V})$ che abbiamo appena calcolato. Si ha

$$c_1\mathbf{f}_1 + c_2\mathbf{f}_2 + c_3\mathbf{f}_3 = \overrightarrow{FE} = -\overrightarrow{EF} = -\left(5\mathbf{e}_1 - \frac{3}{2}\mathbf{e}_2 + \frac{1}{2}\mathbf{e}_3\right).$$

Pertanto

$$\begin{pmatrix} c_1 \\ c_2 \\ c_3 \end{pmatrix} = M_{f,e}(\mathbf{1_V}) \begin{pmatrix} -5 \\ \frac{3}{2} \\ -\frac{1}{2} \end{pmatrix} = \begin{pmatrix} -1 & 2 & -1 \\ -1 & 1 & 0 \\ 1 & -1 & 1 \end{pmatrix} \begin{pmatrix} -5 \\ \frac{3}{2} \\ -\frac{1}{2} \end{pmatrix} = \begin{pmatrix} \frac{17}{2} \\ \frac{13}{2} \\ -7 \end{pmatrix}.$$

In conclusione, la formula del cambiamento di coordinate dal riferimento

$E\mathbf{e}_1\mathbf{e}_2\mathbf{e}_3$ al riferimento $F\mathbf{f}_1\mathbf{f}_2\mathbf{f}_3$ è

$$\begin{pmatrix} y_1 \\ y_2 \\ y_3 \end{pmatrix} = \begin{pmatrix} -1 & 2 & -1 \\ -1 & 1 & 0 \\ 1 & -1 & 1 \end{pmatrix} \begin{pmatrix} x_1 \\ x_2 \\ x_3 \end{pmatrix} + \begin{pmatrix} \frac{17}{2} \\ \frac{13}{2} \\ -7 \end{pmatrix}$$

ovvero:

$$y_1 = -x_1 + 2x_2 - x_3 + \frac{17}{2}$$

$$y_2 = -x_1 + x_2 + \frac{13}{2}$$

$$y_3 = x_1 - x_2 + x_3 - 7.$$

Esercizi

1. Sia F: $\mathsf{R}^2 \to \mathsf{R}^3$ l'applicazione lineare

$$F(x_1, x_2) = (x_1 + x_2, x_1 - 2x_2, x_1).$$

Determinare $M_{\boldsymbol{b}', \boldsymbol{b}}(F)$, dove

$$\boldsymbol{b} = \{(1, 1), (0, -1)\}, \quad \boldsymbol{b}' = \{(1, 1, 1), (1, -2, 0), (0, 0, 1)\}.$$

2. Sia F : $\mathsf{R}^2 \to \mathsf{R}^3$ l'applicazione lineare

$$F(x_1, x_2) = \left(-\frac{x_1}{2} + \frac{3x_2}{2}, \frac{3x_1}{2} - \frac{x_2}{2}, 2x_1\right).$$

Determinare $M_{\boldsymbol{b}', \boldsymbol{b}}(F)$, dove

$$\boldsymbol{b} = \{(1, 1), (1, -1)\}, \quad \boldsymbol{b}' = \{(1, 0, 1), (0, 1, 1), (2, -1, -1)\}.$$

3. Sia F : $\mathsf{C}^3 \to \mathsf{C}^2$ l'applicazione lineare definita dalla matrice

$$A = \begin{pmatrix} 2 & 1 & -1 \\ \mathrm{i} & \mathrm{i} & 1+\mathrm{i} \end{pmatrix}$$

rispetto alle basi $\boldsymbol{b} = \{(1, \mathrm{i}, \mathrm{i}), (\mathrm{i}, \mathrm{i}, 1), (0, \mathrm{i}, 0)\}$ di C^3 e $\boldsymbol{b}' = \{(1, 1), (\mathrm{i}, -\mathrm{i})\}$ di C^2. Determinare la matrice che rappresenta F rispetto alle basi canoniche.

4. Siano $\mathbf{v}_1 = (-1, 1, 1)$, $\mathbf{v}_2 = (1, 1, 0)$, $\mathbf{v}_3 = (0, 2, 1) \in \mathsf{R}^3$. Dimostrare che non esiste un'applicazione lineare F : $\mathsf{R}^3 \to \mathsf{R}^3$ tale che

$$F(\mathbf{v}_1) = (1, 0, 0), \quad F(\mathbf{v}_2) = (0, 1, 0), \quad F(\mathbf{v}_3) = (0, 0, 1).$$

5. Per ognuna delle seguenti coppie di basi $\boldsymbol{b}$ e $\boldsymbol{b}'$ di R^2, determinare $M_{b,b'}(\mathbf{1})$:

a) $\boldsymbol{b} = \{1, 0), (0, 1)\}$, $\boldsymbol{b}' = \{(1, \sqrt{3}), (\sqrt{3}, 1)\}$

b) $\boldsymbol{b} = \{(1, -1), (1, 1)\}$, $\boldsymbol{b}' = \{(1, 0), (1, 1)\}$

c) $\boldsymbol{b} = \{(2, 1), (2, 2)\}$, $\boldsymbol{b}' = \{(\sqrt{5}, -\sqrt{5}), (\sqrt{5}, \sqrt{5})\}$.

6. Per ognuna delle seguenti coppie di basi $\boldsymbol{b}$ e $\boldsymbol{b}'$ di C^2, determinare $M_{b,b'}(\mathbf{1})$:

a) $\boldsymbol{b} = \{(1, \mathrm{i}), (\mathrm{i}, 1)\}$, $\boldsymbol{b}' = \{(2, 1), (1, 2)\}$

b) $\boldsymbol{b} = \{(\mathrm{i}, \mathrm{i}), (-1, 1)\}$, $\boldsymbol{b}' = \{(\mathrm{i}, 0), (0, \mathrm{i})\}$.

7. Per ognuna delle seguenti coppie di basi $\boldsymbol{b}$ e $\boldsymbol{b}'$ di Q^3, determinare $M_{b,b'}(\mathbf{1})$:

a) $\boldsymbol{b} = \{(1, 0, 1), (1, 1, 0), (0, 1, 1)\}$, $\boldsymbol{b}' = \{(1, 1, 1), (0, 1, 1), (0, 0, 1)\}$

b) $\boldsymbol{b} = \{(1, -1, 1), (-1, 1, 1), (1, 1, 1)\}$,
$\boldsymbol{b}' = \{(13, 5, -6), (8, -10, -4), (-17, 0, -7)\}$.

8. In un piano affine reale **A** si supponga fissato un riferimento affine $O\mathbf{ij}$. Determinare le formule di cambiamento di coordinate dal riferimento $O\mathbf{ij}$ al riferimento $O'\mathbf{i}'\mathbf{j}'$ dove $O' = O'(1, 2)$, $\mathbf{i}' = \mathbf{i} + 3\mathbf{j}$, $\mathbf{j}' = \mathbf{i} + \mathbf{j}$.

9. In un piano affine reale **A** si supponga fissato un riferimento affine $O\mathbf{ij}$, e siano $\mathfrak{r}$, $\mathfrak{r}'$ ed $\mathfrak{r}''$ le rette di equazioni

$$\mathfrak{r}: X + Y = 0, \quad \mathfrak{r}': X - Y - 1 = 0, \quad \mathfrak{r}'': 2X + Y + 2 = 0.$$

Posto $O' = \mathfrak{r} \cap \mathfrak{r}'$, $U = \mathfrak{r} \cap \mathfrak{r}''$, $U' = \mathfrak{r}' \cap \mathfrak{r}''$, siano $\mathbf{i}' = \overrightarrow{O'U}$, $\mathbf{j}' = \overrightarrow{O'U'}$. Dopo aver verificato che i vettori $\mathbf{i}'$ e $\mathbf{j}'$ sono linearmente indipendenti, determinare le formule del cambiamento di coordinate dal riferimento $O\mathbf{ij}$ al riferimento $O'\mathbf{i}'\mathbf{j}'$.

10. Sia **A** uno spazio affine reale di dimensione 3, in cui sia fissato un riferimento affine $O\mathbf{ijk}$. Determinare le formule del cambiamento di coordinate dal riferimento $O\mathbf{ijk}$ al riferimento $O'\mathbf{i}'\mathbf{j}'\mathbf{k}'$, dove

$$O' = O'\left(\frac{\pi}{3}, -\pi, \frac{\pi}{3}\right), \quad \mathbf{i}' = \mathbf{i} + \mathbf{k}, \quad \mathbf{j}' = \mathbf{j} - \mathbf{k}, \quad \mathbf{k}' = \mathbf{i} + \mathbf{j} + \mathbf{k}.$$

11. Siano $\boldsymbol{e} = \{\mathbf{e}_1, \ldots, \mathbf{e}_n\}$, $\boldsymbol{b} = \{\mathbf{b}_1, \ldots, \mathbf{b}_n\}$ due basi del K-spazio vettoriale $\mathbf{V}$, e siano $\boldsymbol{\eta} = \{\eta_1, \ldots, \eta_n\}$, $\boldsymbol{\beta} = \{\beta_1, \ldots, \beta_n\}$ le basi di $\mathbf{V}^{\vee}$ duali di $\boldsymbol{e}$ e di $\boldsymbol{b}$ rispettivamente. Dimostrare che

$$M_{\beta,\eta}(\mathbf{1}_{V^{\vee}}) = {}^t[M_{e,b}(\mathbf{1}_V)].$$

13 Operatori lineari e matrici quadrate (I). Forma canonica di Jordan (II)

I) Sia $\mathbf{V}$ un K-spazio vettoriale di dimensione finita, e sia $\boldsymbol{e} = \{\mathbf{e}_1, \ldots, \mathbf{e}_n\}$ una base di $\mathbf{V}$. Per ogni operatore $F \in \mathrm{End}(\mathbf{V})$ scriveremo $M_e(F)$ invece di $M_{e,e}(F)$, e chiameremo $M_e(F)$ la *matrice di F rispetto alla base* $\boldsymbol{e}$.

Dal teorema 12.2 discende che l'applicazione

$$M_e\colon \mathrm{End}(\mathbf{V}) \to M_n(\mathsf{K})$$
$$F \mapsto M_e(F)$$

è un isomorfismo di K-spazi vettoriali. Si ha

$$M_e(\mathbf{1}_\mathbf{V}) = \mathbf{I}_n,$$

e $M_e(F) \in \mathrm{GL}_n(\mathsf{K})$ se e solo se $F \in \mathrm{GL}_n(\mathbf{V})$, cioè un'operatore F è un automorfismo se e solo se $M_e(F)$ è invertibile. Quindi l'applicazione M_e induce una biezione che denotiamo con lo stesso simbolo:

$$M_e\colon \mathrm{GL}(\mathbf{V}) \to \mathrm{GL}_n(\mathsf{K}).$$

Sia $\mathbf{f} = \{\mathbf{f}_1, \ldots, \mathbf{f}_n\}$ un'altra base di $\mathbf{V}$. Dalla proposizione 12.3 deduciamo che

$$M_f(F) = M_{f,e}(\mathbf{1}_\mathbf{V})\, M_e(F)\, M_{e,f}(\mathbf{1}_\mathbf{V}).$$

Poiché $M_{f,e}(\mathbf{1}_\mathbf{V}) = M_{e,f}(\mathbf{1}_\mathbf{V})^{-1}$, otteniamo

$$M_f(F) = M_{e,f}(\mathbf{1}_\mathbf{V})^{-1}\, M_e(F)\, M_{e,f}(\mathbf{1}_\mathbf{V}) \qquad [13.1]$$

da cui segue immediatamente che

$$\det(M_f(F)) = \det(M_e(F)),$$

cioè $\det(M_e(F))$ non dipende dalla base $\mathbf{e}$, ma solo da F. Chiameremo pertanto $\det(M_e(F))$ il *determinante dell'operatore* F e lo denoteremo con $\det(F)$, senza dover specificare la matrice $M_e(F)$ attraverso la quale è stato calcolato.

13.1 Definizione *Due* matrici A, $B \in M_n(\mathsf{K})$ *si dicono* simili *se esiste* $M \in \mathrm{GL}_n(\mathsf{K})$ *tale che* $B = M^{-1}AM$.

La similitudine è una relazione di equivalenza in $M_n(\mathsf{K})$. Infatti ogni matrice è simile a se stessa: $A = \mathbf{I}_n^{-1} A\, \mathbf{I}_n$. Se $B = M^{-1}AM$, allora

$$A = (MM^{-1})A(MM^{-1}) = M(M^{-1}AM)M^{-1} = (M^{-1})^{-1}BM^{-1}$$

e la relazione è simmetrica. Se $B = M^{-1}AM$ e $C = N^{-1}BN$, allora

$$C = N^{-1}(M^{-1}AM)N = (MN)^{-1}A(MN)$$

e la relazione è transitiva.

13.2 Proposizione *Sia* $\mathbf{V}$ *un* K-*spazio vettoriale*, $\dim(\mathbf{V}) = n$, *e siano* A, $B \in M_n(\mathsf{K})$. *A e B sono simili se e solo se esistono un operatore lineare* $F \in \mathrm{End}(\mathbf{V})$ *e basi* $\mathbf{e}$ *ed* $\mathbf{f}$ *di* $\mathbf{V}$ *tali che* $M_e(F) = A$ *ed* $M_f(F) = B$.

Dimostrazione

Se F, $\mathbf{e}$, $\mathbf{f}$ esistono, allora dalla [13.1] segue che A e B sono simili. Supponiamo viceversa che

$$B = M^{-1}AM. \qquad [13.2]$$

Sia $\mathbf{e}$ una base arbitraria di $\mathbf{V}$ e sia $F = F_A$ l'operatore associato alla matrice A rispetto alla base $\mathbf{e}$. Per ogni $j = 1, \ldots, n$ sia $\mathbf{f}_j$ il vettore le cui coordinate rispetto a $\mathbf{e}$ sono gli elementi della j-esima colonna di M, cioè $\mathbf{f}_j = m_{1j}\mathbf{e}_1 + m_{2j}\mathbf{e}_2 + \ldots$ $\ldots + m_{nj}\mathbf{e}_n$. Poiché M ha rango n, i vettori $\mathbf{f}_1, \ldots, \mathbf{f}_n$ sono linearmente indipendenti e quindi $\{\mathbf{f}_1, \ldots, \mathbf{f}_n\}$ è una base di $\mathbf{V}$. Si ha inoltre

$$M = M_{\mathbf{e},\mathbf{f}}(\mathbf{1_V}).$$

Dalla [13.2] discende che $B = M_{\mathbf{f}}(F)$.

13.3 Definizione *Sia* $\mathbf{V}$ *un* K*-spazio vettoriale,* $\dim(\mathbf{V}) = n$. *Un* operatore $F \in \operatorname{End}(\mathbf{V})$ *si dice* diagonalizzabile *se esiste una base* $\mathbf{e}$ *di* $\mathbf{V}$ *tale che* $M_{\mathbf{e}}(F)$ *sia una matrice diagonale, cioè della forma*

$$\begin{pmatrix} \lambda_1 & 0 & \ldots & 0 \\ 0 & \lambda_2 & \ldots & 0 \\ \vdots & \vdots & & \vdots \\ 0 & 0 & \ldots & \lambda_n \end{pmatrix}$$

per opportuni $\lambda_1, \lambda_2, \ldots, \lambda_n \in \mathsf{K}$.

Se ciò avviene $\mathbf{e}$ *è una* base diagonalizzante per F.

Una matrice $A \in M_n(\mathsf{K})$ *si dice* diagonalizzabile *se è simile a una matrice diagonale.*

Ovviamente, se $F \in \operatorname{End}(\mathbf{V})$ ed $\mathbf{e}$ è una base di $\mathbf{V}$, F è diagonalizzabile se e solo se $M_{\mathbf{e}}(F)$ è una matrice diagonalizzabile. In particolare $A \in M_n(\mathsf{K})$ è diagonalizzabile se e solo se l'operatore F_A: $\mathsf{K}^n \to \mathsf{K}^n$ definito da A è diagonalizzabile.

Se F: $\mathbf{V} \to \mathbf{V}$ è un operatore lineare diagonalizzabile ed $\mathbf{e}$ è una base diagonalizzante per F, si ha

$$F(\mathbf{e}_i) = \lambda_i \mathbf{e}_i, \quad i = 1, \ldots, n. \qquad [13.3]$$

Viceversa, se una base $\mathbf{e}$ soddisfacente la [13.3] esiste, allora la matrice $M_{\mathbf{e}}(F)$ è diagonale, e quindi F è diagonalizzabile ed $\mathbf{e}$ è una base diagonalizzante.

Si noti che, se $\dim(\mathbf{V}) = 1$, allora ogni $F \in \operatorname{End}(\mathbf{V})$ è diagonalizzabile ed ogni base di $\mathbf{V}$ è diagonalizzante per F. Se $\dim(\mathbf{V}) \geq 2$ non tutti gli operatori $F \in \operatorname{End}(\mathbf{V})$ sono diagonalizzabili. Similmente non tutte le matrici $A \in M_n(\mathsf{K})$ sono diagonalizzabili se $n \geq 2$ (cfr. esempio 13.15(3)).

In relazione al problema di stabilire l'esistenza di basi diagonalizzanti si presentano in modo naturale le nozioni di "autovettore" e di "autovalore".

13.4 Definizione *Sia* $\mathbf{V}$ *un* K*-spazio vettoriale, e sia* $F \in \mathrm{End}(\mathbf{V})$. *Un vettore* $\mathbf{v} \in \mathbf{V}$ *si dice* autovettore di F *se* $\mathbf{v} \neq \mathbf{0}$ *ed esiste uno scalare* $\lambda \in \mathsf{K}$ *tale che* $F(\mathbf{v}) = \lambda \mathbf{v}$.
λ *è l'*autovalore di F relativo all'autovettore $\mathbf{v}$.
Il sottoinsieme di K *costituito dagli autovalori di F è lo* spettro di F.
Se $A \in M_n(\mathsf{K})$, *un* autovettore di A *è un autovettore* $\mathbf{x} \in \mathsf{K}^n$ *dell'operatore* F_A: $\mathsf{K}^n \to \mathsf{K}^n$ *definito da A, e un* autovalore di A *è un autovalore di* F_A.

Ad esempio, se $F = \mathbf{1}_\mathbf{V}$, ogni $\mathbf{v} \neq \mathbf{0}$ è un autovettore di F con autovalore $\lambda = 1$.
Se F è un operatore tale che $\mathrm{N}(F) \neq \langle \mathbf{0} \rangle$, ogni $\mathbf{v} \in \mathrm{N}(F) \setminus \{\mathbf{0}\}$ è un autovettore di F con autovalore $\lambda = 0$.

Diamo qui di seguito alcune semplici proprietà degli autovettori e degli autovalori di un operatore $F \in \mathrm{End}(\mathbf{V})$. Supporremo $\dim(\mathbf{V}) = n \geq 1$.

13.5 Proposizione *L'autovalore relativo a un autovettore* $\mathbf{v}$ *è univocamente determinato.*

Dimostrazione
Se $\lambda \mathbf{v} = F(\mathbf{v}) = \mu \mathbf{v}$ per qualche $\lambda, \mu \in \mathsf{K}$, allora $(\lambda - \mu)\mathbf{v} = \mathbf{0}$ e, poiché $\mathbf{v} \neq \mathbf{0}$, dev'essere $\lambda - \mu = 0$, cioè $\lambda = \mu$.

13.6 Proposizione *Se* $\mathbf{v}_1, \mathbf{v}_2 \in \mathbf{V}$ *sono autovettori relativi allo stesso autovalore* λ, *allora per ogni* $c_1, c_2 \in \mathsf{K}$ *il vettore* $c_1\mathbf{v}_1 + c_2\mathbf{v}_2$, *se non è il vettore nullo, è ancora un autovettore con autovalore* λ.

Dimostrazione
Si ha

$$F(c_1\mathbf{v}_1 + c_2\mathbf{v}_2) = c_1F(\mathbf{v}_1) + c_2F(\mathbf{v}_2) = c_1\lambda\mathbf{v}_1 + c_2\lambda\mathbf{v}_2 = \lambda(c_1\mathbf{v}_1 + c_2\mathbf{v}_2).$$

Dalla 13.6 segue che l'insieme

$$\mathbf{V}_\lambda(F) = \{\mathbf{v} \in \mathbf{V}: \mathbf{v} \text{ è un autovettore di } F \text{ con autovalore } \lambda\} \cup \{\mathbf{0}\}$$

è un sottospazio vettoriale di $\mathbf{V}$, detto *l'autospazio relativo all'autovalore* λ, o λ*-autospazio* di F.

Per una matrice $A \in M_n(\mathsf{K})$ si definisce *l'autospazio* $\mathbf{V}_\lambda(A)$ *relativo all'autovalore* λ come il sottospazio $\mathbf{V}_\lambda(A) = \mathbf{V}_\lambda(F_A)$ di K^n.

13.7 Proposizione *Se* $\mathbf{v}_1, \ldots, \mathbf{v}_k \in \mathbf{V}$ *sono autovettori relativi agli autovalori* $\lambda_1, \ldots, \lambda_k$, *e se questi* λ_i *sono a due a due distinti, allora* $\mathbf{v}_1, \ldots, \mathbf{v}_k$ *sono linearmente indipendenti.*

Dimostrazione

L'asserzione è banalmente vera se $k = 1$, perché $\mathbf{v}_1 \neq \mathbf{0}$. Procediamo per induzione su k, e supponiamo $k \geq 2$. Se

$$c_1\mathbf{v}_1 + c_2\mathbf{v}_2 + \dots + c_k\mathbf{v}_k = \mathbf{0}, \qquad [13.4]$$

allora, applicando F a entrambi i membri, si ha anche

$$c_1F(\mathbf{v}_1) + c_2F(\mathbf{v}_2) + \dots + c_kF(\mathbf{v}_k) = \mathbf{0},$$

cioè

$$c_1\lambda_1\mathbf{v}_1 + c_2\lambda_2\mathbf{v}_2 + \dots + c_k\lambda_k\mathbf{v}_k = \mathbf{0}. \qquad [13.5]$$

D'altra parte, moltiplicando ambo i membri della [13.4] per λ_1, si ottiene

$$\lambda_1c_1\mathbf{v}_1 + \lambda_1c_2\mathbf{v}_2 + \dots + \lambda_1c_k\mathbf{v}_k = \mathbf{0}, \qquad [13.6]$$

e sottraendo la [13.6] dalla [13.5]:

$$c_2(\lambda_2 - \lambda_1)\mathbf{v}_2 + \dots + c_k(\lambda_k - \lambda_1)\mathbf{v}_k = \mathbf{0}. \qquad [13.7]$$

Per l'ipotesi induttiva $\mathbf{v}_2, \dots, \mathbf{v}_k$ sono linearmente indipendenti, e quindi i coefficienti del primo membro della [13.7] sono tutti uguali a 0. Poiché $\lambda_j - \lambda_1 \neq 0$ per ogni j, si deduce che $c_2 = \dots = c_k = 0$. Quindi la [13.4] si riduce a $c_1\mathbf{v}_1 = \mathbf{0}$, e quest'identità implica che anche $c_1 = 0$, perché $\mathbf{v}_1 \neq \mathbf{0}$.

13.8 Proposizione *Se ogni $\mathbf{v} \in \mathbf{V}\setminus\{\mathbf{0}\}$ è un autovettore di F, allora esiste $\lambda \in \mathsf{K}$ tale che $F = \lambda\mathbf{1}_\mathbf{V}$.*

Dimostrazione

Se $\dim(\mathbf{V}) = 1$ l'asserzione è ovvia. Possiamo quindi supporre $\dim(\mathbf{V}) \geq 2$. Sia $\{\mathbf{e}_1, \dots, \mathbf{e}_n\}$ una base di $\mathbf{V}$. Dall'ipotesi segue che esistono $\lambda_1, \lambda_2, \dots, \lambda_n \in \mathsf{K}$ tali che $F(\mathbf{e}_i) = \lambda_i\mathbf{e}_i$, $i = 1, \dots, n$. Siano $1 \leq i, j \leq n$ due indici distinti, e sia $\mathbf{v}_{ij} = \mathbf{e}_i + \mathbf{e}_j$. Per ipotesi esiste $\lambda_{ij} \in \mathsf{K}$ tale che

$$F(\mathbf{v}_{ij}) = \lambda_{ij}\mathbf{v}_{ij} = \lambda_{ij}\mathbf{e}_i + \lambda_{ij}\mathbf{e}_j.$$

D'altra parte si ha

$$F(\mathbf{v}_{ij}) = F(\mathbf{e}_i + \mathbf{e}_j) = F(\mathbf{e}_i) + F(\mathbf{e}_j) = \lambda_i\mathbf{e}_i + \lambda_j\mathbf{e}_j,$$

e, per l'indipendenza lineare di $\mathbf{e}_i$ ed $\mathbf{e}_j$, deduciamo che $\lambda_i = \lambda_j = \lambda_{ij}$. In conclusione $\lambda_1 = \lambda_2 = \dots = \lambda_n$, e l'asserto è provato.

In pratica nella ricerca degli autovalori di un operatore o di una matrice si utilizza il cosiddetto "polinomio caratteristico". La sua definizione si avvale del seguente semplice risultato.

13.9 PROPOSIZIONE *Sia* $\mathbf{V}$ *uno spazio vettoriale di dimensione finita e sia* $F \in \mathrm{End}(\mathbf{V})$. *Uno scalare* $\lambda \in \mathsf{K}$ *è un autovalore di* F *se e solo se l'operatore*

$$F - \lambda \mathbf{1}_{\mathbf{V}}: \mathbf{V} \to \mathbf{V}$$

definito da

$$(F - \lambda \mathbf{1}_{\mathbf{V}})(\mathbf{v}) = F(\mathbf{v}) - \lambda \mathbf{v} \quad \textit{per ogni } \mathbf{v} \in \mathbf{V},$$

non è un isomorfismo, o, equivalentemente, se e solo se $\det(F - \lambda \mathbf{1}_{\mathbf{V}}) = 0$.

Dimostrazione

$F - \lambda \mathbf{1}_{\mathbf{V}}$ non è un isomorfismo se e solo se $\mathrm{N}(F - \lambda \mathbf{1}_{\mathbf{V}})) \neq \langle \mathbf{0} \rangle$, cioè se esiste $\mathbf{v} \in \mathbf{V}$, $\mathbf{v} \neq \mathbf{0}$, tale che $(F - \lambda \mathbf{1}_{\mathbf{V}})(\mathbf{v}) = \mathbf{0}$, ovvero tale che

$$F(\mathbf{v}) = \lambda \mathbf{v}. \qquad [13.8]$$

La [13.8] afferma che F possiede l'autovettore $\mathbf{v}$ con autovalore λ.

Sia $\mathbf{e} = \{\mathbf{e}_1, \ldots, \mathbf{e}_n\}$ una base di $\mathbf{V}$. La matrice associata all'operatore $\lambda \mathbf{1}_{\mathbf{V}}$ è

$$\begin{pmatrix} \lambda & 0 & \ldots & 0 \\ 0 & \lambda & \ldots & 0 \\ \vdots & \vdots & & \vdots \\ 0 & 0 & \ldots & \lambda \end{pmatrix}$$

e, se $A = (a_{ij}) = M_{\mathbf{e}}(F)$, allora

$$M_{\mathbf{e}}(F - \lambda \mathbf{1}_{\mathbf{V}}) = \begin{pmatrix} a_{11} - \lambda & a_{12} & \ldots & a_{1n} \\ a_{21} & a_{22} - \lambda & \ldots & a_{2n} \\ \vdots & \vdots & & \vdots \\ a_{n1} & a_{n2} & \ldots & a_{nn} - \lambda \end{pmatrix}.$$

13.10 DEFINIZIONE *Sia* $A \in M_n(\mathsf{K})$ *e sia* T *un'indeterminata. Il determinante*

$$P_A(T) = |A - T\mathbf{I}_n| = \begin{vmatrix} a_{11} - T & a_{12} & \ldots & a_{1n} \\ a_{21} & a_{22} - T & \ldots & a_{2n} \\ \vdots & \vdots & & \vdots \\ a_{n1} & a_{n2} & \ldots & a_{nn} - T \end{vmatrix}$$

è un polinomio di grado n *in* T, *detto* polinomio caratteristico di A.

Se $F \in \mathrm{End}(\mathbf{V})$, $\mathbf{e} = \{\mathbf{e}_1, \ldots, \mathbf{e}_n\}$ *è una base di* $\mathbf{V}$ *e* $A = M_{\mathbf{e}}(F)$, *allora* $P_A(T)$ *è il* polinomio caratteristico di F, *e si denota con* $P_F(T)$.

La definizione di $P_F(T)$ è indipendente dalla base $\mathbf{e}$, perché *due matrici simili*, come sono quelle che rappresentano F in due basi diverse, *hanno lo stesso polinomio caratteristico*.

Per vederlo, siano A e B due matrici simili, cioè si abbia $B = M^{-1}AM$, per qualche $M \in \mathrm{GL}_n(\mathsf{K})$. Allora

$$B - T\mathbf{I}_n = M^{-1}AM - T\mathbf{I}_n = M^{-1}(A - T\mathbf{I}_n)M.$$

Pertanto $|B - T\mathbf{I}_n| = |M^{-1}|\,|A - T\mathbf{I}_n|\,|M| = |A - T\mathbf{I}_n|$.

Si noti che il coefficiente di T^n in $P_A(T)$ è $(-1)^n$, e quindi $(-1)^n P_A(T)$ è un polinomio monico.

Dalla proposizione 13.9 deduciamo il seguente corollario.

13.11 Corollario *Sia* $\mathbf{V}$ *uno spazio vettoriale di dimensione finita* n, *e sia* $F \in \mathrm{End}(\mathbf{V})$. *Allora* $\lambda \in \mathsf{K}$ *è un autovalore di* F *se e solo se* λ *è radice di* $P_F(T)$. *In particolare* F *possiede al più* n *autovalori distinti.*

Dimostrazione

La prima asserzione è una riformulazione della proposizione 13.9. Poiché $P_A(T)$ ha grado uguale a $\dim(\mathbf{V})$, l'ultima asserzione segue dal fatto che un polinomio di grado n a coefficienti in K possiede al più n radici in K.

Il corollario 13.11 fornisce un metodo pratico per calcolare autovalori ed autovettori di un operatore. Rinviamo agli esempi alla fine del paragrafo per illustrazioni pratiche di questo metodo.

Il problema di stabilire se un operatore è diagonalizzabile è un problema di ricerca di autovalori e dei relativi autovettori. Si ha infatti:

13.12 Proposizione *Sia* $\mathbf{V}$ *uno spazio vettoriale di dimensione finita. Un operatore* $F \in \mathrm{End}(\mathbf{V})$ *è diagonalizzabile se e solo se* $\mathbf{V}$ *possiede una base costituita da autovettori di* F.

Dimostrazione

Segue immediatamente dalla [13.3].

Il risultato seguente dà una condizione necessaria e sufficiente affinché un operatore sia diagonalizzabile.

13.13 Teorema *Sia* $\mathbf{V}$ *un* K*-spazio vettoriale*, $\dim(\mathbf{V}) = n$, *e sia* $F \in \mathrm{End}(\mathbf{V})$.

Se $\{\lambda_1, \ldots, \lambda_k\} \subset \mathsf{K}$ *è lo spettro di F, allora si ha:*

$$\dim(\mathbf{V}_{\lambda_1}(F)) + \ldots + \dim(\mathbf{V}_{\lambda_k}(F)) \leq n \qquad [13.9]$$

e l'uguaglianza sussiste se e solo se F è diagonalizzabile.

Dimostrazione

Per ogni $i = 1, 2, \ldots, k$ poniamo $d(i) = \dim(\mathbf{V}_{\lambda_i}(F))$, e sia $\{\mathbf{e}_{i1}, \ldots \mathbf{e}_{id(i)}\}$ una base di $\mathbf{V}_{\lambda_i}(F)$. In virtù della proposizione 13.12 sarà sufficiente dimostrare che i vettori

$$\mathbf{e}_{11}, \ldots, \mathbf{e}_{1d(1)}, \mathbf{e}_{21}, \ldots, \mathbf{e}_{2d(2)}, \ldots, \mathbf{e}_{k1}, \ldots, \mathbf{e}_{kd(k)}$$

sono linearmente indipendenti.

Supponiamo che si abbia

$$\mathbf{0} = c_{11}\mathbf{e}_{11} + \ldots + c_{1d(1)}\mathbf{e}_{1d(1)} + c_{21}\mathbf{e}_{21} + \ldots + c_{2d(2)}\mathbf{e}_{2d(2)} + \ldots$$
$$\ldots + c_{k1}\mathbf{e}_{k1} + \ldots + c_{kd(k)}\mathbf{e}_{kd(k)} \qquad [13.10]$$

per opportuni scalari c_{ij}.

Ponendo $\mathbf{v}_i = c_{i1}\mathbf{e}_{i1} + \ldots + c_{id(i)}\mathbf{e}_{id(i)}$, si ha $\mathbf{v}_i \in \mathbf{V}_{\lambda_i}(F)$ e la [13.10] può essere riscritta nella forma seguente:

$$\mathbf{0} = \mathbf{v}_1 + \mathbf{v}_2 + \ldots + \mathbf{v}_k. \qquad [13.11]$$

Poiché $\mathbf{v}_i = \mathbf{0}$ se e solo se $c_{i1} = c_{i2} = \ldots = c_{id(i)} = 0$, sarà sufficiente dimostrare che $\mathbf{v}_1 = \mathbf{v}_2 = \ldots = \mathbf{v}_k = \mathbf{0}$. Se $\mathbf{v}_i \neq \mathbf{0}$, allora $\mathbf{v}_i$ è un autovettore relativo a λ_i e dalla [13.7] segue che $\{\mathbf{v}_1, \mathbf{v}_2, \ldots, \mathbf{v}_k\} \setminus \{\mathbf{0}\}$ è un insieme di vettori linearmente indipendenti. Quindi il secondo membro della [13.11] può essere uguale a $\mathbf{0}$ se e solo se tutti gli addendi sono $\mathbf{0}$.

Un caso particolare importante del teorema 13.13 è il seguente immediato corollario.

13.14 COROLLARIO *Se* $\dim(\mathbf{V}) = n$ *ed* $F \in \mathrm{End}(\mathbf{V})$ *possiede n autovalori distinti, allora F è diagonalizzabile.*

Si noti che la condizione sufficiente di diagonalizzabilità espressa dal corollario 13.14 non è necessaria. Infatti l'operatore $\mathbf{1_V}$ è diagonalizzabile qualunque sia $n = \dim(\mathbf{V})$, ma possiede l'unico autovalore $\lambda = 1$.

13.15 *Esempi e osservazioni*

1. Il corollario 13.11 fornisce un metodo pratico per calcolare autovettori e autovalori di un operatore o di una matrice. Scegliendo una base di $\mathbf{V}$ ci si riduce a considerare il solo caso delle matrici.

Sia dunque assegnata $A \in M_n(\mathsf{K})$. Si cominci con il calcolarne gli eventuali autovalori, che si trovano calcolando il polinomio caratteristico $P_A(T)$ e le sue radici in K. Per ogni autovalore $\lambda \in \mathsf{K}$, il sistema omogeneo di n equazioni nelle n incognite $\mathbf{X} = {}^t(X_1 \dots X_n)$:

$$(A - \lambda \mathbf{I}_n)\,\mathbf{X} = \mathbf{0}$$

ha rango $r < n$ e possiede quindi soluzioni non banali. Lo spazio delle soluzioni è l'autospazio $\mathbf{V}_\lambda(A)$. Se la somma delle dimensioni degli autospazi così trovati al variare di λ tra tutte le radici di $P_A(T)$ è uguale a n, allora A è diagonalizzabile, per il teorema 13.13. Una base diagonalizzante si ottiene scegliendo una base di ciascun autospazio e prendendone l'unione.

Ciò fornisce in linea di principio un metodo di calcolo di tutti i vettori di una base diagonalizzante e della matrice del corrispondente cambiamento di base.

Si osservi che un operatore può non avere autovalori, e quindi neanche autovettori, perché il polinomio $P_A(T)$ può non avere radici in K. Se però $\mathsf{K} = \mathsf{C}$, allora dal teorema fondamentale dell'algebra segue che $P_A(T)$ possiede radici in C, e pertanto: *ogni operatore di uno spazio vettoriale complesso di dimensione finita possiede almeno un autovalore, e quindi possiede autovettori*. Ciò non significa necessariamente che l'operatore sia diagonalizzabile (cfr. esempio 3).

Se $\mathsf{K} = \mathsf{R}$ può accadere che un operatore di uno spazio $\mathbf{V}$ non possieda autovalori (cfr. esempio 4). Se però $\dim(\mathbf{V})$ è dispari, allora il polinomio caratteristico ha grado dispari, e quindi possiede almeno una radice reale. In conclusione, *ogni operatore di uno spazio vettoriale reale di dimensione dispari possiede almeno un autovalore e quindi possiede autovettori.*

2. Il polinomio caratteristico della matrice identità $n \times n$ è

$$P_{\mathbf{I}_n}(T) = (1 - T)^n.$$

Il polinomio caratteristico della matrice nulla $n \times n$ è

$$P_0(T) = (-1)^n T^n.$$

In entrambi i casi l'unico autospazio della matrice è K^n.

3. Se $A = (a_{ij}) \in M_n(\mathsf{K})$ è una matrice triangolare (superiore o inferiore), si ha

$$P_A(T) = (a_{11} - T)\,(a_{22} - T) \dots (a_{nn} - T).$$

Se $a_{11}, a_{22}, \dots, a_{nn}$ sono distinti, allora, per il corollario 13.14, A è diagonalizzabile perché possiede n autovalori distinti; altrimenti può non esserlo.

Ad esempio la matrice $n \times n$, $n \geq 2$,

$$A = \begin{pmatrix} 0 & 1 & 0 & \dots & 0 \\ 0 & 0 & 1 & \dots & 0 \\ \vdots & \vdots & \vdots & & \vdots \\ 0 & 0 & 0 & \dots & 1 \\ 0 & 0 & 0 & \dots & 0 \end{pmatrix} \in M_n(\mathsf{K})$$

ha polinomio caratteristico

$$P_A(T) = (-1)^n T^n$$

e quindi possiede l'unico autovalore $\lambda = 0$. Da ciò segue che se A fosse diagonalizzabile sarebbe simile alla matrice $\mathbf{0}$. Ma $\mathbf{0}$ è simile soltanto a se stessa. Infatti per ogni $M \in \mathrm{GL}_n(\mathsf{K})$ si ha

$$M^{-1}\mathbf{0}M = \mathbf{0}.$$

Quindi A non è diagonalizzabile.

La matrice

$$B = A + \mathbf{I}_n = \begin{pmatrix} 1 & 1 & 0 & \dots & 0 & 0 \\ 0 & 1 & 1 & \dots & 0 & 0 \\ \vdots & \vdots & \vdots & & & \vdots \\ 0 & 0 & 0 & \dots & 1 & 1 \\ 0 & 0 & 0 & \dots & 0 & 1 \end{pmatrix} \in M_n(\mathsf{K})$$

ha polinomio caratteristico $P_B(T) = (1 - T)^n$, uguale a quello della matrice $\mathbf{I}_n$. B non è diagonalizzabile, perché se lo fosse sarebbe simile a $\mathbf{I}_n$, la quale invece è simile solo a se stessa: infatti $M^{-1}\mathbf{I}_n M = \mathbf{I}_n$ per ogni $M \in \mathrm{GL}_n(\mathsf{K})$.

4. La matrice

$$A = \begin{pmatrix} 0 & 1 \\ -1 & 0 \end{pmatrix} \in M_2(\mathsf{R})$$

ha polinomio caratteristico $1 + T^2$. Poiché questo polinomio non ha radici reali, A non possiede autovalori né autovettori in R^2. Se però A viene considerata come una matrice ad elementi complessi, allora possiede i due autovalori distinti $\lambda = \pm\,\mathrm{i}$.

Per il corollario 13.14, A è diagonalizzabile in $M_2(\mathbf{C})$, ed è simile alla matrice diagonale

$$B = \begin{pmatrix} \mathrm{i} & 0 \\ 0 & -\mathrm{i} \end{pmatrix}.$$

Per trovare la matrice M tale che $B = M^{-1}AM$, dobbiamo trovare una base di $\mathbf{C}^2$ costituita da autovettori di A, il che equivale a trovare un autovettore per ciascuno dei due autovalori. Possiamo procedere nel seguente modo.

Per la proposizione 13.9 gli autovettori relativi a $\lambda = \mathrm{i}$ sono gli elementi del nucleo di $A - \mathrm{i}\mathbf{I}_2$, cioè sono le soluzioni del sistema omogeneo

$$\begin{aligned} -\mathrm{i}X + \;Y &= 0 \\ -X - \mathrm{i}Y &= 0, \end{aligned}$$

che ha rango 1, ed è quindi equivalente alla prima equazione. Soluzioni sono i vettori della forma $(t, \mathrm{i}t)$, i quali, al variare di $t \in \mathbf{C}$, descrivono l'autospazio $\mathbf{C}^2_\mathrm{i}(A)$. Prendendo ad esempio $t = 1$ si ottiene l'autovettore $(1, \mathrm{i})$ relativo a $\lambda = \mathrm{i}$. Analogamente, considerando il sistema omogeneo corrispondente a $A + \mathrm{i}I_2$, otteniamo i vettori della forma $(\mathrm{t}, -\mathrm{i}t)$, e quindi $(\mathrm{i}, 1)$ è un autovettore relativo a $\lambda = -\mathrm{i}$. La base $\boldsymbol{b} = \{(1, \mathrm{i}), (\mathrm{i}, 1)\}$ è diagonalizzante. Detta $\boldsymbol{e}$ la base canonica, si ha

$$M = M_{\boldsymbol{e}, \boldsymbol{b}}(\mathbf{1}) = \begin{pmatrix} 1 & \mathrm{i} \\ \mathrm{i} & 1 \end{pmatrix}$$

e

$$M^{-1}AM = \begin{pmatrix} \frac{1}{2} & -\frac{\mathrm{i}}{2} \\ -\frac{\mathrm{i}}{2} & \frac{1}{2} \end{pmatrix} \begin{pmatrix} 0 & 1 \\ -1 & 0 \end{pmatrix} \begin{pmatrix} 1 & \mathrm{i} \\ \mathrm{i} & 1 \end{pmatrix} = \begin{pmatrix} \mathrm{i} & 0 \\ 0 & -\mathrm{i} \end{pmatrix}.$$

5. Sia $\mathbf{V}$ un K-spazio vettoriale di dimensione finita. Sia $F \in \mathrm{End}(\mathbf{V})$ e sia $\lambda \in \mathsf{K}$ un autovalore di F. La $\dim(\mathbf{V}_\lambda(F))$ si dice *molteplicità geometrica* di λ per F. La *molteplicità algebrica* di λ per F è la molteplicità $h(\lambda)$ di λ come radice del polinomio caratteristico di F.

In generale la molteplicità geometrica e quella algebrica sono diverse. Ciò accade ad esempio per le matrici A e B dell'esempio 3. Per A si ha infatti, evidentemente, $h(0) = n$, mentre per B si ha $h(1) = n$. D'altra parte A non è diagonalizzabile e quindi $\dim(\mathbf{V}_0(A)) < n$. Similmente per B.

Per ogni $F \in \mathrm{End}(\mathbf{V})$ e $\lambda \in \mathsf{K}$ autovalore di F sussiste la disuguaglianza

$$\dim(\mathbf{V}_\lambda(F)) \le h(\lambda), \qquad [13.12]$$

cioè la molteplicità geometrica non supera la molteplicità algebrica.

Per dimostrarlo si supponga che $d = \dim(\mathbf{V}_\lambda(F)) \geq 1$, e sia $\{\mathbf{e}_1, \ldots \mathbf{e}_n\}$ una base di $\mathbf{V}$ tale che $\{\mathbf{e}_1, \ldots, \mathbf{e}_d\}$ sia una base di $\mathbf{V}_\lambda(F)$. Si ha

$$A = M_{\mathbf{e}}(F) = \begin{pmatrix} \lambda \mathbf{I}_d & B \\ \mathbf{0} & C \end{pmatrix}$$

dove $B \in M_{d,n-d}(\mathsf{K})$, $\mathbf{0} \in M_{n-d,d}(\mathsf{K})$ è la matrice nulla, e $C \in M_{n-d,n-d}(\mathsf{K})$. Sviluppando $|A - T\mathbf{I}_n|$ con la regola di Laplace rispetto alle prime d righe si trova

$$P_F(T) = (\lambda - T)^d p(T),$$

dove $p(T) = P_C(T)$ è un polinomio di grado $n - d$. Pertanto $h(\lambda) \geq d$.

Se il campo K è algebricamente chiuso e $\lambda_1, \ldots, \lambda_k$ sono gli autovalori di F, si ha

$$h(\lambda_1) + \ldots + h(\lambda_k) = n.$$

Pertanto, dalla [13.12] e dal teorema 13.13 segue immediatamente che *se il campo K è algebricamente chiuso l'operatore F è diagonalizzabile se e solo se per ogni autovalore λ di F si ha*

$$\dim(\mathbf{V}_\lambda(F)) = h(\lambda),$$

cioè *se e solo se la molteplicità geometrica e la molteplicità algebrica di ogni autovalore λ coincidono.*

6. Se $A = (a_{ij}) \in M_2(\mathsf{K})$, allora si ha

$$P_A(T) = T^2 - \mathrm{tr}(A)T + \det(A),$$

dove $\mathrm{tr}(A) = a_{11} + a_{22}$ è la traccia di A. La verifica è lasciata al lettore.

7. Sia

$$P(T) = g_0 + g_1 T + \ldots + g_{n-1} T^{n-1} + T^n$$

un polinomio monico di grado n a coefficienti in K, e sia

$$M_P = \begin{pmatrix} 0 & 0 & \ldots & 0 & -g_0 \\ 1 & 0 & \ldots & 0 & -g_1 \\ 0 & 1 & \ldots & 0 & -g_2 \\ \vdots & \vdots & & \vdots & \vdots \\ 0 & 0 & \ldots & 1 & -g_{n-1} \end{pmatrix}.$$

Il polinomio caratteristico di M_P è uguale a $(-1)^n P(T)$. Se $n = 1$, l'affermazione è evidente: $M_P - T = -g_0 - T$. Procediamo per induzione su n, e supponiamo $n \geq 2$. Si ha

$$|M_P - T\mathbf{I}_n| = \begin{vmatrix} -T & 0 & \dots & 0 & -g_0 \\ 1 & -T & \dots & 0 & -g_1 \\ 0 & 1 & \dots & 0 & -g_2 \\ \vdots & \vdots & & \vdots & \vdots \\ 0 & 0 & \dots & 1 & -g_{n-1} - T \end{vmatrix} =$$

$$= -T \begin{vmatrix} -T & \dots & 0 & -g_1 \\ 1 & \dots & 0 & -g_2 \\ \vdots & & \vdots & \vdots \\ 0 & \dots & 1 & -g_{n-1} - T \end{vmatrix} + (-1)^n g_0 \begin{vmatrix} 1 & -T & \dots & 0 \\ 0 & 1 & \dots & 0 \\ \vdots & \vdots & & \vdots \\ 0 & 0 & \dots & 1 \end{vmatrix} =$$

$$= -T(-1)^{n-1}(g_1 + g_2 T + \dots + g_{n-1} T^{n-2} + T^{n-1}) + (-1)^n g_0 = (-1)^n P(T),$$

dove il valore del primo determinante è dedotto dall'ipotesi induttiva.

Quest'esempio dimostra che per ogni polinomio monico di grado $n \geq 1$ in $\mathsf{K}[T]$ esistono matrici quadrate di ordine n di cui esso, o il suo opposto, a seconda che n sia pari o dispari, è il polinomio caratteristico.

II) Nella prima parte di questo paragrafo abbiamo studiato le matrici quadrate e gli operatori lineari, ottenendo in particolare criteri per la diagonalizzabilità di una matrice quadrata in termini di autovalori e di autovettori. Però, come abbiamo visto, la più generale matrice quadrata di ordine $n \geq 2$ su K non è diagonalizzabile; in altre parole, le classi di similitudine contenenti qualche matrice diagonale non esauriscono l'insieme $M_n(\mathsf{K})$ se $n \geq 2$.

È quindi naturale porsi il problema di trovare una classe di matrici quadrate sufficientemente semplici, ma più generali delle matrici diagonali, tali che ogni matrice quadrata sia simile ad una di esse. Tali matrici si diranno *forme canoniche* delle matrici $n \times n$ su K, e il problema posto è quello della *riduzione a forma canonica*. La soluzione più semplice e interessante di questo problema è data dalla *forma canonica di Jordan*, che tratteremo ora.

Un *blocco di Jordan di ordine n* è una matrice $n \times n$ a elementi in K della forma

$$\begin{pmatrix} \lambda & 1 & 0 & \dots & 0 \\ 0 & \lambda & 1 & \dots & 0 \\ 0 & 0 & \lambda & \dots & 0 \\ \vdots & \vdots & \vdots & & \vdots \\ 0 & 0 & 0 & \dots & 1 \\ 0 & 0 & 0 & \dots & \lambda \end{pmatrix}$$

per qualche $\lambda \in \mathsf{K}$. Denoteremo un blocco di Jordan siffatto con il simbolo $J_n(\lambda)$.

Una *matrice* $J \in M_n(\mathsf{K})$ si dice *in forma canonica di Jordan* se è della forma seguente:

$$J = \begin{pmatrix} J_{n_1}(\lambda_1) & 0 & \dots & 0 \\ 0 & J_{n_2}(\lambda_2) & \dots & 0 \\ \vdots & \vdots & \vdots & \vdots \\ 0 & 0 & \dots & J_{n_s}(\lambda_s) \end{pmatrix} \qquad [13.13]$$

per opportuni interi positivi $n_1, n_2, \dots, n_s$ tali che $n_1 + n_2 + \dots + n_s = n$ e $\lambda_1, \dots, \lambda_s \in \mathsf{K}$.

Se $n = 1$, e solo in quel caso, $J_n(\lambda)$ è una matrice diagonale; mentre la matrice J è diagonale se e solo se $n_1, n_2, \dots$ sono tutti uguali a 1. Quindi *le matrici diagonali sono particolari matrici in forma canonica di Jordan.*

Si osservi che la matrice $J_n(\lambda)$ ha polinomio caratteristico $(-1)^n (T - \lambda)^n$, e quindi possiede l'unico autovalore λ con molteplicità algebrica n. D'altra parte la matrice

$$J_n(\lambda) - \lambda \mathbf{I}_n = \begin{vmatrix} 0 & 1 & 0 & \dots & 0 \\ 0 & 0 & 1 & \dots & 0 \\ 0 & 0 & 0 & \dots & 0 \\ \vdots & \vdots & \vdots & & \vdots \\ 0 & 0 & 0 & \dots & 1 \\ 0 & 0 & 0 & \dots & 0 \end{vmatrix}$$

ha rango $n - 1$, quindi λ ha molteplicità geometrica 1 per $J_n(\lambda)$: ne segue che, se $n \geq 2$, $J_n(\lambda)$ non è diagonalizzabile.

La matrice J ha polinomio caratteristico

$$(-1)^n (T - \lambda_1)^{n_1} \cdots (T - \lambda_s)^{n_s} \qquad [13.14]$$

e quindi i suoi autovalori sono $\lambda_1, \dots, \lambda_s$. In particolare vediamo che *il polinomio caratteristico di una matrice in forma canonica di Jordan è un prodotto di fattori lineari, cioè ha tutte le sue radici in* K. Si osservi che non si è supposto che $\lambda_1, \dots, \lambda_s$ siano tutti distinti; pertanto la molteplicità algebrica di ognuno di essi è pari alla somma degli esponenti relativi ai blocchi in cui esso compare. Anche in questo caso si calcola facilmente che, se un autovalore λ_i compare in almeno un blocco $J_{n_j}(\lambda_j)$ tale che $n_j \geq 2$, allora J non è diagonalizzabile.

Dimostreremo il seguente:

13.16 TEOREMA (JORDAN) *Sia A una matrice quadrata di ordine n a elementi nel campo* K, *il cui polinomio caratteristico ha tutte le sue radici in* K (*quest'ipo-*

tesi è in particolare soddisfatta se K *è algebricamente chiuso). Allora esiste una matrice* $M \in GL_n(K)$ *tale che* $M^{-1}AM$ *sia in forma canonica di Jordan. La forma canonica così ottenuta è unica a meno di permutazioni dei blocchi di Jordan di cui è composta.*

Poiché le ipotesi del teorema 13.16 sono soddisfatte da ogni matrice $A \in M_n(K)$ se K è un campo algebricamente chiuso, in tal caso il teorema implica che *ogni* matrice A è simile ad una matrice in forma canonica di Jordan. Se invece K non è algebricamente chiuso e $n \geq 2$, in generale non tutte le matrici $A \in M_n(K)$ possiedono forma canonica di Jordan.

Per la dimostrazione del teorema di Jordan avremo bisogno di alcune considerazioni preliminari.

Consideriamo un operatore $F: \mathbf{V} \to \mathbf{V}$ su un K-spazio vettoriale $\mathbf{V}$, e sia $\mathbf{U} \subset \mathbf{V}$ un sottospazio. $\mathbf{U}$ si dice *F-invariante*, oppure *invariante rispetto ad F*, oppure *F-stabile*, se $F(\mathbf{U}) \subset \mathbf{U}$.

Se $\mathbf{U}$ è F-invariante, F induce per restrizione un operatore $F_{|\mathbf{U}}: \mathbf{U} \to \mathbf{U}$.

È immediato verificare che se $\mathbf{U}_1$ e $\mathbf{U}_2$ sono sottospazi F-invarianti di $\mathbf{V}$, allora $\mathbf{U}_1 + \mathbf{U}_2$ e $\mathbf{U}_1 \cap \mathbf{U}_2$ sono sottospazi F-invarianti.

13.17 LEMMA

1) *Sia* $F: \mathbf{V} \to \mathbf{V}$ *un operatore sul* K*-spazio vettoriale di dimensione finita* $\mathbf{V}$*. Supponiamo che* $\mathbf{V} = \mathbf{U} \oplus \mathbf{W}$*, dove* $\mathbf{U}$ *e* $\mathbf{W}$ *sono sottospazi di* $\mathbf{V}$ *invarianti rispetto ad F. Allora tra i polinomi caratteristici di F,* $F_{|\mathbf{U}}$ *e* $F_{|\mathbf{W}}$ *sussiste la relazione:*

$$P_F(T) = P_{F|\mathbf{U}}(T)\, P_{F|\mathbf{W}}(T).$$

2) *Se il sottospazio* $\mathbf{U}$ *di* $\mathbf{V}$ *è invariante rispetto all'operatore* $F: \mathbf{V} \to \mathbf{V}$*, allora è invariante anche rispetto all'operatore* $F - \lambda 1_{\mathbf{V}}$*, per ogni* $\lambda \in K$.

Dimostrazione

1) Siano $\mathbf{e}$ ed $\mathbf{f}$ basi di $\mathbf{U}$ e di $\mathbf{W}$ rispettivamente. Allora la matrice di F rispetto alla base $\{\mathbf{e}, \mathbf{f}\}$ di $\mathbf{V}$ è

$$A = \begin{pmatrix} M & 0 \\ 0 & N \end{pmatrix}$$

dove M è la matrice di $F_{|\mathbf{U}}$ rispetto a $\mathbf{e}$ ed N è la matrice di $F_{|\mathbf{W}}$ rispetto ad $\mathbf{f}$. Allora si ha:

$$P_F(T) = \det(A - T\mathbf{I}_n) = \det(M - T\mathbf{I}_u)\det(N - T\mathbf{I}_w) = P_{F|\mathbf{U}}(T)\, P_{F|\mathbf{W}}(T)$$

dove abbiamo denotato con u e con w le dimensioni di $\mathbf{U}$ e di $\mathbf{W}$ rispettivamente.

2) La dimostrazione è lasciata al lettore.

Ricordiamo che una *matrice* $A \in M_n(K)$ si dice *nilpotente* se $A^k = 0$ per qualche $k > 0$. Il più piccolo intero positivo k per cui ciò avviene si dice *indice di nilpotenza* di A.

Similmente, un *operatore* $F: \mathbf{V} \to \mathbf{V}$ si dice *nilpotente* se F^k è l'operatore nullo, per qualche $k > 0$. L'*indice di nilpotenza* di F si definisce come il più piccolo intero positivo k per cui ciò avviene.

13.18 Lemma *Sia $A \in M_n(\mathsf{K})$ una matrice nilpotente. Allora $P_A(T) = (-1)^n T^n$.*

Dimostrazione

Sia $\overline{\mathsf{K}}$ la chiusura algebrica di K, e sia F_A: $\overline{\mathsf{K}}^n \to \overline{\mathsf{K}}^n$ l'operatore lineare definito da A. Supponiamo che $A^k = 0$. Il polinomio caratteristico $P_A(T)$ non può possedere una radice $\lambda \in \overline{\mathsf{K}}$ diversa da 0, perché ciò implicherebbe l'esistenza di $\mathbf{v} \in \overline{\mathsf{K}}^n$, $\mathbf{v} \neq 0$, tale che

$$A^k\mathbf{v} = \lambda^k\mathbf{v} \neq 0.$$

Di qui la conclusione.

Consideriamo ora una matrice quadrata B di ordine n a elementi in K, avente rango minore di n, cioè $B \in M_n(\mathsf{K}) \setminus GL_n(\mathsf{K})$. Consideriamo le sue successive potenze B, B^2, B^3, ... e, per ogni $m \geq 1$, il sottospazio di K^n

$$\mathbf{N}_m = \{\mathbf{x} \in \mathsf{K}^n : B^m\mathbf{x} = 0\};$$

in altre parole $\mathbf{N}_m$ è il nucleo dell'operatore $F_{B^m}: \mathsf{K}^n \to \mathsf{K}^n$ definito da B^m. Poniamo inoltre $\mathbf{N}_0 = \langle \mathbf{0} \rangle$. Ovviamente si ha

$$\mathbf{N}_0 \subset \mathbf{N}_1 \subset \mathbf{N}_2 \subset \mathbf{N}_3 \subset \ldots$$

Per ogni $m \geq 1$ denotiamo con $\mathbf{W}_m$ il sottospazio di K^n immagine dell'operatore F_{B^m}: $\mathsf{K}^n \to \mathsf{K}^n$ definito da B^m; poniamo inoltre $\mathbf{W}_0 = \mathsf{K}^n$. Si ha

$$\mathbf{W}_0 \supset \mathbf{W}_1 \supset \mathbf{W}_2 \supset \mathbf{W}_3 \supset \ldots$$

Osserviamo che, se $\mathbf{W}_m = \mathbf{W}_{m+1}$ per qualche $m \geq 1$, allora

$$\mathbf{W}_{m+2} = F_B(\mathbf{W}_{m+1}) = F_B(\mathbf{W}_m) = \mathbf{W}_{m+1} \qquad [13.15]$$

e quindi, iterando il ragionamento:

$$\mathbf{W}_m = \mathbf{W}_{m+1} = \mathbf{W}_{m+2} = \mathbf{W}_{m+3} = \cdots$$

Sia q il più piccolo valore di m per cui ciò accade. Allora si ha anche

$$\mathbf{N}_1 \subset \mathbf{N}_2 \subset \cdots \subset \mathbf{N}_q = \mathbf{N}_{q+1} = \cdots$$

e tutte le inclusioni sono strette.

13.19 Proposizione 1) *$\mathbf{N}_q$ e $\mathbf{W}_q$ sono sottospazi invarianti rispetto a F_B, e la restrizione di F_B a $\mathbf{W}_q$ è un isomorfismo, mentre la restrizione di F_B a $\mathbf{N}_q$ è nilpotente.*

2) *K^n è somma diretta di $\mathbf{N}_q$ e di $\mathbf{W}_q$.*

3) *$\dim(\mathbf{N}_q)$ uguaglia la molteplicità algebrica dell'autovalore $\lambda = 0$ di B.*

Dimostrazione

1) L'invarianza di $\mathbf{W}_q$ segue dalla [13.15]. Sia $\mathbf{v} \in \mathbf{N}_q$; allora

$$B^q B\mathbf{v} = BB^q\mathbf{v} = B\mathbf{0} = \mathbf{0}$$

e quindi $B\mathbf{v} \in \mathbf{N}_q$; pertanto anche $\mathbf{N}_q$ è F_B-invariante.

Osserviamo ora che:

$$\mathbf{W}_q = \mathbf{W}_{q+1} = F_B(\mathbf{W}_q)$$

e quindi la restrizione di F_B a $\mathbf{W}_q$ è suriettiva, dunque è un isomorfismo. L'ultima asserzione è ovvia.

2) Da (1) segue che anche la restrizione di F_{B^q} a $\mathbf{W}_q$ è un isomorfismo; pertanto, se $\mathbf{v} \in \mathbf{N}_q \cap \mathbf{W}_q$, allora $B^q\mathbf{v} = \mathbf{0}$ e ciò contraddice l'iniettività di F_{B^q} su $\mathbf{W}_q$ a meno che $\mathbf{v} = \mathbf{0}$. Quindi $\mathbf{N}_q \cap \mathbf{W}_q = \langle \mathbf{0} \rangle$. Ma poiché $\dim(\mathbf{W}_q) + \dim(\mathbf{N}_q) = n$, segue che K^n è somma diretta di $\mathbf{N}_q$ e di $\mathbf{W}_q$.

3) Denotando con α la restrizione di F_B a $\mathbf{N}_q$ e con β la restrizione di F_B a $\mathbf{W}_q$, abbiamo, per il lemma 13.17:

$$P_B(T) = P_\alpha(T)\,P_\beta(T);$$

α è un operatore nilpotente, e quindi, per il lemma 13.18, $P_\alpha(T) = (-1)^a T^a$, dove $a := \dim(\mathbf{N}_q)$; d'altra parte T non divide $P_\beta(T)$ perché 0 non è un autovalore di β, essendo l'operatore β un isomorfismo. Di qui la conclusione.

Il sottospazio $\mathbf{N}_q$ si chiama *0-autospazio generalizzato di B*.

La 13.19(3) implica immediatamente la seguente precisazione del lemma 13.18:

13.20 Corollario *Una matrice $A \in M_n(K)$ è nilpotente se e solo se $P_A(T) = (-1)^n T^n$.*

Si osservi in particolare che una matrice nilpotente è diagonalizzabile se e solo se è la matrice nulla.

13.21 Definizione *Per ogni $\mathbf{v} \in \mathbf{N}_q$, $\mathbf{v} \neq \mathbf{0}$, esiste $k \leq q$ tale che $\mathbf{v} \in \mathbf{N}_k$ e $\mathbf{v} \notin \mathbf{N}_{k-1}$. Definiamo $\mathbf{i}(\mathbf{v}) = k$ e*

$$\mathscr{S}(\mathbf{v}) = \{\mathbf{v}, B\mathbf{v}, \ldots, B^{k-1}\mathbf{v}\}$$

Si osservi che $\mathscr{S}(\mathbf{v}) \subset \mathbf{N}_q$ per ogni $\mathbf{v} \in \mathbf{N}_q$. Inoltre $\mathscr{S}(\mathbf{v})$ è un insieme linearmente indipendente di vettori. Ciò è facile da dimostrare direttamente, ma segue anche dal seguente lemma:

13.22 Lemma *Sia $\mathscr{S}$ un sottoinsieme di $\mathbf{N}_q$ tale che $F_B(\mathscr{S}) \subset \mathscr{S} \cup \{\mathbf{0}\}$ e che $\mathscr{S} \cap \mathbf{N}_1$ sia linearmente indipendente. Allora $\mathscr{S}$ è linearmente indipendente.*

Dimostrazione

Supponiamo per assurdo che esista una combinazione lineare non banale $\Sigma \alpha_{\mathbf{v}} \mathbf{v}$ di vettori di $\mathscr{S}$ che sia uguale a $\mathbf{0}$. Sia

$$k := \max \{ \mathbf{i}(\mathbf{v}) : \mathbf{v} \in \mathscr{S}, \ \alpha_{\mathbf{v}} \neq 0 \}$$

Allora $\Sigma \alpha_{\mathbf{v}} (B^{k-1} \mathbf{v}) = \mathbf{0}$, il che contraddice il fatto che $\mathscr{S} \cap \mathbf{N}_1$ è linearmente indipendente.

Ora descriveremo un procedimento per costruire una base di $\mathbf{N}_q$ dotata di proprietà opportune rispetto a B. Partiamo da una base qualsiasi in $\mathbf{N}_1$, i cui vettori costituiscono le colonne di una matrice che denoteremo C_1. Ad essa aggiungiamo un insieme C_2 di colonne indipendenti di $\mathbf{N}_2$ in modo che le colonne di $(C_2 \quad C_1)$ costituiscano una base di $\mathbf{N}_2$. Definiamo similmente matrici C_k le cui colonne siano elementi indipendenti di $\mathbf{N}_k$, $3 \leq k \leq q$, in modo che le colonne della matrice

$$C = (C_q \quad C_{q-1} \quad \cdots \quad C_2 \quad C_1)$$

costituiscano una base di $\mathbf{N}_q$. Consideriamo la matrice

$$D = (B^{q-1} C_q \quad B^{q-2} C_{q-1} \quad \cdots \quad BC_2 \quad C_1).$$

Si osservi che sia C che D sono matrici ad n righe e $a = \dim(\mathbf{N}_q)$ colonne; le colonne di C sono state ordinate in modo che se la colonna $\mathbf{u}$ precede la colonna $\mathbf{v}$ allora $\mathbf{i}(\mathbf{u}) \geq \mathbf{i}(\mathbf{v})$. Invece tutte le colonne di D appartengono a $\mathbf{N}_1$.

Eseguendo operazioni elementari sulle colonne di D, come quella di aggiungere a una colonna un multiplo di una colonna *precedente*, riduciamo D a una matrice D^* le cui colonne non nulle siano linearmente indipendenti. Sia $\mathscr{A}$ (risp. $\mathscr{A}_1$) l'insieme delle colonne di C (risp. di D) che corrispondono alle colonne non nulle di D^*.

Posto

$$\mathscr{F}(0) = \bigcup_{\mathbf{v} \in \mathscr{A}} \mathscr{S}(\mathbf{v}), \qquad [13.16]$$

abbiamo il seguente lemma.

13.23 Lemma *$\mathscr{F}(0)$ è una base di $\mathbf{N}_q$.*

Dimostrazione

Il sottospazio generato dalle colonne di D è $\mathbf{N}_1$, quindi $\mathscr{A}_1$ è una base di $\mathbf{N}_1$; inoltre, a causa del tipo di operazioni elementari che sono state utilizzate per ottenere D^*, $\mathscr{A}_1$ ha la proprietà che ogni colonna di D è combinazione lineare delle sole colonne di $\mathscr{A}_1$ che la precedono. Si ha

$$\mathscr{A}_1 = \{ B^{\mathbf{i}(\mathbf{v})-1} \mathbf{v} : \mathbf{v} \in \mathscr{A} \} = \mathscr{F} \cap \mathbf{N}_1$$

per come è stata definita D. Poiché anche $F_B(\mathscr{F}(0)) \subset \mathscr{F}(0) \cup \{\mathbf{0}\}$, dal lemma 13.22 segue che $\mathscr{F}(0)$ è un sottoinsieme linearmente indipendente.

Sia $\mathbf{U}$ il sottospazio di $\mathbf{N}_q$ generato da $\mathscr{F}(0)$. Dimostreremo per induzione su k che $\mathbf{N}_k \subset \mathbf{U}$ per ogni $k \leq q$. Ciò è ovvio per $k = 0$. Supponiamo $k \geq 1$ e $\mathbf{N}_{k-1} \subset \mathbf{U}$. Per dimostrare che $\mathbf{N}_k \subset \mathbf{U}$ è sufficiente dimostrare che ogni colonna di C_k appartiene a $\mathbf{U}$. Sia dunque $\mathbf{v}$ una colonna di C_k; poiché $\mathbf{i}(\mathbf{v}) = k$, si ha che $B^{k-1}\mathbf{v}$ è una colonna di D, e quindi

$$B^{k-1}\mathbf{v} = \Sigma \alpha_{\mathbf{u}} (B^{\mathbf{i}(\mathbf{u})-1}\mathbf{u})$$

dove la somma è estesa solo alle colonne $\mathbf{u} \in \mathscr{A}$ tali che $\mathbf{i}(\mathbf{u}) \geq k$. Ciò implica che

$$\mathbf{w} := \Sigma \alpha_{\mathbf{u}} (B^{\mathbf{i}(\mathbf{u})-k}\mathbf{u}) \in \mathbf{U}$$

e $B^{k-1}(\mathbf{v} - \mathbf{w}) = \mathbf{0}$. Quindi si ha

$$\mathbf{v} = (\mathbf{v} - \mathbf{w}) + \mathbf{w} \in \mathbf{N}_{k-1} + \mathbf{U} = \mathbf{U}$$

come voluto, e ciò dimostra il passo induttivo. Pertanto $\mathbf{N}_k \subset \mathbf{U}$ per ogni $k \leq q$. In particolare $\mathbf{N}_q = \mathbf{U}$ e ciò conclude la dimostrazione.

Dato $\mathbf{v} \in \mathscr{A}$ consideriamo la matrice $n \times \mathbf{i}(\mathbf{v})$:

$$M(\mathbf{v}) = (B^{\mathbf{i}(\mathbf{v})-1}\mathbf{v} \cdots B\mathbf{v} \quad \mathbf{v}).$$

Allora, da quanto precede deduciamo la seguente identità di matrici $n \times \mathbf{i}(\mathbf{v})$:

$$BM(\mathbf{v}) = M(\mathbf{v})\, J_{\mathbf{i}(\mathbf{v})}(0). \qquad [13.17]$$

Inoltre le colonne delle matrici $M(\mathbf{v})$, $\mathbf{v} \in \mathscr{A}$, costituiscono una base di $\mathbf{N}_q$ (e precisamente la base $\mathscr{F}(0)$).

Dimostrazione del teorema 13.16

Esistenza Sia $A \in M_n(\mathsf{K})$ una matrice soddisfacente le ipotesi del teorema. Per ogni autovalore λ di A si consideri la matrice $A - \lambda\mathbf{I}_n$; il 0-autospazio generalizzato di $A - \lambda\mathbf{I}_n$ viene chiamato *λ-autospazio generalizzato di A* e denotato $\mathbf{N}(\lambda)$.

Osserviamo che *la restrizione di $F_{A-\mu\mathbf{I}_n}$ a $\mathbf{N}(\lambda)$ è iniettiva per ogni $\mu \neq \lambda$.* Infatti, se $\mathbf{0} \neq \mathbf{w} \in \mathbf{N}(\lambda)$ e $A\mathbf{w} = \mu\mathbf{w}$, allora

$$(A - \lambda\mathbf{I}_n)\mathbf{w} = (\mu - \lambda)\mathbf{w}$$

e quindi $\mu - \lambda$ è un autovalore della restrizione di $F_{A-\lambda\mathbf{I}_n}$ a $\mathbf{N}(\lambda)$; pertanto $\mu - \lambda = 0$ perché tale restrizione è nilpotente.

Sia $\mathscr{A}(\lambda)$ un insieme di vettori di $\mathbf{N}(\lambda)$ a partire dal quale si ottenga, come in [13.16], una base che denoteremo $\mathscr{F}(\lambda)$.

Sia $\{\lambda_1, \ldots, \lambda_s\}$ lo spettro di A, con i λ_j a due a due distinti. Dimostriamo che

$$\mathscr{F} := \mathscr{F}(\lambda_1) \cup \cdots \cup \mathscr{F}(\lambda_s)$$

è una base di K^n.

Per ipotesi A ha polinomio caratteristico [13.14]. Quindi, per il lemma 13.19(3), $\mathscr{F}$ consiste di n elementi, e sarà pertanto sufficiente dimostrare che $\mathscr{F}$ è un insieme linearmente indipendente. Ciò sarà ottenuto dimostrando che $\mathscr{F}(\lambda_1) \cup \cup \cdots \cup \mathscr{F}(\lambda_k)$ è un insieme linearmente indipendente per ogni $k = 1, \ldots, s$.

Procediamo per induzione su k. Per $k = 1$ l'asserzione è già stata dimostrata. Supponiamo quindi $k > 1$ e che $\mathscr{F}(\lambda_1) \cup \cdots \cup \mathscr{F}(\lambda_{k-1})$ sia linearmente indipendente. Consideriamo una combinazione lineare non banale di elementi di $\mathscr{F}(\lambda_1) \cup \cdots \cup \mathscr{F}(\lambda_k)$, che scriveremo nella forma

$$\mathbf{v}_1 + \cdots + \mathbf{v}_{k-1} + \mathbf{v}_k$$

dove $\mathbf{v}_j$ è una combinazione lineare di elementi di $\mathscr{F}(\lambda_j)$, $j = 1, \ldots, k$. Supponiamo per assurdo che essa sia nulla, equivalentemente che si abbia:

$$\mathbf{v}_1 + \cdots + \mathbf{v}_{k-1} = -\mathbf{v}_k.$$

Per l'ipotesi induttiva e per l'indipendenza lineare di $\mathscr{F}(\lambda_k)$, primo e secondo membro sono diversi da $\mathbf{0}$. Se ne deduce che

$$\mathbf{W} := [\mathbf{N}(\lambda_1) + \cdots + \mathbf{N}(\lambda_{k-1})] \cap \mathbf{N}(\lambda_k) \neq \langle \mathbf{0} \rangle.$$

Poiché $\mathbf{N}(\lambda_1), \ldots, \mathbf{N}(\lambda_{k-1}), \mathbf{N}(\lambda_k)$ sono $F_{A-\mu\mathbf{I}_n}$-invarianti, anche $\mathbf{W}$ lo è, per ogni $\mu \in \mathsf{K}$. In particolare $\mathbf{W}$ è un sottospazio $F_{A-\lambda_k\mathbf{I}_n}$-invariante di $\mathbf{N}(\lambda_k)$. Quindi la restrizione a $\mathbf{W}$ di $F_{A-\lambda_k\mathbf{I}_n}$ è nilpotente; in particolare esiste $\mathbf{w} \in \mathbf{W}$, $\mathbf{w} \neq \mathbf{0}$, tale che $A\mathbf{w} = \lambda_k \mathbf{w}$.

Possiamo scrivere

$$\mathbf{w} = \mathbf{w}_1 + \cdots + \mathbf{w}_{k-1}$$

con $\mathbf{w}_j \in \mathbf{N}(\lambda_j)$. Allora

$$(A - \lambda_k \mathbf{I}_n)(\mathbf{w}_1) + \cdots + (A - \lambda_k \mathbf{I}_n)(\mathbf{w}_{k-1}) = (A - \lambda_k \mathbf{I}_n)(\mathbf{w}) = \mathbf{0}$$

e pertanto, essendo $(A - \lambda_k \mathbf{I}_n)(\mathbf{w}_j) \in \mathbf{N}(\lambda_j)$, per l'ipotesi induttiva

$$(A - \lambda_k \mathbf{I}_n)(\mathbf{w}_j) = \mathbf{0}$$

per ogni $j = 1, \ldots, k-1$. Ma, poiché $\mathbf{w}_j \neq 0$ per qualche j, ciò contraddice l'iniettività di $F_{A-\lambda_k\mathbf{I}_n}$ su $\mathbf{N}(\lambda_j)$. Ciò dimostra il passo induttivo, e prova che $\mathscr{F}$ è una base.

Fissiamo $j \in \{1, \ldots, k\}$. Per ogni $\mathbf{v} \in \mathscr{A}(\lambda_j)$ costruiamo la matrice $M(\mathbf{v})$. Per la [13.17] essa soddisfa l'identità

$$(A - \lambda_j \mathbf{I}_n) M(\mathbf{v}) = M(\mathbf{v}) J_{\mathbf{i}(\mathbf{v})}(0)$$

che può anche esprimersi nella forma

$$AM(\mathbf{v}) = M(\mathbf{v})\, J_{\mathbf{i}(\mathbf{v})}(\lambda_j). \qquad [13.18]$$

Inoltre le colonne delle matrici $M(\mathbf{v})$, $\mathbf{v} \in \mathscr{A}(\lambda_j)$, costituiscono la base $\mathscr{F}(\lambda_j)$ di $\mathbf{N}(\lambda_j)$.

Pertanto le colonne delle matrici $M(\mathbf{v})$, al variare di $\mathbf{v} \in \mathscr{A}(\lambda_j)$ e di j tra 1 e k, costituiscono la base $\mathscr{F}$ di K^n, e formano una matrice invertibile $n \times n$ che denoteremo con M. Sia J la matrice [13.13]. Dalle identità [13.18] segue che

$$AM = MJ$$

e quindi $M^{-1}AM = J$.

Unicità Faremo vedere che i blocchi di Jordan relativi a un autovalore λ dipendono solo da A. Sostituendo di volta in volta A con $A - \lambda \mathbf{I}_n$, ci si riduce al caso $\lambda = 0$. Per stabilire quali blocchi di Jordan $J_k(0)$ compaiono si deve utilizzare la costruzione descritta subito dopo il lemma 13.22 per la base $\mathscr{F}(0)$: ognuno dei sottoinsiemi $\mathscr{S}(\mathbf{v})$, $\mathbf{v} \in \mathscr{A}$, corrisponde a un diverso blocco di Jordan, il cui ordine eguaglia $\mathbf{i}(\mathbf{v})$. Pertanto *il numero dei blocchi di Jordan con autovalore* 0 *è uguale a* $\dim(\mathbf{N}_1)$, cioè al numero di elementi di $\mathscr{A}$. Poniamo

$$r_j := r(A^j), \qquad j = 1, 2, \dots$$

per cui sarà

$$\dim(\mathbf{N}_j) = n - r_j. \qquad j = 1, 2, \dots$$

Consideriamo i sottospazi

$$\mathbf{H}_2 = F_A(\mathbf{N}_2), \quad \mathbf{H}_3 = F_{A^2}(\mathbf{N}_3), \dots, \mathbf{H}_q = F_{A^{q-1}}(\mathbf{N}_q).$$

Poiché $F_A(\mathbf{H}_j) = \langle \mathbf{0} \rangle$ per ogni j, tutti gli $\mathbf{H}_j$ sono sottospazi di $\mathbf{N}_1$. Inoltre

$$\mathbf{H}_{j+1} = F_{A^j}(\mathbf{N}_{j+1}) = F_{A^{j-1}}(F_A(\mathbf{N}_{j+1})) \subset F_{A^{j-1}}(\mathbf{N}_j) = \mathbf{H}_j$$

per ogni $j = 2, \dots, q-1$, e quindi si ha

$$\mathbf{H}_q \subset \mathbf{H}_{q-1} \subset \cdots \subset \mathbf{H}_2 \subset \mathbf{N}_1$$

e, per ogni $j = 2, \dots, q$:

$$\dim(\mathbf{H}_j) = \dim(\mathbf{N}_j) - \dim(\mathbf{N}_{j-1}) = r_{j-1} - r_j.$$

Dalla costruzione della base $\mathscr{F}(0)$ segue subito che *il numero* γ_j *di blocchi di Jordan di lunghezza* j *con autovalore* 0 *è*:

$$\gamma_j = \dim(\mathbf{H}_j) - \dim(\mathbf{H}_{j+1}) = r_{j-1} - 2r_j + r_{j+1}. \qquad [13.19]$$

In particolare

$$\gamma_1 = n - 2r_1 + r_2$$

e

$$\gamma_q = \dim(\mathbf{H}_q) = r_{q-1} - r_q. \qquad [13.20]$$

Poiché questi numeri dipendono solo da A, ciò dimostra l'unicità e conclude la dimostrazione del teorema di Jordan.

Si noti che dalla [13.20] segue che $\gamma_q > 0$, mentre $\gamma_p = 0$ per ogni $p > q$. In altre parole *q è il massimo ordine dei blocchi di Jordan relativi a un dato autovalore.*

La dimostrazione del teorema 13.16 fornisce un metodo pratico per calcolare, in linea di principio, la forma canonica di Jordan di una qualsiasi matrice assegnata $A \in M_n(\mathsf{K})$ che soddisfi le ipotesi del teorema, utilizzando le [13.19]. Verifichiamo questo procedimento su qualche esempio.

13.24 *Esempi e osservazioni*

1. Il caso delle matrici 2×2 è facile da trattare. Se $A \in M_2(\mathsf{K})$ possiede due autovalori distinti $\lambda_1, \lambda_2 \in \mathsf{K}$, allora è diagonalizzabile e la sua forma canonica di Jordan è $\begin{pmatrix} \lambda_1 & 0 \\ 0 & \lambda_2 \end{pmatrix}$. Se invece A possiede un solo autovalore λ con molteplicità algebrica 2, allora, se non è già una matrice diagonale, non è diagonalizzabile, e quindi la sua forma canonica di Jordan è $\begin{pmatrix} \lambda & 1 \\ 0 & \lambda \end{pmatrix}$. Questo segue direttamente dal fatto che $\lambda \mathbf{I}_2$ è simile solo a se stessa; oppure si può ritrovare calcolando il rango $r_1 = r(A - \lambda \mathbf{I}_2)$: il numero dei blocchi di Jordan relativi a λ è $2 - r_1$, e quindi è due solo se $r_1 = 0$, cioè se $A - \lambda \mathbf{I}_2$ è la matrice nulla.

2. Per il calcolo della forma canonica di Jordan delle matrici 3×3 si devono distinguere tre casi.

Se $A \in M_3(\mathsf{K})$ possiede tre autovalori distinti $\lambda_1, \lambda_2, \lambda_3 \in \mathsf{K}$, allora è diagonalizzabile e la sua forma canonica di Jordan è:

$$\begin{pmatrix} \lambda_1 & 0 & 0 \\ 0 & \lambda_2 & 0 \\ 0 & 0 & \lambda_3 \end{pmatrix}$$

Se invece A possiede due autovalori distinti λ e μ, con μ di molteplicità algebrica

2, allora il numero dei blocchi di Jordan relativi all'autovalore μ è $3 - r_1$, dove $r_1 = r(A - \mu \mathbf{I}_3)$.

Quindi, se $r_1 = 1$, A è diagonalizzabile e ha forma canonica di Jordan

$$\begin{pmatrix} \lambda & 0 & 0 \\ 0 & \mu & 0 \\ 0 & 0 & \mu \end{pmatrix}$$

Se invece $r_1 = 2$, A non è diagonalizzabile e ha forma canonica di Jordan

$$\begin{pmatrix} \lambda & 0 & 0 \\ 0 & \mu & 1 \\ 0 & 0 & \mu \end{pmatrix}$$

L'ultimo caso da considerare è quello in cui A possiede un solo autovalore λ con molteplicità algebrica 3. In questo caso il numero di blocchi di Jordan relativi a λ è $3 - r_1$, dove $r_1 = r(A - \lambda \mathbf{I}_3)$. Quindi, se A non è già in forma diagonale (caso $r_1 = 0$), la sua forma canonica di Jordan è

$$\begin{pmatrix} \lambda & 0 & 0 \\ 0 & \lambda & 1 \\ 0 & 0 & \lambda \end{pmatrix} \quad \text{se} \quad r_1 = 1$$

oppure

$$\begin{pmatrix} \lambda & 1 & 0 \\ 0 & \lambda & 1 \\ 0 & 0 & \lambda \end{pmatrix} \quad \text{se} \quad r_1 = 2.$$

3. Consideriamo la matrice a elementi reali

$$A = \begin{pmatrix} 0 & 1 & 1 & 0 & 1 \\ 0 & 0 & 1 & 1 & 1 \\ 0 & 0 & 0 & 0 & 0 \\ 0 & 0 & 0 & 0 & 0 \\ 0 & 0 & 0 & 0 & 0 \end{pmatrix}.$$

A è una matrice nilpotente e quindi possiede una forma canonica di Jordan come matrice in $M_5(\mathbb{R})$. Si ha

$$A_2 = \begin{pmatrix} 0 & 0 & 1 & 1 & 1 \\ 0 & 0 & 0 & 0 & 0 \\ 0 & 0 & 0 & 0 & 0 \\ 0 & 0 & 0 & 0 & 0 \\ 0 & 0 & 0 & 0 & 0 \end{pmatrix}$$

e $A_3 = \mathbf{0}$. Pertanto $r_1 = r(A) = 2$, $r_2 = r(A^2) = 1$, $r_3 = 0$. Se ne deduce che la forma cononica possiede $5 - r_1 = 3$ blocchi di Jordan, di cui $5 - 2r_1 + r_2 = 2$ di lunghezza 1, $r_1 - 2r_2 + r_3 = 0$ di lunghezza 2, e $r_2 - 2r_3 + r_4 = 1$ di lunghezza 3. Quindi la forma canonica di Jordan di A è

$$\begin{pmatrix} 0 & 0 & 0 & 0 & 0 \\ 0 & 0 & 0 & 0 & 0 \\ 0 & 0 & 0 & 1 & 0 \\ 0 & 0 & 0 & 0 & 1 \\ 0 & 0 & 0 & 0 & 0 \end{pmatrix}.$$

4. Consideriamo la matrice a elementi reali

$$A = \begin{pmatrix} 0 & 1 & 1 & 0 & 0 & 0 \\ 0 & 1 & 0 & 0 & 1 & -1 \\ -1 & 1 & 2 & 0 & 0 & 0 \\ 0 & 0 & 0 & 1 & 0 & 0 \\ 1 & 0 & -1 & 1 & 1 & 1 \\ 0 & 0 & 0 & 1 & 0 & 1 \end{pmatrix}.$$

Il suo polinomio caratteristico è $(T-1)^6$. Quindi A possiede l'unico autovalore $\lambda = 1$ con molteplicità algebrica 6, e pertanto possiede forma canonica di Jordan in $M_6(\mathbb{R})$. Per calcolarla dobbiamo considerare la matrice

$$B := A - \mathbf{I}_6 = \begin{pmatrix} -1 & 1 & 1 & 0 & 0 & 0 \\ 0 & 0 & 0 & 0 & 1 & -1 \\ -1 & 1 & 1 & 0 & 0 & 0 \\ 0 & 0 & 0 & 0 & 0 & 0 \\ 1 & 0 & -1 & 1 & 0 & 1 \\ 0 & 0 & 0 & 1 & 0 & 0 \end{pmatrix}.$$

che è nilpotente. Si ha

$$B^2 = \begin{pmatrix} 0 & 0 & 0 & 0 & 1 & -1 \\ 1 & 0 & -1 & 0 & 0 & 1 \\ 0 & 0 & 0 & 0 & 1 & -1 \\ 0 & 0 & 0 & 0 & 0 & 0 \\ 0 & 0 & 0 & 1 & 0 & 0 \\ 0 & 0 & 0 & 0 & 0 & 0 \end{pmatrix}; \quad B^3 = \begin{pmatrix} 1 & 0 & -1 & 0 & 0 & 1 \\ 0 & 0 & 0 & 1 & 0 & 0 \\ 1 & 0 & -1 & 0 & 0 & 1 \\ 0 & 0 & 0 & 0 & 0 & 0 \\ 0 & 0 & 0 & 0 & 0 & 0 \\ 0 & 0 & 0 & 0 & 0 & 0 \end{pmatrix}$$

$$B^4 = \begin{pmatrix} 0 & 0 & 0 & 1 & 0 & 0 \\ 0 & 0 & 0 & 0 & 0 & 0 \\ 0 & 0 & 0 & 1 & 0 & 0 \\ 0 & 0 & 0 & 0 & 0 & 0 \\ 0 & 0 & 0 & 0 & 0 & 0 \\ 0 & 0 & 0 & 0 & 0 & 0 \end{pmatrix}$$

e $B^5 = \mathbf{0}$. Quindi

$$r_1 = r(B) = 4, \quad r_2 = r(B^2) = 3, \quad r_3 = r(B^3) = 2, \quad r_4 = r(B^4) = 1.$$

Poiché l'indice di nilpotenza di B è uguale a 5, dev'esserci un blocco di Jordan di lunghezza 5, e pertanto ci sarà necessariamente solo un altro blocco, e di lunghezza 1. Facciamo la verifica attraverso le [13.19]. Il numero di blocchi è $6 - r_1 = 2$; inoltre

$$\gamma_1 = 6 - 8 + 3 = 1; \quad \gamma_2 = 4 - 6 + 2 = 0; \quad \gamma_3 = 3 - 4 + 1 = 0;$$
$$\gamma_4 = 2 - 2 + 0 = 0; \quad \gamma_5 = 1.$$

Concludendo, la forma canonica di Jordan di A è

$$\begin{pmatrix} 1 & 0 & 0 & 0 & 0 & 0 \\ 0 & 1 & 1 & 0 & 0 & 0 \\ 0 & 0 & 1 & 1 & 0 & 0 \\ 0 & 0 & 0 & 1 & 1 & 0 \\ 0 & 0 & 0 & 0 & 1 & 1 \\ 0 & 0 & 0 & 0 & 0 & 1 \end{pmatrix}.$$

5. Consideriamo la matrice

$$A = \begin{pmatrix} 0 & 1 & -1 & -1 & 1 & -1 \\ 0 & 0 & 1 & 2 & 0 & 1 \\ 0 & 0 & 1 & 1 & 0 & 0 \\ 0 & 0 & 0 & 1 & 0 & 1 \\ 0 & 0 & 0 & 0 & 2 & -1 \\ 0 & 0 & 0 & 0 & 1 & 0 \end{pmatrix}.$$

Il suo polinomio caratteristico è $P_A(T) = T^3(T-1)^2(T-2)$, e quindi A possiede forma canonica di Jordan P in $M_6(\mathrm{R})$. Il rango di A è $r(A) = 5$: quindi P possiede $6 - r(A) = 1$ blocco relativo all'autovalore 0, necessariamente di lunghezza 3.

Consideriamo ora la matrice

$$A - \mathbf{I}_6 = \begin{pmatrix} -1 & 1 & -1 & -1 & 1 & -1 \\ 0 & -1 & 1 & 2 & 0 & 1 \\ 0 & 0 & 0 & 1 & 0 & 0 \\ 0 & 0 & 0 & 0 & 0 & 1 \\ 0 & 0 & 0 & 0 & 1 & -1 \\ 0 & 0 & 0 & 0 & 1 & -1 \end{pmatrix}.$$

Sia ha $r(A - \mathbf{I}_6) = 4$, e quindi P possiede $6 - 4 = 2$ blocchi relativi all'autovalore 1, necessariamente di lunghezza 1. Ovviamente ci sarà un solo blocco relativo all'autovalore 2. Quindi la forma canonica di Jordan di A è

$$P = \begin{pmatrix} 0 & 1 & 0 & 0 & 0 & 0 \\ 0 & 0 & 1 & 0 & 0 & 0 \\ 0 & 0 & 0 & 0 & 0 & 0 \\ 0 & 0 & 0 & 1 & 0 & 0 \\ 0 & 0 & 0 & 0 & 1 & 0 \\ 0 & 0 & 0 & 0 & 0 & 2 \end{pmatrix}.$$

Esercizi

1. Sia F: $\mathrm{R}^3 \to \mathrm{R}^3$ l'operatore lineare

$$F(x, y, z) = (x + y - z,\ y + z,\ 2x).$$

Determinare la matrice $M_{\boldsymbol{b}}(F)$, dove $\boldsymbol{b} = \{(1, 1, 0), (-1, 0, 1), (1, 1, 1)\}$.

2. Sia F: $\mathsf{R}^3 \to \mathsf{R}^3$ l'operatore lineare

$$F(x, y, z) = (2x, x - y, y - z).$$

Determinare la matrice $M_b(F^2)$, dove $\boldsymbol{b} = \{(1, 1, 0), (2, -1, 1), (0, 1, -1)\}$.

3. Sia F: $\mathsf{C}^3 \to \mathsf{C}^3$ l'operatore lineare definito dalla matrice

$$\begin{pmatrix} 1 & 1 & 0 \\ 1 & -1 & -2 \\ 2 & 1 & -3 \end{pmatrix}$$

rispetto alla base canonica. Determinare la matrice $M_b(F)$ che rappresenta F rispetto alla base $\boldsymbol{b} = \{(-2i, i, i), (-1, -1, 1), (1, 0, -1)\}$.

4. Sia F: $\mathsf{R}^3 \to \mathsf{R}^3$ l'operatore lineare definito dalla matrice

$$\begin{pmatrix} 2 & 1 & 1 \\ 0 & 1 & 2 \\ 0 & 0 & 3 \end{pmatrix}$$

rispetto alla base canonica. Determinare la matrice $M_b(F)$ che rappresenta F rispetto alla base $\boldsymbol{b} = \{(1, 1, 0), (-1, 0, 1), (1, 1, 1)\}$.

5. Sia F: $\mathsf{R}^3 \to \mathsf{R}^3$ l'operatore lineare definito dalla matrice

$$\begin{pmatrix} 1 & 2 & 1 \\ 1 & -1 & 3 \\ 1 & 0 & 2 \end{pmatrix}$$

rispetto alla base canonica. Determinare la matrice $M_b(F)$ che rappresenta F rispetto alla base $\boldsymbol{b} = \{(-1, 0, -1), (1, 1, 1), (1, -1, 0)\}$.

6. Sia F: $\mathsf{C}^3 \to \mathsf{C}^3$ l'operatore lineare definito dalla matrice:

$$\begin{pmatrix} -1 & -1 & 1 \\ 2 & 1 & 2i \\ 1+i & 0 & 0 \end{pmatrix}$$

rispetto alla base canonica. Determinare la matrice $M_b(F)$ che rappresenta F rispetto alla base $\boldsymbol{b} = \{(i, 1, -1), (-2, i, 0), (2i, 1, i)\}$.

7. Determinare autovalori e autovettori di ciascuna delle seguenti matrici di $M_2(\mathsf{R})$:

a) $\begin{pmatrix} 1 & 0 \\ 0 & -1 \end{pmatrix}$ b) $\begin{pmatrix} 1 & 1 \\ 0 & 1 \end{pmatrix}$

c) $\begin{pmatrix} 1 & 0 \\ 1 & 1 \end{pmatrix}$ d) $\begin{pmatrix} 1 & 1 \\ 1 & 1 \end{pmatrix}$.

8. Determinare autovalori e autovettori della matrice

$$\begin{pmatrix} 1 & a \\ b & 1 \end{pmatrix} \in M_2(\mathsf{C}),$$

in cui a, b sono parametri reali.

9. Sia F: $\mathsf{R}^3 \to \mathsf{R}^3$ l'operatore lineare

$$F(x, y, z) = (y - z, \ -x + 2y - z, \ x - y + 2z).$$

Dimostrare che F è diagonalizzabile, trovando una base $\boldsymbol{b}$ di R^3 formata da autovettori di F. Determinare la matrice che rappresenta F in tale base.

10. Calcolare gli autovalori e la loro molteplicità algebrica e geometrica per ognuna delle seguenti matrici di $M_3(\mathsf{R})$, e dedurre se sono o no diagonalizzabili:

$$\text{a)} \begin{pmatrix} -6 & 2 & -5 \\ -4 & 4 & -2 \\ 10 & -3 & 8 \end{pmatrix} \qquad \text{b)} \begin{pmatrix} -8 & -13 & -14 \\ -6 & -5 & -8 \\ 14 & 17 & 21 \end{pmatrix}$$

$$\text{c)} \begin{pmatrix} 1 & 0 & 0 \\ 0 & -3 & -15 \\ 0 & 2 & 8 \end{pmatrix} \qquad \text{d)} \begin{pmatrix} -5 & 4 & -1 \\ -4 & 1 & -2 \\ 8 & -4 & 3 \end{pmatrix}$$

$$\text{e)} \begin{pmatrix} 13 & 59 & 34 \\ 10 & 40 & 24 \\ -18 & -79 & -46 \end{pmatrix} \qquad \text{f)} \begin{pmatrix} -4 & 2 & 5 \\ 0 & -44 & -120 \\ 0 & 16 & 44 \end{pmatrix}.$$

11. Calcolare gli autovalori della matrice

$$\begin{pmatrix} 0 & 1 & 0 & 0 \\ 0 & 0 & 1 & 0 \\ 0 & 0 & 0 & 1 \\ 1 & 0 & 0 & 0 \end{pmatrix} \in M_4(\mathsf{C}).$$

12. Determinare $a, b, c, d, e, f \in \mathsf{R}$ sapendo che $(1, 1, 1)$, $(1, 0, -1)$, $(1, -1, 0) \in \mathsf{R}^3$ sono autovettori della matrice

$$\begin{pmatrix} 1 & 1 & 1 \\ a & b & c \\ d & e & f \end{pmatrix}.$$

13. Sia $A \in M_n(\mathsf{K})$. Dimostrare che se A possiede l'autovalore λ, la matrice $C = aA + b\mathbf{I}_n$, dove a e b sono scalari, possiede l'autovalore $a\lambda + b$.

14. Siano $A, B \in M_n(\mathsf{K})$. Dimostrare che se $M \in \mathrm{GL}_n(\mathsf{K})$ è tale che $B = M^{-1}AM$, allora, per ogni intero $k \geq 0$, si ha $B^k = M^{-1}A^kM$. In particolare, se A e B sono simili, A^k e B^k sono simili per ogni intero $k \geq 0$.

15. Utilizzare l'esercizio precedente per calcolare F^5, dove $F\colon \mathsf{R}^3 \to \mathsf{R}^3$ è l'operatore lineare considerato nell'esercizio 9.

16. Si verifichi che ognuna delle matrici dell'esercizio 10 possiede forma canonica di Jordan in $M_3(\mathsf{R})$, e la si calcoli.

17. Si calcoli la forma canonica di Jordan in $M_n(C)$ di ognuna delle seguenti matrici:

a) $\begin{pmatrix} 1 & 2 & 5 \\ 0 & 14 & 39 \\ 0 & -5 & -14 \end{pmatrix}$ b) $\begin{pmatrix} 3 & 2 & 5 \\ 0 & 18 & 45 \\ 0 & -6 & -15 \end{pmatrix}$

c) $\begin{pmatrix} 2 & 2 & 5 \\ 0 & 7 & 15 \\ 0 & -2 & -4 \end{pmatrix}$ d) $\begin{pmatrix} -1 & 15 & 6 \\ -2 & 8 & 2 \\ 4 & -18 & -5 \end{pmatrix}$

e) $\begin{pmatrix} 0 & 1 & 0 & 0 \\ 0 & 0 & 1 & 0 \\ 0 & 0 & 0 & 1 \\ 1 & 0 & 0 & 0 \end{pmatrix}$ f) $\begin{pmatrix} 0 & 0 & 0 & 1 \\ 0 & 0 & 1 & 0 \\ 0 & 1 & 0 & 0 \\ 1 & 0 & 0 & 0 \end{pmatrix}$

g) $\begin{pmatrix} -2 & 0 & 0 & 0 \\ -1 & -2 & 0 & 0 \\ -5 & 0 & 4 & -1 \\ -6 & 0 & 4 & 0 \end{pmatrix}$ h) $\begin{pmatrix} -1 & 0 & 0 & 0 \\ 3 & 2 & 0 & 0 \\ -3 & 1 & 4 & -1 \\ -4 & 1 & 4 & 0 \end{pmatrix}$

i) $\begin{pmatrix} 0 & 0 & 1/2 & 0 \\ 0 & 1 & -3/2 & 1 \\ -1 & 1 & 2 & 0 \\ -2 & 1 & 3/2 & 1 \end{pmatrix}$ j) $\begin{pmatrix} 1/2 & 0 & 1 & -1/2 \\ 1/2 & 1 & -1 & 1/2 \\ 0 & 1 & 3 & -1 \\ -1/2 & 1 & 3 & -1/2 \end{pmatrix}$

k) $\begin{pmatrix} 1 & 0 & 3/2 & -1 \\ 0 & 1 & -3/2 & 1 \\ -1 & 0 & 3 & -1 \\ -2 & 0 & 5/2 & 0 \end{pmatrix}$

l) $\begin{pmatrix} -1/2-i & -i & 1-i & -1/2+i \\ 1/2 & 0 & -1 & 1/2-i \\ -1-2i & -2i & 2+i & -1 \\ -3/2-2i & -3i & 3+i & -3/2 \end{pmatrix}$

m) $\begin{pmatrix} 2 & 0 & 0 & 0 & 0 \\ 0 & 1 & 0 & 0 & -1 \\ 0 & 0 & 2 & 0 & 1 \\ 0 & 1 & 0 & 1 & 0 \\ 0 & 0 & 0 & 0 & 1 \end{pmatrix}$

n) $\begin{pmatrix} 1 & 1 & 0 & 3 & -1 & 5 \\ 0 & 1 & 2 & 0 & 0 & 2i \\ 0 & 0 & 1 & 1 & 1 & 1 \\ 0 & 0 & 0 & 0 & -i & -i \\ 0 & 0 & 0 & 0 & 0 & 0 \\ 0 & 0 & 0 & 0 & 0 & 0 \end{pmatrix}$.

18. Sia $\lambda \in C$. Dimostrare che la forma canonica di Jordan in $M_n(C)$ della matrice ${}^tJ_n(\lambda)$ è $J_n(\lambda)$. Dedurre che ogni matrice $A \in M_n(C)$ è simile alla sua trasposta.

19. Dimostrare che tutte le matrici nilpotenti $A \in M_n(\mathsf{K})$ aventi indice di nilpotenza uguale ad n sono simili tra loro. Dimostrare la stessa cosa per le matrici nilpotenti $A \in M_n(\mathsf{K})$ aventi indice di nilpotenza uguale ad $n-1$.

20. Dimostrare che, se K è un campo algebricamente chiuso, ogni matrice $A \in M_n(\mathsf{K})$ si può esprimere come somma $A = D + N$, $D, N \in M_n(\mathsf{K})$, dove D è diagonalizzabile e N è nilpotente.

14 Gruppi di trasformazioni. Affinità

Il concetto di "gruppo", ed in particolare quello di "gruppo di trasformazioni", ha fondamentale importanza in geometria. Uno studio sistematico della teoria dei gruppi non rientra però negli scopi di un primo corso di Geometria; ci limiteremo pertanto a dare le definizioni essenziali, che sono sufficienti a rendere naturale la trattazione degli esempi geometrici più importanti. Rinviamo il lettore al corso di Algebra per maggiori dettagli.

14.1 DEFINIZIONE *Un* **gruppo** *è una coppia* $(\mathscr{G}, \cdot)$ *costituita da un insieme* $\mathscr{G}$ *e da un'***operazione binaria** *in* $\mathscr{G}$, *cioè un'applicazione* $\cdot : \mathscr{G} \times \mathscr{G} \to \mathscr{G}$ *che associa ad ogni* $(g, g') \in \mathscr{G} \times \mathscr{G}$ *un elemento* $g \cdot g' \in \mathscr{G}$, *chiamato* **prodotto di** g **per** g', *in modo che siano soddisfatti i seguenti assiomi:*

G1 (*Associatività*) $(g \cdot g') \cdot g'' = g \cdot (g' \cdot g'')$ *per ogni* $g, g', g'' \in \mathscr{G}$.

G2 (*Esistenza dell'elemento neutro*) *Esiste* $e \in \mathscr{G}$ *tale che* $e \cdot g = g \cdot e = g$ *per ogni* $g \in \mathscr{G}$.

G3 (*Esistenza dell'inverso*) *Per ogni* $g \in \mathscr{G}$ *esiste* $g^{-1} \in \mathscr{G}$ *tale che* $g \cdot g^{-1} = g^{-1} \cdot g = e$.

Un gruppo $(\mathscr{G}, \cdot)$ *si dice* commutativo *o* abeliano *se soddisfa il seguente assioma:*

G4 (*Commutatività*) $g \cdot g' = g' \cdot g$ *per ogni* $g, g' \in \mathscr{G}$.

In un gruppo abeliano l'operazione viene di solito denotata con il simbolo $+$ *e chiamata* somma.

Quando è chiaro dal contesto quale sia l'operazione definita in $\mathscr{G}$, *il gruppo* $(\mathscr{G}, \cdot)$ *si denota semplicemente con la lettera* $\mathscr{G}$.

Un esempio importante di gruppo è l'insieme $\mathscr{T}(\mathbf{S})$ di tutte le applicazioni biunivoche di un insieme non vuoto **S** in se stesso, dette anche *trasformazioni* di **S**. Associando ad ogni $(f, g) \in \mathscr{T}(\mathbf{S}) \times \mathscr{T}(\mathbf{S})$ la trasformazione composta $f \circ g \in \mathscr{T}(\mathbf{S})$ si ottiene un'operazione tale che gli assiomi G1, G2, G3 siano soddisfatti, con $e = \mathbf{1}_{\mathbf{S}}$ (la verifica, immediata, è lasciata al lettore). La coppia $(\mathscr{T}(\mathbf{S}), \circ)$ è quindi un gruppo, e prende il nome di *gruppo delle trasformazioni di* **S**.

Se **V** è uno spazio vettoriale, allora **V** è un gruppo abeliano rispetto all'operazione di somma tra vettori: gli assiomi sono soddisfatti perché $(\mathbf{V}, +)$ soddisfa gli assiomi SV1, SV2, SV3, SV4. $(\mathbf{V}, +)$ si dice *gruppo additivo dello spazio vettoriale* **V**.

Dalle proprietà delle matrici che abbiamo studiato in questo capitolo segue che l'insieme $GL_n(\mathsf{K})$ di tutte le matrici invertibili $n \times n$ a elementi in K è un gruppo rispetto all'operazione di prodotto righe per colonne; esso è chiamato *gruppo lineare generale di ordine n su* K. L'elemento neutro di $GL_n(K)$ è $\mathbf{I}_n$.

14.2 DEFINIZIONE *Un sottoinsieme $\mathscr{F}$ di un gruppo $\mathscr{G}$ si dice* sottogruppo *di $\mathscr{G}$ se soddisfa alle seguenti condizioni:*

SG1 *Per ogni $f, f' \in \mathscr{F}$ il prodotto $f \cdot f' \in \mathscr{F}$.*

SG2 *L'identità $e \in \mathscr{F}$.*

SG3 *Se $f \in \mathscr{F}$, allora $f^{-1} \in \mathscr{F}$.*

È immediato verificare che se $\mathscr{K} \subset \mathscr{F} \subset \mathscr{G}$, ed $\mathscr{F}$ è un sottogruppo di $\mathscr{G}$, allora $\mathscr{K}$ è un sottogruppo di $\mathscr{F}$ se e solo se è un sottogruppo di $\mathscr{G}$. Inoltre, se $\mathscr{F}$ ed $\mathscr{F}'$ sono due sottogruppi di $\mathscr{G}$, la loro intersezione $\mathscr{F} \cap \mathscr{F}'$ è ancora un sottogruppo di $\mathscr{G}$ il quale, per quanto abbiamo appena osservato, è anche un sottogruppo sia di $\mathscr{F}$ che di $\mathscr{F}'$.

I sottogruppi di $GL_n(K)$ sono detti *gruppi lineari di ordine n*. Ad esempio, l'insieme $SL_n(K)$ costituito dalle matrici $A \in GL_n(K)$ tali che $\det(A) = 1$ è un gruppo lineare, chiamato *gruppo lineare speciale di ordine n*.

Un altro esempio di gruppo lineare è $O(n)$, che è il sottogruppo di $GL_n(R)$ costituito dalle *matrici ortogonali*; ricordiamo che una matrice $A \in M_n(R)$ si dice *ortogonale* se ${}^tAA = \mathbf{I}_n$. Per la sua stessa definizione, una matrice ortogonale è invertibile, e $A^{-1} = {}^tA$. Poiché $\det({}^tA) = \det(A)$, per una matrice ortogonale si ha $\det(A)^2 = \det(\mathbf{I}_n) = 1$, e quindi $\det(A) = \pm 1$.

Verifichiamo che $O(n)$ è un gruppo. Se A, $B \in O(n)$, si ha

$$ {}^t(AB)(AB) = {}^tB({}^tAA)B = {}^tB\mathbf{I}_nB = {}^tBB = \mathbf{I}_n $$

cioè $AB \in O(n)$, e la condizione SG1 è soddisfatta. La SG2 è ovvia. Per verificare la SG3 consideriamo $A \in O(n)$; si ha

$$ {}^t(A^{-1})A^{-1} = {}^t({}^tA)\,{}^tA = A\,{}^tA = {}^t\mathbf{I}_n = \mathbf{I}_n $$

e quindi anche $A^{-1} \in O(n)$.

$O(n)$ si dice *gruppo ortogonale di ordine n*.

Il sottoinsieme di $O(n)$ costituito dalle matrici ortogonali aventi determinante uguale a 1 è un sottogruppo, denominato *gruppo ortogonale speciale di ordine n*, e indicato con $SO(n)$. Si ha

$$ SO(n) = O(n) \cap SL_n(R). $$

I gruppi ortogonali e ortogonali speciali hanno grande importanza in geometria euclidea, oltre che in meccanica classica, e su di essi ritorneremo più diffusamente nel capitolo 2.

Lo studio dei gruppi lineari complessi è rilevante in meccanica relativistica. Un esempio importante di gruppo lineare complesso è $U(n)$, il *gruppo unitario di ordine*

n: esso consiste di tutte le matrici $A = (a_{ij}) \in GL_n(\mathbb{C})$ unitarie, cioè tali che

$$*AA = \mathbf{I}_n,$$

dove $*A = {}^t\bar{A} = (\bar{a}_{ji})$, la trasposta della matrice complessa coniugata di A. La verifica delle condizioni SG1, SG2, SG3 si effettua in modo simile a quanto già visto nel caso ortogonale.

Poiché si ha $\det(*A) = \overline{\det(A)}$ per ogni $A \in M_n(\mathbb{C})$, dalla definizione segue che $\overline{\det(A)}\det(A) = 1$, e quindi ogni $A \in U(n)$ soddisfa

$$|\det(A)| = 1.$$

Le matrici $A \in U(n)$ tali che $\det(A) = 1$ costituiscono a loro volta un sottogruppo di $U(n)$, chiamato *gruppo unitario speciale di ordine n*, e denotato con $SU(n)$. Si ha evidentemente

$$SO(n) = SU(n) \cap GL_n(\mathbb{R}).$$

Altri esempi di gruppi lineari verranno introdotti più avanti.

Un sottogruppo $\mathscr{G}$ del gruppo $\mathscr{T}(\mathbf{S})$ delle trasformazioni di un insieme $\mathbf{S}$ si dice *gruppo di trasformazioni di* $\mathbf{S}$.

Evidentemente $\mathscr{T}(\mathbf{S})$ stesso è un gruppo di trasformazioni di $\mathbf{S}$. Un altro esempio di gruppo di trasformazioni è il sottoinsieme $\{\mathbf{1_S}\}$ costituito dalla sola identità.

Sia $s \in \mathbf{S}$, e sia $\mathscr{T}(\mathbf{S})_s$ l'insieme di tutte le trasformazioni $f \in \mathscr{T}(\mathbf{S})$ tali che $f(s) = s$. Se $f, g \in \mathscr{T}(\mathbf{S})_s$, allora $(f \circ g)(s) = f(g(s)) = f(s) = s$ e quindi $f \circ g \in \mathscr{T}(\mathbf{S})_s$. Ovviamente $\mathbf{1_S} \in \mathscr{T}(\mathbf{S})_s$, e, se $f \in \mathscr{T}(\mathbf{S})_s$, allora $f^{-1}(s) = s$ e quindi $f^{-1} \in \mathscr{T}(\mathbf{S})_s$. Dunque $\mathscr{T}(\mathbf{S})_s$ è un gruppo di trasformazioni di $\mathbf{S}$; esso viene chiamato *stabilizzatore di s*.

Se $\mathscr{F}$ è un gruppo di trasformazioni $\mathbf{S}$ ed $s \in \mathbf{S}$, l'intersezione $\mathscr{F} \cap \mathscr{T}(\mathbf{S})_s$ è un sottogruppo di $\mathscr{F}$ che si chiama *stabilizzatore di s in* $\mathscr{F}$, e si denota con $\mathscr{F}_s$.

14.3 Definizione *Se $\mathscr{G}$ e $\mathscr{G}'$ sono due gruppi, un'applicazione $\omega: \mathscr{G} \to \mathscr{G}'$ è un* omomorfismo *se $\omega(f \cdot g) = \omega(f) \cdot \omega(g)$ per ogni $f, g \in \mathscr{G}$. Un omomorfismo biettivo si dice* isomorfismo; *in questo caso anche ω^{-1} è un isomorfismo. Se un isomorfismo $\omega: \mathscr{G} \to \mathscr{G}'$ esiste, i due* gruppi $\mathscr{G}$ e $\mathscr{G}'$ *si dicono* isomorfi.

Una classe importante di esempi è costituita dai gruppi di trasformazione lineari di uno spazio vettoriale.

L'insieme $GL(\mathbf{V})$ di tutti gli automorfismi di uno spazio vettoriale $\mathbf{V}$ è un gruppo di trasformazioni di $\mathbf{V}$ (la verifica è immediata) denominato *gruppo lineare generale di* $\mathbf{V}$. Ogni gruppo di trasformazioni dello spazio vettoriale $\mathbf{V}$ che consiste di trasformazioni lineari è un sottogruppo di $GL(\mathbf{V})$.

Sia $\dim(\mathbf{V}) = n \geq 1$ e sia $\{\mathbf{e}_1, \ldots, \mathbf{e}_n\}$ una sua base. Se si associa ad ogni automorfismo di $\mathbf{V}$ la matrice che lo rappresenta rispetto alla base $\{\mathbf{e}_1, \ldots, \mathbf{e}_n\}$, si ottiene un isomorfismo di gruppi $GL(\mathbf{V}) \to GL_n(\mathsf{K})$. Ciò segue subito dalla proposizione 12.3.

Le trasformazioni di uno spazio affine geometricamente interessanti sono le "affinità", che ora introdurremo.

14.4 DEFINIZIONE *Siano* $\mathbf{V}$ *e* $\mathbf{V}'$ *due* K*-spazi vettoriali,* $\mathbf{A}$ *uno spazio affine su* $\mathbf{V}$ *e* $\mathbf{A}'$ *uno spazio affine su* $\mathbf{V}'$*. Un* isomorfismo di $\mathbf{A}$ su $\mathbf{A}'$ *è un'applicazione biunivoca* $f\colon \mathbf{A} \to \mathbf{A}'$ *tale che esista un isomorfismo degli spazi vettoriali associati* $\varphi\colon \mathbf{V} \to \mathbf{V}'$ *soddisfacente alla condizione*

$$\overrightarrow{f(P)\,f(Q)} = \varphi(\overrightarrow{PQ})$$

per ogni $P, Q \in \mathbf{A}$.

*Un'*affinità di $\mathbf{A}$ *è un isomorfismo di* $\mathbf{A}$ *su se stesso.*

Segue subito dalla definizione che l'isomorfismo $\varphi\colon \mathbf{V} \to \mathbf{V}'$ è univocamente individuato da f; esso viene chiamato *l'isomorfismo associato a* f. Se f è un'affinità, allora $\varphi \in GL(\mathbf{V})$: diremo φ *l'automorfismo associato a* f.

Se un isomorfismo $f\colon \mathbf{A} \to \mathbf{A}'$ esiste, i due spazi affini $\mathbf{A}$ e $\mathbf{A}'$ si dicono *isomorfi*. L'identità $\mathbf{1}_{\mathbf{A}}\colon \mathbf{A} \to \mathbf{A}$, l'applicazione inversa $f^{-1}\colon \mathbf{A}' \to \mathbf{A}$ di un isomorfismo f e la composizione $g \circ f\colon \mathbf{A} \to \mathbf{A}''$ di due isomorfismi $f\colon \mathbf{A} \to \mathbf{A}'$ e $g\colon \mathbf{A}' \to \mathbf{A}''$, sono ancora isomorfismi (le relative verifiche seguono facilmente dalla definizione 14.4 e sono lasciate al lettore). Pertanto *l'isomorfismo è una relazione di equivalenza tra spazi affini.*

Un esempio importante di isomorfismo si ottiene considerando un riferimento affine $O\mathbf{e}_1 \ldots \mathbf{e}_n$ in uno spazio affine $\mathbf{A}$ sullo spazio vettoriale $\mathbf{V}$, e l'applicazione $f\colon \mathbf{A} \to \mathbf{A}^n(\mathsf{K})$ definita da

$$f(P(x_1, \ldots, x_n)) = (x_1, \ldots, x_n),$$

cioè l'applicazione che associa ad ogni punto la n-upla delle sue coordinate. Per ogni coppia di punti $P(x_1, \ldots, x_n)$, $Q(y_1, \ldots, y_n) \in \mathbf{A}$, si ha

$$\overrightarrow{f(P)\,f(Q)} = (y_1 - x_1, \ldots, y_n - x_n) = \varphi_{\mathbf{e}}(\overrightarrow{PQ}),$$

dove $\varphi_{\mathbf{e}}\colon \mathbf{V} \to \mathsf{K}^n$ è l'isomorfismo che associa ad ogni vettore la n-upla delle sue coordinate rispetto alla base $\mathbf{e} = \{\mathbf{e}_1, \ldots, \mathbf{e}_n\}$. Poiché è biunivoca, f è un isomorfismo con associato l'isomorfismo $\varphi_{\mathbf{e}}$.

Da questo esempio si deduce che *ogni spazio affine di dimensione n su* K *è isomorfo ad* $\mathbf{A}^n(\mathsf{K})$. Dalla transitività della relazione di isomorfismo si deduce in particolare che *due spazi affini su* K *della stessa dimensione sono isomorfi.*

Sia $\mathbf{V}$ un K-spazio vettoriale e sia $\mathbf{A}$ uno spazio affine su $\mathbf{V}$. Un'affinità di $\mathbf{A}$ può essere intuitivamente pensata come una trasformazione che è compatibile con la struttura di spazio affine e pertanto lascia inalterate le relazioni geometriche dipendenti dalle proprietà dei vettori.

14.5 Lemma *Fissato un punto $O \in \mathbf{A}$, per ogni $O' \in \mathbf{A}$ e per ogni $\varphi \in \mathrm{GL}(\mathbf{V})$ esiste una e una sola affinità f: $\mathbf{A} \to \mathbf{A}$ tale che $f(O) = O'$ e tale che l'automorfismo associato a f sia φ.*

In particolare un'affinità f è univocamente individuata dall'automorfismo di $\mathbf{V}$ ad essa associato e dall'immagine $f(O)$ di un qualsiasi punto $O \in \mathbf{A}$.

Dimostrazione

Per ogni $P \in \mathbf{A}$ l'identità $\overrightarrow{O'f(P)} = \varphi(\overrightarrow{OP})$ individua univocamente un punto $f(P) \in \mathbf{A}$. Otteniamo così un'applicazione f: $\mathbf{A} \to \mathbf{A}$ che, è immediato verificarlo, è un'affinità di $\mathbf{A}$ avente le proprietà volute.

Se g: $\mathbf{A} \to \mathbf{A}$ è un'altra affinità con le stesse proprietà, per ogni $P \in \mathbf{A}$ si ha

$$\overrightarrow{f(O)\,f(P)} = \varphi(\overrightarrow{OP}) = \overrightarrow{g(O)\,g(P)} = \overrightarrow{O'\,g(P)} = \overrightarrow{f(O)\,g(P)},$$

e quindi $f(P) = g(P)$.

L'ultima affermazione è un'ovvia conseguenza della prima.

Come abbiamo già osservato, l'identità $\mathbf{1}_\mathbf{A}$: $\mathbf{A} \to \mathbf{A}$ è un'affinità, con automorfismo associato l'identità $\mathbf{1}_\mathbf{V} \in \mathrm{GL}(\mathbf{V})$. Per ogni affinità di $\mathbf{A}$, con automorfismo associato φ, la trasformazione inversa f^{-1} è un'affinità con automorfismo associato φ^{-1}. Infine, se f e g sono affinità con automorfismi associati φ e ψ rispettivamente, allora $f \circ g$ è un'affinità, con automorfismo associato $\varphi \circ \psi$.

Vediamo dunque che l'insieme di tutte le affinità di $\mathbf{A}$ è un gruppo di trasformazioni; esso si chiama *gruppo affine di* $\mathbf{A}$, denotato con $\mathrm{Aff}(\mathbf{A})$. Nel caso particolare in cui $\mathbf{A} = \mathbf{A}^n(\mathsf{K})$, il gruppo $\mathrm{Aff}(\mathbf{A}^n(\mathsf{K}))$ viene chiamato *gruppo affine di ordine n su* K, e indicato con $\mathrm{Aff}_n(\mathsf{K})$.

I sottogruppi di $\mathrm{Aff}(\mathbf{A})$ si chiamano *gruppi di trasformazioni affini di* $\mathbf{A}$.

14.6 *Esempi*

1. È facile verificare con esempi che, se $n \geq 2$, il gruppo $\mathrm{GL}_n(\mathsf{K})$ non è abeliano. Ad esempio nel caso $n = 2$ si ha

$$\begin{pmatrix} 0 & 1 \\ 1 & 0 \end{pmatrix}\begin{pmatrix} a & b \\ c & d \end{pmatrix} = \begin{pmatrix} c & d \\ a & b \end{pmatrix}$$

e

$$\begin{pmatrix} a & b \\ c & d \end{pmatrix}\begin{pmatrix} 0 & 1 \\ 1 & 0 \end{pmatrix} = \begin{pmatrix} b & a \\ d & c \end{pmatrix},$$

per ogni a, b, c, $d \in \mathsf{K}$ e quindi in particolare per ogni $\begin{pmatrix} a & b \\ c & d \end{pmatrix} \in \mathrm{GL}_2(\mathsf{K})$. Una verifica simile si può fare per $n \geq 2$ qualsiasi, dimostrando che per le matrici elementari E^n_{ij}, $i \neq j$ (cfr. 3.2(7)) si ha in generale $E^n_{ij}A \neq AE^n_{ij}$.

Similmente accade per i gruppi $O(n)$, $n \geq 2$, ed $SO(n)$, $n \geq 3$, i quali non sono abeliani. Invece è facile verificare che $SO(2)$ è abeliano, utilizzando il fatto che ogni $A \in SO(2)$ si esprime nella forma [2.6].

Per verificare ad esempio che $O(2)$ non è abeliano, è sufficiente osservare che

$$\begin{pmatrix} 0 & -1 \\ -1 & 0 \end{pmatrix}\begin{pmatrix} 1 & 0 \\ 0 & -1 \end{pmatrix} = \begin{pmatrix} 0 & 1 \\ -1 & 0 \end{pmatrix}$$

mentre

$$\begin{pmatrix} 1 & 0 \\ 0 & -1 \end{pmatrix}\begin{pmatrix} 0 & -1 \\ -1 & 0 \end{pmatrix} = \begin{pmatrix} 0 & -1 \\ 1 & 0 \end{pmatrix}$$

ove entrambi i fattori appartengono a $O(2)$, ma non a $SO(2)$.

Il sottoinsieme $D_n(K)$ di $GL_n(K)$ costituito dalle matrici diagonali invertibili è un sottogruppo abeliano di $GL_n(K)$. Ciò segue immediatamente dal fatto evidente che, per ogni $a_1, \ldots, a_n, b_1, \ldots, b_n \in K$, si ha

$$\operatorname{diag}(a_1, \ldots, a_n)\operatorname{diag}(b_1, \ldots, b_n) = \operatorname{diag}(a_1 b_1, \ldots, a_n b_n),$$

dove abbiamo denotato con $\operatorname{diag}(c_1, \ldots, c_n)$ la matrice diagonale avente per elementi diagonali $c_1, \ldots, c_n$.

2. Un'importante classe di trasformazioni affini di uno spazio affine $\mathbf{A}$ su $\mathbf{V}$ è quella costituita dalle "traslazioni".

Sia $\mathbf{v} \in \mathbf{V}$. La *traslazione definita da* $\mathbf{v}$ è l'affinità che associa ad ogni $P \in \mathbf{A}$ il punto $t_\mathbf{v}(P)$ tale che $\overrightarrow{Pt_\mathbf{v}(P)} = \mathbf{v}$.

Verifichiamo che $t_\mathbf{v}$ è effettivamente un'affinità. Per ogni $Q \in \mathbf{a}$, posto $P = t_{-\mathbf{v}}(Q)$, si ha $Q = t_\mathbf{v}(P)$ perché $\overrightarrow{QP} = -\mathbf{v}$ e quindi $\overrightarrow{PQ} = \mathbf{v}$. Pertanto $t_\mathbf{v}$ è una biezione, la cui inversa è $t_{-\mathbf{v}}$. Si ha inoltre

$$\overrightarrow{t_\mathbf{v}(P)\, t_\mathbf{v}(Q)} = \overrightarrow{t_\mathbf{v}(P)\, P} + \overrightarrow{PQ} + \overrightarrow{Qt_\mathbf{v}(Q)} = -\mathbf{v} + \overrightarrow{PQ} + \mathbf{v} = \overrightarrow{PQ}$$

e quindi $t_\mathbf{v}$ è un'affinità con isomorfismo associato l'identità $\mathbf{1_V} \in GL(\mathbf{V})$.

Viceversa, se $f\colon \mathbf{A} \to \mathbf{A}$ è un'affinità con isomorfismo associato $\mathbf{1_V} \in GL(\mathbf{V})$, allora per ogni $P, Q \in \mathbf{A}$ si ha

$$\overrightarrow{f(P)\, f(Q)} = \overrightarrow{PQ} \tag{14.1}$$

e quindi

$$\overrightarrow{Pf(P)} = \overrightarrow{Qf(Q)} = \mathbf{v}$$

è indipendente da P. Si ha pertanto $f = t_\mathbf{v}$. Quindi le traslazioni sono precisamente le affinità che hanno come isomorfismo associato $\mathbf{1_V} \in GL(\mathbf{V})$.

La [14.1] esprime la proprietà delle traslazioni di mandare ogni coppia ordinata di punti in un'altra che definisce lo stesso vettore. Intuitivamente le traslazioni possono quindi essere pensate come "movimenti rigidi" dello spazio.

L'identità è una traslazione, quella t_0 definita dal vettore $\mathbf{0}$. Il prodotto di due traslazioni $t_\mathbf{v}$ e $t_\mathbf{w}$ è $t_\mathbf{v} \circ t_\mathbf{w} = t_{\mathbf{v}+\mathbf{w}}$, ancora una traslazione. Infatti per ogni $P \in \mathbf{A}$, posto $Q = t_\mathbf{w}(P)$, si ha

$$\overrightarrow{P(t_\mathbf{v} \circ t_\mathbf{w}(P))} = \overrightarrow{Pt_\mathbf{v}(Q)} = \overrightarrow{PQ} + \overrightarrow{Qt_\mathbf{v}(Q)} = \mathbf{w} + \mathbf{v}.$$

La trasformazione inversa di $t_\mathbf{v}$ è $t_{-\mathbf{v}}$, come è già stato verificato. Pertanto le traslazioni di $\mathbf{A}$ costituiscono un gruppo di trasformazioni affini, il *gruppo delle traslazioni di* $\mathbf{A}$, indicato con $T_\mathbf{A}$.

Associando a una traslazione $t_\mathbf{v} \in T_\mathbf{A}$ il corrispondente vettore $\mathbf{v} \in \mathbf{V}$, si ottiene una corrispondenza biunivoca

$$T_\mathbf{A} \to \mathbf{V} \qquad [14.2]$$

che al prodotto di due traslazioni fa corrispondere la somma dei vettori corrispondenti. La [14.2] è pertanto un isomorfismo del gruppo $T_\mathbf{A}$ sul gruppo additivo di $\mathbf{V}$.

3. Sia $\mathbf{A}$ uno spazio affine su $\mathbf{V}$. Supponiamo assegnato un punto $O \in \mathbf{A}$ e consideriamo il gruppo di trasformazioni affini $\mathrm{Aff}(\mathbf{A})_O = \{ f \in \mathrm{Aff}(\mathbf{A}): f(O) = O \}$. Per ogni $f \in \mathrm{Aff}(\mathbf{A})_O$ denotiamo con $\Phi(f) \in \mathrm{GL}(\mathbf{V})$ l'automorfismo associato. Otteniamo un'applicazione

$$\Phi\colon \mathrm{Aff}(\mathbf{A})_O \to \mathrm{GL}(\mathbf{V}). \qquad [14.3]$$

Dal lemma 14.5 segue che ogni $f \in \mathrm{Aff}(\mathbf{A})_O$ è completamente individuata da $\Phi(f)$, e, viceversa, che ogni $\varphi \in \mathrm{GL}(\mathbf{V})$ è immagine di qualche $f \in \mathrm{Aff}(\mathbf{A})_O$. Quindi Φ è biettiva. Poiché la composizione di affinità ha per automorfismo associato la composizione dei corrispondenti automorfismi, l'applicazione Φ è un isomorfismo di gruppi.

Se $c \in \mathsf{K}$ è uno scalare non nullo, l'affinità $\Phi^{-1}(c\mathbf{1}_\mathbf{V}) \in \mathrm{Aff}(\mathbf{A})_O$ si dice *omotetia di centro O e fattore c*, e si denota con $\omega_{O,c}$. Si ha quindi

$$\overrightarrow{O\omega_{O,c}(P)} = c\overrightarrow{OP}.$$

Si ha $\mathbf{1}_\mathbf{A} = \omega_{O,1}$. Inoltre $(\omega_{O,c})^{-1} = \omega_{O,c^{-1}}$ perché per ogni $P \in \mathbf{A}$ il punto $Q = \omega_{O,c^{-1}}(P)$ soddisfa la

$$\overrightarrow{OQ} = c^{-1}\overrightarrow{OP}$$

e quindi

$$\overrightarrow{O\omega_{O,c}(Q)} = c\overrightarrow{OQ} = \overrightarrow{OP}$$

ovvero $\omega_{O,c}(Q) = P$. Pertanto $\omega_{O,c} \circ \omega_{O,c^{-1}} = \mathbf{1}_{\mathbf{A}}$. Si ha poi

$$\omega_{O,c} \circ \omega_{O,d} = \omega_{O,cd}$$

perché se $P \in \mathbf{A}$, posto $Q = \omega_{O,c}(P)$, si ha

$$\overrightarrow{O\omega_{O,d}(Q)} = d\overrightarrow{OQ} = d(c\overrightarrow{OP}) = (cd)\,\overrightarrow{OP}.$$

In conclusione le omotetie di centro O costituiscono un sottogruppo di $\mathrm{Aff}(\mathbf{A})_O$.

4. Supponiamo fissato nello spazio affine $\mathbf{A}$ su $\mathbf{V}$ un punto C. Per ogni $P \in \mathbf{A}$, il punto simmetrico di P rispetto a C (cfr. 7.5(4)) è il punto $\sigma_C(P)$ che soddisfa l'identità vettoriale

$$\overrightarrow{C\sigma_C(P)} = -\overrightarrow{CP}.$$

Da quest'uguaglianza segue che, per ogni $P, Q \in \mathbf{A}$,

$$\overrightarrow{\sigma_C(P)\,\sigma_C(Q)} = \overrightarrow{\sigma_C(P)\,C} + \overrightarrow{C\sigma_C(Q)} = \overrightarrow{CP} - \overrightarrow{CQ} = -\overrightarrow{PQ}$$

e quindi $\sigma_C\colon \mathbf{A} \to \mathbf{A}$ è un'affinità con isomorfismo associato $-\mathbf{1}_{\mathbf{V}}$.

Si calcola immediatamente che $\sigma_C \circ \sigma_C = \mathbf{1}_{\mathbf{A}}$.

Nel caso in cui $\mathbf{A} = \mathbf{A}^n$ e $C = (c_1, \ldots, c_n)$, si ha

$$\sigma_C(P) = (2c_1 - x_1, \ldots, 2c_n - x_n)$$

per ogni $P = (x_1, \ldots, x_n)$.

Un sottoinsieme $\mathbf{S}$ di $\mathbf{A}$ si dice *simmetrico rispetto a un punto* $C \in \mathbf{A}$ se $\sigma_C(P) \in \mathbf{S}$ per ogni $P \in \mathbf{S}$. In questo caso C si dice *centro di simmetria* di $\mathbf{S}$.

Un insieme $\mathbf{S}$ può non avere alcun centro di simmetria oppure averne più d'uno.

Ad esempio, *ogni sottospazio affine di* $\mathbf{A}$ *è simmetrico rispetto ad ogni suo punto.*

Supponiamo infatti che il sottospazio $\mathbf{S}$ abbia giacitura $\mathbf{W}$ e sia C un suo punto. Se $P \in \mathbf{S}$, allora $\overrightarrow{CP} \in \mathbf{W}$ e $\sigma_C(P)$ soddisfa $\overrightarrow{C\sigma_C(P)} = -\overrightarrow{CP}$, e pertanto $\overrightarrow{C\sigma_C(P)} \in \mathbf{W}$ e $\sigma_C(P) \in \mathbf{S}$. Dunque S è simmetrico rispetto a C.

14.7 Lemma *Siano* $O \in \mathbf{A}$ *e* $f \in \mathrm{Aff}(\mathbf{A})$. *Esistono* $\mathbf{v}, \mathbf{v}' \in \mathbf{V}$ *e* $g \in \mathrm{Aff}(\mathbf{A})_O$, *univocamente individuati da* f, *tali che*

$$\begin{aligned} f &= g \circ t_{\mathbf{v}} \\ f &= t_{\mathbf{v}'} \circ g. \end{aligned} \qquad [14.4]$$

Dimostrazione

Poniamo $\mathbf{v} = -\overrightarrow{Of^{-1}(O)}$, $\mathbf{v}' = \overrightarrow{Of(O)}$, $g = f \circ t_{-\mathbf{v}}$, e $g' = t_{-\mathbf{v}'} \circ f$. È evidente che $g \circ t_{\mathbf{v}} = f = t_{\mathbf{v}'} \circ g'$. Inoltre si ha

$$g(O) = (f \circ t_{-\mathbf{v}})(O) = f(f^{-1}(O)) = O$$

$$g'(O) = (t_{-\mathbf{v}'} \circ f)(O) = (t_{-\mathbf{v}'})(f(O)) = O,$$

cioè $g, g' \in \mathrm{Aff}(\mathbf{A})_O$. Si osservi anche che, per il lemma 14.5, g e g' sono univocamente determinate dall'appartenere ad $\mathrm{Aff}(\mathbf{A})_O$ e dall'avere lo stesso automorfismo associato di f; pertanto $g = g'$. Infine le identità $t_{\mathbf{v}} = g^{-1} \circ f$, $t_{\mathbf{v}'} = f \circ g^{-1}$ individuano univocamente anche $\mathbf{v}$ e $\mathbf{v}'$.

Vediamo ora come si descrivono esplicitamente gli elementi di $\mathrm{Aff}_n(\mathsf{K})$.

Sia f: $\mathbf{A}^n \rightarrow \mathbf{A}^n$ un'affinità e sia φ: $\mathsf{K}^n \rightarrow \mathsf{K}^n$ l'isomorfismo associato. Supponiamo che $A \in \mathrm{GL}_n(\mathsf{K})$ sia la matrice che rappresenta φ nella base canonica, e che $f(\mathbf{0}) = \mathbf{c}$. Per definizione di affinità, per ogni $\mathbf{x} \in \mathbf{A}^n$ l'identità seguente è soddisfatta:

$$f(\mathbf{x}) - \mathbf{c} = f(\mathbf{x}) - f(\mathbf{0}) = A(\mathbf{x} - \mathbf{0}) = A\mathbf{x}.$$

L'affinità f è data dunque dalla formula

$$f(\mathbf{x}) = A\mathbf{x} + \mathbf{c}. \qquad [14.5]$$

Viceversa, per ogni $A \in \mathrm{GL}_n(\mathsf{K})$, $\mathbf{c} \in \mathsf{K}^n$, l'applicazione $f_{A,\mathbf{c}}$: $\mathbf{A}^n \rightarrow \mathbf{A}^n$ definita dalla [14.5] è un'affinità. Infatti si ha

$$\overrightarrow{f_{A,\mathbf{c}}(\mathbf{x}_1) f_{A,\mathbf{c}}(\mathbf{x}_2)} = f_{A,\mathbf{c}}(\mathbf{x}_2) - f_{A,\mathbf{c}}(\mathbf{x}_1) = (A\mathbf{x}_2 + \mathbf{c}) - (A\mathbf{x}_1 + \mathbf{c}) = A(\mathbf{x}_2 - \mathbf{x}_1)$$

e quindi $f_{A,\mathbf{c}}$ è un'affinità, con isomorfismo associato quello definito dalla matrice A rispetto alla base canonica di K^n.

In conclusione $\mathrm{Aff}_n(\mathsf{K})$ *è uguale all'insieme di tutte le trasformazioni* $f_{A,\mathbf{c}}$.

Nel caso $n = 1$, si deduce che le affinità di $\mathbf{A}^1$ sono le trasformazioni del tipo $f(x) = ax + c$ per qualche $a \neq 0$, c in K.

Date due affinità $f_{A,\mathbf{c}}$, $f_{B,\mathbf{d}} \in \mathrm{Aff}_n(\mathsf{K})$, il loro prodotto è

$$f_{B,\mathbf{d}} \circ f_{A,\mathbf{c}} = f_{BA,\mathbf{d}+B\mathbf{c}}, \qquad [14.6]$$

mentre l'inversa di $f_{A,\mathbf{c}}$ è

$$(f_{A,\mathbf{c}})^{-1} = f_{A^{-1},-A^{-1}\mathbf{c}}.$$

Le affinità $f_{\mathbf{I},\mathbf{c}}$ sono le traslazioni di $\mathbf{A}^n$ e vengono denotate con $t_{\mathbf{c}}$; si ha dunque

$$t_{\mathbf{c}}(\mathbf{x}) = \mathbf{x} + \mathbf{c}.$$

Le affinità appartenenti allo stabilizzatore dell'origine $\mathrm{Aff}_n(\mathsf{K})_O$ sono precisamente quelle della forma $f_{A,\mathbf{0}}$, e corrispondono biunivocamente alle matrici $A \in \mathrm{GL}_n(\mathsf{K})$. Si ottiene così un'identificazione tra $\mathrm{Aff}_n(\mathsf{K})_O$ e $\mathrm{GL}_n(\mathsf{K})$.

Nel caso di $\mathbf{A}^n$ il lemma 14.7 afferma che ogni affinità $f_{A,\mathbf{c}} \in \mathrm{Aff}_n(\mathsf{K})$ può sempre ottenersi in uno dei due modi seguenti:

$$f_{A,\mathbf{c}} = t_{\mathbf{c}} \circ f_{A,\mathbf{0}} = f_{A,\mathbf{0}} \circ t_{A^{-1}\mathbf{c}}.$$

Le affinità di uno spazio affine qualunque **A** si descrivono esplicitamente in un modo del tutto simile al caso di $\mathbf{A}^n$, una volta fissato un riferimento affine $O\mathbf{e}_1 \dots \mathbf{e}_n$. Abbiamo infatti il seguente teorema.

14.8 Teorema *Nello spazio affine* **A** *su* **V** *sia fissato un riferimento affine* $O\mathbf{e}_1 \dots \mathbf{e}_n$. *Ogni affinità* $f \in \mathrm{Aff}(\mathbf{A})$, *con automorfismo associato* φ, *si esprime nella forma*

$$f(P(x_1, \dots, x_n)) = Q(y_1, \dots, y_n)$$

con

$$\mathbf{y} = A\mathbf{x} + \mathbf{c}, \qquad [14.7]$$

dove $\mathbf{c} = {}^t(c_1 \dots c_n) \in \mathsf{K}^n$ *è il vettore delle coordinate di* $f(O)$, *e* $A = M_{\mathbf{e}}(\varphi) \in \mathrm{GL}_n(\mathsf{K})$.

Viceversa, ogni trasformazione f: $\mathbf{A} \to \mathbf{A}$ *della forma* [14.7] *per qualche* $A \in \mathrm{GL}_n(\mathsf{K})$, $\mathbf{c} \in \mathsf{K}^n$, *è un'affinità.*

Nel caso particolare in cui $\mathbf{A} = \mathbf{A}^n$ e $O\mathbf{e}_1 \dots \mathbf{e}_n$ è il riferimento affine standard, si riottiene la descrizione delle affinità di $\mathbf{A}^n$ data in precedenza. La dimostrazione del teorema è essenzialmente identica a quella precedente, ed è lasciata al lettore.

Si noti l'analogia della [14.7] con la formula [12.3] che esprime il cambiamento di coordinate da un riferimento affine ad un altro. Le due formule descrivono però due operazioni di natura completamente diversa: la [12.3] dà le coordinate di uno stesso punto in riferimenti diversi, mentre nella [14.7] compaiono le coordinate di due punti diversi in uno stesso riferimento.

Abbiamo il seguente corollario.

14.9 Corollario *Nello spazio affine* **A** *su* **V** *sia fissato un riferimento affine* $O\mathbf{e}_1 \dots \mathbf{e}_n$. *L'applicazione*

$$\mathrm{Aff}(\mathbf{A}) \to \mathrm{Aff}_n(\mathsf{K}) \qquad [14.8]$$

che associa a un'affinità f *di* **A** *l'affinità* $f_{A,\mathbf{c}}$ *di* $\mathbf{A}^n$ *data dalla* [14.7] *è un isomorfismo di gruppi.*

Dimostrazione

Dal teorema 14.8 segue che la [14.8] è biettiva, e pertanto sarà sufficiente dimostrare che è un omomorfismo. Se $f, g \in \mathrm{Aff}(\mathbf{A})$, con automorfismi associati φ e ψ

rispettivamente, sono date dalla [14.7] e da

$$\mathbf{y} = B\mathbf{x} + \mathbf{d}$$

rispettivamente, il loro prodotto $g \circ f$ ha automorfismo associato $\psi \circ \varphi$, che è rappresentato dalla matrice BA nella base $\mathbf{e}$. Inoltre il punto $(g \circ f)(O)$ ha coordinate $B\mathbf{c} + \mathbf{d}$. Quindi l'affinità di $\mathbf{A}^n$ che corrisponde a $g \circ f$ nella [14.8] è $f_{BA, B\mathbf{c}+\mathbf{d}}$. Poiché a f e a g corrispondono rispettivamente $f_{A,\mathbf{c}}$ ed $f_{B,\mathbf{d}}$, confrontando con la [14.6] si deduce che la [14.8] è un omomorfismo, come si voleva.

I sottoinsiemi di uno spazio affine $\mathbf{A}$ vengono anche chiamati *figure geometriche* (*affini*) *di* $\mathbf{A}$.

14.10 Definizione *Due figure geometriche* $\mathbf{F}$, $\mathbf{F}' \subset \mathbf{A}$ *si dicono* affinemente equivalenti *se esiste un'affinità che trasforma* $\mathbf{F}$ *in* $\mathbf{F}'$, *cioè se esiste* $f \in \mathrm{Aff}(\mathbf{A})$ *tale che* $f(\mathbf{F}) = \mathbf{F}'$.

Una proprietà affine *di una figura* $\mathbf{F}$ *è una proprietà che è comune a tutte le figure affinemente equivalenti a* $\mathbf{F}$.

Se ad esempio $\mathbf{F}$ è un insieme finito di punti, il numero di punti di cui consiste è una sua proprietà affine, perché ogni affinità è una biezione. Se $\mathbf{F}$ è un sottospazio affine, allora la sua dimensione è una proprietà affine, come affermato dalla seguente proposizione.

14.11 Proposizione *Sia* $\mathbf{F}$ *un sottospazio affine di* $\mathbf{A}$ *e* $f \in \mathrm{Aff}(\mathbf{A})$. *L'immagine* $f(\mathbf{F})$ *di* $\mathbf{F}$ *tramite* f *è ancora un sottospazio affine e* $\dim(f(\mathbf{F})) = \dim(\mathbf{F})$.

Dimostrazione

Supponiamo che $\mathbf{F}$ sia il sottospazio passante per $Q \in \mathbf{A}$ ed avente giacitura $\mathbf{W}$ e che $f \in \mathrm{Aff}(\mathbf{A})$ sia un'affinità con isomorfismo associato $\varphi \in \mathrm{GL}(\mathbf{V})$. Allora $\varphi(\mathbf{W})$ è un sottospazio vettoriale tale che $\dim(\varphi(\mathbf{W})) = \dim(\mathbf{W})$. Inoltre per ogni $P \in \mathbf{F}$ si ha $\overrightarrow{f(Q)\,f(P)} = \varphi(\overrightarrow{QP}) \in \varphi(\mathbf{W})$: quindi $f(P)$ appartiene al sottospazio $\mathbf{S}$ passante per $f(Q)$ e avente giacitura $\varphi(\mathbf{W})$. Viceversa, per ogni $R \in \mathbf{S}$ si ha $\overrightarrow{Qf^{-1}(R)} = \varphi^{-1}(\overrightarrow{f(Q)\,R}) \in \mathbf{W}$, cioè $f^{-1}(R) \in \mathbf{F}$, e quindi $R \in f(\mathbf{F})$. Perciò $f(\mathbf{F}) = \mathbf{S}$, e ciò prova l'asserto.

Abbiamo anche la proposizione seguente.

14.12 Proposizione *Sia* $\mathbf{A}$ *uno spazio affine su* $\mathbf{V}$ *di dimensione n, e siano* $\{P_0, P_1, \ldots, P_n\}$ *e* $\{Q_0, Q_1, \ldots, Q_n\}$ *due* $(n+1)$*-ple di punti indipendenti. Allora esiste un'unica affinità* $f\colon \mathbf{A} \to \mathbf{A}$ *tale che*

$$f(P_i) = Q_i, \quad i = 0, 1, \ldots, n.$$

Dimostrazione

Per l'ipotesi di indipendenza, gli insiemi di vettori

$$\{\overrightarrow{P_0P_1}, \overrightarrow{P_0P_2}, \ldots, \overrightarrow{P_0P_n}\}$$
$$\{\overrightarrow{Q_0Q_1}, \overrightarrow{Q_0Q_2}, \ldots, \overrightarrow{Q_0Q_n}\}$$

costituiscono due basi di $\mathbf{V}$. Pertanto l'unico operatore lineare φ: $\mathbf{V} \to \mathbf{V}$ tale che $\varphi(\overrightarrow{P_0P_i}) = \overrightarrow{Q_0Q_i}$, $i = 1, \ldots, n$, è un isomorfismo. Definiamo f: $\mathbf{A} \to \mathbf{A}$ mediante la condizione:

$$\overrightarrow{Q_0 f(P)} = \varphi(\overrightarrow{P_0P})$$

per ogni $P \in \mathbf{A}$. Evidentemente f è una biezione, e soddisfa all'identità

$$\overrightarrow{f(P)f(P')} = \overrightarrow{Q_0 f(P')} - \overrightarrow{Q_0 f(P)} = \varphi(\overrightarrow{P_0P'}) - \varphi(\overrightarrow{P_0P}) =$$
$$= \varphi(\overrightarrow{P_0P'} - \overrightarrow{P_0P}) = \varphi(\overrightarrow{PP'});$$

quindi f è un'affinità. Inoltre

$$\overrightarrow{Q_0 f(P_0)} = \varphi(\overrightarrow{P_0P_0}) = \mathbf{0},$$

e quindi $f(P_0) = Q_0$. Infine per ogni $i = 1, \ldots, n$ si ha

$$\overrightarrow{Q_0 f(P_i)} = \varphi(\overrightarrow{P_0P_i}) = \overrightarrow{Q_0Q_i}$$

per la definizione di φ; pertanto $f(P_i) = Q_i$.

L'unicità di f segue da quella di φ, dalla condizione $f(P_0) = Q_0$ e dal lemma 14.5.

14.13 Corollario *Sia* $\mathbf{A}$ *uno spazio affine su* $\mathbf{V}$ *di dimensione n. Allora:*

1) *Per ogni* $1 \leq k \leq n + 1$, *due qualsiasi k-uple di punti indipendenti di* $\mathbf{A}$ *sono affinemente equivalenti.*

2) *Due sottospazi affini di* $\mathbf{A}$ *sono affinemente equivalenti se e solo se hanno la stessa dimensione.*

Dimostrazione

1) Se $\{P_0, \ldots, P_{k-1}\}$ e $\{Q_0, \ldots, Q_{k-1}\}$ sono due k-uple di punti indipendenti, esistono $P_k, \ldots, P_n$ e $Q_k, \ldots, Q_n$ tali che $\{P_0, \ldots, P_n\}$ e $\{Q_0, \ldots, Q_n\}$ siano due $(n + 1)$-uple indipendenti. L'affinità f la cui esistenza è affermata dalla proposizione 14.12 manda $\{P_0, \ldots, P_{k-1}\}$ in $\{Q_0, \ldots, Q_{k-1}\}$.

2) Se i sottospazi affini $\mathbf{S}$ ed $\mathbf{S}'$ di $\mathbf{A}$ sono affinemente equivalenti, allora, per la proposizione 14.11, hanno la stessa dimensione.

Viceversa, supponiamo che $\dim(\mathbf{S}) = \dim(\mathbf{S}') = s$. È possibile trovare punti indipendenti $P_0, P_1, \ldots, P_s \in \mathbf{S}$ tali che $\mathbf{S} = \overline{P_0P_1 \ldots P_s}$. Similmente esistono

$Q_0, \dots, Q_s$ indipendenti tali che $\mathbf{S}' = \overline{Q_0 Q_1 \dots Q_s}$. Sia f un'affinità tale che $f(P_i) = Q_i$, $i = 0, \dots, s$. Allora $f(\mathbf{S}) = \mathbf{S}'$. Infatti, poiché $f(\mathbf{S})$ contiene $Q_0, \dots, Q_s$ ed è un sottospazio affine, si ha $f(\mathbf{S}) \supset \mathbf{S}'$; ma $\dim[f(\mathbf{S})] = \dim(\mathbf{S}) = \dim(\mathbf{S}')$, e quindi $f(\mathbf{S}) = \mathbf{S}'$.

Esercizi

1. Dimostrare che i gruppi SO(2) e U(1) sono isomorfi.

2. Per ognuna delle seguenti matrici A determinare $\bar{A}$, ${}^tA$, ${}^*A$:

a) $\begin{pmatrix} 1 & 0 \\ 0 & -1 \end{pmatrix}$ b) $\begin{pmatrix} i & 0 \\ 0 & i \end{pmatrix}$ c) $\begin{pmatrix} 1 & i \\ i & 1 \end{pmatrix}$

d) $\begin{pmatrix} \frac{\sqrt{2}}{2} & \frac{\sqrt{2}i}{2} \\ \frac{\sqrt{2}i}{2} & \frac{\sqrt{2}}{2} \end{pmatrix}$ e) $\begin{pmatrix} \frac{3}{5} & \frac{4i}{5} \\ \frac{4i}{5} & \frac{3}{5} \end{pmatrix}$

f) $\begin{pmatrix} 1 & 1+1 \\ 1-i & -1 \end{pmatrix}$.

3. Dire quali delle matrici dell'esercizio precedente sono unitarie.

4. Sia $A \in \mathrm{U}(n)$. Dimostrare che ciascuna delle matrici ${}^tA$, $\bar{A}$, A^* è unitaria.

5. Dimostrare che se r, s, t sono rette di un piano affine A che non appartengono a uno stesso fascio a due a due non parallele, allora, date comunque tre rette r', s', t', che non appartengono a uno stesso fascio a due a due non parallele, esiste un'affinità $f: \mathbf{A} \to \mathbf{A}$ tale che $f(r) = r'$, $f(s) = s'$, $f(t) = t'$.

6. In uno spazio affine **A** di dimensione 3 sia data una terna di piani p_1, p_2, p_3 tali che $p_1 \cap p_2 \cap p_3$ consista di un solo punto. Dimostrare che per ogni altra terna di piani q_1, q_2, q_3 tali che $q_1 \cap q_2 \cap q_3$ consista di un solo punto, esiste $f \in \mathrm{Aff}(\mathbf{A})$ tale che $f(p_i) = q_i$, $i = 1, 2, 3$.

7. In ciascuno dei casi seguenti determinare l'affinità $f: \mathbf{A}^2(\mathbf{Q}) \to \mathbf{A}^2(\mathbf{Q})$ che soddisfa le condizioni assegnate:

a) $f(0, 0) = (1, -1)$, $f(1, 0) = (3, -1)$, $f(0, 1) = (2, 2)$

b) $f(2, 1) = (1, 2)$, $f(-1, -1) = (1, 1)$, $f(0, 1) = (2, -1)$

c) $f(r) = r'$, $f(s) = s'$, $f(t) = t'$,

dove

r: $X = 1$, s: $Y = X$, t: $Y = -2$,
r': $2X - Y = 0$, s': $X + Y = 0$, t': $2X + Y = 1$.

8. Dimostrare che, se **A** è un piano affine reale:

a) due semirette qualsiasi di **A** sono affinemente equivalenti (*suggerimento*: dimostrare che un punto e un vettore non nullo assegnati possono essere trasformati in un altro punto e in un altro vettore non nullo arbitrari);

b) due segmenti qualsiasi di **A** sono affinemente equivalenti;

c) due semipiani qualsiasi di **A** sono affinemente equivalenti;

d) due triangoli qualsiasi di **A** sono affinemente equivalenti.

9. Sia **A** uno spazio affine reale. Dimostrare che:

a) due semispazi qualsiasi di **A** sono affinemente equivalenti;

b) se $\mathbf{U} \subset \mathbf{A}$ è un sottoinsieme convesso, ogni sottoinsieme affinemente equivalente a **U** è convesso. Quindi la convessità è una proprietà affine;

c) ogni affinità di **A** trasforma il punto medio di un segmento nel punto medio del segmento immagine.

10. Sia $\mathbf{b} \in \mathbf{A}^n$ e $c \in \mathsf{K}^*$. Dimostrare che $\omega_{\mathbf{b},c} = T_{c\mathbf{I},\, \mathbf{b}(1-c)}$.

11. Sia $n \geq 1$ un intero. Due numeri interi $a, b \in \mathsf{Z}$ si dicono *congrui modulo n* se $b - a$ è divisibile per n. Dimostrare che la congruenza modulo n è una relazione di equivalenza in Z.
L'insieme delle classi di congruenza (dette anche *classi resto*) modulo n si denota con $\mathsf{Z}/n\mathsf{Z}$, e consiste degli n elementi $\overline{0}, \overline{1}, \ldots, \overline{n-1}$, le classi di $0, 1, \ldots, n-1$. Dimostrare che la somma in Z induce in $\mathsf{Z}/n\mathsf{Z}$ un'operazione rispetto alla quale $\mathsf{Z}/n\mathsf{Z}$ è un gruppo abeliano.

12. Sia $\mathscr{G}$ un gruppo. Un sottoinsieme $\bar{\mathscr{G}}$ di $\mathscr{G}$ si dice *sistema di generatori* di $\mathscr{G}$ se ogni elemento di $\mathscr{G}$ si può esprimere come prodotto di un numero finito di elementi di $\bar{\mathscr{G}}$ e di loro inversi. Se $\bar{\mathscr{G}}$ consiste di un numero finito di elementi, $\mathscr{G}$ si dice *finitamente generato*. Se $\bar{\mathscr{G}} = \{g\}$ consiste di un solo elemento $\mathscr{G}$ è detto *gruppo ciclico* di cui g è un *generatore*.
Dimostrare che:

a) ogni gruppo ciclico è abeliano;

b) Z (con l'operazione $+$) e $\mathsf{Z}/n\mathsf{Z}$, $n \geq 1$, sono gruppi ciclici;

c) ogni gruppo ciclico è isomorfo a Z oppure a $\mathsf{Z}/n\mathsf{Z}$ per qualche $n \geq 1$;

d) l'insieme delle radici n-esime di 1 è un sottogruppo ciclico di C (ogni suo generatore è chiamato *radice primitiva n-esima di* 1).

13. Siano $n \geq 2$ un intero. Nel prodotto cartesiano

$$\frac{\mathsf{Z}}{n\mathsf{Z}} \times \frac{\mathsf{Z}}{2\mathsf{Z}}$$

definiamo un'operazione nel modo seguente:

$$(\bar{a}_1, \bar{0})(\bar{a}_2, \bar{0}) = (\bar{a}_1 + \bar{a}_2, \bar{0})$$

$$(\bar{a}_1, \bar{0})(\bar{a}_2, \bar{1}) = (\bar{a}_1 + \bar{a}_2, \bar{1}) = (\bar{a}_1, \bar{1})(-\bar{a}_2, \bar{0})$$

$$(\bar{a}_1, \bar{1})(\bar{a}_2, \bar{1}) = (\bar{a}_1 - \bar{a}_2, \bar{0}).$$

Dimostrare che:

a) con questa operazione $\frac{\mathsf{Z}}{n\mathsf{Z}} \times \frac{\mathsf{Z}}{2\mathsf{Z}}$ è un gruppo il cui elemento neutro è $e = (\bar{0}, \bar{0})$; questo gruppo, indicato con D_{2n}, è detto *gruppo diedrale di ordine* $2n$;

b) posto $x = (\bar{1}, \bar{0})$ e $y = (\bar{0}, \bar{1})$, si ha

$D_{2n} = \{x^0 = e, x, \ldots, x^{n-1}, y, xy, \ldots, x^{n-1}y\}$;

c) x genera un sottogruppo di D_{2n} isomorfo a $\mathsf{Z}/n\mathsf{Z}$;

d) y genera un sottogruppo di D_{2n} isomorfo a $\mathsf{Z}/2\mathsf{Z}$;

e) D_{2n} non è abeliano.

14. Sia $n \geq 2$ un intero. L'insieme σ_n di tutte le permutazioni di un insieme finito contenente n elementi è un gruppo di trasformazioni che si chiama *gruppo simmetrico su n elementi*. Dimostrare che σ_n non è abeliano se $n \geq 3$.

Capitolo 2
Geometria euclidea

15 Forme bilineari e forme quadratiche

In geometria affine hanno senso solo proprietà geometriche che non utilizzano nozioni di natura metrica quali quelle di angolo, distanza, perpendicolarità. In questo capitolo vedremo come in uno spazio affine reale sia possibile introdurre una struttura più fine, quella di spazio euclideo, in cui gli ordinari concetti metrici sono definiti. Per far ciò sono necessari nuovi argomenti di algebra lineare, e precisamente la teoria delle forme bilineari e delle forme quadratiche, che inizieremo a studiare in questo paragrafo. Tratteremo anche aspetti della teoria non strettamente necessari nel seguito, e però di importanza fondamentale in matematica.

15.1 Definizione *Sia* $\mathbf{V}$ *un* K*-spazio vettoriale. Un'applicazione*

$$b\colon \mathbf{V}\times\mathbf{V}\to\mathsf{K}$$

si dice forma bilineare su $\mathbf{V}$ *se è lineare in ognuno dei due argomenti, cioè se soddisfa le seguenti condizioni:*

FB1 $b(\mathbf{v}+\mathbf{v}', \mathbf{w}) = b(\mathbf{v}, \mathbf{w}) + b(\mathbf{v}', \mathbf{w})$

FB2 $b(\mathbf{v}, \mathbf{w}+\mathbf{w}') = b(\mathbf{v}, \mathbf{w}) + b(\mathbf{v}, \mathbf{w}')$

FB3 $b(k\mathbf{v}, \mathbf{w}) = b(\mathbf{v}, k\mathbf{w}) = kb(\mathbf{v}, \mathbf{w})$

per ogni $\mathbf{v}, \mathbf{v}', \mathbf{w}, \mathbf{w}'\in\mathbf{V}$, $k\in\mathsf{K}$.

La forma bilineare b *si dice* simmetrica *se*

$$b(\mathbf{v}, \mathbf{w}) = b(\mathbf{w}, \mathbf{v}) \quad \textit{per ogni } \mathbf{v}, \mathbf{w}\in\mathbf{V};$$

b *si dice* antisimmetrica, *o* alterna, *se*

$$b(\mathbf{v}, \mathbf{w}) = -\,b(\mathbf{w}, \mathbf{v}) \quad \textit{per ogni } \mathbf{v}, \mathbf{w}\in\mathbf{V}.$$

Se b è antisimmetrica, allora $b(\mathbf{v}, \mathbf{v}) = -b(\mathbf{v}, \mathbf{v}) = 0$ per ogni $\mathbf{v} \in \mathbf{V}$. D'altra parte, una forma bilineare b tale che

$$b(\mathbf{v}, \mathbf{v}) = 0 \quad \text{per ogni } \mathbf{v} \in \mathbf{V}$$

è antisimmetrica. Infatti, dalle FB1, FB2 segue che per ogni $\mathbf{v}, \mathbf{w} \in \mathbf{V}$ si ha

$$0 = b(\mathbf{v} + \mathbf{w}, \mathbf{v} + \mathbf{w}) = b(\mathbf{v}, \mathbf{v}) + b(\mathbf{v}, \mathbf{w}) + b(\mathbf{w}, \mathbf{v}) + b(\mathbf{w}, \mathbf{w}) = \\ = b(\mathbf{v}, \mathbf{w}) + b(\mathbf{w}, \mathbf{v}).$$

15.2 *Esempi*

1. Un esempio banale di forma bilineare su uno spazio vettoriale $\mathbf{V}$ è l'applicazione identicamente nulla: $0(\mathbf{v}, \mathbf{w}) = 0$ per ogni $\mathbf{v}, \mathbf{w} \in \mathbf{V}$. 0 si dice *forma bilineare nulla*. Essa è simmetrica e antisimmetrica.

2. Sia $A = (a_{ij}) \in M_n(\mathsf{K})$; considerando i vettori di K^n come degli n-vettori colonna, otteniamo una forma bilineare su K^n ponendo

$$b(\mathbf{x}, \mathbf{y}) = {}^t\mathbf{x} A \mathbf{y} = \sum_{i,j} a_{ij} x_i y_i$$

per ogni $\mathbf{x} = {}^t(x_1 \dots x_n)$, $\mathbf{y} = {}^t(y_1 \dots y_n)$. Dalle proprietà del prodotto di matrici segue che in questo modo si è definita una forma bilineare (cfr. proposizione 2.2(1)). Se $\{\mathbf{E}_1, \dots, \mathbf{E}_n\}$ è la base canonica di K^n, si ha

$$b(\mathbf{E}_i, \mathbf{E}_j) = a_{ij}$$

per ogni $1 \leq i, j \leq n$.

Se ad esempio si prende $n = 3$ e

$$A = \begin{pmatrix} 1 & 0 & -2 \\ 0 & 0 & \frac{1}{2} \\ -1 & \pi & 0 \end{pmatrix},$$

allora la corrispondente forma bilineare su K^3 è

$$b(\mathbf{x}, \mathbf{y}) = x_1 y_1 - 2x_1 y_3 + x_2 y_3/2 - x_3 y_1 + \pi x_2 y_3.$$

Questa forma bilineare non è simmetrica perché

$$b(\mathbf{E}_1, \mathbf{E}_3) = -2 \neq -1 = b(\mathbf{E}_3, \mathbf{E}_1).$$

Se $A = \mathbf{I}_n$, matrice identità, si ottiene

$$b(\mathbf{x}, \mathbf{y}) = {}^t\mathbf{x}\mathbf{y} = x_1 y_1 + x_2 y_2 + \dots + x_n y_n. \qquad [15.1]$$

La b definita dalla [15.1] è una forma bilineare simmetrica che è chiamata *forma simmetrica standard* su K^n.

Se $n = 2k$, cioè se n è pari, e se si prende $A = \mathbf{J}_k$, dove

$$\mathbf{J}_k = \begin{pmatrix} \mathbf{0}_k & \mathbf{I}_k \\ -\mathbf{I}_k & \mathbf{0}_k \end{pmatrix},$$

si ottiene

$$b(\mathbf{x}, \mathbf{y}) = x_1 y_{k+1} + \ldots + x_k y_n - x_{k+1} y_1 - \ldots - x_n y_k,$$

che è una forma bilineare alterna, chiamata *forma alterna standard su* K^n.

Sia b: $\mathbf{V} \times \mathbf{V} \to \mathsf{K}$ una forma bilineare. La bilinearità di b permette di definire due applicazioni lineari di $\mathbf{V}$ in $\mathbf{V}^\vee$ nel modo seguente.

Per ogni $\mathbf{v} \in \mathbf{V}$ l'applicazione $b_\mathbf{v}$: $\mathbf{V} \to \mathsf{K}$ definita da

$$b_\mathbf{v}(\mathbf{w}) = b(\mathbf{v}, \mathbf{w}), \quad \text{per ogni } \mathbf{w} \in \mathbf{V},$$

è un funzionale lineare. Infatti dalla definizione segue che

$$\begin{aligned} b_\mathbf{v}(c_1\mathbf{w}_1 + c_2\mathbf{w}_2) &= b(\mathbf{v}, c_1\mathbf{w}_1 + c_2\mathbf{w}_2) = c_1 b(\mathbf{v}, \mathbf{w}_1) + c_2 b(\mathbf{v}, \mathbf{w}_2) = \\ &= c_1 b_\mathbf{v}(\mathbf{w}_1) + c_2 b_\mathbf{v}(\mathbf{w}_2) \end{aligned}$$

per ogni $\mathbf{w}_1, \mathbf{w}_2 \in \mathbf{V}$, $c_1, c_2 \in \mathsf{K}$. Quindi, ponendo $\delta_b(\mathbf{v}) = b_\mathbf{v}$ per ogni $\mathbf{v} \in \mathbf{V}$, si ottiene un'applicazione

$$\delta_b: \mathbf{V} \to \mathbf{V}^\vee.$$

La δ_b è lineare. Infatti per ogni $\mathbf{v}_1, \mathbf{v}_2 \in \mathbf{V}$, $c_1, c_2 \in \mathsf{K}$ si ha

$$\begin{aligned} [\delta_b(c_1\mathbf{v}_1 + c_2\mathbf{v}_2)](\mathbf{w}) &= b_{c_1\mathbf{v}_1 + c_2\mathbf{v}_2}(\mathbf{w}) = b(c_1\mathbf{v}_1 + c_2\mathbf{v}_2, \mathbf{w}) = \\ &= c_1 b(\mathbf{v}_1, \mathbf{w}) + c_2 b(\mathbf{v}_2, \mathbf{w}) = c_1 b_{\mathbf{v}_1}(\mathbf{w}) + c_2 b_{\mathbf{v}_2}(\mathbf{w}) = \\ &= [c_1\delta_b(\mathbf{v}_1) + c_2\delta_b(\mathbf{v}_2)](\mathbf{w}) \end{aligned}$$

per ogni $\mathbf{w} \in \mathbf{V}$, cioè $\delta_b(c_1\mathbf{v}_1 + c_2\mathbf{v}_2) = c_1\delta_b(\mathbf{v}_1) + c_2\delta_b(\mathbf{v}_2)$.

In modo simile si verifica che ponendo $\delta_b'(\mathbf{w}) = b_\mathbf{w}'$, dove $b_\mathbf{w}'$: $\mathbf{V} \to \mathsf{K}$ è il funzionale definito da

$$b_\mathbf{w}'(\mathbf{v}) = b(\mathbf{v}, \mathbf{w}) \quad \text{per ogni } \mathbf{v} \in \mathbf{V},$$

si definisce un'applicazione lineare

$$\delta_b': \mathbf{V} \to \mathbf{V}^\vee.$$

Il lettore non avrà difficoltà a dimostrare che $\delta_b = \delta_b'$ se e solo se b è simmetrica.

15.3 Definizione *Sia* $\mathbf{V}$ *un* K*-spazio vettoriale di dimensione* n*,* $\{\mathbf{e}_1, \ldots, \mathbf{e}_n\}$ *una sua base, e sia* b: $\mathbf{V} \times \mathbf{V} \to \mathsf{K}$ *una forma bilineare su* $\mathbf{V}$.

La matrice di b *(o* che rappresenta b*)* rispetto alla base $\{\mathbf{e}_1, \ldots, \mathbf{e}_n\}$ *è la matrice*

$A = (a_{ij}) \in M_n(\mathsf{K})$ *così definita*:

$$a_{ij} = b(\mathbf{e}_i, \mathbf{e}_j), \qquad 1 \le i, j \le n.$$

La matrice A individua la forma bilineare b. Infatti per ogni $\mathbf{v}, \mathbf{w} \in \mathbf{V}$

$$\mathbf{v} = x_1\mathbf{e}_1 + \dots + x_n\mathbf{e}_n, \qquad \mathbf{w} = y_1\mathbf{e}_1 + \dots + y_n\mathbf{e}_n,$$

si ha

$$\begin{aligned} b(\mathbf{v}, \mathbf{w}) &= b(x_1\mathbf{e}_1 + \dots + x_n\mathbf{e}_n, y_1\mathbf{e}_1 + \dots + y_n\mathbf{e}_n) = \\ &= b(x_1\mathbf{e}_1, y_1\mathbf{e}_1 + \dots + y_n\mathbf{e}_n) + \dots + b(x_n\mathbf{e}_n, y_1\mathbf{e}_1 + \dots + y_n\mathbf{e}_n) = \\ &= x_1 b(\mathbf{e}_1, y_1\mathbf{e}_1 + \dots + y_n\mathbf{e}_n) + \dots + x_n b(\mathbf{e}_n, y_1\mathbf{e}_1 + \dots + y_n\mathbf{e}_n) = \\ &= x_1[b(\mathbf{e}_1, y_1\mathbf{e}_1) + \dots + b(\mathbf{e}_1, y_n\mathbf{e}_n)] + \dots + x_n[b(\mathbf{e}_n, y_1\mathbf{e}_1) + \dots \\ &\qquad \dots + b(\mathbf{e}_n, y_n\mathbf{e}_n)] = \\ &= x_1[y_1 b(\mathbf{e}_1, \mathbf{e}_1) + \dots + y_n b(\mathbf{e}_1, \mathbf{e}_n)] + \dots + x_n[y_1 b(\mathbf{e}_n, \mathbf{e}_1) + \dots \\ &\qquad \dots + y_n b(\mathbf{e}_n, \mathbf{e}_n)] = \\ &= \Sigma_{ij} x_i y_j b(\mathbf{e}_i, \mathbf{e}_j) = {}^t\mathbf{x} A \mathbf{y}, \end{aligned}$$

dove abbiamo denotato con $\mathbf{x}$ e $\mathbf{y}$ i vettori colonna delle coordinate di $\mathbf{v}$ e di $\mathbf{w}$ rispettivamente.

Viceversa, se $A = (a_{ij}) \in M_n(\mathsf{K})$ è una qualunque matrice quadrata di ordine n ed $\{\mathbf{e}_1, \dots, \mathbf{e}_n\}$ è una base di $\mathbf{V}$, ponendo

$$b(\mathbf{v}, \mathbf{w}) = \sum_{i,j} a_{ij} x_i y_j = {}^t\mathbf{x} A \mathbf{y}$$

per ogni $\mathbf{v}(x_1, \dots, x_n)$, $\mathbf{w}(y_1, \dots, y_n) \in \mathbf{V}$, si definisce una forma bilineare su $\mathbf{V}$.

Infatti, per ogni $\mathbf{v}$, $\mathbf{w}$, $\mathbf{v}'(x_1', \dots, x_n')$, $\mathbf{w}'(y_1', \dots, y_n') \in \mathbf{V}$, $k \in \mathsf{K}$ si ha

$$\begin{aligned} &b(\mathbf{v} + \mathbf{v}', \mathbf{w}) = {}^t(\mathbf{x} + \mathbf{x}') A \mathbf{y} = {}^t\mathbf{x} A \mathbf{y} + {}^t\mathbf{x}' A \mathbf{y} = b(\mathbf{v}, \mathbf{w}) + b(\mathbf{v}', \mathbf{w}), \\ &b(\mathbf{v}, \mathbf{w} + \mathbf{w}') = {}^t\mathbf{x} A(\mathbf{y} + \mathbf{y}') = {}^t\mathbf{x} A \mathbf{y} + {}^t\mathbf{x} A \mathbf{y}' = b(\mathbf{v}, \mathbf{w}) + b(\mathbf{v}, \mathbf{w}'), \\ &b(k\mathbf{v}, \mathbf{w}) = {}^t(k\mathbf{x}) A \mathbf{y} = k\,{}^t\mathbf{x} A \mathbf{y} = k b(\mathbf{v}, \mathbf{w}) \\ &b(\mathbf{v}, k\mathbf{w}) = {}^t\mathbf{x} A(k\mathbf{y}) = k\,{}^t\mathbf{x} A \mathbf{y} = k b(\mathbf{v}, \mathbf{w}). \end{aligned}$$

È evidente che la forma bilineare b così definita ha proprio A come matrice rispetto alla base $\{\mathbf{e}_1, \dots, \mathbf{e}_n\}$.

Si osservi inoltre che si ha

$$b(\mathbf{w}, \mathbf{v}) = {}^t\mathbf{y} A \mathbf{x} = {}^t\mathbf{x}\, {}^tA \mathbf{y}$$

e quindi

$$b(\mathbf{v}, \mathbf{w}) = b(\mathbf{w}, \mathbf{v})$$

per ogni $\mathbf{v}(x_1, \dots, x_n)$, $\mathbf{w}(y_1, \dots, y_n) \in \mathbf{V}$ se e solo se ${}^tA = A$. In altre parole, la forma bilineare b è simmetrica se e solo se la matrice A è simmetrica. Analogamente, b è antisimmetrica se e solo se ${}^tA = -A$, cioè se e solo se A è antisimmetrica.

Riassumendo, possiamo enunciare la seguente proposizione.

15.4 PROPOSIZIONE *Sia* $\mathbf{V}$ *un* K*-spazio vettoriale di dimensione finita, e sia* $e = \{\mathbf{e}_1, \ldots, \mathbf{e}_n\}$ *una sua base. Associando ad ogni forma bilineare la sua matrice rispetto a* $\mathbf{e}$ *si ottiene una corrispondenza biunivoca tra l'insieme* Bil($\mathbf{V}$) *delle forme bilineari su* $\mathbf{V}$ *ed* $M_n(\mathsf{K})$. *Tale corrispondenza induce un'applicazione biunivoca dell'insieme delle forme bilineari simmetriche (forme bilineari antisimmetriche) sull'insieme delle matrici simmetriche (matrici antisimmetriche).*

Ovviamente la corrispondenza biunivoca descritta dalla proposizione 15.4 dipende dalla base che si è scelta, cioè le matrici che rappresentano una data forma bilineare rispetto a due diverse basi sono in generale diverse. Vediamo in che modo.

Supponiamo che b: $\mathbf{V} \times \mathbf{V} \to \mathsf{K}$ sia una forma bilineare e che $e = \{\mathbf{e}_1, \ldots, \mathbf{e}_n\}$ ed $f = \{\mathbf{f}_1, \ldots, \mathbf{f}_n\}$ siano due basi di $\mathbf{V}$. Siano

$$A = (a_{ij}) = (b(\mathbf{e}_i, \mathbf{e}_j))$$

$$B = (b_{ij}) = (b(\mathbf{f}_i, \mathbf{f}_j))$$

le matrici che rappresentano b rispetto a e ed f rispettivamente. Se $\mathbf{v}, \mathbf{w} \in \mathbf{V}$ sono due vettori qualunque, con coordinate rispetto alle due basi

$$\mathbf{v} = x_1\mathbf{e}_1 + \ldots + x_n\mathbf{e}_n = x_1'\mathbf{f}_1 + \ldots + x_n'\mathbf{f}_n,$$

$$\mathbf{w} = y_1\mathbf{e}_1 + \ldots + y_n\mathbf{e}_n = y_1'\mathbf{f}_1 + \ldots + y_n'\mathbf{f}_n,$$

si ha

$$b(\mathbf{v}, \mathbf{w}) = {}^t\mathbf{x}A\mathbf{y} = {}^t\mathbf{x}'B\mathbf{y}'. \qquad [15.2]$$

Posto $M = M_{e,f}(\mathbf{1}_\mathbf{V})$, si ha $\mathbf{x} = M\mathbf{x}'$, $\mathbf{y} = M\mathbf{y}'$ e, sostituendo nella [15.2], si ottiene

$${}^t\mathbf{x}'B\mathbf{y}' = {}^t(M\mathbf{x}')A(M\mathbf{y}') = {}^t\mathbf{x}'({}^tMAM)\mathbf{y}'. \qquad [15.3]$$

Poiché la [15.3] è vera per ogni $\mathbf{x}', \mathbf{y}' \in \mathsf{K}^n$, deduciamo che

$$B = {}^tMAM. \qquad [15.4]$$

La [15.4] esprime la relazione esistente tra le matrici A e B che rappresentano la forma bilineare b rispetto alle due basi e ed f rispettivamente.

Viceversa, se A è la matrice che rappresenta la forma bilineare b rispetto alla base e, e se $M \in GL_n(\mathsf{K})$ è una qualunque matrice invertibile di ordine n, allora esiste una base f tale che $M = M_{e,f}(\mathbf{1}_\mathbf{V})$. Pertanto $B = {}^tMAM$ è la matrice che rappresenta b rispetto a f.

Diremo che due *matrici* $A, B \in M_n(\mathsf{K})$ sono *congruenti* se esiste $M \in GL_n(\mathsf{K})$ tale che

$$B = {}^tMAM.$$

Lasciamo al lettore il compito di verificare che la congruenza di matrici è una relazione di equivalenza in $M_n(\mathsf{K})$.

In conclusione abbiamo dimostrato la seguente proposizione:

15.5 Proposizione *Sia* **V** *un* K*-spazio vettoriale di dimensione n. Due matrici* A, $B \in M_n(\mathsf{K})$ *rappresentano la stessa forma bilineare b su* **V** *rispetto a due diverse basi se e solo se sono congruenti.*

Dalla proposizione 4.3(2) segue che due matrici congruenti hanno lo stesso rango. Pertanto, per la proposizione 15.5, il rango r della matrice A che rappresenta una data forma bilineare b rispetto a una base qualsiasi non dipende dalla base, ma solo da b: chiameremo *r rango della forma bilineare b.*

Se b ha rango $r = \dim(\mathbf{V})$ ($r < \dim(\mathbf{V})$) la forma bilineare si dice *non degenere* (*degenere*). La seguente proposizione dà diverse caratterizzazioni delle forme bilineari non degeneri.

15.6 Proposizione *Sia* **V** *un* K*-spazio vettoriale di dimensione finita e sia* b: $\mathbf{V} \times \mathbf{V} \to \mathsf{K}$ *una forma bilineare. Le seguenti condizioni sono equivalenti*:

1) *b è non degenere.*
2) *Per ogni* $\mathbf{v} \neq \mathbf{0}$ *in* **V** *esiste* $\mathbf{w} \in \mathbf{V}$ *tale che* $b(\mathbf{v}, \mathbf{w}) \neq 0$.
3) *Per ogni* $\mathbf{w} \neq \mathbf{0}$ *in* **V** *esiste* $\mathbf{v} \neq \mathbf{0}$ *tale che* $b(\mathbf{v}, \mathbf{w}) \neq 0$.
4) *L'applicazione* δ_b: $\mathbf{V} \to \mathbf{V}^\vee$ *è un isomorfismo.*
5) *L'applicazione* δ'_b: $\mathbf{V} \to \mathbf{V}^\vee$ *è un isomorfismo.*

Dimostrazione

Scelta una base $\mathbf{e} = \{\mathbf{e}_1, \ldots, \mathbf{e}_n\}$ di **V**, sia $A \in M_n(\mathsf{K})$ la matrice di b rispetto a **e**.

(1) ⇒ (2) Se A ha rango n e $\mathbf{x} \neq \mathbf{0}$ è il vettore delle coordinate di **v**, allora ${}^t\mathbf{x}A \neq (0 \ldots 0)$, e quindi esiste $\mathbf{y} \in \mathsf{K}^n$ tale che ${}^t\mathbf{x}A\mathbf{y} \neq 0$; il vettore **w** di coordinate **y** è tale che $b(\mathbf{v}, \mathbf{w}) \neq 0$.

(2) ⇒ (1) Per ipotesi per ogni $\mathbf{x} \neq \mathbf{0}$ esiste **y** tale che ${}^t\mathbf{x}A\mathbf{y} \neq 0$; ciò implica ${}^t\mathbf{x}A \neq (0 \ldots 0)$ per ogni $\mathbf{x} \neq \mathbf{0}$, e questo significa che A ha rango n.

(1) ⇔ (3) Si dimostra in modo simile.

(2) ⇒ (4) Poiché $\dim(\mathbf{V}) = \dim(\mathbf{V}^\vee)$, è sufficiente far vedere che $\mathrm{N}(\delta_b) = \langle 0 \rangle$. Sia dunque $\mathbf{v} \in \mathbf{V}$ tale che $b_\mathbf{v}$ sia il funzionale nullo. Allora

$$0 = b_\mathbf{v}(\mathbf{w}) = b(\mathbf{v}, \mathbf{w})$$

per ogni $\mathbf{w} \in \mathbf{V}$. Ciò contraddice la (2) a meno che $\mathbf{v} = \mathbf{0}$.

(4) ⇒ (2) Per ogni $\mathbf{v} \in \mathbf{V}$, $\mathbf{v} \neq \mathbf{0}$, $\delta_b(\mathbf{v}) = b_\mathbf{v} \neq 0$, e quindi esiste $\mathbf{w} \in \mathbf{V}$ tale che $0 \neq b_\mathbf{v}(\mathbf{w}) = b(\mathbf{v}, \mathbf{w})$.

L'equivalenza di (3) e (5) si dimostra nello stesso modo.

Nel seguito concentreremo la nostra attenzione prevalentemente sulle forme bilineari simmetriche perché hanno una particolare importanza per gli argomenti geometrici che svilupperemo.

15.7 DEFINIZIONE *Sia b una forma bilineare simmetrica su uno spazio vettoriale* $\mathbf{V}$, *e sia* $\mathbf{v} \in \mathbf{V}$. *Un vettore* $\mathbf{w} \in \mathbf{V}$ *si dice* ortogonale (*o* perpendicolare) a $\mathbf{v}$, *se* $b(\mathbf{v}, \mathbf{w}) = 0$. *In tal caso i due vettori* $\mathbf{v}$ *e* $\mathbf{w}$ *si dicono* ortogonali (*o* perpendicolari).

Supponiamo assegnata in $\mathbf{V}$ una forma bilineare simmetrica b. Sia $\mathbf{S}$ un sottoinsieme di $\mathbf{V}$; l'insieme dei vettori ortogonali ad ogni $\mathbf{v} \in \mathbf{S}$ si denota con $\mathbf{S}^{\perp}$; in simboli:

$$\mathbf{S}^{\perp} = \{\mathbf{w} \in \mathbf{V}: b(\mathbf{v}, \mathbf{w}) = 0 \text{ per ogni } \mathbf{v} \in \mathbf{S}\}.$$

È immediato verificare che $\mathbf{S}^{\perp}$ *è un sottospazio vettoriale di* $\mathbf{V}$. Infatti, se $\mathbf{w}$, $\mathbf{w}' \in \mathbf{S}^{\perp}$, $k \in \mathsf{K}$, allora

$$b(\mathbf{v}, \mathbf{w} + \mathbf{w}') = b(\mathbf{v}, \mathbf{w}) + b(\mathbf{v}, \mathbf{w}') = 0 + 0 = 0$$
$$b(\mathbf{v}, k\mathbf{w}) = kb(\mathbf{v}, \mathbf{w}) = k0 = 0,$$

per ogni $\mathbf{v} \in \mathbf{S}$. Chiameremo $\mathbf{S}^{\perp}$ *il sottospazio ortogonale ad* $\mathbf{S}$. Se $\mathbf{S} = \{\mathbf{v}\}$, è abituale scrivere $\mathbf{v}^{\perp}$ anziché $\{\mathbf{v}\}^{\perp}$.

Due *sottospazi* $\mathbf{U}$ e $\mathbf{W}$ di $\mathbf{V}$ si dicono *ortogonali* se $\mathbf{U} \subset \mathbf{W}^{\perp}$; dalla simmetria di b segue immediatamente che questa condizione è equivalente a $\mathbf{W} \subset \mathbf{U}^{\perp}$. Il sottospazio $\mathbf{V}^{\perp}$ è detto *radicale di* $\mathbf{V}$. Dalla proposizione 15.6 segue che b è non degenere se e solo se $\mathbf{V}^{\perp} = \langle \mathbf{0} \rangle$.

Un vettore $\mathbf{v} \in \mathbf{V}$ è *isotropo* rispetto alla forma bilineare simmetrica b se $\mathbf{v} \in \mathbf{v}^{\perp}$, cioè se $b(\mathbf{v}, \mathbf{v}) = 0$. Ovviamente $\mathbf{0}$ è isotropo. Se $\mathbf{v} \in \mathbf{V}$ è isotropo e $k \in \mathsf{K}$, allora si ha

$$b(k\mathbf{v}, k\mathbf{v}) = k^2 b(\mathbf{v}, \mathbf{v}) = k^2 0 = 0$$

e quindi il sottospazio $\langle \mathbf{v} \rangle$ consiste di vettori isotropi.

Se $\mathbf{v}$ non è un vettore isotropo posto, per ogni $\mathbf{w} \in \mathbf{V}$,

$$a_{\mathbf{v}}(\mathbf{w}) = b(\mathbf{v}, \mathbf{w})/b(\mathbf{v}, \mathbf{v}), \qquad [15.6]$$

si ha

$$b(\mathbf{v}, \mathbf{w} - a_{\mathbf{v}}(\mathbf{w})\,\mathbf{v}) = 0$$

cioè $\mathbf{w} - a_{\mathbf{v}}(\mathbf{w})\,\mathbf{v} \in \mathbf{v}^{\perp}$. Poiché

$$\mathbf{w} = a_{\mathbf{v}}(\mathbf{w})\,\mathbf{v} + (\mathbf{w} - a_{\mathbf{v}}(\mathbf{w})\,\mathbf{v})$$

deduciamo che $\mathbf{V} = \langle \mathbf{v} \rangle + \mathbf{v}^{\perp}$. D'altra parte $\langle \mathbf{v} \rangle \cap \mathbf{v}^{\perp} = \langle \mathbf{0} \rangle$ perché $\mathbf{v}$ non è isotropo e pertanto $\langle \mathbf{v} \rangle \cap \mathbf{v}^{\perp}$ è un sottospazio proprio di $\langle \mathbf{v} \rangle$. Quindi per ogni vettore non isotropo $\mathbf{v} \in \mathbf{V}$ si ha

$$\mathbf{V} = \langle \mathbf{v} \rangle \oplus \mathbf{v}^{\perp}. \qquad [15.7]$$

Lo scalare $a_{\mathbf{v}}(\mathbf{w})$ definito dalla [15.6] è detto *coefficiente di Fourier di* $\mathbf{w}$ *rispetto a* $\mathbf{v}$. Si noti che $a_{\mathbf{v}}(\mathbf{w})$ è definito solo se $\mathbf{v}$ non è un vettore isotropo.

Se $\mathbf{V}$ ha dimensione finita ed $\boldsymbol{e} = \{\mathbf{e}_1, \ldots, \mathbf{e}_n\}$ è una base di $\mathbf{V}$ tale che i vettori che ne fanno parte siano a due a due ortogonali, cioè soddisfino la condizione

$$b(\mathbf{e}_i, \mathbf{e}_j) = 0 \quad \text{per ogni } i \neq i,$$

allora $\boldsymbol{e}$ è una *base ortogonale*, o *diagonalizzante*, per b.

Se $\boldsymbol{e}$ è una base ortogonale, allora la matrice $A = (a_{ij})$ che rappresenta b rispetto ad $\boldsymbol{e}$ è una matrice diagonale, perché $a_{ij} = b(\mathbf{e}_i, \mathbf{e}_j) = 0$ per ogni $i \neq j$. In tale base la forma bilineare si esprime pertanto nel modo seguente:

$$b(\mathbf{v}, \mathbf{w}) = a_{11}x_1y_1 + a_{22}x_2y_2 + \ldots + a_{nn}x_ny_n. \qquad [15.8]$$

Si osservi che se una base ortogonale $\boldsymbol{e}$ esiste, essa non è unica: ad esempio ogni base della forma $\{\lambda_1\mathbf{e}_1, \lambda_2\mathbf{e}_2, \ldots, \lambda_n\mathbf{e}_n\}$, $\lambda_1, \ldots, \lambda_n \in \mathsf{K}^*$, è ancora ortogonale.

Ponendo

$$q(\mathbf{v}) = b(\mathbf{v}, \mathbf{v}) \quad \text{per ogni } \mathbf{v} \in \mathbf{V}$$

si definisce un'applicazione

$$q\colon \mathbf{V} \to \mathsf{K},$$

detta *forma quadratica determinata da* (o *associata a*) b.

Se ad esempio b è la forma bilineare (simmetrica) standard su K^n, la forma quadratica ad essa associata è

$$q(\mathbf{x}) = x_1^2 + x_2^2 + \ldots + x_n^2,$$

chiamata *forma quadratica standard su* K^n.

15.8 Proposizione *Sia* $\mathbf{V}$ *uno spazio vettoriale su cui sia assegnata una forma bilineare simmetrica* b: $\mathbf{V} \times \mathbf{V} \to \mathsf{K}$. *La forma quadratica* q *associata a* b *soddisfa le seguenti condizioni:*

$$q(k\mathbf{v}) = k^2 q(\mathbf{v})$$

$$2b(\mathbf{v}, \mathbf{w}) = q(\mathbf{v} + \mathbf{w}) - q(\mathbf{v}) - q(\mathbf{w})$$

per ogni $k \in \mathsf{K}$, $\mathbf{v}, \mathbf{w} \in \mathbf{V}$.

Dimostrazione

La prima proprietà è immediata conseguenza della FB3. Si ha poi

$$q(\mathbf{v} + \mathbf{w}) - q(\mathbf{v}) - q(\mathbf{w}) = b(\mathbf{v} + \mathbf{w}, \mathbf{v} + \mathbf{w}) - b(\mathbf{v}, \mathbf{v}) - b(\mathbf{w}, \mathbf{w}) = \\ = b(\mathbf{v}, \mathbf{w}) + b(\mathbf{w}, \mathbf{v}) = 2b(\mathbf{v}, \mathbf{w}).$$

Dalla proposizione 15.8 discende in particolare che una forma quadratica q individua univocamente la forma bilineare simmetrica b cui è associata, perché b si esprime per mezzo di q; segue da ciò che è equivalente assegnare su $\mathbf{V}$ una forma bilineare simmetrica oppure la forma quadratica ad essa associata. La forma bilineare simmetrica b si dice *forma bilineare polare* della forma quadratica q.

Nel caso in cui $\mathbf{V}$ ha dimensione finita diremo che *q ha rango r* se r è il rango di b.

Se $\{\mathbf{e}_1, \ldots, \mathbf{e}_n\}$ è una base dello spazio $\mathbf{V}$, e se $A = (a_{ij})$ è la matrice (simmetrica) che rappresenta la forma bilineare simmetrica b, si ha, per ogni $\mathbf{v}(x_1, \ldots, x_n) \in \mathbf{V}$:

$$q(\mathbf{v}) = {}^t\mathbf{x} A \mathbf{x} = \sum_{i,j} a_{ij} x_i x_j.$$

Quindi $q(\mathbf{v}) = Q(\mathbf{x})$, dove

$$Q(\mathbf{X}) = {}^t\mathbf{X} A \mathbf{X} = \sum_{i,j} a_{ij} X_i X_j \qquad [15.9]$$

è un polinomio omogeneo di grado 2 nelle indeterminate $X_1, \ldots, X_n$, che sono state rappresentate complessivamente come un vettore colonna $\mathbf{X} = {}^t(X_1 \ldots X_n)$.

Diremo che *$Q(\mathbf{X})$ rappresenta la forma quadratica q nella base $\mathbf{e}$.*

Se ad esempio $\dim(\mathbf{V}) = 3$ e la matrice di b rispetto alla base $\{\mathbf{e}_1, \mathbf{e}_2, \mathbf{e}_3\}$ è

$$\begin{pmatrix} 2 & -1 & 5 \\ -1 & 0 & \frac{1}{3} \\ 5 & \frac{1}{3} & -3 \end{pmatrix},$$

si ha

$$Q(\mathbf{X}) = 2X_1^2 - 2X_1X_2 + 10X_1X_3 + \frac{2}{3}X_2X_3 - 3X_3^2.$$

Si noti che ogni polinomio omogeneo di secondo grado in n indeterminate

$$Q(\mathbf{X}) = \sum_{1 \le i \le j \le n} q_{ij} X_i X_j$$

può rappresentarsi nella forma [15.9] per un'opportuna matrice simmetrica A, e quindi, in una data base $\mathbf{e}$ di $\mathbf{V}$, Q rappresenta una forma quadratica q la cui forma bilineare polare è quella rappresentata da A. La matrice $A = (a_{ij})$ è data dalla seguente formula:

$$a_{ii} = q_{ii}, \qquad i = 1, \ldots, n$$

$$a_{ij} = q_{ij}/2, \qquad i \neq j.$$

Un polinomio omogeneo di secondo grado $Q(\mathbf{X})$ può sempre essere considerato come un'applicazione Q: $\mathsf{K}^n \to \mathsf{K}$. Ovviamente Q è una forma quadratica il cui polinomio associato rispetto alla base canonica è $Q(\mathbf{X})$ stesso. Pertanto spesso identificheremo il polinomio $Q(\mathbf{X})$ con la forma quadratica Q. Un polinomio siffatto viene anche chiamato *forma quadratica n-aria* (*binaria* se $n = 2$, *ternaria* se $n = 3$ ecc.).

Se A è una matrice diagonale il polinomio [15.9] è privo dei "termini misti" $q_{ij}X_iX_j$, $i \neq j$, e quindi è della forma

$$Q(\mathbf{X}) = a_{11}X_1^2 + a_{22}X_2^2 + \dots + a_{nn}X_n^2. \qquad [15.10]$$

Pertanto una base $\mathbf{e}$ di $\mathbf{V}$ è diagonalizzante per la forma bilineare b se e solo se il polinomio che rappresenta la forma quadratica q è della forma [15.10]. Diremo in tal caso che $\mathbf{e}$ è una *base diagonalizzante* per q.

Evidentemente, *due polinomi omogenei di secondo grado* $Q(\mathbf{X}) = {}^t\mathbf{X}A\mathbf{X}$ *e* $R(\mathbf{X}) = {}^t\mathbf{X}B\mathbf{X}$ *nelle indeterminate* $\mathbf{X} = {}^t(X_1 \dots X_n)$ *rappresentano la stessa forma quadratica su* $\mathbf{V}$ *in due basi diverse se e solo se le matrici simmetriche* A e B *sono congruenti*. Infatti, per la proposizione 15.5, l'essere congruenti è condizione necessaria e sufficiente affinché le matrici A e B rappresentino la stessa forma bilineare in due basi diverse.

Nel paragrafo 16 dimostreremo che ogni forma quadratica su uno spazio vettoriale di dimensione finita possiede una base diagonalizzante.

Supponiamo che sul K-spazio vettoriale $\mathbf{V}$ sia definita una forma bilineare simmetrica b: $\mathbf{V} \times \mathbf{V} \to \mathsf{K}$, con forma quadratica associata q, e sia $\mathbf{W}$ un sottospazio di $\mathbf{V}$. Allora b induce un'applicazione

$$b': \mathbf{W} \times \mathbf{W} \to \mathsf{K}$$

la quale evidentemente soddisfa ancora le condizioni della definizione, ed è pertanto una forma bilineare su $\mathbf{W}$. Inoltre b' è simmetrica perché b lo è. Nello stesso modo vediamo che la forma quadratica q': $\mathbf{W} \to \mathsf{K}$ associata a b' coincide con la restrizione di q a $\mathbf{W}$, e pertanto la restrizione di q a $\mathbf{W}$ è ancora una forma quadratica.

15.10 *Complementi*

1. Siano $\mathbf{U}$ e $\mathbf{W}$ sottospazi vettoriali di uno spazio $\mathbf{V}$ tali che $\mathbf{V} = \mathbf{U} \oplus \mathbf{W}$. Supponiamo assegnate forme bilineari h: $\mathbf{U} \times \mathbf{U} \to \mathsf{K}$, k: $\mathbf{W} \times \mathbf{W} \to \mathsf{K}$. Definiamo $h \oplus k$: $\mathbf{V} \times \mathbf{V} \to \mathsf{K}$ ponendo

$$(h \oplus k)((\mathbf{u}, \mathbf{w}), (\mathbf{u}', \mathbf{w}')) = h(\mathbf{u}, \mathbf{u}') + k(\mathbf{w}, \mathbf{w}').$$

L'applicazione $h \oplus k$ è una forma bilineare, detta *somma diretta di h e k*. Se h e k sono entrambe simmetriche (entrambe alterne) $h \oplus k$ è simmetrica (alterna). Le verifiche sono lasciate al lettore.

2. Sia b: $\mathbf{V} \times \mathbf{V} \to \mathsf{K}$ una forma bilineare, $\mathbf{e} = \{\mathbf{e}_1, \dots, \mathbf{e}_n\}$ una base di $\mathbf{V}$ e $A = (a_{ij})$ la matrice di b rispetto a $\mathbf{e}$. Sia $\mathbf{e}^\vee = \{\eta_1, \dots, \eta_n\}$ la base di $\mathbf{V}^\vee$ duale di

$\boldsymbol{e}$. Allora ${}^tA$ è la matrice che rappresenta l'applicazione lineare

$$\delta_b \colon \mathbf{V} \to \mathbf{V}^\vee$$

rispetto alle basi $\boldsymbol{e}$ ed $\boldsymbol{e}^\vee$.

Ricordiamo che δ_b è definita da $\delta_b(\mathbf{v}) = b_\mathbf{v}$, dove $b_\mathbf{v} \in \mathbf{V}^\vee$ è il funzionale

$$b_\mathbf{v}(\mathbf{w}) = b(\mathbf{v}, \mathbf{w}), \quad \mathbf{w} \in \mathbf{V}.$$

Per dimostrare l'affermazione precedente è necessario dimostrare che, per ogni $i = 1, \ldots, n$, si ha

$$\delta_b(\mathbf{e}_i) = \sum_{t=1}^{n} a_{it}\eta_t. \qquad [15.11]$$

Ma per ogni $i = 1, \ldots, n$ abbiamo

$$[\delta_b(\mathbf{e}_i)]\,(\mathbf{e}_j) = b(\mathbf{e}_i, \mathbf{e}_j) = a_{ij},$$

mentre

$$[\sum_{t=1}^{n} a_{it}\eta_t]\,(\mathbf{e}_j) = \sum_{t=1}^{n} a_{it}\delta_{tj} = a_{ij}.$$

Poiché assumono gli stessi valori sulla base $\mathbf{e}$, il primo e il secondo membro di [15.11] sono uguali, e questo prova quel che si voleva.

Si verifica in modo simile che A è la matrice che rappresenta l'applicazione $\delta_b' \colon \mathbf{V} \to \mathbf{V}^\vee$ rispetto alle basi $\boldsymbol{e}$ ed $\boldsymbol{e}^\vee$.

3. Sia $\mathbf{U}$ un K-spazio vettoriale tale che $\dim(\mathbf{U}) = 2$. Supponiamo assegnata su $\mathbf{U}$ una forma bilineare simmetrica h non degenere tale che esista un vettore isotropo rispetto ad h e non nullo. Allora h si dice *forma iperbolica* su $\mathbf{U}$ e la coppia $(\mathbf{U}, h)$ si dice *piano iperbolico*.

Se $(\mathbf{U}, h)$ è un piano iperbolico, $\mathbf{U}$ possiede una base $\{\mathbf{u}_1, \mathbf{u}_2\}$ formata da due vettori isotropi tali che $h(\mathbf{u}_1, \mathbf{u}_2) = 1$. Infatti, per definizione esiste $\mathbf{u}_1 \neq \mathbf{0}$ isotropo. Poiché h è non degenere, esiste $\mathbf{v} \in \mathbf{U}$ tale che $h(\mathbf{u}_1, \mathbf{v}) = 1$. I vettori $\mathbf{u}_1$, $\mathbf{v}$ non sono proporzionali, perché si ha $h(\mathbf{u}_1, k\mathbf{u}_1) = kh(\mathbf{u}_1, \mathbf{u}_1) = 0$ per ogni $k \in$ K; pertanto $\mathbf{u}_1$ e $\mathbf{v}$ sono linearmente indipendenti. Prendendo $\mathbf{u}_2 = \mathbf{v} - h(\mathbf{v}, \mathbf{v})\mathbf{u}_1/2$ si ottiene la base richiesta.

Una base $\{\mathbf{u}_1, \mathbf{u}_2\}$ con tali proprietà è detta *iperbolica*. La matrice che rappresenta h rispetto a una base iperbolica è

$$\begin{pmatrix} 0 & 1 \\ 1 & 0 \end{pmatrix}. \qquad [15.12]$$

È evidente, viceversa, che se lo spazio vettoriale $\mathbf{U}$ ha una base $\{\mathbf{u}_1, \mathbf{u}_2\}$ tale che la matrice della forma bilineare sia la [15.12], allora $(\mathbf{U}, h)$ è un piano iperbolico.

Ad esempio, la forma bilineare

$$h(\mathbf{x}, \mathbf{y}) = x_1y_2 + x_2y_1$$

su K^2 è iperbolica, e la base canonica è iperbolica. Anche la forma bilineare

$$k(\mathbf{x}, \mathbf{y}) = \frac{1}{2}x_1y_1 - \frac{1}{2}x_2y_2$$

è iperbolica, e una base iperbolica è $\{(1, 1), (1, -1)\}$. Per la forma k la base canonica è diagonalizzante.

4. Siano $\mathbf{V}$ uno spazio vettoriale e b: $\mathbf{V} \times \mathbf{V} \to \mathsf{K}$ una forma bilineare simmetrica non degenere tale che $\mathbf{V}$ contenga un vettore isotropo $\mathbf{u} \neq \mathbf{0}$. Allora esiste un sottospazio $\mathbf{U}$ di $\mathbf{V}$ contenente $\mathbf{u}$ e tale che la coppia $(\mathbf{U}, b_{\mathbf{U}})$ sia un piano iperbolico.

Infatti, poiché b è non degenere, esiste $\mathbf{v} \in \mathbf{V}$ tale che $b(\mathbf{u}, \mathbf{v}) = 1$. Il vettore

$$\mathbf{w} = \mathbf{v} - \frac{b(\mathbf{v}, \mathbf{v})}{2}\mathbf{u}$$

è isotropo e tale che $b(\mathbf{u}, \mathbf{w}) = 1$. Quindi il sottospazio $\mathbf{U} = \langle \mathbf{u}, \mathbf{w} \rangle$ ha le proprietà volute.

5. Siano $\mathbf{V}$ uno spazio vettoriale e q: $\mathbf{V} \to \mathsf{K}$ una forma quadratica. Uno scalare $\alpha \in \mathsf{K}$ si dice *rappresentabile mediante* q se esiste $\mathbf{v} \in \mathbf{V}$, $\mathbf{v} \neq \mathbf{0}$, tale che $q(\mathbf{v}) = \alpha$.

Se $\mathbf{V}$ è uno spazio vettoriale complesso e q è non degenere, allora ogni $\alpha \in \mathsf{C}$ è rappresentabile mediante q. Infatti, fissata una base $\{\mathbf{e}_1, \ldots, \mathbf{e}_n\}$ tale che $b(\mathbf{e}_1) \neq 0$, e detta $\beta \in \mathsf{C}$ una radice quadrata di $\alpha q(\mathbf{e}_1)^{-1}$, si ha

$$q(\beta\mathbf{e}_1) = \beta^2 q(\mathbf{e}_1) = \alpha.$$

Se $\mathsf{K} = \mathsf{R}$, $\mathbf{V} = \mathsf{R}^n$, $n \geq 1$, $q(\mathbf{x}) = x_1^2 + \ldots + x_n^2$, la forma quadratica standard, allora, evidentemente, nessun numero $\alpha \leq 0$ è rappresentabile mediante q. Invece ogni numero reale $\alpha > 0$ lo è: lo si può dimostrare esattamente come nel caso degli spazi complessi, tenendo presente che α possiede una radice quadrata reale.

La nozione di rappresentabilità di uno scalare mediante q è importante se $\mathsf{K} = \mathsf{Q}$. L'insieme degli scalari rappresentabili mediante una data forma quadratica q su un Q-spazio vettoriale, ad esempio su Q^n, ha una notevole importanza aritmetica.

Se $(\mathbf{U}, h)$ è un piano iperbolico e q: $\mathbf{U} \to \mathsf{K}$ è la forma quadratica associata ad h, allora $q(\mathbf{U} \setminus \{\mathbf{0}\}) = \mathsf{K}$, e quindi ogni elemento di K è rappresentabile mediante q.

Infatti, se $\{\mathbf{u}_1, \mathbf{u}_2\}$ è una base iperbolica di $\mathbf{U}$ e $\alpha \in \mathsf{K}$, si ha

$$q\left(\mathbf{u}_1 + \frac{\alpha}{2}\mathbf{u}_2\right) = \alpha.$$

Dall'osservazione precedente e dalla 15.10(5) segue subito che se q è una forma quadratica non degenera su uno spazio vettoriale $\mathbf{V}$, tale che esista in $\mathbf{V}$ un vettore isotropo non nullo, allora ogni $\alpha \in \mathsf{K}$ è rappresentabile mediante q. In altre parole, se 0 è rappresentabile mediante q, lo è ogni $\alpha \in \mathsf{K}$.

Prendendo ad esempio $\mathsf{K} = \mathsf{Q}$ e $\mathbf{V} = \mathsf{Q}^2$, otteniamo che ogni numero razionale α può essere espresso nella forma

$$\alpha = \frac{1}{2}(x^2 - y^2), \quad \text{con } x, y \in \mathsf{Q}.$$

6. Sia b: $\mathbf{V} \times \mathbf{V} \to \mathsf{K}$ una forma bilineare simmetrica non degenere su un K-spazio vettoriale $\mathbf{V}$, e sia $\mathbf{U}$ un sottospazio di $\mathbf{V}$. Il sottospazio ortogonale $\mathbf{U}^\perp$ coincide con l'ortogonale di $\delta_b(\mathbf{U}) \subset \mathbf{V}^\vee$, così come è stato definito in 11.14(3). Supponiamo che $\mathbf{V}$ abbia dimensione finita. Poiché b è non degenere, δ_b è un isomorfismo, e quindi $\dim(\mathbf{U}) = \dim[\delta_b(\mathbf{U})]$. Dalla [11.13] segue pertanto che

$$\dim(\mathbf{U}^\perp) = n - \dim(\mathbf{U}). \qquad [15.13]$$

Se $\mathbf{U}$ non contiene vettori isotropi non nulli, si ha $\mathbf{U} \cap \mathbf{U}^\perp = \langle \mathbf{0} \rangle$, e dalla [15.13] segue allora che $\mathbf{V} = \mathbf{U} \oplus \mathbf{U}^\perp$. Prendendo in particolare $\mathbf{U} = \langle \mathbf{v} \rangle$, dove $\mathbf{v}$ è un vettore non isotropo, si ottiene l'identità [15.7] dimostrata in precedenza.

7. Sia b: $\mathbf{V} \times \mathbf{V} \to \mathsf{K}$ una forma bilineare simmetrica sullo spazio $\mathbf{V}$, e denotiamo con $\mathbf{I}_b(\mathbf{V}) \subset \mathbf{V}$ l'insieme dei vettori isotropi rispetto a b. $\mathbf{I}_b(\mathbf{V})$ è detto *cono isotropo di* $\mathbf{V}$ (*rispetto a b*). Un *sottospazio* $\mathbf{U}$ di $\mathbf{V}$ si dice *isotropo* se $\mathbf{U} \subset I_b(\mathbf{V})$. Ovviamente $\langle \mathbf{0} \rangle$ è un sottospazio isotropo di $\mathbf{V}$, che si dice *banale*. Se b è degenere, allora il suo radicale $\mathbf{V}^\perp$ è un sottospazio isotropo non banale.

Se $\mathbf{U}$ è un sottospazio isotropo e $\mathbf{u}_1, \mathbf{u}_2 \in \mathbf{U}$, allora, poiché $\mathbf{u}_1 + \mathbf{u}_2 \in \mathbf{U}$, si ha

$$0 = b(\mathbf{u}_1 + \mathbf{u}_2, \mathbf{u}_1 + \mathbf{u}_2) = 2b(\mathbf{u}_1, \mathbf{u}_2),$$

cioè $\mathbf{u}_1$ e $\mathbf{u}_2$ sono ortogonali. Da ciò discende che $\mathbf{U} \subset \mathbf{U}^\perp$. Viceversa, se $\mathbf{U} \subset \mathbf{U}^\perp$, allora è evidente che $\mathbf{U}$ è isotropo.

La forma b si dice *anisotropa* se $\mathbf{V}$ non possiede vettori isotropi non nulli, cioè se $\mathbf{I}_b(\mathbf{V}) = \{\mathbf{0}\}$. Ad esempio la forma bilineare standard su R^n è anisotropa.

Supponiamo b non degenere, e sia $\mathbf{U}$ un sottospazio isotropo. Allora si ha

$$\dim(\mathbf{U}) \leq \frac{1}{2}\dim(\mathbf{V}). \qquad [15.14]$$

Infatti $\mathbf{U}$ isotropo significa che $\mathbf{U} \subset \mathbf{U}^\perp$, e quindi, per la [15.13], abbiamo

$$\dim(\mathbf{U}) \leq \dim(\mathbf{U}^\perp) = \dim(\mathbf{V}) - \dim(\mathbf{U}),$$

cioè la [15.14].

Esercizi

1. Stabilire quali delle seguenti sono forme bilineari su R^n.

a) $\langle \mathbf{x}, \mathbf{y} \rangle = \sum_{j=1}^{n} x_j \, | y_j |$ b) $\langle \mathbf{x}, \mathbf{y} \rangle = \left| \sum_{j=1}^{n} x_j y_j \right|$

c) $\langle \mathbf{x}, \mathbf{y} \rangle = \left(\sum_{i=1}^{n} x_i \right) \left(\sum_{j=1}^{n} y_j \right)$ d) $\langle \mathbf{x}, \mathbf{y} \rangle = \sqrt{\sum_{j=1}^{n} x_j^2 y_j^2}$

e) $\langle \mathbf{x}, \mathbf{y} \rangle = \sum_{j=1}^{n} (x_j + y_j)^2 - \sum_{j=1}^{n} x_j^2 - \sum_{j=1}^{n} y_j^2.$

2. In ciascuno dei casi seguenti determinare la forma bilineare polare della forma quadrica q: $\mathsf{R}^2 \to \mathsf{R}$:

a) $q(x, y) = 3x^2 - 8xy - 3y^2$ b) $q(x, y) = 4x^2 - 9xy + 5y^2$

c) $q(x, y) = 4x^2 - 4xy + 7y^2$ d) $q(x, y) = x^2 - 2xy + y^2$

e) $q(x, y) = 3x^2 + 10xy + 3y^2$ f) $q(x, y) = 6xy$.

3. Determinare la matrice e il rango di ciascuna delle forme quadratiche dell'esercizio precedente.

4. In ciascuno dei casi seguenti determinare la forma bilineare polare della forma quadratica $q: \mathsf{R}^3 \to \mathsf{R}$:

a) $q(x, y, z) = xz + xy + yz$ b) $q(x, y, z) = 2xy + y^2 - 2xz$

c) $q(x, y, z) = x^2 - 2xz - y^2 - z^2$ d) $q(x, y, z) = 5x^2 + 3y^2 + xz$

e) $q(x, y, z) = -x^2 - 4xy + 3y^2 + 2z^2$.

5. Determinare la matrice e il rango di ciascuna delle forme quadratiche dell'esercizio precedente.

16 Diagonalizzazione delle forme quadratiche

In questo paragrafo considereremo il problema dell'esistenza di basi diagonalizzanti per una forma bilineare simmetrica su uno spazio vettoriale. Il risultato principale sull'argomento è il seguente teorema.

16.1 TEOREMA *Sia* $\mathbf{V}$ *un* K*-spazio vettoriale*, $\dim(\mathbf{V}) = n \geq 1$, *e sia b una forma bilineare simmetrica su* $\mathbf{V}$. *In* $\mathbf{V}$ *esiste una base diagonalizzante per b. Equivalentemente, ogni matrice simmetrica* $A \in M_n(\mathsf{K})$, $n \geq 1$, *è congruente a una matrice diagonale.*

Data l'importanza del teorema, ne diamo due dimostrazioni.

Prima dimostrazione

Procediamo per induzione su $n = \dim(\mathbf{V})$. Se $n = 1$ non c'è niente da dimostrare. Supponiamo dunque $n \geq 2$, e che ogni forma bilineare simmetrica su uno spazio di dimensione minore di n possieda una base diagonalizzante.

Se b è la forma bilineare nulla non c'è niente da dimostrare, perché in una qualsiasi base la matrice di b è la matrice nulla, che è diagonale, e quindi ogni base di $\mathbf{V}$ è diagonalizzante. Possiamo dunque supporre che b non sia la forma bilineare nulla, e quindi che esistano $\mathbf{v}, \mathbf{w} \in \mathbf{V}$ tali che $b(\mathbf{v}, \mathbf{w}) \neq 0$. Da ciò segue che uno almeno dei tre vettori $\mathbf{v}$, $\mathbf{w}$, $\mathbf{v} + \mathbf{w}$ è non isotropo. Infatti, se $\mathbf{v}$ e $\mathbf{w}$ sono entrambi isotropi, allora

$$b(\mathbf{v} + \mathbf{w}, \mathbf{v} + \mathbf{w}) = b(\mathbf{v}, \mathbf{v}) + b(\mathbf{w}, \mathbf{w}) + 2b(\mathbf{v}, \mathbf{w}) = 2b(\mathbf{v}, \mathbf{w}) \neq 0.$$

Pertanto esiste un vettore $\mathbf{e}_1 \in \mathbf{V}$ tale che $b(\mathbf{e}_1, \mathbf{e}_1) \neq 0$. Dalla [15.7] segue che $\mathbf{V} = \langle \mathbf{e}_1 \rangle \oplus \mathbf{e}_1^\perp$; in particolare $\dim(\mathbf{e}_1^\perp) = n - 1$.

Per l'ipotesi induttiva la forma bilineare b' indotta da b su $\mathbf{e}_1^\perp$ possiede una base diagonalizzante: sia essa $\{\mathbf{e}_2, \ldots, \mathbf{e}_n\}$. Allora $\boldsymbol{e} = \{\mathbf{e}_1, \mathbf{e}_2, \ldots, \mathbf{e}_n\}$ è una base di $\mathbf{V}$: infatti $\mathbf{e}_2, \ldots, \mathbf{e}_n$ sono linearmente indipendenti e d'altra parte $\mathbf{e}_1 \notin \langle \mathbf{e}_2, \ldots$ $\ldots, \mathbf{e}_n \rangle = \mathbf{e}_1^\perp$, sicché $\mathbf{e}_1, \mathbf{e}_2, \ldots, \mathbf{e}_n$ sono linearmente indipendenti.

Inoltre $b(\mathbf{e}_1, \mathbf{e}_j) = 0$ per ogni $j = 2, \ldots, n$, perché $\mathbf{e}_j \in \mathbf{e}_1^\perp$. Infine $b(\mathbf{e}_i, \mathbf{e}_j) = b'(\mathbf{e}_i, \mathbf{e}_j) = 0$ per ogni $i \neq j$, $2 \leq i, j \leq n$, perché $\{\mathbf{e}_2, \ldots, \mathbf{e}_n\}$ è una base di $\mathbf{e}_1^\perp$ diagonalizzante per b'. Quindi $\boldsymbol{e}$ è una base diagonalizzante per b.

Seconda dimostrazione (Lagrange)

Per induzione su $n = \dim(\mathbf{V})$. Se $n = 1$ non c'è niente da dimostrare. Supponiamo $n \geq 2$, e che ogni forma bilineare simmetrica su uno spazio di dimensione minore di n possieda una base diagonalizzante. Scegliamo una base $\boldsymbol{b} = \{\mathbf{b}_1, \ldots, \mathbf{b}_n\}$ di $\mathbf{V}$. Se b è la forma bilineare nulla, allora $\boldsymbol{b}$ è diagonalizzante, e non c'è niente da dimostrare. Se b non è la forma bilineare nulla, allora possiamo ottenere da $\boldsymbol{b}$ una nuova base $\boldsymbol{c} = \{\mathbf{c}_1, \ldots, \mathbf{c}_n\}$ tale che $b(\mathbf{c}_1, \mathbf{c}_1) \neq 0$. Infatti, se $b(\mathbf{b}_i, \mathbf{b}_i) \neq 0$ per qualche i, sarà sufficiente scambiare $\mathbf{b}_1$ con $\mathbf{b}_i$. Se viceversa $b(\mathbf{b}_i, \mathbf{b}_i) = 0$ per ogni i, allora dev'essere $b(\mathbf{b}_i, \mathbf{b}_j) \neq 0$ per qualche $i \neq j$; scambiando ancora possiamo supporre $b(\mathbf{b}_1, \mathbf{b}_2) \neq 0$, e la nuova base

$$\boldsymbol{c} = \{\mathbf{b}_1 + \mathbf{b}_2, \mathbf{b}_2, \ldots, \mathbf{b}_n\}$$

ha la proprietà voluta. Nella base $\boldsymbol{c}$ la forma quadratica q associata a b ha l'espressione

$$q(\mathbf{v}(y_1, \ldots, y_n)) = h_{11}y_1^2 + 2\sum_{i=2}^{n} h_{1i}y_1y_i + \sum_{i,j=2}^{n} h_{ij}y_iy_j, \qquad [16.1]$$

dove $h_{ij} = b(\mathbf{c}_i, \mathbf{c}_j)$. Poiché $h_{11} = b(\mathbf{c}_1, \mathbf{c}_1) \neq 0$, possiamo riscrivere la [16.1] nel modo seguente:

$$q(\mathbf{v}(y_1, \ldots, y_n)) = h_{11}\Big(y_1 + \sum_{i=2}^{n} h_{11}^{-1}h_{1i}y_i\Big)^2 + \text{(termini in cui non compare } y_1).$$

Eseguiamo il cambiamento di coordinate

$$z_1 = y_1 + \sum_{i=2}^{n} h_{11}^{-1} h_{1i} y_i,\ z_2 = y_2, \ldots, z_n = y_n,$$

che corrisponde al passaggio dalla base $\mathbf{c}$ alla nuova base

$$\begin{aligned} \boldsymbol{d} &= \{\mathbf{d}_1, \ldots, \mathbf{d}_n\} = \\ &= \{\mathbf{c}_1, -h_{11}^{-1} h_{12}\mathbf{c}_1 + \mathbf{c}_2, -h_{11}^{-1} h_{13}\mathbf{c}_1 + \mathbf{c}_3, \ldots, -h_{11}^{-1} h_{1n}\mathbf{c}_1 + \mathbf{c}_n\}. \end{aligned}$$

In queste coordinate q ha la forma

$$q(\mathbf{v}(z_1, \ldots, z_n)) = h_{11} z_1^2 + q'(z_2, \ldots, z_n),$$

dove $q'(z_2, \ldots, z_n)$ è un polinomio omogeneo di secondo grado in $z_2, \ldots, z_n$, e quindi è una forma quadratica sullo spazio $\langle \mathbf{d}_2, \ldots, \mathbf{d}_n \rangle$. Per l'ipotesi induttiva $\langle \mathbf{d}_2, \ldots, \mathbf{d}_n \rangle$ possiede una base $\{\mathbf{e}_2, \ldots, \mathbf{e}_n\}$ diagonalizzante per q'. Pertanto la base $\{\mathbf{d}_1, \mathbf{e}_2, \ldots, \mathbf{e}_n\}$ di $\mathbf{V}$ è una base diagonalizzante per q.

Il teorema precedente afferma l'esistenza di una base $\mathbf{e}$ rispetto alla quale b ha la forma [15.8], con $a_{11}, a_{22}, \ldots, a_{nn} \in \mathsf{K}$. Dimostreremo che nei casi $\mathsf{K} = \mathsf{R}, \mathsf{C}$ si possono ottenere risultati più precisi. Iniziamo dal caso $\mathsf{K} = \mathsf{C}$ (considereremo più in generale il caso in cui K è algebricamente chiuso).

16.2 Teorema *Supponiamo che* K *sia algebricamente chiuso. Sia* $\mathbf{V}$ *un* K-*spazio vettoriale,* $\dim(\mathbf{V}) = n \geq 1$, *e sia* b: $\mathbf{V} \times \mathbf{V} \to \mathsf{K}$ *una forma bilineare simmetrica. Esiste una base* $\{\mathbf{e}_1, \ldots, \mathbf{e}_n\}$ *diagonalizzante per* b *tale che la matrice di* b *sia della forma*

$$D = \begin{pmatrix} \mathbf{I}_r & \mathbf{0}_1 \\ \mathbf{0}_2 & \mathbf{0}_3 \end{pmatrix} \qquad [16.2]$$

dove r *è il rango di* b *e* $\mathbf{0}_1 \in M_{r,n-r}(\mathsf{K})$, $\mathbf{0}_2 \in M_{n-r,r}(\mathsf{K})$, $\mathbf{0}_3 \in M_{n-r,n-r}(\mathsf{K})$ *sono le matrici nulle.*

Equivalentemente, ogni matrice simmetrica $A \in M_n(\mathsf{K})$ *di rango* r *è congruente alla matrice* [16.2].

Dimostrazione

L'equivalenza delle due affermazioni è evidente. Dimostreremo la prima. Per il teorema 16.1 esiste una base $\boldsymbol{f} = \{\mathbf{f}_1, \ldots, \mathbf{f}_n\}$ tale che la matrice di b rispetto a $\boldsymbol{f}$ sia diagonale della forma

$$\begin{pmatrix} a_{11} & 0 & \ldots & 0 \\ 0 & a_{22} & \ldots & 0 \\ \vdots & \vdots & & \vdots \\ 0 & 0 & \ldots & a_{nn} \end{pmatrix}.$$

Salvo scambiare tra loro $\mathbf{f}_1, \ldots, \mathbf{f}_n$, possiamo supporre $a_{11}, a_{22}, \ldots, a_{rr}$ diversi da 0, e $a_{r+1\,r+1} = \ldots = a_{nn} = 0$. Siano $\alpha_1, \alpha_2, \ldots, \alpha_r \in \mathsf{K}$ tali che $\alpha_i^2 = a_{ii}$, $i = 1, \ldots, r$ (gli α_i esistono perché K è algebricamente chiuso) e consideriamo i vettori

$$\mathbf{e}_1 = \alpha_1^{-1}\mathbf{f}_1, \ldots, \mathbf{e}_r = \alpha_r^{-1}\mathbf{f}_r, \mathbf{e}_{r+1} = \mathbf{f}_{r+1}, \ldots, \mathbf{e}_n = \mathbf{f}_n.$$

Ovviamente $\boldsymbol{e} = \{\mathbf{e}_1, \ldots, \mathbf{e}_n\}$ è una base ortogonale. Inoltre

$$b(\mathbf{e}_i, \mathbf{e}_i) = b(\alpha_i^{-1}\mathbf{f}_i, \alpha_i^{-1}\mathbf{f}_i) = \alpha_i^{-2}b(\mathbf{f}_i, \mathbf{f}_i) = \alpha_i^{-2}a_{ii} = 1, \qquad i = 1, \ldots, r$$

$$b(\mathbf{e}_i, \mathbf{e}_i) = b(\mathbf{f}_i, \mathbf{f}_i) = 0 \qquad i = r+1, \ldots, n.$$

Quindi $\boldsymbol{e}$ ha le proprietà volute.

Nella dimostrazione del teorema precedente si è utilizzato il fatto che K è algebricamente chiuso per ottenere l'esistenza degli scalari α_i. Nel caso K = R si ottiene un risultato un po' più debole.

16.3 Teorema (Sylvester) *Sia* **V** *uno spazio vettoriale reale,* $\dim(\mathbf{V}) = n \geq 1$, *e sia* b: $\mathbf{V} \times \mathbf{V} \to \mathsf{R}$ *una forma bilineare simmetrica. Esistono un numero intero non negativo* $p \leq r$*, dove* r *è il rango di* b*, dipendente solo da* b*, e una base* $\boldsymbol{e} = \{\mathbf{e}_1, \ldots, \mathbf{e}_n\}$ *di* **V***, tali che rispetto a* $\boldsymbol{e}$ *la forma* b *abbia la seguente matrice:*

$$\begin{pmatrix} \mathbf{I}_p & \mathbf{0} & \mathbf{0} \\ \mathbf{0} & -\mathbf{I}_{r-p} & \mathbf{0} \\ \mathbf{0} & \mathbf{0} & \mathbf{0} \end{pmatrix}, \qquad [16.3]$$

dove il simbolo **0** *denota matrici nulle di ordini opportuni.*

Equivalentemente, ogni matrice simmetrica $A \in M_n(\mathsf{R})$ *è congruente a una matrice diagonale della forma* [16.3] *in cui* $r = r(A)$ *e* p *dipende solo da* A.

Dimostrazione

L'equivalenza delle due affermazioni è evidente. Dimostreremo quindi la prima. Per il teorema 16.1 esiste una base $\boldsymbol{f} = \{\mathbf{f}_1, \ldots, \mathbf{f}_n\}$ di **V** tale che

$$q(\mathbf{v}) = a_{11}y_1^2 + a_{22}y_2^2 + \ldots + a_{nn}y_n^2$$

per ogni $\mathbf{v} = y_1\mathbf{f}_1 + y_2\mathbf{f}_2 + \ldots + y_n\mathbf{f}_n \in \mathbf{V}$. Il numero di coefficienti a_{ii} che sono diversi da 0 è uguale al rango r della forma q, e quindi dipende solo da q. Salvo riordinare la base possiamo supporre che i primi r coefficienti siano diversi da zero e che tra essi tutti quelli positivi figurino per primi. Si avrà dunque

$$a_{11} = \alpha_1^2, \ldots, a_{pp} = \alpha_p^2, a_{p+1\,p+1} = -\alpha_{p+1}^2, \ldots, a_{rr} = -\alpha_r^2$$

per un opportuno intero $p \leq r$ e opportuni numeri reali positivi $\alpha_1, \alpha_2, \ldots, \alpha_r$.

Esattamente come nella dimostrazione del teorema precedente si verifica che rispetto alla base

$$\mathbf{e}_1 = \mathbf{f}_1/\alpha_1,\ \mathbf{e}_2 = \mathbf{f}_2/\alpha_2, \ldots, \mathbf{e}_r = \mathbf{f}_r/\alpha_r,\ \mathbf{e}_{r+1} = \mathbf{f}_{r+1}, \ldots, \mathbf{e}_n = \mathbf{f}_n$$

la matrice di b è la [16.3], e quindi la forma quadratica q associata a b è

$$q(\mathbf{v}) = x_1^2 + \ldots + x_p^2 - x_{p+1}^2 - \ldots - x_r^2 \qquad [16.4]$$

per ogni $\mathbf{v} = x_1\mathbf{e}_1 + \ldots + x_n\mathbf{e}_n \in \mathbf{V}$.

Resta da dimostrare che p dipende solo da b, e non dalla base $\{\mathbf{e}_1, \ldots, \mathbf{e}_n\}$. Supponiamo dunque che in un'altra base $\boldsymbol{b} = \{\mathbf{b}_1, \ldots, \mathbf{b}_n\}$ la forma b si esprima come

$$q(\mathbf{v}) = z_1^2 + \ldots + z_t^2 - z_{t+1}^2 - \ldots - z_r^2, \qquad [16.5]$$

per ogni $\mathbf{v} = z_1\mathbf{b}_1 + \ldots + z_n\mathbf{b}_n \in \mathbf{V}$, per un opportuno intero $t \leq r$. Dobbiamo far vedere che $t = p$. Se $p \neq t$ possiamo supporre che sia $t < p$. Consideriamo i sottospazi

$$\mathbf{S} = \langle \mathbf{e}_1, \ldots, \mathbf{e}_p \rangle$$
$$\mathbf{T} = \langle \mathbf{b}_{t+1}, \ldots, \mathbf{b}_n \rangle.$$

Poiché

$$\dim(\mathbf{S}) + \dim(\mathbf{T}) = p + n - t > n,$$

dalla formula di Grassmann segue che $\mathbf{S} \cap \mathbf{T} \neq \langle \mathbf{0} \rangle$, e quindi esiste $\mathbf{v} \in \mathbf{S} \cap \mathbf{T}$, $\mathbf{v} \neq \mathbf{0}$. Si ha quindi

$$\mathbf{v} = x_1\mathbf{e}_1 + \ldots + x_p\mathbf{e}_p = z_{t+1}\mathbf{b}_{t+1} + \ldots + z_n\mathbf{b}_n.$$

Poiché $\mathbf{v} \neq \mathbf{0}$, dalla [16.4] segue che

$$q(\mathbf{v}) = x_1^2 + \ldots + x_p^2 > 0,$$

mentre dalla [16.5] si deduce che

$$q(\mathbf{v}) = -z_{t+1}^2 - \ldots - z_r^2 < 0,$$

e cioè una contraddizione. Quindi $p = t$.

L'espressione [16.4] si dice *la forma canonica della forma quadratica q*. Gli interi p ed $r - p$ si dicono rispettivamente *indice di positività* e *indice di negatività*, e la coppia $(p, r - p)$ è detta *segnatura*, di b e di q.

Una forma quadratica q sullo spazio vettoriale reale $\mathbf{V}$ si dice: *definita positiva* se $q(\mathbf{v}) > 0$ per ogni $\mathbf{v} \neq \mathbf{0}$; *definita negativa* se $q(\mathbf{v}) < 0$ per ogni $\mathbf{v} \neq \mathbf{0}$; *semidefinita positiva* se $q(\mathbf{v}) \geq 0$ per ogni $\mathbf{v} \in \mathbf{V}$; *semidefinita negativa* se $q(\mathbf{v}) \leq 0$ per ogni $\mathbf{v} \in \mathbf{V}$.

Evidentemente, se q è definita positiva (negativa) allora è anche semidefinita positiva (negativa). Se non è semidefinita positiva né semidefinita negativa, q si dice *indefinita*.

Analoga terminologia si usa per la forma bilineare polare di q.

Le forme canoniche corrispondenti ai diversi casi, e le relative segnature, sono le seguenti:

	Forma canonica	Segnatura
definita positiva	$x_1^2 + \ldots + x_n^2$	$(n, 0)$
semidefinita positiva	$x_1^2 + \ldots + x_r^2, \quad r \leq n$	$(r, 0)$
definita negativa	$-x_1^2 - \ldots - x_n^2$	$(0, n)$
semidefinita negativa	$-x_1^2 - \ldots - x_r^2, \quad r \leq n$	$(0, r)$
indefinita	$x_1^2 + x_2^2 + \ldots + x_p^2 - x_{p+1}^2 - \ldots - x_r^2, \quad 0 < p < r \leq n$	$(p, r-p)$

Una *matrice simmetrica* $A \in M_n(\mathsf{R})$ si dirà *definita positiva* o, rispettivamente *semidefinita positiva*, *definita negativa*, *semidefinita negativa*, *indefinita* se la corrispondente forma quadratica è definita positiva, semidefinita positiva ecc.

Dal teorema di Sylvester discende anche che ogni classe di congruenza di matrici simmetriche reali di ordine n contiene precisamente una matrice diagonale della forma [16.3]. Si ha dunque una corrispondenza biunivoca tra tali classi di congruenza e le matrici [16.3], cioè le matrici [16.3] costituiscono un insieme completo di rappresentanti delle classi di congruenza di matrici simmetriche reali di ordine n.

In particolare una matrice simmetrica reale di ordine n è definita positiva se e solo se è congruente alla matrice unità $\mathbf{I}_n$, cioè se e solo se esiste $M \in \mathrm{GL}_n(\mathsf{R})$ tale che $A = {}^tM\mathbf{I}_nM = {}^tMM$. Abbiamo quindi il seguente corollario.

16.4 COROLLARIO *Una matrice simmetrica $A \in M_n(\mathsf{R})$ è definita positiva se e solo se esiste una matrice $M \in \mathrm{GL}_n(\mathsf{R})$ tale che $A = {}^tMM$.*

Le forme bilineari simmetriche definite positive sugli spazi vettoriali reali sono molto importanti in geometria euclidea, perché, come vedremo nei prossimi paragrafi, esse permettono di introdurre tutte le nozioni di natura metrica. Anche altri tipi di forme bilineari su spazi vettoriali reali hanno importanza in geometria e in fisica. Un esempio particolare è lo spazio vettoriale reale R^4 dotato dalla forma quadratica

$$\lambda(x_1, x_2, x_3, x_4) = x_1^2 + x_2^2 + x_3^2 - x_4^2,$$

che si chiama *forma di Minkowski*. λ è non degenere indefinita, di segnatura (3, 1). La coppia (R^4, λ) è detta *spazio di Minkowski* e ha importanza fondamentale in relatività ristretta.

Terminiamo questo paragrafo dando un criterio per stabilire se una data matrice simmetrica reale è definita positiva o definita negativa.

16.5 TEOREMA

1) *Una matrice simmetrica* $A \in M_n(\mathsf{R})$ *è definita positiva se e solo se tutti i suoi minori principali* $D_1, D_2, \ldots, D_n$ *sono positivi.*

2) *Una matrice simmetrica* $A \in M_n(\mathsf{R})$ *è definita negativa se e solo se*

$$D_1 < 0, \quad D_2 > 0, \quad D_3 < 0, \ldots$$

Dimostrazione

1) Procediamo per induzione su n: se $n = 1$ l'affermazione è evidentemente vera. Supponiamo $n > 1$ e A definita positiva. Allora

$$D_1 = a_{11} = {}^t\mathbf{E}_1 A \mathbf{E}_1 > 0.$$

Poniamo:

$$C = \begin{pmatrix} 1 & -\dfrac{a_{12}}{a_{11}} & \ldots & -\dfrac{a_{1n}}{a_{11}} \\ 0 & 1 & \ldots & 0 \\ \ldots & \ldots & \ldots & \ldots \\ 0 & \ldots & 0 & 1 \end{pmatrix}. \qquad [16.6]$$

Dalla dimostrazione di Lagrange del teorema 16.1 segue che

$${}^tCAC = \begin{pmatrix} a_{11} & 0 & \ldots & 0 \\ 0 & a'_{11} & \ldots & a'_{1\,n-1} \\ \ldots & \ldots & \ldots & \ldots \\ 0 & a'_{n-1\,1} & \ldots & a'_{n-1\,n-1} \end{pmatrix}.$$

dove $A' = (a'_{ij}) \in M_{n-1}(\mathsf{R})$ è una matrice simmetrica; poiché

$$(x_1 \ldots x_n)\,({}^tCAC) \begin{pmatrix} x_1 \\ \vdots \\ x_n \end{pmatrix} = a_{11}x_1^2 + (x_2 \ldots x_n)\,A' \begin{pmatrix} x_2 \\ \vdots \\ x_n \end{pmatrix} \qquad [16.7]$$

e ${}^tCAC$ è definita positiva, segue che anche A' è definita positiva: per l'ipotesi induttiva i minori principali $D'_1, \ldots, D'_{n-1}$ di A' sono positivi. D'altra parte, poiché la matrice C è unitriangolare superiore, i minori principali di A coincidono con quelli di ${}^tCAC$ (cfr. esercizio 9, § 6). Quindi, per $i = 2, \ldots, n$:

$$D_i = a_{11} D'_{i-1} > 0.$$

Viceversa, supponiamo $D_1 > 0, \ldots, D_n > 0$. Allora, in particolare, $a_{11} \neq 0$, e quindi è possibile considerare la matrice ${}^tCAC$, dove C è definita dalla [16.6].

Poiché i minori principali della matrice A' sono

$$D'_i = \frac{D_{i+1}}{D_1} \qquad i = 1, \ldots, n-1$$

e quindi sono positivi, dall'ipotesi induttiva segue che A' è definita positiva. Ma allora l'espressione [16.7] implica che ${}^tCAC$ è definita positiva e quindi anche A lo è.

2) La dimostrazione si ottiene sostituendo A con $-A$ e riconducendosi al caso precedente.

Esercizi

1. In ciascuno dei seguenti casi determinare un base rispetto alla quale la forma quadratica assegnata su $\mathbb{C}^2$ assuma la forma [16.2], e la relativa formula di cambiamento di coordinate:

   a) $-x^2 + y^2$ b) $ix^2 - 2y^2$

   c) $4x^2 + 9y^2$ d) $-x^2 - 25y^2$.

2. In ciascuno dei seguenti casi determinare un base rispetto alla quale la forma quadratica assegnata su $\mathbb{R}^3$ assuma la forma canonica, e calcolarne la relativa segnatura:

   a) $4x^2 - 5y^2 + 12z^2$ b) $-x^2 + 9z^2$

   c) $-x^2 - y^2 + z^2$ d) $y^2 + 16z^2$.

3. Diagonalizzare ciascuna delle forme quadratiche dell'esercizio 2 (§ 15), determinando il relativo cambiamento di coordinate e la segnatura di q.

4. Per ciascuna delle forme quadratiche dell'esercizio precedente, esprimere la matrice B della forma diagonalizzata come $B = {}^tMAM$, dove A è la matrice della forma quadratica assegnata.

5. Diagonalizzare ciascuna delle forme quadratiche dell'esercizio 4 (§ 15), determinandone la segnatura e le trasformazioni effettuate.

6. Per ciascuna delle forme quadratiche dell'esercizio precedente, esprimere la matrice B della forma diagonalizzata come $B = {}^tMAM$, dove A è la matrice della forma quadratica assegnata.

7. Sia $M \in M_n(\mathbb{K})$. Dimostrare che la matrice simmetrica $A = {}^tMM$ è semidefinita positiva.

17 Prodotti scalari

Sia **V** uno spazio vettoriale reale. Una forma bilineare simmetrica definita positiva su **V** si dice *prodotto scalare*. Se su **V** è assegnato un prodotto scalare, **V** si dice *spazio vettoriale euclideo*.

Si noti che la definizione non richiede che **V** abbia dimensione finita, e infatti esistono esempi di spazi vettoriali euclidei che non hanno dimensione finita (cfr. esempio 17.8(2)). La nostra trattazione sarà però finalizzata al caso finito dimensionale.

La forma bilineare standard [15.1] su R^n, $n \geq 1$, è un prodotto scalare che chiameremo d'ora in poi *prodotto scalare standard* su R^n; se $\mathbf{x}, \mathbf{y} \in \mathsf{R}^n$ denoteremo il loro prodotto scalare standard con il simbolo $\mathbf{x} \cdot \mathbf{y}$; si ha quindi

$$\mathbf{x} \cdot \mathbf{y} = x_1 y_1 + x_2 y_2 + \ldots + x_n y_n = {}^t\mathbf{x}\mathbf{y}.$$

Dotato del prodotto scalare standard, R^n è uno spazio vettoriale euclideo, denominato *n-spazio vettoriale euclideo*.

Sia **V** uno spazio vettoriale euclideo qualsiasi; denoteremo il prodotto scalare di due vettori $\mathbf{v}, \mathbf{w} \in \mathbf{V}$ con il simbolo $\langle \mathbf{v}, \mathbf{w} \rangle$, che si legge "**v** scalare **w**".

17.1 TEOREMA *Se* $\mathbf{v}, \mathbf{w} \in \mathbf{V}$, *allora*

$$\langle \mathbf{v}, \mathbf{w} \rangle^2 \leq \langle \mathbf{v}, \mathbf{v} \rangle \langle \mathbf{w}, \mathbf{w} \rangle \qquad [17.1]$$

e l'uguaglianza vale se e solo se **v** *e* **w** *sono paralleli.*

Dimostrazione

Se $\mathbf{w} = \mathbf{0}$ la [17.1] è ovvia, essendo uguali a 0 entrambi i membri. Possiamo dunque supporre $\mathbf{w} \neq \mathbf{0}$. Per ogni $a, b \in \mathsf{R}$ si ha

$$0 \leq \langle a\mathbf{v} + b\mathbf{w}, a\mathbf{v} + b\mathbf{w} \rangle = a^2 \langle \mathbf{v}, \mathbf{v} \rangle + 2ab \langle \mathbf{v}, \mathbf{w} \rangle + b^2 \langle \mathbf{w}, \mathbf{w} \rangle$$

e l'uguaglianza vale se e solo se $a\mathbf{v} + b\mathbf{w} = \mathbf{0}$, cioè se e solo se **v** e **w** sono paralleli. Prendendo in particolare

$$a = \langle \mathbf{w}, \mathbf{w} \rangle, \qquad b = -\langle \mathbf{v}, \mathbf{w} \rangle,$$

si ottiene

$$0 \leq \langle \mathbf{w}, \mathbf{w} \rangle^2 \langle \mathbf{v}, \mathbf{v} \rangle - 2 \langle \mathbf{w}, \mathbf{w} \rangle \langle \mathbf{v}, \mathbf{w} \rangle^2 + \langle \mathbf{v}, \mathbf{w} \rangle^2 \langle \mathbf{w}, \mathbf{w} \rangle.$$

Poiché $\mathbf{w} \neq \mathbf{0}$, si ha $\langle \mathbf{w}, \mathbf{w} \rangle > 0$, e dividendo il secondo membro per $\langle \mathbf{w}, \mathbf{w} \rangle$ otteniamo

$$0 \leq \langle \mathbf{w}, \mathbf{w} \rangle \langle \mathbf{v}, \mathbf{v} \rangle - \langle \mathbf{v}, \mathbf{w} \rangle^2,$$

cioè la [17.1].

La [17.1] è chiamata *disuguaglianza di Schwarz*.

Se $\mathbf{v} \in \mathbf{V}$, la *norma*, o *lunghezza*, di **v** si definisce come

$$\|\mathbf{v}\| = \sqrt{\langle \mathbf{v}, \mathbf{v} \rangle}\,.$$

Utilizzando la norma, la disuguaglianza di Schwarz si può esprimere nella forma equivalente

$$|\langle \mathbf{v}, \mathbf{w}\rangle| \leq \|\mathbf{v}\| \, \|\mathbf{w}\|, \qquad [17.2]$$

ottenuta estraendo la radice quadrata da primo e secondo membro della [17.1].

La lunghezza di un vettore gode delle seguenti proprietà:

N1 *Per ogni* $\mathbf{v} \in \mathbf{V}$ *si ha* $\|\mathbf{v}\| \geq 0$, *e vale l'uguaglianza se e solo se* $\mathbf{v} = \mathbf{0}$.

N2 *Per ogni* $r \in \mathsf{R}$, $\mathbf{v} \in \mathbf{V}$, *si ha* $\|r\mathbf{v}\| = |r| \, \|\mathbf{v}\|$.

N3 *Per ogni* $\mathbf{v}, \mathbf{w} \in \mathbf{V}$, *si ha* $\|\mathbf{v} + \mathbf{w}\| \leq \|\mathbf{v}\| + \|\mathbf{w}\|$ *e vale l'uguaglianza se e solo se* $\mathbf{v}$ e $\mathbf{w}$ *sono paralleli.*

La N1 è una formulazione della proprietà del prodotto scalare di essere definito positivo. La N2 segue estraendo le radici quadrate del primo e secondo membro dell'uguaglianza seguente:

$$\langle r\mathbf{v}, r\mathbf{v}\rangle = r^2 \langle \mathbf{v}, \mathbf{v}\rangle.$$

La N3 è detta *disuguaglianza triangolare* e si dimostra nel modo seguente. Per la [17.2] si ha

$$\|\mathbf{v} + \mathbf{w}\|^2 = \langle \mathbf{v} + \mathbf{w}, \mathbf{v} + \mathbf{w}\rangle = \|\mathbf{v}\|^2 + 2\langle \mathbf{v}, \mathbf{w}\rangle + \|\mathbf{w}\|^2 \leq$$
$$\leq \|\mathbf{v}\|^2 + 2\|\mathbf{v}\| \, \|\mathbf{w}\| + \|\mathbf{w}\|^2 = (\|\mathbf{v}\| + \|\mathbf{w}\|)^2$$

che è equivalente alla N3.

Per la N1 un vettore $\mathbf{v}$ ha lunghezza 0 se e solo se $\mathbf{v} = \mathbf{0}$.

Un vettore $\mathbf{v}$ lunghezza 1 si dice *versore*. Per la N2, se $\mathbf{v} \neq \mathbf{0}$, $\mathbf{v}/\|\mathbf{v}\|$ è un versore parallelo a $\mathbf{v}$, che si dice ottenuto *normalizzando* $\mathbf{v}$.

Ricordiamo che due vettori $\mathbf{v}, \mathbf{w} \in \mathbf{V}$ sono detti *ortogonali*, o *perpendicolari*, se $\langle \mathbf{v}, \mathbf{w}\rangle = 0$. Dalla definizione segue che il vettore $\mathbf{0}$ è perpendicolare ad ogni altro vettore di $\mathbf{V}$. Poiché il prodotto scalare è definito positivo, $\mathbf{0}$ è l'unico vettore perpendicolare a se stesso.

Un insieme finito $\{\mathbf{v}_1, \mathbf{v}_2, \ldots, \mathbf{v}_t\}$ di vettori non nulli di $\mathbf{V}$ è un *insieme ortogonale di vettori* se i suoi elementi sono a due a due ortogonali, cioè se $\langle \mathbf{v}_i, \mathbf{v}_j\rangle = 0$ per ogni $i \neq j$, $1 \leq i, j \leq t$.

$\{\mathbf{v}_1, \mathbf{v}_2, \ldots, \mathbf{v}_t\}$ si dice *insieme ortonormale di vettori* se è un insieme ortogonale e se i suoi elementi sono versori. Se $\{\mathbf{v}_1, \mathbf{v}_2, \ldots, \mathbf{v}_t\}$ è un insieme ortogonale, normalizzando i suoi elementi si ottiene un insieme ortonormale: $\{\mathbf{v}_1/\|\mathbf{v}_1\|, \mathbf{v}_2/\|\mathbf{v}_2\|, \ldots, \mathbf{v}_t/\|\mathbf{v}_t\|\}$.

Se $\mathbf{V}$ ha dimensione finita, una *base ortogonale* (una *base ortonormale*) di $\mathbf{V}$ è una base $\{\mathbf{e}_1, \mathbf{e}_2, \ldots, \mathbf{e}_n\}$ che è un insieme ortogonale (un insieme ortonormale) di vettori.

17.2 PROPOSIZIONE *Se* $\{\mathbf{v}_1, \mathbf{v}_2, \ldots, \mathbf{v}_t\}$ *è un insieme ortogonale di vettori, allora* $\mathbf{v}_1, \mathbf{v}_2, \ldots, \mathbf{v}_t$ *sono linearmente indipendenti. In particolare, se* $\mathbf{V}$ *ha dimensione finita, un insieme ortogonale di* $n = \dim(\mathbf{V})$ *vettori è una base ortogonale di* $\mathbf{V}$.

Dimostrazione

Se $a_1\mathbf{v}_1 + a_2\mathbf{v}_2 + \ldots + a_t\mathbf{v}_t = \mathbf{0}$, allora, per ogni $i = 1, \ldots, t$,

$$\begin{aligned} 0 &= \langle \mathbf{v}_i, a_1\mathbf{v}_1 + a_2\mathbf{v}_2 + \ldots + a_t\mathbf{v}_t \rangle = \\ &= a_1\langle \mathbf{v}_i, \mathbf{v}_1\rangle + a_2\langle \mathbf{v}_i, \mathbf{v}_2\rangle + \ldots + a_t\langle \mathbf{v}_i, \mathbf{v}_t\rangle = \\ &= a_i\langle \mathbf{v}_i, \mathbf{v}_i\rangle. \end{aligned}$$

Poiché $\langle \mathbf{v}_i, \mathbf{v}_i\rangle > 0$, dev'essere $a_i = 0$. Quindi $\mathbf{v}_i, \mathbf{v}_2, \ldots, \mathbf{v}_t$ sono linearmente indipendenti.

Dal teorema 16.1 discende che $\mathbf{V}$ possiede basi ortogonali se ha dimensione finita positiva; normalizzando (gli elementi di) una base ortogonale si ottiene una base ortonormale, e quindi $\mathbf{V}$ possiede anche basi ortonormali. Questo fatto segue anche direttamente dal teorema di Sylvester, visto che il prodotto scalare ha segnatura $(n, 0)$.

Se $\boldsymbol{e} = \{\mathbf{e}_1, \mathbf{e}_2, \ldots, \mathbf{e}_n\}$ è una base ortonormale di $\mathbf{V}$, allora la matrice che rappresenta $\langle , \rangle$ rispetto alla base $\boldsymbol{e}$ è $\mathbf{I}_n$. Pertanto per ogni $\mathbf{v} = x_1\mathbf{e}_1 + \ldots + x_n\mathbf{e}_n$, $\mathbf{w} = y_1\mathbf{e}_1 + \ldots + y_n\mathbf{e}_n$ si ha

$$\langle \mathbf{v}, \mathbf{w}\rangle = x_1y_1 + x_2y_2 + \ldots + x_ny_n = \mathbf{x}\cdot\mathbf{y}.$$

In altre parole in una base ortonormale il prodotto scalare di due vettori si esprime come il prodotto scalare standard dei vettori colonna delle loro coordinate. Nella pratica è conveniente utilizzare basi ortonormali anziché basi qualunque perché i calcoli con le coordinate dei vettori sono notevolmente più semplici.

Il risultato seguente descrive la matrice di un cambiamento di base ortonormale.

17.3 PROPOSIZIONE *Siano* $\mathbf{e} = \{\mathbf{e}_1, \ldots, \mathbf{e}_n\}$, $\boldsymbol{f} = \{\mathbf{f}_1, \ldots, \mathbf{f}_n\}$ *due basi dello spazio vettoriale euclideo* $\mathbf{V}$, *e supponiamo che* $\mathbf{e}$ *sia ortonormale. La base* $\mathbf{f}$ *è ortonormale se e solo se la matrice* $M_{\mathbf{e},\boldsymbol{f}}(\mathbf{1}_\mathbf{V})$ *del cambiamento di coordinate da* $\mathbf{f}$ *a* $\mathbf{e}$ *è una matrice ortogonale.*

Dimostrazione

Le colonne della matrice $M = M_{\mathbf{e},\boldsymbol{f}}(\mathbf{1}_\mathbf{V})$ sono le coordinate dei vettori $\mathbf{f}_1, \ldots, \mathbf{f}_n$ rispetto ad $\mathbf{e}$. Pertanto $\boldsymbol{f}$ è ortonormale se e solo se

$$M_{(i)}\cdot M_{(j)} = \langle \mathbf{f}_i, \mathbf{f}_j\rangle = \delta_{ij}. \qquad [17.3]$$

Le [17.3] esprimono precisamente la condizione ${}^tMM = \mathbf{I}_n$, cioè $M \in \mathrm{O}(n)$.

Descriveremo ora un metodo molto semplice per costruire insiemi ortogonali e trovare esplicitamente basi ortogonali (e quindi basi ortonormali), il cosiddetto "procedimento di ortogonalizzazione di Gram-Schmidt". Tale procedimento è basato sulla nozione di "coefficiente di Fourier", che abbiamo introdotto nel n. 15. Ricordiamo che, se $\mathbf{v}$ è un vettore non nullo di $\mathbf{V}$, per ogni $\mathbf{w} \in \mathbf{V}$ il *coefficiente di Fourier di* $\mathbf{w}$ *rispetto a* $\mathbf{v}$ è lo scalare

$$a_\mathbf{v}(\mathbf{w}) = \langle \mathbf{v}, \mathbf{w}\rangle / \langle \mathbf{v}, \mathbf{v}\rangle.$$

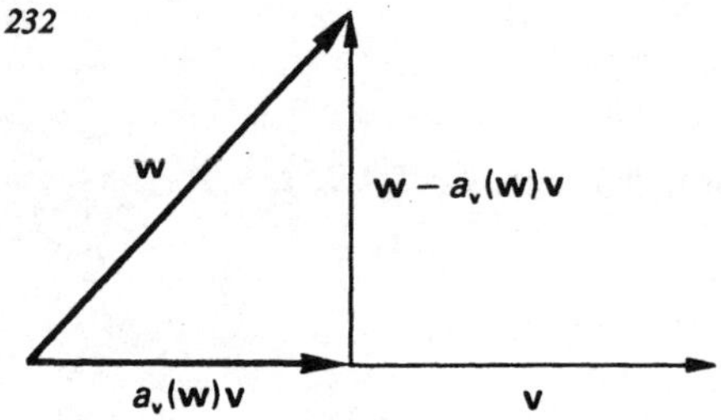

Figura 17.1

Definiamo la *proiezione ortogonale di* $\mathbf{w}$ *nella direzione di* $\mathbf{v}$ come il vettore $a_\mathbf{v}(\mathbf{w})\,\mathbf{v}$. La terminologia è giustificata dal fatto che

$$\langle \mathbf{w} - a_\mathbf{v}(\mathbf{w})\,\mathbf{v},\ \mathbf{v}\rangle = \langle \mathbf{w},\ \mathbf{v}\rangle - a_\mathbf{v}(\mathbf{w})\,\langle \mathbf{v},\ \mathbf{v}\rangle = 0,$$

cioè $\mathbf{w} - a_\mathbf{v}(\mathbf{w})\,\mathbf{v}$ è perpendicolare a $\mathbf{v}$ (fig. 17.1).

Nel caso particolare in cui $\mathbf{v}$ è un versore, per ogni $\mathbf{w} \in \mathbf{V}$ il coefficiente di Fourier di $\mathbf{w}$ rispetto a $\mathbf{v}$ è:

$$a_\mathbf{v}(\mathbf{w}) = \langle \mathbf{v},\ \mathbf{w}\rangle;$$

la proiezione ortogonale di $\mathbf{w}$ nella direzione di $\mathbf{v}$ è $\langle \mathbf{v},\ \mathbf{w}\rangle\mathbf{v}$ e $\mathbf{w} - \langle \mathbf{v},\ \mathbf{w}\rangle\mathbf{v}$ è ortogonale a $\mathbf{v}$.

17.4 Teorema (di ortogonalizzazione di Gram-Schmidt) *Sia* $\mathbf{v}_1, \mathbf{v}_2, \mathbf{v}_3, \ldots$ *una successione (finita o infinita) di vettori dello spazio euclideo* $\mathbf{V}$. *Allora*:

1) *Esiste una successione (corrispondentemente finita dello stesso numero di elementi o infinita)* $\mathbf{w}_1, \mathbf{w}_2, \mathbf{w}_3, \ldots$ *di vettori di* $\mathbf{V}$ *tale che per ogni intero* $k \geq 1$ *si abbia*:

a) $\langle \mathbf{v}_1, \mathbf{v}_2, \ldots, \mathbf{v}_k\rangle = \langle \mathbf{w}_1, \mathbf{w}_2, \ldots, \mathbf{w}_k\rangle$;
b) *i vettori* $\mathbf{w}_1, \mathbf{w}_2, \ldots, \mathbf{w}_k$ *sono a due a due ortogonali.*

2) *Se* $\mathbf{u}_1, \mathbf{u}_2, \mathbf{u}_3, \ldots$ *è un'altra successione che soddisfa le condizioni* (a) e (b) *per ogni* $k \geq 1$, *allora esistono scalari non nulli* $c_1, c_2, \ldots$ *tali che* $\mathbf{u}_k = c_k\mathbf{w}_k$, $k = 1, 2, \ldots$

Dimostrazione

1) Costruiremo gli elementi $\mathbf{w}_1, \mathbf{w}_2, \ldots$ per induzione su k. Prendiamo $\mathbf{w}_1 = \mathbf{v}_1$, che evidentemente soddisfa (a) e (b) per $k = 1$. Sia $t \geq 1$ e supponiamo di aver costruito $\mathbf{w}_1, \ldots, \mathbf{w}_t$ soddisfacenti alle condizioni (a) e (b) per $k = t$. Definiamo

$$\mathbf{w}_{t+1} = \mathbf{v}_{t+1} - \sum_{i=1}^{t}{}' \, a_{\mathbf{w}_i}(\mathbf{v}_{t+1})\,\mathbf{w}_i$$

(dove Σ' denota la somma estesa ai soli indici i tali che $\mathbf{w}_i \neq \mathbf{0}$).

Dalla definizione segue che $\mathbf{v}_{t+1}$ è combinazione lineare di $\mathbf{w}_1, \mathbf{w}_2, \ldots, \mathbf{w}_{t+1}$, e per l'ipotesi induttiva i vettori $\mathbf{v}_1, \ldots, \mathbf{v}_t$ sono combinazioni lineari di $\mathbf{w}_1, \mathbf{w}_2, \ldots, \mathbf{w}_t$. Quindi $\langle \mathbf{v}_1, \mathbf{v}_2, \ldots, \mathbf{v}_{t+1}\rangle \subset \langle \mathbf{w}_1, \mathbf{w}_2, \ldots, \mathbf{w}_{t+1}\rangle$. D'altra parte, sempre per la definizione di $\mathbf{w}_{t+1}$, abbiamo che $\mathbf{w}_{t+1}$ è combinazione lineare di $\mathbf{w}_1, \mathbf{w}_2, \ldots, \mathbf{w}_t, \mathbf{v}_{t+1}$.

Per l'ipotesi induttiva i vettori $\mathbf{w}_1, \mathbf{w}_2, \ldots, \mathbf{w}_t$ sono combinazioni lineari di $\mathbf{v}_1, \mathbf{v}_2, \ldots, \mathbf{v}_t$, e quindi $\mathbf{w}_{t+1}$ è combinazione lineare di $\mathbf{v}_1, \mathbf{v}_2, \ldots, \mathbf{v}_{t+1}$; dunque si ha anche $\langle \mathbf{w}_1, \mathbf{w}_2, \ldots, \mathbf{w}_{t+1} \rangle \subset \langle \mathbf{v}_1, \mathbf{v}_2, \ldots, \mathbf{v}_{t+1} \rangle$. Pertanto la (a) è soddisfatta per $k = t+1$.

Si ha poi, per ogni $i = 1, \ldots, t$, tale che $\mathbf{w}_i \neq \mathbf{0}$:

$$\langle \mathbf{w}_{t+1}, \mathbf{w}_i \rangle = \langle \mathbf{v}_{t+1} - \sum_{j=1}^{t}{}' a_{\mathbf{w}_j}(\mathbf{v}_{t+1})\mathbf{w}_j, \mathbf{w}_i \rangle = \langle \mathbf{v}_{t+1}, \mathbf{w}_i \rangle - a_{\mathbf{w}_i}(\mathbf{v}_{t+1})\langle \mathbf{w}_i, \mathbf{w}_i \rangle =$$
$$= \langle \mathbf{v}_{t+1}, \mathbf{w}_i \rangle - \langle \mathbf{v}_{t+1}, \mathbf{w}_i \rangle = 0.$$

Essendo per l'ipotesi induttiva anche

$$\langle \mathbf{w}_j, \mathbf{w}_i \rangle = 0$$

per ogni $i \neq j$, $1 \leq i, j \leq t$, la (b) è soddisfatta per $k = t+1$. Ciò dimostra la parte (1) del teorema.

2) Procediamo per induzione su k. Per $k = 1$ la conclusione è ovvia. Supponiamo $t \geq 1$ e che esistano $c_1, c_2, \ldots, c_t$ tali che $\mathbf{u}_k = c_k \mathbf{w}_k$ per ogni $k \leq t$. Per la (a) si ha

$$\mathbf{u}_{t+1} = \mathbf{z} + c_{t+1}\mathbf{w}_{t+1},$$

per qualche $\mathbf{z} \in \langle \mathbf{w}_1, \ldots, \mathbf{w}_t \rangle$, $c_{t+1} \in \mathsf{R}$. Poiché, per la (b), sia $\mathbf{u}_{t+1}$ che $\mathbf{w}_{t+1}$ sono ortogonali a $\mathbf{z}$, anche $\mathbf{u}_{t+1} - c_{t+1}\mathbf{w}_{t+1} = \mathbf{z}$ è ortogonale a $\mathbf{z}$, cioè $\mathbf{z}$ è ortogonale a sé stesso; quindi $\mathbf{z} = \mathbf{0}$.

Si noti che la (b) del teorema 17.4 non afferma che $\{\mathbf{w}_1, \mathbf{w}_2, \ldots, \mathbf{w}_k\}$ è un insieme ortogonale di vettori, perché può accadere che qualcuno dei vettori $\mathbf{w}_1, \mathbf{w}_2, \ldots, \mathbf{w}_k$ sia uguale a $\mathbf{0}$. Se $\mathbf{w}_1, \mathbf{w}_2, \ldots, \mathbf{w}_k$ sono tutti non nulli, allora $\{\mathbf{w}_1, \mathbf{w}_2, \ldots$ $\ldots, \mathbf{w}_k\}$ è un insieme ortogonale di vettori.

Se $\mathbf{V}$ ha dimensione finita e $\{\mathbf{v}_1, \ldots, \mathbf{v}_n\}$ è una base di $\mathbf{V}$, il procedimento di Gram-Schmidt applicato ai vettori $\mathbf{v}_1, \ldots, \mathbf{v}_n$ fornisce vettori $\mathbf{w}_1, \ldots, \mathbf{w}_n$, a due a due ortogonali, che generano $\mathbf{V}$, e quindi tutti diversi da $\mathbf{0}$: dalla proposizione 17.2 segue che $\{\mathbf{w}_1, \ldots, \mathbf{w}_n\}$ è una base ortogonale di $\mathbf{V}$. Per ottenere una base ortonormale non resta che normalizzare $\{\mathbf{w}_1, \ldots, \mathbf{w}_n\}$.

17.5 *Esempi*

1. Sia $\mathbf{V}$ uno spazio vettoriale euclideo, $\dim(\mathbf{V}) = 4$, e sia $\{\mathbf{e}_1, \mathbf{e}_2, \mathbf{e}_3, \mathbf{e}_4\}$ una base ortonormale di $\mathbf{V}$. Consideriamo i vettori

$$\mathbf{v}_1(0, 1, 0, 1),\ \mathbf{v}_2(2, 1, 0, 1),\ \mathbf{v}_3(-1, 0, 0, 1),\ \mathbf{v}_4(0, 0, 1, 0).$$

Il procedimento di Gram-Schmidt applicato a $\mathbf{v}_1, \mathbf{v}_2, \mathbf{v}_3, \mathbf{v}_4$ dà

$$\mathbf{w}_1 = \mathbf{v}_1,$$

$$\mathbf{w}_2 = \mathbf{v}_2 - \frac{\langle \mathbf{w}_1, \mathbf{v}_2 \rangle}{\langle \mathbf{w}_1, \mathbf{w}_1 \rangle}\mathbf{w}_1 = \mathbf{v}_2 - \frac{2}{2}\mathbf{w}_1 = 2\mathbf{e}_1,$$

$$\mathbf{w}_3 = \mathbf{v}_3 - \frac{\langle \mathbf{w}_1, \mathbf{v}_3 \rangle}{\langle \mathbf{w}_1, \mathbf{w}_1 \rangle}\mathbf{w}_1 - \frac{\langle \mathbf{w}_2, \mathbf{v}_3 \rangle}{\langle \mathbf{w}_2, \mathbf{w}_2 \rangle}\mathbf{w}_2 = \mathbf{v}_3 - \frac{1}{2}\mathbf{w}_1 - \frac{-2}{4}\mathbf{w}_2 =$$

$$= -\frac{1}{2}\mathbf{e}_2 + \frac{1}{2}\mathbf{e}_4,$$

$$\mathbf{w}_4 = \mathbf{v}_4 - \frac{\langle \mathbf{w}_1, \mathbf{v}_4 \rangle}{\langle \mathbf{w}_1, \mathbf{w}_1 \rangle}\mathbf{w}_1 - \frac{\langle \mathbf{w}_2, \mathbf{v}_4 \rangle}{\langle \mathbf{w}_2, \mathbf{w}_2 \rangle}\mathbf{w}_2 - \frac{\langle \mathbf{w}_3, \mathbf{v}_4 \rangle}{\langle \mathbf{w}_3, \mathbf{w}_3 \rangle}\mathbf{w}_3 =$$

$$= \mathbf{v}_4 - \frac{0}{2}\mathbf{w}_1 - \frac{0}{4}\mathbf{w}_2 - \frac{0}{1/2}\mathbf{w}_3 = \mathbf{v}_4.$$

I vettori $\mathbf{w}_1$, $\mathbf{w}_2$, $\mathbf{w}_3$, $\mathbf{w}_4$ costituiscono una base ortogonale di $\mathbf{V}$. Normalizzando questi vettori si ottiene la base ortonormale

$$\left\{ \frac{\mathbf{e}_2}{\sqrt{2}} + \frac{\mathbf{e}_4}{\sqrt{2}},\ \mathbf{e}_1,\ -\frac{\mathbf{e}_2}{\sqrt{2}} + \frac{\mathbf{e}_4}{\sqrt{2}},\ \mathbf{e}_3 \right\}.$$

2. Consideriamo R^4 con il prodotto scalare:

$$\langle \mathbf{x}, \mathbf{y} \rangle = \frac{1}{2}x_1y_1 + \frac{1}{2}x_2y_2 + x_3y_3 + x_4y_4.$$

Applicando il procedimento di Gram-Schmidt ai vettori

$$\mathbf{v}_1 = (1, 1, -1, -1), \quad \mathbf{v}_2 = (1, 1, 1, 1),$$
$$\mathbf{v}_3 = (-1, -1, -1, 1), \quad \mathbf{v}_4 = (1, 0, 0, 1)$$

otteniamo

$$\mathbf{w}_1 = \mathbf{v}_1,$$

$$\mathbf{w}_2 = \mathbf{v}_2 - \frac{\langle \mathbf{w}_1, \mathbf{v}_2 \rangle}{\langle \mathbf{v}_1, \mathbf{v}_1 \rangle}\mathbf{w}_1 = \mathbf{v}_2 - \frac{-1}{3}\mathbf{w}_1 = \left(\frac{4}{3}, \frac{4}{3}, \frac{2}{3}, \frac{2}{3}\right),$$

$$\mathbf{w}_3 = \mathbf{v}_3 - \frac{\langle \mathbf{w}_1, \mathbf{v}_3 \rangle}{\langle \mathbf{w}_1, \mathbf{w}_1 \rangle}\mathbf{w}_1 - \frac{\langle \mathbf{w}_2, \mathbf{v}_3 \rangle}{\langle \mathbf{w}_2, \mathbf{w}_2 \rangle}\mathbf{w}_2 = \mathbf{v}_3 - \frac{-1}{3}\mathbf{w}_1 - \frac{-4/3}{8/3}\mathbf{w}_2 =$$

$$= \mathbf{v}_3 + \frac{1}{3}\mathbf{w}_1 + \frac{1}{2}\mathbf{w}_2 = (0, 0, -1, 1),$$

$$\mathbf{w}_4 = \mathbf{v}_4 - \frac{\langle \mathbf{w}_1, \mathbf{v}_4 \rangle}{\langle \mathbf{w}_1, \mathbf{w}_1 \rangle}\mathbf{w}_1 - \frac{\langle \mathbf{w}_2, \mathbf{v}_4 \rangle}{\langle \mathbf{w}_2, \mathbf{w}_2 \rangle}\mathbf{w}_2 - \frac{\langle \mathbf{w}_3, \mathbf{v}_4 \rangle}{\langle \mathbf{w}_3, \mathbf{w}_3 \rangle}\mathbf{w}_3 =$$

$$= \mathbf{v}_4 - \frac{1/2}{3}\mathbf{w}_1 - \frac{4/3}{8/3}\mathbf{w}_2 - \frac{1}{2}\mathbf{w}_3 =$$

$$= \mathbf{v}_4 + \frac{1}{6}\mathbf{w}_1 - \frac{1}{2}\mathbf{w}_2 - \frac{1}{2}\mathbf{w}_3 = \left(\frac{1}{2}, -\frac{1}{2}, 0, 0\right).$$

Quindi $\left\{(1, 1, -1, -1), \left(\frac{4}{3}, \frac{4}{3}, \frac{2}{3}, \frac{2}{3}\right), (0, 0, -1, 1), \left(\frac{1}{2}, -\frac{1}{2}, 0, 0\right)\right\}$

è una base di R^4 ortogonale rispetto a $\langle , \rangle$.

17.6 Proposizione *Sia* **V** *uno spazio vettoriale euclideo e* $\mathbf{W} \neq \langle \mathbf{0} \rangle$ *un suo sottospazio vettoriale di dimensione finita. Allora ogni elemento* $\mathbf{v} \in \mathbf{V}$ *si può esprimere in modo unico come*

$$\mathbf{v} = \mathbf{w} + \mathbf{w}', \tag{17.4}$$

dove $\mathbf{w} \in \mathbf{W}$ *e* $\mathbf{w}' \in \mathbf{W}^\perp$. *Quindi si ha*

$$\mathbf{V} = \mathbf{W} \oplus \mathbf{W}^\perp.$$

Dimostrazione

Sia $\{\mathbf{e}_1, \ldots, \mathbf{e}_t\}$ una base ortonormale di **W**. Se $\mathbf{v} \in \mathbf{V}$, poniamo

$$\mathbf{w} = \langle \mathbf{v}, \mathbf{e}_1 \rangle \mathbf{e}_1 + \ldots + \langle \mathbf{v}, \mathbf{e}_t \rangle \mathbf{e}_t$$

$$\mathbf{w}' = \mathbf{v} - \mathbf{w}.$$

Evidentemente $\mathbf{w} \in \mathbf{W}$. Inoltre, per ogni $i = 1, \ldots, t$:

$$\langle \mathbf{w}', \mathbf{e}_i \rangle = \langle \mathbf{v}, \mathbf{e}_i \rangle - \langle \mathbf{w}, \mathbf{e}_i \rangle = \langle \mathbf{v}, \mathbf{e}_i \rangle - \langle \mathbf{v}, \mathbf{e}_i \rangle \langle \mathbf{e}_i, \mathbf{e}_i \rangle = 0,$$

e quindi $\mathbf{w}'$, essendo perpendicolare a $\mathbf{e}_1, \ldots, \mathbf{e}_t$, è perpendicolare ad ogni loro combinazione lineare, cioè $\mathbf{w}' \in \mathbf{W}^\perp$. Quindi $\mathbf{v} = \mathbf{w} + \mathbf{w}'$ si esprime nella forma voluta.

Se $\mathbf{v} = \mathbf{u} + \mathbf{u}'$ per qualche $\mathbf{u} \in \mathbf{W}$, $\mathbf{u}' \in \mathbf{W}^\perp$, allora

$$\mathbf{w} - \mathbf{u} = \mathbf{u}' - \mathbf{w}' \in \mathbf{W} \cap \mathbf{W}^\perp$$

e quindi $\mathbf{w} - \mathbf{u}$, essendo perpendicolare ad ogni elemento di **W**, è anche ortogonale a sé stesso. Ma allora $\mathbf{w} - \mathbf{u} = \mathbf{0} = \mathbf{u}' - \mathbf{w}'$, cioè $\mathbf{w} = \mathbf{u}$ e $\mathbf{w}' = \mathbf{u}'$.

L'elemento **w** che compare a secondo membro della [17.4] si dice *proiezione ortogonale di* **v** *sul sottospazio* **W**.

Esplicitando l'identità $\|\mathbf{v}\|^2 = \langle \mathbf{w} + \mathbf{w}', \mathbf{w} + \mathbf{w}' \rangle$ si ottiene immediatamente la seguente:

$$\|\mathbf{v}\|^2 = \|\mathbf{w}\|^2 + \|\mathbf{w}'\|^2$$

che è detta *identità pitagorica*.

La disuguaglianza di Schwarz [17.1] permette di introdurre in uno spazio vettoriale euclideo **V** la nozione di "angolo convesso di due vettori non nulli" nel modo seguente.

Supponiamo che $\mathbf{v}, \mathbf{w} \in \mathbf{V}$ siano due vettori diversi da **0**. La [17.2] si può anche scrivere nella forma equivalente:

$$-\|\mathbf{v}\|\,\|\mathbf{w}\| \leq \langle \mathbf{v}, \mathbf{w} \rangle \leq \|\mathbf{v}\|\,\|\mathbf{w}\|$$

dalla quale, dividendo per $\|\mathbf{v}\|\,\|\mathbf{w}\|$, si ottiene

$$-1 \leq \frac{\langle \mathbf{v}, \mathbf{w} \rangle}{\|\mathbf{v}\|\,\|\mathbf{w}\|} \leq 1. \qquad [17.5]$$

Dalla [17.5] e dalle proprietà della funzione coseno discende che esiste un unico numero reale θ, tale che $0 \leq \theta \leq \pi$, e tale che si abbia

$$\cos\theta = \frac{\langle \mathbf{v}, \mathbf{w} \rangle}{\|\mathbf{v}\|\,\|\mathbf{w}\|}.$$

Potremo quindi scrivere

$$\langle \mathbf{v}, \mathbf{w} \rangle = \|\mathbf{v}\|\,\|\mathbf{w}\| \cos\theta. \qquad [17.6]$$

Chiameremo

$$\theta = \arccos\left(\frac{\langle \mathbf{v}, \mathbf{w} \rangle}{\|\mathbf{v}\|\,\|\mathbf{w}\|}\right) \qquad [17.7]$$

l'*angolo convesso* (o *non orientato*) *tra i* (o *formato dai*) *vettori* **v** *e* **w**. Dalla sua espressione vediamo che l'angolo convesso formato dai vettori **v** e **w** non dipende dall'ordine in cui essi sono presi. Si noti che dalla definizione segue che due vettori non nulli **v**, **w** sono perpendicolari se e solo se il loro angolo convesso è $\pi/2$. Inoltre $\cos\theta = \langle \mathbf{v}, \mathbf{w} \rangle$ se **v** e **w** sono versori.

Al lettore più attento non sarà sfuggito che la definizione [17.7] di angolo convesso di due vettori, facendo ricorso alla funzione inversa della funzione $\cos\theta$, apparentemente utilizza la geometria euclidea elementare, nell'ambito della quale le funzioni circolari vengono di solito definite. Questo rende inconsistente la nostra pretesa di sviluppare la geometria in modo indipendente dalla geometria elementare. La contraddizione è pero solo apparente: infatti tutte le funzioni circolari e le loro inverse possono essere definite in modo completamente autonomo dalla geometria elementare, mediante serie di potenze. Rinviamo il lettore ai corsi di analisi matematica per i dettagli. Per i nostri scopi sarà sufficiente sapere che le funzioni trigonometriche e le loro inverse si possono definire in modo puramente analitico, cosicché la definizione di angolo convesso di due vettori di uno spazio vettoriale euclideo qualunque data dalla [17.7] è indipendente dalla geometria euclidea elementare. L'angolo convesso così definito è un numero reale compreso tra 0 e π, e non ha il significato geometrico che tale nozione possiede nella geometria del piano ordinario. La relazione esistente tra questa definizione ed il concetto di angolo che si dà nella geometria euclidea elementare è spiegata nell'esempio 17.7. Avvertiamo il lettore che d'ora in poi faremo liberamente uso delle principali proprietà delle funzioni trigonometriche.

17.7 *Esempio*

Sia **V** lo spazio dei vettori geometrici del piano ordinario, in cui supponiamo introdotta un'unità di misura per le lunghezze dei segmenti. Per ogni $\mathbf{v} \in \mathbf{V}$ la *lunghezza di* **v**, denotata con $|\mathbf{v}|$, si definisce come la lunghezza di uno qualsiasi dei rappresentanti di **v**. Se $\mathbf{v}, \mathbf{w} \in \mathbf{V}$ sono entrambi non nulli, l'*angolo convesso* (o *non orientato*) *tra* **v** *e* **w** si definisce come l'angolo convesso θ ($0 \leq \theta \leq \pi$ se espresso in radianti) formato da rappresentanti di **v** e **w** applicati in uno stesso punto (qui stiamo utilizzando la definizione di angolo della geometria euclidea elementare). Queste definizioni sono state date senza utilizzare alcun prodotto scalare su **V**. È possibile però introdurre in **V** un prodotto scalare in modo che le nozioni di lunghezza di un vettore e di angolo convesso tra due vettori non nulli, che si ottengono utilizzando il prodotto scalare, coincidano con quelle che abbiamo appena introdotto geometricamente.

Per ogni $\mathbf{v}, \mathbf{w} \in \mathbf{V}$ poniamo

$$\mathbf{v} \times \mathbf{w} = \begin{cases} |\mathbf{v}|\,|\mathbf{w}| \cos\theta & \text{se } \mathbf{v} \neq \mathbf{0} \neq \mathbf{w}, \\ 0 & \text{altrimenti.} \end{cases} \qquad [17.8]$$

Allora $\times$ definito dalla [17.8] è un prodotto scalare in **V**; lasciamo al lettore la facile verifica di questo fatto.

Si osservi che se **v** e **w** sono versori allora il loro prodotto scalare coincide con il coseno dell'angolo convesso da essi formato. Inoltre la norma $\|\mathbf{v}\|$ di un vettore **v** coincide con la sua lunghezza $|\mathbf{v}|$. Se due vettori **v**, **w** soddisfano $\mathbf{v} \times \mathbf{w} = 0$ e nessuno dei due è $\mathbf{0}$, allora $\cos\theta = 0$, cioè il loro angolo è $\pi/2$; quindi il concetto di perpendicolarità di vettori così come viene definito dal prodotto scalare [17.8] coincide con quello usuale.

Siano $\mathbf{v} = \overrightarrow{OA}$, $\mathbf{w} = \overrightarrow{OB} \in \mathbf{V}$, $\mathbf{v} \neq \mathbf{0}$.

Sia P il piede della perpendicolare condotta da B sulla retta contenente i punti O e A. È immediato verificare che il coefficiente di Fourier $a_{\mathbf{v}}(\mathbf{w})$ è il rapporto tra la lunghezza di $\overrightarrow{OP}$ e quella di $\overrightarrow{OA}$, preso con il segno + o − a seconda che $\overrightarrow{OP}$ e $\overrightarrow{OA}$ siano orientati concordemente o discordemente. La proiezione ortogonale di **w** nella direzione di **v** è il vettore $\overrightarrow{OP} = a_{\mathbf{v}}(\mathbf{w})\,\mathbf{v}$, e $\mathbf{w} - a_{\mathbf{v}}(\mathbf{w})\,\mathbf{v} = \overrightarrow{PB}$, che è perpendicolare a **v**.

Consideriamo una base ortonormale $\{\mathbf{i}, \mathbf{j}\}$ di **V**.

Se $\mathbf{v} = x_1\mathbf{i} + x_2\mathbf{j}$, l'identità

$$|\mathbf{v}|^2 = x_1^2 + x_2^2$$

è nient'altro che il teorema di Pitagora.

Notiamo anche che la disuguaglianza di Schwarz

$$|\mathbf{v} \times \mathbf{w}| \leq |\mathbf{v}|\,|\mathbf{w}|$$

segue immediatamente dal fatto che $|\cos\theta| \leq 1$.

Se si considera lo spazio vettoriale **V** dei vettori geometrici dello spazio ordinario in cui sia stata introdotta un'unità di misura dei segmenti, la [17.8] definisce anche in questo caso un prodotto scalare in **V**, per il quale valgono considerazioni del tutto simili a quelle fatte nel caso precedente.

Per le esigenze dell'algebra lineare e della geometria euclidea non è sufficiente disporre del concetto di angolo non orientato di due vettori, dato dalla [17.7], e si rende necessaria l'introduzione di una nozione di "angolo orientato". La definizione di angolo orientato, come nel caso precedente, sarà data ricorrendo alle proprietà dei numeri reali nel modo seguente.

Definiamo in R la seguente relazione. Diremo che θ, $\varphi \in \mathsf{R}$ *sono congrui modulo* 2π, oppure che θ *è congruo a* φ *modulo* 2π, e scriveremo $\theta \equiv \varphi$ (mod. 2π) se $\theta - \varphi = 2k\pi$ per qualche $k \in \mathsf{Z}$.

Si verifica facilmente che la congruenza modulo 2π è una relazione di equivalenza. Le classi di congruenza verranno chiamate *angoli orientati*, o semplicemente *angoli*. Dalla definizione segue subito che un angolo è un sottoinsieme di R della forma

$$\{\ldots, \theta - 4\pi, \theta - 2\pi, \theta, \theta + 2\pi, \theta + 4\pi, \ldots\} = \{\theta + 2k\pi : k \in \mathsf{Z}\} \qquad [17.9]$$

per qualche $\theta \in \mathsf{R}$. Poiché le classi di congruenza costituiscono una partizione di R, ogni numero reale θ individua un angolo [17.9] cui appartiene e uno solo. Gli elementi di un angolo sono le sue *determinazioni*; per definizione, due determinazioni di uno stesso angolo differiscono per un multiplo intero di 2π. Ogni angolo possiede un'unica determinazione θ_0 tale che $0 \leq \theta_0 < 2\pi$, la cosiddetta *determinazione principale*. Con abuso di linguaggio identificheremo spesso un angolo con una sua determinazione, cioè con un numero reale, sottintendendo che due numeri reali rappresentano lo stesso angolo se e solo se la loro differenza è un multiplo intero di 2π.

Poiché ogni angolo possiede un'unica determinazione principale, si ha una corrispondenza biunivoca tra l'insieme $\mathscr{D}$ di tutti gli angoli e l'intervallo chiuso a sinistra $[0, 2\pi)$.

In precedenza abbiamo definito un angolo convesso come un numero reale nell'intervallo $[0, \pi]$. Ad ogni angolo $\{\theta + 2k\pi : k \in \mathsf{Z}\}$ si può associare il numero reale

$$\min\{\,|\theta + 2k\pi| : k \in \mathsf{Z}\},$$

che, è immediato verificarlo, appartiene a $[0, \pi]$, e si dice l'*angolo convesso associato*.

Gli angoli si possono sommare tra loro sommandone le determinazioni: se $\{\theta + 2k\pi : k \in \mathsf{Z}\}$ e $\{\eta + 2k\pi : k \in \mathsf{Z}\}$ sono due angoli, la loro somma è l'angolo

$$\{\theta + \eta + 2k\pi : k \in \mathsf{Z}\}.$$

Rispetto all'operazione di somma gli angoli costituiscono un gruppo $\mathscr{D}$ il cui elemento neutro è l'angolo $\{2k\pi\colon k\in\mathsf{Z}\}$, e in cui l'opposto dell'angolo $\{\theta+2k\pi\colon k\in\mathsf{Z}\}$ è $\{-\theta+2k\pi\colon k\in\mathsf{Z}\}$.

Per ogni $\theta\in\mathsf{R}$ consideriamo la matrice

$$R_\theta=\begin{pmatrix}\cos\theta & -\sin\theta\\ \sin\theta & \cos\theta\end{pmatrix}.$$

Dall'identità $(\cos\theta)^2+(\sin\theta)^2=1$ segue che $R_\theta\in SO(2)$. Dalle proprietà elementari delle funzioni trigonometriche si deduce che per ogni $(a, b)\in\mathsf{R}^2$ tale che $a_2+b^2=1$ esiste $\theta\in\mathsf{R}$ tale che $a=\cos\theta$, $b=\sin\theta$, e quindi, poiché ogni matrice in $SO(2)$ è della forma [2.6], al variare di $\theta\in\mathsf{R}$ la matrice R_θ descrive tutto $SO(2)$.

Infine, essendo le funzioni coseno e seno periodiche di periodo 2π, si ha $R_\theta=R_\varphi$ se e solo se θ e φ sono due determinazioni dello stesso angolo. Da ciò segue che associando ad ogni angolo la matrice R_θ, dove θ è una qualunque determinazione dell'angolo, si ottiene una corrispondenza biunivoca di $\mathscr{D}$ su $SO(2)$.

È facile verificare che questa corrispondenza è un isomorfismo di gruppi. Allo scopo è sufficiente osservare che, se φ, $\theta\in\mathsf{R}$, allora

$$R_\varphi R_\theta=R_{\varphi+\theta},$$

cioè:

$$\begin{pmatrix}\cos\varphi & -\sin\varphi\\ \sin\varphi & \cos\varphi\end{pmatrix}\begin{pmatrix}\cos\theta & -\sin\theta\\ \sin\theta & \cos\theta\end{pmatrix}=\begin{pmatrix}\cos(\varphi+\theta) & -\sin(\varphi+\theta)\\ \sin(\varphi+\theta) & \cos(\varphi+\theta)\end{pmatrix}. \quad [17.11]$$

La [17.11] segue immediatamente calcolando il prodotto a primo membro e dalle ben note formule che esprimono $\cos(\varphi+\theta)$ e $\sin(\varphi+\theta)$ in funzione di $\cos\varphi$, $\cos\theta$, $\sin\varphi$, $\sin\theta$.

Consideriamo ora uno spazio vettoriale euclideo $\mathbf{V}$ di dimensione 2, in cui sia fissata una base ortonormale $\{\mathbf{i}, \mathbf{j}\}$. Siano $\mathbf{u}(u_1, u_2)$, $\mathbf{v}(v_1, v_2)$ due versori, e siano φ, $\psi\in\mathsf{R}$ tali che

$$(u_1, u_2)=(\cos\varphi, \sin\varphi)$$
$$(v_1, v_2)=(\cos\psi, \sin\psi).$$

Definiamo l'*angolo orientato formato dai versori* **u** *e* **v** come l'angolo **uv**, una cui determinazione è $\psi-\varphi$.

Se $\mathbf{a}, \mathbf{b}\in\mathbf{V}$ sono due vettori non nulli, il loro angolo orientato è definito come

$$\mathbf{ab}=\frac{\mathbf{a}}{\|\mathbf{a}\|}\,\frac{\mathbf{b}}{\|\mathbf{b}\|}\,.$$

L'angolo orientato gode delle seguenti proprietà:

a) $\mathbf{aa}=0$,

b) $\mathbf{ab}=-\mathbf{ba}$,

c) $\mathbf{ab}+\mathbf{bc}=\mathbf{ac}$,

d) $(\lambda\mathbf{a})(\mu\mathbf{b})=\mathbf{ab}$

per ogni terna di vettori non nulli **a**, **b**, **c** e per ogni $\lambda, \mu > 0$. Le relative verifiche sono lasciate al lettore.

Si osservi che per la definizione di angolo orientato è stata fissata una base ortonormale di **V**. In realtà la definizione dipende solo dall'orientazione di **V** definita dalla base fissata.

Infatti, sia $\{\mathbf{i}', \mathbf{j}'\}$ un'altra base ortonormale, concordemente orientata con $\{\mathbf{i}, \mathbf{j}\}$, e sia

$$A = \begin{pmatrix} \cos\alpha & -\sin\alpha \\ \sin\alpha & \cos\alpha \end{pmatrix}$$

la matrice del cambiamento di coordinate da $\{\mathbf{i}, \mathbf{j}\}$ a $\{\mathbf{i}', \mathbf{j}'\}$. Se

$$\mathbf{u} = \cos\varphi\mathbf{i} + \sin\varphi\mathbf{j} = \cos\varphi'\mathbf{i}' + \sin\varphi'\mathbf{j}'$$

$$\mathbf{v} = \cos\psi\mathbf{i} + \sin\psi\mathbf{j} = \cos\psi'\mathbf{i}' + \sin\psi'\mathbf{j}',$$

allora si ha

$$\begin{pmatrix} \cos\varphi' \\ \sin\varphi' \end{pmatrix} = \begin{pmatrix} \cos\alpha & -\sin\alpha \\ \sin\alpha & \cos\alpha \end{pmatrix} \begin{pmatrix} \cos\varphi \\ \sin\varphi \end{pmatrix} = \begin{pmatrix} \cos(\varphi + \alpha) \\ \sin(\varphi + \alpha) \end{pmatrix}$$

e similmente

$$\begin{pmatrix} \cos\psi' \\ \sin\psi' \end{pmatrix} = \begin{pmatrix} \cos\alpha & -\sin\alpha \\ \sin\alpha & \cos\alpha \end{pmatrix} \begin{pmatrix} \cos\psi \\ \sin\psi \end{pmatrix} = \begin{pmatrix} \cos(\psi + \alpha) \\ \sin(\psi + \alpha) \end{pmatrix}.$$

Quindi si ha $\psi' - \varphi' \equiv (\psi + \alpha) - (\varphi + \alpha) \equiv \psi - \varphi \pmod{2\pi}$, e pertanto le due basi definiscono lo stesso angolo orientato tra **u** e **v**.

17.8 *Complementi*

1. L'insieme C dei numeri complessi è uno spazio vettoriale reale di dimensione 2. La base $\{1, \mathrm{i}\}$ identifica C con R^2 associando ad un numero complesso $a + \mathrm{i}b$ la coppia (a, b). Se $z = a + \mathrm{i}b \in \mathsf{C}$, il modulo di z, che è definito come

$$|z| = \sqrt{z\bar{z}} = \sqrt{a^2 + b^2},$$

è uguale a $\|(a, b)\|$. Ad ogni $z \in \mathsf{C}^*$ possiamo associare il numero complesso $\dfrac{z}{|z|} = \dfrac{a}{|z|} + \mathrm{i}\dfrac{b}{|z|}$ che ha modulo 1, e quindi è della forma

$$\frac{z}{|z|} = \cos\theta + \mathrm{i}\sin\theta.$$

L'angolo individuato da θ si dice l'*argomento* di z e si denota con $\arg(z)$; la determinazione principale di $\arg(z)$ è talvolta chiamata *argomento principale* di z.

Poiché $z = |z| \dfrac{z}{|z|}$ deduciamo da quanto detto che ogni numero complesso $z \neq 0$ si scrive nella forma seguente:

$$z = |z|(\cos\theta + \mathrm{i}\sin\theta) \qquad [17.12]$$

dove θ è una determinazione di $\arg(z)$. La [17.12] è una *rappresentazione trigonometrica* di z.

Se $z, w \in \mathbb{C}^*$ allora si ha $|zw| = |z|\,|w|$ e $\arg(zw) = \arg(z) + \arg(w)$. Ciò può essere verificato per mezzo delle rappresentazioni trigonometriche nel modo seguente. Siano $\theta \in \arg(z)$, $\varphi \in \arg(w)$. Allora:

$$zw = |z|(\cos\theta + \mathrm{i}\sin\theta)\,|w|(\cos\varphi + \mathrm{i}\sin\varphi) =$$
$$= |z|\,|w|(\cos\theta\cos\varphi - \sin\theta\sin\varphi + \mathrm{i}(\cos\theta\sin\varphi + \sin\theta\cos\varphi)) =$$
$$= |z|\,|w|\,[\cos(\theta + \varphi) + \mathrm{i}\sin(\theta + \varphi)].$$

2. Consideriamo lo spazio vettoriale $\mathbb{R}[X]$ dei polinomi a coefficienti reali in una indeterminata X. Per ogni $f(X), g(X) \in \mathbb{R}[X]$ poniamo

$$\langle f, g \rangle = \int_{-1}^{1} f(x)\,g(x)\,\mathrm{d}x.$$

Dalle proprietà dell'integrale definito segue subito che $\langle , \rangle$ è un prodotto scalare. Dotato di questo prodotto scalare, $\mathbb{R}[X]$ è uno spazio vettoriale euclideo che non ha dimensione finita.

Esercizi

1. Dimostrare che in uno spazio vettoriale euclideo $(\mathbf{V}, \langle\, , \rangle)$ sussistono le seguenti identità, per ogni $\mathbf{v}, \mathbf{w} \in \mathbf{V}$:

a) $\|\mathbf{v} + \mathbf{w}\|^2 + \|\mathbf{v} - \mathbf{w}\|^2 = 2\|\mathbf{v}\|^2 + 2\|\mathbf{w}\|^2$

b) $\|\mathbf{v} + \mathbf{w}\|^2 - \|\mathbf{v} - \mathbf{w}\|^2 = 4\langle \mathbf{v}, \mathbf{w} \rangle$.

2. In ciascuno dei seguenti casi applicare il procedimento di Gram-Schmidt per determinare una base ortonormale del sottospazio vettoriale di $\mathbb{R}^3$ (con prodotto scalare standard) generato dai vettori assegnati:

a) $(1, 1, 1), (1, 0, 1), (3, 2, 3)$ b) $(1, 1, 1), (-1, 1, -1), (1, 0, 1)$.

3. Verificare che ponendo

$$\langle \mathbf{x}, \mathbf{y} \rangle = x_1y_1 + 2x_2y_2 - x_1y_2 - x_2y_1 + x_3y_3$$

si definisce un prodotto scalare su $\mathbb{R}^3$.

4. Risolvere l'esercizio 2, sostituendo al posto del prodotto scalare standard il prodotto scalare definito nell'esercizio 3.

5. Verificare che ponendo

$$\langle \mathbf{x}, \mathbf{y} \rangle = x_1y_1 + 6x_2y_2 - 2x_1y_2 - 2x_2y_1 + x_3y_3 - x_2y_3 - x_3y_2 + x_4y_4$$

si definisce un prodotto scalare su R^4.

6. Sia **V** uno spazio vettoriale euclideo di dimensione 4, in cui sia fissata una base ortonormale $\boldsymbol{e}$, e sia **W** il sottospazio generato dai vettori

$$\mathbf{w}_1(1, 1, 0, 1), \quad \mathbf{w}_2(1, -1, 0, -1), \quad \mathbf{w}_3(3, 1, 0, 1).$$

Determinare dim(**W**), trovarne una base ortonormale ed estendere tale base a una base ortonormale di **V**.

7. In ciascuno dei casi seguenti determinare una base ortonormale del sottospazio vettoriale di R^4 generato dai vettori assegnati:

a) $(2, 0, 0, 1), (1, 2, 2, 3), \left(10, -1, -\frac{1}{2}, 0\right), (5, 2, 2, 5)$

b) $(-1, 0, 1, 1), (2, 1, 1, 4), (0, 1, 3, 6)$

c) $(1, 1, -1, 1), (-2, -2, 2, -2), (2, 1, 1, 2), (3, 1, 1, 1)$

d) $(1, 1, 0, -1), (-2, 1, \sqrt{3}, 5), (4, 4, \sqrt{3}, 2), (-6, -3, 0, 3)$.

8. Determinare una base ortonormale di R^4 applicando il procedimento di Gram-Schmidt al sistema di vettori seguente:

$$(0, 1, 0, 1), (2, 1, 0, 1), (-1, 0, 0, 1), (0, 0, 1, 0).$$

9. Utilizzando il procedimento di Gram-Schmidt, si ortogonalizzi la base canonica di R^4 rispetto al prodotto scalare

$$\langle \mathbf{x}, \mathbf{y} \rangle = 2x_1y_1 + x_1y_2 + x_2y_1 + 2x_2y_2 + 2x_3y_3 + x_3y_4 + x_4y_3 + 2x_4y_4.$$

10. Dimostrare che i numeri complessi di modulo 1 costituiscono un sottogruppo del gruppo moltiplicativo C^*, isomorfo a SO(2).

11. Sia **V** uno spazio vettoriale euclideo e sia $\mathbf{v} \in \mathbf{V}$, $\mathbf{v} \neq \mathbf{0}$. Dimostrare che l'applicazione $f_\mathbf{v}: \mathbf{V} \to \langle \mathbf{v} \rangle$, che ad ogni $\mathbf{w} \in \mathbf{V}$ associa la sua proiezione ortogonale nella direzione di **v**, è lineare.

12. Sia **V** uno spazio vettoriale euclideo e sia **v** un suo vettore non nullo. L'applicazione

$$p_\mathbf{v}: \mathbf{V} \to \mathbf{v}^\perp,$$

definita da $p_\mathbf{v}(\mathbf{w}) = \mathbf{w} - a_\mathbf{v}(\mathbf{w})\mathbf{v}$, si dice *proiezione di* **V** *su* $\mathbf{v}^\perp$. Verificare che $p_\mathbf{v}$ è lineare.

13. Dimostrare che se due basi $\{\mathbf{i}, \mathbf{j}\}$ e $\{\mathbf{i}', \mathbf{j}'\}$ di un piano vettoriale euclideo **V** sono discordemente orientate, definiscono angoli orientati opposti.

18 L'operazione di prodotto vettoriale

Denotiamo con **V** uno spazio vettoriale euclideo di dimensione 3, con prodotto scalare $\langle , \rangle$. Fissiamo una base ortonormale $\{\mathbf{i}, \mathbf{j}, \mathbf{k}\}$ di **V**.

18.1 DEFINIZIONE *Siano* $\mathbf{v}_1(x_1, y_1, z_1)$ *e* $\mathbf{v}_2(x_2, y_2, z_2)$ *due vettori di* $\mathbf{V}$. *Il* prodotto vettoriale *di* $\mathbf{v}_1$ *per* $\mathbf{v}_2$ *è il vettore* $\mathbf{v}_1 \wedge \mathbf{v}_2$ *(si legga "*$\mathbf{v}_1$ *vettore* $\mathbf{v}_2$*") le cui coordinate sono*

$$(y_1 z_2 - z_1 y_2,\ z_1 x_2 - x_1 z_2,\ x_1 y_2 - y_1 x_2),$$

cioè i minori di ordine 2, *presi a segni alterni* $+, -, +$, *della matrice*

$$\begin{pmatrix} x_1 & y_1 & z_1 \\ x_2 & y_2 & z_2 \end{pmatrix}.$$

L'operazione di prodotto vettoriale che abbiamo introdotto associa a una coppia ordinata di vettori un terzo vettore, cioè è un'applicazione

$$\mathbf{V} \times \mathbf{V} \to \mathbf{V}.$$

Poiché è stata definita utilizzando le coordinate dei vettori, dobbiamo aspettarci che quest'operazione dipenda dalla scelta della base ortonormale $\{\mathbf{i}, \mathbf{j}, \mathbf{k}\}$. Studiandone le proprietà vedremo che in effetti il prodotto vettoriale dipende solo dall'orientazione di $\mathbf{V}$ definita dalla base.

Il teorema seguente descrive le principali proprietà del prodotto vettoriale.

18.2 TEOREMA *Per ogni scelta di* $\mathbf{v}_1, \mathbf{v}_2, \mathbf{v}_3 \in \mathbf{V}$ *e per ogni* $c \in \mathsf{R}$ *si ha*

1) $\mathbf{v}_1 \wedge \mathbf{v}_2 = -\mathbf{v}_2 \wedge \mathbf{v}_1$
2) $\mathbf{v}_1 \wedge (\mathbf{v}_2 + \mathbf{v}_3) = \mathbf{v}_1 \wedge \mathbf{v}_2 + \mathbf{v}_1 \wedge \mathbf{v}_3$
3) $c(\mathbf{v}_1 \wedge \mathbf{v}_2) = (c\mathbf{v}_1) \wedge \mathbf{v}_2 = \mathbf{v}_1 \wedge (c\mathbf{v}_2)$
4) $\langle \mathbf{v}_1, \mathbf{v}_1 \wedge \mathbf{v}_2 \rangle = 0$
5) $\langle \mathbf{v}_2, \mathbf{v}_1 \wedge \mathbf{v}_2 \rangle = 0$
6) $\|\mathbf{v}_1 \wedge \mathbf{v}_2\|^2 = \|\mathbf{v}_1\|^2 \|\mathbf{v}_2\|^2 - \langle \mathbf{v}_1, \mathbf{v}_2 \rangle^2$
7) $\mathbf{v}_1 \wedge \mathbf{v}_2 = \mathbf{0}$ *se e solo se* $\mathbf{v}_1$ *e* $\mathbf{v}_2$ *sono paralleli.*

Dimostrazione

Le dimostrazioni relative alle (1), (2), (3) e (7) sono facili e vengono lasciate al lettore.

La (4) si dimostra osservando che $\langle \mathbf{v}_1, \mathbf{v}_1 \wedge \mathbf{v}_2 \rangle$ uguaglia il determinante della matrice

$$\begin{pmatrix} x_1 & y_1 & z_1 \\ x_1 & y_1 & z_1 \\ x_2 & y_2 & z_2 \end{pmatrix}.$$

che ha due righe uguali e quindi ha determinante nullo. Nello stesso modo si dimostra la (5).

Per dimostrare la (6) scriviamo esplicitamente

$$\| \mathbf{v}_1 \wedge \mathbf{v}_2 \|^2 = (y_1 z_2 - z_1 y_2)^2 + (z_1 x_2 - x_1 z_2)^2 + (x_1 y_2 - y_1 x_2)^2$$

e

$$\| \mathbf{v}_1 \|^2 \| \mathbf{v}_2 \|^2 - \langle \mathbf{v}_1, \mathbf{v}_2 \rangle^2 = (x_1^2 + y_1^2 + z_1^2)(x_2^2 + y_2^2 + z_2^2) - (x_1 x_2 + y_1 y_2 + z_1 z_2)^2.$$

Svolgendo i calcoli si verifica che i secondi membri sono uguali.

Si osservi che la (6) può anche esprimersi nella forma seguente:

$$\| \mathbf{v}_1 \wedge \mathbf{v}_2 \|^2 = \begin{vmatrix} \langle \mathbf{v}_1, \mathbf{v}_1 \rangle & \langle \mathbf{v}_1, \mathbf{v}_2 \rangle \\ \langle \mathbf{v}_2, \mathbf{v}_1 \rangle & \langle \mathbf{v}_2, \mathbf{v}_2 \rangle \end{vmatrix}.$$

18.3 COROLLARIO

8) *Se* $\mathbf{v}_1$ *e* $\mathbf{v}_2$ *sono linearmente indipendenti, ogni vettore ortogonale sia a* $\mathbf{v}_1$ *che a* $\mathbf{v}_2$ *è un multiplo scalare di* $\mathbf{v}_1 \wedge \mathbf{v}_2$.

9) *Se* $\mathbf{v}_1$ *e* $\mathbf{v}_2$ *sono linearmente indipendenti,* $\{\mathbf{v}_1, \mathbf{v}_2, \mathbf{v}_1 \wedge \mathbf{v}_2\}$ *è una base di* $\mathbf{V}$ *concordemente orientata con* $\{\mathbf{i}, \mathbf{j}, \mathbf{k}\}$.

Dimostrazione

8) Poiché $\mathbf{v}_1$ e $\mathbf{v}_2$ sono linearmente indipendenti e $\dim(\mathbf{V}) = 3$, si ha

$$\dim(\{\mathbf{v}_1, \mathbf{v}_2\}^\perp) = \dim(\langle \mathbf{v}_1, \mathbf{v}_2 \rangle^\perp) = 1.$$

Per la (4) e la (5), $\mathbf{v}_1 \wedge \mathbf{v}_2 \in \{\mathbf{v}_1, \mathbf{v}_2\}^\perp$, e per la (7), $\mathbf{v}_1 \wedge \mathbf{v}_2 \neq \mathbf{0}$. Quindi $\mathbf{v}_1 \wedge \mathbf{v}_2$ genera $\{\mathbf{v}_1, \mathbf{v}_2\}^\perp$.

9) L'indipendenza lineare di $\mathbf{v}_1$, $\mathbf{v}_2$, $\mathbf{v}_1 \wedge \mathbf{v}_2$ segue dal fatto che $\mathbf{v}_1$, $\mathbf{v}_2$ lo sono e che $\mathbf{v}_1 \wedge \mathbf{v}_2 \in \{\mathbf{v}_1, \mathbf{v}_2\}^\perp$. Poiché $\dim(\mathbf{V}) = 3$ si conclude che $\{\mathbf{v}_1, \mathbf{v}_2, \mathbf{v}_1 \wedge \mathbf{v}_2\}$ è una base.

Per dimostrare che $\{\mathbf{v}_1, \mathbf{v}_2, \mathbf{v}_1 \wedge \mathbf{v}_2\}$ è concordemente orientata con $\{\mathbf{i}, \mathbf{j}, \mathbf{k}\}$ basta osservare che la matrice del cambiamento di coordinate da $\{\mathbf{v}_1, \mathbf{v}_2, \mathbf{v}_1 \wedge \mathbf{v}_2\}$ a $\{\mathbf{i}, \mathbf{j}, \mathbf{k}\}$ ha determinante uguale a $\| \mathbf{v}_1 \wedge \mathbf{v}_2 \|^2$.

Ora non è difficile accertare in che modo $\mathbf{v}_1 \wedge \mathbf{v}_2$ dipende dalla scelta della base $\{\mathbf{i}, \mathbf{j}, \mathbf{k}\}$.

Se $\mathbf{v}_1$ e $\mathbf{v}_2$ sono linearmente dipendenti, il loro prodotto vettoriale è $\mathbf{v}_1 \wedge \mathbf{v}_2 = \mathbf{0}$ e quindi è univocamente determinato da $\mathbf{v}_1$ e da $\mathbf{v}_2$.

Se viceversa $\mathbf{v}_1$ e $\mathbf{v}_2$ sono linearmente indipendenti, $\| \mathbf{v}_1 \wedge \mathbf{v}_2 \|$ è univocamente individuato dalla proprietà (6), e $\mathbf{v}_1 \wedge \mathbf{v}_2$ appartiene a $\{\mathbf{v}_1, \mathbf{v}_2\}^\perp$, che ha dimensione 1. Vediamo dunque che una diversa scelta della base può cambiare $\mathbf{v}_1 \wedge \mathbf{v}_2$ nel suo opposto, e, per la proprietà (9), questo avviene se e solo se le due basi non sono concordemente orientate. In conclusione $\mathbf{v}_1 \wedge \mathbf{v}_2$ *dipende solo dall'orientazione dello spazio* $\mathbf{V}$ *definita dalla base* $\{\mathbf{i}, \mathbf{j}, \mathbf{k}\}$.

La proprietà (6) ha una interessante interpretazione, data dalla seguente proposizione.

18.4 PROPOSIZIONE *Supponiamo che* $\mathbf{v}$ *e* $\mathbf{w}$ *siano linearmente indipendenti, e scriviamo* $\mathbf{v} = \mathbf{a} + \mathbf{b}$, *dove* $\mathbf{a}$ *è parallelo a* $\mathbf{w}$ *e* $\mathbf{b}$ *è ortogonale a* $\mathbf{w}$. *Allora*

$$\|\mathbf{v} \wedge \mathbf{w}\| = \|\mathbf{b}\| \, \|\mathbf{w}\|.$$

Dimostrazione
Si ha, utilizzando le proprietà (2), (7) e (6):

$$\|\mathbf{v} \wedge \mathbf{w}\| = \|(\mathbf{a} + \mathbf{b}) \wedge \mathbf{w}\| = \|(\mathbf{a} \wedge \mathbf{w}) + (\mathbf{b} \wedge \mathbf{w})\| = \|\mathbf{b} \wedge \mathbf{w}\| = \|\mathbf{b}\| \, \|\mathbf{w}\|.$$

Si noti che nel caso in cui $\mathbf{V}$ è lo spazio dei vettori dello spazio ordinario, la proposizione 18.4 afferma che $\|\mathbf{v} \wedge \mathbf{w}\|$ è uguale all'area del parallelogramma costruito sui vettori $\mathbf{v}$ e $\mathbf{w}$ (fig. 18.1).

Dati $\mathbf{v}_1, \mathbf{v}_2, \mathbf{v}_3 \in \mathbf{V}$, il prodotto scalare $\langle \mathbf{v}_1, \mathbf{v}_2 \wedge \mathbf{v}_3 \rangle$ è detto *prodotto misto* di $\mathbf{v}_1$, $\mathbf{v}_2$ e $\mathbf{v}_3$.

Se le coordinate dei vettori dati sono rispettivamente (x_1, y_1, z_1), (x_2, y_2, z_2), (x_3, y_3, z_3), si ha

$$\langle \mathbf{v}_1, \mathbf{v}_2 \wedge \mathbf{v}_3 \rangle = \begin{vmatrix} x_1 & y_1 & z_1 \\ x_2 & y_2 & z_2 \\ x_3 & y_3 & z_3 \end{vmatrix}.$$

Da quest'espressione di $\langle \mathbf{v}_1, \mathbf{v}_2 \wedge \mathbf{v}_3 \rangle$ segue immediatamente che scambiando fra loro due dei fattori il prodotto misto cambia di segno e che $\langle \mathbf{v}_1, \mathbf{v}_2 \wedge \mathbf{v}_3 \rangle = 0$ se e solo se $\mathbf{v}_1$, $\mathbf{v}_2$ e $\mathbf{v}_3$ sono linearmente dipendenti.

Concludiamo il paragrafo con un'identità dovuta a Lagrange.

18.5 PROPOSIZIONE (IDENTITÀ DI LAGRANGE) *Per ogni* $\mathbf{v}, \mathbf{w}, \mathbf{a}, \mathbf{b} \in \mathbf{V}$ *si ha*

$$\langle \mathbf{v} \wedge \mathbf{w}, \mathbf{a} \wedge \mathbf{b} \rangle = \begin{vmatrix} \langle \mathbf{v}, \mathbf{a} \rangle & \langle \mathbf{v}, \mathbf{b} \rangle \\ \langle \mathbf{w}, \mathbf{a} \rangle & \langle \mathbf{w}, \mathbf{b} \rangle \end{vmatrix}. \quad [18.1]$$

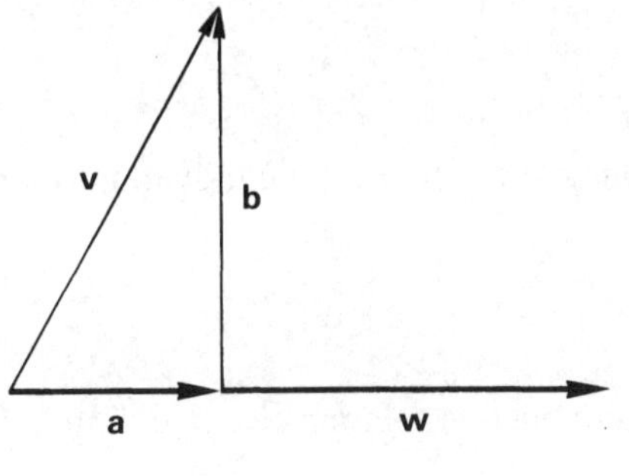

Figura 18.1

Dimostrazione

Se le coordinate dei vettori dati sono (v_1, v_2, v_3), (w_1, w_2, w_3), (a_1, a_2, a_3), (b_1, b_2, b_3), il primo membro della [18.1] è

$$\begin{vmatrix} v_2 & v_3 \\ w_2 & w_3 \end{vmatrix} \begin{vmatrix} a_2 & a_3 \\ b_2 & b_3 \end{vmatrix} + \begin{vmatrix} v_1 & v_3 \\ w_1 & w_3 \end{vmatrix} \begin{vmatrix} a_1 & a_3 \\ b_1 & b_3 \end{vmatrix} + \begin{vmatrix} v_1 & v_2 \\ w_1 & w_2 \end{vmatrix} \begin{vmatrix} a_1 & a_2 \\ b_1 & b_2 \end{vmatrix};$$

il secondo membro è

$$(v_1 a_1 + v_2 a_2 + v_3 a_3)(w_1 b_1 + w_2 b_2 + w_3 b_3) - (v_1 b_1 + v_2 b_2 + v_3 b_3)(w_1 a_1 + w_2 a_2 + w_3 a_3).$$

L'identità [18.1] si verifica svolgendo i calcoli e confrontando le due espressioni.

19 Spazi euclidei

Sia $\mathbf{E}$ uno spazio affine reale con associato spazio vettoriale $\mathbf{V}$. Diremo che $\mathbf{E}$ è uno *spazio euclideo* se in $\mathbf{V}$ è assegnato un prodotto scalare definito positivo, cioè se $\mathbf{V}$ è uno spazio vettoriale euclideo. Useremo la notazione $\langle \mathbf{v}, \mathbf{w} \rangle$ per il prodotto scalare di due vettori $\mathbf{v}$ e $\mathbf{w}$ in $\mathbf{V}$.

Lo spazio affine numerico $\mathbf{A}^n(\mathsf{R})$ diventa uno spazio euclideo se in R^n si assegna il prodotto scalare standard. Questo spazio euclideo, denotato con $\mathbf{E}^n$, viene chiamato l'*n-spazio euclideo numerico*. Il suo spazio vettoriale associato è l'n-spazio vettoriale euclideo.

Un sistema di coordinate $O\mathbf{e}_1 \dots \mathbf{e}_n$ nello spazio euclideo $\mathbf{E}$ tale che $\{\mathbf{e}_1, \dots, \mathbf{e}_n\}$ sia una base ortonormale di $\mathbf{V}$ si chiama *sistema di coordinate cartesiane* oppure *riferimento cartesiano*. Nello studio degli spazi euclidei è naturale utilizzare sistemi di coordinate cartesiane: ciò facilita notevolmente i calcoli.

È opportuno notare sin d'ora che la formula del cambiamento di coordinate da un riferimento cartesiano a un altro ha una forma particolare, dovuta al fatto che le corrispondenti basi dei vettori sono ortonormali. Siano infatti $O\mathbf{e}_1 \dots \mathbf{e}_n$ e $O'\mathbf{e}'_1 \dots \mathbf{e}'_n$ due riferimenti cartesiani in $\mathbf{E}$, e sia $P \in \mathbf{E}$ un punto di coordinate $\mathbf{x} = {}^t(x_1 \dots x_n)$ rispetto al primo riferimento e $\mathbf{x}' = {}^t(x'_1 \dots x'_n)$ rispetto al secondo. Allora si ha

$$\mathbf{x}' = A\mathbf{x} + \mathbf{c},$$

dove $A = M_{\mathbf{e}'\mathbf{e}}(\mathbf{1_V})$ è una matrice ortogonale e $\mathbf{c} = {}^t(c_1 \dots c_n)$ è individuato, come sappiamo, dall'identità

$$\overrightarrow{O'O} = c_1 \mathbf{e}'_1 + \dots + c_n \mathbf{e}'_n.$$

Nel caso $n = 2$, cioè in cui $\mathbf{E}$ è un piano euclideo, la matrice A è di una delle due forme [2.6] o [2.7] a seconda che i due riferimenti siano concordemente o discordemente orientati.

Utilizzando il prodotto scalare definito nello spazio vettoriale associato **V**, è possibile introdurre nello spazio euclideo **E** nozioni di natura metrica come distanze, angoli, aree.

19.1 Definizione *Siano P* e *Q punti dello spazio euclideo* **E**. *La* distanza *tra P e Q, indicata con d(P, Q), è*

$$d(P, Q) = \|\overrightarrow{PQ}\|.$$

Se in **E** è fissato un sistema di coordinate cartesiane $O\mathbf{e}_1 \dots \mathbf{e}_n$, e se i punti dati sono $P(x_1, \dots, x_n)$ e $Q(y_1, \dots, y_n)$ rispettivamente, allora si ha

$$d(P, Q) = \sqrt{(y_1 - x_1)^2 + (y_2 - x_2)^2 + \dots + (y_n - x_n)^2}.$$

Nel caso in cui $\mathbf{E} = \mathbf{V}_a$, dove **V** è uno spazio vettoriale euclideo, si ha

$$d(\mathbf{v}, \mathbf{w}) = \|\mathbf{w} - \mathbf{v}\|.$$

19.2 Proposizione *La distanza gode delle seguenti proprietà:*

SM1 $d(P, Q) \geq 0$ *per ogni* $P, Q \in \mathbf{E}$ *e* $d(P, Q) = 0$ *se e solo se* $P = Q$.

SM2 $d(P, Q) = d(Q, P)$ *per ogni* $P, Q \in \mathbf{E}$.

SM3 $d(P, Q) + d(Q, R) \geq d(P, R)$ *per ogni* $P, Q, R \in \mathbf{E}$.

La proposizione segue immediatamente dalle proprietà del prodotto scalare.

Le tre proprietà della proposizione 19.2 possono essere prese come assiomi per definire una classe più generale di spazi, gli "spazi metrici".

Precisamente, uno *spazio metrico* è un insieme **X** su cui sia definita una *distanza*, cioè un'applicazione $d: \mathbf{X} \times \mathbf{X} \to \mathbb{R}$ che soddisfi alle tre condizioni SM1, SM2, SM3.

La 19.2 afferma che, con la distanza definita dalla 19.1, ogni spazio euclideo è uno spazio metrico. Non è vero il viceversa: in generale uno spazio metrico non è uno spazio euclideo, e infatti gli spazi metrici sono oggetti molto più generali la cui geometria non studieremo in questo corso. Per rendersi conto della loro maggior generalità si pensi che ogni sottoinsieme di uno spazio metrico è ancora uno spazio metrico; in particolare *tutti* i sottoinsiemi di uno spazio euclideo **E** sono spazi metrici.

È anche possibile definire la nozione di angolo convesso di due rette utilizzando quella di angolo convesso di due vettori, definito in **V** grazie al prodotto scalare.

Data una retta $\mathscr{r}$ in **E**, un vettore di direzione di $\mathscr{r}$ di lunghezza 1 si dirà *versore di* $\mathscr{r}$. Ci sono esattamente due versori di $\mathscr{r}$, l'uno opposto dell'altro.

Per definire l'angolo convesso fra due rette date $\mathscr{r}$ ed $\mathscr{r}_1$ dobbiamo fissare vettori di direzione $\mathbf{a}$ e $\mathbf{a}_1$ di $\mathscr{r}$ e di $\mathscr{r}_1$ rispettivamente. Definiamo quindi l'*angolo convesso* φ *tra* $\mathscr{r}$ *ed* $\mathscr{r}_1$ come l'angolo convesso tra $\mathbf{a}$ e $\mathbf{a}_1$, cioè mediante le condizioni seguenti:

$$0 \leq \varphi \leq \pi, \ \cos\varphi = \frac{\langle \mathbf{a}, \mathbf{a}_1 \rangle}{\|\mathbf{a}\| \, \|\mathbf{a}_1\|}.$$

Questa definizione dipende dalla scelta di $\mathbf{a}$ e di $\mathbf{a}_1$: l'angolo φ così definito viene sostituito da $\pi - \varphi$ se uno dei due vettori viene moltiplicato per uno scalare negativo. Si noti che anche per definire l'angolo convesso di due rette nella geometria euclidea elementare è necessario fissare un verso di percorrenza su ognuna di esse, che è quanto fissarne vettori di direzione.

Due rette in $\mathbf{E}$ si dicono *ortogonali* (o *perpendicolari*) se il loro angolo convesso è $\pi/2$, cioè se un (e quindi ogni) vettore di direzione di una delle due rette è ortogonale a un (e quindi ad ogni) vettore di direzione dell'altra.

È possibile definire angoli e distanze tra sottospazi di uno spazio euclideo $\mathbf{E}$ in casi più generali; non è però nei nostri scopi sviluppare una teoria generale: intendiamo piuttosto limitarci a considerare spazi euclidei di dimensione 2 o 3, i quali, dovrebbe ormai essere chiaro al lettore, possiedono essenzialmente tutte le proprietà geometriche del piano e dello spazio ordinari.

Sia $\mathbf{E}$ *un piano euclideo* in cui sia fissato un riferimento cartesiano $O\mathbf{ij}$. Consideriamo una retta $\mathscr{r}$, avente equazione cartesiana

$$AX + BY + C = 0. \qquad [19.1]$$

Ricordando che $\mathbf{a}(-B, A)$ è un vettore di direzione di $\mathscr{r}$, si deduce che i vettori

$$\pm\mathbf{u} = \pm\frac{\mathbf{a}}{\|\mathbf{a}\|}$$

di coordinate

$$\pm\left(\frac{-B}{\sqrt{A^2+B^2}}, \frac{A}{\sqrt{A^2+B^2}}\right)$$

sono i versori di $\mathscr{r}$.

Un vettore non nullo $\mathbf{m}$ si dice *ortogonale* (o *perpendicolare*, o *normale*) *a* $\mathscr{r}$ se $\mathbf{m}$ è ortogonale a un (e quindi ad ogni) vettore di direzione di $\mathscr{r}$. È evidente che, essendo $\dim(\mathbf{V}) = 2$, due vettori qualunque ortogonali a $\mathscr{r}$ sono fra loro paralleli. Inoltre esistono esattamente due versori, l'uno opposto dell'altro, che sono normali a $\mathscr{r}$, e si dicono *versori normali a* $\mathscr{r}$.

Poiché $\mathbf{a}(-B, A)$ è un vettore di direzione di $\mathscr{r}$, il vettore $\mathbf{n}(A, B)$ è ortogonale a $\mathscr{r}$, e quindi i versori normali a $\mathscr{r}$ sono

$$\pm\mathbf{v} = \pm\frac{\mathbf{n}}{\|\mathbf{n}\|}$$

e hanno coordinate

$$\pm\left(\frac{A}{\sqrt{A^2+B^2}},\ \frac{B}{\sqrt{A^2+B^2}}\right).$$

Dato un punto $Q(a, b) \in \mathscr{r}$, un'equazione cartesiana di $\mathscr{r}$ si scrive nella forma

$$A(X-a)+B(Y-b)=0. \qquad [19.2]$$

Poiché la [19.2] è individuata da a, b, A, B, vediamo che $\mathscr{r}$ è individuata da un suo punto $Q(a, b)$ e da un vettore normale $\mathbf{n}(A, B)$: una retta in $\mathbf{E}$ può quindi essere individuata assegnando un suo punto e un vettore ad essa perpendicolare.

Se $\mathscr{r}$ ed $\mathscr{r}_1$ sono due rette di equazioni cartesiane [19.1] e

$$A_1X+B_1Y+C_1=0 \qquad [19.3]$$

rispettivamente, il loro *angolo convesso* φ, riferito ai vettori di direzione $\mathbf{a}(-B, A)$ e $\mathbf{a}_1(-B_1, A_1)$, è definito dalle condizioni $0 \leq \varphi \leq \pi$ e

$$\cos\varphi = \frac{\langle \mathbf{a}, \mathbf{a}_1 \rangle}{\|\mathbf{a}\|\,\|\mathbf{a}_1\|} = \frac{AA_1+BB_1}{\sqrt{A^2+B^2}\,\sqrt{A_1^2+B_1^2}}.$$

In particolare $\mathscr{r}$ ed $\mathscr{r}_1$ *sono perpendicolari se e solo se*

$$AA_1+BB_1=0.$$

Supponiamo data una retta $\mathscr{r}$ di equazione cartesiana [19.1], e un punto $P_0(x_0, y_0) \in \mathbf{E}$. Consideriamo la retta $\mathscr{r}_1$ che passa per P_0 ed è ortogonale a $\mathscr{r}$; evidentemente questa retta esiste ed è unica. Poiché $\mathscr{r}_1$ non è parallela a $\mathscr{r}$, essa ha uno e un solo punto N in comune con $\mathscr{r}$: N è il *piede della perpendicolare condotta da P_0 a $\mathscr{r}$.*

La distanza $d(P_0, N)$ si chiama *distanza di P_0 da $\mathscr{r}$*, e si denota con $d(P_0, \mathscr{r})$. È possibile calcolare $d(P_0, \mathscr{r})$ trovando un'equazione di $\mathscr{r}_1$, e poi le coordinate di N, e infine calcolando $d(P_0, N)$. Un metodo più efficiente è il seguente.

19.3 Proposizione *La distanza $d(P_0, \mathscr{r})$ di un punto $P_0(x_0, y_0) \in \mathbf{E}$ dalla retta $\mathscr{r}$ di equazione* [19.1] *è data dalla seguente formula*:

$$d(P_0, \mathscr{r}) = \frac{|(Ax_0+By_0+C)|}{\sqrt{A^2+B^2}}.$$

Dimostrazione

Si osservi che se $\mathbf{v}$ è un versore normale a $\mathscr{r}$ e se $Q(a, b)$ è un punto *qualsiasi* di $\mathscr{r}$, allora

$$d(P_0, \mathscr{r}) = |\langle \mathbf{v}, \overrightarrow{QP_0} \rangle|,$$

cioè $d(P_0, \mathscr{r})$ eguaglia il valore assoluto del prodotto scalare $\langle \mathbf{v}, \overrightarrow{QP_0} \rangle$ (fig. 19.1).

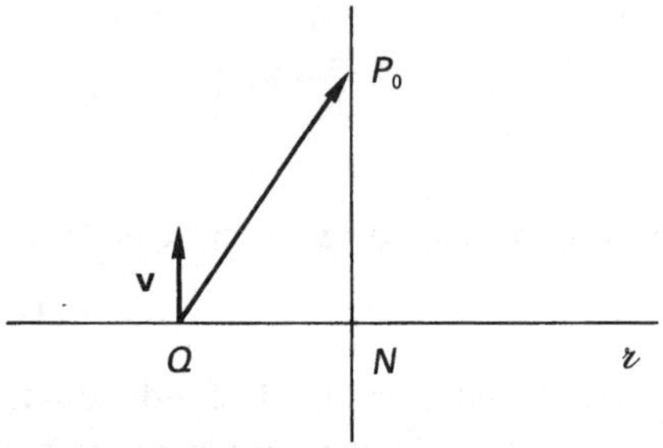

Figura 19.1

Scegliamo $\mathbf{v}\left(\frac{A}{\sqrt{A^2+B^2}}, \frac{B}{\sqrt{A^2+B^2}}\right)$ come versore normale; poiché $\overrightarrow{QP_0}$ ha coordinate $(x_0 - a)$, $(y_0 - b)$, tenendo presente che $C = -(Aa + Bb)$, otteniamo

$$d(P_0, \mathscr{r}) = \frac{|A(x_0 - a) + B(y_0 - b)|}{\sqrt{A^2+B^2}} = \frac{|(Ax_0 + By_0 + C)|}{\sqrt{A^2+B^2}}.$$

Se $\mathscr{r}$ ed $\mathscr{r}'$ sono due rette parallele di $\mathbf{E}$, la loro distanza $d(\mathscr{r}, \mathscr{r}')$ è per definizione uguale a $d(P, \mathscr{r}')$, dove P è un punto qualunque di $\mathscr{r}$. Per calcolare $d(\mathscr{r}, \mathscr{r}')$ è sufficiente trovare un punto $P \in \mathscr{r}$ e applicare la formula della proposizione 19.3.

Sia $\mathbf{E}$ *uno spazio euclideo di dimensione* 3 con spazio vettoriale associato $\mathbf{V}$. Supponiamo fissato in $\mathbf{E}$ un sistema di coordinate cartesiane $O\mathbf{ijk}$.

Consideriamo un piano $\mathscr{p}$ in $\mathbf{E}$, di equazione cartesiana

$$AX + BY + CZ + D = 0. \qquad [19.4]$$

Un vettore $\mathbf{m}$ si dice *ortogonale* (o *perpendicolare*, o *normale*) a $\mathscr{p}$ se è ortogonale ad ogni vettore della giacitura di $\mathscr{p}$. Se inoltre $\mathbf{m}$ è un versore, esso viene detto *versore normale a* $\mathscr{p}$.

Poiché $\dim(\mathbf{E}) = 3$, due qualsiasi vettori normali a $\mathscr{p}$ sono tra loro paralleli; quindi $\mathscr{p}$ *possiede esattamente due versori normali.*

Fissiamo un punto $P_0(x_0, y_0, z_0) \in \mathscr{p}$ e consideriamo l'equazione cartesiana di $\mathscr{p}$

$$A(X - x_0) + B(Y - y_0) + C(Z - z_0) = 0. \qquad [19.5]$$

Ogni vettore appartenente alla giacitura di $\mathscr{p}$ è della forma $\overrightarrow{P_0P}$, $P \in \mathscr{p}$; quindi dalla [19.5] vediamo che il vettore $\mathbf{n}(A, B, C)$ è normale a $\mathscr{p}$. Ne deduciamo che i due vettori $\pm\mathbf{v} = \pm\mathbf{n}/\|\mathbf{n}\|$ di coordinate

$$\pm\left(\frac{A}{\sqrt{A^2+B^2+C^2}}, \frac{B}{\sqrt{A^2+B^2+C^2}}, \frac{C}{\sqrt{A^2+B^2+C^2}}\right)$$

sono i versori normali a $\mathscr{p}$.

La [19.5] mostra inoltre che un qualsiasi piano è individuato da un suo punto e da un vettore ad esso perpendicolare.

Passeremo ora in rassegna le principali formule che permettono di calcolare distanze e angoli in $\mathbf{E}$.

Angolo convesso tra due piani

L'angolo convesso fra due piani di $\mathbf{E}$ può essere definito utilizzando i loro vettori normali. Siano $\mathscr{p}$ e $\mathscr{p}_1$ due piani, di equazioni cartesiane [19.4] e

$$A_1X + B_1Y + C_1Z + D_1 = 0. \qquad [19.6]$$

L'angolo convesso di $\mathscr{p}$ *e* $\mathscr{p}_1$ è l'angolo convesso tra i vettori $\mathbf{n}(A, B, C)$ ed $\mathbf{n}_1(A_1, B_1, C_1)$, cioè è l'angolo φ definito da $0 \leq \varphi \leq \pi$ e da

$$\cos\varphi = \frac{\langle \mathbf{n}, \mathbf{n}_1 \rangle}{\|\mathbf{n}\| \, \|\mathbf{n}_1\|} = \frac{AA_1 + BB_1 + CC_1}{\sqrt{A^2 + B^2 + C^2}\sqrt{A_1^2 + B_1^2 + C_1^2}} . \qquad [19.7]$$

Si osservi che la definizione di φ dipende dai vettori $\mathbf{n}$ ed $\mathbf{n}_1$, e quindi dalla scelta delle equazioni [19.4] e [19.6]. Moltiplicando una o l'altra delle [19.4] e [19.6] per un fattore di proporzionalità negativo, φ si cambia in $\pi - \varphi$.

Se $\varphi = \pi/2$ i due piani si dicono *perpendicolari* od *ortogonali*. Ciò avviene se e solo se

$$AA_1 + BB_1 + CC_1 = 0.$$

Angolo tra una retta e un piano

Sia $\mathscr{p}$ un piano di equazione [19.4], e sia $\mathscr{r}$ una retta con vettore di direzione $\mathbf{a}(l, m, n)$. L'*angolo tra* $\mathscr{p}$ *ed* $\mathscr{r}$ è l'angolo una cui determinazione è

$$\varphi = \psi - \frac{\pi}{2} ,$$

dove ψ è l'angolo convesso tra i vettori $\mathbf{n}(A, B, C)$ e $\mathbf{a}$. Quindi φ è definito dalle condizioni

$$-\frac{\pi}{2} \leq \varphi \leq \frac{\pi}{2}$$

e

$$\sin\varphi = \frac{Al + Bm + Cn}{\sqrt{A^2 + B^2 + C^2}\sqrt{l^2 + m^2 + n^2}} .$$

Se $\varphi = \pm \pi/2$, allora $\mathscr{p}$ ed $\mathscr{r}$ si dicono *perpendicolari* (od *ortogonali*).

Si noti che ponendo $\sin\varphi = 0$ si ritrova la condizione di parallelismo tra $\mathscr{p}$ ed $\mathscr{r}$

$$Al + Bm + Cn = 0$$

già data nella proposizione 10.2.

Distanza di un punto da un piano

La distanza di un punto da un piano si definisce in modo simile al caso della distanza punto-retta in un piano euclideo.

Sia $\mathscr{p}$ il piano, di equazione [19.4], e sia $P_0(x_0, y_0, z_0) \in \mathbf{E}$ il punto. Consideriamo la retta $\mathscr{r}$ passante per P_0 e perpendicolare a $\mathscr{p}$ e denotiamo con $N = \mathscr{p} \cap \mathscr{r}$ il *piede della perpendicolare condotta da* P_0 *a* $\mathscr{p}$. Definiamo la *distanza di* P_0 *da* $\mathscr{p}$ come

$$d(P_0, \mathscr{p}) = d(P_0, N).$$

Si dimostra che

$$d(P_0, \mathscr{p}) = \frac{|(Ax_0 + By_0 + Cz_0 + D)|}{\sqrt{A^2 + B^2 + C^2}}.$$

La dimostrazione è simile a quella della proposizione 19.3 ed è lasciata al lettore.

Distanza tra una retta e un piano paralleli

Se $\mathscr{r}$ e $\mathscr{p}$ sono rispettivamente una retta e un piano paralleli, la loro distanza $d(\mathscr{r}, \mathscr{p})$ è per definizione $d(P, \mathscr{p})$, dove P è un qualsiasi punto di $\mathscr{r}$. Per calcolare $d(\mathscr{r}, \mathscr{p})$ è sufficiente trovare le coordinate di un punto $P \in \mathscr{r}$ e applicare la formula che dà $d(P, \mathscr{p})$.

Distanza di un punto da una retta

Sia $\mathscr{r}$ una retta e sia $P_0 \in \mathbf{E}$. Consideriamo il piano $\mathscr{p}$ passante per P_0 e perpendicolare a $\mathscr{r}$ e sia $N = \mathscr{r} \cap \mathscr{p}$. La *distanza di* P_0 *da* $\mathscr{r}$ è definita come

$$d(P_0, \mathscr{r}) = d(P_0, N).$$

Se $\mathscr{r}$ passa per il punto $Q(a, b, c)$ e ha vettore di direzione $\mathbf{a}(l, m, n)$, e $P_0(x_0, y_0, z_0) \in \mathbf{E}$, allora si ha la seguente formula:

$$d(P_0, \mathscr{r}) = \frac{\sqrt{\begin{vmatrix} y_0 - b & z_0 - c \\ m & n \end{vmatrix}^2 + \begin{vmatrix} x_0 - a & z_0 - c \\ l & n \end{vmatrix}^2 + \begin{vmatrix} x_0 - a & y_0 - b \\ l & m \end{vmatrix}^2}}{\sqrt{l^2 + m^2 + n^2}}.$$

Infatti

$$\overrightarrow{QP_0} = \overrightarrow{QN} + \overrightarrow{NP_0},$$

e $\overrightarrow{QN}$ è parallelo ad $\mathbf{a}$, mentre $\overrightarrow{NP_0}$ è perpendicolare ad $\mathbf{a}$.

Dalla proposizione 18.4 si deduce che

$$d(P_0, \mathscr{r}) = \|\overrightarrow{NP_0}\| = \frac{\|\mathbf{a} \wedge \overrightarrow{QP_0}\|}{\|\mathbf{a}\|}.$$

Esplicitando l'uguaglianza si ottiene l'asserto.

Distanza tra due rette

Date due rette *non parallele* $\mathscr{r}$ ed $\mathscr{r}_1$ in $\mathbf{E}$, definiamo la loro distanza, che denoteremo con $d(\mathscr{r}, \mathscr{r}_1)$, nel modo seguente.

Supponiamo che $\mathscr{r}$ passi per il punto $Q(a, b, c)$ e abbia $\mathbf{a}(l, m, n)$ come vettore di direzione, e che $\mathscr{r}_1$ passi per $Q_1(a_1, b_1, c_1)$ e abbia vettore di direzione $\mathbf{a}_1(l_1, m_1, n_1)$.

Osserviamo che *esiste una e una sola coppia di punti*, $N \in \mathscr{r}$ ed $N_1 \in \mathscr{r}_1$, *tali che la retta che li contiene sia perpendicolare sia a* $\mathscr{r}$ *che a* $\mathscr{r}_1$. Infatti le due condizioni di perpendicolarità sono

$$\begin{aligned} \langle \overrightarrow{NN_1}, \mathbf{a} \rangle &= 0 \\ \langle \overrightarrow{NN_1}, \mathbf{a}_1 \rangle &= 0 \end{aligned} \qquad [19.8]$$

e scrivendo

$$\overrightarrow{ON} = \overrightarrow{OQ} + t\mathbf{a},$$

$$\overrightarrow{ON_1} = \overrightarrow{OQ_1} + t_1\mathbf{a}_1,$$

si ottiene

$$\overrightarrow{NN_1} = \overrightarrow{QQ_1} + t_1\mathbf{a}_1 - t\mathbf{a}$$

e quindi le [19.8] diventano

$$\langle \overrightarrow{QQ_1} + t_1\mathbf{a}_1 - t\mathbf{a}, \mathbf{a} \rangle = 0$$

$$\langle \overrightarrow{QQ_1} + t_1\mathbf{a}_1 - t\mathbf{a}, \mathbf{a}_1 \rangle = 0$$

cioè:

$$\begin{aligned} \langle \overrightarrow{QQ_1}, \mathbf{a} \rangle + t_1 \langle \mathbf{a}_1, \mathbf{a} \rangle - t \langle \mathbf{a}, \mathbf{a} \rangle &= 0 \\ \langle \overrightarrow{QQ_1}, \mathbf{a}_1 \rangle + t_1 \langle \mathbf{a}_1, \mathbf{a}_1 \rangle - t \langle \mathbf{a}, \mathbf{a}_1 \rangle &= 0. \end{aligned} \qquad [19.9]$$

Poiché $\mathbf{a}$ ed $\mathbf{a}_1$ sono linearmente indipendenti, per il teorema 18.2(6) si ha

$$\begin{vmatrix} \langle \mathbf{a}_1, \mathbf{a} \rangle & \langle \mathbf{a}, \mathbf{a} \rangle \\ \langle \mathbf{a}_1, \mathbf{a}_1 \rangle & \langle \mathbf{a}, \mathbf{a}_1 \rangle \end{vmatrix} = \| \mathbf{a} \wedge \mathbf{a}_1 \|^2 \neq 0.$$

Quindi il sistema [19.9] ammette una e una sola soluzione (t, t_1), e ciò significa appunto che esiste un'unica coppia (N, N_1) che soddisfa alla condizione voluta.

La retta $\mathscr{s}$ passante per N e per N_1 si chiama *perpendicolare comune a* $\mathscr{r}$ *e a* $\mathscr{r}_1$ (fig. 19.2).

Ciò posto, definiamo la *distanza di* $\mathscr{r}$ *da* $\mathscr{r}_1$ come

$$d(\mathscr{r}, \mathscr{r}_1) = d(N, N_1).$$

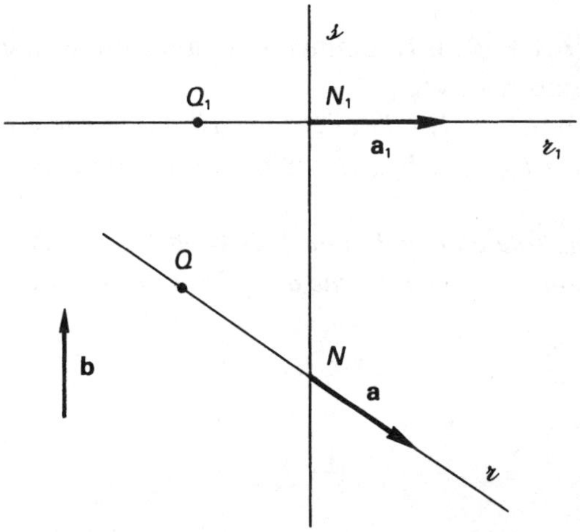

Figura 19.2

Si ha la seguente formula che permette di calcolare agevolmente la distanza di due rette assegnate:

$$d(r, r_1) = \frac{\begin{vmatrix} a-a_1 & b-b_1 & c-c_1 \\ l & m & n \\ l_1 & m_1 & n_1 \end{vmatrix}}{\sqrt{\begin{vmatrix} m & n \\ m_1 & n_1 \end{vmatrix}^2 + \begin{vmatrix} l & n \\ l_1 & n_1 \end{vmatrix}^2 + \begin{vmatrix} l & m \\ l_1 & m_1 \end{vmatrix}^2}}. \qquad [19.10]$$

La [19.10] si dimostra nel modo seguente.

Sia **b** un versore della perpendicolare comune a r e a r_1. Si ha

$$\langle \mathbf{b}, \overrightarrow{QQ_1} \rangle = \langle \mathbf{b}, \overrightarrow{QN} \rangle + \langle \mathbf{b}, \overrightarrow{NQ_1} \rangle = \langle \mathbf{b}, \overrightarrow{NQ_1} \rangle$$

e quindi

$$d(r, r_1) = |\langle \mathbf{b}, \overrightarrow{NQ_1} \rangle| = |\langle \mathbf{b}, \overrightarrow{QQ_1} \rangle|.$$

D'altra parte, poiché **b** è ortogonale sia ad **a** che ad $\mathbf{a}_1$, si ha

$$\mathbf{b} = \pm \frac{\mathbf{a} \wedge \mathbf{a}_1}{\|\mathbf{a} \wedge \mathbf{a}_1\|}.$$

Quindi

$$d(r, r_1) = \frac{|\langle \mathbf{a} \wedge \mathbf{a}_1, \overrightarrow{QQ_1} \rangle|}{\|\mathbf{a} \wedge \mathbf{a}_1\|}.$$

Esplicitando quest'uguaglianza si ottiene la formula cercata.

Per trovare equazioni cartesiane della retta $\mathscr{s}$ perpendicolare comune a $\mathscr{r}$ e a $\mathscr{r}_1$ si procede nel modo seguente.

Conosciamo $\mathbf{a}\wedge\mathbf{a}_1$, vettore di direzione di $\mathscr{s}$, le cui coordinate denotiamo con $(\beta_1, \beta_2, \beta_3)$. Denotando con $P(X, Y, Z)$ un punto di coordinate indeterminate, e imponendo le condizioni di complanarità di $\mathscr{r}$ e di $\mathscr{r}_1$ con la retta passante per P e avente vettore di direzione $\mathbf{a}\wedge\mathbf{a}_1$ otteniamo le due seguenti equazioni:

$$\begin{vmatrix} X-a & Y-b & Z-c \\ \beta_1 & \beta_2 & \beta_3 \\ l & m & n \end{vmatrix} = 0,$$

$$\begin{vmatrix} X-a_1 & Y-b_1 & Z-c_1 \\ \beta_1 & \beta_2 & \beta_3 \\ l_1 & m_1 & n_1 \end{vmatrix} = 0.$$

Poiché queste equazioni rappresentano due piani distinti e sono soddisfatte dai punti di $\mathscr{s}$, esse sono equazioni cartesiane di $\mathscr{s}$.

19.4 *Complementi*

1. Supponiamo fissato in uno spazio euclideo $\mathbf{E}$ un riferimento cartesiano $O\mathbf{e}_1 \dots \mathbf{e}_n$, ed un punto $C(c_1, \dots, c_n)$. Sia $r > 0$.

La *sfera di centro C e raggio r* è il sottoinsieme $\mathbf{S}(C, r)$ di $\mathbf{E}$ costituito dai punti $P(x_1, \dots, x_n)$ tali che $d(C, P) = r$, cioè tali che

$$(x_1 - c_1)^2 + \dots + (x_n - c_n)^2 = r^2. \qquad [19.11]$$

Il *disco di centro C e raggio r* è il sottoinsieme $\mathbf{D}(C, r)$ di $\mathbf{E}$ costituito dai punti $P(x_1, \dots, x_n)$ tali che $d(C, P) \leq r$, cioè tali che

$$(x_1 - c_1)^2 + \dots + (x_n - c_n)^2 \leq r^2.$$

Nel caso in cui $\mathbf{E}$ sia un piano, $\mathbf{S}(C, r)$ e $\mathbf{D}(C, r)$ sono la *circonferenza* e il *cerchio* rispettivamente, di centro C e raggio r.

Se $\dim(\mathbf{E}) = 1$, $\mathbf{D}(C, r)$ è il segmento di lunghezza $2r$ e di centro C, ed $\mathbf{S}(C, r)$ è l'insieme costituito dai suoi estremi.

Quando $\mathbf{E} = \mathbf{E}^n$, si usano i simboli $\mathbf{S}^{n-1}$ e $\mathbf{D}^n$ per denotare $\mathbf{S}(\mathbf{0}, 1)$ e $\mathbf{D}(\mathbf{0}, 1)$ rispettivamente.

Dalla [19.11] deduciamo che $\mathbf{S}(C, r)$ è l'insieme dei punti di $\mathbf{E}$ le cui coordinate sono soluzioni dell'equazione

$$(X_1 - c_1)^2 + \dots + (X_n - c_n)^2 = r^2 \qquad [19.12]$$

nelle indeterminate $X_1, X_2, \dots, X_n$. La [19.12] è detta *equazione cartesiana della sfera* $\mathbf{S}(C, r)$. Portando r^2 a primo membro e svolgendo i calcoli troviamo che la [19.12] è equivalente all'equazione

$$X_1^2 + \dots + X_n^2 + d_1X_1 + \dots + d_nX_n + d = 0 \qquad [19.13]$$

dove $d_i = -2c_i$, $i = 1, \dots, n$, $d = c_1^2 + \dots + c_n^2 - r^2$. A causa della loro definizione e del fatto che $r^2 > 0$, i coefficienti $d_1, \dots, d_n$, d della [19.13] soddisfano la condizione

$$\frac{d_1^2}{4} + \frac{d_2^2}{4} + \dots + \frac{d_n^2}{4} - d > 0. \qquad [19.14]$$

Viceversa, un'equazione della forma [19.13] i cui coefficienti soddisfano la condizione [19.14] è equazione cartesiana di una sfera $\mathbf{S}$, il cui centro $C(c_1, \dots, c_n)$ e raggio ρ sono

$$c_i = -\frac{d_i}{2}, \; r = \sqrt{\frac{d_1^2}{4} + \frac{d_2^2}{4} + \dots + \frac{d_n^2}{4} - d}\,.$$

Nel caso particolare $n = 2$, la [19.13] è l'equazione di una circonferenza e ha la forma, nelle indeterminate X, Y,

$$X^2 + Y^2 + d_1X + d_2Y + d = 0 \qquad [19.15]$$

con $\frac{d_1^2}{4} + \frac{d_2^2}{4} - d > 0$. Il centro della circonferenza è $C\left(-\frac{d_1}{2}, -\frac{d_2}{2}\right)$, mentre il raggio è

$$r = \sqrt{\frac{d_1^2}{4} + \frac{d_2^2}{4} - d}.$$

Le circonferenze verranno considerate nuovamente nel capitolo quarto da un punto di vista diverso, come casi particolari di curve piane di secondo grado ("coniche").

2. Sia $\mathbf{E}$ un piano euclideo in cui sia assegnata un'orientazione (un piano euclideo orientato) e siano $\mathscr{s}$ ed $\mathscr{s}'$ due semirette aventi origine nello stesso punto O. Detti $\mathbf{a}$ e $\mathbf{a}'$ vettori di direzione di $\mathscr{s}$ ed $\mathscr{s}'$ rispettivamente, l'angolo $\widehat{\mathbf{aa}'}$ si dice l'*angolo orientato tra* $\mathscr{s}$ ed $\mathscr{s}'$ e si denota con $\widehat{\mathscr{s}\mathscr{s}'}$.

3. In un piano euclideo orientato $\mathbf{E}$ fissiamo una semiretta $\mathscr{s}$ di origine O. Per ogni punto $P \neq O$ consideriamo la semiretta $\mathscr{s}_P$ di origine O e vettore di direzione $\overrightarrow{OP}$. Lo scalare positivo $\rho = \|\overrightarrow{OP}\|$, e l'angolo $\theta = \widehat{\mathscr{s}\mathscr{s}_P}$ si dicono *coordinate polari* di P, e rispettivamente il *modulo* e l'*anomalia* di P *rispetto alla semiretta* $\mathscr{s}$. Diremo che $\mathscr{s}$ definisce in $\mathbf{E}$ un *sistema di coordinate polari*.

Le coordinate polari (ρ, θ) di un punto $P \neq O$ lo individuano univocamente. Infatti θ individua una semiretta $\mathscr{s}_\theta$ di origine O, e P è il punto di intersezione di $\mathscr{s}_\theta$ con la circonferenza di centro O e raggio ρ (fig. 19.3).

Quindi per ogni coppia di numeri reali (ρ, θ), con $\rho > 0$, esiste un unico punto P le cui coordinate polari sono ρ e l'angolo definito da θ. Si conviene di estendere le coordinate polari anche al punto O assegnandogli modulo $\rho = 0$ ed anomalia indeterminata.

Consideriamo il riferimento cartesiano $O\mathbf{ij}$ appartenente all'orientazione assegnata in $\mathbf{E}$, avente origine in O e tale che $\mathbf{i}$ sia il versore di direzione di $\mathcal{J}$ ($O\mathbf{ij}$ è univocamente individuato da queste condizioni). Sia $P \neq O$ un punto avente coordinate polari (ρ, θ) e coordinate cartesiane (x, y). Allora si ha

$$\begin{aligned} x &= \rho\cos\theta \\ y &= \rho\sin\theta. \end{aligned} \qquad [19.16]$$

Viceversa:

$$\begin{aligned} \rho &= \sqrt{x^2 + y^2} \\ \theta &= \epsilon(y) \arccos\left(\frac{x}{\sqrt{x^2 + y^2}}\right), \end{aligned} \qquad [19.17]$$

in cui si è denotato con $\epsilon(y) = \pm 1$ a seconda che $y \geq 0$ oppure $y < 0$ (con questa formula si individua una determinazione dell'angolo θ compresa tra $-\pi$ e π).

Le [19.16] e [19.17] sono le *formule di passaggio da coordinate polari a coordinate cartesiane e viceversa*. La verifica della validità di tali formule è lasciata al lettore.

4. Sia $\mathbf{E}$ uno spazio euclideo di dimensione n, $O\mathbf{e}_1 \dots \mathbf{e}_n$ un riferimento cartesiano, e siano $A_0(a_1^0, \dots, a_n^0)$, $A_1(a_1^1, \dots, a_n^1)$, ..., $A_n(a_1^n, \dots, a_n^n) \in \mathbf{E}$ punti indipendenti. Il *volume dell'n-parallelepipedo determinato da* $A_0, A_1, \dots, A_n$ è definito come $|\det(M)|$, dove

$$M = \begin{pmatrix} a_1^1 - a_1^0 & a_2^1 - a_2^0 & \dots & a_n^1 - a_n^0 \\ a_1^2 - a_1^0 & a_2^2 - a_2^0 & \dots & a_n^2 - a_n^0 \\ \vdots & \vdots & & \vdots \\ \vdots & \vdots & & \vdots \\ a_1^n - a_1^0 & a_2^n - a_2^0 & \dots & a_n^n - a_n^0 \end{pmatrix}.$$

In particolare, per $n = 1, 2, 3$ parleremo di *lunghezza*, *area*, *volume* di un segmento, di un parallelogramma, di un parallelepipedo rispettivamente. La lunghezza di un segmento $A(a)B(b)$ di una retta euclidea è $|b - a|$, quindi coincide con $d(A, B)$.

L'area del parallelogramma individuato da $A(a_1, a_2)$, $B(b_1, b_2)$, $C(c_1, c_2)$ in un piano euclideo è

$$\begin{vmatrix} b_1 - a_1 & b_2 - a_2 \\ c_1 - a_1 & c_2 - a_2 \end{vmatrix}.$$

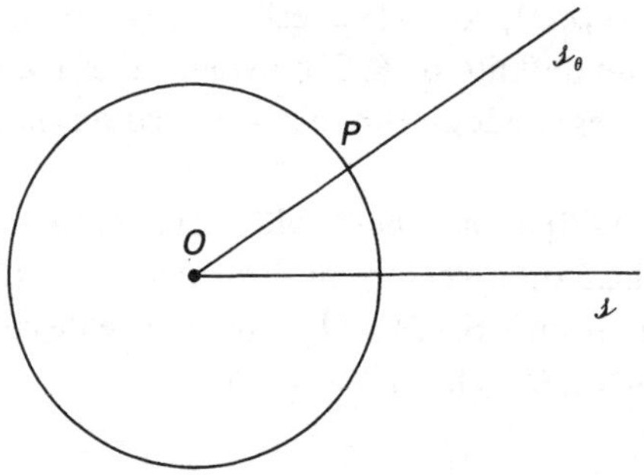

Figura 19.3

Il volume del parallelepipedo individuato da $A(a_1, a_2, a_3)$, $B(b_1, b_2, b_3)$, $C(c_1, c_2, c_3)$, $D(d_1, d_2, d_3)$ in uno spazio euclideo di dimensione 3 è

$$\begin{vmatrix} b_1 - a_1 & b_2 - a_2 & b_3 - a_3 \\ c_1 - a_1 & c_2 - a_2 & c_3 - a_3 \\ d_1 - a_1 & d_2 - a_2 & d_3 - a_3 \end{vmatrix}.$$

Osserviamo che la definizione di volume di un n-parallelepipedo non dipende dalla scelta del riferimento cartesiano $O\mathbf{e}_1 \dots \mathbf{e}_n$. Infatti le righe della matrice M sono le coordinate dei vettori $\overrightarrow{A_0A_1}, \overrightarrow{A_0A_2}, \dots, \overrightarrow{A_0A_n}$ rispetto alla base $\{\mathbf{e}_1, \dots, \mathbf{e}_n\}$; se $O\mathbf{f}_1 \dots \mathbf{f}_n$ è un'altro riferimento cartesiano, le coordinate di $\overrightarrow{A_0A_1}, \overrightarrow{A_0A_2}, \dots$ $\dots, \overrightarrow{A_0A_n}$ rispetto alla base $\{\mathbf{f}_1, \dots, \mathbf{f}_n\}$ si ottengono dalle precedenti moltiplicandole per una matrice ortogonale. Quindi la matrice N analoga di M nel riferimento $O\mathbf{f}_1 \dots \mathbf{f}_n$ si ottiene da M moltiplicandola a destra per una matrice ortogonale, che ha determinante uguale a ± 1; dunque

$$|\det(M)| = |\det(N)|.$$

5. Sia $\mathbf{E}$ uno spazio euclideo. Un sottoinsieme $S \subset \mathbf{E}$ si dice *limitato* se è contenuto in un disco, cioè se esistono $C \in \mathbf{E}$ ed $r > 0$ tali che $S \subset \mathbf{D}(C, r)$.

Un *poliedro convesso* è un sottoinsieme limitato di $\mathbf{E}$ che non è contenuto in un sottospazio affine proprio di $\mathbf{E}$ e che è l'intersezione di un numero finito di semispazi. Un poliedro convesso è un insieme convesso perché lo è ogni semispazio. La dimensione di $\mathbf{E}$ è detta *dimensione del poliedro*. Se $\dim(\mathbf{E}) = 1$ si ottiene un segmento. Se $\dim(\mathbf{E}) = 2$, 3 un poliedro convesso si dice *poligono convesso* e *solido convesso* rispettivamente.

Lasciamo al lettore il compito di introdurre in modo appropriato tutte le nozioni elementari relative ai poligoni convessi, come quelle di *vertice*, *lato* e *angolo*, di *n-agono regolare*, di *lati adiacenti* o *consecutivi* ecc. in analogia con quanto vien fatto in geometria euclidea elementare.

Supponiamo $\dim(\mathbf{E}) = 3$ e sia $\mathbf{\Pi} \subset \mathbf{E}$ un solido convesso. Se $\mathscr{h}$ è un piano di $\mathbf{E}$ tale che $\mathbf{\Pi}$ sia contenuto in uno dei due semispazi definiti da $\mathscr{h}$, allora abbiamo le seguenti possibilità:

$\mathscr{h} \cap \Pi = \emptyset$;

$\mathscr{h} \cap \Pi$ è un punto, che si dice *vertice* di Π;

$\mathscr{h} \cap \Pi$ è un segmento, che si dice *spigolo* (o *lato*) di Π;

$\mathscr{h} \cap \Pi$ è un poligono, che si dice *faccia* di Π.

Dal fatto che Π è intersezione di un numero finito di semispazi segue che esso possiede un numero finito v di vertici, s di spigoli, ed f di facce. È facile vedere che ogni spigolo è lato di due facce e ogni vertice è vertice di almeno tre facce e di altrettanti spigoli.

Per ogni solido convesso Π sussiste la seguente relazione tra v, s ed f:

$$v - s + f = 2. \qquad [19.18]$$

Questa notevole identità era già nota a Cartesio nel 1640, ma la sua prima dimostrazione fu data da Eulero nel 1752.

Daremo una dimostrazione della [19.18] che è simile a quella originale di Eulero. Per semplificare l'argomentazione supporremo che sia possibile costruire il solido Π partendo da una sua faccia e aggiungendone poi una alla volta in modo che ogni nuova faccia che si aggiunge abbia solo lati *adiacenti* in comune con quelle precedentemente inserite.

Si osservi che necessariamente $f \geq 3$. Ad ogni stadio del procedimento denotiamo con Φ il numero $v - s + f - 1$. Per una sola faccia si ha $\Phi = 0$. Procediamo per induzione sul numero di facce inserite, dimostrando che finché il poliedro non è stato completato, si ha $\Phi = 0$. Supponiamo che ciò sia vero a un dato stadio della costruzione in cui restano da inserire almeno due facce ancora. Aggiungiamo una nuova faccia F avente p lati, di cui q consecutivi siano in comune con le precedenti; pertanto $q + 1$ vertici di F appartengono alle precedenti facce. Abbiamo quindi aggiunto 1 nuova faccia, $p - q$ nuovi spigoli e $p - q - 1$ nuovi vertici. Denotando con Φ' la quantità corrispondente di Φ relativa alla nuova configurazione, si ha

$$\Phi' = \Phi + (p - q - 1) - (p - q) + 1 = \Phi = 0,$$

come asserito. Osserviamo che quando si aggiunge l'ultima faccia non si modifica né il numero dei vertici né quello degli spigoli, mentre il numero delle facce aumenta di 1. Quindi per Π si ha $\Phi = 1$, cioè la [19.18].

Gli analoghi in dimensione 3 dei poligoni regolari sono i "solidi regolari". Un *solido regolare* è un solido convesso avente per facce poligoni regolari tutti uguali tra loro. È un fatto notevole che, diversamente da quello che avviene per i poligoni regolari, esistono solo un numero finito, precisamente 5, di classi di similitudine di solidi regolari (per la definizione di similitudine cfr. 20.10(2)): il *tetraedro*, l'*ottaedro*, il *cubo*, il *dodecaedro*, l'*icosaedro* (fig. 19.4).

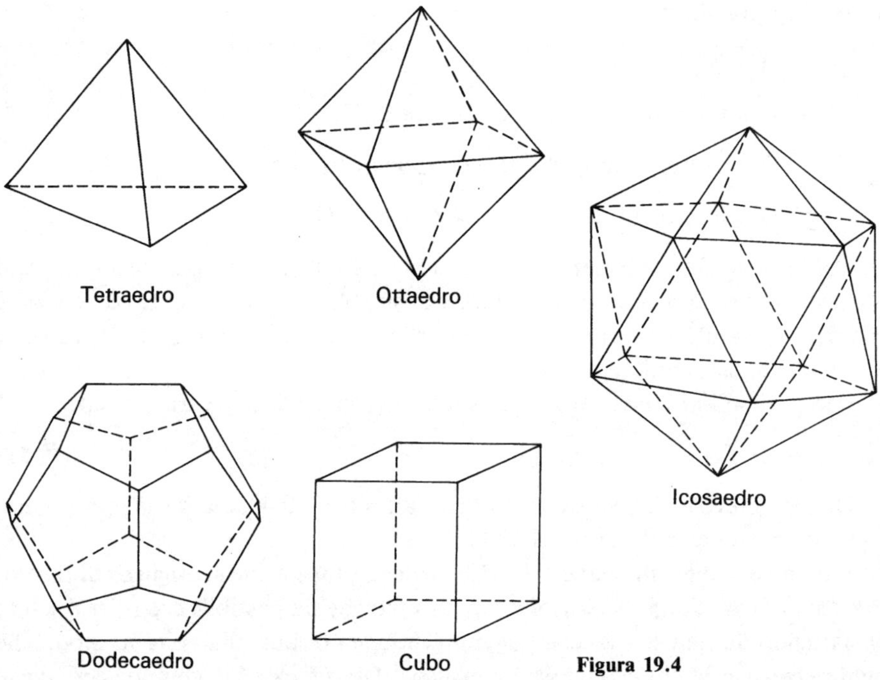

Figura 19.4

Questi solidi erano noti fin dall'antichità. Poiché la scuola platonica se ne interessò, in particolare Platone ne parla nel Timeo, essi vengono anche chiamati *solidi platonici*; Teeteto li studiò sistematicamente attorno al 380 a.C. e di essi tratta il XIII libro degli *Elementi* di Euclide. (Per maggiori dettagli rinviamo il lettore a [7]).

Esercizi

1. Sia **E** uno spazio euclideo in cui sia fissato un riferimento cartesiano $O\mathbf{e}_1 \dots \mathbf{e}_n$, e sia $\mathbf{H} \subset \mathbf{E}$ un iperpiano di equazione

$$a_1 X_1 + \dots + a_n X_n + c = 0.$$

Un vettore **m** si dice *ortogonale* ad **H** se è ortogonale ad ogni vettore della giacitura di **H**. Dimostrare che:

a) due vettori ortogonali ad **H** sono proporzionali

b) il vettore $\mathbf{m}(a_1, \dots, a_n)$ è ortogonale ad **H**.

2. In ciascuno dei casi seguenti calcolare la distanza del punto P dalla retta $\mathscr{r}$ in $\mathbf{E}^2$:

a) $P = (1, -3)$, $\mathscr{r}: 2X - Y + 1 = 0$ b) $P = (1, 4)$, $4X - 3Y + 7 = 0$.

3. Determinare equazioni cartesiane della retta $\mathscr{s}$ di $\mathbf{E}^3$ passante per il punto $P = (1, 0, -1)$, incidente la retta $\mathscr{r}$ di equazioni $X + Y - 2 = 2Y - Z = 0$ e ad essa perpendicolare.

4. Determinare un'equazione del piano $\mathscr{p}$ di $\mathbf{E}^3$ contenente la retta $\mathscr{r}$ di equazioni $\frac{X-1}{2} = \frac{Y-2}{3} = \frac{Z}{4}$, e ortogonale al piano $\mathscr{q}$ di equazione $2X + 2Y + Z = 0$.

5. Determinare equazioni cartesiane della retta $\mathscr{r}$ di $\mathbf{E}^3$ passante per il punto $P = (1, 2, 1)$ e incidente perpendicolarmente la retta

$$\mathscr{s}: X + 1 = Y - Z = X + Z.$$

6. Determinare equazioni cartesiane della retta $\mathscr{r}$ di $\mathbf{E}^3$ passante per il punto $P = (3, 2, 1)$, perpendicolare alla retta $\mathscr{s}: \frac{X+1}{3} = Y - 2 = -\frac{Z}{2}$ e incidente la retta $\mathscr{t}: X - 3Y - Z = X + 7Y + Z - 6 = 0$. Calcolare la distanza tra $\mathscr{r}$ ed $\mathscr{s}$.

7. Determinare il coseno dell'angolo convesso formato dalle due seguenti rette di $\mathbf{E}^3$:

$$\mathscr{r}: X - 3Y + Z - 2 = 0 = X - 5Y + 2Z + 2$$
$$\mathscr{s}: 2X - Y + Z + 1 = 0 = X - 2Y + 2Z - 3.$$

8. Determinare equazioni cartesiane delle rette di $\mathbf{E}^3$ contenenti il punto $P = (1, 1, 1)$, parallele al piano $\mathscr{p}$ di equazione: $Y + \sqrt{2}Z - 1 = 0$, e formanti con l'asse X un angolo convesso uguale a $\pi/3$.

9. In ciascuno dei seguenti casi, dopo aver verificato che le rette $\mathscr{r}$ ed $\mathscr{s}$ di $\mathbf{E}^3$ sono sghembe, trovarne distanza e perpendicolare comune:

a) $\mathscr{r}: 2X - Y - Z - 1 = 0 = X + Y - 2Z$
$\mathscr{s}: 2X + Y - Z + 2 = 0 = Y + 3Z - 2$

b) $\mathscr{r}: Y + X - 3 = 0 = 2X - Z + 1$
$\mathscr{s}: x = 1 - t,\ y = 3 + 3t,\ z = 1 - 2t.$

10. Determinare equazioni cartesiane delle circonferenze di $\mathbf{E}^2$ di centro e raggio assegnati:

a) $C = (3, -4)$ $\quad r = 1$

b) $C = (1, 2)$ $\quad r = \sqrt{2}$

c) $C = (1, -1)$ $\quad r = \frac{1}{2}$.

11. Determinare centro e raggio delle circonferenze di $\mathbf{E}^2$ di equazioni:

a) $X^2 + Y^2 - 6X + 8Y = 0$ $\qquad$ b) $X^2 + Y^2 + 8X - 10Y + 32 = 0$.

12. Sia $\mathbf{E}$ uno spazio euclideo. Dimostrare che un disco di $\mathbf{E}$ è un insieme convesso, e che una sfera non è convessa. Dimostrare inoltre che il centro di un disco, o di una sfera, è il suo unico centro di simmetria.

20 Operatori unitari e isometrie

Sia $\mathbf{V}$ uno spazio vettoriale euclideo con prodotto scalare $\langle , \rangle$. In questo paragrafo supporremo che $\mathbf{V}$ abbia dimensione finita.

Un *operatore lineare* T: $\mathbf{V} \to \mathbf{V}$ si dice *unitario* se

$$\langle T(\mathbf{v}), T(\mathbf{w}) \rangle = \langle \mathbf{v}, \mathbf{w} \rangle \qquad [20.1]$$

per ogni $\mathbf{v}, \mathbf{w} \in \mathbf{V}$. A parole la condizione [20.1] si esprime dicendo che *T preserva il prodotto scalare.*

20.1 Teorema *Sia T: $\mathbf{V} \to \mathbf{V}$ un'applicazione. Le seguenti condizioni sono equivalenti:*

1) *T è un operatore unitario.*
2) *T è un operatore lineare tale che* $\|T(\mathbf{v})\| = \|\mathbf{v}\|$ *per ogni* $\mathbf{v} \in \mathbf{V}$.
3) $T(\mathbf{0}) = \mathbf{0}$ *e* $\|T(\mathbf{v}) - T(\mathbf{w})\| = \|\mathbf{v} - \mathbf{w}\|$ *per ogni* $\mathbf{v}, \mathbf{w} \in \mathbf{V}$.
4) *T è un operatore lineare, e per ogni base ortonormale* $\{\mathbf{e}_1, \ldots, \mathbf{e}_n\}$ *di* $\mathbf{V}$, $\{T(\mathbf{e}_1), \ldots, T(\mathbf{e}_n)\}$ *è una base ortonormale.*
5) *T è un operatore lineare, ed esiste una base ortonormale* $\{\mathbf{e}_1, \ldots, \mathbf{e}_n\}$ *di* $\mathbf{V}$ *tale che* $\{T(\mathbf{e}_1), \ldots, T(\mathbf{e}_n)\}$ *sia una base ortonormale.*

Dimostrazione

L'implicazione (1) ⇒ (2) è ovvia, perché

$$\|T(\mathbf{v})\|^2 = \langle T(\mathbf{v}), T(\mathbf{v}) \rangle = \langle \mathbf{v}, \mathbf{v} \rangle = \|\mathbf{v}\|^2.$$

Per dimostrare (2) ⇒ (1) osserviamo che si ha, per ogni $\mathbf{v}, \mathbf{w} \in \mathbf{V}$:

$$4\langle \mathbf{v}, \mathbf{w} \rangle = \langle \mathbf{v} + \mathbf{w}, \mathbf{v} + \mathbf{w} \rangle - \langle \mathbf{v} - \mathbf{w}, \mathbf{v} - \mathbf{w} \rangle \qquad [20.2]$$

$$4\langle T(\mathbf{v}), T(\mathbf{w}) \rangle = \langle T(\mathbf{v}) + T(\mathbf{w}), T(\mathbf{v}) + T(\mathbf{w}) \rangle - \\ - \langle T(\mathbf{v}) - T(\mathbf{w}), T(\mathbf{v}) - T(\mathbf{w}) \rangle. \qquad [20.3]$$

Dalla linearità di T segue che il secondo membro della [20.3] è uguale a

$$\langle T(\mathbf{v} + \mathbf{w}), T(\mathbf{v} + \mathbf{w}) \rangle - \langle T(\mathbf{v} - \mathbf{w}), T(\mathbf{v} - \mathbf{w}) \rangle,$$

il quale, poiché T soddisfa la (2), è uguale al secondo membro della [20.2]: quindi $4\langle T(\mathbf{v}), T(\mathbf{w}) \rangle = 4\langle \mathbf{v}, \mathbf{w} \rangle$, cioè T soddisfa la (1).

(2) ⇒ (3) La dimostrazione è lasciata al lettore.

(3) ⇒ (1) Per ogni $\mathbf{v} \in \mathbf{V}$ si ha

$$\|T(\mathbf{v})\| = \|T(\mathbf{v}) - \mathbf{0}\| = \|T(\mathbf{v}) - T(\mathbf{0})\| = \|\mathbf{v} - \mathbf{0}\| = \|\mathbf{v}\|. \qquad [20.4]$$

Esplicitando l'uguaglianza

$$\|T(\mathbf{v}) - T(\mathbf{w})\|^2 = \|\mathbf{v} - \mathbf{w}\|^2$$

per ogni $\mathbf{v}, \mathbf{w} \in \mathbf{V}$ otteniamo

$$\|T(\mathbf{v})\|^2 - 2\langle T(\mathbf{v}), T(\mathbf{w})\rangle + \|T(\mathbf{w})\|^2 = \|\mathbf{v}\|^2 - 2\langle \mathbf{v}, \mathbf{w}\rangle + \|\mathbf{w}\|^2.$$

Utilizzando la [20.4] deduciamo che

$$\langle T(\mathbf{v}), T(\mathbf{w})\rangle = \langle \mathbf{v}, \mathbf{w}\rangle \qquad [20.5]$$

per ogni $\mathbf{v}, \mathbf{w} \in \mathbf{V}$.

Per concludere è sufficiente dimostrare che T è lineare. Sia $\{\mathbf{e}_1, \dots, \mathbf{e}_n\}$ una base ortonormale di $\mathbf{V}$. Dalla [20.5] segue che $\{T(\mathbf{e}_1), \dots, T(\mathbf{e}_n)\}$ è una base ortonormale, perché soddisfa

$$\langle T(\mathbf{e}_i), T(\mathbf{e}_j)\rangle = \langle \mathbf{e}_i, \mathbf{e}_j\rangle = \delta_{ij} \quad \text{per ogni } 1 \le i, j \le n.$$

Per ogni $\mathbf{v} = x_1\mathbf{e}_1 + \dots + x_n\mathbf{e}_n$ si ha quindi

$$T(\mathbf{v}) = \sum_{i=1}^{n} \langle T(\mathbf{v}), T(\mathbf{e}_i)\rangle\, T(\mathbf{e}_i) = \sum_{i=1}^{n} \langle \mathbf{v}, \mathbf{e}_i\rangle\, T(\mathbf{e}_i) = \sum_{i=1}^{n} x_i T(\mathbf{e}_i),$$

cioè

$$T\Big(\sum_{i=1}^{n} x_i\mathbf{e}_i\Big) = \sum_{i=1}^{n} x_i T(\mathbf{e}_i),$$

e pertanto T è lineare.

(1) ⇒ (4) La dimostrazione è lasciata al lettore.

(4) ⇒ (5) Ovvio.

(5) ⇒ (1) Sia $\{\mathbf{e}_1, \dots, \mathbf{e}_n\}$ la base ortonormale la cui esistenza è affermata dalla (5). Siano $\mathbf{v} = x_1\mathbf{e}_1 + \dots + x_n\mathbf{e}_n$, $\mathbf{w} = y_1\mathbf{e}_1 + \dots + y_n\mathbf{e}_n$. Si ha

$$\begin{aligned}\langle T(\mathbf{v}), T(\mathbf{w})\rangle &= \langle x_1T(\mathbf{e}_1) + \dots + x_nT(\mathbf{e}_n), y_1T(\mathbf{e}_1) + \dots + y_nT(\mathbf{e}_n)\rangle = \\ &= \Sigma_{ij}x_iy_j\langle T(\mathbf{e}_i), T(\mathbf{e}_j)\rangle = \Sigma_i x_iy_i = \langle \mathbf{v}, \mathbf{w}\rangle.\end{aligned}$$

La condizione (3) del teorema 20.1 può essere considerata come una condizione sullo spazio euclideo $\mathbf{V}_a$. Essa infatti afferma che T lascia fisso il vettore $\mathbf{0}$ e conserva la distanza tra vettori di $\mathbf{V}$, senza supporre che T sia un'applicazione lineare.

La condizione (2) del teorema afferma che *T preserva la norma dei vettori*. Dalla (2) segue subito che se T è unitario allora $T(\mathbf{v}) = \mathbf{0}$ implica $\mathbf{v} = \mathbf{0}$, cioè $\mathrm{N}(T) = \langle \mathbf{0}\rangle$. Quindi *un operatore unitario è invertibile*.

L'inverso T^{-1} di un operatore unitario T è ancora unitario e la composizione dei due operatori unitari è ancora unitaria; la verifica è lasciata al lettore. Pertanto *gli operatori unitari formano un sottogruppo di* $\mathrm{GL}(\mathbf{V})$, che si chiama *gruppo ortogonale di* $\mathbf{V}$, e si denota con $\mathrm{O}(\mathbf{V})$.

Supponiamo che $\boldsymbol{e} = \{\mathbf{e}_1, \dots, \mathbf{e}_n\}$ sia una base ortonormale di $\mathbf{V}$, e sia $A = M_{\boldsymbol{e}}(T)$ la matrice dell'operatore T rispetto a $\boldsymbol{e}$. Poiché le colonne $A_{(1)}, \dots$ $\dots, A_{(n)}$ di A sono le coordinate di $T(\mathbf{e}_1), \dots, T(\mathbf{e}_n)$ rispetto a $\boldsymbol{e}$, e poiché rispetto a una base ortonormale il prodotto scalare di due vettori è uguale al prodotto scalare standard delle loro coordinate, per la (5) del teorema 20.1 T è unitario se e solo se

$$A_{(i)} \cdot A_{(j)} = \delta_{ij}$$

per ogni $1 \leq i, j \leq n$, cioè se e solo se ${}^tAA = \mathbf{I}_n$. Quindi abbiamo il seguente corollario:

20.2 COROLLARIO *Un operatore T: $\mathbf{V} \to \mathbf{V}$ è unitario se e solo se la matrice di T rispetto ad una qualsiasi base ortonormale di $\mathbf{V}$ è ortogonale.*
Pertanto, fissata una base ortonormale $\mathbf{e}$ di $\mathbf{V}$, l'applicazione

$$\mathbf{M}_e: \mathrm{GL}(\mathbf{V}) \to \mathrm{GL}_n(\mathsf{R})$$

che associa ad ogni operatore T la sua matrice $M_e(T)$ rispetto ad $\mathbf{e}$, induce un isomorfismo del gruppo $\mathrm{O}(\mathbf{V})$ sul gruppo $\mathrm{O}(n)$.

Si noti che un operatore unitario T: $\mathbf{V} \to \mathbf{V}$ soddisfa la condizione

$$\det(T) = \pm 1 \qquad [20.6]$$

perché ogni matrice ortogonale ha determinante uguale a ± 1. Gli operatori unitari T tali che $\det(T) = 1$ costituiscono un sottogruppo di $\mathrm{O}(\mathbf{V})$, il cosiddetto *gruppo ortogonale speciale di* $\mathbf{V}$, che denoteremo con $\mathrm{SO}(\mathbf{V})$. Gli elementi di $\mathrm{SO}(\mathbf{V})$ si dicono *rotazioni* di $\mathbf{V}$. Dal corollario 20.2 segue immediatamente che, fissata una base ortonormale $\mathbf{e}$ di $\mathbf{V}$, l'applicazione M_e induce un isomorfismo di $\mathrm{SO}(\mathbf{V})$ su $\mathrm{SO}(n)$.

Gli operatori unitari godono della seguente proprietà relativa agli autovalori.

20.3 PROPOSIZIONE *Sia $T \in \mathrm{O}(\mathbf{V})$. Se $\lambda \in \mathsf{R}$ è un autovalore di T, allora $\lambda = \pm 1$. Se $A \in \mathrm{O}(n)$ e $\lambda \in \mathsf{R}$ è un autovalore di A, allora $\lambda = \pm 1$.*

Dimostrazione
La seconda affermazione segue dalla prima, tenuto conto del corollario 20.2. Supponiamo che $\lambda \in \mathsf{R}$ sia un autovalore di T, e sia $\mathbf{v} \in \mathbf{V}$ un autovettore di λ. Poiché T è unitario si ha

$$\|\mathbf{v}\| = \|T(\mathbf{v})\| = \|\lambda \mathbf{v}\| = |\lambda| \, \|\mathbf{v}\|$$

e quindi dev'essere $|\lambda| = 1$.

Una caratterizzazione degli operatori unitari, equivalente a quella del corollario 20.2 ma più intrinseca, si ottiene introducendo il concetto di "operatore aggiunto" o "trasposto".

20.4 PROPOSIZIONE *Per ogni operatore $F \in \mathrm{End}(\mathbf{V})$ esiste un unico operatore*

$G \in \mathrm{End}(\mathbf{V})$ *tale che*

$$\langle F(\mathbf{v}), \mathbf{w}\rangle = \langle \mathbf{v}, G(\mathbf{w})\rangle \qquad [20.7]$$

per ogni $\mathbf{v}, \mathbf{w} \in \mathbf{V}$. *L'operatore G si dice* trasposto *o* aggiunto *di F.*

Dimostrazione

Per ogni $\mathbf{w} \in \mathbf{V}$ l'applicazione $F_{\mathbf{w}}: \mathbf{V} \to \mathrm{R}$ definita ponendo

$$F_{\mathbf{w}}(\mathbf{v}) = \langle F(\mathbf{v}), \mathbf{w}\rangle \quad \text{per ogni } \mathbf{v} \in \mathbf{V}$$

è un funzionale lineare. Infatti si ha

$$F_{\mathbf{w}} = b'_{\mathbf{w}} \circ F, \quad \text{per ogni } \mathbf{u} \in \mathbf{V};$$

poiché $b'_{\mathbf{w}}$ ed F sono entrambe lineari, anche $F_{\mathbf{w}}$ lo è. Dato che il prodotto scalare $\langle\, ,\, \rangle$ è una forma bilineare non degenere, per la proposizione 15.6 esiste un unico $G(\mathbf{w}) \in \mathbf{V}$ tale che si abbia l'uguaglianza di funzionali lineari

$$F_{\mathbf{w}} = \langle -, G(\mathbf{w})\rangle,$$

cioè tale che si abbia

$$F_{\mathbf{w}}(\mathbf{v}) = \langle \mathbf{v}, G(\mathbf{w})\rangle \quad \text{per ogni } \mathbf{v} \in \mathbf{V}.$$

L'applicazione $G: \mathbf{V} \to \mathbf{V}$ così definita soddisfa la condizione [20.7] ed è evidentemente unica; per concludere ci resta da dimostrare che G è lineare. Siano $\mathbf{w}_1, \mathbf{w}_2 \in \mathbf{V}$ e $c_1, c_2 \in \mathrm{R}$; si ha, per ogni $\mathbf{v} \in \mathbf{V}$,

$$\begin{aligned}\langle \mathbf{v}, G(c_1\mathbf{w}_1 + c_2\mathbf{w}_2)\rangle &= F_{c_1\mathbf{w}_1 + c_2\mathbf{w}_2}(\mathbf{v}) = \langle F(\mathbf{v}), c_1\mathbf{w}_1 + c_2\mathbf{w}_2\rangle = \\ &= c_1\langle F(\mathbf{v}), \mathbf{w}_1\rangle + c_2\langle F(\mathbf{v}), \mathbf{w}_2\rangle = \\ &= c_1F_{\mathbf{w}_1}(\mathbf{v}) + c_2F_{\mathbf{w}_2}(\mathbf{v}) = \\ &= c_1\langle \mathbf{v}, G(\mathbf{w}_1)\rangle + c_2\langle \mathbf{v}, G(\mathbf{w}_2)\rangle = \\ &= \langle \mathbf{v}, c_1G(\mathbf{w}_1) + c_2G(\mathbf{w}_2)\rangle,\end{aligned}$$

e quindi $G(c_1\mathbf{w}_1 + c_2\mathbf{w}_2) = c_1G(\mathbf{w}_1) + c_2G(\mathbf{w}_2)$. Pertanto G è lineare.

L'aggiunto di un operatore lineare F si denota solitamente con il simbolo ${}^tF$. Dalla proprietà di simmetria del prodotto scalare segue subito che ${}^t({}^tF) = F$. Diremo anche che F e ${}^tF$ sono *aggiunti* (o *trasposti*) *uno dell'altro*.

Il motivo della terminologia che abbiamo introdotto si spiega subito nel seguente modo.

Supponiamo che $\mathbf{e} = \{\mathbf{e}_1, \ldots, \mathbf{e}_n\}$ sia una base ortonormale di $\mathbf{V}$, e siano $A = M_{\mathbf{e}}(F)$, $B = M_{\mathbf{e}}({}^tF)$. Allora, per ogni $\mathbf{v} = x_1\mathbf{e}_1 + \ldots + x_n\mathbf{e}_n$, $\mathbf{w} = y_1\mathbf{e}_1 + \ldots$ $\ldots + y_n\mathbf{e}_n$ si ha

$$\langle F(\mathbf{v}), \mathbf{w}\rangle = (A\mathbf{x})\cdot\mathbf{y} = {}^t(A\mathbf{x})\,\mathbf{y} = {}^t\mathbf{x}\,{}^tA\,\mathbf{y} = \mathbf{x}\cdot({}^tA\,\mathbf{y}).$$

e

$$\langle F(\mathbf{v}), \mathbf{w}\rangle = \langle \mathbf{v}, G(\mathbf{w})\rangle = \mathbf{x}\cdot(B\mathbf{y}).$$

e quindi

$$ {}^t\!A\mathbf{y} = B\mathbf{y}. \tag{20.8} $$

Poiché è vera per ogni $\mathbf{y}$, la [20.8] implica che ${}^tA = B$. A parole: *rispetto a una base ortonormale il trasposto di un operatore è quello rappresentato dalla matrice trasposta della matrice che rappresenta l'operatore.*

$F \in \mathrm{End}(\mathbf{V})$ si dice *operatore simmetrico* (o *autoaggiunto*) se $F = {}^tF$. Diremo invece F *antisimmetrico* se $F = -{}^tF$.

Da quanto abbiamo visto si deduce che F è un operatore simmetrico (antisimmetrico) se e solo se rispetto a una base ortonormale si rappresenta con una matrice simmetrica (antisimmetrica).

Ora possiamo dare una nuova caratterizzazione degli operatori unitari:

20.5 Proposizione *Un operatore* T: $\mathbf{V} \to \mathbf{V}$ *è unitario se e solo se* ${}^tT \circ T = \mathbf{1}_{\mathbf{V}}$.

Dimostrazione

T è unitario se e solo se per ogni $\mathbf{v}, \mathbf{w} \in \mathbf{V}$ si ha

$$ \langle \mathbf{v}, \mathbf{w} \rangle = \langle T(\mathbf{v}), T(\mathbf{w}) \rangle = \langle \mathbf{v}, {}^tT(T(\mathbf{w})) \rangle = \langle \mathbf{v}, ({}^tT \circ T)(\mathbf{w}) \rangle. $$

Poiché quest'uguaglianza è valida per ogni $\mathbf{v}, \mathbf{w} \in \mathbf{V}$, si deve avere

$$ \mathbf{w} = ({}^tT \circ T)(\mathbf{w}) $$

per ogni $\mathbf{w} \in \mathbf{V}$, cioè ${}^tT \circ T = \mathbf{1}_{\mathbf{V}}$.

La discussione precedente mostra che gli operatori unitari sono essenziamente gli isomorfismi che rispettano la struttura di spazio vettoriale euclideo. È naturale quindi utilizzare la nozione di operatore unitario per definire, in uno spazio euclideo, delle particolari affinità che sono compatibili con la struttura metrica.

20.6 Definizione *Sia* $\mathbf{E}$ *uno spazio euclideo su* $\mathbf{V}$. *Un'affinità* f: $\mathbf{E} \to \mathbf{E}$ *si dice* isometria *di* $\mathbf{E}$ *se l'automorfismo associato* φ: $\mathbf{V} \to \mathbf{V}$ *è un operatore unitario.*

L'identità $\mathbf{1}_{\mathbf{E}}$, e più in generale ogni traslazione, è un'isometria perché l'isomorfismo associato è l'identità di $\mathbf{V}$, che è un operatore unitario. La composizione di due isometrie è un'isometria perché l'automorfismo associato è unitario, essendo la composizione di due operatori unitari. Analogamente l'inversa di un'isometria è ancora un'isometria. Pertanto le isometrie di $\mathbf{E}$ costituiscono un sottogruppo di $\mathrm{Aff}(\mathbf{E})$, cioè un gruppo di trasformazioni affini di $\mathbf{E}$, indicato con $\mathrm{Isom}(\mathbf{E})$ e denominato *gruppo delle isometrie di* $\mathbf{E}$.

I sottogruppi di $\mathrm{Isom}(\mathbf{E})$ si dicono *gruppi di isometrie di* $\mathbf{E}$.

Un'*isometria* f, con automorfismo associato φ, si dice *diretta* se $\det(\varphi) = 1$, e *inversa* se $\det(\varphi) = -1$. Le isometrie dirette costituiscono un sottogruppo, $\mathrm{Isom}^+(\mathbf{E})$, di $\mathrm{Isom}(\mathbf{E})$.

Le traslazioni sono particolari isometrie dirette, e quindi $T_{\mathbf{E}}$ è un gruppo di isometrie dirette di $\mathbf{E}$.

Sia $O \in \mathbf{E}$, e consideriamo lo stabilizzatore $\mathrm{Isom}(\mathbf{E})_O$ di O in $\mathrm{Isom}(\mathbf{E})$. Le isometrie dirette appartenenti a $\mathrm{Isom}(\mathbf{E})_O$ si dicono *rotazioni di centro O*, e costituiscono il sottogruppo $\mathrm{Isom}(\mathbf{E})_O \cap \mathrm{Isom}^+(\mathbf{E})$. L'isomorfismo

$$\Phi\colon \mathrm{Aff}(\mathbf{A})_O \to \mathrm{GL}(\mathbf{V})$$

(cfr. esempio 14.6(2)) induce isomorfismi:

$$\begin{aligned} &\mathrm{Isom}(\mathbf{E})_O \to \mathrm{O}(\mathbf{V}) \\ &\mathrm{Isom}(\mathbf{E})_O \cap \mathrm{Isom}^+(\mathbf{E}) \to \mathrm{SO}(\mathbf{V}). \end{aligned} \qquad [20.9]$$

Se si fissa anche una base ortonormale $\boldsymbol{e} = \{\mathbf{e}_1, \dots, \mathbf{e}_n\}$ di $\mathbf{V}$, dal corollario 20.2 deduciamo che la composizione $M_{\boldsymbol{e}} \circ \Phi$ induce isomorfismi:

$$\begin{aligned} &\mathrm{Isom}(\mathbf{E})_O \to \mathrm{O}(n) \\ &\mathrm{Isom}(\mathbf{E})_O \cap \mathrm{Isom}^+(\mathbf{E}) \to \mathrm{SO}(n). \end{aligned} \qquad [20.10]$$

In particolare il secondo isomorfismo identifica il gruppo delle rotazioni di centro O con quello delle matrici ortogonali speciali di ordine n.

Dal teorema 14.8 e dal corollario 20.2 segue direttamente il seguente teorema:

20.7 TEOREMA *Sia* **E** *uno spazio euclideo in cui sia assegnato un riferimento cartesiano* $O\mathbf{e}_1 \dots \mathbf{e}_n$. *Ogni* $f \in \mathrm{Isom}(\mathbf{E})$, *con automorfismo associato* φ, *si esprime nella forma*

$$f(P(x_1, \dots, x_n)) = Q(y_1, \dots, y_n)$$

con

$$\mathbf{y} = A\mathbf{x} + \mathbf{c}, \qquad [20.11]$$

dove $\mathbf{c} = {}^t(c_1 \dots c_n) \in \mathsf{R}^n$ *è il vettore delle coordinate di* $f(O)$, *e* $A = M_{\mathbf{e}}(\varphi) \in \mathrm{O}(n)$ *è la matrice di* φ *nella base* $\mathbf{e}$.

Viceversa, ogni trasformazione $f\colon \mathbf{E} \to \mathbf{E}$ *della forma* [20.11] *per qualche* $A \in \mathrm{O}(n)$, $\mathbf{c} \in \mathsf{R}^n$, *è un'isometria.*

In particolare le isometrie (rispettivamente le isometrie dirette) di $\mathbf{E}^n$ *sono precisamente le affinità* $f_{A,\mathbf{c}}$ *tali che* $A \in \mathrm{O}(n)$ *(rispettivamente* $A \in \mathrm{SO}(n)$*).*

Il seguente teorema fornisce una caratterizzazione geometrica delle isometrie analoga della condizione (3) del teorema 20.1.

20.8 TEOREMA *Sia* **E** *uno spazio euclideo. Un'applicazione* $f\colon \mathbf{E} \to \mathbf{E}$ *è un'i-*

sometria se e solo se

$$d(f(P), f(Q)) = d(P, Q) \qquad [20.12]$$

per ogni $P, Q \in \mathbf{E}$.

Dimostrazione

Se f è un'isometria, con isomorfismo associato φ: $\mathbf{V} \to \mathbf{V}$, allora

$$d(f(P), f(Q)) = \| \overrightarrow{f(P)\, f(Q)} \| = \| \varphi(\overrightarrow{PQ}) \| = \| \overrightarrow{PQ} \| = d(P, Q)$$

perchè φ è un operatore unitario, e per il teorema 20.1(2).

Supponiamo viceversa che la condizione [20.12] sia soddisfatta. Fissiamo arbitrariamente un punto $O \in \mathbf{E}$ e definiamo un'applicazione φ: $\mathbf{V} \to \mathbf{V}$ ponendo

$$\varphi(\overrightarrow{OP}) = \overrightarrow{f(O)\, f(P)}.$$

Poiché ogni vettore $\mathbf{v} \in \mathbf{V}$ è della forma $\mathbf{v} = \overrightarrow{OP}$, l'applicazione φ è ben definita e tale che $\varphi(\mathbf{0}) = \varphi(\overrightarrow{OO}) = \overrightarrow{f(O)\, f(O)} = \mathbf{0}$. Inoltre, se $\mathbf{v} = \overrightarrow{OP}$, $\mathbf{w} = \overrightarrow{OQ}$, si ha

$$\| \varphi(\mathbf{v}) - \varphi(\mathbf{w}) \| = \| \varphi(\overrightarrow{OP}) - \varphi(\overrightarrow{OQ}) \| = \| \overrightarrow{f(O)\, f(P)} - \overrightarrow{f(O)\, f(Q)} \| =$$
$$= \| \overrightarrow{f(Q)\, f(P)} \| = \| \overrightarrow{QP} \| = \| \mathbf{v} - \mathbf{w} \|.$$

Dal teorema 20.1(3) segue che φ è un operatore unitario.

Inoltre, poiché per ogni $P, Q \in \mathbf{E}$ si ha

$$\varphi(\overrightarrow{PQ}) = \varphi(\overrightarrow{OQ} - \overrightarrow{OP}) = \varphi(\overrightarrow{OQ}) - \varphi(\overrightarrow{OP}) = \overrightarrow{f(O)\, f(Q)} - \overrightarrow{f(O)\, f(P)} =$$
$$= \overrightarrow{f(P)\, f(Q)},$$

f è un'affinità con isomorfismo associato φ, e pertanto è un'isometria.

Il teorema 20.8 rende possibile lo studio delle isometrie in modo puramente geometrico.

Il modo più efficiente per trovare gruppi di isometrie di uno spazio euclideo è quello di studiare le isometrie di una figura geometrica.

Sia $\mathbf{F} \subset \mathbf{E}$ una figura geometrica. Un'isometria $f \in \mathrm{Isom}(\mathbf{E})$ tale che $f(\mathbf{F}) = \mathbf{F}$ si dice *isometria di* $\mathbf{F}$. È evidente che le isometrie di una figura $\mathbf{F}$ costituiscono un gruppo di trasformazioni di $\mathbf{F}$ che è un sottogruppo $\mathrm{Isom}(\mathbf{F})$ di $\mathrm{Isom}(\mathbf{E})$; esso viene chiamato *gruppo delle isometrie di* $\mathbf{F}$.

Ad esempio, se $O \in \mathbf{E}$, allora

$$\mathrm{Isom}(O) = \mathrm{Isom}(\mathbf{E})_O.$$

Se $\mathbf{S}(O, r)$ è la sfera di centro O e raggio $r > 0$, allora

$$\mathrm{Isom}(\mathbf{S}(O, r)) = \mathrm{Isom}(\mathbf{E})_O. \qquad [20.13]$$

Infatti ogni $f \in \mathrm{Isom}(\mathbf{E})_O$ trasforma $\mathbf{S}(O, r)$ in sé stessa, perché

$$r = d(O, P) = d(f(O), f(P)) = d(O, f(P))$$

e quindi $f(P) \in \mathbf{S}(O, r)$ per ogni $P \in \mathbf{S}(O, r)$; dunque $f \in \mathrm{Isom}(\mathbf{S}(O, r))$.

Per dimostrare il viceversa, osserviamo preliminarmente che per due punti qualsiasi $P, Q \in \mathbf{S}(O, r)$ si ha $d(P, Q) \leq d(P, O) + d(O, Q) = 2r$ e vale l'uguaglianza se e solo se R, O, S sono allineati, cioè se e solo se R ed S sono *diametralmente opposti*. Sia dunque $f \in \mathrm{Isom}(\mathbf{S}(O, r))$: allora, scelti $P, Q \in \mathbf{S}(O, r)$ diametralmente opposti, si deve avere $d(f(P), f(Q)) = 2r$, sicché $f(P), f(Q) \in \mathbf{S}(O, r)$ sono ancora diametralmente opposti. Pertanto il punto medio O del segmento PQ viene trasformato nel punto medio del segmento $f(P)f(Q)$, che è ancora O. Quindi $f(O) = O$, cioè $f \in \mathrm{Isom}(\mathbf{E})_O$. Ciò conclude la dimostrazione della [20.13].

Lo studio dei gruppi di isometrie delle figure euclidee costituisce un capitolo classico e molto vasto della teoria dei gruppi. Intuitivamente il concetto di isometria di una figura geometrica corrisponde a quello estetico e artistico di "simmetria". Più grande è $\mathrm{Isom}(\mathbf{F})$, più la figura è "simmetrica", cioè possiede "simmetria". Storicamente la nozione di gruppo astratto è stata preceduta da quella di gruppo di trasformazioni, ed in particolare di gruppo di isometrie. Alcuni esempi di gruppi di isometrie verranno dati nel paragrafo 21.

20.9 DEFINIZIONE *Due figure geometriche* $\mathbf{F}$ *ed* $\mathbf{F}'$ *di* $\mathbf{E}$ *si dicono* congruenti *se esiste* $f \in \mathrm{Isom}(\mathbf{E})$ *tale che* $f(\mathbf{F}) = \mathbf{F}'$. *Le proprietà di una figura* $\mathbf{F}$ *che sono possedute da tutte le figure ad essa congruenti si dicono* proprietà euclidee *di* $\mathbf{F}$.

Ogni proprietà affine di una figura $\mathbf{F} \subset \mathbf{E}$ è anche una proprietà euclidea perché $\mathrm{Isom}(\mathbf{E}) \subset \mathrm{Aff}(\mathbf{E})$, e quindi ogni figura congruente a $\mathbf{F}$ è anche affinemente equivalente a $\mathbf{F}$; in generale, però, una proprietà euclidea non è una proprietà affine. Ad esempio, la distanza di due punti $P, Q \in \mathbf{E}$ è una proprietà euclidea di $\{P, Q\}$, ma non è una sua proprietà affine, perché un'affinità di $\mathbf{E}$ non trasforma necessariamente P e Q in punti che hanno la stessa distanza.

20.10 *Complementi*

1. Le condizioni (1), (2) (3) del teorema 20.1 hanno senso anche se $\mathbf{V}$ è uno spazio vettoriale euclideo che non ha dimensione finita; anche la dimostrazione della loro equivalenza non utilizza alcuna ipotesi su $\dim(\mathbf{V})$. Quindi le (1), (2) (3) sono condizioni equivalenti per un operatore definito in uno spazio vettoriale euclideo qualunque.

2. Nella geometria elementare si studiano anche proprietà che non dipendono dalle distanze o dalle grandezze delle figure, ma solo dalla loro forma e dalle loro proporzioni: le *proprietà di similitudine*. Queste proprietà vengono mantenute, oltre che dalle isometrie, anche dalle omotetie (cfr. 14.6(3)), e quindi dalle affinità

ottenute componendo un numero finito di isometrie e di omotetie in tutti i modi possibili. Tali affinità si chiamano *similitudini*, e costituiscono un sottogruppo, Simil(**E**), di Aff(**E**). Infatti l'identità è un'omotetia, e quindi una similitudine. Inoltre la composizione di due similitudini $\sigma_1 \circ \omega_1 \circ \ldots \circ \sigma_k \circ \omega_k$ e $\tau_1 \circ \zeta_1 \circ \ldots \circ \tau_j \circ \zeta_j$ è $\sigma_1 \circ \omega_1 \circ \ldots \circ \sigma_k \circ \omega_k \circ \tau_1 \circ \zeta_1 \circ \ldots \circ \tau_j \circ \zeta_j$, che è una similitudine. L'inversa di una similitudine $\sigma_1 \circ \omega_1 \circ \ldots \circ \sigma_k \circ \omega_k$ è $\omega_k^{-1} \circ \sigma_k^{-1} \circ \ldots \circ \omega_1^{-1} \circ \sigma_1^{-1}$, che è una similitudine. È evidente che Simil(**E**) contiene Isom(**E**) e tutte le omotetie.

Denoteremo con $\mathrm{Simil}^+(\mathbf{E})$ il sottogruppo di Simil(**E**) costituito dalle similitudini dirette.

Identifichiamo $\mathbf{E}^2$ con C associando ad ogni $(x, y) \in \mathbf{E}^2$ il numero complesso $z = x + iy \in \mathsf{C}$. Con questa identificazione è possibile dare una semplice descrizione di $\mathrm{Simil}(\mathbf{E}^2)$ e di $\mathrm{Simil}^+(\mathbf{E}^2)$ nel modo seguente.

Sia $f(z)$ un'affinità di C, considerato come spazio affine complesso di dimensione 1:

$$f(z) = az + b \qquad a, b \in \mathsf{C}, \qquad a \neq 0. \qquad [20.14]$$

La [20.14] si può interpretare come un'affinità del piano euclideo $\mathbf{E}^2$. Scrivendo $a = a' + ia''$, $b = b' + ib''$ la [20.14], come affinità di $\mathbf{E}^2$, ha la forma

$$f(x, y) = (a'x - a''y + b', a''x + a'y + b'')$$

e quindi è un'affinità diretta perché ha determinante

$$a'^2 + a''^2 > 0.$$

Con $b = 0$ la [20.14] diventa

$$f(z) = az \qquad [20.15]$$

Se $a \in \mathsf{R}$, la [20.15] rappresenta un'omotetia di $\mathbf{E}^2$, perché è della forma

$$f(x + iy) = ax + iay.$$

Se $|a| = 1$, si ha $a = \cos\theta + i\sin\theta$, e la [20.15] diventa

$$f(x + iy) = x\cos\theta - y\sin\theta + i(x\sin\theta + y\cos\theta),$$

che rappresenta una rotazione. Poiché $a = |a|u$, dove $|u| = 1$, per ogni $a \in \mathsf{C}$, la [20.15] è in ogni caso la composizione di una omotetia e di una rotazione. Da ciò segue che le affinità [20.14] di C coincidono con le affinità dirette del piano euclideo $\mathbf{E}^2$ che sono composizione di traslazioni, rotazioni e omotetie, cioè con le similitudini dirette. Dunque $\mathrm{Aff}_1(\mathsf{C})$ si identifica con il gruppo $\mathrm{Simil}^+(\mathbf{E}^2)$.

Per ottenere anche le similitudini inverse di $\mathbf{E}^2$ sarà sufficiente comporre tutte le affinità [20.14] con una particolare isometria inversa: ad esempio con il *coniugio*, che associa ad ogni $z = x + iy \in \mathsf{C}$ il suo coniugato $\bar{z} = x - iy$.

Quindi, *le similitudini inverse di* $\mathbf{E}^2$ *corrispondono alle trasformazioni* σ *di* C

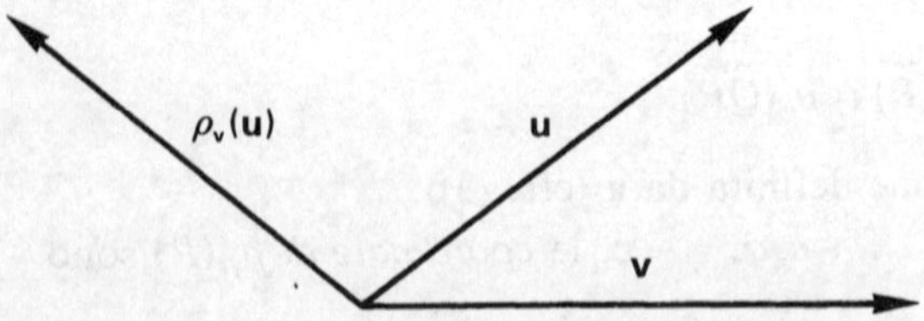

Figura 20.1

della forma

$$\sigma(z) = a\bar{z} + b, \quad a, b \in \mathbb{C}, \quad a \neq 0.$$

3. Sia $\mathbf{V}$ sia uno spazio vettoriale euclideo, e sia $\mathbf{v} \in \mathbf{V}$, $\mathbf{v} \neq \mathbf{0}$. La *riflessione definita da* $\mathbf{v}$ (fig. 20.1) è l'applicazione $\rho_\mathbf{v}$: $\mathbf{V} \to \mathbf{V}$ seguente:

$$\rho_\mathbf{v}(\mathbf{u}) = \mathbf{u} - 2\,\frac{\langle \mathbf{v}, \mathbf{u} \rangle}{\langle \mathbf{v}, \mathbf{v} \rangle}\,\mathbf{v}.$$

Ricordando la definizione di coefficiente di Fourier $a_\mathbf{v}(\mathbf{u})$, possiamo scrivere in forma equivalente

$$\rho_\mathbf{v}(\mathbf{u}) = \mathbf{u} - 2a_\mathbf{v}(\mathbf{u})\,\mathbf{v}.$$

Si verifica facilmente che $\rho_\mathbf{v}$ è lineare; inoltre, per ogni $\mathbf{u} \in \mathbf{V}$:

$$\|\rho_\mathbf{v}(\mathbf{u})\|^2 = \|\mathbf{u} - 2a_\mathbf{v}(\mathbf{u})\,\mathbf{v}\|^2 = \|\mathbf{u}\|^2 - 4a_\mathbf{v}(\mathbf{u})\,\langle \mathbf{u}, \mathbf{v} \rangle + 4a_\mathbf{v}(\mathbf{u})^2\,\|\mathbf{v}\|^2 = \|\mathbf{u}\|^2,$$

e pertanto $\rho_\mathbf{v}$ è un operatore unitario.

Dalla definizione segue subito, infine, che $\rho_\mathbf{v}^2 = \mathbf{1}_\mathbf{V}$, cioè $\rho_\mathbf{v} = \rho_\mathbf{v}^{-1}$.

4. In uno spazio euclideo $\mathbf{E}$ su $\mathbf{V}$ supponiamo fissati un riferimento cartesiano $O\mathbf{e}_1 \dots \mathbf{e}_n$ e un iperpiano H di equazione

$$a_1X_1 + \dots + a_nX_n + c = 0.$$

Sia $P(x_1, \dots, x_n) \in \mathbf{E}$. Il *punto simmetrico di P rispetto ad H* è il punto $\rho_H(P)$ definito dall'identità

$$\overrightarrow{N\rho_H(P)} = -\overrightarrow{NP},$$

cioè

$$\overrightarrow{P\rho_H(P)} = -2\overrightarrow{NP},$$

dove N denota il punto di intersezione di H con la retta $\imath$ passante per P e perpendicolare ad H, cioè la retta per P avente vettore di direzione $\mathbf{a}(a_1, \dots, a_n)$ (fig. 20.2).

Se si fissa un punto $Q(q_1, \dots, q_n) \in H$ qualsiasi, si ha

$$\overrightarrow{P\rho_H(P)} = -2\langle \overrightarrow{QP}, \mathbf{a} \rangle\, \mathbf{a}/\langle \mathbf{a}, \mathbf{a} \rangle,$$

e quindi

$$\overrightarrow{Q\rho_H(P)} = \overrightarrow{QP} + \overrightarrow{P\rho_H(P)} = \rho_{\mathbf{a}}(\overrightarrow{QP}),$$

dove $\rho_{\mathbf{a}}$: $\mathbf{V} \to \mathbf{V}$ è la riflessione definita da **a** (cfr. (3)).

Tenuto conto che $a_1 q_1 + \ldots + a_n q_n = -c$, le *coordinate di* $\rho_H(P)$ sono

$$\rho_H(P)_i = x_i - 2a_i \frac{a_1 x_1 + \ldots + a_n x_n + c}{\sum_{i=1}^{n} a_j^2}, \quad i = 1, \ldots, n. \qquad [20.16]$$

È immediato verificare che $\rho_H(\rho_H(P)) = P$ per ogni $P \in \mathbf{E}$ e che $\rho_H(P) = P$ se e solo se $P \in H$.

Inoltre, per ogni P, $P' \in \mathbf{E}$:

$$d(\rho_H(P), \rho_H(P')) = \| \overrightarrow{\rho_H(P)\,\rho_H(P')} \| = \| \overrightarrow{\rho_H(P)\,N} + \overrightarrow{N\rho_H(P')} \| =$$
$$= \| \overrightarrow{NP} - \overrightarrow{NP'} \| = \| \overrightarrow{P'P} \| = d(P, P'),$$

e quindi l'applicazione

$$\rho_H: \mathbf{E} \to \mathbf{E}$$

è un'isometria. ρ_H è la *riflessione definita da* H (o *che fissa* H).

Nel caso $n = 2$ si ottiene la nozione di *riflessione di asse una retta*, che verrà ripresa nel paragrafo 21.

Da quanto visto segue che $\rho_H^2 = \mathbf{1}_{\mathbf{E}}$ e che ρ_H fissa ogni punto di H.

Un *sottoinsieme* **F** di **E** si dice *simmetrico rispetto all'iperpiano* H se $\rho_H(P) \in \mathbf{F}$ per ogni $P \in \mathbf{F}$. In questo caso H si dice *iperpiano di simmetria* di **F**. Nel caso $n = 2$, H è una retta, che si dice *asse di simmetria* di **F**.

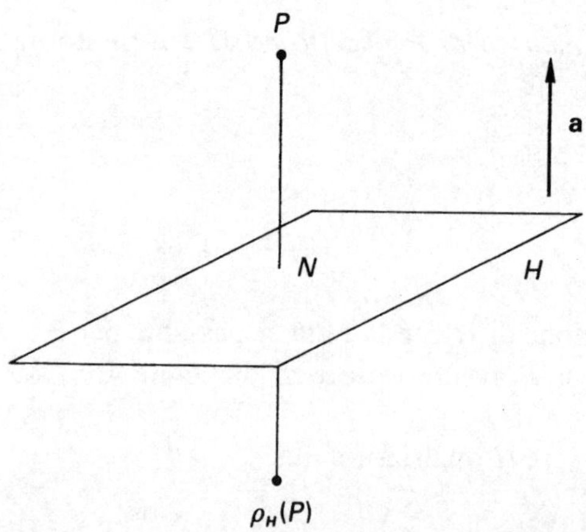

Figura 20.2

5. Tra i gruppi di isometrie più interessanti vi sono i cosiddetti "gruppi discontinui".

Sia $\mathbf{E}$ uno spazio euclideo sullo spazio vettoriale euclideo $\mathbf{V}$. Un *sottogruppo* $\mathscr{G}$ di Isom$(\mathbf{E})$ si dice *discontinuo* se per ogni $P \in \mathbf{E}$ esiste $r > 0$ tale che nessuno dei punti $g(P)$, $g \in \mathscr{G}$, sia contenuto nel disco $\mathbf{D}(P, r)$.

Ogni sottogruppo finito $\mathscr{G}$ di Isom$(\mathbf{E})$ è un gruppo discontinuo. Infatti, per ogni $P \in \mathbf{E}$, un qualsiasi $0 < r < \min\{d(P, g(P)) \colon g \in \mathscr{G}\}$ soddisfa la condizione della definizione.

Fissato un vettore non nullo $\mathbf{v} \in \mathbf{V}$, l'insieme di tutte le traslazioni della forma $t_{h\mathbf{v}}$, $h \in \mathsf{Z}$, è un sottogruppo discontinuo $T_{\mathbf{E}}(\mathbf{v})$ di Isom$(\mathbf{E})$. $T_{\mathbf{E}}(\mathbf{v})$ è un gruppo infinito perché $t_{h\mathbf{v}} = t_{k\mathbf{v}}$ se e solo se $h = k$.

Un gruppo finito di isometrie di $\mathbf{E}$ non può contenere traslazioni diverse dall'identità, perché se contenesse la traslazione $t_{\mathbf{v}}$, $\mathbf{0} \neq \mathbf{v} \in \mathbf{V}$, conterrebbe anche $T_{\mathbf{E}}(\mathbf{v})$, che è infinito.

Un gruppo discontinuo di isometrie di $\mathbf{E}$ che può essere generato da riflessioni si dice *gruppo di Coxeter*.

6. Siano $\mathbf{V}$ un K-spazio vettoriale e $b \colon \mathbf{V} \times \mathbf{V} \to \mathsf{K}$ una forma bilineare. Diremo che un automorfismo $f \in \mathrm{GL}(\mathbf{V})$ *preserva* b se

$$b(f(\mathbf{v}), f(\mathbf{w})) = b(\mathbf{v}, \mathbf{w}) \qquad [20.17]$$

per ogni $\mathbf{v}, \mathbf{w} \in \mathbf{V}$.

L'insieme di tutti gli automorfismi di $\mathbf{V}$ che preservano b è un gruppo lineare, che si chiama *gruppo ortogonale di* $\mathbf{V}$ *relativo a* b, e si denota con $\mathrm{O}_b(\mathbf{V})$. Per verificare che $\mathrm{O}_b(\mathbf{V})$ è effettivamente un gruppo si osservi che per ogni $f \in O_b(\mathbf{V})$ e $\mathbf{v}', \mathbf{w}' \in \mathbf{V}$, detti $\mathbf{v}, \mathbf{w} \in \mathbf{V}$ i vettori tali che $f(\mathbf{v}) = \mathbf{v}'$, $f(\mathbf{w}) = \mathbf{w}'$, la [20.17] può anche scriversi

$$b(\mathbf{v}', \mathbf{w}') = b(f^{-1}(\mathbf{v}'), f^{-1}(\mathbf{w}'))$$

e quindi $f^{-1} \in \mathrm{O}_b(\mathbf{V})$. Evidentemente $\mathbf{1}_{\mathbf{V}} \in \mathrm{O}_b(\mathbf{V})$; infine, se $f, g \in \mathrm{O}_b(\mathbf{V})$, si ha

$$b((g \circ f)(\mathbf{v}), (g \circ f)(\mathbf{w})) = b(g(f(\mathbf{v})), g(f(\mathbf{w})) = b(f(\mathbf{v}), f(\mathbf{w})) = b(\mathbf{v}, \mathbf{w})$$

per ogni $\mathbf{v}, \mathbf{w} \in \mathbf{V}$, e quindi $g \circ f \in \mathrm{O}_b(\mathbf{V})$.

Queste nozioni generalizzano quelle di operatore unitario e di gruppo ortogonale, che si ottengono prendendo come $\mathbf{V}$ e b uno spazio vettoriale euclideo e il suo prodotto scalare rispettivamente.

Supponiamo $\mathbf{V} = \mathsf{K}^n$, e b sia la forma bilineare associata a una matrice $A \in M_n(\mathsf{K})$, cioè definita da $b(\mathbf{x}, \mathbf{y}) = {}^t\mathbf{x} A \mathbf{y}$. Allora $\mathrm{O}_b(\mathsf{K}^n)$ consiste delle matrici $M \in \mathrm{GL}_n(\mathsf{K})$ tali che

$${}^tMAM = A. \qquad [20.18]$$

Infatti $M \in O_b(K^n)$ se e solo se per ogni $\mathbf{x}$, $\mathbf{y} \in K^n$ si ha

$$^t\mathbf{x} A \mathbf{y} = {}^t(M\mathbf{x}) A(M\mathbf{y}) = {}^t\mathbf{x}({}^tMAM)\mathbf{y}.$$

Poiché quest'identità dev'essere vera per ogni $\mathbf{x}$, $\mathbf{y} \in K^n$, M deve soddisfare la [20.18].

Prendendo $K = R$ e $A = \mathbf{I}_n$, la [20.18] esprime la condizione che $A \in O(n)$, cioè $O_b(R^n) = O(n)$ se b è la forma simmetrica standard.

Se $\mathbf{V} = R^n$ e b è la forma bilineare simmetrica polare della forma quadratica

$$q(\mathbf{x}) = x_1^2 + \dots + x_p^2 - x_{p+1}^2 - \dots - x_n$$

il gruppo ortogonale di $\mathbf{V}$ relativo a b si denota con $O(p, n-p)$. In particolare $O(3, 1)$ coincide con il gruppo degli automorfismi di R^4 che preservano la forma di Minkowski, ed è detto *gruppo di Lorentz*.

Un altro caso particolare importante si ottiene prendendo la forma alterna standard su K^{2k}, $k \geq 1$:

$$b(\mathbf{x}, \mathbf{y}) = x_1 y_{k+1} + \dots + x_k y_n - x_{k+1} y_1 - \dots - x_n y_k = {}^t\mathbf{x} \mathbf{J}_k \mathbf{y},$$

dove $n = 2k$ e

$$\mathbf{J}_k = \begin{pmatrix} \mathbf{0} & \mathbf{I}_k \\ -\mathbf{I}_k & \mathbf{0} \end{pmatrix}.$$

Il corrispondente gruppo ortogonale si dice *gruppo simplettico di ordine* $2k$ *su* K, e si denota con $Sp(2k, K)$. Da quanto detto sopra segue che una matrice $M \in GL_{2k}(K)$ appartiene a $Sp(2k, K)$ se e solo se soddisfa l'identità

$$^tM \mathbf{J}_k M = M.$$

Esercizi

1. In ciascuno dei casi seguenti determinare l'isometria $f: \mathbf{E}^1 \to \mathbf{E}^1$ individuata dalle condizioni assegnate:

a) $f(1) = \dfrac{\pi}{2}$ ed f è un'isometria diretta;

b) $f(\pi) = -2$ ed f è un'isometria inversa.

2. In ciascuno dei casi seguenti determinare la riflessione di $\mathbf{E}^2$ definita dalla retta di equazione assegnata:

a) $X = 0$ b) $X + Y = 0$ c) $X - 2Y = 0$

d) $2X - 3Y = 0$ e) $X + Y - 1 = 0$.

3. In ciascuno dei casi seguenti dimostrare che esiste un'unica isometria f di $\mathbf{E}^2$ che soddisfa le condizioni assegnate, e determinarla:

a) $f(0, 0) = (1, 1)$, $f(1, 0) = (2, 1)$ ed f è un'isometria diretta

b) $f(0, 0) = (1, 1)$, $f(1, 0) = (2, 1)$ ed f è un'isometria inversa

c) f lascia fissa la retta $\mathscr{r} : X - 2Y = 0$ e non è l'identità

d) f lascia fissi i punti $(1, 7)$, $(-1, 1)$ e non è l'identità.

4. In ciascuno dei casi seguenti determinare la riflessione di $\mathbf{E}^3$ definita dal piano di equazione assegnata:

a) $X - Y = 0$ b) $X + Y + Z = 0$ c) $X - Y + Z = 0$

d) $2X - Z + 1 = 0$ e) $2X - 2Y + Z - 4 = 0$.

5. In ciascuno dei casi seguenti dimostrare che esiste un'unica isometria f di $\mathbf{E}^3$ che soddisfa le condizioni assegnate, e determinarla:

a) f fissa l'asse X e l'asse Y ed è un'isometria diretta

b) f fissa l'asse Y e l'asse Z ed è un'isometria inversa.

6. Determinare equazioni cartesiane della retta $\mathscr{r}'$ di $\mathbf{E}^3$ simmetrica della retta $\mathscr{r}$ di equazioni: $\frac{X}{2} = Y = Z - 1$ rispetto al piano $\mathscr{p}$ di equazione $X + Y + Z = 0$.

21 Isometrie di piani e di spazi tridimensionali

In questo paragrafo tratteremo in maggiore dettaglio le isometrie di piani e di spazi tridimensionali, particolarmente importanti a causa della loro relazione con la geometria euclidea elementare. Per ulteriori notizie il lettore può consultare [12], [1], [16].

Gli elementi di $SO(2)$ sono le matrici della forma

$$R_\theta = \begin{pmatrix} \cos\theta & -\sin\theta \\ \sin\theta & \cos\theta \end{pmatrix}, \qquad \theta \in \mathsf{R}.$$

Per descrivere i rimanenti elementi di $O(2)$, cioè quelli di determinante -1, si può utilizzare il fatto che, se A, $B \in O(2)\backslash SO(2)$, allora $AB \in SO(2)$ perché

$$\det(AB) = \det(A)\det(B) = 1.$$

Da ciò segue che ogni elemento $A \in O(2)\backslash SO(2)$ può ottenersi come prodotto

$$A = (AB)\,B^{-1}$$

di una matrice di $SO(2)$ per una fissata $B^{-1} \in O(2)\backslash SO(2)$. Prendendo ad esempio tale matrice come

$$\begin{pmatrix} 1 & 0 \\ 0 & -1 \end{pmatrix}$$

si vede che tutti gli elementi di $O(2)\setminus SO(2)$ sono della forma

$$A_\theta = R_\theta \begin{pmatrix} 1 & 0 \\ 0 & -1 \end{pmatrix} = \begin{pmatrix} \cos\theta & -\sin\theta \\ \sin\theta & \cos\theta \end{pmatrix} \begin{pmatrix} 1 & 0 \\ 0 & -1 \end{pmatrix} =$$

$$= \begin{pmatrix} \cos\theta & \sin\theta \\ \sin\theta & -\cos\theta \end{pmatrix}, \quad \theta \in \mathsf{R}.$$

In particolare:

$$A_0 = \begin{pmatrix} 1 & 0 \\ 0 & -1 \end{pmatrix}.$$

21.1 Lemma

1) $A_\theta = R_\theta A_0 = A_0 R_{-\theta}$ *per ogni* $\theta \in \mathsf{R}$.

2) $A_\varphi \circ A_\theta = R_{\varphi-\theta}$ *per ogni* φ, $\theta \in \mathsf{R}$.

3) *Ogni matrice* A_θ *possiede gli autovalori* $\lambda = \pm 1$, *con autospazi di dimensione* 1 *tra loro ortogonali.*

Dimostrazione

1) Segue subito da un calcolo diretto.

2) Per la (1) si ha

$$A_\varphi A_\theta = (R_\varphi A_0)(A_0 R_{-\theta}) = R_\varphi (A_0 A_0) R_{-\theta} = R_\varphi R_{-\theta} = R_{\varphi-\theta}.$$

3) Si verifica subito che il polinomio caratteristico di A_θ è $T^2 - 1$, sicché gli autovalori sono $\lambda = \pm 1$. Gli autospazi sono pertanto di dimensione 1, e definiti rispettivamente dalle equazioni in coordinate X, Y

$$\begin{aligned} (\cos\theta - 1) X + (\sin\theta) Y = 0, \quad & \lambda = 1 \\ (\cos\theta + 1) X + (\sin\theta) Y = 0, \quad & \lambda = -1. \end{aligned} \tag{21.1}$$

Poiché $(\cos\theta - 1)(\cos\theta + 1) + \sin^2\theta = 0$, i due autospazi sono ortogonali tra loro.

Consideriamo un piano euclideo $\mathbf{E}$ con piano vettoriale euclideo associato $\mathbf{V}$ e fissiamo un riferimento cartesiano $O\mathbf{e}_1\mathbf{e}_2$. Sia $C \in \mathbf{E}$, e sia $\sigma: \mathbf{E} \to \mathbf{E}$ una rotazione di centro C. Mediante l'isomorfismo [20.10] possiamo associare a σ un elemento $R_\theta \in SO(2)$. θ è detto *l'angolo della rotazione* σ. Per distinguerla dalla matrice R_θ, la rotazione di centro C corrispondente a R_θ si denoterà con $R_{C,\theta}$. Essa può rappresentarsi come la composizione

$$R_{C,\theta} = t_{\overrightarrow{OC}} \circ R_{O,\theta} \circ t_{-\overrightarrow{OC}}$$

e pertanto le coordinate $\mathbf{y} = {}^t(y_1\ y_2)$ del trasformato $R_{C,\theta}(P)$ di un punto P di coordinate $\mathbf{x} = {}^t(x_2\ x_2)$ sono

$$\mathbf{y} = R_\theta(\mathbf{x} - \mathbf{c}) + \mathbf{c},$$

dove $\mathbf{c} = {}^t(c_1\ c_2)$ sono le coordinate di C.

Un'isometria $\rho_{\mathscr{r}}$ di $\mathbf{E}$, diversa dall'identità, che fissa tutti i punti di una retta $\mathscr{r}$ è detta *riflessione* (cfr. anche 20.10(3)). La retta $\mathscr{r}$ è l'*asse* della riflessione.

Una riflessione è un'isometria inversa il cui quadrato è l'identità. La figura 21.1 dà un esempio di sottoinsieme del piano ordinario che è trasformato in sé stesso dalla riflessione $\rho_{\mathscr{r}}$.

Una riflessione fissa ogni punto del suo asse. In particolare le riflessioni con asse passante per l'origine si identificano con gli elementi di $O(2)\backslash SO(2)$, perché fissano l'origine ma non sono rotazioni. Ognuna di esse è quindi rappresentata da una matrice A_θ, per qualche $\theta \in \mathbb{R}$.

Per distinguerla dalla matrice, denoteremo la riflessione corrispondente ad A_θ con il simbolo $A_{O,\theta}$. L'asse $\mathscr{r}_\theta$ di $A_{O,\theta}$ è la retta per l'origine che ha per direzione l'autospazio relativo all'autovalore $\lambda = 1$, cioè la retta di equazione la prima delle [21.1]. Un versore di direzione di $\mathscr{r}_\theta$ è $(\cos(\theta/2), \sin(\theta/2))$ (fig. 21.2).

21.2 Lemma

1) *Siano* $\mathscr{r}$ *una retta di* $\mathbf{E}$, $C \in \mathscr{r}$ *un suo punto ed* $R_{C,\theta}$ *una rotazione di centro* C. *Esistono rette* $\mathscr{s}$ *e* $\mathscr{t}$ *contenenti* C *tali che*

$$R_{C,\theta} = \rho_{\mathscr{r}} \circ \rho_{\mathscr{s}} = \rho_{\mathscr{t}} \circ \rho_{\mathscr{r}}.$$

Viceversa, per ogni coppia di rette $\mathscr{r}$ *ed* $\mathscr{s}$ *passanti per un punto* C, *la composizione* $\rho_{\mathscr{r}} \circ \rho_{\mathscr{s}}$ *è una rotazione di centro* C *e* $\rho_{\mathscr{r}} \circ \rho_{\mathscr{s}} = \mathbf{1}_{\mathbf{E}}$ *se e solo se* $\mathscr{r} = \mathscr{s}$.

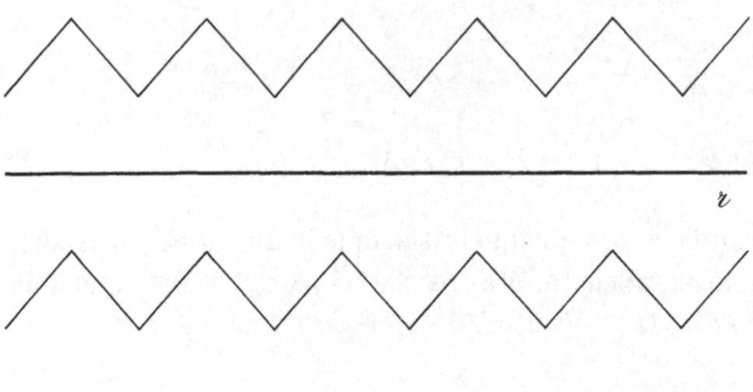

Figura 21.1

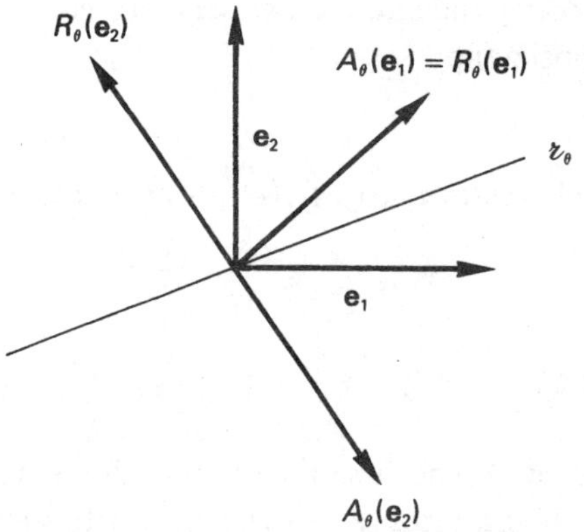

Figura 21.2

2) *La composizione* $R_{C,\theta} \circ R_{D,\varphi}$ *di due rotazioni di centro i punti C e D e di angoli* θ *e* φ *rispettivamente, è una rotazione di angolo* $\theta + \varphi$, *a meno che non si abbia* $\theta + \varphi = 2k\pi$, $k \in \mathbb{Z}$; *in questo caso* $R_{C,\theta} \circ R_{D,\varphi}$ *è una traslazione, che è diversa dall'identità se e solo se* $C \neq D$.

3) *Se C e D sono due punti distinti ed* r *la retta che li contiene, e se le rotazioni* $R_{C,\theta}$ *ed* $R_{D,\varphi}$ *sono non banali e* $\theta + \varphi \neq 2k\pi$, *allora le rotazioni* $R_{C,\theta} \circ R_{D,\varphi}$ *ed* $R_{C,-\theta} \circ R_{D,-\varphi}$ *hanno centri distinti e simmetrici rispetto a* r.

Dimostrazione

1) Possiamo supporre $C = O$ e quindi $\rho_r = A_{O,\alpha}$ per qualche $\alpha \in \mathbb{R}$. Per il lemma 21.1(2) si ha $R_\theta = A_\alpha \circ A_{\alpha-\theta}$ e pertanto $R_{O,\theta} = \rho_r \circ \rho_s$, dove s è l'asse della riflessione $A_{O,\alpha-\theta}$; similmente

$$R_{O,\theta} = A_{O,\theta+\alpha} \circ A_{O,\alpha} = \rho_\ell \circ \rho_r$$

dove ℓ è l'asse della riflessione $A_{O,\theta+\alpha}$. Supponendo $C = O$ il viceversa è una riformulazione del lemma 21.1(2).

2) Se $C = D$, si ha ovviamente $R_{C,\theta} \circ R_{C,\varphi} = R_{C,\theta+\varphi}$. Supponiamo $C \neq D$ (e quindi anche θ, $\varphi \neq 2k\pi$) e denotiamo con r la retta passante per C e per D. Per la (1) esistono una retta ℓ contenente C e una retta s contenente D tali che

$$R_{C,\theta} = \rho_\ell \circ \rho_r, \quad R_{D,\varphi} = \rho_r \circ \rho_s. \qquad [21.2]$$

Quindi

$$R_{C,\theta} \circ R_{D,\varphi} = (\rho_\ell \circ \rho_r) \circ (\rho_r \circ \rho_s) = \rho_\ell \circ (\rho_r \circ \rho_r) \circ \rho_s = \rho_\ell \circ \rho_s \qquad [21.3]$$

Se ℓ ed s sono parallele, $\rho_\ell \circ \rho_s$ è una traslazione in direzione perpendicolare a ℓ ed s; se non sono parallele, allora, per la (1), $\rho_\ell \circ \rho_s$ è una rotazione.

D'altra parte, siano $\mathbf{c} = {}^t(c_1 \;\; c_2)$ e $\mathbf{d} = {}^t(d_1 \;\; d_2)$ le coordinate di C e di D rispettivamente. Utilizzando la [21.3] troviamo che per ogni $P \in \mathbf{E}$ di coordinate $\mathbf{x} = {}^t(x_1 \; x_2)$ il punto $(R_{C,\theta} \circ R_{D,\varphi})(P)$ ha coordinate

$$\mathbf{y} = R_\theta[R_\varphi(\mathbf{x} - \mathbf{d}) + \mathbf{d} - \mathbf{c}] + \mathbf{c} = R_{\theta+\varphi}(\mathbf{x} - \mathbf{d}) + R_\theta(\mathbf{d} - \mathbf{c}) + \mathbf{c}. \qquad [21.4]$$

Questa è una traslazione se e solo se $\theta + \varphi = 2k\pi$; in caso contrario, per quanto osservato in precedenza, la [21.4] è una rotazione di un angolo che per la sua espressione è uguale a $\theta + \varphi$. Se $\theta + \varphi = 2k\pi$ si ha

$$\mathbf{y} = \mathbf{x} + [R_\theta(\mathbf{d} - \mathbf{c}) - (\mathbf{d} - \mathbf{c})],$$

che non è l'identità perché $\mathbf{d} - \mathbf{c} \neq \mathbf{0}$, ed $R_\theta \neq \mathbf{I}_2$.

3) Siano $\mathscr{s}$ e $\mathscr{l}$ le rette definite nella dimostrazione di (1), e tali da soddisfare le [21.2]. Si ha

$$R_{C,-\theta} = (R_{C,\theta})^{-1} = \rho_{\mathscr{t}} \circ \rho_{\mathscr{l}}$$

$$R_{D,-\varphi} = (R_{D,\varphi})^{-1} = \rho_{\mathscr{s}} \circ \rho_{\mathscr{t}}$$

e, per la [21.3],

$$R_{C,-\theta} \circ R_{D,-\varphi} = \rho_{\mathscr{t}} \circ \rho_{\mathscr{l}} \circ \rho_{\mathscr{s}} \circ \rho_{\mathscr{t}} = \rho_{\mathscr{t}} \circ R_{C,\theta} \circ R_{D,\varphi} \circ \rho_{\mathscr{t}}.$$

Da questa espressione si verifica subito che, detto Q il centro della rotazione $R_{C,\theta} \circ R_{D,\varphi}$, il punto $\rho_{\mathscr{t}}(Q)$ è trasformato in sé stesso dalla rotazione $R_{C,-\theta} \circ R_{D,-\varphi}$, e quindi è il suo centro. Poiché $R_{C,\theta}$ ed $R_{D,\varphi}$ sono non banali, si ha $\mathscr{s} \neq \mathscr{t} \neq \mathscr{l}$ e quindi $Q = \mathscr{s} \cap \mathscr{l}$ non sta su $\mathscr{t}$. Pertanto i punti Q e $\rho_{\mathscr{t}}(Q)$ sono distinti.

Una *glissoriflessione* è un'isometria f di $\mathbf{E}$ ottenuta come la composizione $f = t_\mathbf{v} \circ \rho_{\mathscr{t}}$ di una riflessione $\rho_{\mathscr{t}}$ di asse una retta $\mathscr{t}$ e di una traslazione $t_\mathbf{v} \neq \mathbf{1}_\mathbf{E}$ tale che il vettore $\mathbf{v} \neq \mathbf{0}$ sia parallelo a $\mathscr{t}$. La retta $\mathscr{t}$ è l'*asse* di f. È immediato verificare che si ha anche $f = \rho_{\mathscr{t}} \circ t_\mathbf{v}$.

Una glissoriflessione è un'isometria inversa che non fissa alcun punto di $\mathbf{E}$. La figura 21.3 dà un esempio di sottoinsieme del piano ordinario che è trasformato in sé stesso da una glissoriflessione di asse la retta $\mathscr{t}$.

Un teorema classico afferma che ogni isometria di $\mathbf{E}$ è di uno dei tipi che abbiamo descritto.

21.3 Teorema (Chasles, 1831) *Una isometria del piano euclideo* $\mathbf{E}$ *che fissa un punto è una rotazione oppure una riflessione a seconda che sia diretta o inversa.*

Una isometria di $\mathbf{E}$ *che non fissa alcun punto è una traslazione oppure una glissoriflessione a seconda che sia diretta o inversa.*

Dimostrazione

Se $f \in \mathrm{Isom}(\mathbf{E})$ fissa un punto, la conclusione segue dalla discussione precedente il lemma 21.2.

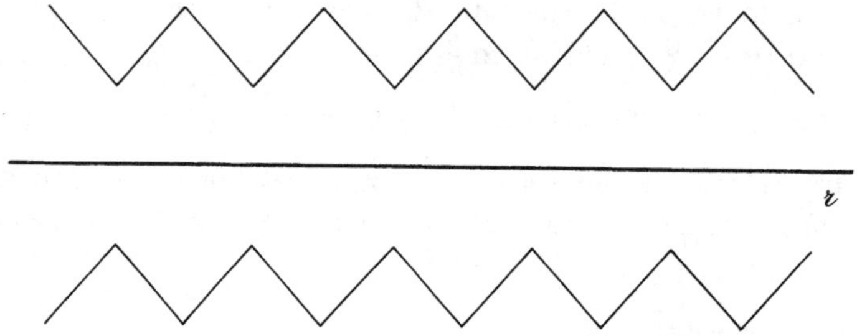

Figura 21.3

Supponiamo ora che f sia una isometria diretta priva di punti fissi. Allora anche f^2 è priva di punti fissi, perché se si avesse $P = f^2(P)$ per qualche P, il segmento $Pf(P)$ verrebbe trasformato da f nel segmento

$$f(P)\,P = f(P)f^2(P),$$

cioè nello stesso con gli estremi scambiati, e quindi il suo punto medio sarebbe fissato da f, il che non è possibile.

Per ogni $P \in \mathbf{E}$, consideriamo i tre punti $P, f(P), f^2(P)$, che sono distinti per quanto appena visto, e facciamo vedere che sono allineati.

Se così non fosse (fig. 21.4) gli assi dei due segmenti $Pf(P)$ e $f(P)f^2(P)$ si incontrerebbero in un punto Q: poiché $d(P, f(P)) = d(f(P), f^2(P))$, si avrebbe anche

$$d(Q, P) = d(Q, f(P)) = d(Q, f^2(P)).$$

Poiché f preserva l'orientazione, ne segue che il triangolo di vertici $Q, P, f(P)$ viene trasformato da f nel triangolo di vertici $Q, f(P), f^2(P)$, e quindi $Q = f(Q)$, una contraddizione.

Ne segue che i punti $P, f(P), f^2(P), \ldots, f^i(P), \ldots$, sono allineati, sicché f agisce sulla retta che li contiene come una traslazione. Poiché è una isometria diretta, f deve agire come la stessa traslazione su tutto il piano, e quindi è una traslazione.

Supponiamo infine che f sia una isometria inversa priva di punti fissi. Allora f^2 è una isometria diretta e, ragionando come nel caso precedente, si dimostra che $f^2 = t_{\mathbf{v}}$ per qualche $\mathbf{v}$.

Consideriamo un punto $P \in \mathbf{E}$ qualsiasi: le rette $r_0 = \overline{Pf^2(P)}$ e $r_1 = \overline{f(P)f^3(P)}$ sono parallele (ma non necessariamente distinte) e vengono scambiate da f. Quindi f trasforma in sé stessa la retta r, parallela ad r_0 e a r_1 ed equidistante da esse (fig. 21.5).

Ma allora, poiché f^2 agisce su r come la traslazione $t_{\mathbf{v}}$, f agisce su r come la traslazione $t_{\mathbf{v}/2}$. La composizione $t_{-\mathbf{v}/2} \circ f$ fissa quindi tutti i punti di r e perciò, non essendo l'identità perché è una isometria inversa, essa è una riflessione. Da ciò segue che $f = t_{\mathbf{v}/2} \circ (t_{-\mathbf{v}/2} \circ f)$ è una glissoriflessione.

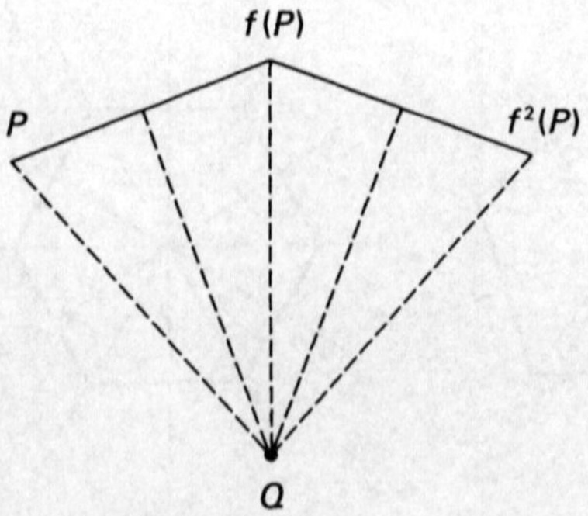

Figura 21.4

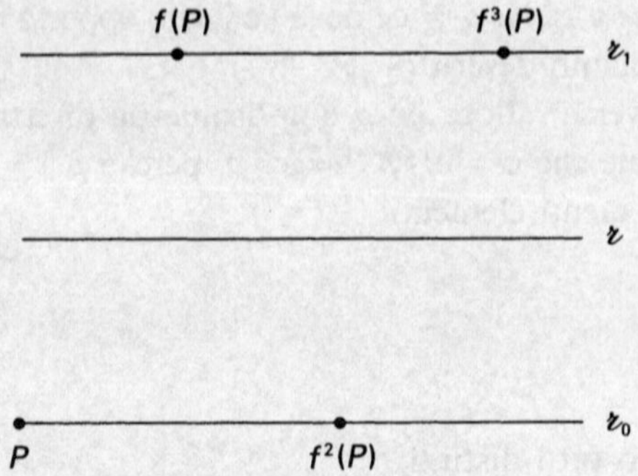

Figura 21.5

I gruppi discontinui di isometrie del piano euclideo **E** si suddividono in tre classi: i gruppi finiti, i cosiddetti *gruppi dei fregi*, ed i *gruppi cristallografici piani*. Il loro studio si effettua attraverso quello delle figure di cui essi sono gruppi di isometrie.

Esiste una loro classificazione completa; noi ci limiteremo a considerare i *sottogruppi finiti di* Isom(**E**).

Uno di questi è il gruppo $\text{Isom}(\Pi_n)$ delle isometrie di un poligono regolare Π_n, di $n \geq 3$ lati, che supponiamo inscritto nella circonferenza **S** di centro l'origine e raggio 1 di **E** (fig. 21.6).

$\text{Isom}(\Pi_n)$ contiene la rotazione $\sigma = R_{2\pi/n}$, e quindi anche le rotazioni

$$\sigma^0 = 1,\ \sigma,\ \sigma^2,\ \ldots,\ \sigma^{n-1}.$$

Poiché evidentemente ogni $f \in \text{Isom}(\Pi_n)$ deve fissare O, e quindi deve essere una rotazione di centro O oppure una riflessione di asse una retta per O, deduciamo che non ci sono altre rotazioni in $\text{Isom}(\Pi_n)$.

Inoltre, se per ogni lato l di Π_n consideriamo il diametro $\mathscr{r}_l$ di **S** che lo biseca, la riflessione ρ_l di asse $\mathscr{r}_l$ sta in $\text{Isom}(\Pi_n)$. Per ogni vertice v di Π_n, anche la riflessione ρ_v di asse il diametro $\mathscr{r}_v$ di **S** che contiene v appartiene a $\text{Isom}(\Pi_n)$.

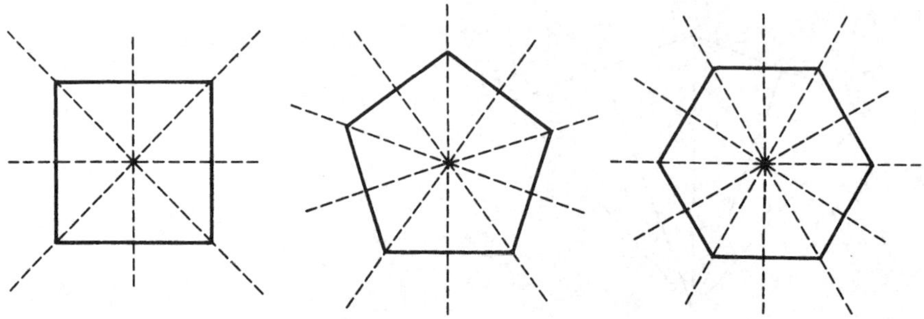

Figura 21.6

Se n è dispari, allora, per ogni vertice v, si ha $\rho_v = \rho_l$, dove l è il lato opposto a v. Sia ρ una delle riflessioni che abbiamo descritto.

Se $\alpha \in \mathrm{Isom}(\Pi_n)$ è un'isometria inversa, allora $\alpha \circ \rho$ è un'isometria diretta, e quindi $\alpha \circ \rho = \sigma^i$ per qualche i; ne segue che $\alpha = \sigma^i \circ \rho^{-1} = \sigma^i \circ \rho$, perché $\rho^{-1} = \rho$.

Pertanto $\mathrm{Isom}(\Pi_n)$ consiste dei seguenti elementi:

$$\sigma^0 = 1,\ \sigma,\ \sigma^2, \ldots,\ \sigma^{n-1}$$

$$\rho,\ \sigma \circ \rho,\ \sigma^2 \circ \rho, \ldots,\ \sigma^{n-1} \circ \rho,$$

che, è facile verificarlo, sono tra loro tutti distinti.

Possiamo concludere che $\mathrm{Isom}(\Pi_n)$ è isomorfo al *gruppo diedrale* di ordine $2n$, denotato con D_{2n}.

Si osservi che $\mathrm{Isom}(\Pi_n)$ è generato da ρ e da σ: cio è evidente dal modo in cui abbiamo descritto i suoi elementi. Però è anche possibile generare $\mathrm{Isom}(\Pi_n)$ mediante ρ e $\sigma \circ \rho$, perché $\sigma = (\sigma \circ \rho) \circ \rho$. Notando che $\sigma \circ \rho$ è una riflessione, perché è una isometria inversa che fissa O, ne deduciamo che $\mathrm{Isom}(\Pi_n)$ può essere generato da due riflessioni, e quindi è un gruppo di Coxeter.

Si noti che $\{1, \sigma, \sigma^2, \ldots, \sigma^{n-1}\}$ è un sottogruppo di $\mathrm{Isom}(\Pi_n)$, isomorfo al gruppo ciclico $\mathsf{Z}/n\mathsf{Z}$. È facile verificare che esso si identifica con il gruppo delle isometrie di un poligono non regolare P_{2n} a $2n$ lati contenuto in Π_n. La figura 21.7 si riferisce ai casi $n = 3, 4$; in essa P_6 e P_8 sono i poligoni corrispondenti alle regioni punteggiate.

Un altro sottogruppo finito di $\mathrm{Isom}(\mathbf{E})$ è il gruppo delle isometrie di un triangolo isoscele $\mathbf{T}$, non equilatero: $\mathrm{Isom}(\mathbf{T})$ è isomorfo a $\mathsf{Z}/2\mathsf{Z}$, perché, oltre all'identità, contiene solo una riflessione (fig. 21.8).

Se consideriamo un rettangolo $\mathbf{F}$ che non sia un quadrato, otteniamo come $\mathrm{Isom}(\mathbf{F})$ un sottogruppo finito di $\mathrm{Isom}(\mathbf{E})$ diverso da quelli considerati in precedenza: se $\mathbf{F}$ è centrato nell'origine, $\mathrm{Isom}(\mathbf{F})$ è il sottogruppo di $\mathrm{O}(2)$ costituito dall'identità, dalle due riflessioni ρ_1, ρ_2 di assi gli assi coordinati, e dalla rotazione $R_{O,\pi}$.

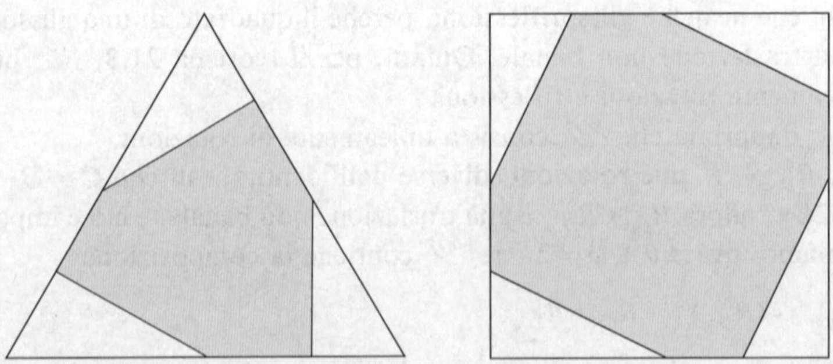

Figura 21.7

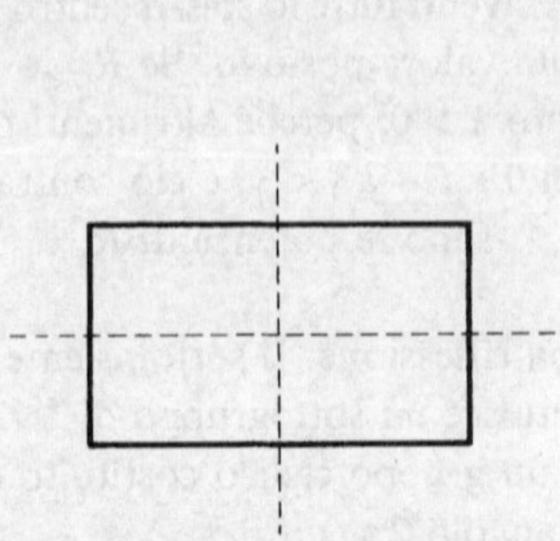

Figura 21.8

Questo gruppo è il cosiddetto *gruppo quadrinomio*, o *di Klein*, ed è isomorfo a D_4, il gruppo diedrale di ordine 4.

È chiaro che se si considerano poligoni regolari centrati in un punto qualsiasi $C \in \mathbf{E}$, anziché nell'origine, si ottengono sottogruppi finiti di Isom(**E**) isomorfi a quelli che abbiamo descritto, ma contenuti in $\text{Isom}(\mathbf{E})_C$ anziché in $\text{Isom}(\mathbf{E})_O$.

I gruppi finiti di simmetrie che abbiamo considerato furono studiati sistematicamente da Leonardo da Vinci nel corso delle sue indagini architettoniche sulle simmetrie di un edificio, e sul modo in cui esse vengono modificate dall'aggiunta di absidi e nicchie.

Il seguente teorema afferma che non ci sono altri sottogruppi finiti di Isom(**E**).

21.4 Teorema *Ogni sottogruppo finito non banale di* Isom(**E**) *è isomorfo a* $\mathsf{Z}/n\mathsf{Z}$, *per qualche* $n \geq 2$, *oppure a uno dei gruppi diedrali* D_{2n}, $n \geq 2$.

Dimostrazione

Sia $\mathscr{G}$ un sottogruppo finito non banale di Isom(**E**). Come abbiamo già osservato in 20.10(5), $\mathscr{G}$ non può contenere traslazioni non banali, e conseguentemente non contiene neanche glissoriflessioni, perché il quadrato di una glissoriflessione è una traslazione non banale. Quindi, per il teorema 21.3, $\mathscr{G}$ può contenere unicamente rotazioni e riflessioni.

Supponiamo dapprima che $\mathscr{G}$ consista unicamente di rotazioni.

Siano $R_{C,\theta}$, $R_{D,\varphi} \in \mathscr{G}$ due rotazioni, diverse dall'identità, tali che $C \neq D$.

Se $\theta + \varphi = 2k\pi$, allora $R_{C,\theta} \circ R_{D,\varphi}$ è una traslazione non banale, e ciò è impossibile. Supponiamo invece $\theta + \varphi \neq 2k\pi$. $\mathscr{G}$ contiene la composizione

$$f = (R_{C,\theta})^{-1} \circ (R_{D,\varphi})^{-1} \circ R_{C,\theta} \circ R_{D,\varphi}.$$

Poiché $(R_{C,\theta})^{-1} = R_{C,-\theta}$ ed $(R_{D,\varphi})^{-1} = R_{D,-\varphi}$, dal lemma 21.2 segue che $g_1 = (R_{C,\theta})^{-1} \circ (R_{D,\varphi})^{-1}$ e $g_2 = R_{C,\theta} \circ R_{D,\varphi}$ sono rotazioni di angoli $-\theta - \varphi$ e $\theta + \varphi$ rispettivamente, e di centri diversi. Quindi, sempre per il lemma 21.2, $f = g_1 \circ g_2$ è una traslazione non banale. Poiché ciò è impossibile, si deve avere $C = D$.

Il sottogruppo $\mathscr{G}$ consiste dunque di rotazioni aventi tutte lo stesso centro C.

Sia $R = R_{C,\gamma} \in \mathscr{G}$ tale che γ abbia il più piccolo valore positivo. Se $R_{C,\theta} \in \mathscr{G}$ con $\theta > 0$, deve essere $R_{C,\theta} = R^k$ per qualche intero $k > 0$, perché altrimenti per qualche k si avrebbe $R_{C,\theta} \circ R^{-k} = R_{C,\theta - k\gamma} \in \mathscr{G}$ con $0 < \theta - k\gamma < \gamma$, e ciò contraddice la minimalità di γ. Quindi gli elementi di $\mathscr{G}$ sono le potenze di R, e $\mathscr{G}$ è un gruppo ciclico.

Supponiamo ora che $\mathscr{G}$ contenga almeno una riflessione. Il sottoinsieme di tutte le isometrie dirette appartenenti a $\mathscr{G}$ costituisce un sottogruppo di $\mathscr{G}$, il quale, per la prima parte della dimostrazione, è un gruppo ciclico costituito da tutte le potenze di una rotazione R di un certo angolo $2\pi/n$:

$$R,\ R^2, \ldots,\ R^n = 1$$

(se $n = 1$ $\mathscr{G}$ non contiene rotazioni diverse dall'identità). Supponiamo che $\mathscr{G}$ contenga m riflessioni, e sia ρ una di esse.

Gli n prodotti $\rho \circ R$, $\rho \circ R^2, \ldots, \rho \circ R^{n-1}$, ρ sono isometrie inverse distinte tra loro e quindi sono altrettante riflessioni. Ne segue che $n \leq m$.

D'altra parte, se si moltiplica ρ a destra per le m riflessioni distinte di $\mathscr{G}$ si ottengono altrettante rotazioni distinte: se ne deduce che $m \leq n$.

In conclusione $n = m$, e gli elementi di $\mathscr{G}$ sono

$$R,\ R^2, \ldots,\ R^n = 1,$$
$$\rho \circ R,\ \rho \circ R^2, \ldots,\ \rho \circ R^{n-1},\ \rho.$$

Quindi $\mathscr{G}$ è isomorfo a D_{2n}.

Passiamo ora al caso tridimensionale. Il punto di partenza nello studio di SO(3) è il seguente lemma.

21.5 Lemma *Ogni* $R \in \mathrm{SO}(3)$, $R \neq \mathbf{I}_3$, *possiede l'autovalore* $\lambda = 1$ *con autospazio di dimensione* 1.

Dimostrazione

Poiché è una matrice quadrata reale di ordine dispari, R possiede almeno un autovalore λ (cfr. 13.15(1)). Per la proposizione 20.3 sappiamo che $\lambda = \pm 1$.

Se $\lambda = -1$, sia $\mathbf{x} \in \mathsf{R}^3$ un autovettore relativo a λ. Per ogni $\mathbf{y} \in \mathbf{x}^\perp$ si ha

$$-R\mathbf{y}\cdot\mathbf{x} = R\mathbf{y}\cdot(-\mathbf{x}) = R\mathbf{y}\cdot R\mathbf{x} = \mathbf{y}\cdot\mathbf{x} = 0 \qquad [21.5]$$

e quindi $R\mathbf{y} \in \mathbf{x}^\perp$; ne consegue che R trasforma $\mathbf{x}^\perp$ in sé stesso e definisce un operatore unitario R' su $\mathbf{x}^\perp$. Scegliendo una base ortonormale di R^3 il cui primo vettore è $\mathbf{x}/\|\mathbf{x}\|$, si vede che $1 = \det(R) = (-1)\det(R')$. Si deduce da ciò che R' è una riflessione del piano $\mathbf{x}^\perp$. Poiché R' possiede l'autovalore 1, anche R ha 1 come autovalore.

Sia $\mathbf{W} \subset \mathsf{R}^3$ il corrispondente autospazio; come in [21.5] si verifica che $R(\mathbf{W}^\perp) = \mathbf{W}^\perp$, sicché $\mathbf{W}^\perp$ è un autospazio di R. Poiché $\det(R) = 1$, se $\dim(\mathbf{W}) = 2$ R induce l'identità anche su $\mathbf{W}^\perp$. Ciò significa che $\mathbf{W}^\perp \subset \mathbf{W}$, cioè $\mathbf{W} = \mathsf{R}^3$, ovvero $R = \mathbf{I}_3$, contro l'ipotesi. Quindi $\dim(\mathbf{W}) = 1$.

Dal lemma 21.5 discende che una rotazione R lascia fissi tutti i punti di una retta passante per $\mathbf{0}$ che si dice *asse della rotazione*. Se si sceglie una base ortonormale $\{\mathbf{n}, \mathbf{e}_1, \mathbf{e}_2\}$ di R^3 orientata concordemente alla terna canonica $\{\mathbf{E}_1, \mathbf{E}_2, \mathbf{E}_3\}$ e tale che $\mathbf{n}$ appartenga all'asse, R induce sul piano $\langle \mathbf{e}_1, \mathbf{e}_2 \rangle$ una rotazione di un certo angolo θ, $0 \leq \theta < 2\pi$. Sostituendo la base $\{\mathbf{n}, \mathbf{e}_1, \mathbf{e}_2\}$ con $\{-\mathbf{n}, \mathbf{e}_2, \mathbf{e}_1\}$, l'angolo di rotazione θ si muta in $2\pi - \theta$. Quindi, a meno di tale sostituzione, cioè a meno di scambiare $\mathbf{n}$ con $-\mathbf{n}$, si può sempre supporre $0 \leq \theta \leq \pi$. Chiameremo *θ angolo convesso della rotazione R.*

Si noti che ogni rotazione $R \in SO(3)$ individua univocamente la coppia $(\mathbf{n}, \theta)$ a meno che non si abbia $\theta = \pi$: in questo caso $\theta = 2\pi - \theta$ e quindi $\mathbf{n}$ e $-\mathbf{n}$ definiscono lo stesso angolo.

Viceversa, ogni coppia $(\mathbf{n}, \theta) \in \mathbf{S}^2 \times [0, \pi]$, dove $\mathbf{S}^2$ denota la sfera unitaria in $\mathbf{E}^3$, individua un elemento $R \in SO(3)$ così definito:

$$R(\mathbf{n}) = \mathbf{n},\ R(\mathbf{e}_1) = (\cos\theta)\,\mathbf{e}_1 + (\sin\theta)\,\mathbf{e}_2,\ R(\mathbf{e}_2) = -(\sin\theta)\,\mathbf{e}_1 + (\cos\theta)\,\mathbf{e}_2 \qquad [21.6]$$

dove $\mathbf{e}_1$, $\mathbf{e}_2$ sono univocamente determinati dalla condizione che $\{\mathbf{n}, \mathbf{e}_1, \mathbf{e}_2\}$ sia una base ortonormale.

Possiamo riassumere quanto dimostrato sopra nella seguente proposizione:

21.6 PROPOSIZIONE *La* [21.6] *definisce un'applicazione* $\rho: \mathbf{S}^2 \times [0, \pi] \to SO(3)$ *la cui restrizione a* $\mathbf{S}^2 \times (0, \pi)$ *è biunivoca, e tale che*

$$\rho(\mathbf{n}, 0) = \mathbf{I}_3$$

$$\rho(\mathbf{n}, \pi) = \rho(-\mathbf{n}, \pi) \quad \textit{per ogni } \mathbf{n} \in \mathbf{S}^2.$$

Mentre le rotazioni attorno allo stesso asse si compongono sommando gli angoli di rotazione, le rotazioni attorno ad assi diversi hanno una legge geometrica di composizione più riposta, il che rende la struttura di SO(3) più complicata di quella di SO(2).

Esiste una descrizione molto esplicita di SO(3), dovuta a Eulero, ottenuta per mezzo di particolari rotazioni.

Per ogni $\theta \in \mathrm{R}$, siano

$$\mathbf{X}_\theta = \begin{pmatrix} 1 & 0 & 0 \\ 0 & \cos\theta & -\sin\theta \\ 0 & \sin\theta & \cos\theta \end{pmatrix}$$

e

$$\mathbf{Z}_\theta = \begin{pmatrix} \cos\theta & -\sin\theta & 0 \\ \sin\theta & \cos\theta & 0 \\ 0 & 0 & 1 \end{pmatrix}.$$

Queste matrici rappresentano rotazioni di un angolo θ attorno agli assi X e Z rispettivamente. Poiché consideriamo orientazioni fissate degli assi X e Z, non abbiamo la possibilità di ridurre l'angolo θ ad un angolo convesso, cioè in $[0, \pi]$, come si è fatto nella dimostrazione della proposizione 21.6; pertanto, per poter ottenere tutte le rotazioni attorno a tali assi occorre considerare $\theta \in \mathrm{R}$ qualunque.

21.7 Teorema (Eulero, 1776) *Ogni $R \in \mathrm{SO}(3)$ è della forma*

$$R = \mathbf{Z}_\varphi \circ \mathbf{X}_\theta \circ \mathbf{Z}_\psi$$

dove $0 \le \varphi, \psi < 2\pi$, $0 \le \theta \le \pi$. *Gli angoli* φ, θ, ψ *sono detti* angoli di Eulero *della rotazione* R, *e sono da essa univocamente determinati.*

Dimostrazione

Una rotazione R, dovendo preservare l'orientazione, è completamente determinata dalle immagini dei vettori $\mathbf{e}_1 = (1, 0, 0)$ ed $\mathbf{e}_3 = (0, 0, 1)$.

Per visualizzare il ragionamento pensiamo il vettore $\mathbf{e}_1$ applicato nel punto $\mathbf{e}_3 = (0, 0, 1)$ (fig. 21.9*a*) ed $R(\mathbf{e}_1)$ applicato in $R(\mathbf{e}_3)$.

Applicando prima $\mathbf{X}_\theta$ e poi $\mathbf{Z}_\varphi$ per opportuni θ e φ tali che $0 \le \theta \le \pi$, $0 \le \varphi < 2\pi$, possiamo ottenere una rotazione che trasforma $\mathbf{e}_3$ in $R(\mathbf{e}_3)$; θ e φ sono univocamente determinati e corrispondono rispettivamente alla "latitudine" ed alla "longitudine" di $R(\mathbf{e}_3)$.

Il vettore $(\mathbf{Z}_\varphi \circ \mathbf{X}_\theta)(\mathbf{e}_1)$, applicato in $R(\mathbf{e}_3)$, forma un angolo ψ con $R(\mathbf{e}_1)$. Facendo precedere la trasformazione $\mathbf{Z}_\varphi \circ \mathbf{X}_\theta$ da $\mathbf{Z}_\psi$ si ottiene

$$(\mathbf{Z}_\varphi \circ \mathbf{X}_\theta \circ \mathbf{Z}_\psi)(\mathbf{e}_1) = R(\mathbf{e}_1),$$

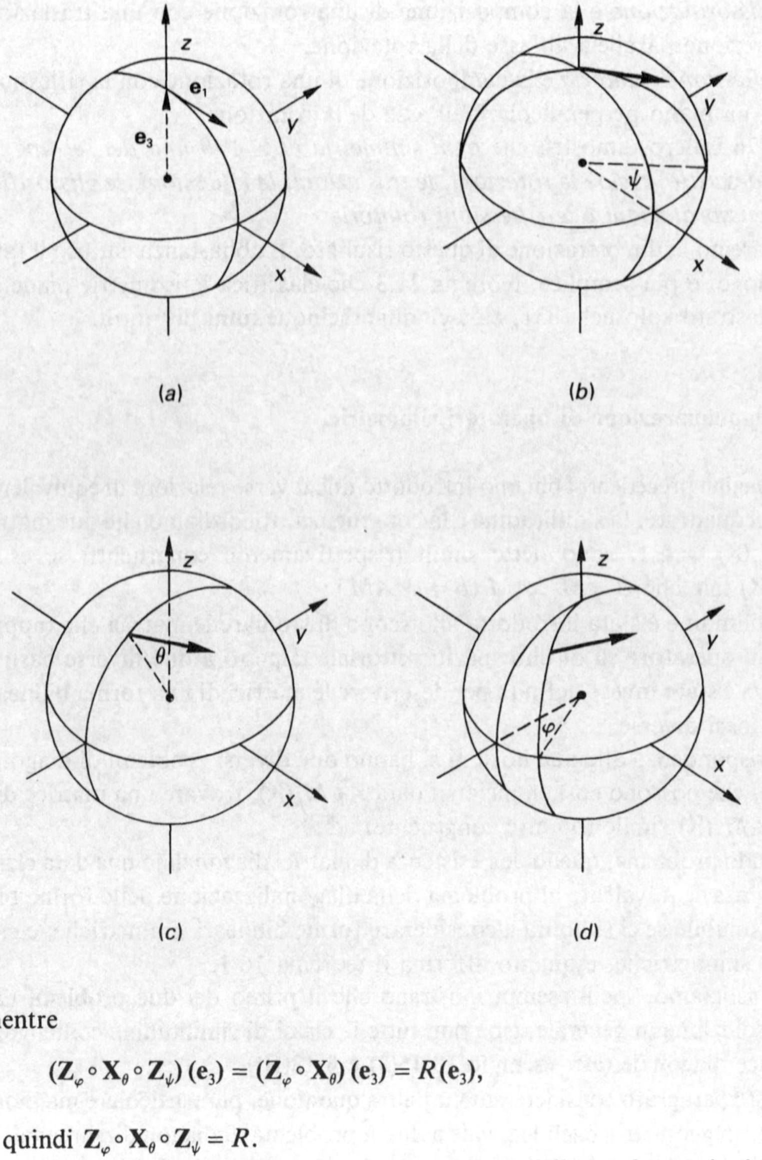

Figura 21.9

mentre

$$(\mathbf{Z}_\varphi \circ \mathbf{X}_\theta \circ \mathbf{Z}_\psi)(\mathbf{e}_3) = (\mathbf{Z}_\varphi \circ \mathbf{X}_\theta)(\mathbf{e}_3) = R(\mathbf{e}_3),$$

e quindi $\mathbf{Z}_\varphi \circ \mathbf{X}_\theta \circ \mathbf{Z}_\psi = R$.

Le figure 21.9*b*, *c*, *d* illustrano la successione delle trasformazioni effettuate.

Sia **E** uno spazio euclideo tridimensionale.

La classificazione delle isometrie di **E** è simile a quella data dal teorema 21.3 per le isometrie del piano. Oltre alle rotazioni, riflessioni e traslazioni, si hanno i seguenti altri tre tipi di isometrie.

Una *glissoriflessione* è definita come la composizione di una riflessione con una traslazione in una direzione parallela al piano di simmetria della riflessione.

Una *glissorotazione* è la composizione di una rotazione con una traslazione in una direzione parallela all'asse della rotazione.

Una *riflessione rotatoria* è la composizione di una rotazione con la riflessione rispetto a un piano perpendicolare all'asse della rotazione.

Nel 1776 Eulero dimostrò che *ogni simmetria di* **E** *è di uno dei sei tipi che abbiamo descritto, e cioè le rotazioni, le traslazioni, le riflessioni, le glissoriflessioni, le glissorotazioni e le riflessioni rotatorie.*

Non daremo la dimostrazione di questo risultato. È abbastanza curioso il fatto che l'analogo, e più semplice, teorema 21.3 che classifica le isometrie piane sia stato dimostrato solo nel 1831, cioè cinquantacinque anni più tardi.

22 Diagonalizzazione di operatori simmetrici

Nelle pagine precedenti abbiamo introdotto due diverse relazioni di equivalenza tra matrici quadrate: la similitudine e la congruenza. Ricordiamo che due matrici A, $B \in M_n(\mathsf{K})$, $n \geq 1$, sono dette simili (rispettivamente congruenti) se esiste $M \in \mathrm{GL}_n(\mathsf{K})$ tale che $B = M^{-1}AM$ ($B = {}^tMAM$).

La similitudine è stata introdotta allo scopo di studiare le matrici che rappresentano un operatore su di uno spazio vettoriale rispetto a due diverse basi; la congruenza è stata invece definita per descrivere le matrici di una forma bilineare rispetto a basi diverse.

In corrispondenza alle due nozioni si hanno due diversi problemi di diagonalizzazione, che possono così enunciarsi: data $A \in M_n(\mathsf{K})$, trovare una matrice diagonale $B \in M_n(\mathsf{K})$ simile (oppure congruente) ad A.

Il secondo problema, quello dell'esistenza di matrici diagonali in una data classe di congruenza, equivalente al problema della diagonalizzazione delle forme bilineari, è risolubile se ci si limita a considerare forme bilineari simmetriche, e cioè matrici A simmetriche: è quanto afferma il teorema 16.1.

Come sappiamo, facili esempi mostrano che il primo dei due problemi non ammette soluzione in generale, cioè non tutte le classi di similitudine contengono una matrice diagonale (cfr. esempio 13.15(3) e § 13(II)).

In questo paragrafo considereremo un'altra questione, più particolare ma molto importante in geometria euclidea, vale a dire il problema di diagonalizzare matrici simmetriche reali per mezzo di matrici ortogonali.

Se $A \in M_n(\mathsf{R})$ ed $M \in \mathrm{O}(n)$, si ha

$$M^{-1}AM = {}^tMAM \qquad [22.1]$$

e quindi la matrice [22.1] è simultaneamente simile e congruente ad A. Parlando di diagonalizzazione di una matrice per mezzo di matrici ortogonali, non è dunque necessario specificare se ci si riferisce alla similitudine o alla congruenza perché le due nozioni sono equivalenti. Il limitarsi a considerare le matrici $M \in \mathrm{O}(n)$

è equivalente a considerare, in uno spazio vettoriale euclideo di dimensione finita $\mathbf{V}$, solo basi ortonormali; quindi la diagonalizzabilità di una matrice simmetrica A per mezzo di matrici ortogonali significa che sia la forma quadratica definita da A che l'operatore di matrice A rispetto a una base ortonormale di $\mathbf{V}$ sono diagonalizzabili *in una base ortonormale*.

Una semplice, ma fondamentale, proprietà delle matrici simmetriche reali è descritta dal seguente lemma.

22.1 LEMMA *Il polinomio caratteristico di una matrice simmetrica $A \in M_n(\mathbb{R})$ possiede solo radici reali.*

Dimostrazione

Possiamo considerare A come una matrice di numeri complessi e quindi come un operatore T_A: $\mathbb{C}^n \to \mathbb{C}^n$. Sia $\lambda \in \mathbb{C}$ una radice del polinomio caratteristico di A, e sia $\mathbf{x} \in \mathbb{C}^n$ un corrispondente autovettore. Si ha

$$A\mathbf{x} = \lambda \mathbf{x}. \tag{22.2}$$

Prendendo i complessi coniugati di primo e secondo membro, si ha anche

$$A\overline{\mathbf{x}} = \overline{\lambda}\overline{\mathbf{x}}. \tag{22.3}$$

Consideriamo lo scalare ${}^t\overline{\mathbf{x}}A\mathbf{x}$, e scriviamolo in due modi diversi utilizzando la [22.2] e la [22.3]:

$${}^t\overline{\mathbf{x}}A\mathbf{x} = {}^t\overline{\mathbf{x}}(A\mathbf{x}) = {}^t\overline{\mathbf{x}}\lambda\mathbf{x} = \lambda\,{}^t\overline{\mathbf{x}}\mathbf{x} \tag{22.4}$$

$${}^t\overline{\mathbf{x}}A\mathbf{x} = ({}^t\overline{\mathbf{x}}A)\,\mathbf{x} = {}^t(A\overline{\mathbf{x}})\,\mathbf{x} = {}^t(\overline{\lambda}\overline{\mathbf{x}})\,\mathbf{x} = \overline{\lambda}\,{}^t\overline{\mathbf{x}}\mathbf{x}. \tag{22.5}$$

Osservando che

$${}^t\overline{\mathbf{x}}\mathbf{x} = \overline{x}_1x_1 + \overline{x}_2x_2 + \ldots + \overline{x}_nx_n$$

è un numero reale positivo, perché $\mathbf{x} \neq \mathbf{0}$, dalle [22.4] e [22.5] deduciamo che $\lambda = \overline{\lambda}$, cioè che λ è reale.

22.2 TEOREMA (SPETTRALE) *Siano $\mathbf{V}$ uno spazio vettoriale euclideo di dimensione finita e T: $\mathbf{V} \to \mathbf{V}$ un operatore simmetrico. Esiste una base ortonormale di $\mathbf{V}$ rispetto alla quale la matrice che rappresenta T è diagonale.*

Dimostrazione

Procediamo per induzione su $n = \dim(\mathbf{V})$. Se $n = 1$ non c'è niente da dimostrare; supponiamo quindi $n \geq 2$ e che il teorema sia vero per spazi di dimensione $n-1$. Poiché l'operatore T è simmetrico, il polinomio caratteristico di T possiede radici reali, per il lemma 22.1. Quindi T possiede un autovalore λ; sia $\mathbf{e}_1$ un corrispondente autovettore, che possiamo supporre di norma 1, e sia $\mathbf{U} = \mathbf{e}_1^{\perp}$ il complemento ortogonale di $\mathbf{e}_1$. Per ogni $\mathbf{u} \in \mathbf{U}$ si ha

$$\langle T(\mathbf{u}), \mathbf{e}_1 \rangle = \langle \mathbf{u}, T(\mathbf{e}_1) \rangle = \langle \mathbf{u}, \lambda \mathbf{e}_1 \rangle = \lambda \langle \mathbf{u}, \mathbf{e}_1 \rangle = \lambda 0 = 0,$$

e quindi $T(\mathbf{u}) \in \mathbf{U}$, cioè T induce un operatore $T_{\mathbf{U}}: \mathbf{U} \to \mathbf{U}$. Poiché $T_{\mathbf{U}}(\mathbf{u}) = T(\mathbf{u})$ per ogni $\mathbf{u} \in \mathbf{U}$, l'operatore $T_{\mathbf{U}}$ è simmetrico. Per l'ipotesi induttiva, $\mathbf{U}$ possiede una base ortonormale $\{\mathbf{e}_2, \ldots, \mathbf{e}_n\}$ che diagonalizza $T_{\mathbf{U}}$. Allora $\{\mathbf{e}_1, \mathbf{e}_2, \ldots, \mathbf{e}_n\}$ è una base ortonormale di $\mathbf{V}$ che diagonalizza T.

Il teorema spettrale può enunciarsi nella forma equivalente seguente.

22.3 Teorema *Per ogni matrice simmetrica reale $A \in M_n(\mathsf{R})$ esiste una matrice ortogonale $M \in \mathrm{O}(n)$ tale che $M^{-1}AM$ sia diagonale.*

Dimostrazione
A è la matrice di un operatore simmetrico T_A di R^n rispetto alla base canonica. Dal teorema spettrale segue che T_A è diagonalizzabile in una base ortonormale, e quindi l'asserto.

Un enunciato equivalente del teorema spettrale si può dare in termini di forme quadratiche:

22.4 Teorema *Per ogni forma quadratica $q: \mathbf{V} \to \mathsf{R}$ su uno spazio vettoriale euclideo di dimensione finita, esiste una base ortonormale diagonalizzante.*

La dimostrazione del teorema 22.4 è simile alla precedente ed è lasciata al lettore.

La principale applicazione geometrica del teorema spettrale è un elegante teorema di classificazione delle coniche euclidee, che dimostreremo nel capitolo 4, e più in generale un teorema di classificazione delle quadriche in uno spazio euclideo di dimensione qualunque.

Il seguente risultato è implicito nel teorema 22.2 nel caso finito-dimensionale:

22.5 Proposizione *Sia $T: \mathbf{V} \to \mathbf{V}$ un operatore simmetrico sullo spazio vettoriale euclideo $\mathbf{V}$. Se λ, μ sono due autovalori distinti di T, ogni autovettore relativo a λ è ortogonale ad ogni autovettore relativo a μ.*

Dimostrazione
Siano $\mathbf{v}, \mathbf{w} \in \mathbf{V}$ autovettori relativi a λ e a μ rispettivamente. Si ha:

$$\langle T(\mathbf{v}), \mathbf{w} \rangle = \langle \lambda \mathbf{v}, \mathbf{w} \rangle = \lambda \langle \mathbf{v}, \mathbf{w} \rangle \qquad \langle \mathbf{v}, T(\mathbf{w}) \rangle = \langle \mathbf{v}, \mu \mathbf{w} \rangle = \mu \langle \mathbf{v}, \mathbf{w} \rangle$$

e, poiché T è simmetrico, si deduce che

$$\lambda \langle \mathbf{v}, \mathbf{w} \rangle = \mu \langle \mathbf{v}, \mathbf{w} \rangle.$$

Poiché $\lambda \neq \mu$, si deve avere $\langle \mathbf{v}, \mathbf{w} \rangle = 0$.

Esercizi

1. In ciascuno dei casi seguenti determinare una matrice $M \in SO(2)$ che diagonalizzi la matrice simmetrica assegnata:

a) $\begin{pmatrix} 6 & 2 \\ 2 & 9 \end{pmatrix}$ b) $\begin{pmatrix} 5 & -13 \\ -13 & 5 \end{pmatrix}$

c) $\begin{pmatrix} 7 & -2 \\ -2 & \frac{5}{3} \end{pmatrix}$ d) $\begin{pmatrix} 1 & \frac{1}{2} \\ \frac{1}{2} & 1 \end{pmatrix}$.

2. In ciascuno dei seguenti casi determinare una trasformazione ortogonale di $\mathbf{R}^3$ che diagonalizzi la forma quadratica assegnata:

a) $q(x_1, x_2, x_3) = 2x_1^2 + 2x_1x_2 + 2x_1x_3 + 2x_2^2 + 2x_2x_3 + 2x_3^2$

b) $q(x_1, x_2, x_3) = -2x_1x_2 + 2x_1x_3 - 2x_2^2 - 2x_2x_3 - 2x_3^2$

c) $q(x_1, x_2, x_3) = x_1^2 + 4x_1x_3 - x_2^2 + x_3^2$

e trovarne la corrispondente forma diagonale.

3. Dimostrare che se $A \in M_n(\mathsf{R})$ è una matrice antisimmetrica, ogni radice non nulla del suo polinomio caratteristico è un numero complesso puramente immaginario.

23 Il caso complesso

Abbiamo visto che in uno spazio vettoriale euclideo è possibile definire tutti i concetti di natura metrica della geometria euclidea utilizzando il prodotto scalare. In un campo K diverso da R in generale non ha senso parlare di positività e quindi non è possibile introdurre la nozione di prodotto scalare in uno spazio vettoriale su un campo qualsiasi. Nel caso $\mathsf{K} = \mathsf{C}$ è però possibile aggirare questa difficoltà in un modo molto semplice, modificando la definizione di forma bilineare simmetrica in quella di "forma hermitiana".

23.1 Definizione *Sia* $\mathbf{V}$ *uno spazio vettoriale su* C. *Un'applicazione* h: $\mathbf{V} \times \mathbf{V} \to \mathsf{C}$ *è una* forma hermitiana *su* $\mathbf{V}$ *se soddisfa le seguenti condizioni:*

$$h(\mathbf{v} + \mathbf{v}', \mathbf{w}) = h(\mathbf{v}, \mathbf{w}) + h(\mathbf{v}', \mathbf{w}) \quad [23.1]$$

$$h(\mathbf{v}, \mathbf{w} + \mathbf{w}') = h(\mathbf{v}, \mathbf{w}) + h(\mathbf{v}, \mathbf{w}') \quad [23.2]$$

$$h(c\mathbf{v}, \mathbf{w}) = c\, h(\mathbf{v}, \mathbf{w}) \quad [23.3]$$

$$h(\mathbf{v}, \mathbf{w}) = \overline{h(\mathbf{w}, \mathbf{v})}. \quad [23.4]$$

La [23.1] e la [23.3], insieme, affermano che $h(\mathbf{v}, \mathbf{w})$ è C-lineare in $\mathbf{v}$, mentre la [23.2] afferma che $h(\mathbf{v}, \mathbf{w})$ è additiva in $\mathbf{w}$. Dalla [23.4] deduciamo che si ha

$$h(\mathbf{v}, c\mathbf{w}) = \overline{h(c\mathbf{w}, \mathbf{v})} = \bar{c}\overline{h(\mathbf{w}, \mathbf{v})} = \bar{c}h(\mathbf{v}, \mathbf{w}). \qquad [23.5]$$

La [23.2] e la [23.4] insieme ci dicono quindi che $h(\mathbf{v}, \mathbf{w})$ è antilineare in $\mathbf{w}$ (cfr. complemento 11.14(3)).

Dalla [23.4] segue anche che $h(\mathbf{v}, \mathbf{v}) \in \mathsf{R}$ per ogni $\mathbf{v} \in \mathbf{V}$.

La forma hermitiana h si dice *semidefinita positiva* (*semidefinita negativa*) se $h(\mathbf{v}, \mathbf{v}) \geq 0$ ($h(\mathbf{v}, \mathbf{v}) \leq 0$) per ogni $\mathbf{v} \in \mathbf{V}$; h si dice *definita positiva* (*definita negativa*) se $h(\mathbf{v}, \mathbf{v}) > 0$ ($h(\mathbf{v}, \mathbf{v}) < 0$) per ogni $\mathbf{v} \neq \mathbf{0}$.

Supponiamo che $\mathbf{V}$ abbia dimensione finita e sia $\mathbf{e} = \{\mathbf{e}_1, ..., \mathbf{e}_n\}$ una sua base. Per ogni $1 \leq i, j \leq n$ poniamo $h_{ij} = h(\mathbf{e}_i, \mathbf{e}_j)$. La matrice

$$H = (h_{ij}) \in M_n(\mathsf{C})$$

è detta la *matrice che rappresenta h rispetto alla base* $\mathbf{e}$. Per la [23.4] si ha

$$h_{ji} = \bar{h}_{ij} \quad \text{per ogni } 1 \leq i, j \leq n,$$

ovvero $H = {}^t\bar{H}$.

Una *matrice* $H \in M_n(\mathsf{C})$ tale che $H = {}^t\bar{H}$ si dice *hermitiana*. Quindi la matrice che rappresenta una forma hermitiana rispetto a una qualunque base è una matrice hermitiana. Si noti che se la matrice H è hermitiana, allora in particolare $h_{ii} \in \mathsf{R}$ per ogni $i = 1, ..., n$. Se H è simmetrica a elementi reali, allora è hermitiana.

Come nel caso delle forme bilineari, la matrice di una forma hermitiana rispetto a una base $\mathbf{e}$ determina la forma. Infatti, per ogni

$$\mathbf{v} = x_1\mathbf{e}_1 + ... + x_n\mathbf{e}_n, \quad \mathbf{w} = y_1\mathbf{e}_1 + ... + y_n\mathbf{e}_n \qquad [23.6]$$

si ha

$$\begin{aligned} h(\mathbf{v}, \mathbf{w}) &= h(x_1\mathbf{e}_1 + ... + x_n\mathbf{e}_n, y_1\mathbf{e}_1 + ... + y_n\mathbf{e}_n) = \\ &= \Sigma_i x_i \bar{y}_j h(\mathbf{e}_i, \mathbf{e}_j) = {}^t\mathbf{x}H\bar{\mathbf{y}}. \end{aligned}$$

Viceversa, data una matrice hermitiana $H \in M_n(\mathsf{C})$ e una base $\mathbf{e}$ di $\mathbf{V}$, ponendo

$$h(\mathbf{v}, \mathbf{w}) = {}^t\mathbf{x}H\bar{\mathbf{y}}$$

per ogni $\mathbf{v}, \mathbf{w} \in \mathbf{V}$ come in [23.6], si definisce una forma hermitiana su $\mathbf{V}$. La verifica è lasciata al lettore.

Nel caso particolare in cui H è la matrice nulla, si ottiene corrispondentemente la *forma hermitiana nulla*: $h(\mathbf{v}, \mathbf{w}) = 0$ per ogni $\mathbf{v}, \mathbf{w} \in \mathbf{V}$.

Molte definizioni e risultati dimostrati in precedenza per le forme bilineari simmetriche si estendono al caso delle forme hermitiane.

Due vettori $\mathbf{v}, \mathbf{w} \in \mathbf{V}$ si dicono *ortogonali* o *perpendicolari* se $h(\mathbf{v}, \mathbf{w}) = 0$. Se $\mathbf{S} \subset \mathbf{V}$, definiamo

$$\mathbf{S}^\perp = \{\mathbf{w} \in \mathbf{V}: \mathbf{w} \text{ è ortogonale ad ogni } \mathbf{v} \in \mathbf{S}\}$$

e chiamiamo $\mathbf{S}^\perp$ *sottospazio ortogonale a* **S**; si verifica immediatamente che $\mathbf{S}^\perp$ è un sottospazio vettoriale di **V**.

Una base $\mathbf{e} = \{\mathbf{e}_1, \ldots, \mathbf{e}_n\}$ di **V** si dice *diagonalizzante* o *ortogonale* per h se i vettori $\mathbf{e}_1, \ldots, \mathbf{e}_n$ sono a due a due ortogonali.

23.2 TEOREMA *Sia* **V** *uno spazio vettoriale complesso di dimensione finita maggiore di zero, e sia h una forma hermitiana su* **V**. *Esiste in* **V** *una base diagonalizzante per h.*

Lasciamo al lettore il compito di dimostrare il teorema 23.2 adattando opportunamente le dimostrazioni dell'analogo teorema 16.1.

Il caso più importante che verrà esaminato è quello in cui h è definita positiva. Una forma hermitiana h definita positiva sarà anche chiamata *prodotto hermitiano* su **V**. Uno spazio vettoriale complesso su cui è assegnato un prodotto hermitiano si dice *spazio vettoriale hermitiano*.

Ponendo

$$h(\mathbf{x}, \mathbf{y}) = \mathbf{x} \cdot \overline{\mathbf{y}} = x_1\overline{y}_1 + x_2\overline{y}_2 + \ldots + x_n\overline{y}_n \qquad [23.7]$$

si definisce un prodotto hermitiano su $\mathbf{C}^n$, il *prodotto hermitiano standard*. La verifica del fatto che la [23.7] è un prodotto hermitiano è lasciata al lettore. $\mathbf{C}^n$ dotato del prodotto hermitiano standard è detto *n-spazio vettoriale hermitiano*.

Gli spazi vettoriali hermitiani sono l'analogo complesso degli spazi vettoriali euclidei e la teoria sviluppata in quel caso si generalizza ad essi con pochi cambiamenti. Ad esempio, in uno spazio vettoriale hermitiano le nozioni di *norma*, o *lunghezza, di un vettore*, di *coefficiente di Fourier* e di *proiezione di un vettore lungo la direzione di un vettore non nullo* si definiscono esattamente come in uno spazio euclideo.

Conseguentemente la nozione di *base ortonormale* si dà come nel caso euclideo. Dal teorema 23.2 discende immediatamente l'esistenza di una base ortonormale, che si ottiene a partire da una base ortogonale normalizzandone gli elementi, cioè dividendo ogni vettore della base per la sua norma. Il *procedimento di Gram-Schmidt* si estende senza cambiamenti agli spazi vettoriali hermitiani.

Fissiamo uno spazio vettoriale hermitiano **V** di dimensione finita, e denotiamo con $\langle \mathbf{v}, \mathbf{w} \rangle$ il prodotto hermitiano di due vettori.

Se $\mathbf{e} = \{\mathbf{e}_1, \ldots, \mathbf{e}_n\}$ è una base ortonormale di **V**, la matrice che rappresenta il prodotto hermitiano rispetto ad $\mathbf{e}$ è $\mathbf{I}_n$. Pertanto il prodotto hermitiano di due vettori $\mathbf{v} = x_1\mathbf{e}_1 + \ldots + x_n\mathbf{e}_n$, $\mathbf{w} = y_1\mathbf{e}_1 + \ldots + y_n\mathbf{e}_n$ è

$$\langle \mathbf{v}, \mathbf{w} \rangle = {}^t\mathbf{x}\overline{\mathbf{y}},$$

cioè uguaglia il prodotto hermitiano standard delle loro coordinate.

Anche la disuguaglianza di Schwarz si estende agli spazi vettoriali hermitiani, ma la dimostrazione è un po' diversa dal caso euclideo.

23.3 Teorema (Disuguaglianza di Schwarz) *Per ogni* $\mathbf{v}$, $\mathbf{w} \in \mathbf{V}$ *si ha*

$$|\langle \mathbf{v}, \mathbf{w}\rangle| \leq \|\mathbf{v}\| \, \|\mathbf{w}\| \qquad [23.8]$$

e vale l'uguaglianza se e solo se $\mathbf{v}$ *e* $\mathbf{w}$ *sono paralleli.*

Dimostrazione

Se $\mathbf{w} = \mathbf{0}$ la [23.8] è ovvia. Possiamo quindi supporre $\mathbf{w} \neq \mathbf{0}$. Per ogni a, $b \in \mathbf{C}$ si ha

$$0 \leq \langle a\mathbf{v} + b\mathbf{w}, a\mathbf{v} + b\mathbf{w}\rangle = \langle a\mathbf{v}, a\mathbf{v}\rangle + \langle a\mathbf{v}, b\mathbf{w}\rangle + \langle b\mathbf{w}, a\mathbf{v}\rangle + \langle b\mathbf{w}, b\mathbf{w}\rangle =$$
$$= a\bar{a}\langle \mathbf{v}, \mathbf{v}\rangle + a\bar{b}\langle \mathbf{v}, \mathbf{w}\rangle + \bar{a}b\langle \mathbf{w}, \mathbf{v}\rangle + b\bar{b}\langle \mathbf{w}, \mathbf{w}\rangle.$$

Sostituendo i valori $a = \langle \mathbf{w}, \mathbf{w}\rangle$ e $b = -\langle \mathbf{v}, \mathbf{w}\rangle$ si ottiene

$$0 \leq \|\mathbf{w}\|^4 \|\mathbf{v}\|^2 - 2\|\mathbf{w}\|^2 \langle \mathbf{v}, \mathbf{w}\rangle \overline{\langle \mathbf{v}, \mathbf{w}\rangle} + \|\mathbf{w}\|^2 \langle \mathbf{v}, \mathbf{w}\rangle \overline{\langle \mathbf{v}, \mathbf{w}\rangle}.$$

Poiché $\langle \mathbf{v}, \mathbf{w}\rangle \overline{\langle \mathbf{v}, \mathbf{w}\rangle} = |\langle \mathbf{v}, \mathbf{w}\rangle|^2$, si ha

$$\|\mathbf{w}\|^2 \, |\langle \mathbf{v}, \mathbf{w}\rangle|^2 \leq \|\mathbf{w}\|^4 \|\mathbf{v}\|^2$$

e dividendo per $\|\mathbf{w}\|^2$ si ottiene la [23.8]. L'uguaglianza è vera se e solo se $a\mathbf{v} + b\mathbf{w} = \mathbf{0}$, che è soddisfatta se e solo se $\mathbf{v}$ e $\mathbf{w}$ sono proporzionali.

La norma dei vettori gode delle proprietà N1, N2, N3 (cfr. § 17). La N1 è ovvia la N2 segue dall'identità

$$\langle r\mathbf{v}, r\mathbf{v}\rangle = |r|^2 \langle \mathbf{v}, \mathbf{v}\rangle.$$

La N3 è la *disuguaglianza triangolare* e si dimostra nel seguente modo. Esplicitiamo

$$\|\mathbf{v} + \mathbf{w}\|^2 = \langle \mathbf{v} + \mathbf{w}, \mathbf{v} + \mathbf{w}\rangle = \langle \mathbf{v}, \mathbf{v}\rangle + \langle \mathbf{v}, \mathbf{w}\rangle + \langle \mathbf{w}, \mathbf{v}\rangle + \langle \mathbf{w}, \mathbf{w}\rangle$$

e osserviamo che

$$\langle \mathbf{v}, \mathbf{w}\rangle + \langle \mathbf{w}, \mathbf{v}\rangle = \langle \mathbf{v}, \mathbf{w}\rangle + \overline{\langle \mathbf{v}, \mathbf{w}\rangle} \leq 2\,|\langle \mathbf{v}, \mathbf{w}\rangle|.$$

Utilizzando la [23.8] otteniamo quindi

$$\|\mathbf{v} + \mathbf{w}\|^2 \leq \|\mathbf{v}\|^2 + 2\,|\langle \mathbf{v}, \mathbf{w}\rangle| + \|\mathbf{w}\|^2 \leq$$
$$\leq \|\mathbf{v}\|^2 + 2\|\mathbf{v}\| \, \|\mathbf{w}\| + \|\mathbf{w}\|^2 = (\|\mathbf{v}\| + \|\mathbf{w}\|)^2,$$

cioè la N3.

23.4 Definizione *Un* operatore $T: \mathbf{V} \to \mathbf{V}$ *si dice* unitario *se soddisfa la condizione*

$$\langle T(\mathbf{v}), T(\mathbf{w})\rangle = \langle \mathbf{v}, \mathbf{w}\rangle \quad \textit{per ogni } \mathbf{v}, \mathbf{w} \in \mathbf{V}.$$

Abbiamo il seguente risultato, del tutto simile al teorema 20.1, che caratterizza gli operatori unitari:

23.5 TEOREMA *Sia T: $\mathbf{V} \to \mathbf{V}$ un'applicazione. Le seguenti condizioni sono equivalenti:*

1) *T è un operatore unitario.*
2) *T è un operatore tale che $\| T(\mathbf{v})\| = \| \mathbf{v} \|$ per ogni $\mathbf{v} \in \mathbf{V}$.*
3) *$T(\mathbf{0}) = \mathbf{0}$ e $\| T(\mathbf{v}) - T(\mathbf{w})\| = \| \mathbf{v} - \mathbf{w}\|$ per ogni $\mathbf{v}, \mathbf{w} \in \mathbf{V}$.*
4) *T è un operatore e per ogni base ortonormale $\{\mathbf{e}_1, \ldots, \mathbf{e}_n\}$ di $\mathbf{V}$, $\{T(\mathbf{e}_1), \ldots, T(\mathbf{e}_n)\}$ è una base ortonormale.*
5) *T è un operatore ed esiste una base ortonormale $\{\mathbf{e}_1, \ldots, \mathbf{e}_n\}$ di $\mathbf{V}$ tale che $\{T(\mathbf{e}_1), \ldots, T(\mathbf{e}_n)\}$ sia una base ortonormale.*

La dimostrazione del teorema 23.5 ricalca esattamente quella del teorema 20.1, cui rinviamo il lettore.

Si noti che dal teorema precedente segue che un operatore unitario T è invertibile, cioè $T \in GL(\mathbf{V})$.

23.6 COROLLARIO *Sia T: $\mathbf{V} \to \mathbf{V}$ un operatore unitario.*

1) *Ogni autovalore λ di T è tale che $|\lambda| = 1$.*
2) *Se $\mathbf{v}$ e $\mathbf{w}$ sono due autovettori relativi ad autovalori distinti λ, μ rispettivamente, allora $\mathbf{v}$ e $\mathbf{w}$ sono perpendicolari.*

Dimostrazione

1) Sia $\mathbf{v} \in \mathbf{V}$ un autovettore relativo a λ. Si ha

$$\langle \mathbf{v}, \mathbf{v} \rangle = \langle T(\mathbf{v}), T(\mathbf{v}) \rangle = \langle \lambda \mathbf{v}, \lambda \mathbf{v} \rangle = \lambda \bar{\lambda} \langle \mathbf{v}, \mathbf{v} \rangle.$$

Poiché $\langle \mathbf{v}, \mathbf{v} \rangle \neq 0$, dev'essere $\lambda \bar{\lambda} = 1$, cioè $|\lambda| = 1$.

2) Si ha

$$\langle \mathbf{v}, \mathbf{w} \rangle = \langle T(\mathbf{v}), T(\mathbf{w}) \rangle = \langle \lambda \mathbf{v}, \mu \mathbf{w} \rangle = \lambda \bar{\mu} \langle \mathbf{v}, \mathbf{w} \rangle. \qquad [23.9]$$

Se $\langle \mathbf{v}, \mathbf{w} \rangle \neq 0$, dalla [23.9] segue $\lambda \bar{\mu} = 1$; ma si ha anche $\lambda \bar{\lambda} = 1$, e quindi $\bar{\lambda} = \bar{\mu}$, cioè $\lambda = \mu$, che è contro l'ipotesi.

Gli operatori unitari sono strettamente in relazione con le matrici unitarie.

23.7 COROLLARIO *Un operatore T: $\mathbf{V} \to \mathbf{V}$ è unitario se e solo se la matrice che rappresenta T in una qualunque base ortonormale di $\mathbf{V}$ è unitaria.*

Dimostrazione

Sia $\mathbf{e} = \{\mathbf{e}_1, \ldots, \mathbf{e}_n\}$ una base ortonormale di $\mathbf{V}$, e sia $A = (a_{ij}) \in M_n(\mathbf{C})$ la matrice che rappresenta l'operatore T rispetto a **e**. Allora T è unitario se e solo se si ha

$$\delta_{ij} = \langle \mathbf{e}_i, \mathbf{e}_j \rangle = \langle T(\mathbf{e}_i), T(\mathbf{e}_j) \rangle = {}^t A_{(i)} \bar{A}_{(j)}, \quad 1 \leq i, j \leq n,$$

dove $A_{(1)}, \ldots, A_{(n)}$ sono le colonne di A. Pertanto abbiamo ${}^t A \bar{A} = \mathbf{I}_n$, ovvero ${}^t \bar{A} A = \mathbf{I}_n$.

La principale differenza tra operatori unitari nel caso reale ed in quello complesso riguarda la loro diagonalizzabilità. Il risultato seguente vale infatti per gli operatori unitari complessi, ma non per quelli reali.

23.8 Teorema *Sia T: $\mathbf{V} \to \mathbf{V}$ un operatore unitario, e supponiamo* $\dim(\mathbf{V}) = n \geq 1$. *Esiste una base ortonormale di* **V** *che diagonalizza T.*

Dimostrazione

Per induzione su n. Se $n = 1$ non c'è niente da dimostrare. Supponiamo $n \geq 2$ e che il teorema sia vero per spazi di dimensione minore di n. Sia $\mathbf{e}_1 \in \mathbf{V}$ un autovettore di T e sia λ il relativo autovalore. Possiamo supporre $\|\mathbf{e}_1\| = 1$. Sia $\mathbf{U} = \mathbf{e}_1^{\perp}$. Poiché $\lambda\bar{\lambda} = 1$, per ogni $\mathbf{u} \in \mathbf{U}$ si ha

$$\langle T(\mathbf{u}), \mathbf{e}_1 \rangle = \langle T(\mathbf{u}), \lambda\bar{\lambda}\mathbf{e}_1 \rangle = \lambda \langle T(\mathbf{u}), T(\mathbf{e}_1) \rangle = \lambda \langle \mathbf{u}, \mathbf{e}_1 \rangle = \lambda 0 = 0.$$

Quindi T trasforma **U** in sé stesso, e induce un operatore unitario

$$T_{\mathbf{U}}: \mathbf{U} \to \mathbf{U}.$$

Per l'ipotesi induttiva **U** possiede una base ortonormale $\{\mathbf{e}_2, \ldots, \mathbf{e}_n\}$ rispetto alla quale $T_{\mathbf{U}}$ è diagonale. Allora $\{\mathbf{e}_1, \mathbf{e}_2, \ldots, \mathbf{e}_n\}$ è una base ortonormale di **V** che diagonalizza T.

Il teorema 23.8, tenuto conto del corollario 23.7, afferma in particolare la diagonalizzabilità di ogni matrice unitaria mediante una matrice unitaria. Precisamente si ha:

23.9 Corollario *Per ogni $A \in \mathrm{U}(n)$ esiste $M \in \mathrm{U}(n)$ tale che $M^{-1}AM$ sia diagonale, o, equivalentemente, tale che $^*MAM$ sia diagonale.*

Dal corollario segue in particolare la diagonalizzabilità di ogni matrice $A \in \mathrm{O}(n)$. Si faccia però attenzione: una matrice ortogonale *non* è in generale diagonalizzabile per mezzo di matrici reali, perché non possiede, in generale, autovalori reali. Ad esempio le matrici $R_\theta \in \mathrm{O}(2)$, $0 < \theta < \pi$, non hanno autovalori reali.

23.10 Definizione *Un* operatore T: $\mathbf{V} \to \mathbf{V}$ *si dice* hermitiano *se soddisfa la condizione*

$$\langle T(\mathbf{v}), \mathbf{w} \rangle = \langle \mathbf{v}, T(\mathbf{w}) \rangle \quad \textit{per ogni } \mathbf{v}, \mathbf{w} \in \mathbf{V}.$$

Supponiamo che $\boldsymbol{e} = \{\mathbf{e}_1, \dots, \mathbf{e}_n\}$ sia una base ortonormale di $\mathbf{V}$, e sia A la matrice che rappresenta un operatore hermitiano T rispetto a $\boldsymbol{e}$. Si ha, per ogni $\mathbf{v} = x_1\mathbf{e}_1 + \dots + x_n\mathbf{e}_n$, $\mathbf{w} = y_1\mathbf{e}_1 + \dots + y_n\mathbf{e}_n$:

$$\begin{aligned} \langle T(\mathbf{v}), \mathbf{w}\rangle &= {}^t(A\mathbf{x})\,\overline{\mathbf{y}} = {}^t\mathbf{x}\,{}^tA\,\overline{\mathbf{y}} \\ \langle \mathbf{v}, T(\mathbf{w})\rangle &= {}^t\mathbf{x}\,\overline{(A\mathbf{y})} = {}^t\mathbf{x}\,\overline{A}\,\overline{\mathbf{y}} \end{aligned} \qquad [23.10]$$

e quindi ${}^t\mathbf{x}\,{}^tA\,\overline{\mathbf{y}} = {}^t\mathbf{x}\,\overline{A}\,\overline{\mathbf{y}}$. Poiché quest'uguaglianza è vera per ogni $\mathbf{x}, \mathbf{y} \in \mathsf{C}^n$, dev'essere ${}^tA = \overline{A}$, cioè A è una matrice hermitiana.

Se viceversa $A \in M_n(\mathsf{C})$ è una qualsiasi matrice hermitiana e T è l'operatore rappresentato da A nella base ortonormale $\boldsymbol{e}$, allora dalle [23.10] segue che T è hermitiano. Abbiamo pertanto la seguente proposizione:

23.11 PROPOSIZIONE *Un operatore T: $\mathbf{V} \to \mathbf{V}$ è hermitiano se e solo se la matrice A che rappresenta T rispetto a una qualunque base ortonormale è una matrice hermitiana.*

Gli operatori hermitiani sono gli analoghi, per gli spazi vettoriali hermitiani, degli operatori simmetrici nel caso euclideo. Abbiamo la seguente estensione del lemma 22.1:

23.12 LEMMA *Tutti gli autovalori di un operatore hermitiano T: $\mathbf{V} \to \mathbf{V}$ sono reali.*

Dimostrazione

Sia $\lambda \in \mathsf{C}$ un autovalore di T, e sia $\mathbf{v} \in \mathbf{V}$ un autovettore relativo a λ. Si ha

$$\lambda\langle \mathbf{v}, \mathbf{v}\rangle = \langle \lambda\mathbf{v}, \mathbf{v}\rangle = \langle T(\mathbf{v}), \mathbf{v}\rangle = \langle \mathbf{v}, T(\mathbf{v})\rangle = \langle \mathbf{v}, \lambda\mathbf{v}\rangle = \overline{\lambda}\langle \mathbf{v}, \mathbf{v}\rangle.$$

Poiché $\langle \mathbf{v}, \mathbf{v}\rangle \neq 0$, si deduce che $\lambda = \overline{\lambda}$.

Il teorema spettrale, che abbiamo dimostrato per gli operatori simmetrici, si estende a quelli hermitiani:

23.13 TEOREMA (SPETTRALE) *Sia T: $\mathbf{V} \to \mathbf{V}$ un operatore hermitiano. Esiste una base ortonormale di $\mathbf{V}$ che diagonalizza T.*

La dimostrazione è identica a quella del teorema 22.2 e pertanto la omettiamo.

23.14 *Complementi*

Sia h: $\mathbf{V} \times \mathbf{V} \to \mathsf{C}$ una forma hermitiana sullo spazio vettoriale complesso $\mathbf{V}$. Separando la parte reale da quella immaginaria, per ogni $\mathbf{v}, \mathbf{w} \in \mathbf{V}$ possiamo scrivere

$$h(\mathbf{v}, \mathbf{w}) = s(\mathbf{v}, \mathbf{w}) + \mathrm{i}\,a(\mathbf{v}, \mathbf{w})$$

con $s(\mathbf{v}, \mathbf{w})$, $a(\mathbf{v}, \mathbf{w}) \in \mathsf{R}$. Segue subito dalle [23.1] e [23.2] che $s(\mathbf{v}, \mathbf{w})$ e $a(\mathbf{v}, \mathbf{w})$ sono additive sia rispetto a $\mathbf{v}$ che a $\mathbf{w}$. Inoltre, per ogni $c \in \mathsf{R}$, $\mathbf{v}, \mathbf{w} \in \mathbf{V}$, si ha

$$s(c\mathbf{v}, \mathbf{w}) + \mathrm{i}a(c\mathbf{v}, \mathbf{w}) = h(c\mathbf{v}, \mathbf{w}) = ch(\mathbf{v}, \mathbf{w}) = cs(\mathbf{v}, \mathbf{w}) + \mathrm{i}ca(\mathbf{v}, \mathbf{w})$$

per la [23.3], e

$$s(\mathbf{v}, c\mathbf{w}) + \mathrm{i}a(\mathbf{v}, c\mathbf{w}) = h(\mathbf{v}, c\mathbf{w}) = ch(\mathbf{v}, \mathbf{w}) = cs(\mathbf{v}, \mathbf{w}) + \mathrm{i}ca(\mathbf{v}, \mathbf{w}).$$

Quindi $s(\mathbf{v}, \mathbf{w})$ e $a(\mathbf{v}, \mathbf{w})$ sono due forme bilineari su $\mathbf{V}$ considerato come uno spazio vettoriale reale.

Per la [23.4] si ha anche

$$s(\mathbf{w}, \mathbf{v}) + \mathrm{i}a(\mathbf{w}, \mathbf{v}) = s(\mathbf{v}, \mathbf{w}) - \mathrm{i}a(\mathbf{v}, \mathbf{w})$$

e quindi

$$s(\mathbf{w}, \mathbf{v}) = s(\mathbf{v}, \mathbf{w})$$

$$a(\mathbf{w}, \mathbf{v}) = -a(\mathbf{v}, \mathbf{w})$$

per ogni $\mathbf{v}, \mathbf{w} \in \mathbf{V}$. Pertanto

$$s: \mathbf{V} \times \mathbf{V} \to \mathsf{R}$$

è una forma R-bilineare simmetrica, mentre

$$a: \mathbf{V} \times \mathbf{V} \to \mathsf{R}$$

è un forma R-bilineare antisimmetrica.

Inoltre, esplicitando le identità

$$h(\mathrm{i}\mathbf{v}, \mathbf{w}) = \mathrm{i}h(\mathbf{v}, \mathbf{w})$$

$$h(\mathbf{v}, \mathrm{i}\mathbf{w}) = -\mathrm{i}h(\mathbf{v}, \mathbf{w})$$

si ottiene

$$a(\mathbf{v}, \mathbf{w}) = -s(\mathrm{i}\mathbf{v}, \mathbf{w}) = s(\mathbf{v}, \mathrm{i}\mathbf{w}) \qquad [23.11]$$

$$s(\mathbf{v}, \mathbf{w}) = a(\mathrm{i}\mathbf{v}, \mathbf{w}) = -a(\mathbf{v}, \mathrm{i}\mathbf{w}) \qquad [23.12]$$

per ogni $\mathbf{v}, \mathbf{w} \in \mathbf{V}$.

Infine, esplicitando l'identità

$$h(\mathrm{i}\mathbf{v}, \mathrm{i}\mathbf{w}) = h(\mathbf{v}, \mathbf{w})$$

si ottiene

$$s(\mathrm{i}\mathbf{v}, \mathrm{i}\mathbf{w}) = s(\mathbf{v}, \mathbf{w}) \qquad [23.13]$$

$$a(\mathrm{i}\mathbf{v}, \mathrm{i}\mathbf{w}) = a(\mathbf{v}, \mathbf{w}) \qquad [23.14]$$

per ogni $\mathbf{v}, \mathbf{w} \in \mathbf{V}$.

Dalla [23.11] segue che s individua a, mentre la [23.12] mostra che, d'altra parte, a individua s.

Viceversa, data una forma R-bilineare simmetrica s: $\mathbf{V} \times \mathbf{V} \to \mathsf{R}$ soddisfacente la [23.13], ponendo

$$h(\mathbf{v}, \mathbf{w}) = s(\mathbf{v}, \mathbf{w}) + \mathrm{i}s(\mathbf{v}, \mathrm{i}\mathbf{w})$$

si definisce una forma hermitiana h: $\mathbf{V} \times \mathbf{V} \to \mathsf{C}$. Verifichiamo la [23.3] e la [23.4]. Si ha, per ogni $c = a + \mathrm{i}b \in \mathsf{C}$, $\mathbf{v}, \mathbf{w} \in \mathbf{V}$:

$$\begin{aligned} h(c\mathbf{v}, \mathbf{w}) &= s(a\mathbf{v}, \mathbf{w}) + \mathrm{i}s(a\mathbf{v}, \mathrm{i}\mathbf{w}) + s(\mathrm{i}b\mathbf{v}, \mathbf{w}) + \mathrm{i}s(\mathrm{i}b\mathbf{v}, \mathrm{i}\mathbf{w}) = \\ &= ah(\mathbf{v}, \mathbf{w}) + b[s(\mathrm{i}\mathbf{v}, \mathbf{w}) + \mathrm{i}s(\mathrm{i}\mathbf{v}, \mathrm{i}\mathbf{w})] = \\ &= ah(\mathbf{v}, \mathbf{w}) + b[s(-\mathbf{v}, \mathrm{i}\mathbf{w}) + \mathrm{i}s(\mathbf{v}, \mathbf{w})] = \\ &= ah(\mathbf{v}, \mathbf{w}) + \mathrm{i}bh(\mathbf{v}, \mathbf{w}) = ch(\mathbf{v}, \mathbf{w}) \end{aligned}$$

e la [23.3] è soddisfatta. Inoltre

$$\begin{aligned} h(\mathbf{w}, \mathbf{v}) &= s(\mathbf{w}, \mathbf{v}) + \mathrm{i}s(\mathbf{w}, \mathrm{i}\mathbf{v}) = s(\mathbf{v}, \mathbf{w}) + \mathrm{i}s(\mathrm{i}\,\mathbf{v}, \mathbf{w}) = \\ &= s(\mathbf{v}, \mathbf{w}) + \mathrm{i}s(-\mathbf{v}, \mathrm{i}\mathbf{w}) = \overline{h(\mathbf{v}, \mathbf{w})}, \end{aligned}$$

e anche la [23.4] è verificata.

In modo simile si dimostra che, data una forma R-bilineare antisimmetrica a: $\mathbf{V} \times \mathbf{V} \to \mathsf{R}$ soddisfacente la [23.14], ponendo

$$h(\mathbf{v}, \mathbf{w}) = a(\mathrm{i}\mathbf{v}, \mathbf{w}) + \mathrm{i}a(\mathbf{v}, \mathbf{w})$$

si definisce una forma hermitiana su $\mathbf{V}$.

Riassumendo possiamo dire che assegnare una forma hermitiana sullo spazio vettoriale complesso $\mathbf{V}$ è equivalente ad assegnare su $\mathbf{V}$ una forma R-bilineare simmetrica soddisfacente la condizione [23.13], oppure una forma R-bilineare antisimmetrica soddisfacente la [23.14].

Esercizi

1. Stabilire quali delle seguenti sono forme hermitiane su C^2:

a) $\langle \mathbf{x}, \mathbf{y} \rangle = x_1\bar{y}_1 + \mathrm{i}x_1\bar{y}_2 + \mathrm{i}x_2\bar{y}_1$ b) $\langle \mathbf{x}, \mathbf{y} \rangle = \mathrm{i}\,|x_1|\,|y_1|$

c) $\langle \mathbf{x}, \mathbf{y} \rangle = x_1\bar{y}_1 + 2\mathrm{i}x_1\bar{y}_2 - 2\mathrm{i}x_2\bar{y}_1$ d) $\langle \mathbf{x}, \mathbf{y} \rangle = 1 + x_1\bar{y}_1 + x_1\bar{y}_2$

e) $\langle \mathbf{x}, \mathbf{y} \rangle = x_1\bar{y}_1 + 2x_2\bar{y}_2$.

2. Stabilire quali delle seguenti matrici sono hermitiane:

a) $\begin{pmatrix} 1 & 1+\mathrm{i} \\ 1-\mathrm{i} & -1 \end{pmatrix}$ b) $\begin{pmatrix} 0 & \mathrm{i} \\ \mathrm{i} & 0 \end{pmatrix}$

c) $\begin{pmatrix} 1 & 1 \\ 1 & 0 \end{pmatrix}$ d) $\begin{pmatrix} \mathrm{i} & -\mathrm{i} \\ \mathrm{i} & 1 \end{pmatrix}$

e) $\begin{pmatrix} 0 & 1 & i \\ 1 & 2 & 1+i \\ -i & 1-i & 0 \end{pmatrix}$ f) $\begin{pmatrix} i & 1 & i \\ -1 & 2 & 2i \\ -i & -2i & 0 \end{pmatrix}$.

3. Utilizzando il procedimento di Gram-Schmidt, ortonormalizzare la seguente base di $\mathbf{C}^3$ rispetto al prodotto hermitiano standard:

$\boldsymbol{b} = \{(i, -i, 0), (0, i, 0), (0, i, i)\}$.

4. Per ciascuna delle seguenti matrici hermitiane A determinare una matrice unitaria M tale che $^*MAM$ sia diagonale:

a) $\begin{pmatrix} 1 & i \\ -i & 1 \end{pmatrix}$ b) $\begin{pmatrix} \frac{\sqrt{3}}{2} & -\frac{i}{2} \\ \frac{i}{2} & -\frac{\sqrt{3}}{2} \end{pmatrix}$.

Capitolo 3
Geometria proiettiva

24 Spazi proiettivi

La geometria euclidea studia proprietà che, nella loro formulazione e dimostrazione, fanno ricorso a misurazioni e a confronto di lunghezze e di angoli. Anche nella geometria affine reale si ricorre a misurazioni, sebbene le distanze si confrontino solo lungo rette parallele. Per diversi secoli la geometria è stata studiata esclusivamente da un punto di vista metrico, e solo in tempi relativamente recenti ci si è accorti che esistono proprietà geometriche che possono essere formulate senza ricòrrere a misurazioni o al confronto di grandezze. Alcune di queste proprietà vengono studiate dalla ''geometria proiettiva''.

Questa geometria ha le sue origini nelle regole della prospettiva, che gli artisti del Rinascimento (Brunelleschi, L.B. Alberti, Piero della Francesca e altri) studiarono scientificamente e utilizzarono in modo sistematico. Tali regole sono basate sull'idea di ''punti di fuga'', verso cui concorrono i contorni degli oggetti così come essi appaiono da un punto di osservazione.

Precursore della geometria proiettiva fu Girard Desargues (1593-1650), il quale per primo considerò rette e piani paralleli come casi particolari di rette e piani incidenti. La nascita della geometria proiettiva come una parte organica della matematica risale alla prima metà del secolo XIX con l'opera di Gaspard Monge (1746-1818) e di J.V. Poncelet (1788-1867). Gli spazi ambiente in cui essa viene studiata costituiscono un modello matematico astratto di spazio in cui valgono proprietà di natura grafica simili alle regole del disegno prospettico. Gli spazi proiettivi nascono dall'esigenza di una geometria da cui venga eliminata la nozione di parallelismo, che in geometria affine comporta il dover tenere conto di casi d'eccezione quando si considera l'intersezione di sottospazi. La geometria proiettiva consente inoltre di interpretare geometricamente e rendere più trasparenti certe parti dell'algebra lineare, come ad esempio la teoria dei sistemi di equazioni lineari omogenee.

24.1 Definizione *Sia* **V** *un* K*-spazio vettoriale di dimensione finita. Lo* spazio proiettivo associato a **V** *è l'insieme* **P**(**V**) *i cui elementi, chiamati* punti *di* **P**(**V**), *sono i sottospazi vettoriali di dimensione* 1 *di* **V**.

Se K = R (K = C), **P**(**V**) *si dice* spazio proiettivo reale (spazio proiettivo complesso).

La dimensione di **P**(**V**) *è definita come* dim(**V**) − 1 *e si denota con* dim(**P**(**V**)). *Se ha dimensione* 1 (*dimensione* 2), **P**(**V**) *è una* retta proiettiva (*un* piano proiettivo).

Ogni $\mathbf{v} \in \mathbf{V} \setminus \{\mathbf{0}\}$ genera il sottospazio di **V** di dimensione uno

$$\langle \mathbf{v} \rangle = \{\lambda \mathbf{v}: \lambda \in \mathsf{K}\};$$

quando lo considereremo come un punto di **P**(**V**) denoteremo questo sottospazio con il simbolo [**v**]. Due vettori $\mathbf{v}, \mathbf{w} \in \mathbf{V} \setminus \{\mathbf{0}\}$ definiscono lo stesso punto di **P**(**V**), cioè [**v**] = [**w**], se e solo se esiste $\lambda \in \mathsf{K}$, $\lambda \neq 0$, tale che $\mathbf{w} = \lambda \mathbf{v}$.

Se dim(**V**) = 0, cioè **V** = (**0**), si ha **P**(**V**) = ∅, perché **V** non possiede sottospazi di dimensione 1. Quindi, per definizione, ∅ è uno spazio proiettivo di dimensione −1.

Se dim(**V**) = 1, **P**(**V**) possiede un solo punto, **V** stesso, e dim(**P**(**V**)) = 0: uno spazio proiettivo di dimensione 0 consiste dunque di un solo punto.

Gli esempi più importanti di spazi proiettivi si ottengono considerando $\mathbf{V} = \mathsf{K}^{n+1}$. Lo spazio $\mathbf{P}(\mathsf{K}^{n+1})$ si denota con $\mathbf{P}^n(\mathsf{K})$, o semplicemente con $\mathbf{P}^n$ se non c'è possibilità di equivoco. È uno spazio proiettivo di dimensione n, che si chiama l'n-*spazio proiettivo numerico*.

Per ogni $(x_0, x_1, \ldots, x_n) \neq (0, 0, \ldots, 0)$ denoteremo con $[x_0, x_1, \ldots, x_n]$ il punto corrispondente di $\mathbf{P}^n$. Si ha

$$[x_0, x_1, \ldots, x_n] = [y_0, y_1, \ldots, y_n]$$

se e solo se esiste $\lambda \neq 0$ in K tale che $y_i = \lambda x_i$, $i = 0, \ldots, n$.

24.2 Definizione *Sia* $\mathbf{P} = \mathbf{P}(\mathbf{V})$ *e sia* $\{\mathbf{e}_0, \ldots, \mathbf{e}_n\}$ *una base di* **V**. *Diremo che* $\{\mathbf{e}_0, \ldots, \mathbf{e}_n\}$ *definisce in* **P** *un* sistema di coordinate omogenee (*o un* riferimento proiettivo). *Tale sistema verrà denotato con* $\mathbf{e}_0 \ldots \mathbf{e}_n$. *Sia*

$$\mathbf{v} = x_0\mathbf{e}_0 + x_1\mathbf{e}_1 + \ldots + x_n\mathbf{e}_n \in \mathbf{V} \setminus \{\mathbf{0}\}.$$

Gli scalari $x_0, \ldots, x_n$ *si dicono* coordinate omogenee *del punto* $P = [\mathbf{v}] \in \mathbf{P}$ *rispetto al riferimento* $\mathbf{e}_0 \ldots \mathbf{e}_n$. *Scriveremo* $P[x_0, \ldots, x_n]$ *per denotare il punto* $P \in \mathbf{P}$ *di coordinate omogenee* $x_0, \ldots, x_n$.

I punti

$$F_0[1, 0, \ldots, 0] = [\mathbf{e}_0], \quad \ldots, \quad F_n[0, \ldots, 0, 1] = [\mathbf{e}_n],$$

$$U[1, 1, \ldots, 1] = [\mathbf{e}_0 + \ldots + \mathbf{e}_n]$$

si diranno rispettivamente punti fondamentali *e* punto unità *del riferimento* $\mathbf{e}_0 \ldots \mathbf{e}_n$.

Poiché $[\mathbf{v}] = [\lambda \mathbf{v}]$, e

$$\lambda \mathbf{v} = \lambda x_0 \mathbf{e}_0 + \lambda x_1 \mathbf{e}_1 + \ldots + \lambda x_n \mathbf{e}_n,$$

per ogni $\mathbf{v} \in \mathbf{V} \setminus \{0\}$, $\lambda \neq 0$, le coordinate omogenee di un punto $P = [\mathbf{v}] \in \mathbf{P}$ rispetto a un dato riferimento proiettivo sono determinate da P solo a meno di un fattore di proporzionalità non nullo. In altre parole, se $x_0, \ldots, x_n$ sono coordinate omogenee di P, lo sono anche $\lambda x_0, \ldots, \lambda x_n$ per ogni $\lambda \neq 0$ in K.

Se invece della base $\{\mathbf{e}_0, \ldots, \mathbf{e}_n\}$ di $\mathbf{V}$ si considera la base proporzionale $\{\mu \mathbf{e}_0, \ldots, \mu \mathbf{e}_n\}$ per un qualsiasi $\mu \neq 0$ in K, si ha

$$\mathbf{v} = x_0 \mathbf{e}_0 + x_1 \mathbf{e}_1 + \ldots + x_n \mathbf{e}_n$$

e

$$\mu \mathbf{v} = x_0(\mu \mathbf{e}_0) + x_1(\mu \mathbf{e}_1) + \ldots + x_n(\mu \mathbf{e}_n)$$

per ogni $\mathbf{v} \in \mathbf{V} \setminus \{\mathbf{0}\}$. Dunque le coordinate omogenee di $[\mathbf{v}] = [\mu \mathbf{v}]$ rispetto ai due riferimenti sono le stesse. Per questo motivo *si considerano identici due sistemi di coordinate omogenee se sono definiti da basi di* $\mathbf{V}$ *proporzionali*; in simboli

$$\mathbf{e}_0 \ldots \mathbf{e}_n = (\mu \mathbf{e}_0) \ldots (\mu \mathbf{e}_n).$$

In $\mathbf{P}^n$ il riferimento determinato dalla base canonica di K^{n+1} si dice *riferimento proiettivo standard*. Rispetto ad esso le coordinate omogenee di $P = [x_0, \ldots, x_n]$ sono $x_0, \ldots, x_n$, e si dicono *coordinate omogenee standard* di P. I punti fondamentali di questo riferimento sono $[1, 0, \ldots, 0], \ldots, [0, \ldots, 0, 1]$, e il punto unità è $[1, \ldots, 1]$.

Un sottospazio vettoriale $\mathbf{W}$ di $\mathbf{V}$ definisce a sua volta uno spazio proiettivo $\mathbf{P}(\mathbf{W})$ contenuto in $\mathbf{P} = \mathbf{P}(\mathbf{V})$, che è detto *sottospazio proiettivo* (o *sottospazio lineare*) di $\mathbf{P}$. In particolare $\mathbf{P}$ stesso è un sottospazio proiettivo (improprio) di sé stesso.

Si ha $\dim[\mathbf{P}(\mathbf{W})] = \dim(\mathbf{W}) - 1$, e quindi

$$\dim(\mathbf{P}) - \dim[\mathbf{P}(\mathbf{W})] = \dim(\mathbf{V}) - \dim(\mathbf{W});$$

il numero $\dim(\mathbf{P}) - \dim[\mathbf{P}(\mathbf{W})]$ è detto *codimensione* di $\mathbf{P}(\mathbf{W})$ in $\mathbf{P}$.

I sottospazi di codimensione uno si dicono *iperpiani*. Se $\dim(\mathbf{P}) = n$, le rette ed i piani di $\mathbf{P}$ sono i sottospazi di codimensione $n-1$ ed $n-2$ rispettivamente.

Nello spazio proiettivo $\mathbf{P} = \mathbf{P}(\mathbf{V})$ supponiamo assegnato un sistema di coordinate omogenee $\mathbf{e}_0 \ldots \mathbf{e}_n$, e sia

$$a_0 X_0 + \ldots + a_n X_n = 0 \qquad [24.1]$$

un'equazione lineare omogenea nelle indeterminate $X_0, \ldots, X_n$, $a_j \in \mathsf{K}$, tale che $(a_0, \ldots, a_n) \neq (0, \ldots, 0)$.

In $\mathbf{V}$ la [24.1] rappresenta, rispetto alla base $\{\mathbf{e}_0, ..., \mathbf{e}_n\}$, un iperpiano vettoriale, cioè un sottospazio vettoriale $\mathbf{H} \subset \mathbf{V}$ di codimensione 1. I punti $P = [\mathbf{v}] \in \mathbf{P}$ le cui coordinate omogenee soddisfano la [24.1] sono quelli tali che $\mathbf{v} \in \mathbf{H}$, $\mathbf{v} \neq \mathbf{0}$, e quindi la [24.1] è soddisfatta dalle coordinate di tutti e soli i punti dell'iperpiano $\mathbf{P}(\mathbf{H})$ di $\mathbf{P}$. La [24.1] è un'*equazione cartesiana dell'iperpiano* $\mathbf{P}(\mathbf{H})$.

Si osservi che, poiché la [24.1] è un'equazione omogenea, una $(n+1)$-upla $(x_0, ..., x_n) \in \mathsf{K}^{n+1} \setminus \{\mathbf{0}\}$ è una sua soluzione se e solo se lo è $(\lambda x_0, ..., \lambda x_n)$ per ogni $\lambda \neq 0$ in K; quindi ha senso dire se le coordinate omogenee di un punto $P \in \mathbf{P}$ soddisfano la [24.1] oppure no.

Se $0 \leq i \leq n$, l'iperpiano di $\mathbf{P}$ di equazione cartesiana $X_i = 0$ è detto *i-esimo iperpiano coordinato* e consiste di tutti i punti la cui i-esima coordinata omogenea è uguale a 0 (questa condizione è indipendente dalla scelta della $(n+1)$-upla di coordinate omogenee del punto).

Gli iperpiani coordinati di $\mathbf{P}^n$, rispetto al riferimento proiettivo standard, si indicano con $H_0, H_1, ..., H_n$. Si ha quindi

$$H_i = \{[x_0, ..., x_n] \in \mathbf{P}^n : x_i = 0\}.$$

Ad esempio, ogni iperpiano di $\mathbf{P}^1$ ha dimensione zero e pertanto consiste di un solo punto; in particolare $H_0 = \{[0,1]\}$, e $H_1 = \{[1,0]\}$.

Più in generale consideriamo un sistema di t equazioni lineari omogenee

$$\begin{aligned} a_{10}X_0 + \dots + a_{1n}X_n &= 0 \\ \vdots \qquad\quad & \vdots \\ a_{t0}X_0 + \dots + a_{tn}X_n &= 0. \end{aligned} \qquad [24.2]$$

Sia $\mathbf{W}$ il sottospazio vettoriale di $\mathbf{V}$ di cui le [24.2] sono equazioni cartesiane nella base $\{\mathbf{e}_0, ..., \mathbf{e}_n\}$. L'insieme dei punti $P \in \mathbf{P}$ le cui coordinate omogenee sono soluzioni di tutte le equazioni del sistema [24.2] è $\mathbf{P}(\mathbf{W})$. Le [24.2] si dicono pertanto *equazioni cartesiane del sottospazio proiettivo* $\mathbf{P}(\mathbf{W})$ nel riferimento $\mathbf{e}_0 \dots \mathbf{e}_n$.

Poiché tutti i sottospazi proiettivi sono della forma $\mathbf{P}(\mathbf{W})$ per qualche sottospazio vettoriale $\mathbf{W} \subset \mathbf{V}$, ogni sottospazio proiettivo possiede equazioni cartesiane, essendo ciò vero per ogni $\mathbf{W}$. È evidente che un sottospazio proiettivo $\mathbf{P}(\mathbf{W})$ non possiede un unico sistema di equazioni cartesiane: due sistemi di equazioni lineari omogenee in $n+1$ indeterminate $X_0, ..., X_n$ sono infatti equazioni cartesiane dello stesso sottospazio se e solo se sono equivalenti.

Detta $A = (a_{ij})$ la matrice dei coefficienti di [24.2], ed $r = r(A)$, si ha

$$\dim(\mathbf{P}(\mathbf{W})) = \dim(\mathbf{W}) - 1 = \dim(\mathbf{V}) - r - 1 = \dim(\mathbf{P}) - r = n - r,$$

ovvero $\mathbf{P}(\mathbf{W})$ ha codimensione r in $\mathbf{P}$.

Siano $\mathbf{P}(\mathbf{W}_1)$ e $\mathbf{P}(\mathbf{W}_2)$ due sottospazi proiettivi di $\mathbf{P}$, aventi come equazioni cartesiane, nel riferimento $\mathbf{e}_0 \ldots \mathbf{e}_n$, rispettivamente i sistemi

$$A_1\mathbf{X} = \mathbf{0}, \qquad [24.3]$$

$$A_2\mathbf{X} = \mathbf{0}, \qquad [24.4]$$

dove A_1 ed A_2 sono matrici, rispettivamente $t \times (n+1)$ ed $s \times (n+1)$, a elementi in K e $\mathbf{X} = {}^t(X_0 \ \ldots \ X_n)$.

L'intersezione $\mathbf{P}(\mathbf{W}_1) \cap \mathbf{P}(\mathbf{W}_2)$ è ancora un sottospazio proiettivo, e precisamente

$$\mathbf{P}(\mathbf{W}_1) \cap \mathbf{P}(\mathbf{W}_2) = \mathbf{P}(\mathbf{W}_1 \cap \mathbf{W}_2). \qquad [24.5]$$

Infatti $\mathbf{P}(\mathbf{W}_1) \cap \mathbf{P}(\mathbf{W}_2)$ è il luogo dei punti le cui coordinate omogenee sono soluzioni di entrambi i sistemi [24.3], [24.4]; questo luogo coincide con $\mathbf{P}(\mathbf{W}_1 \cap \mathbf{W}_2)$, e le equazioni dei sistemi [24.3], [24.4] costituiscono un suo sistema di equazioni cartesiane.

Si ha in particolare $\mathbf{P}(\mathbf{W}_1) \cap \mathbf{P}(\mathbf{W}_2) = \emptyset$ se e solo se $\mathbf{W}_1 \cap \mathbf{W}_2 = \langle \mathbf{0} \rangle$, il sottospazio vettoriale nullo di $\mathbf{V}$, cioè se e solo se il sistema delle [24.3], [24.4] non possiede soluzioni non banali.

I due sottospazi $\mathbf{P}(\mathbf{W}_1)$ e $\mathbf{P}(\mathbf{W}_2)$ di $\mathbf{P}$ si dicono *incidenti* (*sghembi*) se $\mathbf{P}(\mathbf{W}_1) \cap \mathbf{P}(\mathbf{W}_2) \neq \emptyset$ (se $\mathbf{P}(\mathbf{W}_1) \cap \mathbf{P}(\mathbf{W}_2) = \emptyset$). In particolare un punto P e un sottospazio $\mathbf{P}(\mathbf{W})$ sono incidenti se $P \in \mathbf{P}(\mathbf{W})$.

Più in generale, consideriamo una famiglia qualunque $\{\mathbf{P}(\mathbf{W}_i)\}_{i \in I}$ di sottospazi proiettivi di $\mathbf{P}$. L'intersezione $\cap_{i \cap I}\mathbf{P}(\mathbf{W}_i)$ è ancora un sottospazio proiettivo di $\mathbf{P}$ e si ha

$$\cap_{i \in I}\mathbf{P}(\mathbf{W}_i) = \mathbf{P}(\cap_{i \in I}\mathbf{W}_i).$$

Infatti $\cap_{i \in I}\mathbf{P}(\mathbf{W}_i)$ ha per elementi i sottospazi vettoriali di dimensione 1 di $\mathbf{V}$ che sono contenuti in ognuno dei $\mathbf{W}_i$.

Se J è un sottoinsieme non vuoto di $\mathbf{P}$, l'intersezione di tutti i sottospazi proiettivi che lo contengono, denotata con $L(J)$, si dice *sottospazio generato da J*: $L(J)$ è un sottospazio proiettivo di $\mathbf{P}$ e per definizione è il più piccolo sottospazio che contiene J. Ovviamente $L(S) = S$ se e solo se S è un sottospazio proiettivo.

Se $J = \{P_1, \ldots, P_t\}$ consiste di un numero finito di punti, scriveremo $L(P_1, \ldots, P_t)$ invece di $L(\{P_1, \ldots, P_t\})$. Diremo che $P_1, \ldots, P_t$ *generano* $L(P_1, \ldots, P_t)$.

Si ha

$$\dim(L(P_1, \ldots, P_t)) \leq t - 1. \qquad [24.6]$$

Infatti, se $P_1 = [\mathbf{v}_1]$, $P_2 = [\mathbf{v}_2]$, ..., $P_t = [\mathbf{v}_t]$, allora

$$L(P_1, \ldots, P_t) = \mathbf{P}(\langle \mathbf{v}_1, \ldots, \mathbf{v}_t \rangle),$$

e la dimensione del sottospazio vettoriale $\langle \mathbf{v}_1, \ldots, \mathbf{v}_t \rangle$ non supera t, dal che segue la [24.6].

Se nella [24.6] vale il segno di uguaglianza i *punti* $P_1, \ldots, P_t$ si dicono *linearmente indipendenti*: altrimenti $P_1, \ldots, P_t$ si dicono *linearmente dipendenti*. Questa definizione è motivata dal fatto evidente che $P_1, \ldots, P_t$ sono linearmente indipendenti se e solo se lo sono i vettori $\mathbf{v}_1, \ldots, \mathbf{v}_t$.

Due punti sono linearmente indipendenti se e solo se sono distinti. In questo caso lo spazio che essi generano è una retta; quindi per due punti distinti P e Q passa una e una sola retta, cioè $L(P, Q)$.

Tre punti sono linearmente indipendenti se e solo se non sono allineati, cioè non giacciono su una retta. In questo caso lo spazio che essi generano è un piano, ed è l'unico piano che li contiene.

Segue dalla definizione che se i punti $P_1, \ldots, P_t$ sono linearmente indipendenti, allora $t \leq n+1$, e ogni sottoinsieme di $\{P_1, \ldots, P_t\}$ è costituito da punti linearmente indipendenti.

I punti $P_1, \ldots, P_t$ si diranno *in posizione generale* se sono linearmente indipendenti (e in questo caso $t \leq n+1$) oppure se $t > n+1$ e $n+1$ tra essi, comunque scelti, sono linearmente indipendenti. In quest'ultimo caso $L(P_1, \ldots, P_t) = \mathbf{P}$.

Poiché ogni sottospazio vettoriale di $\mathbf{V}$ possiede una base, *ogni sottospazio proiettivo S di $\mathbf{P}$ può essere generato da un numero finito, pari a* $\dim(S)+1$, *di suoi punti linearmente indipendenti.*

Supponiamo ad esempio che $\dim(S) = k$, e siano $[\mathbf{v}_0], [\mathbf{v}_1], \ldots, [\mathbf{v}_k] \in S$ linearmente indipendenti. Poiché $[\mathbf{v}_0], [\mathbf{v}_1], \ldots, [\mathbf{v}_k]$ generano S, per ogni $P \in \mathbf{S}$ si ha

$$P = [\lambda_0 \mathbf{v}_0 + \lambda_1 \mathbf{v}_1 + \ldots + \lambda_k \mathbf{v}_k]$$

per opportuni $\lambda_0, \lambda_1, \ldots, \lambda_k \in \mathsf{K}$ non tutti uguali a 0, e definiti univocamente da $\mathbf{v}_0, \mathbf{v}_1, \ldots, \mathbf{v}_k$ e da P a meno di un comune fattore di proporzionalità. Se rispetto alla base $\{\mathbf{e}_0, \mathbf{e}_1, \ldots, \mathbf{e}_n\}$ di $\mathbf{V}$ le coordinate dei precedenti vettori sono rispettivamente $(p_{00}, p_{01}, \ldots, p_{0n})$, $(p_{10}, p_{11}, \ldots, p_{1n})$, ..., $(p_{k0}, p_{k1}, \ldots, p_{kn})$, e $P = P[x_0, x_1, \ldots, x_n]$, allora si ha

$$\begin{aligned} x_0 &= \lambda_0 p_{00} + \lambda_1 p_{10} + \ldots + \lambda_k p_{k0} \\ x_1 &= \lambda_0 p_{01} + \lambda_1 p_{11} + \ldots + \lambda_k p_{k1} \\ &\vdots \\ x_n &= \lambda_0 p_{0n} + \lambda_1 p_{1n} + \ldots + \lambda_k p_{kn}. \end{aligned} \qquad [24.7]$$

Le [24.7] sono *equazioni parametriche del sottospazio S*. Esse dipendono, oltre che dalla scelta dei punti $[\mathbf{v}_0], [\mathbf{v}_1], \ldots, [\mathbf{v}_k]$ che generano S, anche da quella dei vettori $\mathbf{v}_0, \mathbf{v}_1, \ldots, \mathbf{v}_k$, e quindi dalla scelta di coordinate omogenee di $[\mathbf{v}_0]$, $[\mathbf{v}_1], \ldots, [\mathbf{v}_k]$.

Nel caso particolare $k = 1$ si ottengono *equazioni parametriche della retta che contiene i punti* $[\mathbf{v}_0]$, $[\mathbf{v}_1]$:

$$\begin{aligned} x_0 &= \lambda_0 p_{00} + \lambda_1 p_{10} \\ x_1 &= \lambda_0 p_{01} + \lambda_1 p_{11} \\ &\vdots \\ x_n &= \lambda_0 p_{0n} + \lambda_1 p_{1n}. \end{aligned}$$

Se $\mathbf{P}$ è un piano proiettivo ed r una sua retta assegnata mediante due punti distinti $P[p_0, p_1, p_2]$, $Q[q_0, q_1, q_2]$, r possiede l'equazione cartesiana

$$\begin{vmatrix} X_0 & X_1 & X_2 \\ p_0 & p_1 & p_2 \\ q_0 & q_1 & q_2 \end{vmatrix} = 0. \qquad [24.8]$$

Infatti il primo membro della [24.8] non è identicamente nullo perché $P \neq Q$, e quindi la [24.8] è l'equazione di una retta. Questa retta contiene sia P che Q: infatti se si sostituiscono le coordinate di P, o quelle di Q, al posto di X_0, X_1, X_2, il primo membro è il determinante di una matrice avente due righe uguali, quindi si annulla. Dunque la [24.8] è un'*equazione cartesiana della retta passante per i punti* $P[p_0, p_1, p_2]$ *e* $Q[q_0, q_1, q_2]$.

Similmente si dimostra che se $\mathbf{P}$ è uno spazio proiettivo di dimensione 3 e $P[p_0, p_1, p_2, p_3]$, $Q[q_0, q_1, q_2, q_3]$, $R[r_0, r_1, r_2, r_3]$ sono tre suoi punti non allineati, un'equazione cartesiana del piano $L(P, Q, R)$ è la seguente:

$$\begin{vmatrix} X_0 & X_1 & X_2 & X_3 \\ p_0 & p_1 & p_2 & p_3 \\ q_0 & q_1 & q_2 & q_3 \\ r_0 & r_1 & r_2 & r_3 \end{vmatrix} = 0.$$

Se S_1 ed S_2 sono due sottospazi proiettivi di $\mathbf{P}$, il sottospazio $L(S_1 \cup S_2)$ generato dalla loro unione è il *sottospazio somma di* S_1 *ed* S_2 e viene denotato con con il simbolo $L(S_1, S_2)$.

Se $S_1 = \mathbf{P}(\mathbf{W}_1)$, $S_2 = \mathbf{P}(\mathbf{W}_2)$, si ha

$$L(S_1, S_2) = \mathbf{P}(\mathbf{W}_1 + \mathbf{W}_2). \qquad [24.9]$$

Infatti ogni sottospazio proiettivo $\mathbf{P}(\mathbf{W})$ contenente $S_1 \cup S_2$ contiene $\mathbf{P}(\mathbf{W}_1 + \mathbf{W}_2)$ perché $\mathbf{W}$ deve contenere sia $\mathbf{W}_1$ che $\mathbf{W}_2$: quindi

$$\mathbf{P}(\mathbf{W}_1 + \mathbf{W}_2) \subset L(S_1, S_2).$$

D'altra parte, poiché $\mathbf{W}_1 + \mathbf{W}_2$ contiene sia $\mathbf{W}_1$ che $\mathbf{W}_2$,

$$\mathbf{P}(\mathbf{W}_1 + \mathbf{W}_2) \supset L(S_1, S_2),$$

e la [24.9] è vera.

Per ogni coppia di sottospazi S_1 ed S_2 di $\mathbf{P}$ sussiste la seguente identità:

$$\dim[L(S_1, S_2)] = \dim(S_1) + \dim(S_2) - \dim(S_1 \cap S_2). \qquad [24.10]$$

La [24.10] è detta *formula di Grassmann proiettiva*. Essa è un'immediata conseguenza della formula di Grassmann vettoriale, tenuto conto della [24.5] e della [24.9].

Se ad esempio si considerano una retta $\mathscr{r}$ e un punto $P \in \mathbf{P}$, $L(\mathscr{r}, P)$ è un piano se $P \notin \mathscr{r}$, ed è la retta $\mathscr{r}$ se $P \in \mathscr{r}$.

Se $\mathscr{r}_1$ ed $\mathscr{r}_2$ sono due rette, $L(\mathscr{r}_1, \mathscr{r}_2)$ ha dimensione 3, 2, 1 a seconda che $\mathscr{r}_1$ ed $\mathscr{r}_2$ siano rispettivamente sghembe, incidenti e distinte, coincidenti.

La formula di Grassmann è uno strumento molto utile per studiare le proprietà di incidenza di sottospazi proiettivi. Si noti che, poiché $\dim[L(S_1, S_2)] \leq \dim(\mathbf{P})$, dalla [24.10] segue la disuguaglianza

$$\dim(S_1 \cap S_2) \geq \dim(S_1) + \dim(S_2) - \dim(\mathbf{P}). \qquad [24.11]$$

In particolare, se $\dim(S_1) + \dim(S_2) \geq \dim(\mathbf{P})$, i sottospazi S_1 ed S_2 sono incidenti, perché $\dim(S_1 \cap S_2) \geq 0$ se e solo se $S_1 \cap S_2 \neq \emptyset$. Quindi due sottospazi proiettivi sghembi in $\mathbf{P}$ hanno dimensioni la cui somma non supera $\dim(\mathbf{P}) - 1$. Come conseguenza abbiamo la seguente proposizione:

24.3 PROPOSIZIONE

1) *In un piano proiettivo due rette qualsiasi si incontrano.*

2) *In uno spazio proiettivo di dimensione* 3 *una retta e un piano qualsiasi si incontrano, e due piani distinti qualsiasi hanno in comune una retta.*

In un piano proiettivo non ha dunque significato parlare di parallelismo tra rette, né in uno spazio proiettivo tridimensionale ha senso il parallelismo tra piani o tra rette e piani.

La proposizione 24.3 può anche essere dimostrata utilizzando equazioni cartesiane: nel caso (1) il sistema costituito dalle equazioni cartesiane delle due rette possiede soluzioni non banali perché è un sistema di due equazioni omogenee in tre incognite, e quindi le due rette hanno punti in comune. In modo simile si ragiona nel caso (2).

Torniamo al caso generale. Quando l'intersezione di due sottospazi proiettivi S_1 ed S_2 di $\mathbf{P}$ ha la dimensione più piccola possibile, compatibilmente con la [24.10], S_1 ed S_2 si dicono *in posizione generale*.

Pertanto, se S_1, S_2 e $\mathbf{P}$ hanno rispettivamente dimensione h, k ed n, S_1 ed S_2

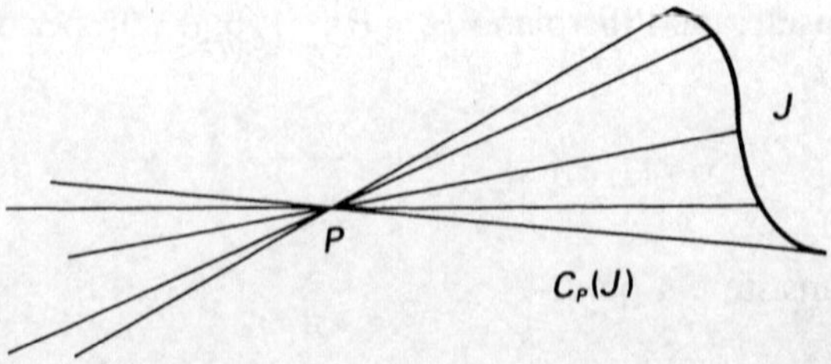

Figura 24.1

sono in posizione generale se e solo se $\dim(S_1 \cap S_2) = h + k - n$ nel caso $h + k \geq n$, oppure $S_1 \cap S_2 = \emptyset$ se $h + k < n$.

Ad esempio, due rette di $\mathbf{P}^2$ sono in posizione generale se sono distinte, e quindi hanno in comune un punto; due rette di $\mathbf{P}^n$, $n \geq 3$, sono in posizione generale se sono sghembe.

Sia J un sottoinsieme dello spazio proiettivo $\mathbf{P}$ e $P \in \mathbf{P}$ un punto qualsiasi. Il *cono proiettante J da P* è l'unione $C_P(J)$ di tutte le rette che contengono P ed almeno un punto di J (fig. 24.1), cioè

$$C_P(J) = \cup_{Q \in J} L(P, Q).$$

24.4 Proposizione

1) *Se S è un sottospazio proiettivo di* $\mathbf{P}$, *allora* $C_P(S) = L(S, P)$ *per ogni* $P \in \mathbf{P}$. *In particolare, se S è un punto e* $P \neq S$, $C_P(S)$ *è la retta che contiene S e P.*

2) *Se* S_1 *ed* S_2 *sono sottospazi proiettivi di* $\mathbf{P}$, *allora*

$$L(S_1, S_2) = \cup_{P_1 \in S_1,\, P_2 \in S_2} L(P_1, P_2) = \cup_{P \in S_2} C_P(S_1).$$

La dimostrazione è lasciata al lettore.

Sia $H \subset \mathbf{P}$ un iperpiano e $P \in \mathbf{P} \setminus H$. La *proiezione di* $\mathbf{P}$ *su H di centro P* è l'applicazione

$$\pi_{P,H} : \mathbf{P} \setminus \{P\} \to H$$

definita da

$$\pi_{P,H}(Q) = L(P, Q) \cap H.$$

A parole, $\pi_{P,H}$ è l'applicazione che associa a un punto $Q \neq P$ il punto di intersezione di H con la retta congiungente P e Q. Per ogni sottoinsieme J di $\mathbf{P}$ tale che $P \notin J$ si ha quindi

$$\pi_{P,H}(J) = H \cap C_P(J),$$

cioè $\pi_{P,H}(J)$ è l'intersezione con H del cono proiettante J da P. L'insieme $\pi_{P,H}(J)$ viene chiamato *proiezione di J da P in H*.

Ad esempio, se in $\mathbf{P}^N$ si considerano l'iperpiano H_0 e $P = [1, 0, \ldots, 0]$, per ogni $Q = [x_0, x_1, \ldots, x_n] \neq P$ si ha

$$\pi_{P, H_0}(Q) = [0, x_1, \ldots, x_n].$$

Infatti la retta $L(P, Q)$ consiste dei punti

$$[\lambda + \mu x_0, \mu x_1, \ldots, \mu x_n],$$

al variare di $[\lambda, \mu] \in \mathbf{P}^1$, e il punto $\pi_{P, H_0}(Q) = H_0 \cap L(P, Q)$ si ottiene in corrispondenza a $[\lambda, \mu] = [-x_0, 1]$.

L'operazione di proiettare un sottoinsieme di $\mathbf{P}$ in un iperpiano è la versione geometrica astratta dell'operazione grafica di rappresentare un oggetto tridimensionale J su di un piano H così come esso appare da un punto di osservazione P. Questa è la costruzione su cui si basa il disegno prospettico.

24.5 *Esempi e osservazioni*

1. Sia $\mathbf{V}$ un K-spazio vettoriale e $\sim$ la relazione di equivalenza in $\mathbf{V} \setminus \{\mathbf{0}\}$ così definita: $\mathbf{v} \sim \mathbf{w}$ se e solo se $\mathbf{v} = \lambda \mathbf{w}$ per qualche $\lambda \in$ K. Allora l'insieme quoziente $[\mathbf{V} \setminus \{\mathbf{0}\}]/\sim$ è in corrispondenza biunivoca naturale con $\mathbf{P}(\mathbf{V})$.

Infatti le classi di equivalenza in $\mathbf{V} \setminus \{\mathbf{0}\}$ sono i sottospazi vettoriali di dimensione uno di $\mathbf{V}$ privati di $\mathbf{0}$, e quindi ogni classe di equivalenza individua un elemento di $\mathbf{P}(\mathbf{V})$; viceversa, ogni elemento $[\mathbf{v}] \in \mathbf{P}(\mathbf{V})$ è una classe di equivalenza cui è stato aggiunto $\mathbf{0}$, e quindi individua un elemento di $[\mathbf{V} \setminus \{\mathbf{0}\}]/\sim$.

Per questo motivo si usa talvolta definire $\mathbf{P}(\mathbf{V})$ come $[\mathbf{V} \setminus \{\mathbf{0}\}]/\sim$.

2. Un punto di $\mathbf{P}^n$, $n \geq 1$, è essenzialmente una $(n+1)$-upla ordinata di scalari non tutti nulli, assegnati a meno di un comune fattore di proporzionalità non nullo. Un sottospazio proiettivo di $\mathbf{P}^n$ può vedersi come l'insieme delle soluzioni non banali, prese ognuna a meno di un fattore di proporzionalità, di un sistema di equazioni lineari omogenee in $n+1$ incognite. La geometria proiettiva dei sottospazi di $\mathbf{P}^n$ può quindi interpretarsi come lo studio delle proprietà degli insiemi di soluzioni non banali di sistemi di equazioni lineari omogenee in $n+1$ incognite.

3. Se $\dim(\mathbf{P}) = 3$, i sottospazi proiettivi non vuoti di $\mathbf{P}$ sono, oltre ai punti e a $\mathbf{P}$ stesso, i piani e le rette. La seguente tabella mostra quali sono le intersezioni di due sottospazi di $\mathbf{P}$ che si trovano in posizione generale:

	retta	piano
retta	$\emptyset$	punto
piano	punto	retta

Se $\dim(\mathbf{P}) = 4$ i sottospazi non vuoti di $\mathbf{P}$ sono, oltre ai punti e a $\mathbf{P}$ stesso, le rette, i piani, e gli iperpiani, che hanno dimensione 3. La seguente tabella mostra le intersezioni di due sottospazi di $\mathbf{P}$ in posizione generale:

	retta	piano	iperpiano
retta	$\emptyset$	$\emptyset$	punto
piano	$\emptyset$	punto	retta
iperpiano	punto	retta	piano

4. Sia n la dimensione di $\mathbf{P} = \mathbf{P}(\mathbf{V})$. Un riferimento proiettivo $\mathbf{e}_0 \dots \mathbf{e}_n$ di $\mathbf{P}$ determina gli $n+1$ punti fondamentali $F_0 = [\mathbf{e}_0]$, $F_1 = [\mathbf{e}_1], \dots, F_n = [\mathbf{e}_n]$, e il punto unità $U = [\mathbf{e}_0 + \dots + \mathbf{e}_n] \in \mathbf{P}$.

È immediato verificare che i punti $F_0, F_1, \dots, F_n, U$ sono in posizione generale.

Viceversa, assegnando una $(n+2)$-upla ordinata di punti in posizione generale $P_0, P_1, \dots, P_n, N \in \mathbf{P}$, esiste un unico sistema di coordinate omogenee di cui essi sono i punti fondamentali.

Infatti consideriamo vettori $\mathbf{v}_0, \dots, \mathbf{v}_n \in \mathbf{V}$ tali che $[\mathbf{v}_i] = P_i$, $i = 0, \dots, n$. Poiché $P_0, P_1, \dots, P_n$ sono linearmente indipendenti, $\{\mathbf{v}_0, \dots, \mathbf{v}_n\}$ è una base di $\mathbf{V}$. Quindi, se scegliamo un vettore $\mathbf{n} \in \mathbf{V}$ tale che $[\mathbf{n}] = N$, abbiamo

$$\mathbf{n} = \lambda_0 \mathbf{v}_0 + \dots + \lambda_n \mathbf{v}_n$$

per opportuni $\lambda_0, \dots, \lambda_n \in \mathsf{K}$, tutti diversi da zero per la condizione che $P_0, P_1, \dots, P_n, N$ siano in posizione generale.

Il sistema di coordinate $(\lambda_0 \mathbf{v}_0) \dots (\lambda_n \mathbf{v}_n)$ ha le proprietà volute. La sua unicità segue da quella di $\lambda_0, \dots, \lambda_n$.

5. Sia $n \geq 1$ e siano $X_0, X_1, \dots, X_n$ indeterminate. Denotiamo con $\mathsf{K}[X_0, X_1, \dots, X_n]_d$, o piú brevemente con $\mathsf{K}[\mathbf{X}]_d$, il K-spazio vettoriale i cui elementi sono il polinomio 0 ed i polinomi omogenei di grado $d \geq 1$ nelle indeterminate $X_0, X_1, \dots, X_n$. Gli elementi dello spazio proiettivo $\mathbf{P}(\mathsf{K}[\mathbf{X}]_d)$ si chiamano *ipersuperfici di grado d di* $\mathbf{P}^n$. Lo spazio $\mathbf{P}(\mathsf{K}[\mathbf{X}]_d)$ è il *sistema lineare delle ipersuperfici di grado d di* $\mathbf{P}^n$. Se $F(\mathbf{X}) \in \mathsf{K}[\mathbf{X}]_d$, l'equazione

$$F(\mathbf{X}) = 0 \qquad [24.12]$$

si dice *equazione dell'ipersuperficie* $[F(\mathbf{X})] \in \mathbf{P}(\mathsf{K}[\mathbf{X}]_d)$. Per definizione, ogni altra equazione della stessa ipersuperficie è della forma

$$\alpha F(\mathbf{X}) = 0$$

per qualche $\alpha \in \mathsf{K}^*$. Le ipersuperfici di grado $d = 1, 2, 3$, si dicono rispettivamente *iperpiani, quadriche, cubiche* ecc. Se $n = 2$ le ipersuperfici si chiamano *curve algebriche piane*, e verranno studiate nel capitolo 4. Se una $(n+1)$-upla di scalari non tutti nulli $x_0, x_1, \dots, x_n$ è soluzione della [24.12], diremo che $[x_0, x_1, \dots, x_n] \in \mathbf{P}^n$ è un *punto dell'ipersuperficie* di equazione [24.12]. Questa definizione è ben posta, cioè non dipende dalla scelta della $(n+1)$-upla di coordinate omogenee del punto: infatti per una proprietà dei polinomi omogenei (cfr. proposizione A.12), ogni altra $(n+1)$-upla ad essa proporzionale $\lambda x_0, \lambda x_1, \ldots, \lambda x_n$, $\lambda \neq 0$, è soluzione della [24.12].

6. Sia $\mathbf{V}$ uno spazio vettoriale di dimensione finita e sia $1 \leq k \leq \dim(\mathbf{V})$. La *grassmanniana dei k-spazi di* $\mathbf{V}$ è l'insieme i cui elementi sono i sottospazi vettoriali di dimensione k di $\mathbf{V}$, e si denota con $G_k(\mathbf{V})$. Se $\mathbf{V} = \mathsf{K}^n$ la grassmanniana si denota di solito con $G(k, n)$ anziché con $G_k(\mathsf{K}^n)$. Gli spazi proiettivi sono casi particolari di grassmanniane, essendo $\mathbf{P}(\mathbf{V}) = G_1(\mathbf{V})$. Le grassmanniane furono introdotte per la prima volta nel 1844 da H.G. Grassmann.

In virtù della corrispondenza biunivoca esistente tra sottospazi vettoriali di dimensione k di uno spazio vettoriale $\mathbf{V}$ e sottospazi proiettivi di dimensione $k-1$ di $\mathbf{P}(\mathbf{V})$, la grassmanniana $G_k(\mathbf{V})$ può anche interpretarsi come l'insieme i cui elementi sono i sottospazi proiettivi di dimensione $k-1$ di $\mathbf{P}(\mathbf{V})$.

L'esempio più semplice di grassmanniana che non è uno spazio proiettivo è $G(2, 4)$, la *grassmanniana delle rette di* $\mathbf{P}^3$.

È possibile rappresentare $G(2, 4)$ come un'ipersuperficie quadrica di $\mathbf{P}^5$ associando ad ogni retta di $\mathbf{P}^3$ le sue "coordinate plückeriane", nel modo seguente.

Siano $P[x_0, x_1, x_2, x_3]$, $Q[y_0, y_1, y_2, y_3] \in \mathbf{P}^3$ due punti distinti e consideriamo la matrice

$$\begin{pmatrix} x_0 & x_1 & x_2 & x_3 \\ y_0 & y_1 & y_2 & y_3 \end{pmatrix}. \qquad [24.13]$$

Poniamo, per ogni coppia di indici i, j tali che $0 \leq i < j \leq 3$:

$$p_{ij} = \begin{vmatrix} x_i & x_j \\ y_i & y_j \end{vmatrix} = x_i y_j - x_j y_i.$$

Poiché la [24.13] ha rango 2, i p_{ij} non sono tutti uguali a zero, e quindi definiscono un punto $[p_{01}, p_{02}, p_{03}, p_{12}, p_{13}, p_{23}] \in \mathbf{P}^5$ le cui coordinate omogenee p_{01}, $p_{02}, p_{03}, p_{12}, p_{13}, p_{23}$ si dicono *coordinate plückeriane della retta* $L(P, Q)$; esse prendono il nome da J. Plücker (1801-1868) che per primo le utilizzò.

A priori la definizione del punto $[p_{01}, p_{02}, p_{03}, p_{12}, p_{13}, p_{23}] \in \mathbf{P}^5$ sembra dipendere non solo dalla retta $L(P, Q)$, ma anche dalla scelta dei punti P, Q e da quella di loro coordinate omogenee. È facile però convincersi del contrario. Innanzitutto notiamo che se le coordinate omogenee di P o di Q vengono moltiplicate per un fattore di proporzionalità $\alpha \in \mathsf{K}^*$, le coordinate plückeriane di $L(P, Q)$ vengono anch'esse moltiplicate per lo stesso fattore, e quindi il punto di $\mathbf{P}^5$ che esse definiscono non cambia. Se poi il punto P viene sostituito da un altro punto $P'[x_0', x_1', x_2', x_3'] \in L(P, Q)$ diverso da Q, allora esistono due scalari $\lambda \neq 0$, μ tali che

$$x_i' = \lambda x_i + \mu y_i, \quad i = 0, \ldots, 3.$$

Sostituendo nella [24.13] le coordinate x_0', x_1', x_2', x_3' al posto di x_0, x_1, x_2, x_3, e calcolando le nuove coordinate plückeriane $p_{01}', p_{02}', p_{03}', p_{12}', p_{13}', p_{23}'$, si trova

$$p_{ij}' = \lambda p_{ij}.$$

Similmente si procede se Q è sostituito da un altro punto $Q' \in L(P, Q)$.

Pertanto possiamo affermare che il punto $[p_{01}, p_{02}, p_{03}, p_{12}, p_{13}, p_{23}] \in \mathbf{P}^5$ dipende solo dalla retta $L(P, Q)$.

Osserviamo che le coordinate plückeriane $p_{01}, p_{02}, p_{03}, p_{12}, p_{13}, p_{23}$ della retta $L(P, Q)$ soddisfano l'identità

$$p_{01}p_{23} - p_{02}p_{13} + p_{03}p_{12} = 0. \qquad [24.14]$$

Infatti il primo membro è il determinante

$$\begin{vmatrix} x_0 & x_1 & x_2 & x_3 \\ y_0 & y_1 & y_2 & y_3 \\ x_0 & x_1 & x_2 & x_3 \\ y_0 & y_1 & y_2 & y_3 \end{vmatrix}$$

sviluppato secondo i minori delle prime due righe, con il metodo di Laplace, ed è nullo perché ha due righe uguali. Pertanto il punto $[p_{01}, p_{02}, p_{03}, p_{12}, p_{13}, p_{23}]$ appartiene alla quadrica di $\mathbf{P}^5$ di equazione

$$X_{01}X_{23} - X_{02}X_{13} + X_{03}X_{12} = 0, \qquad [24.15]$$

nota come *quadrica di Klein*.

Non è difficile verificare che ogni punto $C[p_{01}, p_{02}, p_{03}, p_{12}, p_{13}, p_{23}]$ appartenente alla quadrica di Klein proviene da una e una sola retta di $\mathbf{P}^3$. A tale scopo non è restrittivo supporre $p_{01} \neq 0$ (se $p_{01} = 0$ si può ragionare in modo simile rispetto a un'altra coordinata). Consideriamo i punti di $\mathbf{P}^3$

$$P = [0, p_{01}, p_{02}, p_{03}], \qquad Q = [-p_{01}, 0, p_{12}, p_{13}].$$

Le coordinate plückeriane di $L(P, Q)$ sono, tenuto conto della [24.14],

$$p_{01}^2, p_{01}p_{03}, p_{01}p_{12}, p_{01}p_{13}, p_{01}p_{23},$$

e quindi, poiché $p_{01} \neq 0$, C è il punto associato alla retta $L(P, Q)$. Se $\mathfrak{r}$ è un'altra retta le cui coordinate plückeriane sono proporzionali a quelle di C, essa non è contenuta nei piani coordinati di equazioni $X_0 = 0$ ed $X_1 = 0$, perché altrimenti sarebbe $p_{01} = 0$. Siano $[0, a_1, a_2, a_3]$ e $[-b_0, 0, b_2, b_3]$ i punti di intersezione di $\mathfrak{r}$ con i due piani. Si ha

$$[p_{01}, p_{02}, p_{03}, p_{12}, p_{13}, p_{23}] = [a_1b_0, a_2b_0, a_3b_0, a_1b_2, a_1b_3, a_2b_3 - a_3b_2].$$

Poiché $a_1b_0 \neq 0$, si deduce che $[0, a_1, a_2, a_3] = P$ (confrontando le prime tre coordinate) e che $[-b_0, 0, b_2, b_3] = Q$ (confrontando la prima, quarta e quinta coordinata), e quindi $\ell = L(P, Q)$. In conclusione: *le coordinate plückeriane di retta stabiliscono una corrispondenza biunivoca tra l'insieme delle rette di* $\mathbf{P}^3$ *e i punti della quadrica di Klein in* $\mathbf{P}^5$.

In modo simile è possibile introdurre coordinate plückeriane per i sottospazi proiettivi di dimensione $k-1 \geq 1$ di uno spazio $\mathbf{P}^n$. Per ulteriori dettagli rinviamo il lettore al classico trattato [2], oppure a [8].

7. Sia J un sottoinsieme dello spazio proiettivo $\mathbf{P}(\mathbf{V})$. Il sottoinsieme di $\mathbf{V}$

$$C(J) = \{\mathbf{v} \in \mathbf{V} \setminus \{\mathbf{0}\} : [\mathbf{v}] \in J\} \cup \{\mathbf{0}\}$$

è il *cono su J in* $\mathbf{V}$. Questa terminologia è motivata dal fatto che $C(J)$ è un'unione di sottospazi vettoriali di dimensione 1 di $\mathbf{V}$. Lasciamo al lettore il compito di verificare che se $J = \mathbf{P}(\mathbf{W})$ è un sottospazio proiettivo di $\mathbf{P}$, allora $C(J) = \mathbf{W}$. Si ha inoltre

$$C(I) \cap C(J) = C(I \cap J)$$
$$C(I) \cup C(J) = C(I \cup J)$$

per ogni coppia di sottoinsiemi I, J di $\mathbf{P}$.

Esercizi

1. In ciascuno dei seguenti casi determinare un'equazione cartesiana della retta di $\mathbf{P}^2(\mathbf{C})$ contenente i punti assegnati:

a) $[-1, 1, 1]$, $[1, 3, 2i]$ b) $[1, -1, i]$, $[i, 1, 1]$

c) $[1, 1, 2i]$, $[1, -2, 2i]$.

2. Verificare che le seguenti rette di $\mathbf{P}^2(\mathbf{C})$:

$$iX_1 - X_2 + 3iX_0 = 0, \quad X_0 + X_1 - iX_2 = 0, \quad 5X_0 + X_1 + 3iX_2 = 0,$$

hanno intersezione vuota.

3. Verificare che i punti $A = [1, 2, 2]$, $B = [3, 1, 4]$, $C = [2, -1, 2]$ di $\mathbf{P}^2(\mathbf{R})$ sono allineati, e determinare un'equazione cartesiana della retta che li contiene.

4. In $\mathbf{P}^3(\mathbf{R})$ siano $P = [1, 1, 0, 0]$, e H il piano di equazione

$$2X_0 - X_1 + X_3 = 0.$$

Determinare la proiezione $\pi_{P,H}$ da P in H di ognuno dei seguenti punti:

$$Q_1 = [1, 0, 0, 0],\ Q_2 = [1, 1, 1, 1],\ Q_3 = [1, -1, -1, 1],\ Q_4 = [1, 1, -1, -1].$$

5. Verificare se le rette di $\mathbf{P}^3(\mathbf{R})$

$$\ell : X_0 - X_1 + X_2 = 0, \quad X_1 - 2X_2 + X_3 = 0$$
$$\jmath : X_0 + X_2 - 3X_3 = 0, \quad X_0 - 2X_1 - 2X_2 = 0$$

sono sghembe oppure incidenti.

6. Dimostrare che, date comunque due rette r, r' sghembe in $\mathbf{P}^3(\mathsf{K})$ e un punto $P \notin r \cup r'$, esiste un'unica retta s contenente P ed incidente sia r che r'.

7. In $\mathbf{P}^3(\mathsf{R})$ determinare equazioni cartesiane della retta s contenente P e incidente sia r che r' in ciascuno dei seguenti casi:

a) $r: X_0 - X_2 + 2X_3 = 0, \quad 2X_0 + X_1 = 0$

$r': 2X_1 - 3X_2 + X_3 = 0, \quad X_0 + X_3 = 0, \quad P = [0, 1, 0, 1]$

b) $r: X_0 - X_1 + X_3 = 0, \quad X_0 + X_2 - 2X_3 = 0$

$r': 2X_0 - X_1 + X_3 = 0, \quad X_0 + X_2 - X_3 = 0, \quad P = [1, 1, 2, -3]$.

8. Dimostrare che, date comunque tre rette r, r', r'' di $\mathbf{P}^4(\mathsf{K})$, non contenute in uno stesso iperpiano e a due a due sghembe, esiste un'unica retta s incidente r, r' ed r''.

9. Sia $\mathbf{P}$ uno spazio proiettivo in cui sia assegnato un riferimento proiettivo $\mathbf{e}_0\mathbf{e}_1 \dots \mathbf{e}_n$ e siano

$$P_1[p_{10}, p_{11}, \dots, p_{1n}],\ P_2[p_{20}, p_{21}, \dots, p_{2n}],\ \dots,\ P_n[p_{n0}, p_{n1}, \dots, p_{nn}]$$

punti linearmente indipendenti. Dimostrare che

$$\begin{vmatrix} X_0 & X_1 & \dots & X_n \\ p_{10} & p_{11} & \dots & p_{1n} \\ p_{20} & p_{21} & \dots & p_{2n} \\ \vdots & \vdots & & \vdots \\ p_{n0} & p_{n1} & \dots & p_{nn} \end{vmatrix} = 0$$

è un'equazione dell'iperpiano $L(P_1, P_2, \dots, P_n)$.

10. Siano F_{01}, F_{02}, F_{03}, F_{12}, F_{13}, F_{23} i sei punti fondamentali del riferimento standard di $\mathbf{P}^5$. Verificare che F_{ij} è il punto della quadrica di Klein che corrisponde alla retta $L(F_i, F_j)$ di $\mathbf{P}^3$, dove F_0, F_1, F_2, F_3 sono i punti fondamentali del riferimento proiettivo standard di $\mathbf{P}^3$.

25 Geometria affine e geometria proiettiva

Gli spazi proiettivi furono inizialmente definiti come "ampliamenti" di spazi affini, ottenuti aggiungendo ad essi certi "punti impropri". Per illustrare la costruzione geometrica su cui si basa tale definizione, consideriamo $\mathbf{P}^1(\mathsf{R})$, visto come l'insieme delle rette di $\mathbf{A}^2(\mathsf{R})$ passanti per l'origine (fig. 25.1).

Per ogni $[x_0, x_1] \in \mathbf{P}^1(\mathsf{R})$, il punto $(\lambda x_0, \lambda x_1)$ descrive, al variare di $\lambda \in \mathsf{R}$, la corrispondente retta per l'origine in $\mathbf{A}^2(\mathsf{R})$. In particolare il punto $H_0 = [0, 1] \in \mathbf{P}^1(\mathsf{R})$ corrisponde alla retta di equazione $X_0 = 0$. Si consideri in $\mathbf{A}^2(\mathsf{R})$ la retta r di equazione $X_0 = 1$. Per ogni $[x_0, x_1] \in \mathbf{P}^1(\mathsf{R}) \setminus \{H_0\}$, la corrispondente retta di $\mathbf{A}^2(\mathsf{R})$ non è parallela a r e interseca r nell'unico punto $(1, x_0^{-1}x_1)$. Viceversa

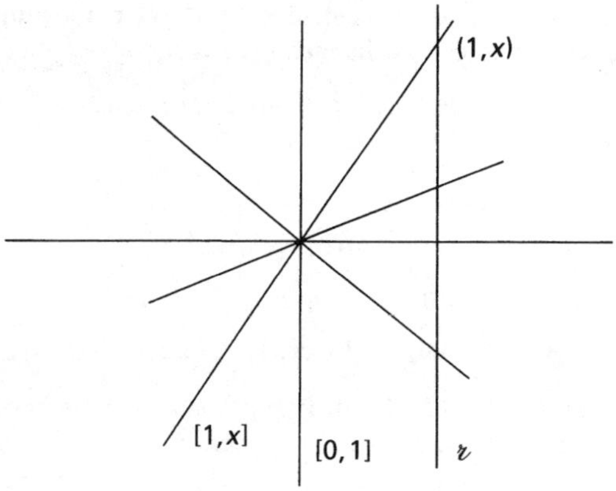

Figura 25.1

ogni $(1, x) \in \mathcal{R}$ appartiene a un'unica retta per l'origine, quella corrispondente al punto $[1, x] \in \mathbf{P}^1(\mathsf{R}) \setminus \{H_0\}$. Si ha quindi una corrispondenza biunivoca tra $\mathcal{R}$ e $\mathbf{P}^1(\mathsf{R}) \setminus \{H_0\}$ ovvero tra $\mathcal{R} \cup \{H_0\}$ e $\mathbf{P}^1(\mathsf{R})$.

Possiamo pensare H_0 come un "punto all'infinito" o "punto improprio" che viene aggiunto a $\mathcal{R}$ per ottenere $\mathbf{P}^1(\mathsf{R})$. Infatti la retta [0, 1] può essere considerata come la posizione limite della retta $[1, x]$ quando $|x|$ tende all'infinito. Si osservi che si può far tendere $|x|$ all'infinito in due modi, facendo avvicinare x verso $+\infty$ oppure verso $-\infty$, ottenendo in entrambi i casi la stessa retta [0, 1] come posizione limite.

Questa costruzione geometrica, risalente a Desargues, si può ripetere utilizzando, invece del punto H_0 e della retta $\mathcal{R}$, un qualsiasi punto $H \in \mathbf{P}^1(\mathsf{R})$ e una retta di $\mathbf{A}^2(\mathsf{R})$ non passante per l'origine e avente direzione H.

È facile generalizzare l'esempio precedente. Consideriamo lo spazio $\mathbf{P}^n = \mathbf{P}^n(\mathsf{K})$, identificato con l'insieme delle rette di $\mathbf{A}^{n+1}$ passanti per l'origine (fig. 25.2): ogni punto $[x_0, x_1, \ldots, x_n] \in \mathbf{P}^n$ corrisponde alla retta di $\mathbf{A}^{n+1}$ costituita dai punti $(\lambda x_0, \lambda x_1, \ldots, \lambda x_n)$ al variare di $\lambda \in \mathsf{K}$ (questi punti sono, con l'eccezione di $(0, \ldots, 0)$, le $(n+1)$-uple di coordinate omogenee di $[x_0, x_1, \ldots, x_n]$). I punti $P \in H_0$ corrispondono alle rette contenute nell'iperpiano affine di equazione $X_0 = 0$.

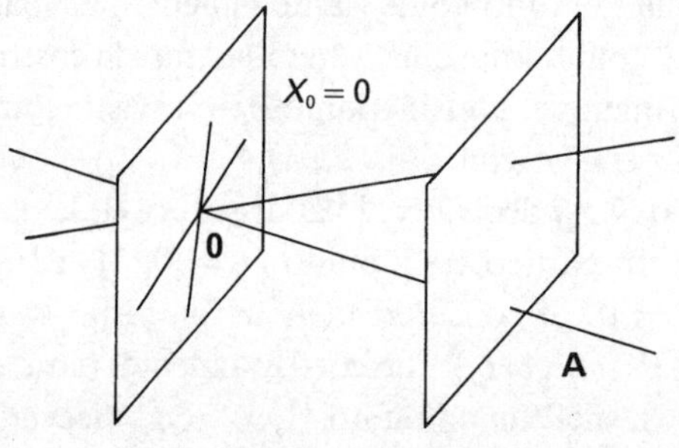

Figura 25.2

Si consideri l'iperpiano affine **A** di equazione $X_0 = 1$, cioè l'insieme dei punti di $\mathbf{A}^{n+1}$ della forma $(1, y_1, \dots, y_n)$, $y_1, \dots, y_n \in \mathsf{K}$. Le rette per l'origine non appartenenti ad H_0 non sono parallele ad **A**, e quindi ognuna di esse ha in comune con **A** uno e un solo punto. Si ottiene così una corrispondenza biunivoca

$$j\colon \mathbf{A} \to \mathbf{P}^n \setminus H_0$$

tale che

$$j(1, y_1, \dots, y_n) = [1, y_1, \dots, y_n]$$

e

$$j^{-1}([x_0, x_1, \dots, x_n]) = \left(1, \frac{x_1}{x_0}, \frac{x_2}{x_0}, \dots, \frac{x_n}{x_0}\right).$$

L'applicazione j induce pertanto una corrispondenza biunivoca tra $\mathbf{A} \cup H_0$ e $\mathbf{P}^n$. Si noti che gli elementi di H_0 sono le direzioni delle rette di **A**, essendo essi i sottospazi vettoriali di dimensione 1 di K^{n+1} contenuti nella giacitura di **A**, che è appunto l'iperpiano vettoriale di equazione $X_0 = 0$. Anche in questo esempio H_0 e **A** possono essere sostituiti da un qualsiasi iperpiano $\mathbf{P}(\mathbf{H})$ di $\mathbf{P}^n$ e da un iperpiano affine di $\mathbf{A}^{n+1}$ avente giacitura **H** e non passante per l'origine.

Se nella costruzione precedente identifichiamo **A** con $\mathbf{A}^n$, utilizzando l'applicazione biunivoca che associa ad ogni $(y_1, \dots, y_n) \in \mathbf{A}^n$ il punto $(1, y_1, \dots, y_n) \in \mathbf{A}$, l'applicazione j viene a corrispondere all'applicazione biunivoca

$$j_0\colon \mathbf{A}^n \to \mathbf{P}^n \setminus H_0$$

definita da

$$j_0(y_1, \dots, y_n) = [1, y_1, \dots, y_n],$$

la cui inversa è

$$j_0^{-1}\colon \mathbf{P}^n \setminus H_0 \to \mathbf{A}^n$$

definita da

$$j_0^{-1}([x_0, x_1, \dots, x_n]) = \left(\frac{x_1}{x_0}, \dots, \frac{x_n}{x_0}\right).$$

La j_0 è l'*applicazione di passaggio a coordinate omogenee* (la j_0^{-1}, *di passaggio a coordinate non omogenee*) *rispetto a* x_0. I punti di H_0 sono chiamati *punti impropri* (i punti di $\mathbf{P}^n \setminus H_0$, *punti propri*), e H_0 è detto *iperpiano improprio, rispetto a* x_0.

La definizione di queste applicazioni utilizza il fatto che le $n+1$ coordinate omogenee di un punto $[x_0, x_1, \dots, x_n] \in \mathbf{P}^n \setminus H_0$, pur non essendo univocamente determinate, individuano univocamente gli n rapporti $x_1/x_0, x_2/x_0, \dots, x_n/x_0$.

Nel caso di $\mathbf{P}^1(\mathsf{K})$ si denota talvolta il punto $H_0 = [0, 1]$ con il simbolo ∞ e si identifica $\mathbf{P}^1(\mathsf{K})$ con $\mathsf{K} \cup \{\infty\}$ per mezzo dell'applicazione $j_0\colon \mathsf{K} \to \mathbf{P}^1(\mathsf{K}) \setminus \{\infty\}$; ciò ha il significato di assegnare la "coordinata non omogenea ∞" al punto $[0, 1]$.

Considerando, invece di H_0, uno qualsiasi degli iperpiani H_i, $i=1, \ldots, n$, e procedendo come nel caso precedente, si ottiene l'applicazione biunivoca

$$j_i: \mathbf{A}^n \to \mathbf{P}^n \backslash H_i$$

definita da

$$j_i(y_0, \ldots, y_{i-1}, y_{i+1}, \ldots, y_n) = [y_0, \ldots, y_{i-1}, 1, y_{i+1}, \ldots, y_n]$$

per ogni $(y_0, \ldots, y_{i-1}, y_{i+1}, \ldots, y_n) \in \mathbf{A}^n$. La j_i è l'*applicazione di passaggio a coordinate omogenee* (la j_i^{-1}, *di passaggio a coordinate non omogenee*) *rispetto a* x_i. I punti di H_i sono detti *punti impropri* (i punti di $\mathbf{P}^n \backslash H_i$, *punti propri*), e H_i è denominato *iperpiano improprio, rispetto a* x_i.

Le costruzioni precedenti possono essere generalizzate in uno spazio proiettivo qualunque. Consideriamo un K-spazio vettoriale $\mathbf{V}$, $\dim(\mathbf{V}) = n+1 \geq 2$, e sia $\mathbf{H} \subset \mathbf{V}$ un iperpiano. Siano $\mathbf{P} = \mathbf{P}(\mathbf{V})$ e $H = \mathbf{P}(\mathbf{H})$. Dati $P = [\mathbf{u}]$, $P' = [\mathbf{u}'] \in \mathbf{P} \backslash H$, definiamo un'applicazione lineare $\varphi_{PP'}: \mathbf{V}/\mathbf{H} \to \mathbf{H}$ nel modo seguente (fig. 25.3).

Sia $\mathbf{v} + \mathbf{H} \in \mathbf{V}/\mathbf{H}$. I sottospazi $\langle \mathbf{u} \rangle$ e $\langle \mathbf{u}' \rangle$ di $\mathbf{V}$ non sono paralleli a $\mathbf{v} + \mathbf{H}$, non essendo contenuti in $\mathbf{H}$, e pertanto ognuno di essi ha in comune con $\mathbf{v} + \mathbf{H}$ un unico punto. Esistono dunque $\mathbf{h}$, $\mathbf{h}' \in \mathbf{H}$ tali che

$$\mathbf{v} + \mathbf{h} \in \langle \mathbf{u} \rangle$$
$$\mathbf{v} + \mathbf{h}' \in \langle \mathbf{u}' \rangle.$$

Poniamo

$$\varphi_{PP'}(\mathbf{v} + \mathbf{H}) = \mathbf{h}' - \mathbf{h}.$$

Si osservi che $\mathbf{h}$ e $\mathbf{h}'$ a priori dipendono non solo da $\langle \mathbf{u} \rangle$, $\langle \mathbf{u}' \rangle$ e dalla classe laterale $\mathbf{v} + \mathbf{H}$, ma anche dal suo rappresentante $\mathbf{v}$. È però facile verificare che $\mathbf{h}' - \mathbf{h}$ è indipendente dal rappresentante: infatti, se $\mathbf{v} + \mathbf{H} = \mathbf{w} + \mathbf{H}$ per qualche

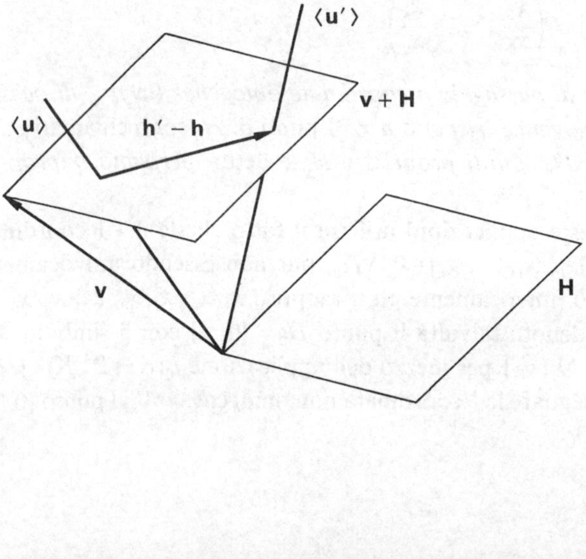

Figura 25.3

$\mathbf{w} \in \mathbf{V}$, si ha $\mathbf{w} = \mathbf{v} + \mathbf{k}$, $\mathbf{k} \in \mathbf{H}$, e

$$\mathbf{v} + \mathbf{h} = \mathbf{w} + \mathbf{h} - \mathbf{k}, \quad \mathbf{v} + \mathbf{h}' = \mathbf{w} + \mathbf{h}' - \mathbf{k};$$

pertanto $\varphi_{PP'}(\mathbf{w} + \mathbf{H}) = (\mathbf{h}' - \mathbf{k}) - (\mathbf{h} - \mathbf{k}) = \mathbf{h}' - \mathbf{h}$. Quindi $\varphi_{PP'}(\mathbf{v} + \mathbf{H})$ dipende solo da P, P' e $\mathbf{v} + \mathbf{H}$.

L'applicazione $\varphi_{PP'}$ è lineare. Siano infatti $\mathbf{v}_1 + \mathbf{H}$, $\mathbf{v}_2 + \mathbf{H} \in \mathbf{V}/\mathbf{H}$, k_1, $k_2 \in \mathsf{K}$. Se

$$\mathbf{v}_1 + \mathbf{h}_1 \in \langle \mathbf{u} \rangle, \quad \mathbf{v}_1 + \mathbf{h}_1' \in \langle \mathbf{u}' \rangle,$$
$$\mathbf{v}_2 + \mathbf{h}_2 \in \langle \mathbf{u} \rangle, \quad \mathbf{v}_2 + \mathbf{h}_2' \in \langle \mathbf{u}' \rangle,$$

allora

$$k_1\mathbf{v}_1 + k_2\mathbf{v}_2 + (k_1\mathbf{h}_1 + k_2\mathbf{h}_2) = k_1(\mathbf{v}_1 + \mathbf{h}_1) + k_2(\mathbf{v}_2 + \mathbf{h}_2) \in \langle \mathbf{u} \rangle,$$
$$k_1\mathbf{v}_1 + k_2\mathbf{v}_2 + (k_1\mathbf{h}_1' + k_2\mathbf{h}_2') = k_1(\mathbf{v}_1 + \mathbf{h}_1') + k_2(\mathbf{v}_2 + \mathbf{h}_2') \in \langle \mathbf{u}' \rangle,$$

e quindi

$$\begin{aligned}\varphi_{PP'}(k_1\mathbf{v}_1 + k_2\mathbf{v}_2 + \mathbf{H}) &= k_1\mathbf{h}_1' + k_2\mathbf{h}_2' - (k_1\mathbf{h}_1 + k_2\mathbf{h}_2) = \\ &= k_1(\mathbf{h}_1' - \mathbf{h}_1) + k_2(\mathbf{h}_2' - \mathbf{h}_2) = \\ &= k_1\varphi_{PP'}(\mathbf{v}_1 + \mathbf{H}) + k_2\varphi_{PP'}(\mathbf{v}_2 + \mathbf{H}).\end{aligned}$$

Abbiamo il seguente teorema.

25.1 TEOREMA *Siano* $\mathbf{V}$, $\mathbf{H}$, $\mathbf{P}$ *e* H *come sopra.*

1) *Associando ad ogni* $(P, P') \in (\mathbf{P} \setminus H) \times (\mathbf{P} \setminus H)$ *l'applicazione lineare* $\varphi_{PP'} \in \mathrm{Hom}(\mathbf{V}/\mathbf{H}, \mathbf{H})$, *si definisce su* $\mathbf{P} \setminus H$ *una struttura di spazio affine con spazio vettoriale associato* $\mathrm{Hom}(\mathbf{V}/\mathbf{H}, \mathbf{H})$. *Per ogni sottospazio proiettivo* $S = \mathbf{P}(\mathbf{W})$ *di* $\mathbf{P}$ *non contenuto in* H, $S \cap (\mathbf{P} \setminus H)$ *è un sottospazio affine di* $\mathbf{P} \setminus H$ *avente per giacitura il sottospazio vettoriale* $\mathrm{Hom}(\mathbf{V}/\mathbf{H}, \mathbf{W} \cap \mathbf{H})$ *di* $\mathrm{Hom}(\mathbf{V}/\mathbf{H}, \mathbf{H})$.

2) *Assegnato in* $\mathbf{V}_a$ *un iperpiano affine* $\mathbf{A}$ *di giacitura* $\mathbf{H}$ *e non contenente* $\mathbf{0}$, *si definisce su* $\mathbf{P} \setminus H$ *una struttura di spazio affine con spazio vettoriale associato* $\mathbf{H}$ *facendo corrispondere ad ogni* $(P, P') \in (\mathbf{P} \setminus H) \times (\mathbf{P} \setminus H)$, *con* $P = [\mathbf{u}]$, $P' = [\mathbf{u}']$, *il vettore* $\mathbf{a}' - \mathbf{a} \in \mathbf{H}$, *dove* $\mathbf{a} = \mathbf{A} \cap \langle \mathbf{u} \rangle$, $\mathbf{a}' = \mathbf{A} \cap \langle \mathbf{u}' \rangle$.

Dimostrazione

1) Siano $P = [\mathbf{u}] \in \mathbf{P} \setminus H$, e $\varphi \in \mathrm{Hom}(\mathbf{V}/\mathbf{H}, \mathbf{H})$. Consideriamo un vettore $\mathbf{v} \in \mathbf{V} \setminus \mathbf{H}$, e sia $\mathbf{h} \in \mathbf{H}$ tale che $\mathbf{v} + \mathbf{h} \in \langle \mathbf{u} \rangle$; poniamo $P' = [\mathbf{v} + \mathbf{h} + \varphi(\mathbf{v} + \mathbf{H})]$.

È immediato verificare che $\varphi_{PP'} = \varphi$.

Poiché $\dim(\mathbf{V}/\mathbf{H}) = 1$, ogni vettore di $\mathbf{V}/\mathbf{H}$ è della forma $a\mathbf{v} + \mathbf{H}$, $a \in \mathsf{K}$, e $a\mathbf{v} + a\mathbf{h} \in \langle \mathbf{u} \rangle$. Di conseguenza

$$\begin{aligned}[a\mathbf{v} + a\mathbf{h} + \varphi(a\mathbf{v} + \mathbf{H})] &= [a\mathbf{v} + a\mathbf{h} + a\varphi(\mathbf{v} + \mathbf{H})] = \\ &= [a(\mathbf{v} + \mathbf{h} + \varphi(\mathbf{v} + \mathbf{H}))] = P',\end{aligned}$$

cioè P' dipende solo da P e da φ, e pertanto l'assioma SA1 è soddisfatto.

Per verificare l'assioma SA2 consideriamo tre punti $P = [\mathbf{u}]$, $P' = [\mathbf{u}']$, $P'' = [\mathbf{u}''] \in \mathbf{P} \setminus H$. Sia $\mathbf{v} + \mathbf{H} \in \mathbf{V}/\mathbf{H}$, e siano

$$\mathbf{v} + \mathbf{h} \in \langle \mathbf{u} \rangle, \quad \mathbf{v} + \mathbf{h}' \in \langle \mathbf{u}' \rangle, \quad \mathbf{v} + \mathbf{h}'' \in \langle \mathbf{u}'' \rangle.$$

Allora

$$\varphi_{PP'}(\mathbf{v} + \mathbf{H}) = \mathbf{h}' - \mathbf{h}, \quad \varphi_{P'P''}(\mathbf{v} + \mathbf{H}) = \mathbf{h}'' - \mathbf{h}', \quad \varphi_{PP''}(\mathbf{v} + \mathbf{H}) = \mathbf{h}'' - \mathbf{h}$$

e quindi

$$[\varphi_{PP'} + \varphi_{P'P''}](\mathbf{v} + \mathbf{H}) = \varphi_{PP'}(\mathbf{v} + \mathbf{H}) + \varphi_{P'P''}(\mathbf{v} + \mathbf{H}) = \mathbf{h}' - \mathbf{h} + \mathbf{h}'' - \mathbf{h}' =$$
$$= \mathbf{h}'' - \mathbf{h} = \varphi_{PP''}(\mathbf{v} + \mathbf{H}).$$

Dunque $\varphi_{PP'} + \varphi_{P'P''} = \varphi_{PP''}$ e l'assioma SA2 è soddisfatto.

Se $P = [\mathbf{u}]$, $P' = [\mathbf{u}'] \in S \cap (\mathbf{P} \setminus H)$, allora $\varphi_{PP'}(\mathbf{v} + \mathbf{H}) \in \mathbf{W} \cap \mathbf{H}$ per ogni $\mathbf{v} + \mathbf{H} \in \mathbf{V}/\mathbf{H}$. Infatti, essendo $\langle \mathbf{u} \rangle$ ed $\langle \mathbf{u}' \rangle$ contenuti in $\mathbf{W}$, se $\mathbf{v} + \mathbf{h} \in \langle \mathbf{u} \rangle$ e $\mathbf{v} + \mathbf{h}' \in \langle \mathbf{u}' \rangle$ allora $\varphi_{PP'}(\mathbf{v} + \mathbf{H}) = \mathbf{h}' - \mathbf{h} = (\mathbf{v} + \mathbf{h}') - (\mathbf{v} + \mathbf{h}) \in \mathbf{W}$. Quindi $\varphi_{PP'} \in \mathrm{Hom}(\mathbf{V}/\mathbf{H}, \mathbf{W} \cap \mathbf{H})$. Viceversa, se $P \in S \cap (\mathbf{P} \setminus H)$ e $P' \in \mathbf{P} \setminus H$ soddisfa $\varphi_{PP'} \in \mathrm{Hom}(\mathbf{V}/\mathbf{H}, \mathbf{W} \cap \mathbf{H})$, allora, per ogni $\mathbf{v} + \mathbf{H}$, $\varphi_{PP'}(\mathbf{v} + \mathbf{H}) \in \mathbf{W} \cap \mathbf{H}$ e quindi $\mathbf{v} + \mathbf{h} \in \langle \mathbf{u} \rangle$, $\mathbf{v} + \mathbf{h}' \in \langle \mathbf{u}' \rangle$ con $\mathbf{h}' - \mathbf{h} \in \mathbf{W} \cap \mathbf{H}$. Poiché $\langle \mathbf{u} \rangle \subset \mathbf{W}$, si ha $\mathbf{v} + \mathbf{h} \in \mathbf{W}$ e pertanto

$$\mathbf{v} + \mathbf{h}' = (\mathbf{v} + \mathbf{h}) + (\mathbf{h}' - \mathbf{h}) \in \mathbf{W}.$$

Dunque anche $P' \in S \cap (\mathbf{P} \setminus H)$, e la (1) è dimostrata.

2) Poiché P e P' non appartengono ad H, $\langle \mathbf{u} \rangle$ e $\langle \mathbf{u}' \rangle$ non sono paralleli ad $\mathbf{A}$, e quindi $\mathbf{a} = \mathbf{A} \cap \langle \mathbf{u} \rangle$ e $\mathbf{a}' = \mathbf{A} \cap \langle \mathbf{u}' \rangle$ sono ben definiti. Inoltre $\mathbf{a}' - \mathbf{a} \in \mathbf{H}$, perché la giacitura di $\mathbf{A}$ è $\mathbf{H}$. La verifica degli assiomi SA1 ed SA2 è lasciata al lettore.

Si osservi che $\dim(\mathbf{H}) = n$ e che, essendo $\dim(\mathbf{V}/\mathbf{H}) = 1$, si ha

$$\dim[\mathrm{Hom}(\mathbf{V}/\mathbf{H}, \mathbf{H})] = \dim(\mathbf{V}/\mathbf{H}) \dim(\mathbf{H}) = \dim(\mathbf{H}) = n.$$

$\mathbf{P} \setminus H$ è dunque uno spazio affine di dimensione n sia nel caso (1) che nel caso (2). La struttura di spazio affine definita in 25.1(2) dipende da $\mathbf{A}$, oltre che da H, mentre la struttura definita in 25.1(1) dipende solo da H.

Nel caso (2), associando ad ogni $\mathbf{a} \in \mathbf{A}$ il punto $[\mathbf{a}] \in \mathbf{P} \setminus H$, si ottiene una corrispondenza biunivoca $j \colon \mathbf{A} \to \mathbf{P} \setminus H$, che abbiamo già considerato in precedenza nel caso di $\mathbf{P}^n$ e di $H = H_0$, in cui $\mathbf{A}$ era l'iperpiano di equazione $X_0 = 1$. L'applicazione j è un isomorfismo di spazi affini su $\mathbf{H}$, con isomorfismo associato l'identità $\mathbf{1_H}$, perché per ogni P, $P' \in \mathbf{A}$ si ha $\overrightarrow{PP'} = \overrightarrow{j(P)j(P')}$.

Come applicazione del teorema 25.1 daremo una dimostrazione dell'analogo proiettivo del teorema di Pappo in cui si utilizza la sua versione affine (cfr. teorema 9.4).

25.2 TEOREMA (DI PAPPO-PASCAL) *Siano* $\mathbf{P} = \mathbf{P}(\mathbf{V})$ *un piano proiettivo,* $\mathscr{r}$ *ed* $\mathscr{r}'$ *due rette distinte di* $\mathbf{P}$, *e* P, Q, R, P', Q', R' *sei punti distinti tali che* $P, Q, R \in \mathscr{r} \setminus (\mathscr{r} \cap \mathscr{r}')$, $P', Q', R' \in \mathscr{r}' \setminus (\mathscr{r} \cap \mathscr{r}')$. *Allora i tre punti*

$$L(P, Q') \cap L(P', Q), \quad L(Q, R') \cap L(Q', R), \quad L(P, R') \cap L(P', R)$$

sono allineati. La retta che li contiene è detta retta di Pascal *della configurazione* (fig. 25.4).

Dimostrazione

Sia $\mathscr{s}$ la retta che contiene $L(P, Q') \cap L(P', Q)$ e $L(Q, R') \cap L(Q', R)$. Per il teorema 25.1, $\mathbf{P} \setminus \mathscr{s}$ è un piano affine, e $\mathscr{k} = \mathscr{r} \cap (\mathbf{P} \setminus \mathscr{s})$, $\mathscr{k}' = \mathscr{r}' \cap (\mathbf{P} \setminus \mathscr{s})$ sono due rette di $\mathbf{P} \setminus \mathscr{s}$. Si ha $P, Q, R \in \mathscr{k}$, $P', Q', P' \in \mathscr{k}'$, $\overline{PQ'} \parallel \overline{P'Q}$, $\overline{PR'} \parallel \overline{P'R}$. Per il teorema 9.4 si ha anche $\overline{PR'} \parallel \overline{P'R}$, e pertanto $L(P, R') \cap L(P', R) \in \mathscr{s}$.

Si consideri uno spazio affine $\mathbf{A}$ sul K-spazio vettoriale $\mathbf{V}$. Siano $P_0, P_1 \in \mathbf{A}$, e $\lambda_0, \lambda_1 \in \mathsf{K}$ tali che $\lambda_0 + \lambda_1 = 1$. Resta definito un punto di $\mathbf{A}$, che denoteremo con $\lambda_0 P_0 + \lambda_1 P_1$, mediante una delle due condizioni equivalenti:

$$\overrightarrow{P_0(\lambda_0 P_0 + \lambda_1 P_1)} = \lambda_1 \overrightarrow{P_0 P_1} \qquad [25.1]$$
$$\overrightarrow{P_1(\lambda_0 P_0 + \lambda_1 P_1)} = \lambda_0 \overrightarrow{P_1 P_0}.$$

L'equivalenza delle due condizioni [25.1] segue subito dall'identità vettoriale

$$\lambda_1 \overrightarrow{P_0 P_1} - \lambda_0 \overrightarrow{P_1 P_0} = \overrightarrow{P_0 P_1}.$$

Si noti che, se $P_0 = P_1$, allora $\lambda_0 P_0 + \lambda_1 P_1 = P_0 = P_1$. Se invece $P_0 \neq P_1$, allora $\lambda_0 P_0 + \lambda_1 P_1$ appartiene alla retta $\overline{P_0 P_1}$; viceversa, se $P \in \overline{P_0 P_1}$, allora $\overrightarrow{P_0 P} = \lambda \overrightarrow{P_0 P_1}$ per qualche $\lambda \in \mathsf{K}$, e quindi $P = (1 - \lambda)P_0 + \lambda P_1$. Dunque ogni punto della retta $\overline{P_0 P_1}$ è della forma $\lambda_0 P_0 + \lambda_1 P_1$ al variare di $\lambda_0, \lambda_1 \in \mathsf{K}$ tali che $\lambda_0 + \lambda_1 = 1$, i quali sono univocamente determinati dal punto.

L'osservazione precedente può essere utilizzata per definire un K-spazio vettoriale $\hat{\mathbf{V}}$ ponendo

$$\hat{\mathbf{V}} = \mathbf{V} \cup (\mathsf{K}^* \times \mathbf{A})$$

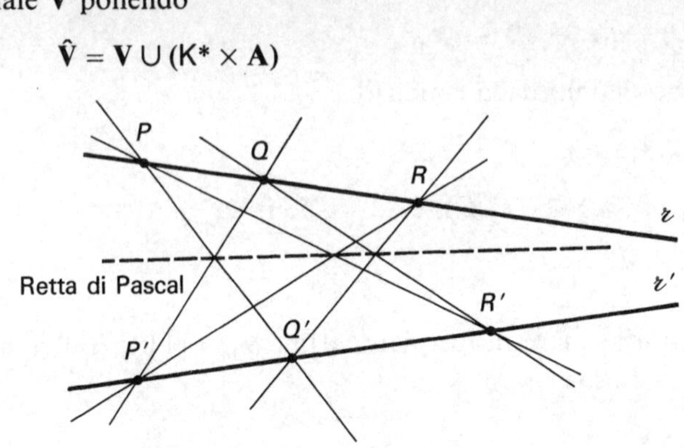

Figura 25.4

e definendo le operazioni in $\hat{\mathbf{V}}$ nel modo seguente:

$$(h, P) + (k, Q) = \begin{cases} \left(h + k, \dfrac{h}{h+k} P + \dfrac{k}{h+k} Q\right) & \text{se} \quad h + k \neq 0 \\ h\overrightarrow{QP} & \text{se} \quad h + k = 0 \end{cases}$$

$$h(k, P) = (hk, P) \quad \text{se} \quad h \neq 0$$

$$0(k, P) = \mathbf{0} \in \mathbf{V}$$

$$(h, P) + \mathbf{v} = (h, Q) \quad \text{con} \quad \overrightarrow{PQ} = h^{-1}\mathbf{v};$$

le operazioni in $\mathbf{V}$ sono quelle che vi sono già definite. Lasciamo al lettore il compito di verificare che $\hat{\mathbf{V}}$ è un K-spazio vettoriale. $\hat{\mathbf{V}}$ è chiamato *spazio vettoriale universale* di $\mathbf{A}$.

25.3 LEMMA *Sia* $\{\mathbf{e}_1, \dots, \mathbf{e}_n\}$ *una base di* $\mathbf{V}$ *e sia* $O \in \mathbf{A}$. *Per ogni* $h \in \mathsf{K}^*$, $\{(h, O), \mathbf{e}_1, \dots, \mathbf{e}_n\}$ *è una base di* $\hat{\mathbf{V}}$; *in particolare* $\dim(\hat{\mathbf{V}}) = \dim(\mathbf{V}) + 1$.

Dimostrazione

Supponendo che

$$a(h, O) + a_1\mathbf{e}_1 + \dots + a_n\mathbf{e}_n = \mathbf{0},$$

si ha

$$a(h, O) = -(a_1\mathbf{e}_1 + \dots + a_n\mathbf{e}_n) \in \mathbf{V}$$

e pertanto $a = 0$. Di qui

$$a_1\mathbf{e}_1 + \dots + a_n\mathbf{e}_n = \mathbf{0},$$

e anche $a_1 = a_2 = \dots = a_n = 0$ per l'indipendenza lineare di $\mathbf{e}_1, \dots, \mathbf{e}_n$. Quindi $(h, O), \mathbf{e}_1, \dots, \mathbf{e}_n$ sono linearmente indipendenti.

Per dimostrare che $(h, O), \mathbf{e}_1, \dots, \mathbf{e}_n$ generano $\hat{\mathbf{V}}$ si consideri un elemento qualsiasi $(k, P) \in \mathsf{K}^* \times \mathbf{A}$. Si ha

$$(k, P) = kh^{-1}(h, O) + a_1\mathbf{e}_1 + \dots + a_n\mathbf{e}_n,$$

dove $a_1, a_2, \dots, a_n \in \mathsf{K}$ sono definiti dalla condizione

$$\overrightarrow{OP} = k^{-1}(a_1\mathbf{e}_1 + \dots + a_n\mathbf{e}_n).$$

Poiché anche $\mathbf{V} = \langle \mathbf{e}_1, \dots, \mathbf{e}_n \rangle \subset \langle (h, O), \mathbf{e}_1, \dots, \mathbf{e}_n \rangle$, si ha

$$\langle (h, O), \mathbf{e}_1, \dots, \mathbf{e}_n \rangle = \hat{\mathbf{V}}.$$

$\mathbf{V}$ è un sottospazio vettoriale di $\hat{\mathbf{V}}$. L'iperpiano affine $\mathbf{V}_1 = \{1\} \times \mathbf{A}$ di $\hat{\mathbf{V}}$ ha giacitura $\mathbf{V}$, perché è della forma

$$\mathbf{V}_1 = \{(1, O) + \mathbf{v} \colon \mathbf{v} \in \mathbf{V}\},$$

e si identifica in modo ovvio con **A**. Consideriamo lo spazio proiettivo $\mathbf{P}(\hat{\mathbf{V}})$ e il suo iperpiano $\mathbf{P}(\mathbf{V})$. Dal teorema 25.1(2) segue che $\mathbf{P}(\hat{\mathbf{V}})\setminus\mathbf{P}(\mathbf{V})$ è uno spazio affine su **V** e che si ha un isomorfismo

$$j: \mathbf{V}_1 \to \mathbf{P}(\hat{\mathbf{V}})\setminus\mathbf{P}(\mathbf{V}).$$

Identificando $\mathbf{V}_1$ con **A** otteniamo una corrispondenza biunivoca

$$\mathbf{A} \cup \mathbf{P}(\mathbf{V}) \to \mathbf{P}(\hat{\mathbf{V}}). \qquad [25.2]$$

Dalla costruzione fatta segue che la biezione [25.2] è univocamente determinata da **A**. Ciò giustifica il considerare $\mathbf{P}(\hat{\mathbf{V}})$ uguale ad $\mathbf{A} \cup \mathbf{P}(\mathbf{V})$ per mezzo della [25.2]. Quindi $\mathbf{A} \cup \mathbf{P}(\mathbf{V})$ è uno spazio proiettivo, di cui $\mathbf{P}(\mathbf{V})$ è un iperpiano.

Nel caso in cui **A** è la retta ordinaria e **V** è lo spazio dei suoi vettori geometrici, $\mathbf{P}(\mathbf{V})$ è un punto e $\mathbf{A} \cup \mathbf{P}(\mathbf{V})$ è una retta proiettiva reale che si chiama *retta ordinaria ampliata*. Similmente, se **A** è il piano ordinario (lo spazio ordinario) e **V** è lo spazio dei suoi vettori geometrici, $\mathbf{A} \cup \mathbf{P}(\mathbf{V})$ è un piano proiettivo reale (uno spazio proiettivo reale di dimensione 3) che si chiama *piano ordinario ampliato* (*spazio ordinario ampliato*).

25.4 *Esempi e osservazioni*

1. Un modello geometrico di $\mathbf{P}^1(\mathbf{C})$ può essere ottenuto per mezzo di un'applicazione chiamata "proiezione stereografica".

Consideriamo in $\mathbf{E}^3$, con coordinate x, y, z, il piano $\not{p}$ di equazione $Z = 0$ e la sfera $\mathbf{S}^2$ di centro l'origine e raggio 1, e denotiamo con N il punto $(0, 0, 1) \in \mathbf{S}^2$.

Per ogni $P(x', y', z') \in \mathbf{S}^2 \setminus \{N\}$ denotiamo con $\sigma(P)$ il punto di $\not{p}$ allineato con N e con P. Si ottiene così una corrispondenza biunivoca

$$\sigma: \mathbf{S}^2 \setminus \{N\} \to \not{p},$$

chiamata *proiezione stereografica* di $\mathbf{S}^2$ su $\not{p}$ (fig. 25.5).

Poiché la retta $\overline{NP}$ ha equazioni parametriche

$$x = x't, \quad y = y't, \quad z = (z' - 1)t + 1,$$

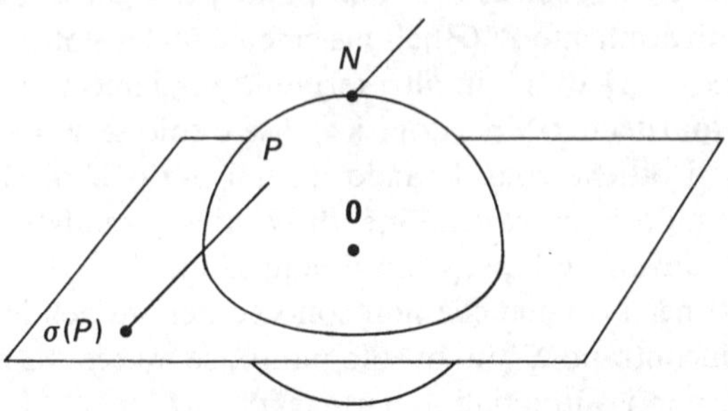

Figura 25.5

si ha

$$\sigma(x', y', z') = \not{p} \cap \overline{NP} = \left(\frac{x'}{1-z'}, \frac{y'}{1-z'}, 0\right).$$

σ è un'applicazione biunivoca perché possiede l'inversa:

$$\sigma^{-1}(u, v, 0) = \left(\frac{2u}{u^2+v^2+1}, \frac{2v}{u^2+v^2+1}, \frac{u^2+v^2-1}{u^2+v^2+1}\right).$$

L'applicazione σ consente di rappresentare la sfera $\mathbf{S}^2$ come il piano $\not{p}$ cui è stato aggiunto il punto N, il quale può interpretarsi come "punto all'infinito" di $\not{p}$, perché all'allontanarsi di $Q \in \not{p}$ dall'origine $\mathbf{0}$, cioè al tendere di $\|\overrightarrow{\mathbf{0}Q}\|$ all'infinito, $\sigma^{-1}(Q)$ si avvicina a N.

Se identifichiamo $\not{p}$ con C, facendo corrispondere al punto $(u, v, 0)$ il numero complesso $z = u + \mathrm{i}v$, otteniamo un'applicazione biunivoca

$$\sigma \colon \mathbf{S}^2 \to \mathbf{P}^1(\mathsf{C}) = \mathsf{C} \cup \{\infty\}$$

in cui $\sigma(N) = \infty$ e

$$\sigma(x', y', z') = \frac{x'}{1-z'} + \mathrm{i}\frac{y'}{1-z'} = \frac{x' + \mathrm{i}y'}{1-z'} \qquad \text{se } z' \neq 1.$$

La sfera fornisce in questo modo un modello geometrico di $\mathbf{P}^1(\mathsf{C})$, chiamato *sfera di Riemann*.

2. Un'ulteriore descrizione geometrica degli spazi $\mathbf{P}^n = \mathbf{P}^n(\mathsf{R})$ può essere data nel modo seguente.

Identifichiamo $\mathbf{P}^n(\mathsf{R})$ con l'insieme i cui elementi sono le rette per l'origine di $\mathbf{E}^{n+1}$, e consideriamo la sfera $\mathbf{S}^n \subset \mathbf{E}^{n+1}$, di centro l'origine e raggio 1. Definiamo un'applicazione

$$k \colon \mathbf{S}^n \to \mathbf{P}^n$$

ponendo

$$k(\mathbf{x}) = \text{retta per l'origine che contiene } \mathbf{x}.$$

Poiché ogni retta $\not{r}$ passante per l'origine incontra $\mathbf{S}^n$ in due punti simmetrici rispetto ad essa (cioè *antipodali* o *diametralmente opposti*) $\{\mathbf{x}, -\mathbf{x}\}$, l'applicazione k è suriettiva, e tale che $k^{-1}(\not{r})$ consiste di due punti per ogni $\not{r} \in \mathbf{P}^n$. k fa dunque corrispondere biunivocamente $\mathbf{P}^n(\mathsf{R})$ all'insieme i cui elementi sono le coppie di punti antipodali $\{\mathbf{x}, -\mathbf{x}\}$ di $\mathbf{S}^n$; in altri termini, possiamo rappresentarci $\mathbf{P}^n(\mathsf{R})$ come l'insieme quoziente $\mathbf{S}^n/\equiv$, dove $\mathbf{x} \equiv \mathbf{y}$ se e solo se $\mathbf{y} = -\mathbf{x}$.

Un altro modello di $\mathbf{P}^n(\mathsf{R})$ si ottiene considerando il semispazio Σ di $\mathbf{E}^{n+1}$ definito dalla condizione $x_0 \geq 0$, e la restrizione di k alla "semisfera" $\Sigma' = \mathbf{S}^n \cap \Sigma$. Sia $M = \Sigma' \cap H$, dove H è l'iperpiano di equazione $X_0 = 0$.

Le rette $\not{r}$ di $\mathbf{E}^{n+1}$ passanti per l'origine che non sono contenute nell'iperpiano H, cioè tali che $\not{r} \notin H_0$, incontrano Σ' in un solo punto; se invece $\not{r} \in H_0$, allora $\not{r} \cap \Sigma'$ è una coppia di punti antipodali appartenenti a M.

L'applicazione k induce pertanto una biezione di $\Sigma' \setminus M$ su $\mathbf{P}^n \setminus H_0$; inoltre k induce una applicazione di M su H_0 in cui due punti hanno la stessa immagine se e solo se sono diametralmente opposti.

$\mathbf{P}^n(\mathsf{R})$ può essere dunque rappresentato come l'insieme che si ottiene da Σ' facendo coincidere tra loro punti diametralmente opposti di M.

Nel caso $n = 1$, Σ' è una semicirconferenza, e $\mathbf{P}^1$ si ottiene da essa "incollandone" gli estremi (fig. 25.6).

La figura 25.7 si riferisce al caso $n = 2$.

Nel caso $n = 3$ l'applicazione k induce una biezione di $\mathbf{P}^3(\mathsf{R})$ su SO(3). Per dimostrarlo utilizzeremo l'applicazione ρ: $\mathbf{S}^2 \times [0, \pi] \to \mathrm{SO}(3)$ descritta nella proposizione 21.6. Denotiamo con k': $\Sigma' \to \mathbf{P}^3$ la restrizione di k, e definiamo un'applicazione

$$h\colon \Sigma' \to \mathrm{SO}(3)$$

ponendo

$$h(t, x_1, x_2, x_3) = \begin{cases} \rho(\mathbf{x}/\|\mathbf{x}\|, \pi\|\mathbf{x}\|) & \text{se } \mathbf{x} \neq \mathbf{0} \\ \mathbf{I}_3 & \text{se } \mathbf{x} = \mathbf{0} \end{cases}$$

dove $\mathbf{x} = {}^t(x_1 \ x_2 \ x_3)$. Si noti che h è ben definita perché $0 \leq \|\mathbf{x}\| \leq 1$. La restrizione di h a $\Sigma' \setminus M$ è biunivoca, perché $\|\mathbf{x}\| < 1$ se $(t, x_1, x_2, x_3) \in \Sigma' \setminus M$.

Dalle proprietà di ρ segue che su M si ha

$$h(0, x_1, x_2, x_3) = h(0, y_1, y_2, y_3)$$

se e solo se $(y_1, y_2, y_3) = (-x_1, -x_2, -x_3)$. Confrontando con l'applicazione k', vediamo che h induce una biezione $\mathbf{P}^3(\mathsf{R}) \to \mathrm{SO}(3)$.

3. Un altro modo di descrivere $\mathbf{P}^1(\mathsf{R})$ si ottiene considerando la circonferenza $C \subset \mathbf{E}^2$ di raggio 1 e centro nel punto (1, 0) (fig. 25.8).

Le rette per l'origine diverse dall'asse $X_0 = 0$ (cioè quelle che rappresentano i punti di $\mathbf{P}^1(\mathsf{R}) \setminus \{H_0\}$) incontrano C in due punti, di cui uno è (0, 0) e l'altro è variabile; invece la retta $X_0 = 0$ incontra C solo in (0, 0). Facendo corrispondere alla retta $\mathfrak{z}$ variabile la sua intersezione $\gamma(\mathfrak{z})$ con C, diversa da (0, 0), si definisce una corrispondenza biunivoca

$$\gamma\colon \mathbf{P}^1(\mathsf{R}) \setminus \{H_0\} \to C \setminus \{(0, 0)\}.$$

Ponendo $\gamma(H_0) = (0, 0)$, γ si estende a una corrispondenza biunivoca γ: $\mathbf{P}^1(\mathsf{R}) \to C$. In questo modo si ottiene una circonferenza come modello geometrico di $\mathbf{P}^1(\mathsf{R})$.

4. Denotiamo con $y_1, \ldots, y_n$ le coordinate di un punto variabile in $\mathbf{A}^n = \mathbf{A}^n(\mathsf{K})$, e con $x_0, x_1, \ldots, x_n$ le coordinate omogenee di un punto variabile in $\mathbf{P}^n$.

Si consideri un iperpiano H di $\mathbf{A}^n$, di equazione

$$a_1 Y_1 + \ldots + a_n Y_n + a_0 = 0. \qquad [25.6]$$

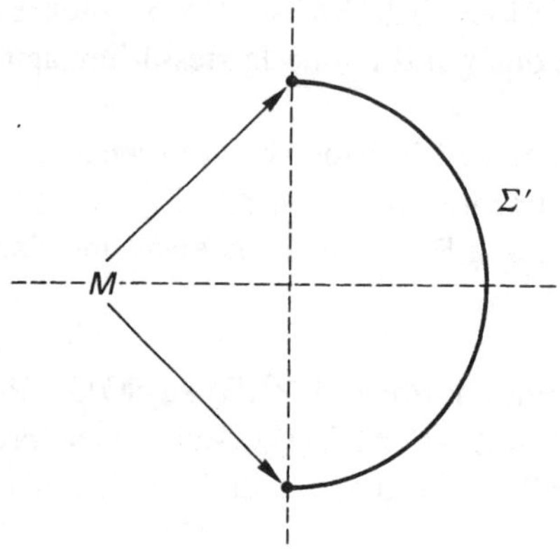

Figura 25.6

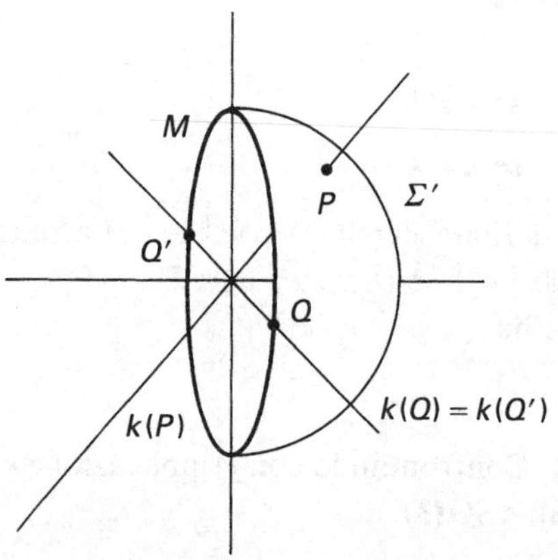

Figura 25.7

L'applicazione j_0: $\mathbf{A} \to \mathbf{P}^n \setminus H_0$ trasforma i punti di H nei punti propri dell'iperpiano $\overline{H}$ di $\mathbf{P}^n$ di equazione

$$a_0 X_0 + a_1 X_1 + \ldots + a_n X_n = 0. \qquad [25.7]$$

Infatti, se $(y_1, \ldots, y_n)$ soddisfa la [25.6], allora $[1, y_1, \ldots, y_n]$ soddisfa la [25.7]. Viceversa, se $[x_0, x_1, \ldots, x_n] \in \overline{H}$ è un punto proprio, allora $x_0 \neq 0$, $[x_0, x_1, \ldots, x_n] = j_0(x_1/x_0, \ldots, x_n/x_0)$, e $(x_1/x_0, \ldots, x_n/x_0)$ soddisfa la [25.6].

$\overline{H}$ è la *chiusura proiettiva* (o *proiettificazione*) di H.

Più in generale, si consideri un sottospazio affine S di $\mathbf{A}^n$, definito dal sistema di equazioni lineari

$$\begin{aligned} a_{11} Y_1 + \ldots + a_{1n} Y_n + c_1 &= 0 \\ \vdots \qquad\qquad & \vdots \\ a_{t1} Y_1 + \ldots + a_{tn} Y_n + c_t &= 0. \end{aligned}$$

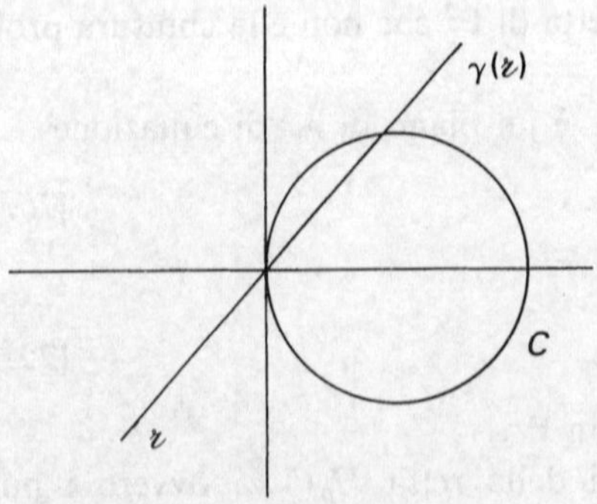

Figura 25.8

L'applicazione j_0 trasforma i punti di S nei punti propri del sottospazio $\bar{S}$ di $\mathbf{P}^n$ di equazioni cartesiane

$$\begin{aligned} a_{11}X_1 + \ldots + a_{1n}X_n + c_1X_0 &= 0 \\ \vdots \qquad\qquad & \vdots \\ a_{t1}X_1 + \ldots + a_{tn}X_n + c_tX_0 &= 0. \end{aligned}$$

La verifica è simile al caso dell'iperpiano.

Il sottospazio $\bar{S}$ si dice *chiusura proiettiva* (o *proiettificazione*) *di S*.

Consideriamo alcuni casi particolari. Il caso $n = 1$ non è molto significativo, perché un sottospazio affine $S \neq \mathbf{A}^1$ è ridotto a un punto, e $\bar{S} = j_0(S)$. Quindi l'unico punto improprio di $\mathbf{P}^1$ non è punto improprio di alcun sottospazio affine $S \neq \mathbf{A}^1$.

Passiamo al caso $n = 2$. Sia ℓ una retta di $\mathbf{A}^2$, di equazione

$$AX + BY + C = 0. \qquad [25.8]$$

j_0 trasforma i punti di ℓ nei punti propri di $\mathbf{P}^2$ appartenenti alla retta $\bar{\ell}$ di equazione

$$AX_1 + BX_2 + CX_0 = 0. \qquad [25.9]$$

La retta [25.9] è la chiusura proiettiva di ℓ; essa consiste dei punti di $j_0(\ell)$ e del punto $[0, -B, A]$, il suo punto improprio, che è la sua intersezione con la retta impropria H_0. Si osservi che $(-B, A)$ è un vettore di direzione di ℓ.

Ogni retta di $\mathbf{P}^2$ diversa dalla retta impropria, e quindi definita da un'equazione della forma [25.9] con $(A, B) \neq (0, 0)$, è la chiusura proiettiva di una retta di $\mathbf{A}^2$, precisamente della retta ℓ di equazione [25.8].

Mediante la corrispondenza j_0 le rette di $\mathbf{P}^2$ passanti per un punto proprio $j_0(Q)$ sono le chiusure proiettive delle rette di $\mathbf{A}^2$ del fascio proprio di centro Q. Invece le rette passanti per un punto improprio $[0, l, m]$ sono tutte, meno una, le chiusure proiettive delle rette di $\mathbf{A}^2$ del fascio improprio di direzione $\langle(l, m)\rangle$.

Fa eccezione la retta impropria, l'unica retta di $\mathbf{P}^2$ che non è la chiusura proiettiva di alcuna retta di $\mathbf{A}^2$.

Consideriamo ora il caso $n = 3$. Se $\not{p}$ è un piano di $\mathbf{A}^3$ di equazione

$$AX + BY + CZ + D = 0, \tag{25.10}$$

l'equazione

$$AX_1 + BX_2 + CX_3 + DX_0 = 0 \tag{25.11}$$

definisce la chiusura proiettiva $\bar{\not{p}}$ di $\not{p}$ in $\mathbf{P}^3$.

I punti impropri di $\bar{\not{p}}$ sono i punti della retta $H_0 \cap \bar{\not{p}}$, ovvero i punti $[0, l, m, n]$ tali che l, m, n siano soluzioni non banali dell'equazione

$$AX_1 + BX_2 + CX_3 = 0,$$

cioè tali che (l, m, n) sia un vettore non nullo della giacitura di $\not{p}$. In particolare l'insieme dei punti impropri di $\bar{\not{p}}$ coincide con la retta $\mathbf{P}(\mathbf{W})$, dove $\mathbf{W}$ è la giacitura di $\not{p}$.

Se una retta r di $\mathbf{A}^3$ ha equazioni cartesiane

$$\begin{aligned} &AX + BY + CZ + D = 0, \\ &A_1X + B_1Y + C_1Z + D_1 = 0, \end{aligned} \tag{25.12}$$

la chiusura proiettiva di r è la retta $\bar{r}$ di $\mathbf{P}^3$ di equazioni cartesiane

$$\begin{aligned} &AX_1 + BX_2 + CX_3 + DX_0 = 0, \\ &A_1X_1 + B_1X_2 + C_1X_3 + D_1X_0 = 0. \end{aligned} \tag{25.13}$$

Essa consiste dei punti di $j_0(r)$ e del suo punto improprio, che è $[0, l, m, n]$, dove (l, m, n) è un vettore di direzione di r: infatti $[0, l, m, n]$ è il punto improprio comune ai piani [25.13].

Ogni piano di $\mathbf{P}^3$ diverso da H_0 è la chiusura proiettiva di un piano $\not{p}$ di $\mathbf{A}^3$. Se una sua equazione è la [25.11], $\not{p}$ è il piano di equazione [25.10].

Nello stesso modo si vede che ogni retta di $\mathbf{P}^3$ non contenuta in H_0 è la chiusura proiettiva di una retta r di $\mathbf{A}^3$. I piani contenenti la retta data sono tutti e soli i proiettificati dei piani di $\mathbf{A}^3$ del fascio di asse r.

Invece i piani che contengono una retta di $\mathbf{P}^3$ contenuta in H_0 sono tutti, ad ed eccezione di H_0, proiettificati dei piani $\not{p}$ di $\mathbf{A}^3$ appartenenti al fascio improprio di giacitura corrispondente alla retta impropria data.

5. Sia $\mathbf{A}$ uno spazio affine sul K-spazio vettoriale $\mathbf{V}$. Dati punti $P_0, P_1, \ldots, P_k \in \mathbf{A}$ e scalari $\lambda_0, \lambda_1, \ldots, \lambda_k \in \mathsf{K}$ tali che $\lambda_0 + \lambda_1 + \ldots + \lambda_k = 1$, resta univocamente determinato un punto, che denotiamo con $\lambda_0P_0 + \lambda_1P_1 + \ldots + \lambda_kP_k$, dalla seguente condizione:

$$\overrightarrow{P_0(\lambda_0P_0 + \lambda_1P_1 + \ldots + \lambda_kP_k)} = \lambda_1\overrightarrow{P_0P_1} + \lambda_2\overrightarrow{P_0P_2} + \ldots + \lambda_k\overrightarrow{P_0P_k}. \tag{25.14}$$

È immediato verificare che la [25.14] è equivalente ad ognuna delle seguenti condizioni:

$$\overrightarrow{P_j(\lambda_0 P_0 + \lambda_1 P_1 + \ldots + \lambda_k P_k)} = \lambda_0 \overrightarrow{P_j P_0} + \ldots + \lambda_{j-1} \overrightarrow{P_j P_{j-1}} + \lambda_{j+1} \overrightarrow{P_j P_{j+1}} + \ldots$$
$$\ldots + \lambda_k \overrightarrow{P_j P_k}, \quad j = 1, \ldots, k.$$

Per definizione il punto $\lambda_0 P_0 + \lambda_1 P_1 + \ldots + \lambda_k P_k$ appartiene al sottospazio affine $\overline{P_0 P_1 \ldots P_k}$; viceversa, ogni punto $P \in \overline{P_0 P_1 \ldots P_k}$ è della forma $P = \lambda_0 P_0 + \lambda_1 P_1 + \ldots + \lambda_k P_k$ per opportuni $\lambda_0, \lambda_1, \ldots \lambda_k \in \mathsf{K}$ tali che $\lambda_0 + \lambda_1 + \ldots$ $\ldots + \lambda_k = 1$.

Se $P_0, P_1, \ldots, P_k$ sono punti indipendenti, i vettori $\overrightarrow{P_0 P_1}, \overrightarrow{P_0 P_2}, \ldots, \overrightarrow{P_0 P_k}$ sono linearmente indipendenti e pertanto $\lambda_0, \lambda_1, \ldots, \lambda_k$ sono univocamente determinati dal punto $\lambda_0 P_0 + \lambda_1 P_1 + \ldots + \lambda_k P_k$. Se, in particolare, $k = n = \dim(\mathbf{A})$, e $P_0, P_1, \ldots, P_n \in \mathbf{A}$ sono indipendenti, ogni punto $P \in \mathbf{A}$ individua *univocamente* $n+1$ scalari $\lambda_0, \lambda_1, \ldots, \lambda_n$ tali che $\lambda_0 + \lambda_1 + \ldots + \lambda_n = 1$ e tali che

$$P = \lambda_0 P_0 + \lambda_1 P_1 + \ldots + \lambda_n P_n.$$

Gli scalari $\lambda_0, \lambda_1, \ldots, \lambda_n$ si dicono *coordinate baricentriche di P rispetto a* $P_0, P_1, \ldots, P_n$. Si noti che $\lambda_1, \ldots, \lambda_n$ sono le coordinate di P nel riferimento affine $P_0 \mathbf{e}_1 \ldots \mathbf{e}_n$, dove $\mathbf{e}_j = \overrightarrow{P_0 P_j}$, e $\lambda_0 = 1 - \lambda_1 - \ldots - \lambda_n$.

Se $P_0, P_1, \ldots, P_k$ sono punti indipendenti, il punto

$$B = (k+1)^{-1} P_0 + (k+1)^{-1} P_1 + \ldots + (k+1)^{-1} P_k$$

è detto *baricentro* di $P_0, P_1, \ldots, P_k$. Se $\mathsf{K} = \mathsf{R}$ il baricentro di due punti distinti P, Q è il punto medio del segmento PQ.

Se $\mathsf{K} = \mathsf{R}$ i punti della forma $\lambda_0 P_0 + \lambda_1 P_1 + \ldots + \lambda_k P_k$, con $\lambda_0 + \ldots + \lambda_k = 1$ e $\lambda_0, \lambda_1, \ldots, \lambda_k \geq 0$, sono i punti del k-simplesso individuato da $P_0, P_1, \ldots, P_k$.

Le coordinate baricentriche furono introdotte per la prima volta nel 1827 da A. F. Moebius.

6. Le coordinate omogenee risultano utili anche in geometria euclidea, perché spesso permettono di esprimere in modo più semplice relazioni e grandezze metriche. Si considerino ad esempio una retta $\mathscr{r}$ di $\mathbf{E}^3$ e due punti distinti (x, y, z) (x', y', z') di $\mathscr{r}$. La chiusura proiettiva di $\mathscr{r}$ (rispetto a j_0) ha coordinate plückeriane:

$$p_{01} = x' - x, \quad p_{02} = y' - y, \quad p_{03} = z' - z$$
$$p_{12} = xy' - x'y, \quad p_{13} = xz' - x'z, \quad p_{23} = yz' - y'z.$$

Denotiamole rispettivamente con

$$l, \quad m, \quad n,$$
$$L, \quad M, \quad N,$$

e chiamiamole *coordinate plückeriane di* $\mathscr{r}$. Dalla definizione segue che (l, m, n) è un vettore di direzione di $\mathscr{r}$, mentre $(L, -M, N) = (x, y, z) \wedge (x', y', z')$.

Sia $\mathscr{r}'$ un'altra retta di $\mathbf{E}^3$ avente coordinate plückeriane l', m', n', L', M', N', e supponiamo che $\mathscr{r}'$ non sia parallela a $\mathscr{r}$. Si ha

$$d(\mathscr{r}, \mathscr{r}') = \frac{lL' + Ll' - (mM' + Mm') + nN' + Nn'}{\sqrt{\begin{vmatrix} l & m \\ l' & m' \end{vmatrix}^2 + \begin{vmatrix} l & n \\ l' & n' \end{vmatrix}^2 + \begin{vmatrix} m & n \\ m' & n' \end{vmatrix}^2}}$$

In particolare le rette $\mathscr{r}$ ed $\mathscr{r}'$ sono incidenti se e solo se

$$lL' + Ll' - (mM' + Mm') + nN' + Nn' = 0.$$

La verifica di questi fatti è lasciata al lettore.

Esercizi

1. Determinare il punto improprio (rispetto a x_0) di ciascuna delle seguenti rette di $\mathbf{A}^2(\mathsf{C})$:

a) $3X + Y + 1 = 0$ b) $X - 2Y - 1 = 0$

c) $2\mathrm{i}X + 3Y + 9 = 0$ d) $X + 1 = 0$

e) $Y + 6 = 0$ f) $X - 2Y = 0$.

2. Determinare equazioni in coordinate omogenee di ciascuna delle rette considerate nell'esercizio precedente.

3. Determinare equazioni in coordinate non omogenee di ciascuna delle seguenti rette di $\mathbf{P}^2$:

a) $7X_0 - 4X_1 + X_2 = 0$ b) $2X_1 - X_2 + \mathrm{i}X_0 = 0$

c) $\mathrm{i}X_0 + 2\mathrm{i}X_2 - X_1 = 0$ d) $(1 - \mathrm{i})X_0 + 2X_2 = 0$.

4. Determinare coordinate omogenee del punto comune alle chiusure proiettive di ciascuna delle seguenti coppie di rette di $\mathbf{A}^2(\mathsf{C})$:

a) $3X + \mathrm{i}Y + 1 = 0, \quad X - Y = 0$

b) $-\mathrm{i}X + (\mathrm{i} + 1)Y - 1 = 0, \quad 2 - 2X = 0$ c) $X - 3Y = \mathrm{i}, \quad X - 3Y + 4 = 0$.

5. Determinare un'equazione cartesiana del piano di $\mathbf{P}^3(\mathsf{R})$ passante per il punto $[1, 1, 0, 1]$ e per i punti impropri delle rette $\mathscr{r}$ ed $\mathscr{s}$ di $\mathbf{A}^3(\mathsf{R})$ di equazioni:

$$\mathscr{r} : X + Y + Z - 1 = 2X - Y - Z = 0, \quad \mathscr{s} : 2X - Y - 2Z + 1 = Y + Z - 1 = 0.$$

6. Sia $\mathbf{A}$ uno spazio affine su $\mathbf{V}$ avente dimensione n, e siano $P_0, P_1, \ldots, P_n \in \mathbf{A}$ punti indipendenti. Dimostrare che

a) $\{(1, P_0), (1, P_1), \ldots, (1, P_n)\}$ è una base dello spazio universale $\hat{\mathbf{V}}$;

b) se $P \in \mathbf{A}$ ha coordinate baricentriche $\lambda_0, \lambda_1, \ldots, \lambda_n$ rispetto a $P_0, P_1, \ldots, P_n$, allora $\lambda_0, \lambda_1, \ldots, \lambda_n$ sono le coordinate di $(1, P)$ rispetto alla base $\{(1, P_0), (1, P_1), \ldots, (1, P_n)\}$ di $\hat{\mathbf{V}}$.

26 Dualità

Sia **V** un K-spazio vettoriale di dimensione finita. Lo spazio proiettivo $\mathbf{P}^\vee = \mathbf{P}(\mathbf{V}^\vee)$, dove $\mathbf{V}^\vee = \mathrm{Hom}(\mathbf{V}, K)$ è lo spazio vettoriale duale di **V**, si dice *spazio proiettivo duale di* $\mathbf{P} = \mathbf{P}(\mathbf{V})$.

$\mathbf{P}$ e $\mathbf{P}^\vee$ hanno la stessa dimensione perché $\dim(\mathbf{V}) = \dim(\mathbf{V}^\vee)$.

Per definizione, due funzionali $F, F' : \mathbf{V} \to K$, entrambi non nulli, definiscono lo stesso elemento di $\mathbf{P}^\vee$, in simboli $[F] = [F']$, se e solo se $F' = \lambda F$ per qualche $\lambda \neq 0$. Poiché in tal caso si ha $\mathrm{N}(F) = \mathrm{N}(F')$, l'iperpiano $\mathrm{N}(F)$ di **V** dipende solo dal punto $[F] \in \mathbf{P}^\vee$. Quindi si definisce un'*applicazione*, detta *di dualità*,

$$\delta: \mathbf{P}^\vee \to \{\text{iperpiani di } \mathbf{P}\}$$

ponendo $\delta([F]) = \mathbf{P}(\mathrm{N}(F))$.

δ è iniettiva, perché due funzionali non nulli che hanno lo stesso nucleo sono proporzionali e quindi definiscono lo stesso punto di $\mathbf{P}^\vee$. Poiché ogni iperpiano di **V** è il nucleo di un funzionale lineare, δ è anche suriettiva, e quindi è un'applicazione biunivoca. Essendo univocamente definita da **P**, δ identifica in modo intrinseco, cioè dipendente solo da **P**, l'insieme {iperpiani di **P**} con lo spazio proiettivo $\mathbf{P}^\vee$. In particolare δ permette di considerare {iperpiani di **P**} come uno spazio proiettivo.

Diremo che un numero finito di *iperpiani* $H_1, H_2, \ldots, H_t$ di **P** sono *linearmente indipendenti* o viceversa *linearmente dipendenti* a seconda che i punti $\delta^{-1}(H_1)$, $\delta^{-1}(H_2), \ldots, \delta^{-1}(H_t)$ di $\mathbf{P}^\vee$ siano linearmente indipendenti o linearmente dipendenti.

Supponiamo fissata una base $\{\mathbf{e}_0, \ldots, \mathbf{e}_n\}$ in **V**, e sia $\{\eta_0, \ldots, \eta_n\}$ la base di $\mathbf{V}^\vee$ duale di $\{\mathbf{e}_0, \ldots, \mathbf{e}_n\}$, definita, lo ricordiamo, dalle condizioni $\eta_i(\mathbf{e}_j) = \delta_{ij}$, $0 \leq i, j \leq n$. Il riferimento proiettivo $\eta_0 \ldots \eta_n$ di $\mathbf{P}^\vee$ si dice *riferimento proiettivo duale* del riferimento $\mathbf{e}_0 \ldots \mathbf{e}_n$ di **P**. I due *sistemi di coordinate omogenee* sono *duali l'uno dell'altro*.

Sia $H \subset \mathbf{P}$ un iperpiano di equazione

$$a_0X_0 + a_1X_1 + \ldots + a_nX_n = 0.$$

Allora $H = \mathbf{P}(\mathrm{N}(F))$, dove $F \in \mathbf{V}$ è il funzionale

$$F(x_0\mathbf{e}_0 + x_1\mathbf{e}_1 + \ldots + x_n\mathbf{e}_n) = a_0x_0 + a_1x_1 + \ldots + a_nx_n,$$

e quindi $H = \delta([F])$. Gli scalari $a_0, a_1, \ldots, a_n$ sono coordinate omogenee di $[F]$ rispetto al riferimento proiettivo $\eta_0 \ldots \eta_n$ di $\mathbf{P}^\vee$ e vengono anche chiamati *coordinate omogenee dell'iperpiano H*. Denoteremo H anche con $H[a_0, \ldots, a_n]$.

Gli iperpiani coordinati del riferimento $\mathbf{e}_0 \ldots \mathbf{e}_n$ sono le immagini tramite δ

dei punti fondamentali del riferimento duale $\eta_0 \ldots \eta_n$. Si ha cioè

$$\begin{aligned} H_0 &= H_0[1, 0, \ldots, 0] = \delta([\eta_0]), \\ &\vdots \\ H_n &= H_n[0, \ldots, 0, 1] = \delta([\eta_n]). \end{aligned}$$

Sia S un sottospazio di $\mathbf{P}$ di dimensione $k \leq n-1$. L'insieme $\Lambda_1(S)$ i cui elementi sono gli iperpiani di $\mathbf{P}$ che contengono S si dice il *sistema lineare di iperpiani di centro S*. Se $k = n-2$, $\Lambda_1(S)$ è un *fascio di iperpiani*.

Ad esempio se $\mathbf{P}$ è un piano e $P \in \mathbf{P}$ è un suo punto, l'insieme delle rette che passano per P è un *fascio di rette*; se $\dim(\mathbf{P}) = 3$ ed ℓ è una retta, $\Lambda_1(\ell)$ è un fascio di piani. Queste nozioni sono simili a quelle di fascio di rette e fascio di piani studiate nel capitolo 1.

Se $\dim(\mathbf{P}) = 3$ e $P \in \mathbf{P}$ è un suo punto, $\Lambda_1(P)$ è anche chiamato *stella di piani*.

26.1 Proposizione *Supponiamo che il sottospazio S di* $\mathbf{P}$ *abbia dimensione k, ed equazioni cartesiane*

$$\begin{aligned} a_{10}X_0 + a_{11}X_1 + \ldots + a_{1n}X_n &= 0 \\ a_{20}X_0 + a_{21}X_1 + \ldots + a_{2n}X_n &= 0 \\ &\vdots \\ a_{n-k\,0}X_0 + a_{n-k\,1}X_1 + \ldots + a_{n-k\,n}X_n &= 0, \end{aligned} \qquad [26.1]$$

che scriveremo in breve

$$\begin{aligned} F_1(X_0, \ldots, X_n) &= 0 \\ F_2(X_0, \ldots, X_n) &= 0 \\ &\vdots \\ F_{n-k}(X_0, \ldots, X_n) &= 0. \end{aligned}$$

Allora il sistema lineare $\Lambda_1(S)$ *consiste degli iperpiani di equazione*

$$\lambda_1 F_1(X_0, \ldots, X_n) + \lambda_2 F_2(X_0, \ldots, X_n) + \ldots + \lambda_{n-k} F_{n-k}(X_0, \ldots, X_n) = 0, \qquad [26.2]$$

dove $\lambda_1, \lambda_2, \ldots, \lambda_{n-k} \in \mathsf{K}$ *sono scalari non tutti uguali a* 0.

Dimostrazione

Ogni iperpiano della forma [26.2] appartiene a $\Lambda_1(S)$, cioè contiene S, perché le coordinate di ogni punto di S annullano i polinomi $F_1, F_2, \ldots, F_{n-k}$ e quindi annullano il primo membro della [26.2]. Viceversa, sia H un iperpiano contenente S, di equazione:

$$a_0X_0 + a_1X_1 + \ldots + a_nX_n = 0. \qquad [26.3]$$

Il sistema [26.1] e quello costituito dalle equazioni [26.1] e dalla [26.3] sono equivalenti. Quindi la [26.3] è combinazione lineare delle equazioni [26.1], cioè è della forma [26.2], come si voleva.

Denotiamo con $H_1, H_2, \ldots, H_{n-k}$ gli $n-k$ iperpiani definiti dalle equazioni del sistema [26.1]. Osserviamo che ogni iperpiano H definito dalla [26.2] ha coordinate omogenee che sono combinazioni lineari di quelle di $H_1, H_2, \ldots, H_{n-k}$. Ciò significa che $\delta^{-1}(H)$ appartiene al sottospazio $L(\delta^{-1}(H_1), \delta^{-1}(H_2), \ldots, \delta^{-1}(H_{n-k}))$ di $\mathbf{P}^\vee$. Pertanto la proposizione 26.1 afferma che

$$\delta^{-1}[\Lambda_1(S)] = L(\delta^{-1}(H_1), \delta^{-1}(H_2), \ldots, \delta^{-1}(H_{n-k})).$$

Poiché $\delta^{-1}(H_1), \delta^{-1}(H_2), \ldots, \delta^{-1}(H_{n-k})$ sono linearmente indipendenti, si deduce, in particolare, che $\delta^{-1}[\Lambda_1(S)]$ è un sottospazio proiettivo di $\mathbf{P}^\vee$ di dimensione $n-k-1$. Si ottiene così una corrispondenza tra sottospazi di dimensione k di $\mathbf{P}$ e sottospazi di dimensione $n-k-1$ di $\mathbf{P}^\vee$. Questa corrispondenza è biunivoca perché un sistema lineare è individuato dal suo centro. Inoltre, se $S \subset S'$, tra i sistemi lineari corrispondenti si ha l'inclusione opposta $\Lambda_1(S') \subset \Lambda_1(S)$.

Abbiamo pertanto il seguente teorema:

26.2 Teorema *Sia* $\dim(\mathbf{P}) = n$. *L'applicazione* $\delta\colon \mathbf{P}^\vee \to \{$*iperpiani di* $\mathbf{P}\}$ *definita più sopra è una biezione che fa corrispondere ad ogni sottospazio proiettivo di dimensione* $n-k-1$ *di* $\mathbf{P}^\vee$ *un sistema lineare di iperpiani di* $\mathbf{P}$ *di centro un sottospazio proiettivo di dimensione* k. *Si ottiene in questo modo una corrispondenza biunivoca tra sottospazi di* $\mathbf{P}^\vee$ *e sottospazi di* $\mathbf{P}$ *che rovescia le inclusioni.*

Se $k = \dim(S)$, allora $n-k-1$ è la *dimensione del sistema lineare* $\Lambda_1(S)$. Ad esempio, i fasci di iperpiani di $\mathbf{P}$ hanno centro di dimensione $n-2$, e pertanto hanno dimensione $n-(n-2)-1 = 1$, cioè corrispondono alle rette di $\mathbf{P}^\vee$.

Se $P \in \mathbf{P}$, allora $\Lambda_1(P)$ ha dimensione $n-1$, cioè corrisponde a un iperpiano di $\mathbf{P}^\vee$. Otteniamo così una corrispondenza biunivoca:

$$\begin{aligned} \delta^\vee\colon \mathbf{P} &\to \{\text{iperpiani di } \mathbf{P}^\vee\} \\ P &\mapsto \Lambda_1(P) \end{aligned} \qquad [26.4]$$

(per ulteriori informazioni sull'applicazione $\delta^\vee$, cfr. 26.5).

Si ha $\dim[\Lambda_1(S)] = n$ se e solo se $\Lambda_1(S) = \mathbf{P}^\vee$, e ciò avviene se e solo se $S = \emptyset$. Diremo $\mathbf{P}^\vee = \Lambda_1(\emptyset)$ il *sistema lineare improprio*.

26.3 *Esempi*

1. Sia $\mathbf{P}$ un piano e sia $P \in \mathbf{P}$. Ogni retta del fascio $\Lambda_1(P)$ si può esprimere come combinazione lineare di due rette distinte $\mathscr{r}$, $\mathscr{s}$ passanti per P. Se $\mathscr{r}$ ed $\mathscr{s}$ sono assegnate mediante equazioni cartesiane:

$$a_0X_0 + a_1X_1 + a_2X_2 = 0, \quad \text{per } \mathscr{r},$$

$$b_0X_0 + b_1X_1 + b_2X_2 = 0, \quad \text{per } \mathscr{s},$$

ogni altra retta di $\Lambda_1(P)$ ha equazione

$$\lambda(a_0X_0 + a_1X_1 + a_2X_2) + \mu(b_0X_0 + b_1X_1 + b_2X_2) = 0$$

con $(\lambda, \mu) \neq (0, 0)$.

Se $\mathscr{r}$ è una retta di $\mathbf{P}$, il sistema lineare $\Lambda_1(\mathscr{r})$ ha dimensione 0, ed $\mathscr{r}$ è il suo unico elemento.

2. Supponiamo che $\dim(\mathbf{P}) = 3$. Se $P \in \mathbf{P}$, il sistema lineare $\Lambda_1(P)$, la stella di centro P, ha dimensione 2. Se invece $\mathscr{r} \subset \mathbf{P}$ è una retta, $\Lambda_1(\mathscr{r})$ è un fascio di piani e quindi ha dimensione 1. Infine, se $\mathscr{p} \subset \mathbf{P}$ è un piano, $\Lambda_1(\mathscr{p})$ ha dimensione 0, e consiste del solo piano $\mathscr{p}$.

In particolare, a punti, rette e piani di $\mathbf{P}$ corrispondono rispettivamente piani, rette e punti di $\mathbf{P}^\vee$.

Siano $P[x_0, \ldots, x_n] \in \mathbf{P}$ e $H[a_0, \ldots, a_n]$ un iperpiano di $\mathbf{P}$. La condizione che $P \in H$, cioè che P e H siano incidenti, è equivalente alla seguente identità:

$$a_0x_0 + a_1x_1 + \ldots + a_nx_n = 0. \qquad [26.5]$$

Fissati $a_0, a_1, \ldots, a_n$, la [26.5] è una condizione sulle coordinate di punto, soddisfatta da tutti e soli i punti $P[x_0, \ldots, x_n] \in H$. D'altra parte, se teniamo fissi $x_0, x_1, \ldots, x_n$, la [26.5] si può considerare come una condizione sulle coordinate di iperpiano, che è soddisfatta da tutti e soli gli iperpiani $H \in \Lambda_1(P)$.

Supponiamo assegnata una configurazione di punti e di iperpiani di $\mathbf{P}$, in modo che certe relazioni di incidenza tra di essi siano soddisfatte. Tali relazioni si esprimono come identità della forma [26.5] nelle coordinate dei punti e degli iperpiani della configurazione stessa. Se le coordinate di ogni punto della configurazione si interpretano come coordinate di iperpiano, e quelle di ogni iperpiano della stessa come coordinate di punto, si ottiene una nuova configurazione di punti e di iperpiani che viene chiamata *configurazione duale* della precedente. I suoi punti e i suoi iperpiani si diranno duali dei corrispondenti iperpiani e punti della configurazione di partenza. Poiché la [26.5] è simmetrica nelle coordinate di punto e di iperpiano, tutte le incidenze che sono soddisfatte dai punti e dagli iperpiani della configurazione data sono anche verificate dai corrispondenti elementi della configurazione duale. Possiamo utilizzare questa osservazione per ottenere da ogni proposizione vera che riguarda configurazioni di punti, iperpiani e loro incidenze una nuova proposizione, ancora vera, riguardante le configurazioni duali di iperpiani, punti e loro incidenze, come espresso dal seguente *principio di dualità*:

Ad ogni proposizione vera riguardante punti e iperpiani di **P** *e loro incidenze corrisponde una proposizione ancora vera riguardante iperpiani e punti di* **P** *e loro incidenze, che si ottiene dalla precedente scambiando tra loro le parole "punto" e "iperpiano". Le due* proposizioni *si dicono* duali l'una dell'altra.

Una coppia di proposizioni duali è la seguente:

n punti indipendenti generano un iperpiano	*n iperpiani indipendenti hanno in comune un punto.*

Per riconoscere che le due proposizioni sono duali, le possiamo così riformulare: la prima afferma che esiste un unico iperpiano incidente n punti indipendenti, mentre la seconda afferma che esiste un unico punto incidente n iperpiani indipendenti. Secondo il principio di dualità, dal fatto che la prima proposizione è vera discende che lo è anche la seconda. Ovviamente in questo caso noi già sappiamo che entrambe le proposizioni sono vere senza dover ricorrere al principio di dualità; ma ciò non sempre avviene, e il principio fornisce in generale un modo di dedurre nuove proposizioni geometriche.

Similmente possiamo riconoscere che le due seguenti proposizioni sono duali:

Due punti distinti generano una retta.	*Due iperpiani distinti hanno per intersezione un sottospazio di codimensione* 2.

La prima proposizione afferma che esistono $n-2$ iperpiani indipendenti incidenti due punti distinti (e la cui intersezione è la retta da essi generata), mentre la seconda afferma che esistono $n-2$ punti indipendenti che sono incidenti due iperpiani distinti.

Una *proposizione* si dice *autoduale* se coincide con la sua duale.

Dimostreremo un teorema classico riguardante le configurazioni di rette e di punti in un piano proiettivo, il teorema di Desargues, la cui versione affine è stata dimostrata nel paragrafo 9.

26.4 Teorema (di Desargues-versione proiettiva) *Sia* $\mathbf{P} = \mathbf{P}(\mathbf{V})$ *un piano proiettivo e siano* $P_1, \ldots, P_6 \in \mathbf{P}$ *punti distinti tali che le tre rette* $L(P_1, P_4)$, $L(P_2, P_5)$, $L(P_3, P_6)$ *abbiano in comune un punto* P_0, *diverso da* $P_1, \ldots, P_6$.

In tali ipotesi i punti

$$L(P_1, P_3) \cap L(P_4, P_6), \quad L(P_2, P_3) \cap L(P_5, P_6), \quad L(P_1, P_2) \cap L(P_4, P_5)$$

sono allineati (fig. 26.1).

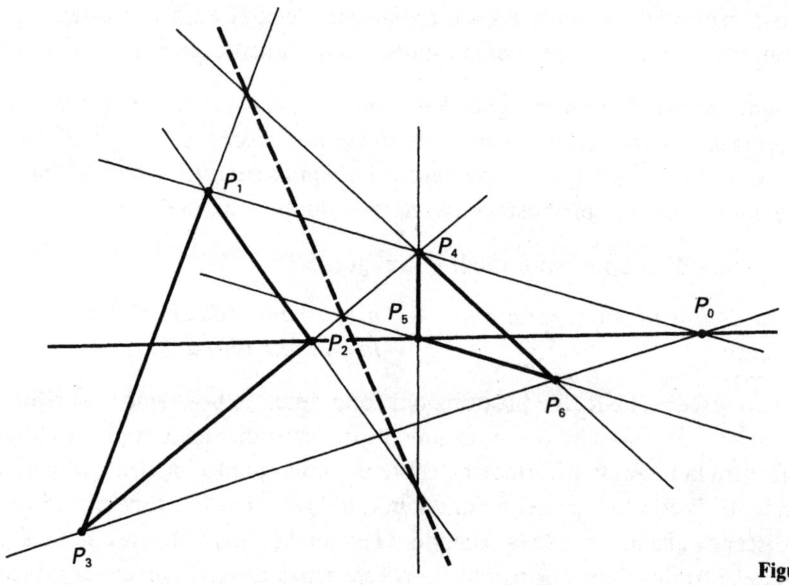

Figura 26.1

Dimostrazione

Siano $\mathbf{v}_0, \mathbf{v}_1, \ldots, \mathbf{v}_6 \in \mathbf{V}$ tali che $P_i = [\mathbf{v}_i]$, $i = 1, \ldots, 6$. Per ipotesi esistono scalari $\alpha_1, \ldots, \alpha_6 \in \mathsf{K}$ tali che

$$\mathbf{v}_0 = \alpha_1 \mathbf{v}_1 + \alpha_4 \mathbf{v}_4 = \alpha_2 \mathbf{v}_2 + \alpha_5 \mathbf{v}_5 = \alpha_3 \mathbf{v}_3 + \alpha_6 \mathbf{v}_6.$$

Poiché P_0 è diverso da $P_1, \ldots, P_6$, gli $\alpha_1, \ldots, \alpha_6$ sono tutti diversi da zero. I tre punti $L(P_1, P_3) \cap L(P_4, P_6)$, $L(P_2, P_3) \cap (P_5, P_6)$, $L(P_1, P_2) \cap L(P_4, P_5)$ sono rispettivamente associati ai vettori

$$\alpha_1 \mathbf{v}_1 - \alpha_3 \mathbf{v}_3 = -\alpha_4 \mathbf{v}_4 + \alpha_6 \mathbf{v}_6$$

$$-\alpha_2 \mathbf{v}_2 + \alpha_3 \mathbf{v}_3 = \alpha_5 \mathbf{v}_5 - \alpha_6 \mathbf{v}_6$$

$$-\alpha_1 \mathbf{v}_1 + \alpha_2 \mathbf{v}_2 = \alpha_4 \mathbf{v}_4 - \alpha_5 \mathbf{v}_5.$$

Questi tre vettori sono linearmente dipendenti perché la loro somma è $\mathbf{0}$, e quindi i tre punti corrispondenti sono allineati.

Il teorema 26.4 si può anche enunciare così: *sotto le ipotesi dette, sono allineati i tre punti di intersezione delle coppie di lati ordinatamente corrispondenti dei due triangoli di vertici P_1, P_2, P_3 e P_4, P_5, P_6.*

Lasciamo al lettore il compito di verificare che il teorema di Desargues è autoduale.

26.5 *Complementi*

Sia $\mathbf{P} = \mathbf{P}(\mathbf{V})$. Lo spazio proiettivo $(\mathbf{P}^\vee)^\vee$, duale di $\mathbf{P}^\vee$, coincide con spazio proiettivo $\mathbf{P}(\mathbf{V}^{\vee\vee})$ associato al biduale di $\mathbf{V}$, e si dice *spazio proiettivo biduale di* $\mathbf{P}$.

L'isomorfismo canonico β: $\mathbf{V} \to \mathbf{V}^{\vee\vee}$ di $\mathbf{V}$ sul suo biduale induce una corrispondenza biunivoca b: $\mathbf{P} \to (\mathbf{P}^\vee)^\vee$, che associa ad ogni $P = [\mathbf{v}] \in \mathbf{P}$ il punto $[\beta(\mathbf{v})] \in (\mathbf{P}^\vee)^\vee$. Consideriamo l'applicazione di dualità di $\mathbf{P}^\vee$:

$$\delta' : (\mathbf{P}^\vee)^\vee \to \{\text{iperpiani di } \mathbf{P}^\vee\}$$

e la composizione

$$\delta' \circ b: \mathbf{P} \to \{\text{iperpiani di } \mathbf{P}^\vee\}.$$

È facile vedere che $\delta' \circ b$ coincide con l'applicazione $\delta^\vee$ definita dalla [26.4]. Se infatti $P = [\mathbf{v}] \in \mathbf{P}$, allora, poiché $\beta(\mathbf{v})(F) = F(\mathbf{v})$ per ogni $F \in \mathbf{V}^\vee$, si ha

$$(\delta' \circ b)(P) = \delta'([\beta(\mathbf{v})]) = \{[F] \in \mathbf{P}^\vee : F \in \mathrm{N}(\beta(\mathbf{v}))\} = \\ = \{[F] \in \mathbf{P}^\vee : F(\mathbf{v}) = 0\} = \Lambda_1(P) = \delta^\vee(P).$$

Esercizi

1. Dimostrare che, se S ed S' sono due sottospazi proiettivi di $\mathbf{P}$, allora $\Lambda_1(S) \cap \Lambda_1(S') = \Lambda_1(L(S, S'))$.

2. Sia $\dim(\mathbf{P}) = 3$. Formulare la duale di ognuna delle seguenti proposizioni:
   a) Dato un punto e una retta che non lo contiene, esiste un unico piano contenente entrambi.
   b) Due rette incidenti sono complanari.
   c) Date comunque due rette sghembe ed un punto fuori di entrambe, esiste un'unica retta contenente il punto e incidente le due rette date.
   d) Assegnati comunque tre punti linearmente indipendenti, esistono tre rette distinte ognuna delle quali ne contiene due.

27 Cambiamenti di coordinate omogenee e proiettività

Siano $\mathbf{V}$ un K-spazio vettoriale di dimensione finita e $\mathbf{P} = \mathbf{P}(\mathbf{V})$ lo spazio proiettivo associato, e sia $\dim(\mathbf{P}) = n$.

Supponiamo assegnati due riferimenti proiettivi in $\mathbf{P}$, rispettivamente dalle basi $\boldsymbol{e} = \{\mathbf{e}_0, \mathbf{e}_1, \ldots, \mathbf{e}_n\}$ ed $\boldsymbol{f} = \{\mathbf{f}_0, \mathbf{f}_1, \ldots, \mathbf{f}_n\}$ di $\mathbf{V}$, e sia $A = M_{f,e}(\mathbf{1_V}) \in \mathrm{GL}_{n+1}(\mathrm{K})$ la matrice che esprime il cambiamento di coordinate dei vettori di $\mathbf{V}$ dalla base $\boldsymbol{e}$ alla base $\boldsymbol{f}$. Si ha

$$\mathbf{y} = A\mathbf{x} \qquad [27.1]$$

per ogni vettore

$$\mathbf{v} = x_0\mathbf{e}_0 + x_1\mathbf{e}_1 + \dots + x_n\mathbf{e}_n = y_0\mathbf{f}_0 + y_1\mathbf{f}_1 + \dots + y_n\mathbf{f}_n$$

di $\mathbf{V}$. Sia $P = [\mathbf{v}] \in \mathbf{P}$. Se $\mathbf{x} = {}^t(x_0 \ \ x_1 \ \ \dots \ \ x_n)$ si interpreta come una $(n+1)$-pla di coordinate omogenee di P nel riferimento proiettivo $\mathbf{e}_0 \dots \mathbf{e}_n$, una $(n+1)$-upla di coordinate omogenee di P, nel riferimento $\mathbf{f}_0 \dots \mathbf{f}_n$, è $\mathbf{y} = {}^t(y_0 \ \ y_1 \ \ \dots \ \ y_n)$ data dalla [27.1].

Osserviamo che se $\mathbf{x}$ viene sostituita da una $(n+1)$-upla proporzionale $\lambda\mathbf{x}$, cioè da un'altra $(n+1)$-upla di coordinate omogenee dello stesso punto P nel riferimento $\mathbf{e}_0 \dots \mathbf{e}_n$, si ottiene al posto di $\mathbf{y}$ la $(n+1)$-upla $\lambda\mathbf{y}$, che rappresenta ancora P nel riferimento $\mathbf{f}_0 \dots \mathbf{f}_n$.

La matrice A non è univocamente determinata dai due riferimenti proiettivi assegnati, perché questi individuano le due basi $\boldsymbol{e}$ ed $\boldsymbol{f}$ di $\mathbf{V}$ solo a meno di un fattore di proporzionalità. Una diversa scelta delle due basi avrà l'effetto di sostituire A con una matrice ad essa proporzionale αA, $\alpha \neq 0$, dalla quale si otterrà una formula analoga alla [27.1]:

$$\mathbf{y} = \alpha A\mathbf{x}. \qquad [27.2]$$

È evidente che la [27.2] e la [27.1] sono equivalenti perché, date coordinate omogenee $\mathbf{x}$ di un punto $P \in \mathbf{P}$ nel riferimento $\mathbf{e}_0 \dots \mathbf{e}_n$, entrambe forniscono coordinate omogenee $\mathbf{y}$ di P nel riferimento $\mathbf{f}_0 \dots \mathbf{f}_n$.

Quanto fin qui detto è riassunto nella seguente proposizione:

27.1 PROPOSIZIONE *Siano* $\mathbf{e}_0 \dots \mathbf{e}_n$ *ed* $\mathbf{f}_0 \dots \mathbf{f}_n$ *due riferimenti proiettivi in* $\mathbf{P}$. *Esiste una matrice* $A \in \mathrm{GL}_{n+1}(\mathrm{K})$, *individuata solo a meno di un fattore di proporzionalità non nullo, tale che, se* $P \in \mathbf{P}$ *ha coordinate omogenee* $\mathbf{x}$ *nel riferimento* $\mathbf{e}_0 \dots \mathbf{e}_n$, *allora coordinate omogenee* $\mathbf{y}$ *di* P *nel riferimento* $\mathbf{f}_0 \dots \mathbf{f}_n$ *sono date dalla formula* [27.1].

La [27.1] è la *formula del cambiamento di coordinate omogenee* dal riferimento $\mathbf{e}_0 \dots \mathbf{e}_n$ al riferimento $\mathbf{f}_0 \dots \mathbf{f}_n$.

Siano $\mathbf{e}_0 \dots \mathbf{e}_n$, $\mathbf{f}_0 \dots \mathbf{f}_n$, $\mathbf{g}_0 \dots \mathbf{g}_n$ riferimenti proiettivi in $\mathbf{P}$, corrispondenti a coordinate omogenee di punto $\mathbf{x}$, $\mathbf{y}$, $\mathbf{z}$, e siano $\mathbf{y} = A\mathbf{x}$, e $\mathbf{z} = B\mathbf{y}$ le formule che esprimono i rispettivi cambiamenti di coordinate omogenee di punto. Sostituendo nella seconda il valore di $\mathbf{y}$ dato dalla prima si ottiene la formula

$$\mathbf{z} = (BA)\mathbf{x}$$

che esprime il cambiamento di coordinate omogenee da $\mathbf{e}_0 \dots \mathbf{e}_n$ a $\mathbf{g}_0 \dots \mathbf{g}_n$. La formula

$$\mathbf{x} = A^{-1}\mathbf{y}$$

esprime il cambiamento di coordinate da $\mathbf{f}_0 \dots \mathbf{f}_n$ a $\mathbf{e}_0 \dots \mathbf{e}_n$.

Supponiamo fissato in **P** un riferimento proiettivo $\mathbf{e}_0 \dots \mathbf{e}_n$. In pratica un nuovo riferimento proiettivo viene spesso assegnato mediante una $(n+2)$-upla ordinata

$$P_0[p_{00}, \dots, p_{0n}],\ P_1[p_{10}, \dots, p_{1n}], \dots, P_n[p_{n0}, \dots, p_{nn}],\ M[m_0, \dots, m_n]$$

di punti in posizione generale (cfr. esempio 24.5(4)).

Siano $\lambda_0, \dots, \lambda_n \in \mathsf{K}$ tali che si abbia

$$\lambda_0(p_{00}, \dots, p_{0n}) + \dots + \lambda_n(p_{n0}, \dots, p_{nn}) = (m_0, \dots, m_n).$$

Allora la formula del cambiamento di coordinate dal riferimento $\mathbf{e}_0 \dots \mathbf{e}_n$ al nuovo riferimento è la [27.1] in cui $A = B^{-1}$, dove

$$B = \begin{pmatrix} \lambda_0 p_{00} & \dots & \lambda_n p_{n0} \\ \lambda_0 p_{01} & \dots & \lambda_n p_{n1} \\ \vdots & & \vdots \\ \lambda_0 p_{0n} & \dots & \lambda_n p_{nn} \end{pmatrix}.$$

Infatti i vettori di **V** le cui coordinate rispetto a $\{\mathbf{e}_0, \dots, \mathbf{e}_n\}$ sono le colonne di B costituiscono una base di **V** che individua il nuovo riferimento. Quindi B è la matrice che esprime il cambiamento di coordinate inverso, cioè quello che fa passare dal riferimento individuato da $P_0, \dots, P_n, M$ al riferimento $\mathbf{e}_0 \dots \mathbf{e}_n$.

27.2 *Esempio*

Sia **P** una retta proiettiva in cui sia assegnato un riferimento proiettivo, e siano $P_1[\lambda_1, \mu_1]$, $P_2[\lambda_2, \mu_2]$, $M[\lambda_3, \mu_3]$ punti distinti. Siano $\alpha, \beta \in \mathsf{K}$ tali che

$$\begin{pmatrix} \lambda_3 \\ \mu_3 \end{pmatrix} = \alpha \begin{pmatrix} \lambda_1 \\ \mu_1 \end{pmatrix} + \beta \begin{pmatrix} \lambda_2 \\ \mu_2 \end{pmatrix}$$

e, per ogni punto $P[x_0, x_1] \in \mathbf{P}$, siano $\gamma, \delta \in \mathsf{K}$ tali che

$$\begin{pmatrix} x_0 \\ x_1 \end{pmatrix} = \gamma \begin{pmatrix} \alpha\lambda_1 \\ \alpha\mu_1 \end{pmatrix} + \delta \begin{pmatrix} \beta\lambda_2 \\ \beta\mu_2 \end{pmatrix}.$$

Allora P ha coordinate omogenee γ, δ nel riferimento individuato da P_1, P_2, M. Calcolando α, β e γ, δ con la regola di Cramer ed eliminando i denominatori otteniamo

$$[\gamma, \delta] = \left[\begin{vmatrix} x_0 & \lambda_2 \\ x_1 & \mu_2 \end{vmatrix} \begin{vmatrix} \lambda_1 & \lambda_3 \\ \mu_1 & \mu_3 \end{vmatrix}, \begin{vmatrix} \lambda_1 & x_0 \\ \mu_1 & x_1 \end{vmatrix} \begin{vmatrix} \lambda_3 & \lambda_2 \\ \mu_3 & \mu_2 \end{vmatrix} \right]. \qquad [27.3]$$

Passiamo ora a considerare le trasformazioni di uno spazio proiettivo.

27.3 Definizione *Siano* $\mathbf{P} = \mathbf{P}(\mathbf{V})$ *e* $\mathbf{P}' = \mathbf{P}(\mathbf{V}')$ *due spazi proiettivi. Un'applicazione biunivoca* $f\colon \mathbf{P} \to \mathbf{P}'$ *è un* isomorfismo di $\mathbf{P}$ su $\mathbf{P}'$ *se esiste un isomorfismo* $\varphi\colon \mathbf{V} \to \mathbf{V}'$ *tale che*

$$f([\mathbf{v}]) = [\varphi(\mathbf{v})]$$

per ogni $[\mathbf{v}] \in \mathbf{P}$. *L'isomorfismo f si dice* indotto da φ. *Se un isomorfismo f esiste,* $\mathbf{P}$ *e* $\mathbf{P}'$ *si dicono* isomorfi.

Una proiettività *di* $\mathbf{P}$ *è un isomorfismo di* $\mathbf{P}$ *in se stesso.*

È evidente che ogni isomorfismo di spazi vettoriali $\varphi\colon \mathbf{V} \to \mathbf{V}'$ induce un isomorfismo di $\mathbf{P}$ su $\mathbf{P}'$.

Lasciamo al lettore il compito di verificare, nel modo consueto, che *l'isomorfismo è una relazione di equivalenza tra spazi proiettivi.*

Due spazi proiettivi isomorfi hanno evidentemente la stessa dimensione. D'altra parte, poiché ogni K-spazio vettoriale di dimensione $n+1$ è isomorfo a K^{n+1}, ogni spazio proiettivo di dimensione n è isomorfo a $\mathbf{P}^n$. Da ciò segue che *due spazi proiettivi della stessa dimensione sono isomorfi.*

Se una proiettività $f\colon \mathbf{P} \to \mathbf{P}$ è indotta da φ, essa è anche indotta da $\lambda\varphi$, per un qualunque $\lambda \in \mathsf{K}^*$: infatti si ha

$$[(\lambda\varphi)(\mathbf{v})] = [\lambda(\varphi(\mathbf{v}))] = [\varphi(\mathbf{v})] = f([\mathbf{v}])$$

per ogni $\mathbf{v} \in \mathbf{V}\setminus\{\mathbf{0}\}$. Viceversa, se $\psi\colon \mathbf{V} \to \mathbf{V}$ induce f, allora $\psi = \lambda\varphi$ per qualche $\lambda \in \mathsf{K}^*$. Infatti per ogni $\mathbf{v} \in \mathbf{V}$ esiste $\lambda \in \mathsf{K}^*$ tale che $\varphi(\mathbf{v}) = \lambda\psi(\mathbf{v})$, ovvero tale che $(\psi^{-1}\circ\varphi)(\mathbf{v}) = \lambda\mathbf{v}$; ne consegue che ogni $\mathbf{v} \in \mathbf{V}\setminus\{\mathbf{0}\}$ è un autovettore di $\psi^{-1}\circ\varphi$, e quindi $\psi^{-1}\circ\varphi = \lambda\mathbf{1}_\mathbf{V}$ per qualche $\lambda \in \mathsf{K}^*$, cioè $\psi = \lambda\varphi$. Quindi l'automorfismo che induce una data proiettività è individuato solo a meno di un fattore di proporzionalità non nullo.

L'identità $\mathbf{1}_\mathbf{P}$ è una proiettività, perché è indotta da $\mathbf{1}_\mathbf{V}$. Se f, $g\colon \mathbf{P} \to \mathbf{P}$ sono proiettività indotte da φ, $\psi \in \mathrm{GL}(\mathbf{V})$ rispettivamente, la loro composizione $g\circ f$ è una proiettività, indotta da $\psi\circ\varphi$. L'inversa f^{-1} della proiettività f è ancora una proiettività, indotta da φ^{-1}. Le proiettività di $\mathbf{P}$ costituiscono dunque un gruppo di trasformazioni chiamato *gruppo proiettivo di* $\mathbf{P}$, e denotato con $\mathrm{PGL}(\mathbf{P})$.

Il gruppo proiettivo di $\mathbf{P}^n$ si denota con $\mathrm{PGL}_{n+1}(\mathsf{K})$, e si chiama *gruppo lineare proiettivo di ordine* $n+1$.

Associando ad ogni $\varphi \in \mathrm{GL}(\mathbf{V})$ la proiettività indotta di $\mathbf{P} = \mathbf{P}(\mathbf{V})$, si ottiene un omomorfismo suriettivo di gruppi

$$\pi\colon \mathrm{GL}(\mathbf{V}) \to \mathrm{PGL}(\mathbf{P}(\mathbf{V})).$$

Osserviamo che $\varphi \in \mathrm{GL}(\mathbf{V})$ è tale che $\pi(\varphi) = \mathbf{1}_\mathbf{P}$ se e solo se $\varphi = \lambda\mathbf{1}_\mathbf{V}$ per qualche $\lambda \in \mathsf{K}^*$. Quindi

$$\{\varphi \in \mathrm{GL}(\mathbf{V})\colon \pi(\varphi) = \mathbf{1}_\mathbf{P}\} = \{\lambda\mathbf{1}_\mathbf{V}\colon \lambda \in \mathsf{K}^*\}. \qquad [27.4]$$

Il primo membro della [27.4] è un sottogruppo di $GL(\mathbf{V})$ (il *nucleo* di π).

Se nello spazio proiettivo $\mathbf{P}(\mathbf{V})$ è assegnato un riferimento proiettivo, associato alla base $\{\mathbf{e}_0, \dots, \mathbf{e}_n\}$ di $\mathbf{V}$, ed $f \in PGL(\mathbf{P}(\mathbf{V}))$, allora, per ogni automorfismo $\varphi \in GL(\mathbf{V})$ che induce f, diremo che la matrice $A \in GL_{n+1}(\mathsf{K})$ associata a φ rispetto alla base $\{\mathbf{e}_0, \dots, \mathbf{e}_n\}$ *definisce* f *rispetto al riferimento proiettivo* $\mathbf{e}_0 \dots \mathbf{e}_n$. La matrice A non è univocamente determinata. Un'altra matrice $B \in GL_{n+1}(\mathsf{K})$ definisce la stessa proiettività rispetto allo stesso riferimento proiettivo se e solo se $B = \lambda A$, per qualche $\lambda \in \mathsf{K}^*$. La verifica è lasciata al lettore.

La seguente proposizione fornisce un procedimento geometrico per individuare un isomorfismo di spazi proiettivi, e in particolare una proiettività.

27.4 Proposizione *Supponiamo che* $\mathbf{P} = \mathbf{P}(\mathbf{V})$ *e* $\mathbf{P}' = \mathbf{P}(\mathbf{V}')$ *abbiano dimensione n. Date comunque una* $(n+2)$*-upla ordinata* $P_0, \dots, P_n, P_{n+1}$ *di punti di* $\mathbf{P}$ *in posizione generale, e una* $(n+2)$*-upla ordinata* $Q_0, \dots, Q_n, Q_{n+1}$ *di punti di* $\mathbf{P}'$ *in posizione generale, esiste uno ed un solo isomorfismo* $f: \mathbf{P} \to \mathbf{P}'$ *tale che* $f(P_i) = Q_i$, $i = 0, \dots, n+1$.

In particolare, una proiettività che lascia fissi $n+2$ *punti di* $\mathbf{P}$ *in posizione generale è l'identità.*

Dimostrazione

Supponiamo $P_i = [\mathbf{v}_i]$, $Q_i = [\mathbf{w}_i]$, $i = 0, \dots, n+1$. Poiché $\dim(\mathbf{V}) = n+1 = \dim(\mathbf{V}')$, $\{\mathbf{v}_0, \dots, \mathbf{v}_n\}$ e $\{\mathbf{w}_0, \dots, \mathbf{w}_n\}$ sono basi di $\mathbf{V}$ e di $\mathbf{V}'$ rispettivamente, e quindi si ha

$$\mathbf{v}_{n+1} = \lambda_0 \mathbf{v}_0 + \lambda_1 \mathbf{v}_1 + \dots + \lambda_n \mathbf{v}_n,$$
$$\mathbf{w}_{n+1} = \mu_0 \mathbf{w}_0 + \mu_1 \mathbf{w}_1 + \dots + \mu_n \mathbf{w}_n$$

per opportuni $\lambda_0, \dots, \lambda_n, \mu_0, \dots, \mu_n \in \mathsf{K}$ che sono *tutti non nulli* per l'ipotesi che le due $(n+2)$-uple siano in posizione generale. Sostituendo $\lambda_i \mathbf{v}_i$ al posto di $\mathbf{v}_i$ e $\mu_i \mathbf{w}_i$ al posto di $\mathbf{w}_i$, $i = 0, \dots, n$, possiamo supporre che tutti i coefficienti siano uguali a 1, cioè che si abbia

$$\begin{aligned} \mathbf{v}_{n+1} &= \mathbf{v}_0 + \mathbf{v}_1 + \dots + \mathbf{v}_n \\ \mathbf{w}_{n+1} &= \mathbf{w}_0 + \mathbf{w}_1 + \dots + \mathbf{w}_n. \end{aligned} \qquad [27.5]$$

Poiché $\{\mathbf{v}_0, \dots, \mathbf{v}_n\}$ è una base di $\mathbf{V}$, per il teorema 11.3 esiste un'applicazione lineare $\varphi: \mathbf{V} \to \mathbf{V}'$ tale che $\varphi(\mathbf{v}_i) = \mathbf{w}_i$, $i = 0, \dots, n$.

Per le [27.5] e per la linearità di φ si ha $\varphi(\mathbf{v}_{n+1}) = \mathbf{w}_{n+1}$. L'isomorfismo f indotto da φ ha le proprietà volute.

Supponiamo ora che $f': \mathbf{P} \to \mathbf{P}'$ sia un'altro isomorfismo avente le stesse proprietà. Consideriamo la composizione $g = f'^{-1} \circ f: \mathbf{P} \to \mathbf{P}$, che supporremo associata a $\psi \in GL(\mathbf{V})$. Si ha $g(P_i) = P_i$, $i = 0, \dots, n+1$, e pertanto

$$\psi(\mathbf{v}_i) = \alpha_i \mathbf{v}_i, \quad i = 0, \dots, n+1,$$

per opportuni $\alpha_i \in K^*$. Quindi

$$\alpha_{n+1}\mathbf{v}_{n+1} = \psi(\mathbf{v}_{n+1}) = \psi(\mathbf{v}_0 + \mathbf{v}_1 + \ldots + \mathbf{v}_n) = \sum_{i=0}^{n} \psi(\mathbf{v}_i) = \\ = \alpha_0\mathbf{v}_0 + \ldots + \alpha_n\mathbf{v}_n. \qquad [27.6]$$

D'altra parte si ha

$$\alpha_{n+1}\mathbf{v}_{n+1} = \alpha_{n+1}(\mathbf{v}_0 + \mathbf{v}_1 + \ldots + \mathbf{v}_n). \qquad [27.7]$$

Confrontando [27.6] e [27.7] deduciamo che

$$\alpha_0 = \alpha_1 = \ldots = \alpha_{n+1}.$$

Quindi $\psi(\mathbf{v}_i) = \alpha_0\mathbf{v}_i$, cioè $\psi = \alpha_0\mathbf{1}_\mathbf{V}$. Dalla [27.4] segue che $g = \mathbf{1}_\mathbf{P}$, cioè $f = f^{-1}$, e l'unicità di f è dimostrata.

In particolare una proiettività di una retta proiettiva è individuata una volta assegnate le immagini di tre suoi punti distinti; una proiettività di un piano proiettivo è individuata dalle immagini di quattro punti, a tre a tre non allineati.

Una proiettività f: $\mathbf{P}(\mathbf{V}) \to \mathbf{P}(\mathbf{V})$, essendo indotta da un automorfismo φ: $\mathbf{V} \to \mathbf{V}$, trasforma ogni sottospazio $S = \mathbf{P}(\mathbf{W})$ di $\mathbf{P}(\mathbf{V})$ nel sottospazio $f(S) = \mathbf{P}(\varphi(\mathbf{W}))$, che ha la sua stessa dimensione. Poiché φ induce un isomorfismo di $\mathbf{W}$ su $\varphi(\mathbf{W})$, f induce un isomorfismo di S su $f(S)$.

27.5 Definizione *Due sottoinsiemi (o figure) F ed F' dello spazio proiettivo* $\mathbf{P}$ *si dicono* proiettivamente equivalenti *se esiste* $f \in \mathrm{PGL}(\mathbf{P})$ *tale che* $f(F) = F'$.

Le proprietà che sono comuni a tutte le figure proiettivamente equivalenti ad una figura F si dicono proprietà proiettive *di F.*

Ad esempio, due sottospazi proiettivi S ed S' di $\mathbf{P}(\mathbf{V})$ aventi la stessa dimensione sono proiettivamente equivalenti. Infatti, se $S = \mathbf{P}(\mathbf{W})$, $S' = \mathbf{P}(\mathbf{W}')$, esiste $\varphi \in \mathrm{GL}(\mathbf{V})$ tale che $\varphi(\mathbf{W}) = \mathbf{W}'$, e allora $f(S) = S'$, dove f è la proiettività associata a φ.

Per la proposizione 27.4 due sottoinsiemi di $\mathbf{P}$ costituiti ognuno da k punti in posizione generale sono proiettivamente equivalenti se $k \leq \dim(\mathbf{P}) + 2$. Se $k > \dim(\mathbf{P}) + 2$, ciò non è vero già nel caso di 4 punti di una retta proiettiva. Sorge allora il problema di descrivere le classi di equivalenza proiettiva di k-uple di punti di uno spazio proiettivo $\mathbf{P}$, quando $k > \dim(\mathbf{P}) + 2$, cioè di *classificare* tali classi di equivalenza.

Come vedremo tra poco, la soluzione completa di questo problema può essere data nel caso di quaterne di punti distinti di una retta proiettiva per mezzo della nozione di "birapporto". Il risultato che otterremo sarà applicato nel capitolo 4 alla classificazione delle cubiche piane proiettive.

27.6 Definizione *Sia* $\mathbf{P}$ *una retta proiettiva, e siano* P_1, P_2, P_3, $P_4 \in \mathbf{P}$, *con*

P_1, P_2, P_3 *distinti. Il* birapporto *di* P_1, P_2, P_3, P_4 *è*

$$\beta(P_1, P_2, P_3, P_4) = y_1/y_0 \in \mathsf{K} \cup \{\infty\},$$

dove y_0, y_1 *sono coordinate omogenee di* P_4 *nel riferimento proiettivo in cui* P_1 *e* P_2 *sono i punti fondamentali e* P_3 *è il punto unità.*

Osserviamo che nella definizione si è supposto che P_1, P_2, P_3 siano distinti, ma non si è fatta alcuna ipotesi su P_4.

Se in $\mathbf{P}$ è fissato un riferimento proiettivo rispetto al quale i 4 punti assegnati sono $P_i[\lambda_i, \mu_i]$, $i = 1, \dots, 4$, allora, tenuto conto della [27.3], abbiamo la seguente espressione del loro birapporto:

$$\beta(P_1, P_2, P_3, P_4) = \frac{\begin{vmatrix} \lambda_1 & \lambda_4 \\ \mu_1 & \mu_4 \end{vmatrix} \begin{vmatrix} \lambda_2 & \lambda_3 \\ \mu_2 & \mu_3 \end{vmatrix}}{\begin{vmatrix} \lambda_2 & \lambda_4 \\ \mu_2 & \mu_4 \end{vmatrix} \begin{vmatrix} \lambda_1 & \lambda_3 \\ \mu_1 & \mu_3 \end{vmatrix}}. \qquad [27.8]$$

Considerando invece coordinate non omogenee $z_i = \mu_i/\lambda_i$ dei punti P_i, si deduce dalla [27.8] la seguente espressione:

$$\beta(P_1, P_2, P_3, P_4) = \frac{(z_4 - z_1)(z_3 - z_2)}{(z_4 - z_2)(z_3 - z_1)}. \qquad [27.9]$$

Il secondo membro della [27.9] ha senso solo se nessuno degli z_i è ∞, cioè se $\lambda_i \neq 0$ per ogni $i = 1, \dots, 4$. Altrimenti si utilizzerà la [27.8], che definisce in ogni caso un elemento di $\mathsf{K} \cup \{\infty\}$.

Si noti che i valori $\beta(P_1, P_2, P_3, P_4) = 0, \infty, 1$ sono assunti in corrispondenza a $P_4 = P_1, P_2, P_3$ rispettivamente.

Il significato proiettivo del birapporto è dato dal seguente teorema.

27.7 Teorema *Siano* $\mathbf{P} = \mathbf{P}(\mathbf{V})$ *e* $\mathbf{P}' = \mathbf{P}(\mathbf{V}')$ *rette proiettive, e siano* P_1, P_2, P_3, $P_4 \in \mathbf{P}$, Q_1, Q_2, Q_3, $Q_4 \in \mathbf{P}'$, *con* P_1, P_2, P_3 *distinti e* Q_1, Q_2, Q_3 *distinti. Esiste un isomorfismo* $f\colon \mathbf{P} \to \mathbf{P}'$ *tale che* $f(P_i) = Q_i$, $i = 1, \dots, 4$, *se e solo se*

$$\beta(P_1, P_2, P_3, P_4) = \beta(Q_1, Q_2, Q_3, Q_4).$$

Dimostrazione

Per la proposizione 27.4 esiste un'unico isomorfismo $f\colon \mathbf{P} \to \mathbf{P}'$ tale che $f(P_i) = Q_i$, $i = 1, 2, 3$. Siano $P_i = [\mathbf{v}_i]$, $i = 1, \dots, 4$, $Q_i = [\mathbf{w}_i]$. Come nella dimostrazione della proposizione 27.4 possiamo supporre che f sia indotto da un'applicazione lineare $\varphi\colon \mathbf{V} \to \mathbf{V}'$ tale che $\varphi(\mathbf{v}_i) = \mathbf{w}_i$, $i = 1, 2, 3$. Se P_4 ha coordinate omogenee y_0, y_1 nel riferimento definito in $\mathbf{P}$ dai punti P_1, P_2, P_3, allora $f(P_4)$ ha le stesse coordinate omogenee y_0, y_1 nel riferimento definito in $\mathbf{P}'$ dai punti

Q_1, Q_2, Q_3. Quindi si ha

$$\beta(P_1, P_2, P_3, P_4) = y_1/y_0 = \beta(Q_1, Q_2, Q_3, f(P_4)).$$

Ma $f(P_4) = Q_4$ se e solo se Q_4 ha coordinate omogenee y_0, y_1, e questa condizione è equivalente a

$$\beta(Q_1, Q_2, Q_3, Q_4) = y_1/y_0.$$

Il birapporto di quattro punti di una retta proiettiva **P** dipende dall'ordine in cui essi vengono considerati. Se $P_1, P_2, P_3, P_4 \in \mathbf{P}$ sono distinti il birapporto di una loro qualsiasi permutazione è definito, e posto $\beta = \beta(P_1, P_2, P_3, P_4)$, si ha

$$\begin{aligned}
\beta \quad &= \beta(P_1, P_2, P_3, P_4) = \beta(P_2, P_1, P_4, P_3) = \\
&= \beta(P_3, P_4, P_1, P_2) = \beta(P_4, P_3, P_2, P_1) \\
1/\beta \quad &= \beta(P_1, P_2, P_4, P_3) = \beta(P_2, P_1, P_3, P_4) = \\
&= \beta(P_4, P_3, P_1, P_2) = \beta(P_3, P_4, P_2, P_1) \\
1-\beta \quad &= \beta(P_1, P_3, P_2, P_4) = \beta(P_3, P_1, P_4, P_2) = \\
&= \beta(P_2, P_4, P_1, P_3) = \beta(P_4, P_2, P_3, P_1) \\
1/(1-\beta) &= \beta(P_1, P_3, P_4, P_2) = \beta(P_3, P_1, P_2, P_4) = \\
&= \beta(P_4, P_2, P_1, P_3) = \beta(P_2, P_4, P_3, P_1) \\
(\beta-1)/\beta &= \beta(P_1, P_4, P_2, P_3) = \beta(P_4, P_1, P_3, P_2) = \\
&= \beta(P_2, P_3, P_1, P_4) = \beta(P_3, P_2, P_4, P_1) \\
\beta/(\beta-1) &= \beta(P_1, P_4, P_3, P_2) = \beta(P_4, P_1, P_2, P_3) = \\
&= \beta(P_3, P_2, P_1, P_4) = \beta(P_2, P_3, P_4, P_1).
\end{aligned} \tag{27.10}$$

Quindi i 24 birapporti che si possono ottenere a partire da 4 punti distinti si riducono a 6, e sono in generale distinti (cfr. 27.10(3)). Dunque a una quaterna di punti distinti di **P** non è associato un solo valore del birapporto. Si può però ricorrere al seguente lemma.

27.8 LEMMA *Si consideri la funzione razionale*

$$j(\beta) = \frac{(\beta^2 - \beta + 1)^3}{\beta^2(\beta - 1)^2}$$

che è definita per ogni $\beta \in \mathbf{C}\setminus\{0, 1\}$. *Si ha* $j(\beta) = j(\beta')$, $\beta, \beta' \in \mathbf{C}\setminus\{0, 1\}$, *se e solo se* $\beta' \in \{\beta, 1/\beta, 1-\beta, 1/1-\beta, (\beta-1)/\beta, \beta/(\beta-1)\}$.

Dimostrazione
Si calcola facilmente che

$$j(\beta) = j(\beta^{-1}) = j(1-\beta) = j(1/(1-\beta)) = j((\beta-1)/\beta) = j(\beta/(\beta-1)).$$

D'altra parte, per ogni fissato $\beta \in \mathbf{C}\setminus\{0, 1\}$ si ha $j(\beta) = j(\beta')$ se e solo se

$$q(\beta') = 0$$

dove

$$q(X) = (X^2 - X + 1)^3 - j(\beta) X^2 (X-1)^2.$$

Il primo membro è un polinomio monico di sesto grado in X. Poiché le sei costanti

$$\beta,\ 1/\beta,\ 1-\beta,\ 1/1-\beta,\ (\beta-1)/\beta,\ \beta/(\beta-1) \qquad [27.11]$$

sono radici di $q(X)$, se sono distinte esse sono tutte le radici di $q(X)$ e il lemma segue in questo caso. Con un calcolo diretto si verifica subito che le [27.11] non sono distinte nei casi seguenti:

$$\beta = -1,\ 2,\ 1/2,\ -\epsilon,\ -\epsilon^2,$$

dove

$$\epsilon = -\frac{1}{2} + \frac{\sqrt{3}}{2}\mathrm{i}$$

è una radice cubica primitiva di 1. Nei casi $\beta = -1, 2, 1/2$ si ha $j(\beta) = 27/4$ e

$$q(X) = (X+1)^2 (X-2)^2 (X-1/2)^2,$$

mentre per $\beta = -\epsilon,\ -\epsilon^2$ si ha $j(\beta) = 0$ e

$$q(X) = (X^2 - X + 1)^3 = (X+\epsilon)^3 (X+\epsilon^2)^3.$$

In entrambi i casi le radici di $q(X)$ sono solo quelle appartenenti all'insieme dei valori [27.11]: il lemma è dimostrato.

Dal lemma segue che se β è il birapporto di 4 punti distinti di una retta proiettiva $\mathbf{P}$ presi in un certo ordine, allora $j(\beta)$ non dipende dall'ordine in cui i punti sono stati scelti. Di conseguenza, per una quaterna non ordinata di punti distinti $\{P_1, P_2, P_3, P_4\}$ è ben definito $j(\beta(P_1, P_2, P_3, P_4))$, che è detto *modulo della quaterna* $\{P_1, P_2, P_3, P_4\}$ ed è denotato con $j(P_1, P_2, P_3, P_4)$. Si noti che, poiché $\beta(P_1, P_2, P_3, P_4) \in \mathsf{K}$, dall'espressione di $j(\beta)$ e dal fatto che K è un campo segue che anche $j(P_1, P_2, P_3, P_4) \in \mathsf{K}$.

27.9 Teorema *Due quaterne non ordinate di punti distinti* $\{P_1, P_2, P_3, P_4\}$, $\{Q_1, Q_2, Q_3, Q_4\}$ *di una retta proiettiva* $\mathbf{P}$ *sono proiettivamente equivalenti se e solo se*

$$j(P_1, P_2, P_3, P_4) = j(Q_1, Q_2, Q_3, Q_4). \qquad [27.12]$$

Dimostrazione

Se $\{P_1, P_2, P_3, P_4\}$ e $\{Q_1, Q_2, Q_3, Q_4\}$ sono proiettivamente equivalenti allora esiste $f \in PGL(\mathbf{P})$ tale che $\{f(P_1), f(P_2), f(P_3), f(P_4)\} = \{Q_1, Q_2, Q_3, Q_4\}$. Per il teorema 27.7 si ha in tal caso:

$$\beta(P_1, P_2, P_3, P_4) = \beta(f(P_1), f(P_2), f(P_3), f(P_4))$$

e quindi $j(P_1, P_2, P_3, P_4) = j(f(P_1), f(P_2), f(P_3), f(P_4)) = j(Q_1, Q_2, Q_3, Q_4)$. Viceversa, se la [27.12] è verificata, allora, per il lemma 27.8 e per le [27.10], possiamo supporre, dopo aver eventualmente permutato i punti Q_i, che si abbia:

$$\beta(P_1, P_2, P_3, P_4) = \beta(Q_1, Q_2, Q_3, Q_4).$$

Dal teorema 27.7 segue che $\{P_1, P_2, P_3, P_4\}$ e $\{Q_1, Q_2, Q_3, Q_4\}$ sono proiettivamente equivalenti.

Il teorema precedente risolve il problema di classificazione che ci eravamo posti: esso infatti afferma che le classi di equivalenza proiettiva di quaterne di punti distinti di una retta proiettiva sono in corrispondenza biunivoca con l'insieme dei valori assunti dal modulo, cioè sono classificate da tale insieme.

Dalla dimostrazione del lemma 27.8 segue che in una retta proiettiva ci sono al più due classi di equivalenza proiettiva di quaterne di punti tali che tutti i loro possibili birapporti siano meno di 6; esse possono esistere in corrispondenza ai valori $j(P_1, P_2, P_3, P_4) = 27/4$, 0. Il primo di tali valori viene assunto per $\beta = -1, 2, 1/2$, il secondo per $\beta = -\epsilon, -\epsilon^2$. Ovviamente, nel secondo caso una quaterna siffatta non può esistere se $\epsilon \notin \mathsf{K}$, in particolare se $\mathsf{K} = \mathsf{R}$. Una *quaterna* $\{P_1, P_2, P_3, P_4\}$ di punti di $\mathbf{P}$ si dice *armonica* se $j(P_1, P_2, P_3, P_4) = 27/4$, e si dice *equianarmonica* se $j(P_1, P_2, P_3, P_4) = 0$. Per informazioni sulle quaterne armoniche rinviamo il lettore a 27.10(5).

27.10 *Complementi*

1. Abbiamo visto come ad ognuna delle tre geometrie, l'affine, l'euclidea e la proiettiva, siano associati dei gruppi di trasformazioni: il gruppo $\mathrm{Aff}(\mathbf{A})$ per la geometria di uno spazio affine $\mathbf{A}$, il gruppo $\mathrm{Isom}(\mathbf{E})$ per quella di uno spazio euclideo $\mathbf{E}$, e il gruppo $\mathrm{PGL}(\mathbf{P})$ per la geometria di uno spazio proiettivo $\mathbf{P}$. In corrispondenza a questi gruppi abbiamo introdotto delle relazioni di equivalenza tra figure geometriche. Due figure equivalenti possono essere considerate come due diversi rappresentanti di una stessa entità (la classe di equivalenza) nella geometria che si sta studiando e si può quindi affermare che la geometria (affine, euclidea o proiettiva) consiste dello studio delle proprietà delle figure che sono invarianti per equivalenza, cioè di quelle proprietà che una figura ha in comune con tutte quelle ad essa equivalenti. In questo modo il gruppo di trasformazioni dello spazio determina le proprietà geometriche che si vogliono studiare.

Più in generale possiamo considerare un qualunque gruppo $\mathscr{G}$ di trasformazioni dello spazio e associare ad esso una "geometria", che definiremo come l'insieme delle proprietà e delle grandezze calcolate nello spazio che sono invarianti rispetto a tutte le trasformazioni del gruppo.

Ad esempio, se si considera uno spazio euclideo **E**, il gruppo Aff(**E**) ne definisce la geometria affine, mentre Isom(**E**) è il gruppo della geometria euclidea di **E**. Un'altra geometria è quella definita dal gruppo Simil(**E**) delle similitudini. Nel caso in cui **E** è il piano o lo spazio ordinario, la geometria del gruppo Simil(**E**) coincide con la geometria euclidea elementare.

Se $\mathscr{G}_1$ è un sottogruppo di $\mathscr{G}$, ogni proprietà (o quantità) invariante rispetto a $\mathscr{G}$ lo è anche rispetto a $\mathscr{G}_1$. Quindi quella di $\mathscr{G}_1$ è una geometria più "ricca", cioè in cui le figure hanno più proprietà, di quella di $\mathscr{G}$. Si pensi ad esempio a uno spazio euclideo **E**: il gruppo Isom(**E**) è un sottogruppo di Aff(**E**), e ciò corrisponde al fatto che ogni proprietà affine di una figura geometrica di **E** è anche una proprietà euclidea.

La stretta relazione esistente tra gruppi di trasformazioni e geometria fu messa in evidenza per la prima volta da F. Klein nel 1872, in una conferenza tenuta presso l'Università di Erlangen e rimasta famosa con il nome di "Programma di Erlangen". Per una discussione approfondita di quest'argomento si rimanda a [10].

2. Il gruppo $PGL_2(\mathbf{C})$ delle proiettività di $\mathbf{P}^1(\mathbf{C})$ può essere descritto come il gruppo delle "trasformazioni lineari fratte" di $\mathbf{C} \cup \{\infty\}$.

Siano $a, b, c, d \in \mathbf{C}$ tali che $ad - bc \neq 0$. Ponendo

$$f(-d/c) = \infty$$

$$f(\infty) = a/c,$$

e per $z \in \mathbf{C} \setminus \{-d/c\}$:

$$f(z) = \frac{az + b}{cz + d} \qquad [27.14]$$

si definisce un'applicazione biunivoca $f: \mathbf{C} \cup \{\infty\} \to \mathbf{C} \cup \{\infty\}$, chiamata *trasformazione lineare fratta* (TLF) o *trasformazione di Moebius* di parametri a, b, c, d.

La biunivocità di f discende dal fatto che essa possiede l'inversa, data da

$$f^{-1}(z) = \frac{-dz - b}{cz + a}$$

che è ancora una TLF.

La composizione della [27.13] con un'altra TLF,

$$g(z) = \frac{\alpha z + \beta}{\gamma z + \delta},$$

è ancora una TLF, perché si ha

$$(g \circ f)(z) = \frac{(\alpha a + \beta c) z + (\alpha b + \beta d)}{(\gamma a + \delta c) z + \gamma b + \delta d}$$

e

$$(\alpha a+\beta c)(\gamma b+\delta d)-(\alpha b+\beta d)(\gamma a+\delta c)=(\alpha\delta-\beta\gamma)(ad-bc)\neq 0.$$

L'identità di $\mathbf{C}\cup\{\infty\}$ è una TLF, ottenuta in corrispondenza a $a=d=1$, $b=c=0$.

Segue che le TLF costituiscono un gruppo di trasformazioni di $\mathbf{C}\cup\{\infty\}$.

Si noti che questo gruppo non è abeliano. Infatti, considerando ad esempio $f(z)=1/z$, $h(z)=z+1$, si ha

$$f(h(z))=\frac{1}{z+1}\neq\frac{1}{z}+1=h(f(z)).$$

Identificando $\mathbf{C}\cup\{\infty\}$ con $\mathbf{P}^1=\mathbf{P}^1(\mathbf{C})$, una TLF può considerarsi come una trasformazione di $\mathbf{P}^1$ in sé stesso. In coordinate omogenee la TLF [27.13] si esprime nel modo seguente:

$$f([x_0,x_1])=[cx_1+dx_0,\ ax_1+bx_0]$$

e quindi è la proiettività definita dalla matrice

$$\begin{pmatrix} d & c\\ b & a\end{pmatrix}.$$

Pertanto *il gruppo delle* TLF *coincide con il gruppo* $\mathrm{PGL}_2(\mathbf{C})$ *delle proiettività di* $\mathbf{P}^1$.

Poiché numeratore e denominatore della [27.13] possono essere moltiplicati per un comune fattore di proporzionalità senza modificare la trasformazione f, ogni TLF *può essere scritta nella forma [27.13] con*

$$ad-bc=1. \qquad [27.14]$$

Diremo *f normalizzata* se a, b, c, d soddisfano la condizione [27.14]. Osserviamo che la [27.14] individua a, b, c, d a meno di moltiplicazione per -1.

Le TLF si classificano per mezzo dei loro *punti fissi*, o *poli*, cioè dei punti z tali che $f(z)=z$. Dall'espressione della [27.13] segue che ∞ è un polo se e solo se $c=0$. Gli altri eventuali poli si ottengono esplicitando la condizione $f(z)=z$, e quindi sono gli $z\in\mathbf{C}$ che soddisfano l'identità

$$cz^2+(d-a)z-b=0. \qquad [27.15]$$

Dunque *una* TLF *diversa dall'identità ha almeno uno e al più due poli*. Se ha un solo polo, f si dice *parabolica*.

Quando $c=0$, cioè quando uno dei poli è ∞, la [27.13] si riduce alla forma (in questo caso si può supporre $d=1$)

$$f(z)=az+b, \qquad [27.16]$$

cioè è un'*affinità* di C. Le affinità costituiscono un sottogruppo $\mathrm{Aff}_1(\mathbf{C})$ di $PGL_2(\mathbf{C})$ che si identifica al gruppo $\mathrm{Simil}^+(\mathbf{E}^2)$ (cfr. 20.10(2)).

Dalla [27.15] discende che la [27.16] non ha altri poli oltre ∞, cioè è parabolica, se e solo se $a = 1$, cioè se è una traslazione. In caso contrario la [27.16] ha il polo $b/(1-a)$. Otteniamo quindi che *ogni similitudine diretta di* $\mathbf{E}^2$ diversa da una traslazione ha un punto fisso.

Si osservi che ogni similitudine di $\mathbf{E}^2$ trasforma rette in rette, perché è una particolare affinità. È anche facile vedere che una similitudine trasforma circonferenza in circonferenze. Infatti ciò è vero per le isometrie e per le omotetie, e quindi anche per le similitudini che, per definizione, sono composte di isometrie e omotetie.

Viceversa non è difficile dimostrare che un'affinità di $\mathbf{E}^2$ che trasforma rette in rette e circonferenze in circonferenze è una similitudine (per maggiori dettagli cfr. [5]).

Per descrivere la geometria definita in $\mathbf{C} \cup \{\infty\}$ dal gruppo di tutte le TLF sarà opportuno considerare circonferenze e rette di $\mathbf{E}^2$ simultaneamente: un sottoinsieme di $\mathbf{E}^2$ sarà detto *cerchio di Moebius* se è una retta oppure una circonferenza. Un cerchio di Moebius ha equazione della forma

$$E(x^2 + y^2) + Ax + By + C = 0 \qquad [27.17]$$

con $A, B, C, E \in \mathbf{R}$ tali che

$$A^2 + B^2 - 4EC > 0.$$

La [27.17] rappresenta una retta oppure una circonferenza se $E = 0$ oppure $E \neq 0$ rispettivamente. Ponendo $z = x + iy$ e utilizzando le identità

$$z\bar{z} = x^2 + y^2, \quad x = \frac{z + \bar{z}}{2}, \quad y = \frac{z - \bar{z}}{2},$$

la [27.17] può essere riscritta nella forma equivalente:

$$Ez\bar{z} + A(z + \bar{z})/2 + B(z - \bar{z})/2 + C = 0. \qquad [27.18]$$

La TLF

$$f(z) = 1/z$$

è chiamata *inversione*. Si ha $f(\infty) = 0$, $f(0) = \infty$ e $f = f^{-1}$. Sostituendo $1/z$ al posto di z nella [27.18] e razionalizzando otteniamo

$$Cz\bar{z} + A(z + \bar{z})/2 - B(z - \bar{z})/2 + E = 0.$$

Questa è l'equazione dell'immagine del cerchio di Moebius [27.18] tramite f, e rappresenta una circonferenza eccetto quando $C = 0$, nel qual caso è una retta: ciò avviene precisamente se la [27.18] è un cerchio di Moebius passante per l'origine. Vediamo quindi che l'*inversione trasforma cerchi di Moebius in cerchi di Moebius.*

Passiamo ora a considerare una TLF [27.13] qualsiasi. Essa può anche essere espressa nella forma

$$f(z) = \frac{a}{c} + \frac{bc - ad}{c(cz + d)} .$$

Ponendo

$$z_1 = cz + d$$

$$z_2 = 1/z_1$$

$$z_3 = \frac{a}{c} + \frac{bc - ad}{c} z_2$$

abbiamo

$$f(z) = z_3(z_2(z_1(z)))$$

cioè $f(z)$ è la composizione di un'affinità con l'inversione seguita da un'altra affinità. Poiché l'inversione e le affinità trasformano cerchi di Moebius in cerchi di Moebius, deduciamo che *ogni* TLF *trasforma cerchi di Moebius in cerchi di Moebius.*

$PGL_2(\mathbb{C})$ possiede diversi sottogruppi notevoli dal punto di vista geometrico, che hanno la proprietà di trasformare in sé regioni particolari del piano.

Ad esempio il sottogruppo $PGL_2(\mathbb{R})$ di $PGL_2(\mathbb{C})$, che consiste delle TLF [27.13] in cui $a, b, c, d \in \mathbb{R}$, trasforma $\mathbb{R} \cup \{\infty\}$ in sé stesso, perché è il gruppo delle proiettività di $\mathbf{P}^1(\mathbb{R})$. Consideriamo il sottogruppo $PGL_2^+(\mathbb{R})$, costituito dalle $f \in PGL_2(\mathbb{R})$ tali che $ad - bc > 0$. Moltiplicando numeratore e denominatore per $(ad - bc)^{-1/2}$, si può normalizzare $f(z)$ in modo che si abbia $ad - bc = 1$. Si calcola facilmente che si ha (denotando con $\mathrm{Im}(u)$ la parte immaginaria di un numero complesso u):

$$\mathrm{Im}(f(z)) = \mathrm{Im}(z)$$

e quindi il gruppo $PGL_2(\mathbb{R})$ trasforma in sé il semipiano

$$\boldsymbol{h} = \{z \in \mathbb{C}: \mathrm{Im}(z) > 0\},$$

e ne costituisce un gruppo di trasformazioni. La geometria definita in $\boldsymbol{h}$ da $PGL_2(\mathbb{R})$ è un modello di "geometria non euclidea" nota come *geometria iperbolica.*

Identificando $\mathbb{C} \cup \{\infty\}$ con la sfera di Riemann per mezzo della proiezione stereografica, le TLF si identificano con trasformazioni di $\mathbf{S}^2$, che in alcuni casi sono rotazioni. Si dimostra che una TLF corrisponde a un elemento $R \in SO(3)$ se e solo se è della forma normalizzata

$$f(z) = \frac{uz + v}{-\bar{v}z + u} \qquad [27.19]$$

con $u\bar{u}+v\bar{v}=1$, e che ogni elemento di SO(3) proviene da una TLF di questa forma.

Pertanto SO(3) è isomorfo al sottogruppo di $PGL_2(\mathbb{C})$ costituito dalle TLF [27.19]. La geometria della sfera $\mathbf{S}^2$ definita dal gruppo SO(3) coincide quindi con la geometria di $\mathbb{C}\cup\{\infty\}$ definita dal gruppo delle [27.19]. Essa costituisce un modello di geometria non euclidea chiamata *geometria ellittica*. I due numeri complessi u, v che appaiono nella [27.19] si dicono *parametri di Cayley-Klein* della rotazione R; essi sono individuati da R solo a meno di moltiplicazione per -1.

Per ulteriori dettagli sulla geometria del gruppo $PGL_2(\mathbb{C})$ e dei suoi sottogruppi rinviamo il lettore a [4], [5], [6], [7], [12], [13], [14].

3. Sia assegnata un'affinità di $\mathbf{A}^n(\mathbb{K})$:

$$T_{B,\mathbf{c}}: \mathbf{A}^n \to \mathbf{A}^n \qquad T_{B,\mathbf{c}}(\mathbf{x}) = \mathbf{c} + B\mathbf{x},$$

dove $\mathbf{c} = {}^t(c_1 \dots c_n) \in \mathbb{K}^n$, $B = (b_{jk}) \in GL_n(\mathbb{K})$.

Consideriamo l'applicazione di passaggio a coordinate omogenee:

$$j_0: \mathbf{A}^n \to \mathbf{P}^n \setminus H_0.$$

Poniamo $\mathbf{x}' = {}^t(1 \; x_1 \; \dots \; x_n)$, $\mathbf{y}' = {}^t(1 \; y_1 \; \dots \; y_n)$, e sia

$$A = \begin{pmatrix} 1 & 0 & \dots & 0 \\ c_1 & b_{11} & \dots & b_{1n} \\ \vdots & \vdots & & \vdots \\ \vdots & \vdots & & \vdots \\ c_n & b_{n1} & \dots & b_{nn} \end{pmatrix} \in GL_{n+1}(\mathbb{K}).$$

Si ha

$$\mathbf{y}' = A\mathbf{x}'.$$

La proiettività $f: \mathbf{P}^n \to \mathbf{P}^n$ definita dalla matrice A trasforma in sé stessi H_0 e $\mathbf{P}^n \setminus H_0$. Ciò segue subito dalla forma di A.

È anche immediato verificare che l'affinità $T_{B,\mathbf{c}}$ coincide con la restrizione di f ad $\mathbf{A}^n$, cioè con $j_0^{-1} \circ f \circ j_0$.

Vediamo quindi che il gruppo $\text{Aff}_n(\mathbb{K})$ può considerarsi come un sottogruppo di $PGL_{n+1}(\mathbb{K})$, precisamente quello rappresentato dalle matrici A della forma detta sopra.

4. Se $f \in PGL(\mathbf{P}(\mathbf{V}))$ è una proiettività, indotta da $\varphi \in GL(\mathbf{V})$, i punti fissi di f, cioè i punti $P \in \mathbf{P}$ tali che $f(P) = P$, sono tutti e soli quelli della forma $P = [\mathbf{v}]$, dove $\mathbf{v} \in \mathbf{V}$ è un autovettore di φ. L'esistenza di autovettori di φ è quindi equivalente all'esistenza di punti fissi di f. Deduciamo che *se* **P** *è uno spazio proiettivo complesso, ogni proiettività di* **P** *possiede almeno un punto fisso*. Similmente, *se* **P** *è uno spazio proiettivo reale di dimensione pari, ogni proiettività di* **P** *possiede almeno un punto fisso*. Quest'ultima affermazione segue dal fatto che un opera-

tore di uno spazio vettoriale reale di dimensione dispari possiede almeno un autovettore (cfr. 13.15(1)).

Una proiettività di uno spazio proiettivo reale di dimensione dispari può non avere punti fissi. Un esempio è dato dalla seguente proiettività f: $\mathbf{P}^1(\mathsf{R}) \to \mathbf{P}^1(\mathsf{R})$:

$$f([x_0, x_1]) = [-x_1, x_0].$$

5. Siano P_1, P_2, P_3, P_4 punti distinti di una retta proiettiva $\mathbf{P}$. La quaterna ordinata (P_1, P_2, P_3, P_4) è detta *armonica* se

$$\beta(P_1, P_2, P_3, P_4) = -1.$$

In tal caso i punti P_3, P_4 si dicono *coniugati armonici* rispetto a P_1, P_2. Dalle [27.10] segue che anche P_1, P_2 sono coniugati armonici rispetto a P_3, P_4.

Se i punti di una quaterna armonica vengono permutati in tutti i modi possibili, i valori assunti dal birapporto sono solo tre, e precisamente -1, $1/2$, 2. Ciò segue subito dalle espressioni [27.10] di tali birapporti. Si ha inoltre in tal caso

$$j(P_1, P_2, P_3, P_4) = 27/4.$$

Se P_2 è il baricentro dei punti P_1 e P_3 nella retta affine $\mathbf{P}\setminus\{P_4\}$ (il punto medio del segmento P_1P_3 se $\mathsf{K} = \mathsf{R}$), è possibile scegliere il riferimento in modo che $P_1 = P_1[1, 0]$, $P_4 = P_4[0, 1]$, $P_3 = P_3[1, 1]$, $P_2 = P_2[2, 1]$, e quindi

$$\beta(P_1, P_4, P_3, P_2) = 1/2,$$

da cui si deduce che

$$\beta(P_1, P_2, P_3, P_4) = -1$$

e quindi P_1, P_2, P_3, P_4 è una quaterna armonica.

Un altro modo di costruire quaterne armoniche è il seguente. Sia $\mathbf{P}$ un piano proiettivo, e siano O_1, O_2, O_3, O_4 punti a tre a tre non allineati.

Siano $P_1 = L(O_1, O_2) \cap L(O_3, O_4)$, $P_2 = L(O_1, O_4) \cap L(O_2, O_3)$ e sia $\mathfrak{r} = L(P_1, P_2)$. Consideriamo i punti di $\mathfrak{r}$

$$P_3 = \mathfrak{r} \cap L(O_2, O_4), \qquad P_4 = \mathfrak{r} \cap L(O_1, O_3).$$

Allora P_1, P_2, P_3, P_4 è una quaterna armonica su $\mathfrak{r}$ (fig. 27.1).

Per dimostrarlo fissiamo in $\mathbf{P}$ coordinate omogenee in modo che O_1, O_2, O_3 siano i punti fondamentali e O_4 il punto unità. Si calcola subito che $P_1 = P_1[1, 1, 0]$, $P_2 = P_2[0, 1, 1]$, $P_3 = P_3[1, 2, 1]$, $P_4 = P_4[1, 0, -1]$. Poiché si ha

$$(1, 2, 1) = (1, 1, 0) + (0, 1, 1)$$

$$(1, 0, -1) = (1, 1, 0) - (0, 1, 1),$$

otteniamo

$$\beta(P_1, P_2, P_3, P_4) = -1.$$

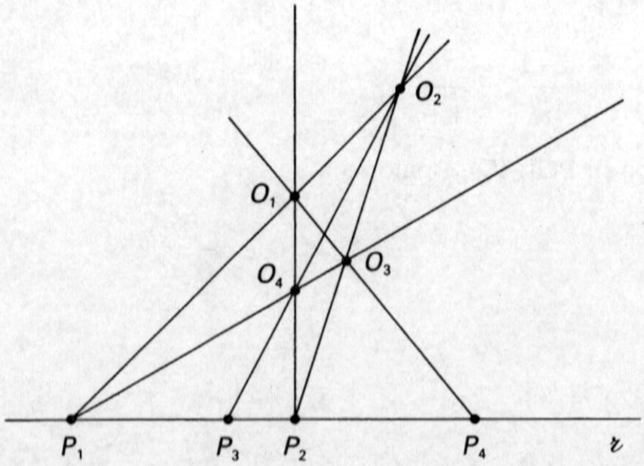

Figura 27.1

La configurazione di rette che abbiamo appena descritto è detta *quadrilatero completo*.

Esercizi

1. Determinare la formula $\mathbf{y} = A\mathbf{x}$ del cambiamento di coordinate dal riferimento standard di $\mathbf{P}^2(\mathbb{R})$ al riferimento individuato dai punti P_0, P_1, P_2, M in ciascuno dei casi seguenti:

a) $P_0 = [1, 1, -1]$, $P_1 = [2, 1, 0]$, $P_2 = [0, 1, 1]$, $M = [1, 1, 0]$

b) $P_0 = [1, -1, 0]$, $P_1 = [0, 1, 1]$, $P_2 = [2, 0, 1]$, $M = [1, 2, 2]$

c) $P_0 = [1, 1, 1]$, $P_1 = [1, 0, 1]$, $P_2 = \left[1, \frac{1}{2}, 0\right]$, $M = [4, 2, 2]$.

2. Determinare la proiettività f di $\mathbf{P}^1(\mathbb{R})$ che soddisfa le condizioni seguenti:

$f([1, 1]) = [1, -1], \quad f([2, 0]) = [1, 1], \quad f([1, -1]) = [2, 1].$

3. Determinare la proiettività f di $\mathbf{P}^2(\mathbb{R})$ che soddisfa le condizioni seguenti:

$f(\mathscr{r}) = \mathscr{r}', \quad f(\mathscr{s}) = \mathscr{s}', \quad f([1, 2, 1] = [1, 1, 1]$, dove:

$\mathscr{r}$: $X_0 - X_1 = 0$, $\quad \mathscr{r}'$: $X_0 + X_1 = 0$, $\quad \mathscr{s}$: $X_0 + X_1 + X_2 = 0$, $\quad \mathscr{s}'$: $X_1 + X_2 = 0$.

4. Determinare i punti fissi delle seguenti proiettività di $\mathbf{P}^2(\mathbb{R})$:

a) $f([x_0, x_1, x_2]) = [-x_0 + 15x_1 + 6x_2, -2x_0 + 8x_1 + 2x_2, 4x_0 - 18x_1 - 5x_2])$

b) $f([x_0, x_1, x_2]) = [x_0 - x_1, x_0 + 3x_1, 2x_2]$.

5. Dimostrare la seguente identità:

$\beta(P_1, P_2, U, V)\, \beta(P_2, P_3, U, V)\, \beta(P_3, P_1, U, V) = 1$

dove P_1, P_2, P_3, U, V sono punti distinti di una retta proiettiva $\mathbf{P}$.

6. Dimostrare che le seguenti TLF:

$$z, \quad \frac{1}{z}, \quad 1-z, \quad \frac{1}{1-z}, \quad \frac{z-1}{z}, \quad \frac{z}{z-1}$$

costituiscono un sottogruppo di $PGL_2(\mathbf{C})$, isomorfo a σ_3.

Capitolo 4
Curve algebriche piane

28 Generalità

Uno dei concetti primitivi della nostra intuizione spaziale è quello di linea, o curva, piana. Già i geometri dell'antica Grecia consideravano curve piane particolari, ottenute come "luoghi geometrici": ad esempio la circonferenza come luogo dei punti equidistanti dal centro. Per questa via furono studiate diverse curve, in modo spesso ingegnoso.

La nozione stessa di curva ha subìto un'evoluzione. Inizialmente, ad esempio nella scuola pitagorica (sec. VI a.C.), una curva era definita in modo empirico come aggregato di piccoli corpuscoli. Successivamente, con Platone e Aristotele, tale definizione lasciò il posto ad altre, ad esempio a quella di luogo descritto da un punto che si muove in un piano.

Ancora nel secolo XVIII veniva chiamata "curva piana" qualsiasi linea che si potesse tracciare con un tratto di penna.

Tali definizioni sono prive di significato per la matematica di oggi; d'altra parte, alla definizione rigorosa si è giunti solo attraverso approssimazioni successive, di cui le precedenti sono esempi. Questa evoluzione è avvenuta di pari passo all'accrescersi delle nostre conoscenze sulle curve.

Per uno studio il più generale possibile occorrerebbe considerare curve definite in un piano euclideo, o in un piano affine o proiettivo sul campo K. Tuttavia, per semplicità, considereremo solo i piani numerici $\mathbf{A}^2(\mathsf{K})$, $\mathbf{E}^2$, $\mathbf{P}^2(\mathsf{K})$, ai quali d'altra parte è sempre possibile ricondursi mediante la scelta di un sistema di coordinate; l'estensione al caso generale è trattata nei complementi (cfr. 28.4(1)).

La definizione intuitiva di "luogo generato da un punto mobile" corrisponde a quella di curva definita in $\mathbf{A}^2(\mathsf{K})$ da *equazioni parametriche*, come luogo dei punti $P(x, y)$ di coordinate

$$x = \alpha(t), \quad y = \beta(t),$$

dove $\alpha(t)$ e $\beta(t)$ sono opportune funzioni non entrambe costanti di un parametro t variabile in K, o in un suo sottoinsieme. Si pensi ad esempio alle equazioni parametriche di una retta.

Un altro punto di vista è quello di definire una curva mediante un'equazione cartesiana. Il caso più importante è costituito dalle curve algebriche, che sono ottenute uguagliando a zero un polinomio e comprendono come casi particolari le rette. Il loro studio corrisponde a quello delle soluzioni di un'equazione polinomiale in due o tre variabili. È soprattutto su questo secondo punto di vista che ci concentreremo in questo capitolo.

Due polinomi non costanti $f(X, Y)$, $g(X, Y) \in \mathsf{K}[X, Y]$ si diranno *proporzionali* se esiste $\alpha \in \mathsf{K}^*$ tale che $g = \alpha f$. È evidente che la proporzionalità è una relazione di equivalenza in $\mathsf{K}[X, Y]$.

28.1 DEFINIZIONE *Una* curva algebrica di $\mathbf{A}^2(\mathsf{K})$ *è una classe di proporzionalità di polinomi non costanti di* $\mathsf{K}[X, Y]$. *Se* $f(X, Y)$ *è un rappresentante della curva, l'equazione*

$$f(X, Y) = 0 \tag{28.1}$$

si dice equazione della curva, *oppure* equazione che definisce la curva. *Il sottoinsieme* $\mathscr{C} \subset \mathbf{A}^2(\mathsf{K})$ *costituito dai punti le cui coordinate soddisfano l'equazione* [28.1] *è il* supporto *della curva. Il grado di* $f(X, Y)$ *si dice* grado *della curva. Le curve algebriche di* $\mathbf{A}^2(\mathsf{K})$ *di grado* 1, 2, 3, 4, ... *si chiamano* rette, coniche, cubiche, quartiche ecc.

Se $\mathsf{K} = \mathsf{R}$ *e si considera* $\mathbf{E}^2$ *al posto di* $\mathbf{A}^2(\mathsf{R})$ *si ottiene la definizione di* curva algebrica di $\mathbf{E}^2$.

Per semplicità spesso si denoterà la curva algebrica di equazione [28.1] ed avente supporto $\mathscr{C}$ semplicemente con la lettera $\mathscr{C}$, sottintendendo che un'equazione della curva sia stata assegnata. Parleremo quindi di $\mathscr{C}$ come della curva di $\mathbf{A}^2(\mathsf{K})$ (o di $\mathbf{E}^2$) definita dal polinomio $f(X, Y)$, o dall'equazione [28.1]. Denoteremo con $\mathrm{gr}(\mathscr{C})$ il grado di $\mathscr{C}$.

La definizione di curva algebrica di $\mathbf{P}^2(\mathsf{K})$ si dà in modo simile, ma richiede un commento preliminare. Consideriamo il piano proiettivo $\mathbf{P}^2(\mathsf{K})$. Se $f(X_0, X_1, X_2)$ è un polinomio a coefficienti in K, non ha senso dire che le coordinate omogenee di un punto soddisfano l'equazione

$$f(X_0, X_1, X_2) = 0,$$

perché in generale, assegnati $x_0, x_1, x_2 \in \mathsf{K}$ non tutti e tre nulli, e $\lambda \neq 0$ in K, può accadere che si abbia $f(x_0, x_1, x_2) = 0$ e $f(\lambda x_0, \lambda x_1, \lambda x_2) \neq 0$. Se ad esempio $f(X_0, X_1, X_2) = X_0 + 1$, si ha $f(-1, 0, 0) = 0$ e $f(1, 0, 0) = 2$.

Ciò non si verifica se il polinomio che si considera è omogeneo. Infatti, se $F(X_0, X_1, X_2) \in \mathsf{K}[X_0, X_1, X_2]$ è omogeneo di grado n, allora, per ogni x_0, x_1,

$x_2 \in K$, $\lambda \in K^*$, si ha

$$F(\lambda x_0, \lambda x_1, \lambda x_2) = \lambda^n F(x_0, x_1, x_2)$$

(cfr. A.12(1)) da cui si vede che il primo membro si annulla se e solo se si annulla il secondo. Ha dunque senso dire che le coordinate omogenee di un punto $P \in \mathbf{P}^2(K)$ annullano il polinomio omogeneo $F(X_0, X_1, X_2)$. Per questo motivo nel definire curve piane proiettive utilizzeremo solo polinomi omogenei.

Due polinomi omogenei non costanti $F(X_0, X_1, X_2)$, $G(X_0, X_1, X_2) \in K[X_0, X_1, X_2]$ si dicono *proporzionali* se esiste $\alpha \in K^*$ tale che $G = \alpha F$.

28.2 Definizione *Una* curva algebrica di $\mathbf{P}^2(K)$ *è una classe di proporzionalità di polinomi omogenei di* $K[X_0, X_1, X_2]$. *Se $F(X_0, X_1, X_2)$ è un rappresentante della curva, l'equazione*

$$F(X_0, X_1, X_2) = 0 \qquad [28.2]$$

si dice equazione della curva, *ovvero* equazione che definisce la curva. *Il sottoinsieme $\mathscr{C} \subset \mathbf{P}^2(K)$ costituito dai punti le cui coordinate soddisfano la* [28.2] *è il* supporto *della curva. Il grado di F si dice* grado *della curva.*

Come nel caso affine, una curva algebrica di $\mathbf{P}^2(K)$ è individuata da una sua equazione; spesso denoteremo semplicemente con $\mathscr{C}$ la curva individuata dalla [28.2] e avente supporto uguale a $\mathscr{C}$, sottintendendo che una sua equazione sia stata assegnata; il grado di $\mathscr{C}$ si denoterà con $\mathrm{gr}(\mathscr{C})$.

Una curva algebrica definita in $\mathbf{A}^2(K)$ (rispettivamente, in $\mathbf{E}^2$; in $\mathbf{P}^2(K)$) è detta *affine* (*euclidea*; *proiettiva*).

Le definizioni 28.1 e 28.2, associando strettamente una curva alla sua equazione, permettono di mantenere un legame tra l'algebra e la geometria, che si perderebbe se si definisse una curva semplicemente come un sottoinsieme di $\mathbf{A}^2(K)$, $\mathbf{E}^2$ o $\mathbf{P}^2(K)$, identificandola con il suo supporto.

Consideriamo ad esempio una retta affine $\mathscr{r}$ di equazione

$$AX + BY + C = 0. \qquad [28.3]$$

La $\mathscr{r}$ ha lo stesso supporto della curva piana definita dall'equazione

$$(AX + BY + C)^n = 0 \qquad [28.4]$$

per un qualsiasi $n \geq 2$, perché la [28.3] e la [28.4] hanno le stesse soluzioni. Ma la [28.3] e la [28.4] definiscono due diverse curve, di gradi 1 e n rispettivamente.

Consideriamo un altro esempio. Per ogni numero reale $c > 0$, l'equazione

$$X^2 + Y^2 + c = 0 \qquad [28.5]$$

non ha soluzioni reali, e quindi definisce in $\mathbf{A}^2(R)$ una curva che ha per supporto l'insieme vuoto. Due diversi valori di $c > 0$ definiscono due curve aventi lo stesso supporto ∅, e tuttavia diverse perché i corrispondenti polinomi non sono proporzionali. In questo esempio la curva ha un contenuto esclusivamente algebrico, in quanto il suo supporto è vuoto.

L'equazione

$$X^2 + Y^2 = 0, \qquad [28.6]$$

definisce invece una curva di $\mathbf{A}^2(\mathsf{R})$ il cui supporto è ridotto al solo punto $\{(0, 0)\}$. Questo esempio, come il precedente, è molto lontano dal concetto intuitivo di curva da cui eravamo partiti.

Il fenomeno che si presenta con gli esempi [28.5] e [28.6] dipende dalle proprietà algebriche di R, e precisamente dal fatto che R non è algebricamente chiuso. Il problema non si presenterebbe se invece di $\mathbf{A}^2(\mathsf{R})$ si stesse considerando $\mathbf{A}^2(\mathsf{C})$: le equazioni [28.5] e [28.6] possiedono infinite soluzioni in $\mathbf{A}^2(\mathsf{C})$, proprio perché C è algebricamente chiuso. Più in generale, lo studio delle curve algebriche in un piano affine $\mathbf{A}^2(\mathsf{K})$ è più naturale e facile nel caso in cui K è algebricamente chiuso perché situazioni particolari come quelle illustrate dagli esempi [28.5] e [28.6] non si presentano. Faremo pertanto questa ipotesi nell'affrontare lo studio di proprietà generali delle curve algebriche piane. Faremo poi vedere come sia possibile analizzare le proprietà delle curve di $\mathbf{A}^2(\mathsf{R})$ e $\mathbf{E}^2$ considerandone i "punti complessi" (cfr. § 29). Studieremo inoltre la teoria classica delle coniche reali sia dal punto di vista affine che da quello euclideo.

Nell'insieme delle curve algebriche affini (euclidee; proiettive) si introduce la nozione di equivalenza affine (di congruenza; di equivalenza proiettiva). Poiché una curva non si riduce al suo supporto, cioè non è un sottoinsieme del piano, ma è definita da un'equazione, l'equivalenza va definita in relazione alle equazioni delle curve. Vediamo in che modo, cominciando dal caso affine.

Consideriamo un'affinità $T\colon \mathbf{A}^2(\mathsf{K}) \to \mathbf{A}^2(\mathsf{K})$ definita da

$$T(x, y) = (a_{11}x + a_{12}y + c_1,\ a_{21}x + a_{22}y + c_2),$$

e sia $\mathscr{C}$ la curva di $\mathbf{A}^2(\mathsf{K})$ di equazione [28.1].

La curva $\mathscr{D}$ di equazione

$$g(X, Y) = 0$$

dove

$$g(X, Y) = f(a_{11}X + a_{12}Y + c_1,\ a_{21}X + a_{22}Y + c_2) \qquad [28.7]$$

è detta *trasformata di* $\mathscr{C}$ *tramite* T^{-1}, e si denota con

$$\mathscr{D} = T^{-1}(\mathscr{C}). \qquad [28.8]$$

Se l'affinità inversa di T è

$$T^{-1}(x, y) = (b_{11}x + b_{12}y + d_1,\ b_{21}x + b_{22}y + d_2)$$

allora si ha

$$g(b_{11}X + b_{12}Y + d_1,\ b_{21}X + b_{22}Y + d_2) = f(X,\ Y) \tag{28.9}$$

e quindi

$$\mathscr{C} = T(\mathscr{D}), \tag{28.10}$$

cioè $\mathscr{C}$ è la trasformata di $\mathscr{D}$ tramite T.

Dall'identità [28.7] si deduce immediatamente che, se $P(x, y) \in \mathscr{D}$, cioè se (x, y) è soluzione della [28.7], allora $T(P) \in \mathscr{C}$. Viceversa, dalla [28.9] segue che per ogni $Q \in \mathscr{C}$ si ha $T^{-1}(Q) \in \mathscr{D}$. Quindi le relazioni [28.8] e [28.10] sono verificate dai supporti di $\mathscr{C}$ e di $\mathscr{D}$, e in particolare i supporti di $\mathscr{C}$ e di $\mathscr{D}$ sono affinemente equivalenti.

Consideriamo una proiettività T: $\mathbf{P}^2(\mathsf{K}) \to \mathbf{P}^2(\mathsf{K})$ definita da

$$T([x_0,\ x_1,\ x_2]) = [a_{00}x_0 + a_{01}x_1 + a_{02}x_2,\ a_{10}x_0 + a_{11}x_1 + a_{12}x_2,\ a_{20}x_0 + a_{21}x_1 + a_{22}x_2],$$

e sia $\mathscr{C}$ la curva di $\mathbf{P}^2(\mathsf{K})$ di equazione [28.2]. La curva $\mathscr{D}$ di equazione

$$F(a_{00}X_0 + a_{01}X_1 + a_{02}X_2,\ a_{10}X_0 + a_{11}X_1 + a_{12}X_2,\ a_{20}X_0 + a_{21}X_1 + a_{22}X_2) = 0$$

si dice *trasformata di* $\mathscr{C}$ *tramite* T^{-1}. Scriveremo

$$\mathscr{D} = T^{-1}(\mathscr{C}).$$

Come nel caso affine, si verifica che

$$\mathscr{C} = T(\mathscr{D})$$

e le stesse relazioni sono soddisfatte dai supporti di $\mathscr{C}$ e di $\mathscr{D}$.

28.3 DEFINIZIONE *Sia* $\mathscr{C}$ *una curva di* $\mathbf{A}^2(\mathsf{K})$ (*di* $\mathbf{E}^2$; *di* $\mathbf{P}^2(\mathsf{K})$). *Una curva* $\mathscr{D}$ *si dice* affinemente equivalente (congruente; proiettivamente equivalente) a $\mathscr{C}$ *se esiste un'affinità* (*un'isometria; una proiettività*) T *tale che* $\mathscr{C} = T(\mathscr{D})$.

Nell'insieme di tutte le curve affini (euclidee; proiettive) quella che abbiamo introdotto è effettivamente una relazione di equivalenza. La verifica si fa nel modo usuale, ed è lasciata al lettore.

Dalle osservazioni che precedono la definizione si deduce che i supporti di due curve affinemente equivalenti (congruenti; proiettivamente equivalenti) sono essi stessi affinemente equivalenti (congruenti; proiettivamente equivalenti).

Nello studio delle curve algebriche piane affini (euclidee; proiettive) è naturale considerare le proprietà che una curva ha in comune con tutte quelle ad essa affinemente equivalenti (congruenti; proiettivamente equivalenti). Esse vengono denominate *proprietà affini* (*euclidee*; *proiettive*).

Ad esempio il grado di una curva è una proprietà affine (euclidea; proiettiva) cioè due curve affini (euclidee, proiettive) equivalenti hanno lo stesso grado.

Supponiamo assegnata una curva $\mathscr{C}$ di $\mathbf{A}^2(\mathsf{K})$ avente equazione [28.1]. Per denotare l'operazione di passaggio da $\mathscr{C}$ a una curva $\mathscr{D}$ affinemente equivalente a $\mathscr{C}$ è spesso conveniente considerare il cambiamento di variabili:

$$\begin{aligned} X &= a_{11} Y' + a_{12} Y' + c_1 \\ Y &= a_{21} X' + a_{22} X' + c_2 \end{aligned} \qquad [28.11]$$

corrispondente all'affinità T considerata, in cui X' e Y' sono nuove indeterminate, ed effettuare la sostituzione [28.11] nel polinomio f. Si otterrà il polinomio

$$g(X', Y') = f(a_{11}X' + a_{12}Y' + c_1, a_{21}X' + a_{22}Y' + c_2)$$

e l'equazione

$$g(X', Y') = 0$$

è un'equazione di $\mathscr{D} = T^{-1}(\mathscr{C})$ nelle nuove indeterminate X', Y'.

Ponendo $A = (a_{ij})$, $\mathbf{c} = {}^t(c_1\ c_2)$, $\mathbf{X}' = {}^t(X'\ Y')$ scriveremo anche

$$g(\mathbf{X}') = f(A\mathbf{X}' + \mathbf{c}).$$

Considerazioni simili possono essere fatte nel caso proiettivo.

Uno dei problemi più importanti che si pongono nello studio delle curve algebriche è quello della classificazione, in breve il problema di catalogare la totalità delle curve in un modo conveniente che tenga conto delle loro proprietà geometriche.

A tal fine è utile la nozione di equivalenza di due curve rispetto alle trasformazioni del piano in cui sono definite, introdotta nella definizione 28.3. Infatti è naturale cercare di classificare le curve a meno di equivalenza, individuando le classi di equivalenza mediante loro particolari rappresentanti. Ciò conduce alla ricerca di una lista di cosiddette *forme canoniche* delle curve di dato grado, cioè una lista di curve particolari, che abbiano equazione abbastanza semplice, nelle quali ogni altra curva possa essere trasformata per mezzo di affinità, o isometrie o proiettività.

Ad esempio, esiste una sola classe di equivalenza affine di rette, perché ogni retta di $\mathbf{A}^2(\mathsf{K})$ può essere trasformata in ogni altra. In questo caso il problema della classificazione è banale: ogni retta è equivalente, ad esempio, alla retta di equazione $X = 0$. Lo stesso è ovviamente vero nel caso euclideo e in quello proiettivo.

Le coniche si possono classificare in modo completo, anche se meno banalmente, e ciò verrà fatto nei paragrafi 30 e 31. Naturalmente la lista delle forme canoniche sarà diversa a seconda che si stia considerando il problema nel caso affine, o euclideo, o proiettivo.

Per le curve di grado superiore a due il problema è ben più difficile, anche perché il punto di vista della riduzione in forma canonica mediante trasformazioni non conduce a una classificazione soddisfacente. Già per curve euclidee di grado tre tale riduzione è piuttosto complicata, e le difficoltà aumentano notevolmente con l'aumentare del grado. Nei casi affine e proiettivo la situazione non è molto migliore (fanno eccezione le cubiche proiettive, della cui classificazione ci occuperemo nel § 36).

Questa circostanza impone un approccio totalmente diverso alla classificazione delle curve piane, che viene trattato in corsi più avanzati.

In modo simile a come si è fatto per le rette nel paragrafo 25, è possibile definire la "chiusura proiettiva" di una curva affine o euclidea. Sarà sufficiente considerare il solo caso affine perchè quello euclideo rientra in questo come caso particolare.

La *chiusura proiettiva* della curva $\mathscr{C}$ di $\mathbf{A}^2(\mathsf{K})$ di equazione [28.1] è la curva algebrica $\mathscr{C}^* \subset \mathbf{P}^2(\mathsf{K})$ definita dall'equazione [28.2], dove $F(X_0, X_1, X_2)$ è il polinomio omogeneizzato di $f(X, Y)$. Le curve $\mathscr{C}$ e $\mathscr{C}^*$ hanno lo stesso grado.

Segue dalla definizione che per ogni punto $P(x, y) \in \mathscr{C}$ il punto $j_0(P) = [1, x, y] \in \mathbf{P}^2$ appartiene a $\mathscr{C}^*$ e che ogni punto di $\mathscr{C}^* \cap \mathbf{P}^2 \setminus H_0$ è immagine tramite j_0 di un punto di $\mathscr{C}$.

I punti di $\mathscr{C}^* \cap H_0$ si dicono *punti impropri* di $\mathscr{C}$ rispetto a x_0: sono i punti $[0, x_1, x_2]$ le cui coordinate omogenee soddisfano l'equazione

$$F(0, X_1, X_2) = 0.$$

Scrivendo

$$f(X, Y) = F_0 + F_1(X, Y) + \dots + F_{n-1}(X, Y) + F_n(X, Y),$$

dove $F_k(X, Y) \in \mathsf{K}[X, Y]$ è omogeneo di grado k, otteniamo

$$F(X_0, X_1, X_2) = F_0 X_0^n + F_1(X_1, X_2) X_0^{n-1} + \dots + F_{n-1}(X_1, X_2) X_0 + \\ + F_n(X_1, X_2).$$

Allora

$$F(0, X_1, X_2) = F_n(X_1, X_2),$$

e quindi *le coordinate* $[0, x_1, x_2]$ *dei punti impropri di* $\mathscr{C}$ *sono le soluzioni non banali dell'equazione*

$$F_n(X_1, X_2) = 0$$

dove $F_n(X, Y)$ *è il polinomio omogeneo costituito dai monomi di grado massimo di* $f(X, Y)$.

Viceversa, supponiamo data una curva $\mathscr{C}$ di $\mathbf{P}^2(\mathsf{K})$ di equazione [28.2], dove $F(X_0, X_1, X_2) \in \mathsf{K}[X_0, X_1, X_2]$ è un polinomio omogeneo non costante. La curva

$\mathscr{C}^*$ di $\mathbf{A}^2(\mathrm{K})$ di equazione [28.1], dove $f(X, Y)$ è il polinomio deomogeneizzato di F, ha per supporto $\mathscr{C} \cap (\mathbf{P}^2 \setminus H_0)$.

Le due curve $\mathscr{C}$ e $\mathscr{C}^*$ hanno lo stesso grado se e solo se X_0 non divide F. Se X_0^r divide F, ma non lo divide X_0^{r+1}, allora $\mathrm{gr}(\mathscr{C}^*) = \mathrm{gr}(\mathscr{C}^*) - r$.

Una curva affine $\mathscr{C} \subset \mathbf{A}^2(\mathrm{K})$ è *simmetrica rispetto a un punto C* (detto *centro di simmetria*, o semplicemente *centro*, della curva) se $\mathscr{C} = T(\mathscr{C})$, dove $T\colon \mathbf{A}^2 \to \mathbf{A}^2$ è la simmetria di centro C (cfr. 14.6(4)). Se $C = (0, 0)$, la simmetria T corrisponde al cambiamento di variabili

$$X = -X'$$
$$Y = -Y'.$$

Ne consegue che se $\mathscr{C}$ ha equazione $f(X, Y) = 0$, allora $\mathscr{C}$ è simmetrica rispetto a $(0, 0)$ se e solo se $f(-X, -Y) = 0$ è un'equazione di $\mathscr{C}$. È immediato verificare che ciò equivale alla condizione che tutti i monomi di f abbiano grado pari. Più in generale, se $C = (x_0, y_0)$ la condizione di simmetria è che

$$f(2x_0 - X, 2y_0 - Y) = 0$$

sia un'equazione di $\mathscr{C}$.

Una curva euclidea $\mathscr{C} \subset \mathbf{E}^2$ è *simmetrica rispetto a una retta* $\mathfrak{r}$, denominata *asse di simmetria* di $\mathscr{C}$, se $\mathscr{C} = T(\mathscr{C})$, dove $T\colon \mathbf{E}^2 \to \mathbf{E}^2$ è la simmetria di asse $\mathfrak{r}$ (cfr. esempio 20.10(4)). Supponiamo che $\mathfrak{r}$ contenga l'origine, e abbia equazione

$$aX + bY = 0.$$

Normalizzando quest'equazione in modo che si abbia $a^2 + b^2 = 1$, la simmetria T è data dal cambiamento di variabili

$$X = (1 - 2a^2)X' - 2abY'$$
$$Y = -2abX' + (1 - 2b^2)Y'.$$

Se $\mathscr{C}$ ha equazione $f(X, Y) = 0$, la simmetria di $\mathscr{C}$ rispetto a $\mathfrak{r}$ si esprime con la condizione che

$$f((1 - 2a^2)X' - 2abY', -2abX' + (1 - 2b^2)Y') = 0$$

sia ancora un'equazionc di $\mathscr{C}$.

In particolare la condizione che $\mathscr{C}$ sia simmetrica rispetto all'asse $X = 0$ ($a = 1$, $b = 0$) è che

$$f(-X, Y) = 0$$

sia ancora un'equazione di $\mathscr{C}$; ciò equivale alla condizione che in tutti i monomi di f la variabile X appaia con grado pari. Similmente, $\mathscr{C}$ è simmetrica rispetto all'asse $Y = 0$ se e solo se in tutti monomi di f la Y ha grado pari.

28.4 *Complementi*

1. Il concetto di curva algebrica piana può introdursi in un qualunque piano affine, euclideo o proiettivo.

Sia **A** un piano affine su K (rispettivamente, un piano euclideo).

Consideriamo l'insieme $\mathscr{K}$ i cui elementi sono le coppie $(O\mathbf{e}_1\mathbf{e}_2, f(X, Y))$, dove $O\mathbf{e}_1\mathbf{e}_2$ è un riferimento affine (un riferimento cartesiano), ed $f(X, Y) \in \mathsf{K}[X, Y]$ è un polinomio non costante.

Due elementi $(O\mathbf{e}_1\mathbf{e}_2, f(X, Y))$, $(O'\mathbf{e}_1'\mathbf{e}_2', g(X, Y))$ di $\mathscr{K}$ sono *equivalenti* se

$$g(X, Y) = \alpha f(a_{11}X + a_{12}Y + c_1, a_{21}X + a_{22}Y + c_2),$$

per qualche $\alpha \neq 0$, essendo

$$x = a_{11}x' + a_{12}y' + c_1$$
$$y = a_{21}x' + a_{22}y' + c_2$$

le formule di cambiamento di coordinate dal riferimento $O'\mathbf{e}_1'\mathbf{e}_2'$ al riferimento $O\mathbf{e}_1\mathbf{e}_2$.

È una conseguenza delle proprietà dei cambiamenti di coordinate affini (di coordinate cartesiane) il fatto che in questo modo si è definita una relazione di equivalenza tra gli elementi di $\mathscr{K}$.

Una classe di equivalenza in $\mathscr{K}$ è una *curva algebrica* di **A**. Diremo che la curva algebrica rappresentata dalla coppia $(O\mathbf{e}_1\mathbf{e}_2, f(X, Y))$ ha *equazione*

$$f(X, Y) = 0 \qquad [28.12]$$

nel riferimento $O\mathbf{e}_1\mathbf{e}_2$. Il grado di una sua qualunque equazione è il *grado* della curva, e l'insieme $\mathscr{C}$ dei punti le cui coordinate nel riferimento $O\mathbf{e}_1\mathbf{e}_2$ soddisfano la [28.12] è il suo *supporto*.

Dalla definizione segue che una curva algebrica in **A** è individuata da una sua equazione in un dato riferimento.

Consideriamo ora il caso proiettivo. Sia $\mathbf{P} = \mathbf{P}(\mathbf{V})$ un piano proiettivo, dove **V** è uno spazio vettoriale di dimensione 3 sul campo K. Consideriamo l'insieme $\mathscr{S}$ i cui elementi sono le coppie $(\mathbf{e}_0\mathbf{e}_1\mathbf{e}_2, F(X_0, X_1, X_2))$, costituite da un sistema di coordinate omogenee $\mathbf{e}_0\mathbf{e}_1\mathbf{e}_2$ e da un polinomio omogeneo non costante $F(X_0, X_1, X_2)$ di $\mathsf{K}[X_0, X_1, X_2]$.

Due elementi $(\mathbf{e}_0\mathbf{e}_1\mathbf{e}_2, F(X_0, X_1, X_2))$, $(\mathbf{e}_0'\mathbf{e}_1'\mathbf{e}_2', G(X_0, X_1, X_2))$ di $\mathscr{S}$ si dicono *equivalenti* se

$$G(X_0, X_1, X_2) = \alpha F(a_{00}X_0 + a_{01}X_1 + a_{02}X_2, a_{10}X_0 + a_{11}X_1 + a_{12}X_2, a_{20}X_0 + a_{21}X_1 + a_{22}X_2)$$

dove $\alpha \in \mathsf{K}^*$ e $A = (a_{ij})$ definisce il cambiamento di coordinate dal sistema $\mathbf{e}_0'\mathbf{e}_1'\mathbf{e}_2'$

al sistema $\mathbf{e}_0\mathbf{e}_1\mathbf{e}_2$. Segue dalle proprietà dei cambiamenti di coordinate omogenee che la relazione così definita è una relazione di equivalenza in $\mathscr{S}$.

Una classe di equivalenza in $\mathscr{S}$ è una *curva algebrica* di $\mathbf{P}$. L'equazione

$$F(X_0, X_1, X_2) = 0 \qquad [28.13]$$

è una *equazione* della curva algebrica rappresentata dalla coppia ($\mathbf{e}_0\mathbf{e}_1\mathbf{e}_2$, $F(X_0, X_1, X_2)$) e l'insieme $\mathscr{C}$ dei punti le cui coordinate omogenee nel riferimento $\mathbf{e}_0\mathbf{e}_1\mathbf{e}_2$ soddisfano la [28.13] è il suo *supporto*. Il grado di una sua qualunque equazione è detto *grado* della curva.

2. Sia $\mathscr{C} \subset \mathbf{A}^2(\mathsf{K})$ la curva piana di equazione $f(X, Y) = 0$, e siano $A = (a_{ij}) \in \mathrm{GL}_2(\mathsf{K})$, $\mathbf{c} = {}^t(c_1 \quad c_2)$, $\mathbf{X}' = {}^t(X' \quad Y')$. L'equazione

$$f(A\mathbf{X}' + \mathbf{c}) = 0 \qquad [28.14]$$

può interpretarsi in due modi.

Per la definizione 28.3, la [28.14] può essere considerata come l'equazione di una curva piana $\mathscr{D}$ affinemente equivalente a $\mathscr{C}$, e precisamente $\mathscr{C} = T_{\mathbf{A},\mathbf{c}}(\mathscr{D})$. D'altra parte possiamo interpretare la sostituzione

$$\mathbf{X} = A\mathbf{X}' + \mathbf{c}$$

come un cambiamento di coordinate affini, e quindi, per quanto visto in (1), la [28.14] può anche vedersi come un'equazione della stessa curva $\mathscr{C}$ in un nuovo riferimento.

Un'osservazione del tutto simile può farsi per curve euclidee o proiettive.

3. Una generalizzazione naturale della nozione di curva algebrica piana è quella di "ipersuperficie algebrica" di $\mathbf{A}^n(\mathsf{K})$, $\mathbf{E}^n$ o $\mathbf{P}^n(\mathsf{K})$.

Un'*ipersuperficie algebrica* di $\mathbf{A}^n(\mathsf{K})$ è una classe di proporzionalità di polinomi non costanti di $\mathsf{K}[X_1, \ldots, X_n]$. Se $f(X_1, \ldots, X_n) \in \mathsf{K}[X_1, \ldots, X_n]$ è un polinomio non costante, l'equazione

$$f(X_1, \ldots, X_n) = 0 \qquad [28.15]$$

è un'*equazione dell'ipersuperficie* rappresentata da f, e il suo grado è detto *grado dell'ipersuperficie*. Il *supporto dell'ipersuperficie* di equazione [28.15] è l'insieme $\mathscr{X}$ costituito dai punti $P \in \mathbf{A}^n$ le cui coordinate sono soluzioni della [28.15]. In modo simile si definisce un'*ipersuperficie algebrica di* $\mathbf{E}^n$.

Un'*ipersuperficie algebrica di* $\mathbf{P}^n(\mathsf{K})$ è una classe di proporzionalità di polinomi omogenei non costanti di $\mathsf{K}[X_0, X_1, \ldots, X_n]$. Le nozioni di *equazione*, *grado*, *supporto* si danno in modo del tutto analogo al caso delle curve piane. Si osservi che questa definizione di ipersuperficie algebrica di $\mathbf{P}^n$ è equivalente a quella che abbiamo dato nell'esempio 24.5(5).

Un'ipersuperficie di $\mathbf{A}^3$, $\mathbf{E}^3$ o $\mathbf{P}^3$ è detta *superficie*, rispettivamente *affine*, *euclidea* o *proiettiva*.

Un'ipersuperficie di supporto $\mathscr{X}$ viene di solito denotata con la lettera $\mathscr{X}$, restando con ciò sottinteso che una sua equazione è stata assegnata. Un'ipersuperficie di grado 1 è un iperpiano, e se ha grado 2, 3, ..., si dice *quadrica, cubica* ecc.

Il lettore non avrà difficoltà a estendere al caso delle ipersuperfici algebriche le definizioni di equivalenza affine, congruenza e equivalenza proiettiva.

Esercizi

1. Determinare chiusura proiettiva e punti impropri delle curve di $\mathbf{A}^2(\mathsf{C})$ di equazioni seguenti:

a) $X + 2Y^2 - 1 = 0$ b) $X^2Y^2 - 1 = 0$

c) $3Y + XY + XY^2 = 0$ d) $X^2Y - XY^2 + X^2 - Y = 0$.

2. Stabilire quali delle seguenti curve di $\mathbf{E}^2$ sono simmetriche rispetto all'origine o rispetto agli assi coordinati:

a) $XY + Y^2 - Y = 0$ b) $X + Y + XY = 0$

c) $1 + X^2 + Y^2 = 0$.

3. Dimostrare che se $f(X, Y) \in \mathsf{R}[X, Y]$ soddisfa $f(X, Y) = f(Y, X)$, allora la curva $\mathscr{C} \subset \mathbf{E}^2$ di equazione $f(X, Y) = 0$ è simmetrica rispetto alla retta di equazione $X - Y = 0$.

29 Curve algebriche reali

Nel paragrafo 28 abbiamo considerato semplici esempi di curve di $\mathbf{A}^2(\mathsf{R})$ il cui supporto è ridotto a un solo punto, o addirittura è $\emptyset$. Questi esempi dipendono dal fatto che R non è algebricamente chiuso; essi non si presentano per curve piane complesse.

Precisamente, consideriamo in $\mathbf{A}^2(\mathsf{C})$ una curva algebrica $\mathscr{C}$ di equazione

$$f(X, Y) = 0. \qquad [29.1]$$

e supponiamo che il polinomio $f(X, Y)$ abbia grado $m \geq 1$ nella variabile Y, cioè si scriva nella forma

$$f(X, Y) = f_0(X) + f_1(X)\,Y + \ldots + f_m(X)\,Y^m$$

con $f_0(X), f_1(X), \ldots, f_m(X) \in \mathsf{C}[X]$. Nel caso in cui $f(X, Y)$ sia costante rispetto a Y scambieremo la X con la Y nelle considerazioni che seguono.

Sia Δ il sottoinsieme finito di C costituito dalle radici di $f_m(X)$. Per ogni $x \in \mathsf{C} \setminus \Delta$ il polinomio in Y

$$f(x, Y) = f_0(x) + f_1(x)\,Y + \ldots + f_m(x)\,Y^m \qquad [29.2]$$

ha grado m e quindi, per il teorema fondamentale dell'algebra, possiede m radici $y_1(x), \ldots, y_m(x)$, non necessariamente distinte. I punti $(x, y_1(x))$, $(x, y_2(x)), \ldots$ $\ldots, (x, y_m(x))$ di $\mathbf{A}^2(\mathrm{C})$ appartengono alla curva $\mathscr{C}$. Al variare di $x \in \mathrm{C}\backslash\Delta$ si ottengono così tutti i punti di $\mathscr{C}$, con l'eccezione, al più, di un numero finito di punti, corrispondenti alle radici dei polinomi $f(x, Y)$ per $x \in \Delta$, che non abbiamo considerato. Poiché x, variando in $\mathrm{C}\backslash\Delta$, descrive un ente a due dimensioni reali, anche la curva $\mathscr{C}$ è, dal punto di vista reale, un ente a due dimensioni. In particolare deduciamo che *il supporto di una curva affine complessa contiene infiniti punti.*

Un ragionamento simile porta a dimostrare che anche *il supporto di una curva proiettiva complessa contiene infiniti punti*. Supponiamo infatti che la curva $\mathscr{C}$ di $\mathbf{P}^2(\mathrm{C})$ abbia equazione

$$F(X_0, X_1, X_2) = 0.$$

Se si suppone che il supporto di $\mathscr{C}$ non si riduca alla retta $X_0 = 0$, nel qual caso essa ha infiniti punti, passando a coordinate non omogenee si trova che il supporto di $\mathscr{C}$ contiene quello della curva affine di equazione

$$F(1, X, Y) = 0,$$

il quale, per quanto appena visto, contiene infiniti punti.

29.1 DEFINIZIONE *Una* curva algebrica $\mathscr{C}$ *di* $\mathbf{A}^2(\mathrm{C})$ *si dice* reale *se può essere definita da un'equazione*

$$f(X, Y) = 0, \qquad [29.3]$$

dove $f(X, Y) \in \mathrm{R}[X, Y]$.

Se $\mathscr{C}$ *è una curva di* $\mathbf{A}^2(\mathrm{C})$*, di equazione*

$$f(X, Y) = 0$$

con $f(X, Y) \in \mathrm{C}[X, Y]$*, la curva* $\overline{\mathscr{C}}$ *di equazione*

$$\bar{f}(X, Y) = 0,$$

dove $\bar{f}(X, Y)$ *è il polinomio complesso coniugato di* $f(X, Y)$ *(cioè il polinomio avente per coefficienti i coniugati dei coefficienti di* f*), è detta* curva complessa coniugata *di* $\mathscr{C}$.

Definizioni analoghe si danno di curva proiettiva reale *e di* curva proiettiva complessa coniugata *di una curva di* $\mathbf{P}^2(\mathrm{C})$.

Si noti che la [29.3] è equivalente ad una qualsiasi delle equazioni

$$\alpha f(X, Y) = 0$$

$\alpha \in \mathrm{C}^*$, e che quindi una curva reale può anche essere definita da un polinomio a coefficienti non reali; tuttavia, perché la curva sia reale deve esistere un polinomio a coefficienti reali che la definisce.

Per definizione, una curva $\mathscr{C}$ è reale se e solo se $\mathscr{C} = \overline{\mathscr{C}}$.

Poiché C^2 è anche uno spazio vettoriale reale di dimensione 4, il piano affine complesso $\mathbf{A}^2(\mathsf{C})$ può essere considerato come uno spazio affine reale di dimensione 4. Per ogni punto $P(x' + \mathrm{i}x'', y' + \mathrm{i}y'') \in \mathbf{A}^2(\mathsf{C})$, (x', x'', y', y'') è la quaterna delle coordinate reali di P nel riferimento affine reale di $\mathbf{A}^2(\mathsf{C})$ avente come origine $\mathbf{0}$ e come base dei vettori

$$\{(1, 0), (\mathrm{i}, 0), (0, 1), (0, \mathrm{i})\}.$$

$\mathbf{A}^2(\mathsf{R})$ è un sottospazio affine reale di $\mathbf{A}^2(\mathsf{C})$ avente equazioni

$$X'' = 0, \quad Y'' = 0.$$

Consideriamo una curva algebrica $\mathscr{C}$ di $\mathbf{A}^2(\mathsf{C})$. Il sottoinsieme $\mathscr{C} \cap \mathbf{A}^2(\mathsf{R})$, costituito dai punti di $\mathscr{C}$ a coordinate reali, è l'*insieme dei punti reali di* $\mathscr{C}$. Dalla definizione segue che i punti reali di $\mathscr{C}$ dipendono dalla posizione di $\mathscr{C}$ rispetto al piano $\mathbf{A}^2(\mathsf{R})$.

Ad esempio, la retta

$$\mathrm{i}X + \mathrm{i}Y + 1 = 0 \qquad [29.4]$$

non ha punti reali, mentre la retta

$$\mathrm{i}X + Y + 1 = 0 \qquad [29.5]$$

possiede l'unico punto reale $(0, -1)$. Nessuna delle due è una retta reale. Invece

$$\mathrm{i}X + \mathrm{i}Y + \mathrm{i} = 0$$

coincide con la retta di equazione

$$X + Y + 1 = 0, \qquad [29.6]$$

che è una retta reale, e ha infiniti punti reali. Si noti che le [29.4], [29.5] e [29.6] sono affinemente equivalenti: esse differiscono solo per la loro posizione rispetto ad $\mathbf{A}^2(\mathsf{R})$.

La [29.3] può essere considerata in due modi: come l'equazione di una curva algebrica $\mathscr{C}'$ di $\mathbf{A}^2(\mathsf{R})$, oppure come quella di una curva algebrica reale $\mathscr{C}$ di $\mathbf{A}^2(\mathsf{C})$. Il supporto di $\mathscr{C}'$ è l'insieme dei punti reali di $\mathscr{C}$. I punti di $\mathscr{C} \setminus \mathscr{C}'$ vengono chiamati *punti non reali di* $\mathscr{C}$ *e di* $\mathscr{C}'$. Molto spesso è conveniente interpretare una curva di $\mathbf{A}^2(\mathsf{R})$ come una curva reale di $\mathbf{A}^2(\mathsf{C})$, considerandone anche i punti non reali. Ciò vale anche per le curve di $\mathbf{E}^2$. Un esempio tipico è fornito dalle circonferenze, che possono essere caratterizzate da alcune condizioni di cui una riguarda i loro punti non reali (cfr. 32.3(2)).

Consideriamo un'affinità T: $\mathbf{A}^2(\mathsf{C}) \to \mathbf{A}^2(\mathsf{C})$, definita da

$$T(x, y) = (a_{11}x + a_{12}y + c_1,\ a_{21}x + a_{22}y + c_2), \qquad [29.7]$$

dove $A = (a_{ij}) \in GL_2(\mathsf{C})$, c_1, $c_2 \in \mathsf{C}$. È evidente che in generale $T(\mathbf{A}^2(\mathsf{R}))$ non è contenuto in $\mathbf{A}^2(\mathsf{R})$, cioè un'affinità complessa non trasforma punti reali in punti reali. Le curve [29.4], [29.5] e [29.6] esemplificano questo fatto, essendo curve affinemente equivalenti ma con insiemi di punti reali di natura completamente diversa tra loro. Gli stessi esempi mostrano anche che un'affinità in generale non trasforma curve reali in curve reali.

Abbiamo però il seguente risultato:

29.2 TEOREMA *Sia* T: $\mathbf{A}^2(\mathsf{C}) \to \mathbf{A}^2(\mathsf{C})$ *l'affinità definita dalla* [29.7]. *Le condizioni seguenti sono equivalenti*:

1) $T(\mathbf{A}^2(\mathsf{R})) = \mathbf{A}^2(\mathsf{R})$.
2) $A \in GL_2(\mathsf{R})$, c_1, $c_2 \in \mathsf{R}$.
3) *La trasformata* $T(\mathscr{C})$ *di ogni curva reale* $\mathscr{C} \subset \mathbf{A}^2(\mathsf{C})$ *è una curva reale.*

Dimostrazione

L'equivalenza di (1) e (2) e l'implicazione (2) ⇒ (3) sono evidenti. Per dimostrare che (2) ⇐ (3) si osservi che le rette reali $X = 0$ e $Y = 0$ sono trasformate rispettivamente nelle rette:

$$a_{11}X + a_{12}Y + c_1 = 0$$

$$a_{21}X + a_{22}Y + c_2 = 0.$$

Perché queste siano reali dev'essere verificata la (2).

Consideriamo ora il caso proiettivo. Il piano proiettivo complesso $\mathbf{P}^2(\mathsf{C})$ contiene come sottoinsieme $\mathbf{P}^2(\mathsf{R})$, che si identifica con il sottoinsieme costituito dai punti $[x_0, x_1, x_2] \in \mathbf{P}^2(\mathsf{C})$ tali che x_0, x_1, $x_2 \in \mathsf{R}$. L'analogia con il caso affine non si estende oltre, perché il piano proiettivo complesso non può essere in alcun modo considerato come uno spazio proiettivo reale.

Consideriamo una curva proiettiva $\mathscr{C} \subset \mathbf{P}^2(\mathsf{C})$, di equazione

$$F(X_0, X_1, X_2) = 0. \qquad [29.8]$$

Similmente al caso affine, i punti di $\mathscr{C} \cap \mathbf{P}^2(\mathsf{R})$ si dicono *punti reali di* $\mathscr{C}$.

Se $F(X_0, X_1, X_2) \in \mathsf{R}[X_0, X_1, X_2]$, la [29.8] può essere interpretata sia come l'equazione di una curva reale $\mathscr{C}$ di $\mathbf{P}^2(\mathsf{C})$ sia come l'equazione di una curva $\mathscr{C}'$ di $\mathbf{P}^2(\mathsf{R})$ il cui supporto coincide con l'insieme dei punti reali di $\mathscr{C}$.

Il seguente risultato è l'analogo proiettivo del teorema 29.2.

29.3 TEOREMA *Sia* f: $\mathbf{P}^2(\mathsf{C}) \to \mathbf{P}^2(\mathsf{C})$ *una proiettività. Le seguenti condizioni sono equivalenti*:

1) $f(\mathbf{P}^2(\mathsf{R})) = \mathbf{P}^2(\mathsf{R})$.
2) f *può essere definita da una matrice* $A \in GL_3(\mathsf{R})$.
3) *La trasformata* $f(\mathscr{C})$ *di ogni curva reale* $\mathscr{C} \subset \mathbf{P}^2(\mathsf{C})$ *è una curva reale.*

La dimostrazione del teorema 29.3 è simile a quella di 29.2, ed è lasciata al lettore.

29.4 *Esempi*

1. Consideriamo la conica reale di equazione

$$X^2 + Y^2 = 0. \qquad [29.9]$$

Poiché

$$X^2 + Y^2 = (X + \mathrm{i}\,Y)(X - \mathrm{i}\,Y),$$

il supporto della [29.9] si decompone nell'unione dei supporti delle due rette

$$X + \mathrm{i}\,Y = 0$$

e

$$X - \mathrm{i}\,Y = 0,$$

che sono due rette non reali, complesse coniugate, il cui unico punto reale è l'origine.

2. Consideriamo la conica reale $\mathscr{C}$ di equazione

$$X^2 + Y^2 = c, \qquad [29.10]$$

dove $c \in \mathsf{R}$. Se $c = 0$ otteniamo l'esempio (1). Se $c > 0$ e consideriamo $\mathbf{E}^2$ in $\mathbf{A}^2(\mathsf{C})$, allora i punti reali di $\mathscr{C}$ sono quelli della circonferenza di centro l'origine e raggio $\sqrt{c}$. Se invece $c < 0$, allora $\mathscr{C}$ non ha punti reali (è una "circonferenza di raggio immaginario").

Si noti che i due casi $c > 0$ e $c < 0$ sono affinemente equivalenti in $\mathbf{A}^2(\mathsf{C})$. Infatti la sostituzione

$$X = \mathrm{i}X^*, \qquad Y = \mathrm{i}\,Y^*$$

trasforma la conica [29.10] nella conica di equazione

$$X^{*2} + Y^{*2} = -c.$$

Questo mostra che le coniche [29.10] con $c \neq 0$ sono tutte tra loro affinemente equivalenti in $\mathbf{A}^2(\mathsf{C})$. Ciò che le differenzia è la loro posizione rispetto a $\mathbf{A}^2(\mathsf{R})$.

Una situazione simile a questa si ha per tutte le coniche reali, che verranno discusse in maggiore dettaglio nei paragrafi successivi.

3. Considereremo ora alcuni esempi di curve affini reali di grado tre, le cosiddette *parabole cubiche di Newton*. Queste sono cubiche reali $\mathscr{C}$ di equazione

$$Y^2 = aX^3 + bX^2 + cX + d, \qquad [29.11]$$

$a, b, c, d \in \mathsf{R}$, $a \neq 0$, il cui luogo dei punti reali ha una forma che dipende dalle radici λ, μ, ν del polinomio $aX^3 + bX^2 + cX + d$. Tali radici corrispondono ai punti $(\lambda, 0)$, $(\mu, 0)$, $(\nu, 0)$ di intersezione di $\mathscr{C}$ con l'asse $Y = 0$.

Si possono presentare i seguenti casi:

λ, μ, ν sono reali e distinte. Si ha la cosiddetta *parabola campaniforme con ovale* (fig. 29.1*a*).

λ, μ, ν sono distinte, e due delle tre radici sono non reali e complesse coniugate. Si ha la *parabola campaniforme senza ovale* (fig. 29.1*b*).

λ, μ, ν sono reali e due di esse sono uguali tra loro ($\lambda = \mu$). Si ha la *parabola campaniforme puntata* (fig. 29.1*c*), oppure la *parabola nodata* (fig. 29.1*d*) a seconda che $\lambda = \mu < \nu$ oppure $\lambda = \mu > \nu$.

$\lambda = \mu = \nu$ reale. Si ha la *parabola cuspidata* (fig. 29.1*e*).

Un'importante generalizzazione delle nozioni introdotte in precedenza è la seguente.

Una curva $\mathscr{C}$ di $\mathbf{A}^2(\mathsf{C})$ è *definita su* K se può essere definita da un'equazione [29.3] tale che $f(X, Y) \in \mathsf{K}[X, Y]$. I punti di $\mathscr{C} \cap \mathbf{A}^2(\mathsf{K})$ si dicono *punti* K-*razionali* di $\mathscr{C}$. Nel caso particolare $\mathsf{K} = \mathsf{R}$ si riottengono le nozioni di curva reale e di punti reali.

Un caso importante è $\mathsf{K} = \mathsf{Q}$. Esso corrisponde allo studio geometrico delle equazioni polinomiali su Q, e delle loro soluzioni in Q e in Z. Vediamo alcuni esempi.

Consideriamo la curva $\mathscr{C}$ di equazione

$$X^2 + Y^2 = 1, \tag{29.12}$$

il cui supporto nel piano euclideo è la circonferenza di centro l'origine e raggio 1. Un punto Q-razionale della [29.12], che possiamo scrivere nella forma

$$(\pm p/r,\ \pm q/r), \quad p, q, r \in \mathsf{N}, \tag{29.13}$$

dà luogo a una terna di numeri naturali (p, q, r) tali che

$$p^2 + q^2 = r^2,$$

cioè a una *terna pitagorica*. La ricerca delle terne pitagoriche si può quindi ricondurre a quella dei punti Q-razionali della curva [29.12].

Si dimostra che esistono infinite terne pitagoriche, e questo può essere fatto facilmente con il seguente ragionamento geometrico.

Consideriamo una retta $\mathscr{r}$ del fascio di centro il punto $(1, 0)$. $\mathscr{r}$ ha equazione

$$X + \lambda Y - 1 = 0.$$

Calcoliamo le intersezioni di $\mathscr{r}$ con $\mathscr{C}$. Sostituendo $X = 1 - \lambda Y$ nella [29.12] otteniamo l'equazione in Y

$$(\lambda^2 + 1) Y^2 - 2\lambda Y = 0.$$

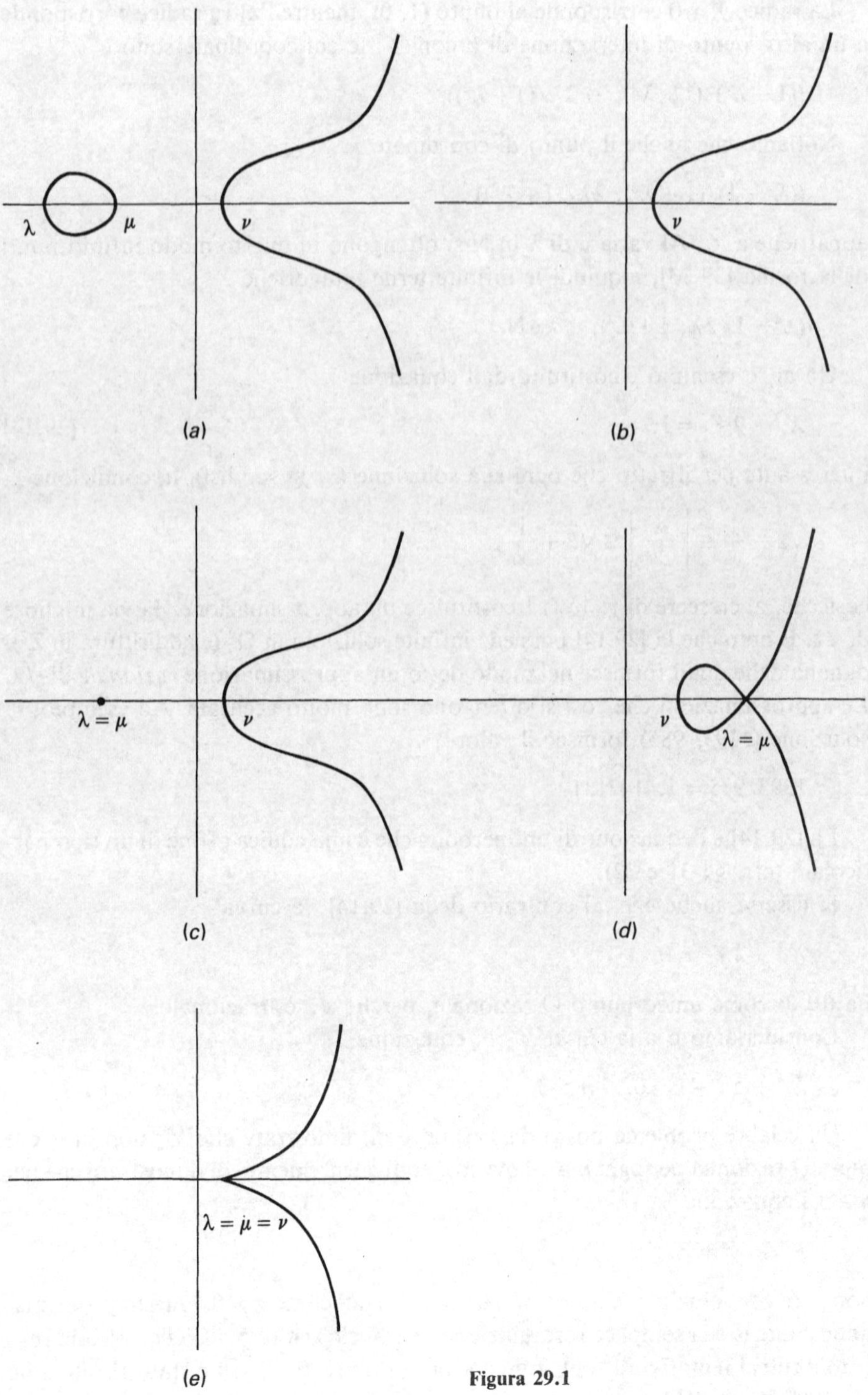

Figura 29.1

La radice $Y = 0$ corrisponde al punto (1, 0), mentre l'altra radice corrisponde a un altro punto di intersezione di $\mathscr{r}$ con $\mathscr{C}$, le cui coordinate sono

$$((1 - \lambda^2)/(1 + \lambda^2),\ -2\lambda/(1 + \lambda^2)).$$

Notiamo che anche il punto di coordinate

$$((\lambda^2 - 1)/(1 + \lambda^2),\ 2\lambda/(1 + \lambda^2))$$

appartiene a $\mathscr{C}$. Al variare di λ in N si ottengono in questo modo infiniti punti della forma [29.13], e quindi le infinite terne pitagoriche

$$(\lambda^2 - 1,\ 2\lambda,\ 1 + \lambda^2), \quad \lambda \in \mathrm{N}.$$

Un altro esempio è costituito dall'equazione

$$X^2 - 2Y^2 = 1, \tag{29.14}$$

interessante per il fatto che ogni sua soluzione (x, y) soddisfa la condizione

$$\sqrt{2} - \frac{1}{y} \leq \left| \frac{x}{y} \right| \leq \sqrt{2} + \frac{1}{y},$$

cosicché, al crescere di y, $|x/y|$ costituisce un'approssimazione via via migliore di $\sqrt{2}$. È noto che la [29.14] possiede infinite soluzioni in Q^2 (e addirittura in Z^2), ognuna delle quali fornisce nel modo detto un'approssimazione *razionale* di $\sqrt{2}$. Le approssimazioni che così si ottengono sono molto accurate. Ad esempio, la soluzione (1393, 985) fornisce il valore

$$1393/985 = 1{,}4142131.$$

La [29.14] è l'equazione di un'iperbole, che è una conica affine di un tipo particolare (cfr. §§ 31 e 32).

Si osservi anche che, al contrario della [29.14], la curva

$$X^2 - 2Y^2 = 0$$

ha (0, 0) come unico punto Q-razionale, perché $\sqrt{2}$ è irrazionale.

Consideriamo ora la curva $\mathscr{C}_n$ di equazione

$$X^n + Y^n - 1 = 0, \quad n \geq 3.$$

Un celebre problema posto da Fermat è di dimostrare che $\mathscr{C}_n$ non possiede punti Q-razionali per ogni $n \geq 3$, ovvero, equivalentemente, di dimostrare che per $n \geq 3$ l'equazione

$$X^n + Y^n = Z^n$$

non possiede soluzioni *in numeri interi* (x, y, z) tali che $xyz \neq 0$. Questo problema, nonostante la sua semplice formulazione, si è rivelato molto difficile, avendo resistito a tutti i tentativi di soluzione per più di tre secoli. Esso è stato risolto solo nel 1995 da A. Wiles.

30 Classificazione delle coniche proiettive

L'equazione di una conica $\mathscr{C}$ di $\mathbf{P}^2 = \mathbf{P}^2(\mathsf{K})$ può scriversi nella forma

$$a_{11}X_1^2 + 2a_{12}X_1X_2 + a_{22}X_2^2 + 2a_{01}X_0X_1 + 2a_{02}X_0X_2 + a_{00}X_0^2 = 0, \qquad [30.1]$$

con $a_{jk} \in \mathsf{K}$, non tutti nulli.

Poniamo

$$a_{21} = a_{12}, \quad a_{10} = a_{01}, \quad a_{20} = a_{02}$$

e consideriamo la matrice simmetrica

$$A = \begin{pmatrix} a_{00} & a_{01} & a_{02} \\ a_{10} & a_{11} & a_{12} \\ a_{20} & a_{21} & a_{22} \end{pmatrix}.$$

Indicato con $\mathbf{X}$ il vettore colonna ${}^t(X_0 \quad X_1 \quad X_2)$ delle indeterminate, la [30.1] può anche scriversi, concisamente,

$${}^t\mathbf{X}A\mathbf{X} = 0. \qquad [30.2]$$

Consideriamo ora una matrice $M \in \mathrm{GL}_3(\mathsf{K})$. Se nella [30.1], oppure nella [30.2], sostituiamo $M\mathbf{X}$ al posto di $\mathbf{X}$, otteniamo l'equazione

$${}^t\mathbf{X}B\mathbf{X} = 0, \qquad [30.3]$$

dove $B = {}^tMAM$. Per la definizione 28.3, la conica $\mathscr{D}$ di equazione [30.3] è proiettivamente equivalente alla conica $\mathscr{C}$, e viceversa ogni conica proiettivamente equivalente a $\mathscr{C}$ si ottiene in questo modo per qualche $M \in \mathrm{GL}_3(\mathsf{K})$.

Osserviamo che $\det(B) = 0$ se e solo se $\det(A) = 0$; più precisamente, A e B hanno lo stesso rango. Pertanto *il rango di A è una proprietà proiettiva della conica $\mathscr{C}$*; esso si dice *rango di $\mathscr{C}$*, e si denota con $r(\mathscr{C})$. In particolare *l'annullarsi o meno di* $\det(A)$ *è una proprietà proiettiva di $\mathscr{C}$*. Si noti che sussistono le disuguaglianze

$$1 \leq r(\mathscr{C}) \leq 3$$

perché uno almeno dei coefficienti a_{jk} è diverso da zero.

30.1 Definizione *La conica $\mathscr{C}$ è* non degenere *se* $\det(A) \neq 0$, degenere *se* $\det(A) = 0$; *è* semplicemente degenere *se* $r(\mathscr{C}) = 2$, doppiamente degenere *se* $r(\mathscr{C}) = 1$.

Consideriamo il problema di classificare le coniche di $\mathbf{P}^2$, cioè di trovare dei particolari tipi di equazioni [30.1] (dette *forme canoniche*) tali che ogni conica di $\mathbf{P}^2$ sia proiettivamente equivalente ad una di esse. Tratteremo i casi K algebricamente chiuso e $\mathsf{K} = \mathsf{R}$.

30.2 TEOREMA *Supponiamo* K *algebricamente chiuso. Ogni conica* $\mathscr{C}$ *di* $\mathbf{P}^2(\mathsf{K})$ *è proiettivamente equivalente a una delle seguenti:*

$X_0^2 + X_1^2 + X_2^2 = 0$ *conica generale;*

$X_0^2 + X_1^2 = 0$ *conica semplicemente degenere;*

$X_0^2 = 0$ *conica doppiamente degenere.*

e queste tre coniche sono a due a due non proiettivamente equivalenti.

Dimostrazione

Come abbiamo visto, una proiettività di matrice M trasforma la conica di equazione [30.2] nella conica [30.3]. Poiché $B = {}^tMAM$ è congruente ad A, per il teorema 16.2 esiste $M \in GL_3(\mathsf{K})$ tale che B sia una delle matrici:

$$\begin{pmatrix} 1 & 0 & 0 \\ 0 & 1 & 0 \\ 0 & 0 & 1 \end{pmatrix}, \begin{pmatrix} 1 & 0 & 0 \\ 0 & 1 & 0 \\ 0 & 0 & 0 \end{pmatrix}, \begin{pmatrix} 1 & 0 & 0 \\ 0 & 0 & 0 \\ 0 & 0 & 0 \end{pmatrix}.$$

I tre casi corrispondono a $r(\mathscr{C}) = 3, 2, 1$ rispettivamente, e sono le matrici delle tre coniche dell'enunciato. Pertanto $\mathscr{C}$ è proiettivamente equivalente ad una di esse. Poiché tali coniche hanno ranghi diversi, esse sono a due a due non proiettivamente equivalenti.

Il teorema precedente può anche enunciarsi così: *se* K *è algebricamente chiuso, in* $\mathbf{P}^2(\mathsf{K})$ *esistono precisamente tre classi di equivalenza proiettiva di coniche, ognuna delle quali è individuata dal rango delle coniche che vi appartengono.*

Se K non è algebricamente chiuso la situazione è in generale diversa. Il teorema seguente afferma che nel caso $\mathsf{K} = \mathsf{R}$ le classi di equivalenza proiettiva di coniche sono cinque.

30.3 TEOREMA *Ogni conica* $\mathscr{C}$ *di* $\mathbf{P}^2(\mathsf{R})$ *è proiettivamente equivalente a una delle seguenti:*

$X_0^2 + X_1^2 - X_2^2 = 0$ *conica generale;*

$X_0^2 + X_1^2 + X_2^2 = 0$ *conica generale a punti non reali;*

$\left.\begin{array}{l} X_0^2 - X_1^2 = 0 \\ X_0^2 + X_1^2 = 0 \end{array}\right\}$ *coniche semplicemente degeneri;*

$X_0^2 = 0$ *conica doppiamente degenere.*

Queste cinque coniche sono a due a due non proiettivamente equivalenti.

Dimostrazione

Utilizzando il teorema di Sylvester e ragionando come nella dimostrazione del teorema 30.2, si deduce che ogni conica $\mathscr{C}$ di $\mathbf{P}^2(\mathsf{R})$ è proiettivamente equivalente ad una delle cinque coniche dell'enunciato.

Per dimostrare che due qualsiasi di esse non sono proiettivamente equivalenti si osserva che due delle equazioni della lista rappresentano coniche di diverso rango, oppure di stesso rango ma aventi supporti diversi: la conica generale a punti non reali ha supporto $\emptyset$, il che non avviene per la conica generale; le due coniche semplicemente degeneri hanno supporto costituito rispettivamente da due rette distinte, e da un solo punto.

30.4 *Osservazioni*

1. Dai teoremi precedenti si deduce, in particolare, che una conica proiettiva doppiamente degenere ha per supporto una retta: infatti il polinomio che la definisce è il quadrato di un polinomio di primo grado, sia nel caso reale che in quello di K algebricamente chiuso.

Una conica semplicemente degenere è invece definita da un polinomio che, nel caso di K algebricamente chiuso, si spezza nel prodotto di due polinomi *distinti* di primo grado, e quindi la conica ha per supporto l'unione di due rette distinte. Nel caso reale, come già osservato nel corso della dimostrazione del teorema 30.3, lo stesso avviene per la prima delle due coniche semplicemente degeneri (di eq. $X_0^2 - X_1^2 = 0$), mentre l'altra (di eq. $X_0^2 + X_1^2 = 0$) ha per supporto un solo punto.

2. Per ogni $M \in \mathrm{GL}_3(\mathsf{K})$, la [30.3] si può pensare come l'equazione di $\mathscr{C}$ stessa rispetto a un diverso sistema di coordinate (cfr. 28.4(2)).

Con ovvie modifiche, la dimostrazione del teorema 30.2 può essere adattata per dimostrare che, nel piano proiettivo $\mathbf{P}^2(\mathsf{K})$, per ogni conica esiste un opportuno riferimento nel quale essa ha una delle tre equazioni elencate.

Un'osservazione simile può farsi nel caso di $\mathbf{P}^2(\mathsf{R})$.

3. Dal teorema 30.3 segue che *se una conica non degenere di* $\mathbf{P}^2(\mathsf{R})$ *possiede un punto, allora ne possiede infiniti.*

Infatti, poiché due coniche proiettivamente equivalenti possiedono supporti proiettivamente equivalenti, è sufficiente verificare l'asserzione per un rappresentante di ogni classe di equivalenza proiettiva di coniche non degeneri, cioè per le coniche non degeneri elencate nel teorema 30.3, il che è immediato.

30.5 *Complementi*

Quasi tutte le considerazioni fatte per le coniche proiettive si estendono alle quadriche di $\mathbf{P}^n(\mathsf{K})$, $n \geq 3$. Una quadrica $\mathscr{Q}$ *di* $\mathbf{P}^n(\mathsf{K})$ ha un'equazione della forma

$$Q(\mathbf{X}) = 0, \qquad [30.4]$$

dove $\mathbf{X} = {}^t(X_0 \quad X_1 \quad \dots \quad X_n)$, e $Q(\mathbf{X})$ è un polinomio omogeneo di secondo grado, che, come sappiamo (cfr. § 15), si può esprimere nella forma

$$Q(\mathbf{X}) = {}^t\mathbf{X}A\mathbf{X},$$

con $A \in M_{n+1}(\mathsf{K})$ simmetrica. Se $M \in \mathrm{GL}_{n+1}(\mathsf{K})$, e se sostituiamo $M\mathbf{X}$ al posto di $\mathbf{X}$ nella [30.4], otteniamo una nuova quadrica $\mathscr{Q}'$ di equazione

$${}^t\mathbf{X}B\mathbf{X} = 0,$$

dove $B = {}^tMAM$. $\mathscr{Q}'$ è proiettivamente equivalente a $\mathscr{Q}$, e ogni quadrica proiettivamente equivalente a $\mathscr{Q}$ è ottenuta in questo modo per qualche matrice M. Poiché il rango di A e quello di B sono uguali, deduciamo che $r(A)$ è una proprietà proiettiva di $\mathscr{Q}$; esso si chiama dunque *rango di* $\mathscr{Q}$, e si denota con $r(\mathscr{Q})$. Diremo $\mathscr{Q}$ *non degenere* (o viceversa *degenere*) se $r(\mathscr{Q}) = n + 1$ (se $r(\mathscr{Q}) \leq n$).

I teoremi 30.2 e 30.3 possiedono le seguenti generalizzazioni al caso delle ipersuperfici quadriche di $\mathbf{P}^n(\mathsf{K})$.

Se K *è algebricamente chiuso, ogni quadrica* $\mathscr{Q}$ *di* $\mathbf{P}^n(\mathsf{K})$ *è proiettivamente equivalente alla quadrica di equazione*

$$X_0^2 + X_1^2 + \dots + X_r^2 = 0,$$

dove $r + 1 = r(\mathscr{Q})$.

Ogni quadrica $\mathscr{Q}$ *di* $\mathbf{P}^n(\mathsf{R})$ *è proiettivamente equivalente a una e una sola quadrica della forma*

$$X_0^2 + X_1^2 + \dots + X_p^2 - X_{p+1}^2 - \dots - X_r^2 = 0,$$

per qualche $0 \leq p \leq r \leq n$, *tali che* $2p \geq r - 1$.

Le dimostrazioni sono del tutto simili a quelle dei teoremi 30.2 e 30.3.

Esercizi

1. Classificare le seguenti coniche di $\mathbf{P}^2(\mathsf{R})$, determinandone rango ed equazione canonica:

a) $X_0^2 - X_1^2 + X_1X_2 = 0$ b) $X_0X_1 + X_1X_2 + X_0X_2 = 0$

c) $X_0^2 + X_1^2 + X_2^2 - 2X_0X_1 + 2X_0X_2 - 2X_1X_2 = 0$.

2. Classificare ciascuna delle coniche dell'esercizio precedente in $\mathbf{P}^2(\mathsf{C})$.

31 Classificazione di coniche affini e coniche euclidee

In questo paragrafo studieremo le coniche affini e vedremo come esse possono essere classificate nei casi K algebricamente chiuso e K = R. Ci occuperemo dello stesso problema anche nel caso delle coniche euclidee.

Una conica $\mathscr{C}$ di $\mathbf{A}^2 = \mathbf{A}^2(\mathsf{K})$ ha un'equazione della forma

$$a_{11}X^2 + a_{22}Y^2 + 2a_{12}XY + 2a_{01}X + 2a_{02}Y + a_{00} = 0, \qquad [31.1]$$

dove $a_{jk} \in \mathsf{K}$ e a_{11}, a_{22}, a_{12} non sono simultaneamente nulli.

Come nel caso proiettivo, porremo $a_{21} = a_{12}$, $a_{10} = a_{01}$, $a_{20} = a_{02}$ e considereremo la matrice simmetrica $A = (a_{jk})$. Possiamo anche rappresentare l'equazione [31.1] in forma più concisa scrivendo:

$$(1 \quad X \quad Y)\begin{pmatrix} a_{00} & a_{01} & a_{02} \\ a_{10} & a_{11} & a_{12} \\ a_{20} & a_{21} & a_{22} \end{pmatrix}\begin{pmatrix} 1 \\ X \\ Y \end{pmatrix} = 0. \qquad [31.2]$$

Consideriamo $M = (m_{ij}) \in \mathrm{GL}_2(\mathsf{K})$, c_1, $c_2 \in \mathsf{K}$. Effettuando nella [31.1] la sostituzione

$$\begin{aligned} X &= m_{11}X' + m_{12}Y' + c_1 \\ Y &= m_{21}X' + m_{22}Y' + c_2 \end{aligned} \qquad [31.3]$$

otteniamo l'equazione di una conica $\mathscr{D}$ affinemente equivalente a $\mathscr{C}$, e ogni conica affinemente equivalente a $\mathscr{C}$ si ottiene in questo modo per qualche M, c_1, c_2.

Per rappresentare in modo conveniente l'equazione di $\mathscr{D}$ esprimiamo le [31.3] nella forma matriciale

$$\begin{pmatrix} X \\ Y \end{pmatrix} = \begin{pmatrix} m_{11} & m_{12} \\ m_{21} & m_{22} \end{pmatrix}\begin{pmatrix} X' \\ Y' \end{pmatrix} + \begin{pmatrix} c_1 \\ c_2 \end{pmatrix}$$

o nella forma equivalente

$$\begin{pmatrix} 1 \\ X \\ Y \end{pmatrix} = \tilde{M}\begin{pmatrix} 1 \\ X' \\ Y' \end{pmatrix}, \qquad [31.4]$$

dove

$$\tilde{M} = \begin{pmatrix} 1 & 0 & 0 \\ c_1 & m_{11} & m_{12} \\ c_2 & m_{21} & m_{22} \end{pmatrix}. \qquad [31.5]$$

Eseguendo la sostituzione [31.4] nella [31.2] otteniamo l'equazione di $\mathscr{D}$ nelle nuove variabili X', Y':

$$(1 \quad X' \quad Y') \quad B \begin{pmatrix} 1 \\ X' \\ Y' \end{pmatrix} = 0, \qquad [31.6]$$

dove

$$B = {}^t\tilde{M} A \tilde{M}. \qquad [31.7]$$

Dalla [31.7] si vede che B e A hanno lo stesso rango, e quindi *il rango di* A *è una proprietà affine della conica* $\mathscr{C}$, che chiameremo *rango di* $\mathscr{C}$, e denoteremo con $r(\mathscr{C})$.

La conica $\mathscr{C}$ è *non degenere*, *degenere*, *semplicemente degenere*, *doppiamente degenere*, a seconda che si abbia rispettivamente $r(\mathscr{C}) = 3$, $r(\mathscr{C}) < 3$, $r(\mathscr{C}) = 2$, $r(\mathscr{C}) = 1$.

Denotiamo con A_0 la seguente sottomatrice di A:

$$A_0 = \begin{pmatrix} a_{11} & a_{12} \\ a_{21} & a_{22} \end{pmatrix}$$

e con B_0 la corrispondente sottomatrice di B. Allora

$$B_0 = {}^t M A_0 M. \qquad [31.8]$$

Per vederlo si osservi che la sostituzione [31.3] si può ottenere come composizione delle due sostituzioni successive

$$\begin{pmatrix} X \\ Y \end{pmatrix} = \begin{pmatrix} X'' \\ Y'' \end{pmatrix} + \begin{pmatrix} c_1 \\ c_2 \end{pmatrix}$$

e

$$\begin{pmatrix} X'' \\ Y'' \end{pmatrix} = \begin{pmatrix} m_{11} & m_{12} \\ m_{21} & m_{22} \end{pmatrix} \begin{pmatrix} X' \\ Y' \end{pmatrix}.$$

La prima sostituzione, che è una traslazione, non modifica i termini di secondo grado dell'equazione di $\mathscr{C}$. Osservando poi che A_0 è la matrice simmetrica della forma quadratica su K^2 definita dai termini di secondo grado della [31.1], si deduce che la seconda sostituzione cambia A_0 in B_0 secondo la formula [31.8].

Dalla [31.8] deduciamo che A_0 e B_0 hanno lo stesso rango e quindi *il rango di* A_0 *è una proprietà affine di* $\mathscr{C}$.

Se $\det(A_0) \neq 0$, $\mathscr{C}$ è una *conica a centro*, e se $\det(A_0) = 0$ è una *parabola*.

Nel caso particolare $\mathsf{K} = \mathsf{R}$ la formula [31.8] implica che il segno di $\det(A_0)$ è lo stesso di quello di $\det(B_0)$, e quindi anche $\det(A_0) > 0$ *e* $\det(A_0) < 0$ *sono pro-*

prietà affini di $\mathscr{C}$. Se la conica $\mathscr{C}$ di $\mathbf{A}^2(\mathsf{R})$ di equazione [31.1] è a centro, allora $\mathscr{C}$ è un'*ellisse* o un'*iperbole* a seconda che $\det(A_0) > 0$ o $\det(A_0) < 0$.

Dimostreremo ora il teorema di classificazione delle coniche affini nei casi K algebricamente chiuso e K = R.

31.1 Teorema *Ogni conica di* $\mathbf{A}^2(\mathsf{K})$ *è affinemente equivalente a una delle seguenti*:

1) K *algebricamente chiuso:*

$X^2 + Y^2 - 1 = 0$	*conica a centro*
$X^2 + Y^2 = 0$	*conica a centro degenere*
$Y^2 - X = 0$	*parabola*
$Y^2 - 1 = 0$	*parabola degenere*
$Y^2 = 0$	*conica doppiamente degenere*

2) K = R:

$X^2 + Y^2 - 1 = 0$	*ellisse*
$X^2 + Y^2 + 1 = 0$	*ellisse a punti non reali*
$X^2 + Y^2 = 0$	*ellisse degenere*
$X^2 - Y^2 - 1 = 0$	*iperbole*
$X^2 - Y^2 = 0$	*iperbole degenere*
$Y^2 - X = 0$	*parabola*
$Y^2 - 1 = 0$, $Y^2 + 1 = 0$	*parabole degeneri*
$Y^2 = 0$	*conica doppiamente degenere.*

Le coniche di ognuno dei gruppi precedenti sono a due a due non affinemente equivalenti.

Dimostrazione

Parte della dimostrazione sarà data nei due casi simultaneamente. Supponiamo che $\mathscr{C}$ abbia equazione [31.1]. Per trasformare $\mathscr{C}$ in una delle coniche dell'enunciato abbiamo a disposizione una sostituzione [31.3], o, equivalentemente, una successione finita di tali trasformazioni. Procederemo in diversi passi.

Passo 1: *eliminazione del termine* $2a_{12}XY$

Per il teorema 16.1 è possibile trovare una matrice $M \in \mathrm{GL}_2(\mathsf{K})$ tale che la sostituzione

$$\begin{pmatrix} X \\ Y \end{pmatrix} = M \begin{pmatrix} X' \\ Y' \end{pmatrix}$$

trasformi l'equazione [31.1] nella [31.6] in cui B_0 sia una matrice diagonale.

Possiamo quindi supporre $a_{12} = 0$, cioè che $\mathscr{C}$ abbia equazione

$$a_{11}X^2 + a_{22}Y^2 + 2a_{01}X + 2a_{02}Y + a_{00} = 0. \qquad [31.9]$$

Notiamo che $\mathscr{C}$ è una conica a centro se e solo se $a_{11}a_{22} \neq 0$.

Passo 2: *eliminazione di termini di primo grado e del termine costante*
Supponiamo che $\mathscr{C}$ sia a centro. Allora, mediante la traslazione

$$X = X' - \frac{a_{01}}{a_{11}}$$

$$Y = Y' - \frac{a_{02}}{a_{22}}$$

l'equazione [31.9] si trasforma nella seguente:

$$a_{11}X'^2 + a_{22}Y'^2 + c_{00} = 0, \qquad [31.10]$$

dove $c_{00} \in \mathsf{K}$ si esprime per mezzo dei coefficienti della [31.9].

Se $\mathscr{C}$ non è una conica a centro possiamo supporre, salvo scambiare fra loro le variabili, che $a_{11} = 0$ e $a_{22} \neq 0$. La traslazione

$$X = X'$$

$$Y = Y' - \frac{a_{02}}{a_{22}}$$

trasforma la [31.9] nella seguente:

$$a_{22}Y'^2 + 2a_{01}X' + d_{00} = 0,$$

per un opportuno d_{00}. Se $a_{01} = 0$ otteniamo l'equazione

$$a_{22}Y'^2 + d_{00} = 0, \qquad [31.11]$$

mentre, se $a_{01} \neq 0$, possiamo eseguire l'ulteriore traslazione

$$X' = X'' - \frac{d_{00}}{2a_{01}}$$

$$Y' = Y'',$$

ottenendo la nuova equazione

$$a_{22}Y''^2 + 2a_{01}X'' = 0. \qquad [31.12]$$

Passo 3: *normalizzazione dei coefficienti*

Dobbiamo distinguere il caso K = R da quello in cui K è algebricamente chiuso.

K *algebricamente chiuso*. Se $\mathscr{C}$ è una conica a centro e quindi è stata trasformata nella conica di equazione [31.10], possiamo supporre che c_{00} sia -1 oppure 0 (se $c_{00} \neq 0$ basta moltiplicare primo e secondo membro della [31.10] per $-c_{00}^{-1}$). Eseguendo la sostituzione

$$X' = \frac{X}{\sqrt{a_{11}}}$$

$$Y' = \frac{Y}{\sqrt{a_{22}}}$$

otteniamo rispettivamente la prima e la seconda equazione della lista (1).

Se $\mathscr{C}$ non è a centro ed è stata trasformata nella conica di equazione [31.11] possiamo supporre che d_{00} sia -1 oppure 0. Mediante la sostituzione

$$X' = X$$

$$Y' = \frac{Y}{\sqrt{a_{22}}}$$

ci si riconduce alla quarta e alla quinta equazione rispettivamente (nel caso $d_{00} = 0$ è sufficiente moltiplicare primo e secondo membro della [31.11] per a_{22}^{-1}).

Se infine $\mathscr{C}$ è stata trasformata nella conica di equazione [31.12], la sostituzione

$$X'' = \frac{X}{-2a_{01}}$$

$$Y'' = \frac{Y}{\sqrt{a_{22}}}$$

trasforma la [31.12] nella terza equazione dell'enunciato (parabola).

K = R. Se $\mathscr{C}$ è una conica a centro e quindi è stata trasformata nella conica di equazione [31.10], possiamo supporre che c_{00} sia -1 oppure 0 ed eseguire la sostituzione

$$X' = \frac{X}{\sqrt{|a_{11}|}}$$

$$Y' = \frac{Y}{\sqrt{|a_{22}|}}$$

con la quale ci si riconduce a una delle prime cinque equazioni della lista (2).

Se la conica $\mathscr{C}$ non è a centro, ed è stata trasformata nella conica di equazione [31.11], possiamo supporre che d_{00} sia -1 oppure 0 ed eseguire la sostituzione

$$X' = X$$

$$Y' = \frac{Y}{\sqrt{|a_{22}|}}$$

con la quale ci si riconduce a una delle ultime tre equazioni della lista (2).

Infine, se $\mathscr{C}$ è stata trasformata nella conica di equazione [31.12], possiamo supporre $a_{22} > 0$. La sostituzione

$$X'' = \frac{X}{-2a_{01}}$$

$$Y'' = \frac{Y}{\sqrt{a_{22}}}$$

trasforma la [31.12] nella sesta equazione della lista (2) (parabola).

L'ultima asserzione del teorema segue dall'osservare che, in ognuno dei casi (1) e (2), due coniche diverse della lista possono distinguersi una dall'altra attraverso $r(A)$, o $r(A_0)$, oppure attraverso il fatto che hanno diverso supporto. Il teorema 31.1 è dimostrato.

Confrontando gli enunciati dei teoremi 30.2, 30.3 e 31.1 vediamo che le possibili forme canoniche delle coniche affini sono più numerose di quelle delle coniche proiettive. Ciò non sorprende se si osserva che la riduzione in forma canonica si è ottenuta, sia nel caso affine che in quello proiettivo, essenzialmente operando sulla matrice simmetrica A associata a una equazione di $\mathscr{C}$ mediante una opportuna trasformazione della forma [31.6]. La matrice $\tilde{M} \in \mathrm{GL}_3(\mathsf{K})$ può essere scelta in modo arbitrario nel caso proiettivo, e invece della forma particolare [31.5] nel caso affine. Pertanto, avendosi nel caso proiettivo più matrici a disposizione che in quello affine per eseguire la riduzione, due matrici A e B riducibili una all'altra nel senso affine lo saranno anche in quello proiettivo, ma il viceversa non sarà necessariamente vero.

Si noti che le classi di equivalenza affine di coniche di $\mathbf{A}^2(\mathsf{K})$ sono in numero finito in ognuno dei casi considerati.

31.2 *Osservazioni*

1. Una conica a centro è così chiamata perché possiede un *centro di simmetria*, cioè esiste un punto $C(x_0, y_0) \in \mathbf{A}^2$ rispetto a cui $\mathscr{C}$ è simmetrica. Il centro di simmetria è unico.

Se $\mathscr{C}$ ha equazione [31.1], il centro C ha per coordinate la soluzione (x_0, y_0) del sistema

$$a_{11}X + a_{12}Y + a_{10} = 0 \qquad a_{21}X + a_{22}Y + a_{20} = 0 \qquad [31.13]$$

(il sistema [31.13] ha un'unica soluzione per l'ipotesi $\det(A_0) \neq 0$).

Per dimostrarlo si effettua la sostituzione

$$\begin{aligned} X &= 2x_0 - X' \\ Y &= 2y_0 - Y' \end{aligned} \qquad [31.14]$$

sul primo membro della [31.1]. Si vede subito che il polinomio che così si ottiene è proporzionale al primo membro della [31.1], ed è effettivamente uguale ad esso (ma come polinomio nelle nuove variabili) se e solo se (x_0, y_0) è soluzione del sistema [31.13]. Pertanto (x_0, y_0) è l'unico centro di simmetria di $\mathscr{C}$ (cfr. 28.4(3)).

Le rette che passano per il centro di $\mathscr{C}$ si dicono *diametri* della conica.

2. Il significato geometrico della distinzione delle coniche di $\mathbf{A}^2(\mathsf{R})$ in ellissi, iperboli e parabole si può spiegare facilmente se si considerano i punti impropri di $\mathscr{C}$. Per ottenerne le coordinate bisogna risolvere l'equazione omogenea di secondo grado

$$a_{11}X_1^2 + a_{22}X_2^2 + 2a_{12}X_1X_2 = 0, \qquad [31.15]$$

il cui discriminante è $-\det(A_0)$. Quindi le soluzioni dell'equazione [31.15] sono rispettivamente reali e distinte, reali e coincidenti, oppure complesse coniugate (non reali) a seconda che $\mathscr{C}$ sia un'iperbole, una parabola o un'ellisse, ovvero abbia due, uno, nessun punto improprio reale (ossia, nel caso dell'ellisse, abbia due punti impropri complessi non reali).

In altre parole, la distinzione in tre tipi di coniche corrisponde ad altrettanti possibili comportamenti all'infinito.

3. Nella dimostrazione del teorema 31.1 l'ipotesi K algebricamente chiuso oppure $\mathsf{K} = \mathsf{R}$ è stata utilizzata solo nel passo 3 (normalizzazione dei coefficienti). Dalla dimostrazione di 31.1 segue pertanto che, qualunque sia il sottocampo K di C, ogni conica di $\mathbf{A}^2(\mathsf{K})$ è affinemente equivalente a una delle coniche [31.10], [31.11], [31.12].

Passiamo ora a considerare il caso delle coniche euclidee. Le definizioni di rango, di conica non degenere, degenere, semplicemente o doppiamente degenere, hanno ovviamente senso anche in questo caso. Ha pure senso la definizione di conica a centro, di parabola, di ellisse e di iperbole.

31.3 Teorema *Ogni conica $\mathscr{C}$ di $\mathbf{E}^2$ è congruente a una delle seguenti:*

$$\frac{X^2}{a^2} + \frac{Y^2}{b^2} = 1 \qquad (a \geq b > 0) \qquad \textit{ellisse}$$

$$\frac{X^2}{a^2} + \frac{Y^2}{b^2} = -1 \qquad (a \geq b > 0) \qquad \textit{ellisse a punti non reali}$$

$$\frac{X^2}{a^2} + \frac{Y^2}{b^2} = 0 \qquad (a \geq b > 0) \qquad \textit{ellisse degenere}$$

$$\frac{X^2}{a^2} - \frac{Y^2}{b^2} = 1 \qquad (a > 0,\ b > 0) \qquad \textit{iperbole}$$

$$\frac{X^2}{a^2} - \frac{Y^2}{b^2} = 0 \qquad (a \geq b > 0) \qquad \textit{iperbole degenere}$$

$$Y^2 - 2pX = 0 \qquad (p > 0) \qquad \textit{parabola}$$

$$\left.\begin{matrix} Y^2 - a^2 = 0 & (a \geq 0) \\ Y^2 + a^2 = 0 & (a > 0) \end{matrix}\right\} \qquad \textit{parabole degeneri}$$

$$Y^2 = 0 \qquad \textit{conica doppiamente degenere.}$$

Le coniche precedenti sono a due a due non congruenti.

Dimostrazione

Supponiamo che $\mathscr{C}$ abbia equazione [31.1]. Un'isometria modifica l'equazione di $\mathscr{C}$ mediante la sostituzione [31.3] in cui M è una matrice ortogonale. Potremo quindi procedere come nella dimostrazione del teorema 31.1, avendo però a disposizione solo cambiamenti di coordinate in cui la matrice M è ortogonale.

Per il primo passo della dimostrazione (eliminazione del termine $2a_{12}XY$) possiamo utilizzare il teorema spettrale (teorema 22.3) per diagonalizzare la matrice A_0: questo teorema afferma che esiste $M \in \mathrm{O}(2)$ tale che la sostituzione [31.3] trasformi l'equazione [31.1] nella [31.6] in cui B_0 è una matrice diagonale; gli elementi diagonali di B_0 sono gli autovalori di A_0.

Possiamo quindi supporre che $\mathscr{C}$ abbia equazione [31.9] con a_{11} ed a_{22} non entrambi nulli. Il secondo passo della dimostrazione del teorema 31.1 si può ripetere parola per parola anche nel nostro caso. Possiamo quindi ricondurci ad un'equazione della forma [31.10], [31.11] o [31.12].

A questo punto non è difficile riconoscere che queste equazioni, ove si sostituiscano le variabili X', Y' ed X'', Y'' con X, Y, sono quelle dell'enunciato.

Consideriamo infatti la [31.10]. Se $c_{00} \neq 0$ possiamo dividere per ± 1 e ottenere l'equazione di un'ellisse, o di un'ellisse a punti non reali, o di un'iperbole a seconda del segno dei coefficienti di X^2 e di Y^2, e a meno di uno scambio di assi (che è un'isometria). Se invece $c_{00} = 0$ otteniamo un'ellisse degenere oppure un'iperbole degenere.

Le equazioni [31.11] e [31.12] si trattano allo stesso modo.

Il terzo passo della dimostrazione del teorema 31.1 (normalizzazione dei coefficienti) non ha senso nel caso euclideo, perché le trasformazioni utilizzate non sono ortogonali e quindi le equazioni [31.10], [31.11] e [31.12] non sono ulteriormente riducibili. Questo conclude la dimostrazione.

Dal teorema 31.3 segue che in $\mathbf{E}^2$ ci sono infinite classi di congruenza di coniche, contrariamente a quanto avviene per le classi di equivalenza affine, che sono in numero finito: esse sono rappresentate dalle coniche dell'enunciato al variare dei parametri a, b e p che vi compaiono.

Nel prossimo paragrafo studieremo le principali proprietà geometriche delle coniche euclidee.

31.4 *Complementi*

Una quadrica $\mathscr{Q}$ di $\mathbf{A}^n(\mathsf{K})$ ha equazione

$$\sum_{j=1}^{n} a_{jj}X_j^2 + 2 \sum_{1 \le i < j \le n} a_{ij}X_iX_j + 2\sum_{j=1}^{n} a_{0j}X_j + a_{00} = 0, \qquad [31.16]$$

in cui non sono tutti nulli i coefficienti dei termini di secondo grado, cioè i coefficienti a_{ij}, con $1 \le i \le j \le n$. Ponendo $a_{ji} = a_{ij}$, per $0 \le i < j \le n$, all'equazione [31.16] è associata la matrice simmetrica $A = (a_{ij})$. Con notazione matriciale possiamo riscrivere l'equazione [31.16] nella forma seguente:

$$(1 \ X_1 \ X_2 \ \dots \ X_n)\ A \begin{pmatrix} 1 \\ X_1 \\ X_2 \\ \vdots \\ X_n \end{pmatrix} = 0. \qquad [31.17]$$

Ponendo $\mathbf{X} = {}^t(X_1 \dots X_n)$, e introducendo nuove variabili $\mathbf{Y} = {}^t(Y_1 \dots Y_n)$, una affinità di $\mathbf{A}^n(\mathsf{K})$ corrisponde alla sostituzione $\mathbf{X} = M\mathbf{Y} + \mathbf{c}$, dove $M \in \mathrm{GL}_n(\mathsf{K})$, $\mathbf{c} = {}^t(c_1 \dots c_n) \in \mathsf{K}^n$, e trasforma l'equazione [31.16] in quella di una quadrica affinemente equivalente a $\mathscr{Q}$. Scrivendo la sostituzione nella forma equivalente

$$\begin{pmatrix} 1 \\ X_1 \\ X_2 \\ \vdots \\ X_n \end{pmatrix} = \tilde{M} \begin{pmatrix} 1 \\ Y_1 \\ Y_2 \\ \vdots \\ Y_n \end{pmatrix}$$

dove

$$\tilde{M} = \begin{pmatrix} 1 & \mathbf{0} \\ \mathbf{c} & M \end{pmatrix} \in \mathrm{GL}_{n+1}(\mathsf{K}),$$

e sostituendo nella [31.17], la nuova quadrica ha equazione

$$(1\ Y_1\ Y_2\ \dots\ Y_n)\ B \begin{pmatrix} 1 \\ Y_1 \\ Y_2 \\ \vdots \\ Y_n \end{pmatrix} = 0, \qquad [31.18]$$

dove

$$B = (b_{ij}) = {}^t\tilde{M} A \tilde{M}.$$

Quindi $r(B) = r(A)$. Segue da ciò che il rango di A è una proprietà affine di $\mathscr{Q}$, che si chiama *rango di* $\mathscr{Q}$, e si denota con $r(\mathscr{Q})$. Diremo $\mathscr{Q}$ *non degenere* o viceversa *degenere* a seconda che sia $r(\mathscr{Q}) = n+1$ oppure $r(\mathscr{Q}) \leq n$.

Le quadriche affini ed euclidee rispettivamente di $\mathbf{A}^n(\mathsf{K})$ e di $\mathbf{E}^n$ si possono classificare con metodi sostanzialmente simili a quelli visti per le coniche. Il teorema di classificazione, che include anche i casi degeneri, ha un enunciato un po' più lungo a causa delle numerose possibilità che si presentano. Si trova comunque che *le classi di equivalenza affine di quadriche di* $\mathbf{A}^n(\mathsf{K})$, K *algebricamente chiuso, e di* $\mathbf{A}^n(\mathsf{R})$, *sono in numero finito*. Limitandosi a considerare i soli casi non degeneri, si hanno i seguenti risultati:

Ogni quadrica non degenere di $\mathbf{A}^n(\mathsf{K})$ *è affinemente equivalente a una e una sola delle seguenti*:

1) K *algebricamente chiuso*:

$$\sum_{i=1}^{n} X_i^2 - 1 = 0$$

$$\sum_{i=1}^{n-1} X_i^2 - X_n = 0;$$

2) $\mathsf{K} = \mathsf{R}$:

$$\sum_{i=1}^{p} X_i^2 - \sum_{j=p+1}^{n} X_j^2 = 1, \qquad p = 0, \dots, n$$

$$\sum_{i=1}^{p} X_i^2 - \sum_{j=p+1}^{n-1} X_j^2 - X_n = 0, \qquad p = 0, \dots, n$$

(se $p = 0$ si intende che la prima sommatoria non compare).

Ogni quadrica non degenere di $\mathbf{E}^n$ *è congruente a una e una sola delle seguenti:*

$$\sum_{i=1}^{p} \alpha_i X_i^2 - \sum_{j=p+1}^{n} \alpha_j X_j^2 = 1, \qquad \begin{matrix} \alpha_1 \geq \ldots \geq \alpha_p > 0 \\ \alpha_{p+1} \geq \ldots \geq \alpha_n > 0, \end{matrix} \qquad p = 0, \ldots, n$$

$$\sum_{i=1}^{p} \alpha_i X_i^2 - \sum_{j=p+1}^{n-1} \alpha_j X_j^2 - X_n = 0, \qquad \begin{matrix} \alpha_1 \geq \ldots \geq \alpha_p > 0 \\ \alpha_{p+1} \geq \ldots \geq \alpha_{n-1} > 0, \end{matrix} \qquad p = 0, \ldots, n.$$

Diamo un cenno della dimostrazione dell'esistenza, senza discutere l'unicità delle equazioni.

Iniziamo dal caso affine. Per il teorema 16.1 è possibile trovare una matrice $M \in \mathrm{GL}_n(\mathsf{K})$ tale che la sostituzione $\mathbf{X} = M\mathbf{Y}$ trasformi la quadrica $\mathscr{Q}$ in una di equazione [31.18] tale che $b_{ij} = 0$ per $1 \leq i, j \leq n$, $i \neq j$, cioè tale che

$$B = \begin{pmatrix} b_{00} & b_{01} & \ldots & b_{0n} \\ b_{10} & b_{11} & \ldots & 0 \\ \vdots & \vdots & & \vdots \\ b_{n0} & 0 & \ldots & b_{nn} \end{pmatrix}.$$

Se tra i coefficienti $b_{11}, b_{22}, \ldots, b_{nn}$ ve ne sono r non nulli, possiamo supporre che siano i primi r, a meno di permutare le variabili. Poiché $\det(B) \neq 0$ perché per ipotesi $\mathscr{Q}$ è non degenere, dev'essere $r \geq n-1$; ciò si verifica sviluppando $\det(B)$ secondo l'ultima colonna.

Eseguiamo la traslazione

$$Y_j = Z_j - \frac{b_{0j}}{b_{jj}}, \quad j = 1, \ldots, r,$$

$$Y_n = Z_n \ (\text{nel caso } r = n-1).$$

L'equazione [31.18] si trasforma nella

$$\sum_{j=1}^{n} b_{jj} Z_j^2 + c_{00} = 0 \qquad [31.19]$$

se $r = n$, oppure nell'altra,

$$\sum_{j=1}^{n-1} b_{jj} Z_j^2 + 2 b_{0n} Z_n + d_{00} = 0, \qquad [31.20]$$

se $r = n-1$.

Supponiamo di essere nel caso [31.19]. Poiché $\mathscr{Q}$ è non degenere si ha $c_{00} \neq 0$. Dividendo per $-c_{00}$ possiamo supporre $c_{00} = -1$. Se K è algebricamente chiuso la sostituzione

$$Z_j = \frac{X_j}{\sqrt{b_{jj}}}, \qquad j = 1, \ldots, n,$$

trasforma la [31.19] nella prima delle due quadriche dell'enunciato (1). Se invece $\mathsf{K} = \mathsf{R}$ allora la sostituzione

$$Z_j = \frac{X_j}{\sqrt{|b_{jj}|}}, \qquad j = 1, \ldots, n,$$

seguita, se necessario, da una permutazione delle variabili, trasforma la [31.19] nella prima quadrica dell'enunciato (2) per qualche p.

Supponiamo ora di essere nel caso [31.20]. Poiché $\mathcal{Q}$ è non degenere dev'essere $b_{0n} \neq 0$. Dividendo per $-2b_{0n}$ possiamo supporre $b_{0n} = -1/2$. Mediante la traslazione

$$Z_j = T_j, \qquad j = 1, \ldots, n-1,$$
$$Z_n = T_n + d_{00}$$

la [31.20] si trasforma nell'equazione

$$\sum_{j=1}^{n-1} b_{jj} T_j^2 - T_n = 0. \qquad [31.21]$$

Se K è algebricamente chiuso, la sostituzione

$$T_j = \frac{X_j}{\sqrt{b_{jj}}}, \qquad j = 1, \ldots, n-1,$$
$$T_n = X_n$$

trasforma la [31.21] nella seconda quadrica dell'enunciato (1). Se invece $\mathsf{K} = \mathsf{R}$, la sostituzione

$$T_j = \frac{X_j}{\sqrt{|b_{jj}|}}, \qquad j = 1, \ldots, n-1,$$
$$T_n = X_n,$$

seguita, se necessario, da una permutazione delle variabili, trasforma la [31.21] nella seconda quadrica dell'enunciato (2) per qualche p. Questo conclude la dimostrazione del teorema di classificazione nel caso affine.

Nel caso euclideo si procede in modo simile, utilizzando il teorema spettrale invece del teorema 16.1, fino a ridursi a una delle equazioni [31.19] e [31.21]. A questo punto, dopo aver eventualmente permutato le variabili, è facile riconoscere in queste equazioni quelle dell'enunciato.

Esercizi

1. Sia $\mathscr{C}$ una conica a centro di $\mathbf{A}^2(\mathsf{K})$, di equazione $f(X, Y) = 0$. Dimostrare che: a) le coordinate x_0, y_0 del centro C sono individuate dalla condizione di annullare entrambe le derivate parziali f_X ed f_Y di f; b) $C = (0, 0)$ se e solo se f non contiene termini di primo grado. c) Dedurre che la traslazione $X = X' - x_0$, $Y = Y' - y_0$ trasforma $\mathscr{C}$ in una conica la cui equazione è priva dei termini di primo grado.

2. Per ciascuna delle seguenti coniche $\mathscr{C}$ di $\mathbf{A}^2(\mathsf{R})$, determinare se $\mathscr{C}$ è a centro oppure no, e nel caso lo sia, determinare le coordinate del suo centro C; determinare inoltre le coordinate dei punti impropri (eventualmente non reali) di $\mathscr{C}$.

a) $X^2 + Y^2 + XY + X + Y = 1$

b) $5X^2 - 26XY + 5Y^2 + 72 = 0$

c) $X^2 + Y^2 - 2XY - 2Y = 0$

d) $3X^2 - 8XY - 3Y^2 + 10 = 0$

e) $2Y^2 + 2\sqrt{3}\,XY - 2\sqrt{3}\,X + 2Y - 5 = 0$

f) $9X^2 + 16Y^2 + 24XY - 40X + 30Y = 0$

g) $2X^2 + 4XY + 5Y^2 - 12 = 0$

h) $3X^2 + 2XY + 3Y^2 + 2\sqrt{2}\,X - 2\sqrt{2}\,Y = 0$.

3. Si considerino le coniche di $\mathbf{E}^2$ le cui equazioni sono quelle assegnate nell'esercizio precedente. Per ognuna di esse determinare un'isometria diretta che la trasforma in forma canonica, e la forma canonica ottenuta.

4. Dopo aver verificato che ciascuna delle seguenti coniche di $\mathbf{A}^2(\mathsf{R})$ è degenere, determinare equazioni cartesiane delle rette in cui si decompone:

a) $X^2 - Y^2 + 2X - 2Y = 0$

b) $X^2 + Y^2 + 2XY + \frac{3}{2}X + \frac{3}{2}Y - 1 = 0$

c) $3X^2 - \sqrt{2}\,Y^2 + (3\sqrt{2} - 1)XY = 0$

d) $2X^2 + 2Y^2 + 4XY = 0$.

32 Geometria delle coniche euclidee

Le ellissi, iperboli e parabole euclidee furono studiate fin dall'antichità come luoghi geometrici e come sezioni di un cono circolare con un piano, e da ciò deriva il loro nome. Le studieremo nelle forme canoniche date dal teorema 31.3, limitandoci a considerare le coniche non degeneri a punti reali.

Ellisse

Sia $\mathscr{C}$ l'ellisse di $\mathbf{E}^2$ di equazione

$$\frac{X^2}{a^2} + \frac{Y^2}{b^2} = 1, \qquad [32.1]$$

con $a \geq b > 0$.

Se $a = b$ l'equazione [32.1] diventa

$$X^2 + Y^2 = a^2$$

e $\mathscr{C}$ è una *circonferenza* di centro l'origine e di raggio a.

Il supporto dell'ellisse [32.1] è contenuto nel rettangolo delimitato dalle rette di equazioni

$$X = \pm a\,, \quad Y = \pm b,$$

cioè nel sottoinsieme di $\mathbf{E}^2$ costituito dai punti $P(x, y)$ tali che

$$|x| \leq a, \quad |y| \leq b.$$

Infatti, se $P(x,y)$ è tale che $|x| > a$, allora $x^2/a^2 > 1$ e quindi, essendo $y^2/b^2 \geq 0$, la [32.1] non può essere soddisfatta dalle coordinate di P.

I punti di coordinate $(\pm a, 0)$ e $(0, \pm b)$ appartengono a $\mathscr{C}$; essi sono i *vertici* di $\mathscr{C}$.

Dalla forma dell'equazione [32.1] segue immediatamente che $\mathscr{C}$ *è simmetrica rispetto all'origine e rispetto agli assi coordinati.*

Se $\mathscr{C}$ è una circonferenza, ogni retta per l'origine è un suo asse di simmetria: la verifica è un facile esercizio.

Si chiamano *semiassi* i quattro segmenti di estremi l'origine e uno dei vertici. I numeri a e b sono le *lunghezze dei semiassi*.

Per avere un'idea della forma di $\mathscr{C}$ si può risolvere l'equazione [32.1] rispetto a Y:

$$Y = \pm \frac{b}{a} \sqrt{a^2 - X^2}\,. \qquad [32.2]$$

Se $P(x, y) \in \mathscr{C}$, al variare di x tra $-a$ e 0 i due valori della y dati dalla [32.2] variano tra 0 e $\pm b$, mentre quando x varia tra 0 e a essi variano tra $\pm b$ e 0.

La forma dell'ellisse è quella che si vede nella figura 32.1.

Posto

$$c = \sqrt{a^2 - b^2}\,, \qquad [32.3]$$

i punti di coordinate $(\pm c, 0)$ sono i *fuochi* dell'ellisse, e il numero

$$e = c/a$$

è la sua *eccentricità*.

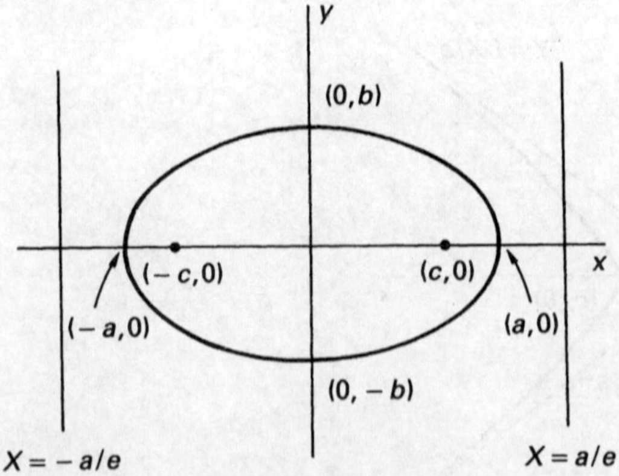

Figura 32.1

Si ha sempre $0 \leq e < 1$. Se $\mathscr{C}$ è una circonferenza, e solo in quel caso, $e = 0$ e i fuochi coincidono tra loro e con il centro.

Se $e \neq 0$, le due rette di equazioni $x = \pm a/e$ sono dette *direttrici dell'ellisse* (quella con segno $\pm$ nell'equazione si dice *relativa al fuoco* $(\pm c, 0)$).

Iperbole

Sia $\mathscr{C}$ l'iperbole di $\mathbf{E}^2$ di equazione

$$\frac{X^2}{a^2} - \frac{Y^2}{b^2} = 1, \qquad [32.4]$$

con $a > 0$, $b > 0$. $\mathscr{C}$ è detta *iperbole equilatera* se $a = b$.

Come nel caso dell'ellisse, si vede che l'iperbole di equazione [32.4] *è simmetrica rispetto all'origine e rispetto ai due assi coordinati.*

L'asse di simmetria $Y = 0$ incontra $\mathscr{C}$ nei punti $(\pm a, 0)$, che si chiamano *vertici* di $\mathscr{C}$. Invece l'asse di equazione $X = 0$ non incontra $\mathscr{C}$.

Dall'equazione [32.4] segue subito che nessun punto $P(x, y)$ per cui si abbia $|x| < a$ appartiene a $\mathscr{C}$; quindi $\mathscr{C}$ è contenuta nei due semipiani Σ_- e Σ_+, definiti rispettivamente dalle condizioni $x \leq -a$ e $x \geq a$. I sottoinsiemi $\mathscr{C} \cap \Sigma_+$ e $\mathscr{C} \cap \Sigma_-$ sono i *rami* dell'iperbole.

Risolvendo la [32.4] rispetto alla Y troviamo

$$Y = \pm \frac{b}{a}\sqrt{X^2 - a^2}.$$

Poiché per ogni x tale che $|x| \geq |a|$ si ha

$$\left| \frac{b}{a}\sqrt{x^2 - a^2} \right| < \left| \frac{bx}{a} \right|,$$

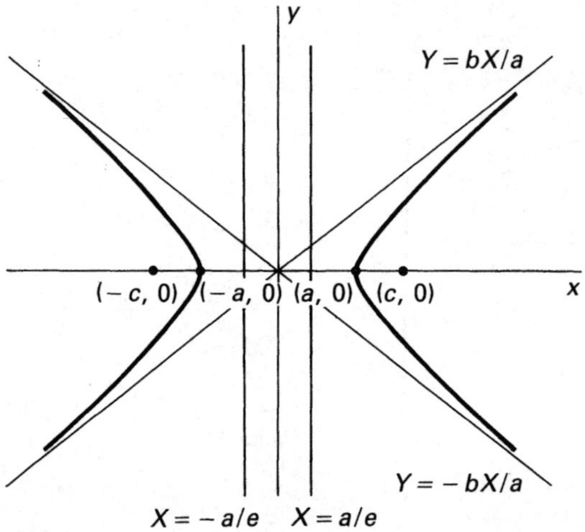

Figura 32.2

$\mathscr{C}$ è contenuta nel sottoinsieme di $\mathbf{E}^2$ definito dalla disequazione

$$|Y| \leq \left| \frac{bX}{a} \right| .$$

Le due rette di equazioni

$$Y = \pm \frac{bX}{a}$$

sono gli *asintoti* di $\mathscr{C}$. La forma dell'iperbole è illustrata nella figura 32.2.

Posto

$$c = \sqrt{a^2 + b^2}, \qquad [32.5]$$

i punti di coordinate $(\pm c, 0)$ si dicono *fuochi* di $\mathscr{C}$.

Il numero

$$e = c/a$$

è l'*eccentricità* di $\mathscr{C}$, e le rette di equazioni

$$X = \pm \frac{a}{e}$$

sono le sue *direttrici* (quella con segno $\pm$ nell'equazione si dice *relativa al fuoco* $(\pm c, 0)$). Si noti che $e > 1$.

Parabola

Consideriamo la parabola $\mathscr{C}$ di $\mathbf{E}^2$ di equazione

$$Y^2 = 2pX, \qquad [32.6]$$

con $p > 0$.

Poiché nella [32.6] l'unico termine in cui compare la Y è Y^2, $\mathscr{C}$ è simmetrica rispetto all'asse $Y = 0$. Questa retta incontra $\mathscr{C}$ nell'origine, che è detta *vertice* di $\mathscr{C}$.

Dall'equazione [32.6] segue immediatamente che $\mathscr{C}$ non ha punti $P(x, y)$ tali che $x < 0$, e quindi è contenuta nel semipiano definito dalla condizione $x \geq 0$. Risolvendo la [32.6] rispetto a Y otteniamo

$$Y = \pm \sqrt{2pX}\,.$$

Deduciamo che se x varia da 0 a $+\infty$ e $P(x, y) \in \mathscr{C}$, allora y varia da 0 a $\pm\infty$ (fig. 32.3).

Il punto di coordinate $(p/2, 0)$ è il *fuoco* di $\mathscr{C}$, e la retta di equazione

$$X = -p/2$$

è la sua *direttrice*. L'*eccentricità* di $\mathscr{C}$ è per definizione $e = 1$.

Descriveremo ora alcune proprietà geometriche di ellisse, iperbole e parabola, le cosiddette *proprietà focali*, che permettono di ottenerle come luoghi geometrici. La prima caratterizzazione riguarda ellissi e iperboli.

32.1 PROPOSIZIONE *L'ellisse* [32.1] (*l'iperbole* [32.4]) *ha per supporto il luogo dei punti di* $\mathbf{E}^2$ *le cui distanze dai due fuochi hanno somma* (*differenza*) *costante* (*costante in valore assoluto*), *uguale a* $2a$.

Dimostrazione

Denotiamo con F ed F', rispettivamente, i due fuochi $(\pm c, 0)$. Per un punto $P(x, y)$ la condizione

$$|\, d(P, F) \pm d(P, F')\,| = 2a \qquad [32.7]$$

si traduce nella condizione

$$\sqrt{(x-c)^2 + y^2} \pm \sqrt{(x+c)^2 + y^2} = 2a. \qquad [32.8]$$

Portando il secondo radicale a secondo membro ed elevando due volte al quadrato per eliminare i radicali, si arriva all'identità

$$\frac{x^2}{a^2} + \frac{y^2}{(a^2 - c^2)} = 1, \qquad [32.9]$$

la quale rappresenta la [32.1] oppure la [32.4], a seconda che c sia dato dalla [32.3] oppure dalla [32.5].

Per concludere resta da verificare che il luogo rappresentato dalla [32.9], il quale certamente contiene quello rappresentato dalla [32.7], coincide con esso. A questo proposito notiamo che il procedimento di passaggio dalla [32.8] alla [32.9] è reversibile, a meno di ambiguità dei segni dei radicali. Pertanto basta osservare che la condizione $c < a$ ($c > a$) è compatibile solo con la [32.7] in cui si prenda il segno + (il segno $-$).

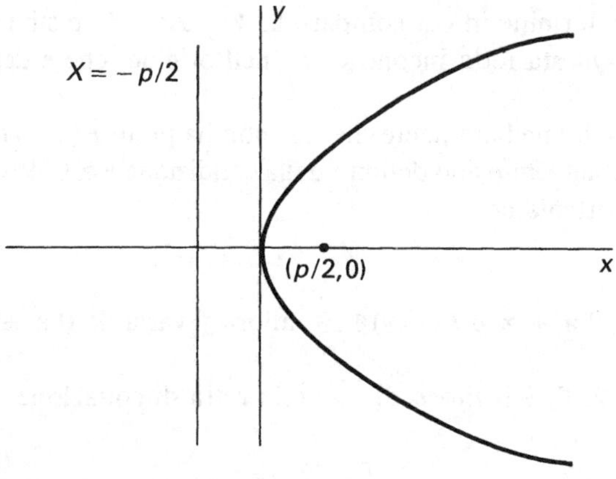

Figura 32.3

Un'altra caratterizzazione delle coniche come luoghi geometrici è data dalla proposizione seguente.

32.2 Proposizione *L'ellisse* [32.1], *l'iperbole* [32.4], *la parabola* [32.6] *hanno per supporto il luogo dei punti le cui distanze da un fuoco e dalla relativa direttrice hanno rapporto costante, uguale all'eccentricità della rispettiva conica.*

Dimostrazione

Consideriamo il caso di ellisse e iperbole. Per un punto $P(x, y)$ la condizione dell'enunciato è

$$\frac{\sqrt{(x \mp c)^2 + y^2}}{|x \mp a/e|} = e,$$

che è equivalente a quella che si ottiene elevando al quadrato:

$$(x \mp c)^2 + y^2 = (ex \mp a)^2,$$

ovvero a

$$x^2(1 - e^2) + y^2 = 2(c - ea)x + a^2 - c^2,$$

che è appunto l'equazione [32.1] oppure [32.4].

Nel caso della parabola si procede nello stesso modo.

32.3 *Complementi*

1. La proposizione 32.2 si presta a fornire una nuova rappresentazione analitica delle coniche, nel modo seguente. Supponiamo che la conica $\mathscr{C}$ abbia eccentricità $e > 0$, e siano F ed $\mathscr{d}$ rispettivamente un suo fuoco e la relativa direttrice (fig. 32.4). Sia $\mathscr{s}$ la retta per F perpendicolare a $\mathscr{d}$, e $F_0 = \mathscr{d} \cap \mathscr{s}$. Si ha

$$d = d(F, \mathscr{d}) = d(F, F_0).$$

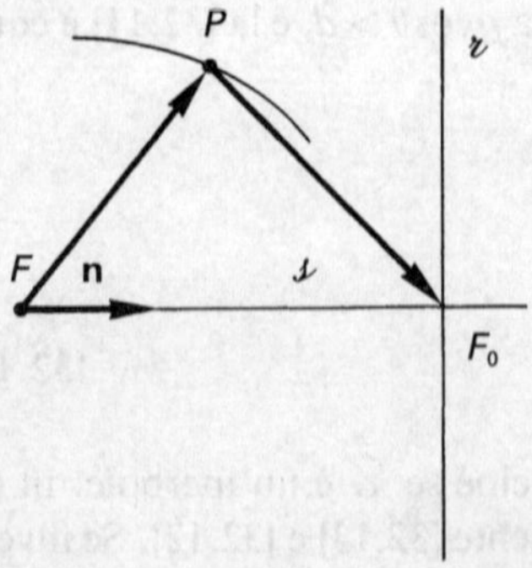

Figura 32.4

Poniamo

$$\mathbf{n} = \overrightarrow{FF_0}/\,\|\overrightarrow{FF_0}\|.$$

Per ogni $P \in \mathbf{E}^2$ abbiamo

$$(\overrightarrow{FP} + \overrightarrow{PF_0})\cdot\mathbf{n} = \overrightarrow{FF_0}\cdot\mathbf{n} = \|\overrightarrow{FF_0}\| = d,$$

cioè

$$\overrightarrow{PF_0}\cdot\mathbf{n} = d - \overrightarrow{FP}\cdot\mathbf{n};$$

poiché $|\overrightarrow{PF_0}\cdot\mathbf{n}| = d(P, \mathscr{r})$, otteniamo

$$d(P, \mathscr{r}) = |d - \overrightarrow{FP}\cdot\mathbf{n}|.$$

Da quest'identità e dalla proposizione 32.2 deduciamo che i punti $P \in \mathscr{C}$ sono precisamente quelli che soddisfano la seguente equazione:

$$\|\overrightarrow{FP}\| = e\,|d - \overrightarrow{FP}\cdot\mathbf{n}|. \qquad [32.10]$$

Supponiamo $F = \mathbf{0}$ e che la retta $\mathscr{r}$ abbia equazione $X = d$. Allora $\mathbf{n} = E_1 = (1, 0)$, e, dette (ρ, θ) le coordinate polari di P, la [32.10] si traduce nell'equazione in ρ, θ:

$$\rho = e\,|d - \rho\cos\theta|. \qquad [32.11]$$

Per eliminare dall'equazione il segno di modulo, dobbiamo distinguere due casi. Se P ed F sono nello stesso semipiano rispetto a $\mathscr{r}$, allora $\rho\cos\theta < d$, e la [32.11] è equivalente a

$$\rho = e(d - \rho\cos\theta),$$

che, risolvendo rispetto a ρ, può essere riscritta nella forma

$$\rho = \frac{ed}{e\cos\theta + 1}. \qquad [32.12]$$

Se invece P ed F sono in semipiani distinti, allora $\rho\cos\theta > d$, e la [32.11] è equivalente a

$$\rho = e(\rho\cos\theta - d),$$

che, risolta rispetto a ρ, prende la forma

$$\rho = \frac{ed}{e\cos\theta - 1}. \qquad [32.13]$$

Questo secondo caso è possibile solo se $e > 1$, cioè se $\mathscr{C}$ è un'iperbole: in tal caso $\mathscr{C}$ possiede due rami, di equazioni rispettivamente [32.13] e [32.12]. Se invece $0 < e \leq 1$, allora $\mathscr{C}$ è un'ellisse oppure una parabola: in questo caso $\mathscr{C}$ possiede un solo ramo, situato nello stesso semipiano di F rispetto a $\mathfrak{r}$, e avente equazione [32.12]. Riassumendo abbiamo il seguente risultato.

Sia $\mathscr{C}$ una conica di eccentricità e, avente un fuoco f nell'origine e per relativa direttrice la retta $\mathfrak{r}$ di equazione $X = d$. Se $0 < e \leq 1$, $\mathscr{C}$ è un'ellisse o una parabola, e i suoi punti hanno coordinate polari che soddisfano l'equazione

$$\rho = \frac{ed}{e\cos\theta + 1}.$$

Se $e > 1$, $\mathscr{C}$ è un'iperbole, i cui due rami, giacenti nei due semipiani definiti da $\mathfrak{r}$, sono costituiti dai punti le cui coordinate polari soddisfano le equazioni

$$\rho = \frac{ed}{e\cos\theta + 1}$$

$$\rho = \frac{ed}{e\cos\theta - 1},$$

dette equazioni polari della conica.

2. Consideriamo una circonferenza $\mathscr{C} \subset \mathbf{E}^2$ di centro il punto (x_0, y_0) e raggio $r > 0$; essa ha equazione

$$(X - x_0)^2 + (Y - y_0)^2 = r^2, \qquad [32.14]$$

cioè

$$X^2 + Y^2 + 2a_{01}X + 2a_{02}Y + a_{00} = 0, \qquad [32.15]$$

dove $a_{01} = -x_0$, $a_{02} = -y_0$, $a_{00} = x_0^2 + y_0^2 - r^2$. In particolare si ha

$$a_{01}^2 + a_{02}^2 - a_{00} > 0. \qquad [32.16]$$

Viceversa una conica di equazione [32.15] e tale che sia verificata la [32.16] è una circonferenza. Infatti la [32.15] si può scrivere nella forma [32.14] con

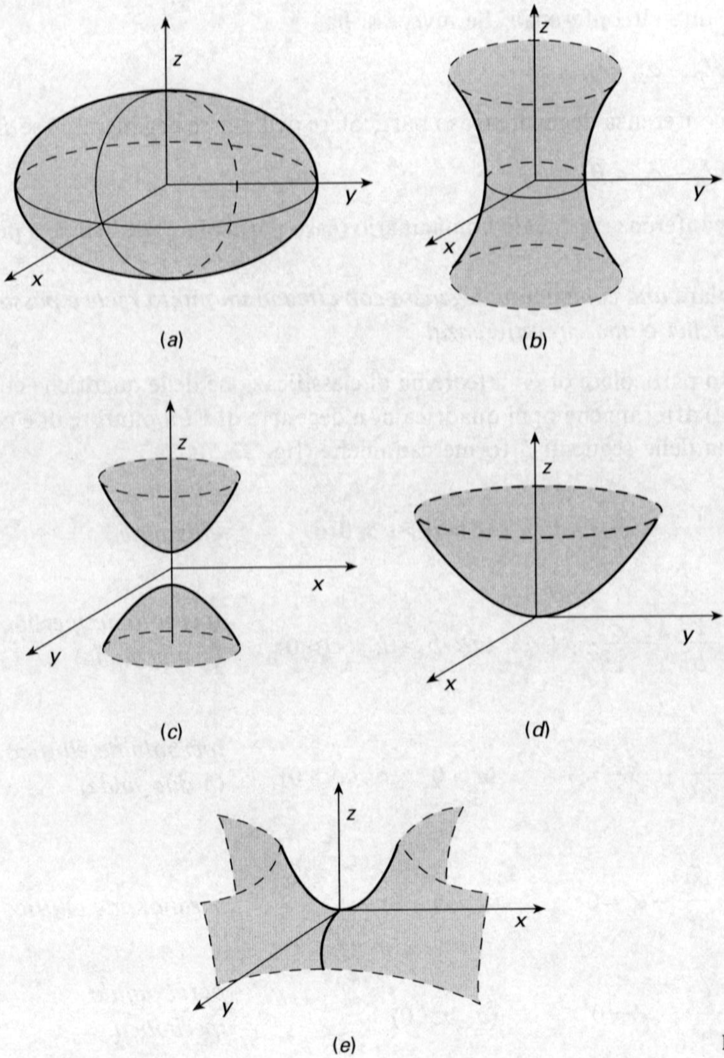

Figura 32.5

$x_0 = - a_{01}$, $y_0 = - a_{02}$, $r^2 = a_{01}^2 + a_{02}^2 - a_{00}$, e quindi $\mathscr{C}$ è una circonferenza di centro (x_0, y_0) e raggio r.

Si noti che i punti impropri della circonferenza [32.15] sono i due punti non reali $[0, 1, \pm i]$, che sono chiamati *punti ciclici* del piano euclideo $\mathbf{E}^2$.

Si verifica subito che una conica $\mathscr{C}$ di equazione

$$a_{11}X^2 + a_{22}Y^2 + 2a_{12}XY + 2a_{01}X + 2a_{02}Y + a_{00} = 0$$

passa per i punti ciclici se e solo se $a_{11} = a_{22}$, $a_{12} = 0$. Quindi, supponendo $a_{11} = a_{22} = 1$ dopo aver eventualmente diviso per a_{11}, se anche la [32.16] è soddisfatta $\mathscr{L}$ è una circonferenza. Se invece si ha

$$a_{01}^2 + a_{02}^2 - a_{00} = 0,$$

$\mathscr{L}$ è una circonferenza degenere (caso particolare dell'ellisse degenere), e se si ha

$$a_{01}^2 + a_{02}^2 - a_{00} < 0,$$

$\mathscr{L}$ è una circonferenza di raggio immaginario (caso particolare dell'ellisse a punti non reali).

In particolare *una conica non degenere con almeno un punto reale e passante per i punti ciclici è una circonferenza.*

3. Nel caso particolare di $\mathbf{E}^3$ il teorema di classificazione delle quadriche euclidee (cfr. 31.4) afferma che ogni quadrica non degenere di $\mathbf{E}^3$ a punti reali è congruente a una delle seguenti 5 forme canoniche (fig. 32.5):

a) $\dfrac{X^2}{a^2} + \dfrac{Y^2}{b^2} + \dfrac{Z^2}{c^2} = 1 \quad (a > b > c > 0)$ *ellissoide*

b) $\dfrac{X^2}{a^2} + \dfrac{Y^2}{b^2} - \dfrac{Z^2}{c^2} = 1 \quad (a > b > 0, \quad c > 0)$ *iperboloide iperbolico (a una falda)*

c) $\dfrac{X^2}{a^2} - \dfrac{Y^2}{b^2} - \dfrac{Z^2}{c^2} = 1 \quad (a > 0, \quad b > c > 0)$ *iperboloide ellittico (a due falde)*

d) $\dfrac{X^2}{a^2} + \dfrac{Y^2}{b^2} - Z = 0 \quad (a > b > 0)$ *paraboloide ellittico*

e) $\dfrac{X^2}{a^2} - \dfrac{Y^2}{b^2} - Z = 0 \quad (a, b > 0)$ *paraboloide iperbolico.*

Esercizi

1. Dimostrare che una circonferenza ha ogni retta contenente il suo centro come asse di simmetria.

2. Calcolare coordinate dei fuochi, eccentricità ed equazioni delle direttrici delle coniche di equazioni

a) $\dfrac{X^2}{9} + \dfrac{Y^2}{4} = 1$ b) $\dfrac{X^2}{2} - Y^2 = 1$ c) $Y^2 = 4X.$

33 Intersezione di due curve: proprietà elementari

In questo paragrafo supporremo K algebricamente chiuso, salvo avviso contrario.

Consideriamo una curva algebrica affine $\mathscr{C}$ di grado n in $\mathbf{A}^2 = \mathbf{A}^2(\mathsf{K})$, di equazione

$$f(X, Y) = 0. \tag{33.1}$$

$\mathscr{C}$ si dice *irriducibile* se $f(X, Y)$ è un polinomio irriducibile di $\mathsf{K}[X, Y]$; altrimenti si dice *riducibile*.

Sia data una curva $\mathscr{C}$ riducibile; se il polinomio f si fattorizza come

$$f(X, Y) = f_1(X, Y) \dots f_k(X, Y), \tag{33.2}$$

allora, dette $\mathscr{C}_1, \dots, \mathscr{C}_k$ le curve di equazioni

$$\begin{aligned} &f_1(X, Y) = 0,\\ &\quad\vdots\\ &f_k(X, Y) = 0, \end{aligned} \tag{33.3}$$

sussiste, tra i supporti, la relazione

$$\mathscr{C} = \mathscr{C}_1 \cup \dots \cup \mathscr{C}_k.$$

Infatti, stante la [33.2], ogni soluzione (x, y) dell'equazione [33.1] è necessariamente soluzione di almeno una delle equazioni [33.3], e viceversa. Scriveremo

$$\mathscr{C} = \mathscr{C}_1 + \dots + \mathscr{C}_k \tag{33.4}$$

per esprimere il fatto che si ha la decomposizione [33.2].

Se la [33.2] è la decomposizione di $f(X, Y)$ in fattori irriducibili, le curve irriducibili $\mathscr{C}_1, \dots, \mathscr{C}_k$ si dicono *componenti irriducibili* di $\mathscr{C}$.

Se $f_j(X, Y)$ è un fattore multiplo di $f(X, Y)$ di molteplicità μ_j, la corrispondente componente irriducibile di $\mathscr{C}$ è detta *componente multipla di molteplicità* μ_j.

La curva $\mathscr{C}$ si dice *ridotta* se non possiede componenti multiple.

Ad esempio, una conica è irriducibile se e solo se è non degenere. Una conica semplicemente degenere possiede due componenti irriducibili distinte che sono due rette, mentre una conica doppiamente degenere è non ridotta, essendo costituita da una retta con molteplicità 2.

Utilizzando i risultati dell'appendice *A* (pp. 455-57) è immediato verificare che una curva $\mathscr{C}$ è irriducibile se e solo se lo è ogni curva ad essa affinemente equivalente. Quindi *riducibilità e irriducibilità sono proprietà affini*.

Analogamente, sono proprietà affini di una curva numero, grado e molteplicità delle sue componenti irriducibili.

Con ovvie modifiche, le nozioni che abbiamo introdotto per le curve affini (irriducibilità, componenti irriducibili ecc.) si possono dare per le curve algebriche proiettive. Si dimostra allora che *riducibilità e irriducibilità, numero, grado e molteplicità delle componenti irriducibili di una curva* $\mathscr{C}$ *di* $\mathbf{P}^2$ *sono proprietà proiettive*.

Evidentemente *il grado di una curva è uguale alla somma dei gradi delle sue componenti irriducibili*, purché ogni componente venga contata un numero di volte pari alla sua molteplicità: infatti la stessa proprietà vale per i polinomi.

La teoria delle curve algebriche piane dipende in buona parte dallo studio delle intersezioni di due curve. Ciò corrisponde algebricamente a risolvere un sistema di due equazioni polinomiali. In quanto segue ci limiteremo a trattare aspetti elementari dal problema.

33.1 TEOREMA *Siano* $\mathscr{C}$ *e* $\mathscr{D}$ *curve algebriche piane, affini o proiettive, di gradi n ed m rispettivamente. Se* $\mathscr{C}$ *e* $\mathscr{D}$ *non hanno infiniti punti in comune, esse hanno al più nm punti in comune.*

Se $\mathscr{C}$ *e* $\mathscr{D}$ *sono curve proiettive, esse hanno almeno un punto in comune.*

Dimostrazione

Se $\mathscr{C}$ e $\mathscr{D}$ sono curve affini aventi un numero finito di punti in comune, anche le loro chiusure proiettive hanno un numero finito di punti in comune. Possiamo dunque limitarci a dimostrare l'asserto nel caso proiettivo. È evidente inoltre che non è restrittivo sostituire $\mathscr{C}$ e $\mathscr{D}$ con due curve loro trasformate mediante una (e la stessa) proiettività.

Siano dunque $\mathscr{C}, \mathscr{D} \subset \mathbf{P}^2$, e $\{P_1, \dots, P_N\} = \mathscr{C} \cap \mathscr{D}$. Per ogni $j \neq k$, sia $\mathscr{r}_{jk}$ la retta per P_j e P_k. Poiché esiste almeno un punto di $\mathbf{P}^2$ non appartenente alla curva riducibile $\mathscr{C} + \mathscr{D} + \Sigma_{jk}\, \mathscr{r}_{ik}$, possiamo supporre, eventualmente utilizzando una proiettività per trasformare $\mathscr{C}$ e $\mathscr{D}$, che $[0, 0, 1] \notin \mathscr{C} + \mathscr{D} + \Sigma_{ik}\, \mathscr{r}_{ik}$.

Siano

$$F(X_0, X_1, X_2) = 0, \qquad G(X_0, X_1, X_2) = 0$$

equazioni di $\mathscr{C}$ e di $\mathscr{D}$ rispettivamente, dove

$$F(X_0, X_1, X_2) = A_n(X_0, X_1) + A_{n-1}(X_0, X_1)X_2 + \dots + A_0X_2^n,$$
$$G(X_0, X_1, X_2) = B_m(X_0, X_1) + B_{m-1}(X_0, X_1)X_2 + \dots + B_0X_2^m,$$

con $A_h, B_k \in \mathsf{K}[X_0, X_1]$ omogenei di grado h, k rispettivamente.

Sia $R(X_0, X_1)$ il risultante di F e G rispetto a X_2. Poiché $[0, 0, 1] \notin \mathscr{C} \cup \mathscr{D}$, si ha $A_0B_0 \neq 0$, e di conseguenza, per ogni $x_0, x_1 \in \mathsf{K}$, i polinomi in X_2 $F(x_0, x_1, X_2)$ e $G(x_0, x_1, X_2)$ hanno grado effettivo n ed m rispettivamente. Pertanto, per ogni $x_0, x_1 \in \mathsf{K}$, $R(x_0, x_1)$ è il risultante di $F(x_0, x_1, X_2)$ e $G(x_0, x_1, X_2)$.

Se $[x_0, x_1, x_2] \in \mathscr{C} \cap \mathscr{D}$, si ha $R(x_0, x_1) = 0$ perché $F(x_0, x_1, X_2)$ e $G(x_0, x_1, X_2)$ hanno la radice comune x_2. Viceversa, ad ogni (x_0, x_1) tale che $R(x_0, x_1) = 0$ corrisponde almeno una radice comune x_2 di $F(x_0, x_1, X_2)$ e $G(x_0, x_1, X_2)$ che definisce un punto $[x_0, x_1, x_2] \in \mathscr{C} \cap \mathscr{D}$. Quindi, poiché $R(X_0, X_1)$ ha almeno una radice, $\mathscr{C} \cap \mathscr{D} \neq \emptyset$.

Poiché $\mathscr{C} \cap \mathscr{D}$ è finito, $R(X_0, X_1)$ non si annulla identicamente. Dal teorema A.18 segue che $R(X_0, X_1)$ è omogeneo di grado nm. Poiché $R(X_0, X_1)$ possiede al più nm radici distinte, per concludere la dimostrazione sarà sufficiente far vedere che, per ogni radice (x_0, x_1) di $R(X_0, X_1)$, esiste al più un punto $[x_0, x_1, x_2] \in \mathscr{C} \cap \mathscr{D}$.

Ma se $[x_0, x_1, x_2]$, $[x_0, x_1, y_2] \in \mathscr{C} \cap \mathscr{D}$, $x_2 \neq y_2$, la retta che contiene questi due punti passa per $[0, 0, 1]$, e ciò contraddice l'ipotesi.

È possibile che due curve $\mathscr{C}$ e $\mathscr{D}$ abbiano meno di nm punti in comune anche nel caso proiettivo; ciò apparirà chiaro man mano che procederemo nella discussione, e diversi esempi ci si presenteranno. Nel caso particolare in cui $\mathscr{D}$ è una retta, il teorema afferma che $\mathscr{C}$ e $\mathscr{D}$ hanno al più n punti in comune.

Ovviamente nel caso affine due curve possono non avere alcun punto in comune (si pensi a due rette parallele).

Si noti anche che se K non è algebricamente chiuso due curve proiettive possono non avere punti in comune. Ad esempio la conica $X_0^2 + X_1^2 + X_2^2 = 0$ di $\mathbf{P}^2(\mathsf{R})$ non ha punti reali e quindi ha intersezione vuota con ogni curva.

È possibile introdurre in modo opportuno una nozione di "molteplicità di intersezione" di due curve in un loro punto comune. Una versione più precisa del teorema 33.1, il *teorema di Bezout*, afferma che due curve proiettive che non hanno infiniti punti in comune ne hanno precisamente nm, purché ognuno di essi venga contato con la sua molteplicità di intersezione. La dimostrazione del teorema di Bezout è alquanto più delicata e verrà data solo nell'ipotesi che una delle due curve sia una retta.

Consideriamo ora il caso in cui $\mathscr{C}$ e $\mathscr{D}$ hanno infiniti punti in comune.

33.2 Teorema *Siano $\mathscr{C}$ e $\mathscr{D}$ curve algebriche piane, affini o proiettive, con $\mathscr{D}$ irriducibile. Se $\mathscr{C}$ e $\mathscr{D}$ hanno infiniti punti in comune, $\mathscr{D}$ è una componente irriducibile di $\mathscr{C}$.*

Dimostrazione

Daremo la dimostrazione nel caso affine, lasciando al lettore la facile estensione a quello proiettivo.

Supponiamo dapprima che $\mathscr{D}$ sia una retta $\mathscr{r}$, di equazione

$$aX + bY + c = 0 \qquad [33.5]$$

e che $\mathscr{C}$ abbia equazione [33.1]. I punti di $\mathscr{r} \cap \mathscr{C}$ corrispondono alle soluzioni del sistema costituito dalla [33.1] e dalla [33.5]. Supponiamo $b \neq 0$ (il caso $b = 0$ si tratta nello stesso modo, scambiando X e Y). Sostituendo $Y = -b^{-1}aX - b^{-1}c$ nella [33.1] otteniamo un'equazione in X:

$$A_0X^n + A_1X^{n-1} + \ldots + A_n = 0, \qquad [33.6]$$

dove

$$A_0X^n + A_1X^{n-1} + \ldots + A_n = f(X, -b^{-1}aX - b^{-1}c). \qquad [33.7]$$

Ogni soluzione della [33.6], sostituita nella [33.5], fornisce le coordinate di uno dei punti di $\mathscr{r} \cap \mathscr{C}$, e tutti i punti di $\mathscr{r} \cap \mathscr{C}$ sono ottenuti in questo modo. La condizione che $\mathscr{r}$ e $\mathscr{C}$ abbiano infiniti punti in comune è pertanto equivalente a quella che il polinomio [33.7] sia identicamente nullo.

D'altra parte, $\mathscr{r}$ è una componente irriducibile di $\mathscr{C}$ se e solo se il polinomio $Y + b^{-1}aX + b^{-1}c$ divide $f(X, Y)$, cioè se si ha

$$f(X, Y) = (Y + b^{-1}aX + b^{-1}c)h(X, Y)$$

per un opportuno $h(X, Y) \in \mathsf{K}[X, Y]$. Sostituendo a primo e secondo membro di questa identità $-(b^{-1}aX + b^{-1}c)$ al posto di Y, si deduce che la condizione detta è equivalente alla condizione

$$f(X, -(b^{-1}aX + b^{-1}c)) = 0.$$

Ma il primo membro è il polinomio [33.7], il cui annullarsi equivale alla condizione che $\mathscr{r}$ e $\mathscr{C}$ abbiano infiniti punti in comune. Ciò dimostra il teorema nel caso in cui $\mathscr{D}$ è una retta.

Consideriamo ora il caso generale. Supponiamo che $\mathscr{C}$ e $\mathscr{D}$ abbiano rispettivamente equazione

$$f(X, Y) = 0, \quad g(X, Y) = 0,$$

con $f(X, Y)$, $g(X, Y) \in \mathsf{K}[X, Y]$ non costanti, e $g(X, Y)$ irriducibile. Se $f(X, Y)$ è costante rispetto a Y, $\mathscr{C}$ consiste di un numero finito di rette parallele all'asse Y. In questo caso $\mathscr{D}$ interseca una almeno di queste rette in infiniti punti, e quindi la ha come componente irriducibile. Ma $\mathscr{D}$, essendo irriducibile, coincide con una di tali rette, e quindi è una componente irriducibile di $\mathscr{C}$.

Se $f(X, Y)$ non è costante rispetto a Y, consideriamo $f(X, Y)$ e $g(X, Y)$ come elementi di $\mathsf{D}[Y]$, dove $\mathsf{D} = \mathsf{K}[X]$, e denotiamo con F il campo dei quozienti di D. Supponiamo per assurdo che $g(X, Y)$ non divida $f(X, Y)$. Allora $f(X, Y)$ e $g(X, Y)$ sono privi di fattori comuni non costanti rispetto a Y, cioè in $\mathsf{D}[Y]$ non hanno fattori comuni non costanti. Per la proposizione A.16, $f(X, Y)$ e $g(X, Y)$ non hanno fattori comuni non costanti in $\mathsf{F}[Y]$, cioè $\mathrm{MCD}(f, g) = 1$ in $\mathsf{F}[Y]$. Per le proprietà del MCD esistono $A, B \in \mathsf{F}[Y]$ tali che

$$1 = Af + Bg. \qquad [33.8]$$

Poiché F è il campo dei quozienti di $K[X]$, esiste $h \in K[X]$, $h \neq 0$, tale che Ah e Bh appartengano entrambi a $K[X]$. Moltiplicando primo e secondo membro della [33.8] per h si ottiene l'identità

$$h = (Ah)f + (Bh)g. \qquad [33.9]$$

Dalla [33.9] deduciamo che ogni punto comune a $\mathscr{C}$ e $\mathscr{D}$ appartiene alla curva $\mathscr{E}$ di equazione $h = 0$. Quindi $\mathscr{D}$ e $\mathscr{E}$ hanno infiniti punti in comune, perché infiniti ne hanno $\mathscr{C}$ ed $\mathscr{D}$; poiché $\mathscr{E}$ è un'unione di rette parallele all'asse Y, ragionando come sopra si deduce che $\mathscr{D}$ è una retta. Per la prima parte della dimostrazione $\mathscr{D}$ è una componente irriducibile di $\mathscr{C}$, e questa è una contraddizione.

33.3 Corollario *Se due curve (affini o proiettive) di gradi m ed n rispettivamente hanno mn + 1 punti in comune, allora hanno una componente irriducibile in comune.*

Dimostrazione

Siano $\mathscr{C}$ e $\mathscr{D}$ le due curve. Dal teorema 33.1 discende che esse hanno in comune infiniti punti. Poiché $\mathscr{D}$ ha un numero finito di componenti irriducibili, una almeno di esse, $\mathscr{D}'$, ha infiniti punti in comune con $\mathscr{C}$. Per il teorema 33.2 $\mathscr{D}'$ è una componente irriducibile di $\mathscr{C}$.

Consideriamo una curva $\mathscr{C} \subset \mathbf{P}^2$ di grado n di equazione

$$F(X_0, X_1, X_2) = 0 \qquad [33.10]$$

e sia $\imath$ una retta, assegnata mediante due suoi punti distinti $P = [p_0, p_1, p_2]$, e $Q = [q_0, q_1, q_2]$. Il punto variabile su $\imath$ è

$$[\lambda p_0 + \mu q_0, \lambda p_1 + \mu q_1, \lambda p_2 + \mu q_2]. \qquad [33.11]$$

Denoteremo tale punto con $\lambda P + \mu Q$. Esso appartiene a $\mathscr{C}$ se e solo se

$$F(\lambda p_0 + \mu q_0, \lambda p_1 + \mu q_1, \lambda p_2 + \mu q_2) = 0 \qquad [33.12]$$

ovvero, più sinteticamente, se

$$F(\lambda P + \mu Q) = 0.$$

La [33.12] è un'equazione omogenea di grado n in λ, μ, le cui soluzioni, sostituite nella [33.11], determinano i punti di $\imath \cap \mathscr{C}$. Segue dal teorema 33.2 che il primo membro della [33.12] si annulla identicamente se e solo se $\imath$ è una componente irriducibile di $\mathscr{C}$.

Assegnando due ulteriori punti $P'\,[p_0', p_1', p_2']$, $Q'\,[q_0', q_1', q_2'] \in \imath$, ed esprimendo il punto variabile su $\imath$ come

$$\lambda' P' + \mu' Q' = [\lambda' p_0' + \mu' q_0', \lambda' p_1' + \mu' q_1', \lambda' p_2' + \mu' q_2'], \qquad [33.13]$$

si ottengono i punti di $\mathscr{r} \cap \mathscr{C}$ anche sostituendo nella [33.13] le soluzioni dell'equazione

$$F(\lambda' P' + \mu' Q') = 0. \qquad [33.14]$$

Ma $\lambda P + \mu Q = \lambda' P' + \mu' Q'$ se e solo se esiste una matrice $A = (a_{ij}) \in GL_2(K)$ tale che

$$\begin{aligned} \alpha\lambda &= a_{11}\lambda' + a_{12}\mu' \\ \alpha\mu &= a_{21}\lambda' + a_{22}\mu' \end{aligned} \qquad [33.15]$$

per qualche $\alpha \neq 0$. Quindi, a meno di un fattore α^n, la sostituzione [33.15] trasforma l'equazione [33.12] nella [33.14]. Poiché la [33.15] è invertibile, essa fa corrispondere biunivocamente i fattori irriducibili dei due polinomi $F(\lambda P + \mu Q)$ e $F(\lambda' P' + \mu' Q')$, e quindi *le soluzioni delle due equazioni si corrispondono biunivocamente in modo che quelle tra loro corrispondenti* (che definiscono lo stesso punto di $\mathscr{r} \cap \mathscr{C}$) *abbiano la stessa molteplicità*. In particolare la molteplicità della radice della [33.12] corrispondente a un determinato punto di $\mathscr{r} \cap \mathscr{C}$ dipende solo dal punto e non da P e Q.

Le osservazioni precedenti consentono di dare la seguente definizione.

33.4 DEFINIZIONE *Siano* $\mathscr{r}$ *e* $\mathscr{C}$ *una retta e una curva di* $\mathbf{P}^2$. *Con le notazioni testé introdotte, diremo che* $\mathscr{r}$ *e* $\mathscr{C}$ *hanno* molteplicità di intersezione $I(\mathscr{C}, \mathscr{r}; P_0)$ nel punto $P_0 = \lambda_0 P + \mu_0 Q \in \mathscr{r}$, *se* (λ_0, μ_0) *è una radice di molteplicità* $I(\mathscr{C}, \mathscr{r}; P_0)$ *del polinomio* $F(\lambda P + \mu Q)$, *convenendo di porre* $I(\mathscr{C}, \mathscr{r}; P_0) = 0$ *nel caso in cui* $P_0 \notin \mathscr{C} \cap \mathscr{r}$, *e* $I(\mathscr{C}, \mathscr{r}; P_0) = \infty$ *se* $\mathscr{r} \subset \mathscr{C}$.

Come abbiamo appena verificato, la molteplicità di intersezione così definita non dipende dalla scelta dei due punti P e Q su $\mathscr{r}$, e quindi la definizione è ben posta. Il seguente teorema è un caso particolare del teorema di Bezout, cui abbiamo accennato precedentemente.

33.5 TEOREMA *Siano* $\mathscr{C} \subset \mathbf{P}^2$ *una curva di grado n ed* $\mathscr{r}$ *una retta che non è sua componente. Allora*

$$\sum_{P_0 \in \mathscr{r}} I(\mathscr{C}, \mathscr{r}; P_0) = n. \qquad [33.16]$$

Dimostrazione

Supponiamo che $\mathscr{C}$ abbia equazione [33.10] e che $\mathscr{r}$ sia individuata dai punti P e Q. La sommatoria a primo membro della [33.16] consiste di infiniti addendi, di cui solo un numero finito sono diversi da zero, ed è uguale alla somma delle molteplicità delle radici del polinomio $F(\lambda P + \mu Q)$. Poiché questo polinomio è omogeneo di grado n, l'asserto segue dalla proposizione A.13.

La nozione di molteplicità di intersezione di una retta e di una curva in un punto si può dare anche nel *caso affine*, in modo simile al precedente.

Se la curva $\mathscr{C} \subset \mathbf{A}^2$ ha equazione [33.1], e la retta $\mathscr{r}$ ha equazioni parametriche

$$X = a + Lt \qquad [33.17]$$
$$Y = b + Mt,$$

sostituendo le [33.17] nella [33.1] si ottiene l'equazione in t

$$f(a + Lt,\ b + Mt) = 0,$$

le cui soluzioni, sostituite nelle [33.17], determinano le coordinate dei punti di intersezione di $\mathscr{C}$ ed $\mathscr{r}$.

33.6 Definizione *Siano* $\mathscr{r}$ *e* $\mathscr{C}$ *rispettivamente una retta e una curva di* $\mathbf{A}^2$. *Con le notazioni introdotte sopra, diremo che* $\mathscr{r}$ *e* $\mathscr{C}$ *hanno* molteplicità di intersezione $I(\mathscr{C},\ \mathscr{r};\ P_0)$ nel punto $P_0 = (a + Lt_0,\ b + Mt_0) \in \mathscr{r}$ *se* t_0 *è una radice di molteplicità* $I(\mathscr{C},\ \mathscr{r};\ P_0)$ *del polinomio* $f(a + Lt,\ b + Mt)$, *convenendo di porre* $I(\mathscr{C},\ \mathscr{r};\ P_0) = 0$ *nel caso in cui* $P_0 \notin \mathscr{C} \cap \mathscr{r}$, *e* $I(\mathscr{C},\ \mathscr{r};\ P_0) = \infty$ *se* $\mathscr{r} \subset \mathscr{C}$.

Riducendosi al caso proiettivo si può verificare che la definizione 33.6 è ben posta. Consideriamo infatti le chiusure proiettive $\mathscr{C}^*$ ed $\mathscr{r}^*$ di $\mathscr{C}$ e di $\mathscr{r}$ rispettivamente. La curva $\mathscr{C}^*$ abbia equazione [33.10]. La retta $\mathscr{r}^*$ ha equazioni parametriche

$$x_0 = \lambda$$
$$x_1 = a\lambda + L\mu \qquad [33.18]$$
$$x_2 = b\lambda + M\mu$$

perché contiene $[1,\ a,\ b]$ e il punto improprio $[0,\ L,\ M]$. Sostituendo le [33.18] in $F(X_0,\ X_1,\ X_2)$ si ottiene un polinomio omogeneo in λ e μ

$$F(\lambda,\ a\lambda + L\mu,\ b\lambda + M\mu)$$

tale che

$$F(1,\ a + Lt,\ b + Mt) = f(a + Lt,\ b + Mt). \qquad [33.19]$$

Poiché $I(\mathscr{C}^*,\ \mathscr{r}^*;\ P_0)$ è per definizione la molteplicità della radice $(1,\ t_0)$ per $F(\lambda,\ a\lambda + L\mu,\ b\lambda + M\mu)$, vediamo che

$$I(\mathscr{C},\ \mathscr{r};\ P_0) = I(\mathscr{C}^*,\ \mathscr{r}^*;\ P_0) \qquad [33.20]$$

e quindi la definizione di $I(\mathscr{C},\ \mathscr{r};\ P_0)$ è ben posta perché $I(\mathscr{C}^*,\ \mathscr{r}^*;\ P_0)$ dipende solo da $\mathscr{C}$, $\mathscr{r}$ e P_0.

Si osservi che, posto $P_\infty = [0, L, M]$, il punto improprio di r, $I(\mathscr{C}^*, r^*; P_\infty)$ è uguale alla massima potenza di λ che divide $F(\lambda, a\lambda + L\mu, b\lambda + M\mu)$. Dalla [33.19] segue che il grado in t di $f(a + Lt, b + Mt)$ è $n - I(\mathscr{C}^*, r^*; P_\infty)$. In particolare l'analogo del teorema 33.5 non è necessariamente vero nel caso affine, perché in generale si può avere $I(\mathscr{C}^*, r^*; P_\infty) > 0$.

Il teorema seguente è una conseguenza immediata di quanto abbiamo osservato e del teorema 33.5.

33.7 Teorema *Siano* $\mathscr{C} \subset \mathbf{A}^2$ *una curva di grado* n *ed* r *una retta non contenuta in* $\mathscr{C}$. *Allora*

$$\sum_{P \in r} I(\mathscr{C}, r; P) \leq n$$

e l'uguaglianza vale se e solo se il punto improprio di r *non è punto improprio di* $\mathscr{C}$.

33.8 *Osservazioni*

1. Dalla [33.20] segue che le definizioni 33.4 e 33.6 sono equivalenti, nel senso che, per calcolare la molteplicità di intersezione di una curva (affine o proiettiva) e di una retta in un punto proprio P, si può utilizzare indifferentemente una delle due definizioni, a seconda che si vogliano utilizzare coordinate omogenee o coordinate non omogenee.

Il teorema 33.7 e le osservazioni che lo precedono mostrano inoltre che, con le notazioni introdotte poc'anzi, si ha

$$I(\mathscr{C}^*, r^*; P_\infty) = n - \mathrm{gr}[f(a + Lt, b + Mt)] \qquad [33.21]$$

dove a secondo membro si intende il grado in t di $f(a + Lt, b + Mt)$.

Se ad esempio r è parallela all'asse Y, cioè ha equazioni parametriche

$$X = c, \qquad Y = t$$

per qualche $c \in \mathsf{K}$, allora $P_\infty = [0, 0, 1]$, e scrivendo

$$F(X, Y) = a_0(X) + a_1(X)\, Y + \cdots + a_m(X)\, Y^m$$

con $a_i(X)$ polinomi in X e $a_m(X) \neq 0$, si ha:

$$f(c, t) = a_0(c) + a_1(c)\, t + \cdots + a_m(c)\, t^m.$$

Pertanto:

$$\mathrm{I}(\mathscr{C}^*, r^*, P_\infty) = n - m$$

se $a_m(c) \neq 0$, mentre

$$\mathrm{I}(\mathscr{C}^*, r^*, P_\infty) = n - m + k$$

se $a_m(c) = a_{m-1}(c) = \cdots = a_{m-k+1}(c) = 0$ e $a_{m-k}(c) \neq 0$.

In particolare $P_\infty = [0, 0, 1] \in \mathscr{C}^*$ se e solo se $m < n$.

2. Se $\mathscr{C}$ e $\mathscr{D}$ sono curve affini o proiettive, ℓ una retta che non è componente né di $\mathscr{C}$ né di $\mathscr{D}$, e $P_0 \in \ell$, si ha

$$I(\mathscr{C}, \ell; P_0) + I(\mathscr{D}, \ell; P_0) = I(\mathscr{C} + \mathscr{D}, \ell; P_0). \qquad [33.22]$$

Consideriamo il caso affine (nel caso proiettivo la dimostrazione è simile): supponiamo che $\mathscr{C}$ e $\mathscr{D}$ abbiano equazioni

$$f(X, Y) = 0, \quad g(X, Y) = 0$$

rispettivamente, e che ℓ abbia equazioni parametriche [33.17].

La [33.22] esprime semplicemente il fatto che la molteplicità di una radice t_0 del polinomio

$$f(a + Lt, b + Mt)\, g(a + Lt, b + Mt)$$

uguaglia la somma delle molteplicità di t_0 per ognuno dei fattori $f(a + Lt, b + Mt)$ e $g(a + Lt, b + Mt)$.

Terminiamo il paragrafo con un utile risultato che mette in relazione le molteplicità di intersezione di curve e rette proiettivamente equivalenti.

33.9 Proposizione *Siano ℓ e $\mathscr{C}$ rispettivamente una retta e una curva di $\mathbf{P}^2$, e sia $T: \mathbf{P}^2 \to \mathbf{P}^2$ una proiettività. Per ogni $P \in \ell$ si ha*

$$I(\mathscr{C}, \ell; P) = I(T(\mathscr{C}), T(\ell); T(P)). \qquad [33.23]$$

Dimostrazione

Se $P \notin \ell \cap \mathscr{C}$, $T(P) \notin T(\ell) \cap T(\mathscr{C})$ e quindi primo e secondo membro della [33.23] sono uguali a 0.

Supponiamo che $P[p_0, p_1, p_2] \in \ell \cap \mathscr{C}$ e sia $Q[q_0, q_1, q_2] \neq P$ un altro punto di ℓ. Sia $N = (n_{ik}) \in GL_3(\mathsf{K})$ una matrice che rappresenta T. Se $\mathscr{C}$ ha equazione [33.10], $T(\mathscr{C})$ è la curva di equazione

$$G(X_0, X_1, X_2) = 0,$$

dove

$$G(X_0, X_1, X_2) = G(\mathbf{X}) = F(N^{-1}\mathbf{X}).$$

Inoltre si ha

$$T(P) = \left[N \begin{pmatrix} p_0 \\ p_1 \\ p_2 \end{pmatrix} \right] =$$

$$= [n_{00}p_0 + n_{01}p_1 + n_{02}p_2,\ n_{10}p_0 + n_{11}p_1 + n_{12}p_2,\ n_{20}p_0 + n_{21}p_1 + n_{22}p_2].$$

$$T(Q) = \left[N \begin{pmatrix} q_0 \\ q_1 \\ q_2 \end{pmatrix} \right] =$$

$$= [n_{00}q_0 + n_{01}q_1 + n_{02}q_2,\ n_{10}q_0 + n_{11}q_1 + n_{12}q_2,\ n_{20}q_0 + n_{21}q_1 + n_{22}q_2].$$

Poiché $T(\mathscr{r})$ è la retta che contiene $T(P)$ e $T(Q)$, i suoi punti sono della forma

$$\lambda T(P) + \mu T(Q) = \lambda \left[N \begin{pmatrix} p_0 \\ p_1 \\ p_2 \end{pmatrix} \right] + \mu \left[N \begin{pmatrix} q_0 \\ q_1 \\ q_2 \end{pmatrix} \right] = N(\lambda P + \mu Q),\ (\lambda, \mu) \neq (0, 0).$$

Si ha quindi

$$G(\lambda T(P) + \mu T(Q)) = G(N(\lambda P + \mu Q)) = F(N^{-1}(N(\lambda P + \mu Q))) =$$
$$= F(\lambda P + \mu Q)).$$

Da quest'identità segue che la molteplicità della radice $(\lambda, \mu) = (1, 0)$ per il polinomio $G(\lambda T(P) + \mu T(Q))$ e quella della stessa radice $(1, 0)$ per $F(\lambda P + \mu Q))$ sono uguali perché i due polinomi coincidono. Ma queste due molteplicità sono rispettivamente $I(T(\mathscr{C}), T(\mathscr{r}); T(P))$ e $I(\mathscr{C}, \mathscr{r}; P)$, e quindi la [33.23] è vera.

34 Proprietà locali delle curve algebriche piane

In questo paragrafo, come nel precedente, supporremo K algebricamente chiuso.

34.1 DEFINIZIONE *Sia $\mathscr{C}$ una curva algebrica (affine o proiettiva) e sia P un punto del piano. La* molteplicità $m_P(\mathscr{C})$ di $\mathscr{C}$ in P *(o di P* per $\mathscr{C}$*) è il minimo delle molteplicità di intersezione in P di $\mathscr{C}$ con $\mathscr{r}$, al variare di $\mathscr{r}$ tra tutte le rette del fascio di centro P; in simboli:*

$$m_P(\mathscr{C}) = \min_{P \in \mathscr{r}} I(\mathscr{C}, \mathscr{r}; P).$$

Poiché esistono rette contenenti P e non contenute in $\mathscr{C}$, si ha $m_P(\mathscr{C}) \neq \infty$, e precisamente

$$0 \leq m_P(\mathscr{C}) \leq \mathrm{gr}(\mathscr{C}\cdot), \qquad [34.1]$$

ed $m_P(\mathscr{C}) = 0$ se e solo se $P \notin \mathscr{C}$.

Se $m_P(\mathscr{C}) = 1$, P è un *punto semplice*, o *non singolare*, di $\mathscr{C}$.

Se $m_P(\mathscr{C}) > 1$, P si dice *punto multiplo*, o *singolare*, di $\mathscr{C}$; diremo anche che P è un *punto m-uplo* di $\mathscr{C}$ se $m_P(\mathscr{C}) = m$ (in particolare *doppio*, *triplo* ecc. se $m = 2, 3, \ldots$).

La *curva* $\mathscr{C}$ si dice *non singolare* se tutti i suoi punti sono semplici, e *singolare* se possiede almeno un punto singolare.

Se $\mathscr{C}$ è una curva affine e $\mathscr{C}^* \subset \mathbf{P}^2$ è la sua chiusura proiettiva, dalla [33.20] discende che per ogni $P \in \mathscr{C}$ si ha $m_p(\mathscr{C}) = m_p(\mathscr{C}^*)$.

Sia $\mathscr{C}$ una curva affine, di equazione

$$f(X, Y) = 0, \tag{34.2}$$

e sia $P = (a, b) \in \mathscr{C}$. Una retta $\mathscr{r}$ passante per P ha equazioni parametriche

$$\begin{aligned} X &= a + Lt \\ Y &= b + Mt \end{aligned} \tag{34.3}$$

dove $(L, M) \neq (0, 0)$. Il punto $P \in \mathscr{C} \cap \mathscr{r}$ corrisponde alla radice $t = 0$ del polinomio

$$\alpha(t) = f(a + Lt, b + Mt),$$

e $I(\mathscr{C}, \mathscr{r}; P)$ uguaglia la molteplicità di tale radice.

Per il lemma A.9, $t = 0$ è una radice multipla se e solo se $\alpha'(0) = 0$, cioè se e solo se

$$f_X(a, b)L + f_Y(a, b)M = 0, \tag{34.4}$$

dove f_X ed f_Y denotano le derivate parziali di $f(X, Y)$ rispetto a X e a Y rispettivamente. Si vede dunque che, se $f_X(a, b)$ ed $f_Y(a, b)$ non sono entrambe uguali a 0, l'unica retta τ passante per P per la quale si abbia $I(\mathscr{C}, \tau; P) \geq 2$ è quella per cui L ed M soddisfano la [34.4]; ogni altra retta $\mathscr{r}$ per P soddisfa $I(\mathscr{C}, \mathscr{r}; P) = 1$. In questo caso P è un punto semplice; in caso contrario è un punto multiplo.

Riassumendo:

34.2 Proposizione *Sia* $\mathscr{C} \subset \mathbf{A}^2$ *la curva di equazione* [34.2]. *Un punto* $P \in \mathbf{A}^2$ *è semplice per* $\mathscr{C}$ *se e solo se* $P \in \mathscr{C}$ *e almeno una delle derivate parziali di* $f(X, Y)$ *è diversa da zero in* P.

Viceversa, P *è singolare per* $\mathscr{C}$ *se e solo se* $f(X, Y)$ *ed entrambe le derivate parziali prime di* $f(X, Y)$ *si annullano in* P.

Se $P = (a, b)$ è semplice per $\mathscr{C} \subset \mathbf{A}^2$, l'unica retta τ tale che $I(\mathscr{C}, \tau; P) \geq 2$ si dice *retta tangente a* $\mathscr{C}$ *in* P.

Risolvendo la [34.4] si deduce che τ ha il vettore di direzione

$$(L, M) = (f_Y(a, b), \ -f_X(a, b))$$

e quindi *la retta tangente a* $\mathscr{C}$ *in* P *ha equazione cartesiana*

$$f_X(a, b)(X - a) + f_Y(a, b)(Y - b) = 0. \tag{34.5}$$

Consideriamo ora il caso di una curva proiettiva $\mathscr{C} \subset \mathbf{P}^2$, di equazione

$$F(X_0, X_1, X_2) = 0, \qquad [34.6]$$

e sia $P = [p_0, p_1, p_2] \in \mathscr{C}$. Una retta $\mathscr{r}$ passante per P ha equazioni parametriche

$$x_0 = \lambda p_0 + \mu q_0$$

$$x_1 = \lambda p_1 + \mu q_1$$

$$x_2 = \lambda p_2 + \mu q_2,$$

dove $Q = [q_0, q_1, q_2] \neq P$ è un altro punto di $\mathscr{r}$. Sostituendo nella [34.6] otteniamo un'equazione omogenea in λ, μ:

$$A(\lambda, \mu) = 0,$$

dove

$$A(\lambda, \mu) = F(\lambda p_0 + \mu q_0, \lambda p_1 + \mu q_1, \lambda p_2 + \mu q_2).$$

Il punto $P \in \mathscr{C} \cap \mathscr{r}$ corrisponde alla radice $(\lambda, \mu) = (1, 0)$, ovvero, deomogeneizzando $A(\lambda, \mu)$, alla radice $t = 0$ del polinomio

$$A(1, t) = F(p_0 + tq_0, p_1 + tq_1, p_2 + tq_2),$$

e $I(\mathscr{C}, \mathscr{r}; P)$ è pari alla molteplicità di tale radice.

Dal lemma A.9 si deduce che $t = 0$ è una radice multipla del polinomio $A(1, t)$ se e solo se $\mathrm{d}A(1, t)/\mathrm{d}t = 0$. Questa condizione equivale alla seguente:

$$F_0(P)q_0 + F_1(P)q_1 + F_2(P)q_2 = 0, \qquad [34.7]$$

dove $F_i(P)$ denota la derivata parziale $\partial F/\partial X_i$ calcolata nel punto P.

Si vede dunque che P è punto singolare per $\mathscr{C}$ se e solo se

$$F_0(P) = F_1(P) = F_2(P) = 0. \qquad [34.8]$$

Infatti in questo caso, e solo in questo, la [34.7] è soddisfatta da ogni $Q \in \mathbf{P}^2$ e quindi $I(\mathscr{C}, \mathscr{r}; P) > 1$ per ogni retta $\mathscr{r}$ passante per P.

Si noti che, posto $n = \mathrm{gr}(F)$, si ha

$$F_0(X_0, X_1, X_2)X_0 + F_1(X_0, X_1, X_2)X_1 + F_2(X_0, X_1, X_2)X_2 = nF(X_0, X_1, X_2) \qquad [34.9]$$

(cfr. proposizione A.12(3)) e quindi le condizioni [34.8] implicano anche $F(P) = 0$, cioè $P \in \mathscr{C}$.

Possiamo riassumere quanto detto più sopra nel seguente enunciato:

34.3 Proposizione *Sia $\mathscr{C} \subset \mathbf{P}^2$ la curva di equazione* [34.6]. *Un punto $P \in \mathbf{P}^2$ è semplice per $\mathscr{C}$ se e solo se $P \in \mathscr{C}$ e almeno una delle derivate parziali prime di $F(X_0, X_1, X_2)$ non si annulla in P.*

Viceversa, il punto $P \in \mathbf{P}^2$ è singolare per $\mathscr{C}$ se e solo se tutte e tre le derivate parziali prime di $F(X_0, X_1, X_2)$ sono nulle in P.

Supponiamo che P sia un punto semplice per $\mathscr{C} \subset \mathbf{P}^2$, e consideriamo la retta τ di equazione

$$F_0(P)X_0 + F_1(P)X_1 + F_2(P)X_2 = 0. \qquad [34.10]$$

Dalla [34.9] si deduce immediatamente che $P \in \tau$. La [34.7] implica poi che τ è l'unica retta tale che

$I(\mathscr{C}, \tau; P) > 1.$

τ si dice *retta tangente a* $\mathscr{C}$ *nel suo punto semplice P.*

34.4 PROPOSIZIONE *Una curva irriducibile* (*affine o proiettiva*) *possiede al più un numero finito di punti singolari.*

Dimostrazione

Sia $\mathscr{C}$ affine di equazione [34.2]. Per la proposizione 34.2, i punti singolari di $\mathscr{C}$ sono i punti comuni a $\mathscr{C}$ e alle curve $\mathscr{C}_X$ e $\mathscr{C}_Y$, di equazioni rispettive

$$f_X(X, Y) = 0,$$

$$f_Y(X, Y) = 0.$$

Sarà quindi sufficiente dimostrare che $\mathscr{C} \cap \mathscr{C}_X$ è finito. Poiché $\mathscr{C}$ è irriducibile e $\mathrm{gr}(\mathscr{C}_X) < \mathrm{gr}(\mathscr{C})$, $\mathscr{C}_X$ non può essere una componente di $\mathscr{C}$. Dal teorema 33.2 discende che $\mathscr{C}_X$ e $\mathscr{C}$ hanno solo un numero finito di punti in comune.

Se $\mathscr{C}$ è proiettiva di equazione [34.6], ed è diversa dalla retta ℓ_0 di equazione $X_0 = 0$, allora $\mathscr{C}$ è la chiusura proiettiva della curva affine $\mathscr{D}$ di equazione

$$F(1, X, Y) = 0,$$

che è ancora una curva irriducibile. I supporti di $\mathscr{C}$ e di $\mathscr{D}$ differiscono solo per i punti di $\mathscr{C} \cap \ell_0$, che sono in numero finito; inoltre un punto di $\mathscr{D}$ è singolare per $\mathscr{D}$ se e solo se lo è per $\mathscr{C}$. Poiché per la prima parte della dimostrazione $\mathscr{D}$ possiede al più un numero finito di punti singolari, lo stesso è vero per $\mathscr{C}$.

Se $P \in \mathscr{C}$ è un punto singolare, ogni retta ℓ contenente P è tale che

$$I(\mathscr{C}, \ell; P) \geq m_P(\mathscr{C}) \geq 2.$$

Per questo motivo *si conviene di considerare tangente a* $\mathscr{C}$ *ogni retta passante per P.*

34.5 DEFINIZIONE *Sia $\mathscr{C}$ una curva algebrica (affine o proiettiva) e sia $P \in \mathscr{C}$ un suo punto. Una retta $\mathscr{r}$ tale che $I(\mathscr{C}, \mathscr{r}; P) > m_P(\mathscr{C})$ è detta* tangente principale a $\mathscr{C}$ in P.

Si noti che se P è un punto semplice, la nozione di tangente e quella di tangente principale coincidono.

Sia $\mathscr{C}$ una curva affine e sia $\mathscr{C}^* \subset \mathbf{P}^2$ la chiusura proiettiva di $\mathscr{C}$. Una retta $\mathscr{r} \subset \mathbf{A}^2$ la cui chiusura proiettiva sia una tangente principale a $\mathscr{C}^*$ in uno dei punti impropri di $\mathscr{C}$ si dice *asintoto* di $\mathscr{C}$. La curva $\mathscr{C}$ non possiede asintoti precisamente quando i suoi punti impropri hanno come unica tangente principale la retta impropria.

Ad esempio, una parabola non degenere non ha asintoti. Infatti, essendo non singolare ed avendo un unico punto improprio, è intersecata con molteplicità 2 dalla retta impropria, la quale è la sua tangente in quel punto. Una conica a cen-a centro possiede due asintoti perché interseca la retta impropria in due punti distinti e quindi non può averla come tangente.

Passiamo ora a studiare la struttura di un punto singolare di una curva $\mathscr{C}$, calcolandone la molteplicità e le tangenti principali.

Consideriamo ancora una curva affine $\mathscr{C}$ di equazione [34.2] e un punto $P = (a, b) \in \mathscr{C}$. Sostituiamo in $f(X, Y)$ le espressioni a secondo membro nelle equazioni parametriche [34.3] di una retta $\mathscr{r}$ passante per P. Utilizzando il teorema di Taylor otteniamo l'identità:

$$f(a + Lt, b + Mt) = [f_X(a, b)L + f_Y(a, b)M]t + \\ + \frac{f_{XX}(a, b)L^2 + 2f_{XY}(a, b)LM + f_{YY}(a, b)M^2}{2!} t^2 + \dots \\ \dots + \frac{\sum_{k=0}^{r} \binom{r}{k} f_{X^{r-k}Y^k}(a, b) L^{r-k} M^k}{r!} t^r + \dots \qquad [34.11]$$

dove $f_X(a, b)$, $f_{XX}(a, b)$, ..., $f_{X^{r-k}Y^k}(a, b)$, ... denotano le derivate parziali di $f(X, Y)$ rispetto alle variabili indicate, calcolate nel punto $P = (a, b)$.

Dalla [34.11] si deduce che la condizione necessaria e sufficiente affinché $t = 0$ sia una radice di molteplicità m per $f(a + Lt, b + Mt)$ è

$$\sum_{k=0}^{r} \binom{r}{k} f_{X^{r-k}Y^k}(a, b) L^{r-k} M^k = 0 \qquad [34.12]$$

per $r = 1, \dots, m - 1$, e

$$\sum_{k=0}^{m} \binom{m}{k} f_{X^{m-k}Y^k}(a, b) L^{m-k} M^k \neq 0. \qquad [34.13]$$

Quindi $m_P(\mathscr{C}) = m$ se e solo se la [34.12] è soddisfatta per ogni scelta di L, M e la [34.13] è soddisfatta per almeno una scelta di L, M. Queste condizioni sono evidentemente equivalenti all'annullarsi in P di tutte le derivate parziali di $f(X, Y)$ fino all'ordine $m-1$ incluso, e al non annullarsi in P di una almeno delle derivate parziali di ordine m.

Il caso di una curva proiettiva di equazione [34.6] viene trattato in modo simile utilizzando il polinomio $F(p_0 + tq_0, p_1 + tq_1, p_2 + tq_2)$. Precisamente, il teorema di Taylor dà

$$F(p_0 + tq_0, p_1 + tq_1, p_2 + tq_2) = [\sum_i F_i(P)q_i]t + \frac{\sum_{j,k} F_{jk}(P)q_jq_k}{2!}t^2 + \dots \quad [34.14]$$

dove $F_i(P)$, $F_{jk}(P)$, ... denotano le derivate parziali di $F(X_0, X_1, X_2)$ rispetto alle variabili corrispondenti agli indici, calcolate nel punto P. Anche in questo caso la condizione $m_P(\mathscr{C}) = m$ è equivalente all'annullarsi in P di tutte le derivate parziali di F di ordine minore o uguale ad $m-1$ ed al non annullarsi in P di almeno una delle derivate di ordine m.

In questo caso la sola condizione di annullamento in P delle derivate parziali di ordine uguale a $m-1$ implica l'annullamento di tutte le derivate parziali di ordine inferiore. Infatti, poiché F è omogeneo, le sue derivate parziali sono polinomi omogenei. Per la proposizione A.12(3) si ha

$$\begin{aligned}(m-2)F_{i_1 i_2 \dots i_{m-2}}(X_0, X_1, X_2) = \\ = F_{i_1 i_2 \dots i_{m-2}0}(X_0, X_1, X_2)X_0 + F_{i_1 i_2 \dots i_{m-2}1}(X_0, X_1, X_2)X_1 + \\ + F_{i_1 i_2 \dots i_{m-2}2}(X_0, X_1, X_2)X_2.\end{aligned}$$

Se ognuno degli addendi a secondo membro, che sono derivate parziali di ordine $m-1$ di F, si annulla in P, ciò è vero anche per il primo membro, e dunque $F_{i_1 i_2 \dots i_{m-2}}(P) = 0$. Pertanto ogni derivata parziale di ordine $m-2$ si annulla in P. In modo simile si dimostra che sono nulle le derivate parziali di ordine inferiore a $m-2$.

Possiamo dunque enunciare il risultato seguente:

34.6 Proposizione

1) *Sia* $\mathscr{C} \subset \mathbf{A}^2$ *la curva di equazione* [34.2]. *Un punto* $P \in \mathscr{C}$ *ha molteplicità* m *per* $\mathscr{C}$ *se e solo se in* P *si annullano tutte le derivate parziali di* $f(X, Y)$ *fino all'ordine* $m-1$ *e almeno una delle derivate di ordine* m *non si annulla.*

2) *Sia* $\mathscr{C} \subset \mathbf{P}^2$ *la curva di equazione* [34.6]. *Un punto* $P \in \mathscr{C}$ *ha molteplicità* m *per* $\mathscr{C}$ *se e solo se in* P *si annullano tutte le derivate parziali di* $F(X_0, X_1, X_2)$ *di ordine* $m-1$, *e non si annulla almeno una delle derivate di ordine* m.

Supponiamo che $\mathscr{C}$ sia affine di equazione [34.2], e che il punto $P = (a, b)$ abbia molteplicità $m_P(\mathscr{C}) = m$.

Le tangenti principali sono le rette τ il cui vettore di direzione (L, M) annulla il primo membro della [34.13]: poiché questo è un polinomio omogeneo di grado m in L, M, deduciamo che esiste almeno una tangente principale, e che ve ne sono al più $m = m_P(\mathscr{C})$ distinte, ed esattamente $m_P(\mathscr{C})$ se il primo membro della [34.13] ha radici tutte distinte.

Nel caso in cui $\mathscr{C}$ è proiettiva di equazione [34.6], e il punto P è di molteplicità m, valgono analoghe osservazioni relativamente al coefficiente di t^m nella [34.14].

Otteniamo la seguente

34.7 Proposizione-Definizione *Sia P un punto di molteplicità $m_P(\mathscr{C})$ per la curva piana (affine o proiettiva) $\mathscr{C}$. Il numero ξ di tangenti principali distinte a $\mathscr{C}$ in P è tale che*

$$1 \leq \xi \leq m_P(\mathscr{C}).$$

Se $\xi = m_P(\mathscr{C}) \geq 2$, P si dice punto multiplo ordinario.

Un punto doppio ordinario si dice nodo.

In un punto doppio non ordinario P la curva $\mathscr{C}$ possiede un'unica tangente principale τ, ed essa è tale che $I(\mathscr{C}, \tau; P) \geq 3$. Un punto doppio non ordinario P tale che

$$I(\mathscr{C}, \tau; P) = 3$$

è detto *cuspide ordinaria*.

Il calcolo delle tangenti principali a una curva *affine* di equazione [34.2] in un suo punto $P = (a, b)$ si effettua, molto semplicemente, come segue.

Supponiamo dapprima $P = (0, 0)$, e scriviamo il polinomio $f(X, Y)$ come somma di polinomi omogenei

$$f(X, Y) = F_0 + F_1(X, Y) + F_2(X, Y) + \ldots,$$

dove $F_0 = f(0, 0) = 0$, e $F_r(X, Y)$, $r \geq 1$, è somma di tutti i monomi di grado r di $f(X, Y)$. La [34.11] si ottiene sostituendo $X = Lt$, $Y = Mt$; uguagliando i coefficienti di t^r si deduce

$$F_r(L, M) = \frac{\sum_{k=0}^{r} \binom{r}{k} f_{X^{r-k}Y^k}(0, 0) L^{r-k} M^k}{r!}.$$

Pertanto, posto $m = m_{(0, 0)}(\mathscr{C})$, si ha

$$F_1(X, Y) = \ldots = F_{m-1}(X, Y) = 0, \; F_m(X, Y) \neq 0,$$

cioè $m_{(0, 0)}(\mathscr{C})$ *eguaglia il minimo grado dei monomi non nulli di* $f(X, Y)$.

Segue inoltre che le tangenti principali a $\mathscr{C}$ in (0, 0) hanno equazioni $MX - LY = 0$, al variare di (L, M) tra le radici dell'equazione omogenea

$$F_m(X, Y) = 0. \qquad [34.15]$$

Ciò equivale a dire che le equazioni delle tangenti principali si ottengono eguagliando a zero i fattori lineari del polinomio $F_m(X, Y)$. Quindi la curva di equazione [34.15] si decompone nell'unione delle tangenti principali di $\mathscr{C}$.

Se $F_m(X, Y)$ si decompone in m fattori lineari *distinti*, e solo allora, l'origine è un punto m-uplo ordinario per $\mathscr{C}$.

Nel caso generale $P = (a, b)$ poniamo

$$f(U + a, V + b) = g(U, V) = G_0 + G_1(U, V) + G_2(U, V) + \ldots,$$

ed esprimiamo $f(X, Y)$ nel modo seguente:

$$\begin{aligned} f(X, Y) &= f((X - a) + a, (Y - b) + b) = g(X - a, Y - b) = \\ &= G_0 + G_1(X - a, Y - b) + G_2(X - a, Y - b) + \ldots, \end{aligned}$$

dove $G_0 = g(0, 0) = f(a, b) = 0$. Sostituendo $X = a + Lt$, $Y = b + Mt$ a primo membro si ottiene la [34.11]. Confrontando con l'ultimo membro e uguagliando i coefficienti di t^r, si deduce

$$G_r(L, M) = \frac{\sum_{k=0}^{r} \binom{r}{k} f_{X^{r-k}Y^k}(a, b) L^{r-k} M^k}{r!}.$$

Pertanto si ha

$$G_1(X - a, Y - b) = G_2(X - a, Y - b) = \ldots = G_{m-1}(X - a, Y - b) = 0$$

e $G_m(X - a, Y - b)$ non è identicamente nullo.

La curva di equazione

$$G_m(X - a, Y - b) = 0$$

si decompone nell'unione delle tangenti principali a $\mathscr{C}$ in P.

È facile estendere le considerazioni precedenti ai punti impropri di $\mathscr{C}$. Se ad esempio si vuole studiare il comportamento di $\mathscr{C}^*$ in [0, 0, 1], supponiamo che m sia il grado di $f(X, Y)$ rispetto a Y. Ricordando quanto visto in 33.8.1), si può osservare che tutte le rette proprie del fascio di centro [0, 0, 1], cioè le rette di equazioni affini $X = c$ al variare di $c \in \mathsf{K}$, intersecano $\mathscr{C}^*$ in [0, 0, 1] con molteplicità maggiore o uguale a $n - m$, e solo un numero finito tra esse con molteplicità strettamente maggiore. Pertanto

$$m_{[0, 0, 1]}(\mathscr{C}^*) = n - m$$

Se si ha

$$f(X, Y) = a_0(X) + a_1(X)Y + \cdots + a_m(X)Y^m \qquad a_m(X) \neq 0$$

allora le tangenti principali sono le rette di equazione affine $X = c$ con $c \in \mathsf{K}$ tale che $a_m(c) = 0$, più eventualmente la retta impropria. Si verifica subito che la retta impropria è tangente principale se e solo se $a_m(X)\, Y^m$ ha grado minore di n.

Ad esempio, la curva di equazione $Y^2 - X^3 = 0$ possiede in $[0, 0, 1]$ un punto semplice con tangente la retta impropria. La curva di equazione $XY^2 - X^4 + 1 = 0$ possiede in $[0, 0, 1]$ un nodo con tangenti principali la retta $X = 0$ e la retta impropria.

Analoghe considerazioni possono farsi sul comportamento di $\mathscr{C}^*$ in $[0, 1, 0]$, se si scambia il ruolo delle variabili X ed Y.

Consideriamo alcuni esempi di curve affini con diversi tipi di singolarità nell'origine. Nelle figure 34.1*a-e* ne è rappresentato il supporto reale.

a) $X^3 - X^2 + Y^2 = 0$: la curva possiede un nodo nell'origine, con tangenti principali $X - Y = 0$ e $X + Y = 0$.

b) $X^3 - Y^2 = 0$: la curva possiede una cuspide ordinaria nell'origine, con tangente principale $Y = 0$.

c) $2X^4 - 3X^2Y + Y^2 - 2Y^3 + Y^4 = 0$: anche questa curva possiede un punto doppio nell'origine, con unica tangente principale $\tau : Y = 0$. Si calcola facilmente che $I(\mathscr{C}, \tau; \mathbf{0}) = 4$, e quindi $\mathbf{0}$ non è una cuspide ordinaria. Questa singolarità è chiamata *tacnodo*.

d) $(X^2 + Y^2)^2 + 3X^2Y - Y^3 = 0$: l'origine è un *punto triplo ordinario*, con tangenti principali $Y = 0$, $Y - \sqrt{3}X = 0$, $Y + \sqrt{3}X = 0$.

e) $(X^2 + Y^2)^3 - 4X^2Y^2 = 0$: l'origine è un *punto quadruplo non ordinario*, con due tangenti principali: $X = 0$ e $Y = 0$.

Un punto semplice P di una curva affine o proiettiva $\mathscr{C}$ è un *flesso* se $I(\mathscr{C}, \tau; P) \geq 3$. Un *flesso* si dice *di specie* $k (\geq 1)$ se

$$I(\mathscr{C}, \tau; P) = k + 2.$$

Un *flesso* di specie $k = 1$ (risp. $k \geq 2$) si dice *ordinario* (*non ordinario*).

Una retta $\mathscr{r}$ è una curva non singolare che coincide con la sua tangente in ogni suo punto; quindi ogni suo punto P è un punto di flesso perché $I(\mathscr{r}, \mathscr{r}; P) = \infty$.

Poiché in ogni punto P di una curva $\mathscr{C}$ si ha $I(\mathscr{C}, \tau; P) \leq \mathrm{gr}(\mathscr{C})$ a meno che τ non sia contenuta in $\mathscr{C}$, una conica irriducibile non possiede punti di flesso, e una cubica irriducibile può possedere solo flessi ordinari.

La curva affine $\mathscr{C}$ di equazione

$$Y - X^{k+2} = 0, \quad k \geq 1$$

ha nell'origine un flesso di specie k.

Sia $\mathscr{C} \subset \mathbf{P}^2$ una curva proiettiva di equazione [34.6], avente grado $n \geq 3$. L'*hessiana* di $\mathscr{C}$ è la curva di equazione

$$H(\mathbf{X}) = 0,$$

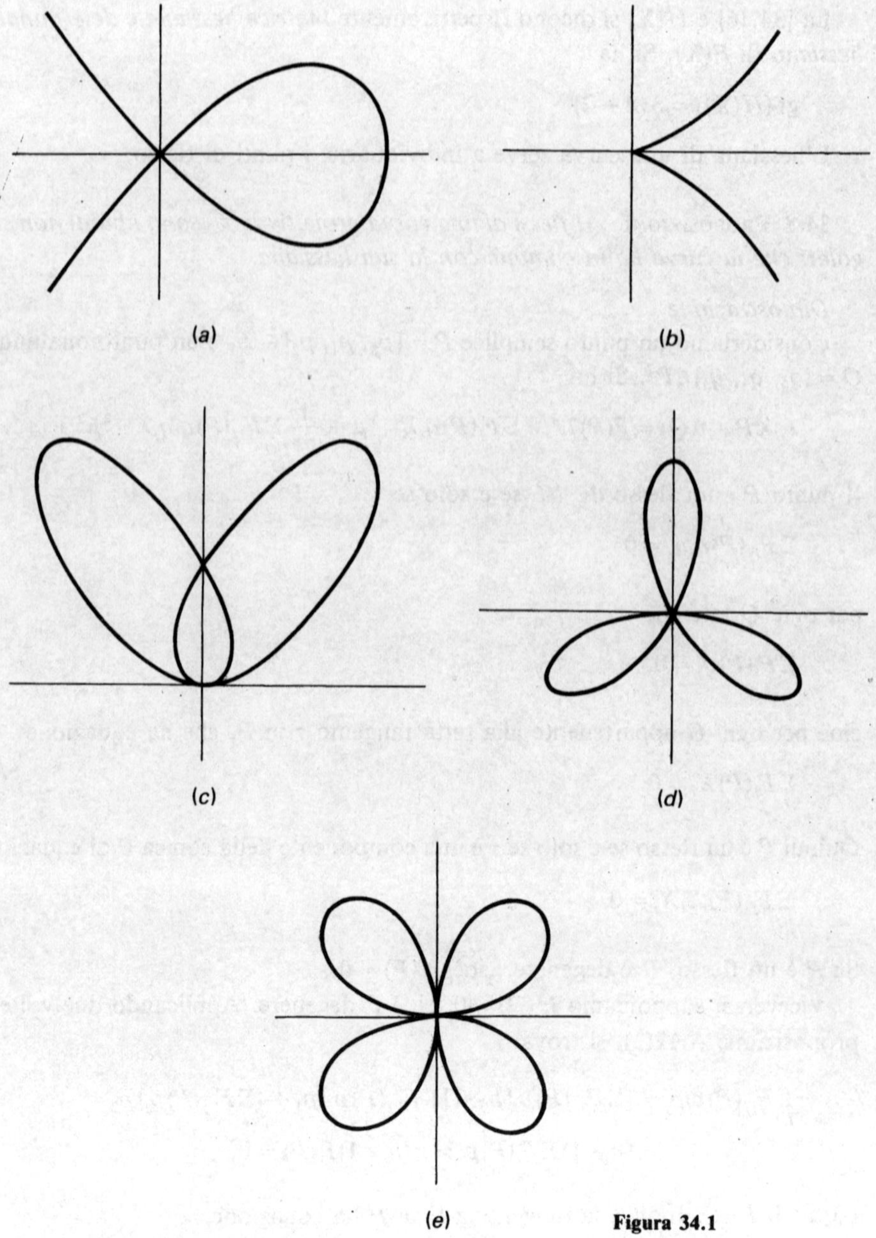

Figura 34.1

dove $H(\mathbf{X})$ è il determinante della matrice 3×3

$$\begin{pmatrix} F_{00}(\mathbf{X}) & F_{01}(\mathbf{X}) & F_{02}(\mathbf{X}) \\ F_{10}(\mathbf{X}) & F_{11}(\mathbf{X}) & F_{12}(\mathbf{X}) \\ F_{20}(\mathbf{X}) & F_{21}(\mathbf{X}) & F_{22}(\mathbf{X}) \end{pmatrix}. \qquad [34.16]$$

La [34.16] e $H(\mathbf{X})$ si dicono rispettivamente *matrice hessiana* e *determinante hessiano* di $F(\mathbf{X})$. Si ha

$$\mathrm{gr}(H(\mathbf{X})) = 3(n-2).$$

L'hessiana di una curva serve a individuarne i punti di flesso.

34.8 Proposizione *I flessi di una curva proiettiva $\mathscr{C}$ sono i punti non singolari che la curva ha in comune con la sua hessiana.*

Dimostrazione

Consideriamo un punto semplice $P = [p_0, p_1, p_2] \in \mathscr{C}$, e un punto qualunque $Q = [q_0, q_1, q_2] \in \mathbf{P}^2$. Si ha

$$F(\lambda P + \mu Q) = F(P)\lambda^n + \sum_i F_i(P) q_i \lambda^{n-1}\mu + \frac{1}{2!}\sum_{i,j} F_{ij}(P) q_i q_j \lambda^{n-2}\mu^2 + \dots .$$

Il punto P è un flesso di $\mathscr{C}$ se e solo se

$$\sum_{i,j} F_{ij}(P) q_i q_j = 0$$

per ogni Q tale che

$$\sum_i F_i(P) q_i = 0,$$

cioè per ogni Q appartenente alla retta tangente τ in P, che ha equazione

$$\sum_i F_i(P) X_i = 0.$$

Quindi P è un flesso se e solo se τ è una componente della conica Γ di equazione

$$\sum_{i,j} F_{ij}(P) X_i X_j = 0.$$

Se P è un flesso, Γ è degenere, cioè $H(P) = 0$.

Viceversa, supponiamo $H(P) = 0$, cioè Γ degenere. Applicando due volte la proposizione A.12(3), si trova

$$\begin{aligned}\sum_{i,j} F_{ij}(P) p_i p_j &= [\sum_j F_{0j}(P) p_j] p_0 + [\sum_j F_{1j}(P) p_j] p_1 + [\sum_j F_{2j}(P) p_j] p_2 = \\ &= (n-1)\sum_i F_i(P) p_i = n(n-1)F(P) = 0,\end{aligned}$$

e quindi $P \in \Gamma$. Inoltre la tangente a Γ in P ha equazione

$$\sum_{i,j} F_{ij}(P) p_i X_j = 0.$$

Poiché si ha

$$\sum_{i,j} F_{ij}(P) p_i X_j = (n-1)\sum_i F_i(P) X_i,$$

la tangente a Γ in P è τ. Il fatto che Γ è riducibile implica che τ è una componente di Γ. Quindi P è un flesso.

Dalla proposizione precedente e dal teorema 33.1 segue immediatamente il seguente corollario.

34.9 Corollario *Una curva proiettiva di grado $n \geq 3$, se non ha infiniti flessi, ne ha al più $3n(n-2)$ e, se è non singolare, ne ha almeno uno.*

Il risultato seguente esprime la relazione esistente tra le proprietà locali di due curve proiettivamente equivalenti.

34.10 Proposizione *Siano $\mathscr{C} \subset \mathbf{P}^2$ una curva e $T : \mathbf{P}^2 \to \mathbf{P}^2$ una proiettività.*
1) *Per ogni $P \in \mathbf{P}^2$ si ha*

$$m_P(\mathscr{C}) = m_{T(P)}(T(\mathscr{C}));$$

in particolare P è punto semplice (punto multiplo) per $\mathscr{C}$ se e solo se $T(P)$ è punto semplice (punto multiplo) per $T(\mathscr{C})$.
2) *Una retta $\mathscr{r}$ è tangente (tangente principale) a $\mathscr{C}$ in P se e solo se $T(\mathscr{r})$ è tangente (tangente principale) a $T(\mathscr{C})$ in $T(P)$.*
3) *$P \in \mathscr{C}$ è un flesso di specie k per $\mathscr{C}$ se e solo se $T(P)$ è un flesso di specie k per $T(\mathscr{C})$.*
4) *$P \in \mathscr{C}$ è un punto multiplo ordinario (non ordinario) per $\mathscr{C}$ se e solo se $T(P)$ è un punto multiplo ordinario (non ordinario) per $T(\mathscr{C})$.*

Dimostrazione
1) Poiché le rette del fascio di centro P e quelle del fascio di centro $T(P)$ si corrispondono biunivocamente, per la proposizione 33.9 si ha

$$m_P(\mathscr{C}) = \min_{P \in \mathscr{r}} I(\mathscr{C}, \mathscr{r}; P) = \min_{T(P) \in T(\mathscr{r})} I(T(\mathscr{C}), T(\mathscr{r}); T(P)) = \\ = m_{T(P)}(T(\mathscr{C})).$$

Le (2) e (3) sono una conseguenza immediata della (1) e della proposizione 33.9.
La (4) segue dalla (2) e dal fatto che le rette del fascio di centro P e quelle del fascio di centro $T(P)$ si corrispondono biunivocamente.

34.11 *Complementi*

1. Siano $\mathscr{C}$ e $\mathscr{D}$ due curve (affini o proiettive). Per ogni punto P del piano si ha

$$m_P(\mathscr{C}) + m_P(\mathscr{D}) = m_P(\mathscr{C} + \mathscr{D}). \qquad [34.17]$$

La dimostrazione è un facile esercizio (si applichi la [33.22]).

Dalla [34.17] discende che, data una curva qualsiasi $\mathscr{C}$, i suoi punti singolari sono singolari per qualche sua componente irriducibile, oppure appartengono ad almeno due componenti, o a una componente multipla.

Supponiamo in particolare che $\mathscr{C}$ sia ridotta. Dalla proposizione 34.4 segue che le componenti irriducibili di $\mathscr{C}$ hanno al più un numero finito di punti singolari; d'altra parte i punti di intersezione di tutte le possibili coppie di componenti irriducibili distinte di $\mathscr{C}$ sono in numero finito. Deduciamo quindi che *ogni curva ridotta possiede al più un numero finito di punti singolari.*

Dalla [34.17] segue anche che *se una curva (affine o proiettiva)* $\mathscr{C}$ *di grado n si decompone in n rette, non necessariamente distinte, passanti tutte per un punto P, allora* $m_P(\mathscr{C}) = n$.

Viceversa, *se una curva (affine o proiettiva)* $\mathscr{C}$ *di grado n possiede un punto P di molteplicità n,* $\mathscr{C}$ *si decompone in n rette, non necessariamente distinte, passanti per P.*

Infatti ogni retta che contiene P e un altro punto di $\mathscr{C}$ ha almeno $n+1$ intersezioni con $\mathscr{C}$ e quindi, per il corollario 33.3, è una componente irriducibile di $\mathscr{C}$. Ne segue che ogni componente irriducibile di $\mathscr{C}$ è una retta contenente P, e quindi l'asserto.

Supponiamo $\mathscr{C}$ affine di equazione [34.2]. La condizione che $\mathbf{0} = (0, 0)$ sia un punto n-uplo per $\mathscr{C}$ equivale, per quanto appena visto, alla condizione che $f(X, Y)$ si decomponga nel prodotto di n fattori lineari omogenei, e ciò è equivalente alla condizione che $f(X, Y)$ sia un polinomio omogeneo.

2. Sia $\mathscr{C} \subset \mathbf{P}^2$ una curva proiettiva di equazione [34.6] e sia $P = [p_0, p_1, p_2]$ un punto di $\mathbf{P}^2$. Sostituendo

$$\mathbf{X} + tP = (X_0 + tp_0,\ X_1 + tp_1,\ X_2 + tp_2)$$

al posto delle variabili $\mathbf{X} = (X_0, X_1, X_2)$ in $F(\mathbf{X})$, otteniamo il polinomio $F(\mathbf{X} + tP)$ in X_0, X_1, X_2, t. Uguagliando a zero il coefficiente di t^r in $F(\mathbf{X} + tP)$ si ottiene una curva $\Gamma^r = \Gamma^r_P(\mathscr{C})$, detta l'*r-esima polare di P rispetto a* $\mathscr{C}$.

Se $\mathscr{C}$ ha grado n, Γ^r ha grado $n - r$ e ha equazione

$$\sum_{i_1, \dots, i_r} F_{i_1 \dots i_r}(\mathbf{X}) p_{i_1} \dots p_{i_r} = 0.$$

In particolare, Γ^r è definita per $0 \leq r \leq n-1$. Si ha $\Gamma^0 = \mathscr{C}$, e la prima polare Γ^1 di P è la curva di equazione

$$\sum_i F_i(\mathbf{X}) p_i = 0. \qquad [34.17]$$

La più importante proprietà di Γ^1 è la seguente: $\mathscr{C} \cap \Gamma^1_P(\mathscr{C})$ *consiste dei punti* $Q \in \mathscr{C}$ *che sono singolari oppure tali che la tangente a* $\mathscr{C}$ *in Q contenga P.*

Infatti $Q \in \mathscr{C} \cap \Gamma^1_P(\mathscr{C})$ se e solo se $F(Q) = 0 = \sum_i F_i(Q) p_i$. Ciò avviene precisamente se

$$F_0(Q) = F_1(Q) = F_2(Q) = 0,$$

cioè se Q è singolare per $\mathscr{C}$, oppure se P appartiene alla tangente in Q, che ha equazione

$$\sum_i F_i(Q)X_i = 0.$$

Quindi le tangenti condotte da P a $\mathscr{C}$ in suoi punti non singolari sono le rette congiungenti P con i punti non singolari di $\mathscr{C}$ che stanno su $\Gamma^1_P(\mathscr{C})$. Da ciò segue che il numero di tali tangenti è al più $n(n-1)$. Segue anche che, se $P \in \mathscr{C}$, allora $P \in \Gamma^1_P(\mathscr{C})$.

Ad esempio, se $\mathscr{C}$ è una conica irriducibile $\Gamma^1_P(\mathscr{C})$ è una retta. Se $P \in \mathscr{C}$, $\Gamma^1_P(\mathscr{C})$ è la tangente a $\mathscr{C}$ in P. Se invece $P \notin \mathscr{C}$, allora $\Gamma^1_P(\mathscr{C}) \cap \mathscr{C} = (Q_1, Q_2)$, e le rette $L(P, Q_1)$ ed $L(P, Q_2)$ sono tangenti a $\mathscr{C}$ (fig. 34.2).

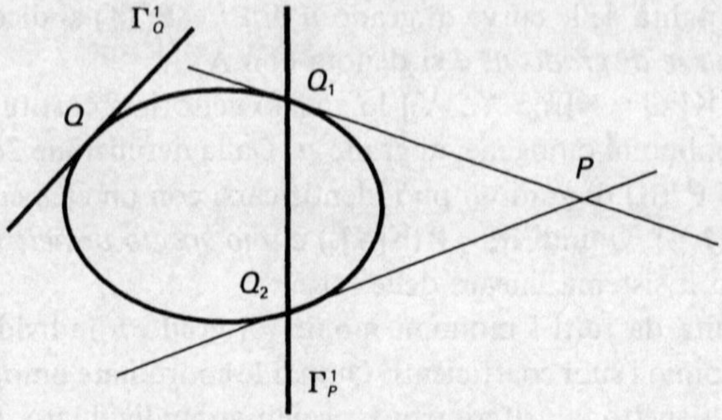

Figura 34.2

Esercizi

1. Verificare che gli asintoti di un'iperbole come sono stati definiti nel § 32 sono asintoti anche nel senso della definizione data in questo paragrafo.

2. Nel piano affine $\mathbf{A}^2(\mathrm{C})$ si considerino le curve di equazioni:

   a) $Y^2(X-2Y)-(X^2+Y^2)=0$
   b) $(X-Y)^3+X^2-Y^2-4X=0$
   c) $X^2(X^2-Y^2)-4X^2Y+Y^3=0$
   d) $X^2(X^2+Y^2)-X^2Y-4Y^3=0$
   e) $X^2Y^2-X^3-Y^3-XY=0$
   f) $Y^2+X^4+X^5=0$
   g) $Y-4X^2-X^5=0$.

   Di ognuna di esse studiare le proprietà locali nell'origine e all'infinito.

3. Determinare equazioni cartesiane delle rette polari dei seguenti punti di $\mathbf{P}^2(\mathrm{C})$: $F_0 = [1, 0, 0]$, $F_1 = [0, 1, 0]$, $F_2 = [0, 0, 1]$, $U = [1, 1, 1]$, $P[1, 2, 3]$, rispetto a ciascuna

delle coniche di equazioni seguenti, in coordinate non omogenee:

a) $X^2 + 2Y^2 - 4 = 0$ b) $X^2 - 3XY + Y = 0$

c) $XY = 4$ d) $X^2 + Y^2 - 2XY = 0$.

4. Determinare equazioni cartesiane delle rette tangenti alla conica $\mathscr{C}$ di equazione $X_0^2 - X_1^2 + X_2^2 = 0$ e passanti per il punto [1, 0, 1].

5. Sia $\mathscr{C}$ una conica a centro di $\mathbf{A}^2(\mathsf{K})$. Dimostrare che la polare del centro di $\mathscr{C}$ è la retta impropria.

35 Sistemi lineari di curve piane

Anche in questo paragrafo supporremo che il campo K sia algebricamente chiuso.

Sia $n \geq 1$ un intero. La totalità delle curve di grado n di $\mathbf{P}^2 = \mathbf{P}^2(\mathsf{K})$ si dice *il sistema lineare di tutte le curve di grado n*, e si denota con Λ_n.

Denotiamo con $\mathsf{K}[\mathbf{X}]_n \subset \mathsf{K}[\mathbf{X}] = \mathsf{K}[X_0, X_1, X_2]$ lo spazio vettoriale costituito dal polinomio 0 e da tutti i polinomi omogenei di grado n. Dalla definizione 28.2 segue che una curva di $\mathbf{P}^2 = \mathbf{P}^2(\mathsf{K})$ di grado n può identificarsi con un elemento dello spazio proiettivo $\mathbf{P}(\mathsf{K}[\mathbf{X}]_n)$. Quindi $\Lambda_n = \mathbf{P}(\mathsf{K}[\mathbf{X}]_n)$ *è uno spazio proiettivo.*

Nel caso $n = 1$ otteniamo il sistema lineare delle rette.

La base di $\mathsf{K}[\mathbf{X}]_n$ costituita da tutti i monomi monici di grado n individua come coordinate di un polinomio i suoi coefficienti. Quindi le coordinate omogenee di una curva $\mathscr{C} \in \Lambda_n$, rispetto al riferimento proiettivo individuato dai monomi monici, sono i coefficienti di uno qualsiasi dei polinomi che la definiscono. La dimensione di Λ_n è uguale a

$$\dim(\mathsf{K}[\mathbf{X}]_n) - 1 = \binom{n+1}{2} - 1 = \frac{n(n+3)}{2}.$$

In particolare, il sistema lineare delle rette ha dimensione 2, quello delle coniche ha dimensione 5, quello delle cubiche ha dimensione 9 ecc.

Un *sistema lineare di curve di grado n* è un sottospazio proiettivo Λ di Λ_n. Se ha dimensione 0, Λ consiste di una sola curva; se ha dimensione 1, il sistema lineare è un *fascio*, se ha dimensione 2 è una *rete*.

Un sistema lineare di dimensione r può essere individuato da $(r+1)$ sue curve indipendenti di equazioni

$$F_0(\mathbf{X}) = 0, \ldots, F_r(\mathbf{X}) = 0. \quad [35.1]$$

Ogni altra curva del sistema ha equazione

$$\sum_j \lambda_j F_j(\mathbf{X}) = 0$$

per opportuni $(\lambda_0, \ldots, \lambda_r) \neq (0, \ldots, 0)$. Un caso particolare che abbiamo già incontrato in precedenza è quello di un fascio di rette, individuato da due sue rette distinte qualsiasi.

Un sistema lineare Λ può essere assegnato anche come intersezione di iperpiani di Λ_n. L'equazione di un iperpiano di Λ_n è lineare omogenea nei coefficienti della curva variabile, e viene chiamata *condizione lineare* sulle curve del sistema lineare Λ_n.

Poiché Λ_n ha dimensione $\dfrac{n(n+3)}{2}$, comunque si assegnino $M \leq \dfrac{n(n+3)}{2}$ condizioni lineari, esistono curve di grado n che le soddisfano. Tali condizioni individuano quindi un sistema lineare Λ di dimensione pari almeno a $\dfrac{n(n+3)}{2} - M$.

Il più naturale tipo di condizione lineare si ottiene imponendo il passaggio per un punto assegnato $P[p_0, p_1, p_2]$. Sia

$$\mathbf{F}(\mathbf{X}) = \sum_{i+j+k=n} U_{ijk} X_0^i X_1^j X_2^k$$

il polinomio omogeneo di grado n in X_0, X_1, X_2 i cui coefficienti sono delle indeterminate U_{ijk}. Chiameremo $\mathbf{F}(\mathbf{X})$ *il polinomio omogeneo generico di grado n*. La condizione di passaggio per P è $\mathbf{F}(P) = 0$, cioè

$$\sum_{i+j+k=n} U_{ijk} p_0^i p_1^j p_2^k = 0,$$

che è appunto una condizione lineare omogenea nei coefficienti U_{ijk}. Quindi le curve di Λ_n che contengono P sono quelle le cui coordinate u_{ijk} sono soluzioni dell'equazione precedente: esse costituiscono pertanto un iperpiano di Λ_n.

Più in generale, imponendo il passaggio per un punto assegnato P con molteplicità almeno r, dove $r \geq 1$, si ottengono $r(r+1)/2$ condizioni lineari corrispondenti all'annullarsi in P di tutte le derivate parziali di $\mathbf{F}(\mathbf{X})$ di ordine $r-1$, rispetto alle variabili X_0, X_1, X_2.

Si ha quindi la seguente proposizione.

35.1 PROPOSIZIONE *Comunque si assegnino punti distinti $P_1, \ldots, P_t$, e interi $r_1, \ldots, r_t \geq 1$, tali che*

$$\frac{n(n+3)}{2} \geq \sum_{j=1}^{t} \binom{r_j+1}{2},$$

esistono curve di grado n passanti per $P_1, \ldots, P_t$ con molteplicità almeno $r_1, \ldots, r_t$ rispettivamente, e la loro totalità costituisce un sistema lineare di dimensione almeno uguale a

$$\frac{n(n+3)}{2} - \sum_{j=1}^{t} \binom{r_j+1}{2}.$$

Dalla proposizione 35.1 discende in particolare che esistono curve di grado n passanti per $M \leq \dfrac{n(n+3)}{2}$ punti comunque assegnati. In particolare, per 2 punti passa una retta, per 5 punti passa almeno una conica, per 9 punti passa almeno una cubica ecc.

Il sistema lineare descritto dalla proposizione 35.1 si denoterà con

$$\Lambda_n(P_1^{r_1}, P_2^{r_2}, \dots, P_t^{r_t}). \qquad [35.2]$$

Se

$$\dim[\Lambda_n(P_1^{r_1}, P_2^{r_2}, \dots, P_t^{r_t})] = \frac{n(n+3)}{2} - \sum_{j=1}^{t} \binom{r_j+1}{2},$$

diremo che *i punti* $P_1, \dots, P_t$ *aventi rispettivamente molteplicità* $r_1, \dots, r_t$ *impongono condizioni indipendenti alle curve di grado* n.

Più in generale, assegnato un sistema lineare Λ di curve di grado n, *i punti* $P_1, \dots, P_t$, *di rispettive molteplicità* $r_1, \dots, r_t$, *impongono condizioni indipendenti a* Λ *se*

$$\dim[\Lambda_n(P_1^{r_1}, P_2^{r_2}, \dots, P_t^{r_t}) \cap \Lambda] = \dim(\Lambda) - \sum_{j=1}^{t} \binom{r_j+1}{2}.$$

Se $r_1 = \dots = r_t = 1$ diremo semplicemente che *i punti* $P_1, \dots, P_t$ *impongono condizioni indipendenti a* Λ.

È evidente che, se $P_1, \dots, P_t$ impongono condizioni indipendenti a Λ, ciò avviene per ogni loro sottoinsieme.

Un punto P appartenente a tutte le curve di un sistema lineare Λ si dice *punto base* di Λ. Se tutte le curve di Λ hanno una componente irriducibile Φ_0 in comune, la curva Φ_0 si dice *componente fissa* di Λ.

Ad esempio, i punti $P_1, \dots, P_t$ sono punti base del sistema [35.2]. Essi si dicono *punti base assegnati del sistema lineare* [35.2], ed $r_1, \dots, r_t$ le loro *molteplicità*.

Non sempre i punti base di un sistema lineare coincidono con quelli assegnati. Ad esempio, dati 3 punti base P_1, P_2, P_3 su una retta $\mathscr{r}$, tutte le coniche che li contengono hanno $\mathscr{r}$ come componente, e quindi $\mathscr{r}$ è una componente fissa di $\Lambda_2(P_1, P_2, P_3)$, e ogni altro punto di $\mathscr{r}$ è un punto base non assegnato del sistema lineare $\Lambda_2(P_1, P_2, P_3)$.

I punti base di un fascio Λ sono esattamente i punti di intersezione di due sue curve qualsiasi. Infatti, se

$$\mathscr{C}_0 \colon F_0(\mathbf{X}) = 0 \quad \text{e} \quad \mathscr{C}_1 \colon F_1(\mathbf{X}) = 0$$

sono due curve del fascio, ogni altra curva $\mathscr{C} \in \Lambda$ ha equazione

$$\lambda F_0(\mathbf{X}) + \mu F_1(\mathbf{X}) = 0 \qquad [35.3]$$

e quindi contiene ogni $P \in \mathscr{C}_0 \cap \mathscr{C}_1$. Viceversa, se P è un punto base di Λ allora in particolare appartiene a $\mathscr{C}_0$ e a $\mathscr{C}_1$.

Se alle curve del fascio Λ si impone il passaggio per un punto qualsiasi Q diverso dai punti base, si ottiene dalla [35.3] un'equazione lineare omogenea in λ, μ, che ammette un'unica soluzione. Quindi esiste un'unica curva di Λ che contiene Q. In altre parole, Q impone una condizione a Λ.

Più in generale, sia Λ un sistema lineare di curve di grado n di dimensione $r \geq 1$. Se si scelgono punti distinti $P_1, \ldots, P_r$ in modo sufficientemente generale, essi impongono condizioni indipendenti a Λ.

Basta infatti scegliere P_1 che non sia punto base di Λ, P_2 che non sia un punto base di $\Lambda \cap \Lambda_n(P_1)$, P_3 che non sia un punto base di $\Lambda \cap \Lambda_n(P_1, P_2)$ ecc.

Se il sistema Λ è individuato dalle $r+1$ curve [35.1], e se $P_1, \ldots, P_r$ impongono condizioni indipendenti a Λ, allora la curva appartenente a Λ e contenente $P_1, \ldots, P_r$ ha equazione $F(\mathbf{X}) = 0$, dove $F(\mathbf{X})$ è il determinante della matrice

$$\begin{pmatrix} F_0(\mathbf{X}) & \ldots & F_r(\mathbf{X}) \\ F_0(P_1) & \ldots & F_r(P_1) \\ \vdots & & \vdots \\ F_0(P_r) & \ldots & F_r(P_r) \end{pmatrix}.$$

Infatti dalla sua espressione si vede che il polinomio $F(\mathbf{X})$ è combinazione lineare di $F_0(\mathbf{X}), \ldots, F_r(\mathbf{X})$, e quindi definisce una curva $\mathscr{C} \in \Lambda$. Inoltre $\mathscr{C}$ contiene $P_1, \ldots, P_r$, perché per ogni $i = 1, \ldots, r$, $F(P_i)$ è il determinante di una matrice avente due righe uguali.

Le proprietà dei fasci di curve consentono di dimostrare il seguente teorema:

35.3 Teorema *Se due curve proiettive di grado n hanno in comune N ($\leq n^2$) punti distinti, e se mn di essi appartengono a una curva irriducibile di grado $m < n$, allora i rimanenti $N - mn$ punti appartengono a una curva di grado $n - m$.*

Dimostrazione

Siano $\mathscr{C}_1$ e $\mathscr{C}_2$ le due curve di grado n, e sia $\mathscr{D}$ la curva irriducibile di grado m che contiene gli mn punti dell'enunciato. Fissato arbitrariamente un punto $P \in \mathscr{D}$ diverso da questi mn punti, esiste una curva $\mathscr{C}$ del fascio individuato da $\mathscr{C}_1$ e $\mathscr{C}_2$ che contiene P. Poiché $\mathscr{C}$ ha $mn+1$ punti in comune con $\mathscr{D}$, essa ha una componente irriducibile in comune con $\mathscr{D}$. Ma $\mathscr{D}$ è irriducibile, e quindi $\mathscr{C} = \mathscr{D} + \mathscr{E}$, dove $\mathscr{E}$ è una curva di grado $n - m$. Poiché $\mathscr{C}$ contiene gli N punti $\mathscr{C}_1 \cap \mathscr{C}_2$ e $\mathscr{D}$ contiene mn di questi e nessuno dei rimanenti $N - mn$ (perché altrimenti $\mathscr{D}$ sarebbe componente irriducibile di $\mathscr{C}_1$ e di $\mathscr{C}_2$, il che contraddirebbe il fatto che $\mathscr{C}_1$ e $\mathscr{C}_2$ hanno solo un numero finito di punti in comune), questi sono contenuti in $\mathscr{E}$.

Terminiamo il paragrafo con un teorema che descrive la trasformazione di Λ_n indotta da una proiettività di $\mathbf{P}^2$.

35.4 TEOREMA *Sia T: $\mathbf{P}^2 \to \mathbf{P}^2$ una proiettività. Per ogni $n \geq 1$ l'applicazione di Λ_n in sé stesso che associa ad ogni curva $\mathscr{C} \in \Lambda_n$ la trasformata $T(\mathscr{C})$ è una proiettività.*

Dimostrazione
Supponiamo che si abbia

$$T^{-1}(x_0, x_1, x_2) = (a_{00}x_0 + a_{01}x_1 + a_{02}x_2, a_{10}x_0 + a_{11}x_1 + a_{12}x_2, a_{20}x_0 + \\ + a_{21}x_1 + a_{22}x_2).$$

Per ogni curva $\mathscr{C} \in \Lambda_n$ di equazione

$$\sum_{i+j+k=n} u_{ijk} X_0^i X_1^j X_2^k = 0$$

la trasformata $T(\mathscr{C})$ ha equazione

$$\sum_{i+j+k=n} v_{ijk} X_0^i X_1^j X_2^k = 0,$$

dove

$$\sum_{i+j+k=n} v_{ijk} X_0^i X_1^j X_2^k = \sum_{i+j+k=n} u_{ijk}(a_{00}X_0 + a_{01}X_1 + a_{02}X_2)^i \ (a_{10}X_0 + a_{11}X_1 + \\ + a_{12}X_2)^j (a_{20}X_0 + a_{21}X_1 + a_{22}X_2)^k.$$

I coefficienti v_{ijk} sono espressioni omogenee di primo grado degli u_{ijk} a coefficienti polinomi omogenei di grado n negli a_{lh}. Ciò equivale a dire che la trasformazione che muta gli u_{ijk} negli v_{ijk} è una proiettività.

La proiettività di Λ_n indotta da una proiettività di $\mathbf{P}^2$ induce, come ogni altra, un isomorfismo di ogni sottospazio di Λ_n sulla sua immagine. Quindi sistemi lineari vengono trasformati in sistemi lineari della stessa dimensione. Un caso particolare di cui faremo uso nel paragrafo 36 si ottiene per $n = 1$: ogni proiettività T: $\mathbf{P}^2 \to \mathbf{P}^2$ induce una proiettività di Λ_1, e, per ogni $P \in \mathbf{P}^2$, questa induce un isomorfismo del fascio di rette $\Lambda_1(T(P))$ sul fascio di rette $\Lambda_1(P)$.

35.5 *Complementi*

1. *Condizione di tangenza a una retta in un suo punto*. Sia $\mathscr{r}$ una retta di equazione

$$a_0X_0 + a_1X_1 + a_2X_2 = 0$$

e $P = [p_0, p_1, p_2]$ un suo punto. Imponiamo ai coefficienti del polinomio generico $\mathbf{F}(\mathbf{X})$ la seguente condizione di proporzionalità:

$$[a_0, a_1, a_2] = [\mathbf{F}_0(p_0, p_1, p_2), \mathbf{F}_1(p_0, p_1, p_2), \mathbf{F}_2(p_0, p_1, p_2)]. \quad [35.4]$$

La [35.4] è la condizione che la matrice

$$\begin{pmatrix} \mathbf{F}_0(p_0, p_1, p_2) & \mathbf{F}_1(p_0, p_1, p_2) & \mathbf{F}_2(p_0, p_1, p_2) \\ a_0 & a_1 & a_2 \end{pmatrix}$$

abbia rango 1, ed equivale all'annullarsi dei suoi minori di ordine 2. Se ad esempio $a_0 \neq 0$ questa condizione equivale alle due seguenti condizioni lineari omogenee sui coefficienti di $\mathbf{F}(\mathbf{X})$:

$$a_1\mathbf{F}_0(p_0, p_1, p_2) - a_0\mathbf{F}_1(p_0, p_1, p_2) = 0$$
$$a_2\mathbf{F}_0(p_0, p_1, p_2) - a_0\mathbf{F}_2(p_0, p_1, p_2) = 0.$$

È facile verificare che queste due condizioni sono linearmente indipendenti. Dunque le [35.4] individuano un sistema lineare $\Theta_{P,\ell}$, di curve di grado n, avente dimensione $\frac{n(n+3)}{2} - 2$.

Se $\mathscr{C}$: $F(\mathbf{X}) = 0$ è una curva appartenente a $\Theta_{P,\ell}$, allora, per un opportuno $a \neq 0$, si ha

$$nF(P) = F_0(P)\,p_0 + F_1(P)\,p_1 + F_2(P)\,p_2 = aa_0p_0 + aa_1p_1 + aa_2p_2 = 0,$$

e quindi $\mathscr{C}$ contiene P. Inoltre, per la [35.4], ℓ è tangente a $\mathscr{C}$ in P oppure P è singolare per $\mathscr{C}$.

Viceversa, è evidente che ogni curva di grado n avente ℓ come tangente in P oppure singolare in P appartiene a $\Theta_{P,\ell}$.

2. *Sistemi lineari di curve affini.* La teoria dei sistemi lineari, pur appartenendo alla geometria delle curve proiettive, può utilmente applicarsi allo studio delle curve affini ed euclidee, utilizzando il passaggio da coordinate omogenee a non omogenee e viceversa. Accenniamo brevemente al caso dei fasci, lasciando al lettore il caso generale.

Siano $f(X, Y)$, $g(X, Y) \in \mathsf{K}[X, Y]$ di gradi n ed m rispettivamente, $n \geq m \geq 0$. Al variare di $t \in \mathsf{K}$ l'equazione

$$f(X, Y) + tg(X, Y) = 0 \qquad [35.5]$$

definisce una curva di grado n di $\mathbf{A}^2(\mathsf{K})$ la cui chiusura proiettiva è la curva di grado n

$$F(X_0, X_1, X_2) + tX_0^{n-m}G(X_0, X_1, X_2) = 0, \qquad [35.6]$$

dove F e G sono i polinomi omogeneizzati di f e g. La [35.6] definisce un fascio di curve di grado n di cui la [35.5] è l'equazione in coordinate non omogenee. Se ad esempio g è costante, il fascio [35.6] è quello individuato dalla curva $F(X_0, X_1, X_2) = 0$ e dalla retta impropria contata n volte.

Queste osservazioni si applicano anche al caso di un campo K qualsiasi, e al caso euclideo. Ad esempio, siano $\mathscr{C}$, $\mathscr{D} \subset \mathbf{E}^2$ due circonferenze aventi in comune i due punti P, $Q \in \mathbf{E}^2$, e $\mathscr{C}^*$, $\mathscr{D}^* \subset \mathbf{P}^2(\mathbf{C})$ le loro chiusure proiettive. Poiché $\mathscr{C}^* \cap \mathscr{D}^*$ consiste dei punti ciclici e di P e Q, ogni conica reale non degenere del fascio di coniche Λ individuato da $\mathscr{C}^*$, $\mathscr{D}^*$ possiede punti reali e passa per i punti ciclici, quindi è la chiusura proiettiva di una circonferenza di $\mathbf{E}^2$ passante per P e Q. Per questo motivo Λ si dice *fascio di circonferenze*.

Analogamente, se $f(X, Y) = 0$ è l'equazione di una parabola $\mathscr{C}$ di $\mathbf{E}^2$, e $aX + bY + c$ è un polinomio non nullo di grado minore o uguale a 1, l'equazione

$$f(X, Y) + t(aX + bX + c) = 0 \qquad [35.7]$$

rappresenta ovviamente ancora una parabola per ogni $t \in \mathsf{R}$, perché i termini di secondo grado del primo membro sono gli stessi di quelli di $f(X, Y)$. Abbiamo quindi un *fascio di parabole*. Dal punto di vista proiettivo la [35.7] si interpreta osservando che la sua chiusura proiettiva è la curva di equazione

$$F(X_0, X_1, X_2) + tX_0(aX_1 + bX_2 + cX_0) = 0. \qquad [35.8]$$

Poiché le coniche di equazioni $F(X_0, X_1, X_2) = 0$ e $X_0(aX_1 + bX_2 + cX_0) = 0$ hanno per tangente la retta impropria ℓ nel punto improprio di $\mathscr{C}$, ciò avviene anche per la [35.8], perché entrambe appartengono al sistema lineare $\Theta_{P,\ell}$ (cfr. complemento 1).

In modo simile si dimostra che se $\mathscr{C}$ è un'ellisse, o un'iperbole, allora per $t \in \mathsf{R}$ la [35.7] è l'equazione di un'ellisse, rispettivamente di un'iperbole, e quindi si ha un *fascio di ellissi*, rispettivamente un *fascio di iperboli*.

3. *Generazione proiettiva delle curve piane*. Sia $r \geq 0$ un intero. Per ogni $i = 0, \ldots, r$ siano $F_{i0}(\mathbf{X}), \ldots, F_{ir}(\mathbf{X})$ polinomi omogenei di grado n_i linearmente indipendenti, e sia $\Lambda_{(i)}$ il sistema lineare di curve di grado n_i di equazione

$$\lambda_0 F_{i0}(\mathbf{X}) + \ldots + \lambda_r F_{ir}(\mathbf{X}) = 0.$$

Sia $G(\mathbf{X})$ il determinante della matrice

$$\begin{pmatrix} F_{00}(\mathbf{X}) & \ldots & F_{0r}(\mathbf{X}) \\ F_{10}(\mathbf{X}) & \ldots & F_{1r}(\mathbf{X}) \\ \vdots & & \vdots \\ F_{r0}(\mathbf{X}) & \ldots & F_{rr}(\mathbf{X}) \end{pmatrix}.$$

che è un polinomio omogeneo di grado $n_0 + n_1 + \ldots + n_r$.

Sia $\mathscr{C} \subset \mathbf{P}^2$ la curva piana di equazione $G(\mathbf{X}) = 0$. Un punto P appartiene a $\mathscr{C}$ se e solo se la matrice [35.9], calcolata in P, ha rango $\leq r$. Ciò è equivalente all'esistenza di una soluzione non banale del sistema di equazioni lineari omogenee di cui essa è la matrice dei coefficienti, cioè all'esistenza di $l_0, \ldots, l_r \in \mathsf{K}$ non tutti nulli tali che si abbia simultaneamente

$$l_0 F_{i0}(P) + \ldots + l_r F_{ir}(P) = 0, \quad i = 0, \ldots, r.$$

Quindi $P \in \mathscr{C}$ se e solo se P appartiene simultaneamente alle $r + 1$ curve di equazioni

$$l_0 F_{i0}(\mathbf{X}) + \ldots + l_r F_{ir}(\mathbf{X}) = 0, \quad i = 0, \ldots, r.$$

Questa descrizione di $\mathscr{C}$ è una sua *generazione proiettiva* per mezzo dei sistemi lineari $\Lambda_{(0)}, \dots, \Lambda_{(r)}$.

Ad esempio, dati $F_{00}(\mathbf{X})$, $F_{01}(\mathbf{X})$ omogenei di grado n, $F_{10}(\mathbf{X})$, $F_{11}(\mathbf{X})$ omogenei di grado m, linearmente indipendenti, la curva di grado $n+m$ di equazione

$$F_{00}(\mathbf{X})\,F_{11}(\mathbf{X}) - F_{01}(\mathbf{X})\,F_{10}(\mathbf{X}) = 0 \qquad [35.10]$$

è il luogo dei punti di intersezione variabile delle curve dei due fasci

$$\lambda_0 F_{00}(\mathbf{X}) + \lambda_1 F_{01}(\mathbf{X}) = 0$$

$$\lambda_0 F_{10}(\mathbf{X}) + \lambda_1 F_{11}(\mathbf{X}) = 0$$

per stessi valori dei parametri λ_0, λ_1. Nel caso $n = m = 1$ la [35.10] è una conica.

Esercizi

1. Siano (a_0, a_1, a_2), (b_0, b_1, b_2), (c_0, c_1, c_2), (d_0, d_1, d_2), (e_0, e_1, e_2), (f_0, f_1, f_2) sei punti di $\mathbf{P}^2(\mathsf{K})$. Dimostrare che esiste una conica che li contiene se e solo se è soddisfatta la condizione

$$\begin{vmatrix} a_0^2 & a_0a_1 & a_0a_2 & a_1^2 & a_1a_2 & a_2^2 \\ b_0^2 & b_0b_1 & b_0b_2 & b_1^2 & b_1b_2 & b_2^2 \\ c_0^2 & c_0c_1 & c_0c_2 & c_1^2 & c_1c_2 & c_2^2 \\ d_0^2 & d_0d_1 & d_0d_2 & d_1^2 & d_1d_2 & d_2^2 \\ e_0^2 & e_0e_1 & e_0e_2 & e_1^2 & e_1e_2 & e_2^2 \\ f_0^2 & f_0f_1 & f_0f_2 & f_1^2 & f_1f_2 & f_2^2 \end{vmatrix} = 0.$$

2. Siano (a_0, a_1, a_2), (b_0, b_1, b_2), (c_0, c_1, c_2), (d_0, d_1, d_2), (e_0, e_1, e_2), cinque punti di $\mathbf{P}^2(\mathsf{K})$. Dimostrare che essi impongono condizioni indipendenti al sistema lineare delle coniche se e solo se la matrice

$$\begin{pmatrix} a_0^2 & a_0a_1 & a_0a_2 & a_1^2 & a_1a_2 & a_2^2 \\ b_0^2 & b_0b_1 & b_0b_2 & b_1^2 & b_1b_2 & b_2^2 \\ c_0^2 & c_0c_1 & c_0c_2 & c_1^2 & c_1c_2 & c_2^2 \\ d_0^2 & d_0d_1 & d_0d_2 & d_1^2 & d_1d_2 & d_2^2 \\ e_0^2 & e_0e_1 & e_0e_2 & e_1^2 & e_1e_2 & e_2^2 \end{pmatrix}$$

ha rango massimo. Dimostrare che se questa condizione è soddisfatta, allora la conica che contiene i cinque punti assegnati ha equazione

$$\begin{vmatrix} X_0^2 & X_0X_1 & X_0X_2 & X_1^2 & X_1X_2 & X_2^2 \\ a_0^2 & a_0a_1 & a_0a_2 & a_1^2 & a_1a_2 & a_2^2 \\ b_0^2 & b_0b_1 & b_0b_2 & b_1^2 & b_1b_2 & b_2^2 \\ c_0^2 & c_0c_1 & c_0c_2 & c_1^2 & c_1c_2 & c_2^2 \\ d_0^2 & d_0d_1 & d_0d_2 & d_1^2 & d_1d_2 & d_2^2 \\ e_0^2 & e_0e_1 & e_0e_2 & e_1^2 & e_1e_2 & e_2^2 \end{vmatrix} = 0.$$

3. Siano P_1, P_2, P_3, $P_4 \in \mathbf{P}^2(\mathsf{K})$ punti distinti e non allineati. Dimostrare che P_1, P_2, P_3, P_4 impongono condizioni indipendenti alle coniche, e che pertanto $\Lambda_2(P_1, P_2, P_3, P_4)$ è un fascio di coniche.

4. Dimostrare che se P_1, P_2, P_3, $P_4 \in \mathbf{P}^2(\mathsf{K})$ sono punti distinti e a tre a tre non allineati, allora P_1, P_2, P_3, P_4 sono gli unici punti base del fascio di coniche $\Lambda_2(P_1, P_2, P_3, P_4)$.

5. Dimostrare che un fascio di coniche di $\mathbf{P}^2(\mathsf{K})$ privo di componenti fisse contiene al più 3 coniche degeneri, e che se il fascio ha 4 punti base (distinti), allora le sue coniche degeneri sono esattamente 3 (cfr. fig. 35.1).

Figura 35.1

6. Dimostrare il seguente teorema di Poncelet:
Se una curva proiettiva irriducibile $\mathscr{C}$ di grado $n \geq 3$ è intersecata in n punti distinti da una retta $\mathscr{r}$, le n tangenti a $\mathscr{C}$ in questi punti incontrano $\mathscr{C}$ in altri $M \leq n(n-2)$ punti che appartengono a una curva di grado $n-2$.
(*Suggerimento*. Considerare il fascio determinato da $\mathscr{C}$ e dalla curva costituita dalle n tangenti, e imporre alle curve del fascio il passaggio per un punto di $\mathscr{r}$. Quindi utilizzare il complemento 35.5(1).)

36 Cubiche

In questo paragrafo supporremo $\mathsf{K} = \mathsf{C}$.

Nello studio delle cubiche proiettive complesse si presentano fenomeni geometrici nuovi rispetto al caso delle coniche. In questo paragrafo ne illustreremo alcuni aspetti, iniziando da quello della classificazione. Il primo passo per classificare le cubiche proiettive non singolari è costituito dal seguente teorema.

36.1 TEOREMA *Ogni cubica non singolare $\mathscr{C} \subset \mathbf{P}^2 = \mathbf{P}^2(\mathsf{C})$ è proiettivamente equivalente a una cubica di equazione affine*:

$$Y^2 = X(X-1)(X-c), \qquad [36.1]$$

per qualche $c \in \mathsf{C} \setminus \{0, 1\}$.

Dimostrazione

Poiché è non singolare, $\mathscr{C}$ possiede almeno un flesso P. Con una proiettività possiamo trasformare P nel punto $[0, 0, 1]$ in modo che la tangente di flesso sia la retta di equazione $X_0 = 0$. In coordinate affini la curva trasformata di $\mathscr{C}$ ha equazione:

$$y^2 + bxy + cy = g_1(x)$$

dove $g_1(x)$ è un polinomio di grado 3. Applicando l'affinità

$$\begin{aligned} x &= X \\ y &= Y - \frac{b}{2}X - \frac{c}{2} \end{aligned}$$

si ottiene una curva di equazione

$$Y^2 = g(X) \qquad [36.2]$$

dove $g(X)$ è un polinomio di grado 3. Se $g(X)$ avesse una radice multipla α, la curva [36.2] sarebbe singolare in $(\alpha, 0)$. Quindi $g(X)$ è della forma

$$g(X) = a(X - \alpha_1)(X - \alpha_2)(X - \alpha_3),$$

con $a \neq 0$, e $\alpha_1, \alpha_2, \alpha_3 \in \mathbf{C}$ distinti. L'affinità corrispondente alla sostituzione:

$$\begin{aligned} X &= (\alpha_2 - \alpha_1)X' + \alpha_1 \\ Y &= \sqrt{a(\alpha_2 - \alpha_1)^3}\, Y' \end{aligned}$$

trasforma la [36.2] nella [36.1], con $c = (\alpha_3 - \alpha_1)/(\alpha_2 - \alpha_1)$.

Dal corollario 34.9 segue che una cubica possiede al più 9 flessi distinti, se non ne possiede infiniti. Per le cubiche non singolari abbiamo il seguente risultato più preciso:

36.2 TEOREMA

1) *Una cubica non singolare* $\mathscr{C}$ *possiede esattamente nove flessi, che hanno la proprietà che una retta che ne contiene due, ne contiene un terzo.*

2) *Dati comunque due flessi A e B di* $\mathscr{C}$, *esiste una proiettività* φ: $\mathbf{P}^2 \to \mathbf{P}^2$ *che trasforma* $\mathscr{C}$ *in se stessa e scambia tra loro A e B lasciando fisso il flesso allineato con A e B.*

Dimostrazione

Grazie al teorema 36.1, è sufficiente dimostrare il teorema per le cubiche della forma [36.1], o, equivalentemente, della forma

$$f(X, Y) = 0,$$

dove

$$f(X, Y) = Y^2 - X^3 + (c + 1)X^2 - cX.$$

Si calcola facilmente che, in coordinate non omogenee, l'hessiana di $f(X, Y)$ è

$$h(X, Y) = 8[(Y^2 + cX)(3X - (c+1)) - ((c+1)X - c)^2]$$

e il risultante di f e $h/8$ rispetto a Y è

$$R(X) = 3X^4 - 4(c+1)X^3 + 6cX^2 - c^2.$$

Calcolando il discriminante di $R(X)$ si trova

$$c^4((c+1)^2 - 4c)^2 = c^4(c-1)^4 \neq 0,$$

e quindi $R(X)$ ha quattro radici distinte, nessuna delle quali è 0. Poiché $f(X, Y)$ e $h(X, Y)$ contengono la Y solo in grado 2, per ogni (x, y) che li annulla entrambi, anche $(x, -y)$ ha la stessa proprietà. Quindi ognuna delle radici di $R(X)$ corrisponde a due punti propri *distinti* in comune a $\mathscr{C}$ e alla sua hessiana, perché ogni punto siffatto (x, y) soddisfa la condizione $y \neq 0$. Se ne deduce che, oltre al punto improprio $[0, 0, 1]$, $\mathscr{C}$ possiede altri 8 flessi, cioè $\mathscr{C}$ ha in totale 9 flessi.

Siano ora assegnati due flessi di $\mathscr{C}$. Possiamo supporre che uno di essi sia $[0, 0, 1]$, e l'altro sia (x, y), $y \neq 0$. Allora $(x, -y)$ è un flesso ed è allineato con $[0, 0, 1]$ e (x, y). La prima parte del teorema è così dimostrata.

Siano A e B due flessi qualsiasi di $\mathscr{C}$, e sia C il terzo flesso allineato con A e B. Possiamo supporre $C = [0, 0, 1]$, e quindi $A = (x, y)$, $B = (x, -y)$. La proiettività

$$\varphi(X_0, X_1, X_2) = (X_0, X_1, -X_2),$$

ha la proprietà voluta.

Il seguente è un risultato classico sulle cubiche non singolari:

36.3 Teorema (Salmon, 1851) *Sia $\mathscr{C}$ una cubica non singolare di $\mathbf{P}^2$ e sia P un suo flesso. $\mathscr{C}$ possiede esattamente quattro tangenti distinte che contengono P, inclusa la tangente in P. Il loro modulo è indipendente dalla scelta di P.*

Dimostrazione

Supponiamo dapprima che $\mathscr{C}$ sia la cubica [36.1], per qualche $c \neq 0, 1$, e che $P = [0, 0, 1]$. $\mathscr{C}$ possiede quattro tangenti distinte passanti per P: le rette $Y = c$, $Y = 1$, $Y = 0$, e la retta impropria.

Sia ora $\mathscr{C}$ una cubica non singolare qualsiasi e sia $\varphi\colon \mathbf{P}^2 \to \mathbf{P}^2$ una proiettività che trasforma $\mathscr{C}$ in una cubica [36.1], in modo che $\varphi(P) = [0, 0, 1]$. Poiché le tangenti a $\mathscr{C}$ passanti per P e quelle a $\varphi(\mathscr{C})$ passanti per $[0, 0, 1]$ si corrispondono biunivocamente (cfr. proposizione 34.10), la prima parte del teorema è dimostrata.

Inoltre il birapporto delle 4 tangenti in P è lo stesso delle loro trasformate, prese nello stesso ordine, perché φ induce un isomorfismo dei due fasci di rette di centro P e $[0, 0, 1]$ rispettivamente.

Il modulo comune delle quaterne di tangenti passanti per i flessi di una cubica non singolare $\mathscr{C}$ di $\mathbf{P}^2$ si chiama *modulo della cubica*, e si indica con $j(\mathscr{C})$.

Se la cubica $\mathscr{C}$ ha equazione [36.1], allora $c = \beta(0, \infty, 1, c)$. Poiché la corrispondenza che alle rette del fascio di centro [0, 0, 1] associa il loro punto di intersezione con la retta $X_2 = 0$ è un isomorfismo di rette proiettive, segue che c è anche il birapporto delle quattro corrispondenti rette tangenti a $\mathscr{C}$ e passanti per [0, 0, 1] ($Y = 0$, la retta impropria, $Y = 1$, $Y = c$). Quindi

$$j(\mathscr{C}) = j(c) = \frac{(c^2 - c + 1)^3}{c^2(c-1)^2}.$$

Dimostreremo che il modulo $j(\mathscr{C})$ individua la classe di equivalenza proiettiva della curva.

36.4 Corollario *Due cubiche non singolari $\mathscr{C}$ e $\mathscr{C}'$ di $\mathbf{P}^2$ sono proiettivamente equivalenti se e solo se $j(\mathscr{C}) = j(\mathscr{C}')$.*

Dimostrazione

Se $\mathscr{C}$ e $\mathscr{C}'$ sono proiettivamente equivalenti, allora entrambe sono equivalenti a una stessa cubica della forma [36.1], e quindi

$$j(\mathscr{C}) = j(c) = j(\mathscr{C}').$$

Viceversa, supponiamo che la cubica $\mathscr{C}$ abbia equazione [36.1] e $\mathscr{C}'$ abbia equazione

$$Y^2 = X(X-1)(X-c'), \qquad [36.3]$$

con $j(c) = j(c')$. Se $c \neq c'$, allora c' è una delle seguenti cinque espressioni in c:

$$\frac{1}{c}, \quad 1-c, \quad \frac{1}{1-c}, \quad \frac{c}{c-1}, \quad \frac{c-1}{c}.$$

Sarà sufficiente determinare una proiettività che trasforma la [36.1] nella [36.3] nei due casi $c' = c^{-1}$, $1 - c$; negli altri casi le proiettività si ottengono componendo opportunamente queste due.

Se $c' = c^{-1}$, la proiettività corrispondente alla sostituzione di $(cX, c^{3/2}Y)$ al posto di (X, Y) trasforma la [36.1] nella [36.3].

Se $c' = 1 - c$, si considera invece la proiettività corrispondente alla sostituzione di $(-X+1, \mathrm{i}Y)$ al posto di (X, Y).

Sia $\mathscr{M} = \{$classi di equivalenza proiettiva di cubiche non singolari$\}$.

Il corollario 36.4 stabilisce una corrispondenza biunivoca tra $\mathscr{M}$ e il sottoinsieme di $\mathbf{C}$ costituito da tutti i valori $j(c)$, $c \in \mathbf{C} \setminus \{0, 1\}$. Ogni $j(c)$ proviene da al più 6 valori distinti di c: poiché $\mathbf{C}$ è infinito, in particolare anche $\mathscr{M}$ è infinito.

Si osservi la differenza tra questo caso e quello delle coniche: abbiamo infatti dimostrato nel paragrafo 30 che esiste un'unica classe di equivalenza proiettiva di coniche non singolari.

Terminiamo lo studio dell'equivalenza proiettiva di cubiche, considerando le cubiche singolari. Ci limiteremo al caso irriducibile.

Per il teorema 33.5 una cubica irriducibile possiede al più un punto singolare, il quale deve essere un punto doppio, altrimenti la cubica si spezzerebbe nell'unione di tre rette passanti per quel punto.

Se $\mathscr{C}$ ha un punto doppio ordinario P, con una proiettività possiamo trasformarlo nel punto $[0, 0, 1]$ in modo che le tangenti principali siano le rette di equazioni $X_0 = 0$ e $X_1 = 0$. Allora $\mathscr{C}$ ha equazione affine

$$XY + aX^3 + bX^2 + cX + d = 0 \tag{36.4}$$

con $a \neq 0$. La proiettività corrispondente alla sostituzione

$$X = \sqrt[3]{a^{-1}d}\, X',$$

$$Y = \sqrt[3]{ad^2}\, Y'$$

trasforma la [36.4] nella

$$X'Y' + X'^3 + 1 = 0,$$

che non dipende da a, b, c, d. Se ne deduce che *tutte le cubiche irriducibili con un nodo sono proiettivamente equivalenti tra loro*.

In particolare ogni cubica irriducibile con un nodo è proiettivamente equivalente alla cubica di equazione

$$Y^2 = X^2(X - 1)$$

che è irriducibile, ha un nodo nell'origine e un flesso in $[0, 0, 1]$. Quindi *tutte le cubiche irriducibili con un nodo possiedono almeno un flesso*.

Se $\mathscr{C}$ ha un punto doppio non ordinario P, la tangente principale incontra $\mathscr{C}$ in P con molteplicità 3. Quindi P è una cuspide ordinaria. Con una proiettività possiamo trasformare P nel punto $[0, 0, 1]$ in modo che la tangente principale sia la retta di equazione $X_0 = 0$. Allora $\mathscr{C}$ ha equazione affine

$$Y + aX^3 + bX^2 + cX + d = 0, \tag{36.5}$$

con $a \neq 0$. La proiettività corrispondente alla sostituzione

$$X = X' - \frac{b}{3a}$$

$$Y = Y' - \frac{b^2}{3a} + c$$

trasforma la [36.5] nella

$$Y' + aX'^3 + \delta = 0$$

per un opportuno $\delta \in \mathbf{C}$. Con l'ulteriore sostituzione

$$X' = \sqrt[3]{a^{-1}}\, X$$
$$Y' = Y - \delta$$

si ottiene l'equazione

$$Y + X^3 = 0, \qquad [36.6]$$

che non dipende da a, b, c, d. Deduciamo quindi che *tutte le cubiche irriducibili con una cuspide ordinaria sono proiettivamente equivalenti tra loro.*

In particolare ogni cubica irriducibile con un punto doppio non ordinario è proiettivamente equivalente alla curva di equazione

$$Y^2 = X^3,$$

che è irriducibile, ha una cuspide ordinaria nell'origine, e un flesso in [0, 0, 1]. Deduciamo quindi che *tutte le cubiche irriducibili con una cuspide ordinaria possiedono almeno un flesso.* Riassumendo, abbiamo il seguente teorema.

36.5 Teorema

1) *Esistono due classi di equivalenza proiettiva di cubiche irriducibili e singolari, che sono rappresentate dalle curve di equazioni*:

$$Y^2 = X^2(X - 1) \qquad [36.7]$$
$$Y^2 = X^3. \qquad [36.8]$$

Le curve della classe [36.7] *hanno un nodo, quelle della classe* [36.8] *una cuspide ordinaria.*

2) *Ogni cubica irriducibile ha almeno un flesso.*

Il teorema precedente completa la classificazione proiettiva delle cubiche irriducibili. La classificazione proiettiva delle cubiche riducibili si fa facilmente utilizzando quella delle coniche e viene lasciata al lettore.

La classificazione delle cubiche affini e di quelle euclidee è più complicata, e la sua trattazione esula dagli scopi del presente volume. Essa si ottiene, in modo analogo al caso delle coniche, suddividendo le cubiche secondo il loro comportamento all'infinito. Le possibilità che si presentano quando si ha un solo punto all'infinito sono esemplificate, nel caso euclideo, dall'esempio 29.4(3) (parabole cubiche di Newton).

Su una cubica non singolare è possibile definire in modo puramente geometrico una struttura di gruppo abeliano, una volta fissato un suo punto di flesso.

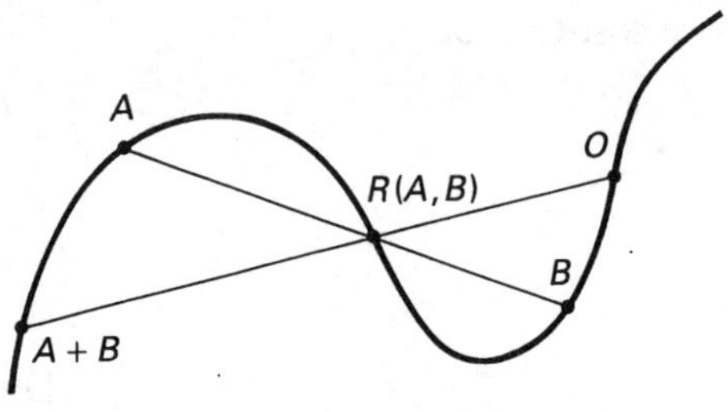

Figura 36.1

Consideriamo infatti una cubica non singolare $\mathscr{C}$ di $\mathbf{P}^2$ e sia O un suo flesso. Definiamo un'applicazione

$$+: \mathscr{C} \times \mathscr{C} \to \mathscr{C}$$

nel seguente modo. Per ogni $A, B \in \mathscr{C}$ sia $R(A, B)$ il terzo punto di intersezione con $\mathscr{C}$ della retta $L(A, B)$ (o della tangente in A se $A = B$), convenendo di considerare ogni punto di intersezione con la sua molteplicità (fig. 36.1). Definiamo $A + B = R(R(A, B), O)$.

36.6 Teorema *Con l'operazione + introdotta sopra, la cubica non singolare $\mathscr{C}$ è un gruppo abeliano, il cui elemento neutro è O.*

Dimostrazione

È immediato verificare che O è un elemento neutro rispetto a $+$, e che per ogni $A \in \mathscr{C}$, $-A = R(A, O)$. Il fatto che l'operazione sia commutativa è ovvio. Resta quindi solo da verificare l'associatività di $+$.

Dobbiamo verificare che, dati comunque tre punti $A, B, C \in \mathscr{C}$, si ha

$$A + (B + C) = (A + B) + C,$$

cioè che

$$R(A, B + C) = R(A + B, C). \qquad [36.9]$$

Considerata la cubica

$$\mathscr{D} = L(A, B) + L(A + B, C) + L(O, B + C),$$

si ha

$$\mathscr{C} \cap \mathscr{D} = \{O, A, B, C, A + B, B + C, R(A, B), R(A + B, C), R(B, C)\}.$$

Daremo la dimostrazione nel caso in cui questi 9 punti sono distinti. Poiché i 3 punti $B, C, R(B, C)$ sono allineati, dalla proposizione 35.3 segue che i rimanenti 6 sono su una conica. Ma di questi, O, $A + B$ ed $R(A, B)$ sono su una retta; ancora dalla proposizione 35.3 segue che gli altri 3 punti, A, $B + C$ ed $R(A + B, C)$, sono allineati, cioè la [36.9].

Dalla definizione di + sulla cubica non singolare $\mathscr{C}$ segue subito che 3 punti $A, B, C \in \mathscr{C}$ sono allineati se e solo se $A + B + C = O$.

36.7 *Esempi*

1. Una cubica non singolare $\mathscr{C}$ proiettivamente equivalente alla cubica di equazione

$$Y^2 = X(X-1)(X+1)$$

si dice *armonica*.

Se invece $\mathscr{C}$ è proiettivamente equivalente alla cubica di equazione

$$Y^2 = X(X-1)(X-1-\epsilon),$$

dove $\epsilon \neq 1$ è una radice cubica di 1, $\mathscr{C}$ si dice *equianarmonica*.

Le cubiche armoniche ed equianarmoniche hanno modulo rispettivamente uguale a $j(-1) = 27/4$, $j(1+\epsilon) = 0$.

2. Le cubiche non singolari del fascio

$$Y^2 = tX(X-1)(X-c)$$

hanno tutte lo stesso modulo $j(c)$. Invece le cubiche non singolari del fascio

$$Y^2 = X(X-1)(X-t)$$

hanno modulo variabile $j(t)$.

Esercizi

1. Determinare l'hessiana della cubica $\mathscr{C}$ di equazione

$$X_0^3 + X_1^3 + X_2^3 = 0$$

e dimostrare che $\mathscr{C}$ ha i seguenti flessi:

$$[0, 1, -1], [0, 1, -\epsilon], [0, 1, -\epsilon^2]$$
$$[-\epsilon^2, 0, 1], [-1, 0, 1], [-\epsilon, 0, 1]$$
$$[1, -\epsilon, 0], [1, -\epsilon^2, 0], [1, -1, 0],$$

dove $\epsilon \neq 1$ è una radice cubica di 1.

2. Dimostrare che le cubiche passanti per i 9 punti dell'esercizio precedente sono precisamente quelle appartenenti al fascio

$$l(X_0^3 + X_1^3 + X_2^3) + mX_0X_1X_2 = 0.$$

3. Determinare le cubiche singolari che appartengono al fascio dell'esercizio precedente.

4. Un fascio di cubiche tale che ogni cubica del fascio abbia per flessi i punti base è un *fascio sizigietico*. Dimostrare che il fascio dell'esercizio 2) è sizigietico.

5. Dimostrare che la cubica armonica di equazione affine

$$Y^2 = X(X^2 - 1)$$

ha la proprietà di essere l'hessiana della propria hessiana.

6. Dimostrare che una cubica irriducibile con una cuspide possiede un unico flesso. (*Suggerimento.* È sufficiente dimostrare che la cubica di equazione affine $Y^2 = X^3$ possiede un unico flesso.)

7. Dimostrare che una cubica irriducibile con un nodo possiede tre flessi, che sono allineati. (*Suggerimento.* È sufficiente dimostrare l'asserto per la cubica di equazione $XY + X^3 + 1 = 0$.)

8. Siano $F(\mathbf{X}) = 0$, $G(\mathbf{X}) = 0$ le equazioni di due coniche prive di componenti in comune, $L(\mathbf{X}) = 0$, $M(\mathbf{X}) = 0$ le equazioni di due rette distinte, e $\mathscr{C}$ la cubica di equazione

$$\begin{vmatrix} F(\mathbf{X}) & G(\mathbf{X}) \\ L(\mathbf{X}) & M(\mathbf{X}) \end{vmatrix} = 0.$$

$\mathscr{C}$ è proiettivamente generata dal fascio di coniche

$$\lambda F(\mathbf{X}) + \mu G(\mathbf{X}) = 0$$

e dal fascio di rette

$$\lambda L(\mathbf{X}) + \mu M(\mathbf{X}) = 0$$

(cfr. complemento 35.6 (3)). Dimostrare che $\mathscr{C}$ passa per i punti base del fascio di coniche e per il centro del fascio di rette.

Si supponga che il fascio di coniche abbia 4 punti base distinti dal centro O del fascio di rette. Dimostrare che ogni conica del fascio interseca $\mathscr{C}$ in altri 2 punti allineati con O.

9. Dimostrare che su una cubica non singolare $\mathscr{C}$ su cui sia fissato un flesso O, esistono 4 punti distinti A tali che $2A = O$.
(*Suggerimento.* Utilizzare il teorema di Salmon.)

Appendici

A Domini, campi, polinomi

In quest'appendice sono trattati alcuni argomenti di algebra che vengono utilizzati in questo testo. L'esposizione non sarà completa di tutte le dimostrazioni, per alcune delle quali rinvieremo a un testo di algebra.

Definizioni

Fra le strutture algebriche maggiormente usate in geometria troviamo quelle di "campo" e di "dominio".

Un *campo* è una terna $(\mathsf{K}, +, \cdot)$ costituita da un insieme non vuoto K e da due operazioni binarie su K, cioè due applicazioni

$$+ : \mathsf{K} \times \mathsf{K} \to \mathsf{K}, \quad \cdot : \mathsf{K} \times \mathsf{K} \to \mathsf{K}$$

chiamate *somma* e *prodotto*, che associano ad ogni coppia $(a, b) \in \mathsf{K} \times \mathsf{K}$ un elemento $a + b \in \mathsf{K}$, chiamato "somma di a più b" e un elemento ab, chiamato "prodotto di a per b", in modo che siano soddisfatti i seguenti assiomi:

K1 (*Commutatività della somma*) $a + b = b + a$, per ogni a, $b \in \mathsf{K}$.

K2 (*Associatività della somma*) $a + (b + c) = (a + b) + c$, per ogni a, b, $c \in \mathsf{K}$.

K3 (*Esistenza dello zero*) Esiste un elemento $0 \in \mathsf{K}$ tale che $a + 0 = 0 + a = a$, per ogni $a \in \mathsf{K}$.

K4 (*Esistenza dell'opposto*) Per ogni $a \in \mathsf{K}$ esiste $a' \in \mathsf{K}$ tale che $a + a' = 0$.

K5 (*Commutatività del prodotto*) $ab = ba$, per ogni a, $b \in \mathsf{K}$.

K6 (*Associatività del prodotto*) $a(bc) = (ab)c$, per ogni a, b, $c \in \mathsf{K}$.

K7 (*Esistenza dell'unità*) Esiste un elemento $1 \in \mathsf{K}$ tale che $a1 = 1a = a$, per ogni $a \in \mathsf{K}$.

K8 (*Esistenza dell'inverso*) Per ogni $a \in \mathsf{K}$, $a \neq 0$, esiste un elemento $a^* \in \mathsf{K}$ tale che $aa^* = 1$.

K9 (*Distributività della somma rispetto al prodotto*) $a(b+c)=ab+ac$, per ogni a, b, $c \in \mathsf{K}$.

K10 (*Non-esistenza di divisori dello zero*) Se $ab=0$ e $b \neq 0$, allora $a=0$.

Se la terna $(\mathsf{K}, +, \cdot)$ soddisfa gli assiomi K1, ..., K7, K9, K10, ma non necessariamente K8, essa si dice *dominio* (o *dominio d'integrità*).

Quando non vi sia possibilità di equivoco sulle operazioni che vi sono definite, il campo, o il dominio, $(\mathsf{K}, +, \cdot)$ si denoterà semplicemente con la lettera K. Denoteremo il sottoinsieme $\mathsf{K} \setminus \{0\}$ con K^*.

Con le usuali operazioni l'insieme Z dei numeri interi relativi è un dominio. Sono campi Q, R e C, gli insiemi dei numeri razionali, reali e complessi rispettivamente, con le operazioni usuali. $\mathsf{Z}_p = \mathsf{Z}/p\mathsf{Z}$, l'insieme delle classi resto modulo un numero primo $p \geq 2$, dotato delle operazioni indotte dalla somma e dal prodotto in Z, è un campo.

Sia K un dominio. Le seguenti proprietà seguono facilmente dagli assiomi e la loro dimostrazione verrà omessa.

i) Esiste un unico zero, cioè se $0' \in \mathsf{K}$ soddisfa $a + 0' = 0' + a = a$ per ogni $a \in \mathsf{K}$ allora $0' = 0$.

ii) Esiste un unico elemento unità, cioè se $u \in \mathsf{K}$ soddisfa $au = ua = a$ per ogni $a \in \mathsf{K}$ allora $u = 1$.

iii) Per ogni $a \in \mathsf{K}$ l'elemento $a' \in \mathsf{K}$ di cui è asserita l'esistenza nell'assioma K4 è unico; esso si dice l'*opposto* di a, e viene di solito denotato con $-a$; si scriverà $b-a$ invece di $b+(-a)$.

iv) Un elemento $a \in \mathsf{K}$ è detto *invertibile* se esiste $a^* \in \mathsf{K}$ tale che $aa^* = a^*a = 1$. L'elemento a^* è univocamente determinato da a, si chiama l'*inverso* di a, e si denota con a^{-1}; talvolta si scrive a/b invece di ab^{-1}.

Se $n \in \mathsf{N}$ e $a \in \mathsf{K}$, scriveremo na per indicare la somma

$$a + \ldots + a \quad (n \text{ addendi})$$

intendendo $0a = 0$. Se $n \in \mathsf{Z}$, $n < 0$, $a \in \mathsf{K}$, poniamo per definizione $na = an = (-n)(-a)$.

Se per ogni intero $n > 0$ si ha $n1 \neq 0$ il dominio K *ha caratteristica* 0. Se invece esiste $p > 0$ tale che $p1 = 0$, allora K *ha caratteristica positiva*; il più piccolo intero p con tale proprietà è la *caratteristica* di K.

Z, Q, R e C hanno caratteristica 0. Un esempio di campo di caratteristica positiva è il campo Z_p delle classi resto modulo p, dove $p \geq 2$ è un numero primo.

Un *sottodominio* di un dominio D è un sottoinsieme F di D sul quale le operazioni definite in D inducono altrettante operazioni in modo che esso sia ancora un dominio. Un *sottocampo* di un campo K è un sottodominio F di K che è un campo. Se F è un sottocampo di K, K è un'*estensione* di F. Ad esempio Q ed R sono sottocampi di C e Q è anche un sottocampo di R. Altri esempi di sottocampi di C sono:

$\mathrm{Q}[i] = \{a + ib: a, b \in \mathrm{Q}\}$

$\mathrm{Q}[\sqrt{n}] = \{a + \sqrt{n}\, b: a, b \in \mathrm{Q}\}$, n intero positivo non divisibile per un quadrato

Z è un sottodominio di ognuno dei campi Q, R, C.

Un sottoinsieme F di un campo K è un sottocampo se e solo se verifica le seguenti condizioni:

SK1 $0, 1 \in \mathrm{F}$.
SK2 Se $a, b \in \mathrm{F}$ allora $a - b \in \mathrm{F}$.
SK3 Se $a, b \in \mathrm{F}$ e $b \neq 0$, allora $ab^{-1} \in \mathrm{F}$.

È evidente che ogni sottocampo soddisfa le SK1, SK2, SK3. Viceversa, se F verifica queste condizioni, dalla SK1 segue che $\mathrm{F} \neq \emptyset$; dalla SK2 con $a = 0$ segue che per ogni $b \in \mathrm{F}$ anche $-b \in \mathrm{F}$, e dalla SK3 con $a = 1$ segue che $b^{-1} \in \mathrm{F}$ se $b \neq 0$. Quindi si ha pure $a + b \in \mathrm{F}$ e $ab \in \mathrm{F}$ per ogni $a, b \in \mathrm{F}$. Le due operazioni inducono dunque operazioni su F in modo che K3, K4, K7 e K8 siano soddisfatti. Gli altri assiomi sono soddisfatti perché lo sono in K. Quindi F è un sottocampo di K.

Un sottodominio di un dominio D ha la stessa caratteristica di D. In particolare, ogni sottocampo di C ha caratteristica 0. Dalle SK1, SK2, SK3 discende immediatamente che ogni sottocampo di C contiene Q. Ogni dominio contenente Q ha caratteristica 0.

In un dominio si mantengono le usuali notazioni e convenzioni sugli esponenti: si scrive a^n per denotare

$aa \dots a$
(n fattori)

e, se $a \neq 0$ è invertibile, a^{-n} denota con $(a^{-1})^n$.

Un importante esempio di dominio è costituito dai polinomi in una indeterminata a coefficienti in un dominio.

Siano D un dominio e X un'indeterminata. Per ogni successione finita a_0, $a_1, \dots, a_n$ di elementi di D, l'espressione

$$f(X) = a_0 + a_1X + a_2X^2 + \dots + a_nX^n$$

definisce un *polinomio in X a coefficienti in* D, di cui $a_0, a_1, \dots, a_n$ sono i *coefficienti*, e $a_0, a_1X, \dots, a_nX^n$ i *monomi*, o *termini*. Un'altra espressione $g(X) = b_0 + b_1X + \dots + b_mX^m$, $b_0, \dots, b_m \in \mathrm{D}$, definisce lo stesso polinomio se e solo se $f(X)$ e $g(X)$ hanno gli stessi termini con coefficienti diversi da 0. Il polinomio a coefficienti tutti nulli si dice *polinomio nullo*, e si denota con 0. Se $f(X) \neq 0$, il *grado* di $f(X)$ è il più grande intero d tale che $a_d \neq 0$, e si denota con $\mathrm{gr}(f(X))$.

Un polinomio $f(X)$ di grado d si dice *monico* se $a_d = 1$; $f(X)$ si dice *costante* se è 0 oppure se ha grado 0. L'insieme di tutti i polinomi in X a coefficienti in D si denota con $\mathsf{D}[X]$. La somma di due polinomi

$$f(X) = a_0 + a_1X + a_2X^2 + \dots + a_nX^n, \quad g(X) = b_0 + b_1X + \dots + b_mX^m,$$

si definisce come il polinomio

$$f(X) + g(X) = a_0 + b_0 + (a_1 + b_1)X + \dots$$

e il loro prodotto come

$$f(X)\, g(X) = a_0b_0 + (a_0b_1 + a_1b_0)X + (a_0b_2 + a_1b_1 + a_2b_0)X^2 + \dots$$

Segue subito dalla definizione che, se $f, g, f+g \neq 0$:

$$\mathrm{gr}(f+g) \leq \max\{\mathrm{gr}(f), \mathrm{gr}(g)\},$$
$$\mathrm{gr}(fg) = \mathrm{gr}(f) + \mathrm{gr}(g).$$

Con le operazioni di somma e di prodotto che abbiamo definito, $\mathsf{D}[X]$ è un dominio. La verifica è immediata ed è lasciata al lettore.

Se D è un dominio ed $X_1, X_2, \dots, X_N$ sono indeterminate, *un polinomio in* $X_1, \dots, X_N$ *a coefficienti in* D è definito induttivamente come un polinomio in X_N i cui coefficienti sono polinomi in $X_1, \dots, X_{N-1}$ a coefficienti in D. L'insieme di tali polinomi si denota con $\mathsf{D}[X_1, \dots, X_{N-1}, X_N]$. In simboli,

$$\mathsf{D}[X_1, \dots, X_{N-1}, X_N] = \mathsf{D}[X_1, \dots, X_{N-1}][X_N].$$

Ogni $f(X_1, \dots, X_N) \in \mathsf{D}[X_1, \dots, X_{N-1}, X_N]$ è in modo unico somma finita di *monomi*, cioè di termini della forma

$$a_{i_1 \dots i_N} X_1^{i_1} \dots X_N^{i_N}$$

dove $a_{i_1 \dots i_N} \in \mathsf{D}^*$ è il *coefficiente del monomio*, i_j il *grado rispetto a* X_j, e $i_1 + \dots + i_N$ il *grado* (o *grado totale*) *del monomio*; se $a_{i_1 \dots i_N} = 1$ il monomio si dice *monico*. Il *grado di un polinomio non nullo* $f(X_1, \dots, X_N)$ *rispetto a* X_j è il massimo dei gradi rispetto a X_j dei suoi monomi; il *grado* (o *grado totale*) *di* $f(X_1, \dots, X_N)$ è il massimo dei gradi dei suoi monomi, e si denota con $\mathrm{gr}(f(X_1, \dots, X_N))$. Per definizione il polinomio nullo ha grado indeterminato.

Siano D e D′ due domini, con unità $1_{\mathsf{D}} \in \mathsf{D}$ e $1_{\mathsf{D}'} \in \mathsf{D}'$ rispettivamente. Un'applicazione $f\colon \mathsf{D} \to \mathsf{D}'$ si dice *omomorfismo* se soddisfa le condizioni

$$f(a+b) = f(a) + f(b),\ f(ab) = f(a)\,f(b) \quad \text{per ogni } a, b \in \mathsf{D}.$$
$$f(1_{\mathsf{D}}) = 1_{\mathsf{D}'}.$$

(*Avvertenza*: taluni autori non richiedono quest'ultima condizione nella definizione, e chiamano "omomorfismi unitari" quelli che noi abbiamo chiamato omomorfismi.)

L'identità 1_D: $D \to D$ e la composizione $g \circ f$: $D \to D''$ di due omomorfismi f: $D \to D'$ e g: $D' \to D''$ sono omomorfismi.

Un *isomorfismo* è un omomorfismo f: $D \to D'$ che possiede un omomorfismo inverso. Due domini D e D' si dicono *isomorfi* se esiste un isomorfismo f: $D \to D'$.

L'identità, l'inverso di un isomorfismo e la composizione di isomorfismi sono isomorfismi. Pertanto l'isomorfismo è una relazione di equivalenza tra domini.

Si osservi che un omomorfismo f: $D \to D'$ in cui D è un campo, è iniettivo. Infatti, se esistesse $x \in D^*$ tale che $f(x) = 0$, si avrebbe l'assurdo $1_{D'} = f(1_D) = f(xx^{-1}) = f(x)f(x^{-1}) = 0f(x^{-1})$.

Il campo dei quozienti di un dominio

Sia D un dominio. È possibile costruire un campo contenente D, che è in un certo senso il più piccolo campo con questa proprietà, in un modo che generalizza la costruzione del campo dei numeri razionali a partire da Z.

A.1 Teorema *Per ogni dominio* D *esiste un campo* L*, unico a meno di isomorfismi, e chiamato* campo dei quozienti di D, *tale che*

1) D *è isomorfo a un sottodominio* D' *di* L;
2) *ogni elemento di* L *è della forma* a/b, *dove* a, $b \in D'$.

Dimostrazione

Sia S il sottoinsieme di $D \times D$ costituito da tutte le coppie (a, b) tali che $b \neq 0$. Definiamo una relazione $\sim$ in S ponendo $(a, b) \sim (c, d)$ se e solo se $ad - bc = 0$. È facile verificare che $\sim$ è una relazione di equivalenza. Denotiamo con L l'insieme delle classi di equivalenza, e con $S(a\ b) \in L$ la classe dell'elemento (a, b). Definiamo operazioni in L nel modo seguente:

$$S(a, b) + S(c, d) = S(ad + bc, bd)$$

$$S(a, b)\,S(c, d) = S(ac, bd).$$

Queste operazioni sono ben definite perché non dipendono dai rappresentanti delle classi che intervengono nella definizione. Infatti, se

$$S(a, b) = S(a_1, b_1), \quad S(c, d) = S(c_1, d_1),$$

allora

$$ab_1 = a_1b, \quad cd_1 = c_1d$$

e quindi

$$(ad + bc)b_1d_1 = ab_1dd_1 + bb_1cd_1 = a_1bdd_1 + bb_1c_1d = (a_1d_1 + b_1c_1)bd$$

$$acb_1d_1 = a_1c_1bd.$$

È facile verificare che L, con queste operazioni, soddisfa gli assiomi di campo, se si prendono come zero e unità rispettivamente $S(0, 1)$ ed $S(1, 1)$. Il sottodominio D′ costituito dagli elementi della forma $S(a, 1)$, $a \in \mathsf{D}$, soddisfa le condizioni (1) e (2) per la definizione stessa di L.

Se H è un campo contenente un sottodominio D″ tale che esista un isomorfismo $i\colon \mathsf{D} \to \mathsf{D}''$ e soddisfacente la condizione (2) rispetto a D″, allora l'applicazione

$$f\colon \mathsf{L} \to \mathsf{H},$$

definita ponendo

$$f(S(a, b)) = i(a)/i(b),$$

è un omomorfismo suriettivo di campi, e quindi è un isomorfismo.

In pratica è più comodo denotare un elemento $S(a, b)$ del campo dei quozienti L di un dominio D con il simbolo a/b.

Come abbiamo detto prima, il campo dei numeri razionali Q è il campo dei quozienti di Z. Un altro esempio importante di campo dei quozienti si ottiene considerando $\mathsf{D} = \mathsf{K}[X]$, dove K è un campo ed X è un'indeterminata. Il campo dei quozienti di D si chiama *campo delle funzioni razionali in X a coefficienti in* K, e si denota con $\mathsf{K}(X)$. I suoi elementi sono frazioni della forma $f(X)/g(X)$, dove $f(X)$, $g(X) \in \mathsf{K}[X]$, $g(X) \neq 0$.

Più in generale, il campo dei quozienti di $\mathsf{K}[X_1, \ldots, X_N]$, dove K è un campo e $X_1, \ldots, X_N$ sono indeterminate, si chiama *campo delle funzioni razionali nelle indeterminate* $X_1, \ldots, X_N$ *a coefficienti in* K, e si denota con $\mathsf{K}(X_1, \ldots, X_N)$.

Proprietà di divisibilità e di fattorizzazione

Sia D un dominio. Dati $a, b \in \mathsf{D}$ diremo che *a divide b*, oppure che *b è divisibile per a*, in simboli $a \mid b$, se esiste $c \in \mathsf{D}$ tale che $b = ac$. In particolare, a è invertibile se e solo se $a \mid 1$.

Si ha che $a \mid b$ e $b \mid a$ se e solo se $b = ea$, dove $e \in \mathsf{D}$ è un elemento invertibile. In questo caso a e b si dicono *associati*.

Un elemento $a \in \mathsf{D}$ è *irriducibile* se è divisibile solo per i suoi associati e per gli elementi invertibili; altrimenti è *riducibile*.

Una espressione $a = a_1 \ldots a_r$ è una *fattorizzazione* di a, di cui gli a_j si dicono *fattori*.

D si dice *dominio a fattorizzazione unica* se in esso sono soddisfatte le seguenti condizioni:

DFU1 Ogni elemento non invertibile $a \in \mathsf{D}$ si può fattorizzare come il prodotto $a_1 \ldots a_r$ di un numero finito di elementi irriducibili di D.

DFU2 Se $a_1 \ldots a_r = b_1 \ldots b_s$, in cui gli a_j e i b_k sono irriducibili e non invertibili, allora $r = s$ ed è possibile riordinare gli a_j in modo che a_j sia associato a b_j, $j = 1, \ldots, r$.

È ovvio che ogni campo K è un dominio a fattorizzazione unica. Facendo uso della teoria elementare della divisibilità si dimostra che Z è un dominio a fattorizzazione unica.

Sia B un dominio. Le definizioni precedenti applicate a $D = B[X_1, \ldots, X_N]$ danno luogo alle nozioni di divisibilità tra polinomi, polinomi associati, polinomi irriducibili.

Ogni polinomio di grado 1 a coefficienti invertibili in B è irriducibile.

L'irriducibilità di un polinomio in generale dipende da B. Ad esempio, X^2+1 è irriducibile come polinomio di $R[X]$, ma in $C[X]$ si fattorizza come

$$X^2+1=(X+i)(X-i).$$

Si osservi che se K è un campo, $K[X]$ *contiene infiniti polinomi monici irriducibili*. Infatti, $K[X]$ contiene qualche polinomio monico irriducibile (i polinomi $X-\alpha$, $\alpha \in K$). D'altra parte, se $f_1(X), f_2(X), \ldots, f_n(X) \in K[X]$ fossero tutti i polinomi monici irriducibili, il polinomio monico

$$f_1(X)\, f_2(X) \ldots f_n(X)+1$$

sarebbe irriducibile, perché non divisibile per alcuno di essi, e diverso da $f_1(X)$, $f_2(X), \ldots, f_n(X)$. Quindi $f_1(X), f_2(X), \ldots, f_n(X)$ non esauriscono tutti i polinomi monici irriducibili, che sono pertanto infiniti.

Si ha il seguente importante teorema.

A.2 Teorema (di fattorizzazione unica) *Se D è un dominio a fattorizzazione unica e X è un'indeterminata,* $D[X]$ *è anch'esso a fattorizzazione unica. In particolare, se K è un campo e* $X_1, \ldots, X_N$ *sono indeterminate,* $K[X_1, \ldots, X_N]$ *è un dominio a fattorizzazione unica.*

Per la dimostrazione del teorema A.2 rinviamo il lettore a [15].

Raccogliendo i fattori che ricorrono più volte nella fattorizzazione di un polinomio $f \in K[X_1, \ldots, X_N]$, si può scrivere

$$f = g_1^{e_1} \ldots g_s^{e_s}$$

dove $g_1, \ldots, g_s$ sono irriducibili e *distinti*. L'esponente e_j si dice *molteplicità* di g_j in f. Se $e_j > 1$, g_j è un *fattore multiplo* di f. Si ha l'identità:

$$\mathrm{gr}(f) = e_1 \mathrm{gr}(g_1) + \ldots + e_s \mathrm{gr}(g_s).$$

A.3 Proposizione *Siano K un campo e X un'indeterminata. Per ogni f,* $g \in K[X]$, *esiste* $h \in K[X]$ *tale che*:

1) $h|f, \quad h|g$;
2) *se* $k|f, \quad k|g$, *allora* $k|h$;
3) *esistono* $A, B \in K[X]$ *tali che* $h = Af + Bg$.

h è detto massimo comun divisore (MCD) di f e g, *e si denota con* MCD(f, g); *esso è individuato a meno di un fattore costante.*

Per la dimostrazione della proposizione rimandiamo il lettore a [15].

Radici

Siano D un dominio e X un'indeterminata. Per ogni

$$f(X) = a_0 + a_1X + \dots + a_dX^d \in \mathrm{D}[X]$$

e per ogni $a \in \mathrm{D}$, il *valore di* $f(X)$ *in* a è l'elemento di D

$$f(a) = a_0 + a_1a + a_2a^2 + \dots + a_da^d$$

ottenuto per *sostituzione di a al posto di X*. Si definisce in questo modo una applicazione $f: \mathrm{D} \to \mathrm{D}$, detta *funzione polinomiale definita da f.*

Se D′ è un dominio contenente D come sottodominio, allora $\mathrm{D}[X] \subset \mathrm{D}'[X]$, cioè ogni $f(X) \in \mathrm{D}[X]$ è anche un elemento di $\mathrm{D}'[X]$. Pertanto ha senso parlare della sostituzione di un elemento $a' \in \mathrm{D}'$ in $f(X)$ al posto di X, e del valore $f(a')$, che è un elemento di D′. Quest'osservazione si applica ad esempio al caso $\mathrm{D}' = \mathrm{D}[X]$ e permette di considerare *il polinomio* $f(g(X))$ *ottenuto per sostituzione di un polinomio* $g(X) \in \mathrm{D}[X]$ *al posto di* X *in* $f(X)$.

Sia $f(X)$ un polinomio di grado positivo. Un elemento $\alpha \in \mathrm{D}$ tale che $f(\alpha) = 0$ è una *radice di* $f(X)$.

A.4 Proposizione $\alpha \in \mathrm{D}$ *è una radice di* $f(X)$ *se e solo se il polinomio* $X - \alpha$ *divide* $f(X)$.

Dimostrazione

Se $X - \alpha$ divide $f(X)$, allora $f(X) = (X - \alpha)g(X)$, e quindi α è una radice di $f(X)$.

Supponiamo viceversa che α sia un radice di $f(X)$. Se $\alpha = 0$, $f(X)$ ha termine costante uguale a 0, e quindi è divisibile per X.

Se invece $\alpha \neq 0$, introduciamo una nuova indeterminata Y e sia

$$\tilde{f}(Y) = f(Y + \alpha) \in \mathrm{D}[Y].$$

Si ha $\tilde{f}(0) = 0$ e quindi $\tilde{f}(Y) = Y\tilde{g}(Y)$ per un opportuno $\tilde{g}(Y) \in \mathrm{D}[Y]$. Sostituendo $Y = X - \alpha$ otteniamo

$$f(X) = \tilde{f}(X - \alpha) = (X - \alpha)\tilde{g}(X - \alpha) = (X - \alpha)g(X),$$

dove abbiamo posto $g(X) = \tilde{g}(X - \alpha)$.

$\alpha \in \mathrm{D}$ è una *radice multipla* di $f(X)$ se $(X - \alpha)$ è un fattore multiplo di $f(X)$, cioè se si ha

$$f(X) = (X - \alpha)^e g(X) \qquad [A.1]$$

per qualche $e \geq 2$. Il massimo intero e per cui esiste una fattorizzazione [A.1] si dice *molteplicità della radice* α *per il polinomio* $f(X)$. Se ha molteplicità $e = 1$, α è una *radice semplice*. A un α che non è radice di f, si conviene di attribuire molteplicità $e = 0$.

Si noti che e è la molteplicità di α per $f(X)$ se e solo se il polinomio $g(X)$ che figura nella [A.1] soddisfa $g(\alpha) \neq 0$; poiché $g(X)$ ha grado uguale a $\mathrm{gr}(f) - e$, si ha $e \leq \mathrm{gr}(f)$.

A.5 Corollario *Un polinomio* $f(X) \in \mathsf{D}[X]$ *di grado positivo d possiede al più d radici in* D, *se ognuna di esse viene contata con la sua molteplicità.*

Dimostrazione

Per induzione su d. Se $d = 1$ l'asserto è evidente. Supponiamo $d \geq 2$ e che $f(X)$ possieda le radici distinte $\alpha_1, \ldots, \alpha_t$, di molteplicità $e_1, \ldots, e_t$.

Scriviamo

$$f(X) = (X - \alpha_1)^{e_1} g_1(X)$$

per un opportuno $g_1(X) \in \mathsf{D}[X]$ di grado $d - e_1$ che soddisfa $g_1(\alpha_1) \neq 0$. Per ogni $j = 2, \ldots, t$ si ha

$$0 = f(\alpha_j) = (\alpha_j - \alpha_1)^{e_1} g_1(\alpha_j).$$

Poiché $\alpha_j \neq \alpha_1$ e D è un dominio, è $g_1(\alpha_j) = 0$. Per l'ipotesi induttiva, $e_2 + \ldots + e_t \leq d - e_1$, e quindi

$$e_1 + e_2 + \ldots + e_t \leq d.$$

Il numero di radici che un polinomio ha in D dipende da D. Si pensi al polinomio $X^2 + 1$, che in C ha le radici $\pm\,\mathrm{i}$, ma non ne ha in R.

Supponiamo che K sia un campo. Se ogni $f(X) \in \mathsf{K}[X]$ non costante possiede almeno una radice in K, il campo si dice *algebricamente chiuso*. Dalla proposizione A.4 si ottiene facilmente per induzione il seguente risultato (la dimostrazione è lasciata al lettore).

A.6 Teorema *Supponiamo che* K *sia un campo algebricamente chiuso. Ogni polinomio* $f(X) \in \mathsf{K}[X]$ *di grado d ha esattamente d radici, se ognuna di esse viene contata con la sua molteplicità. Pertanto* $f(X)$ *si fattorizza come*

$$f(X) = a(X - \alpha_1) \ldots (X - \alpha_d), \quad a \neq 0,$$

dove $\alpha_1, \ldots, \alpha_d \in \mathsf{K}$ *sono le sue radici, non necessariamente distinte.*

Si noti che *un campo algebricamente chiuso* K *possiede infiniti elementi*. Infatti segue dal teorema A.6 che gli unici polinomi monici irriducibili in $K[X]$ sono della forma $X-\alpha$, $\alpha \in K$, e, come già osservato, i polinomi monici irriducibili sono infiniti.

R non è algebricamente chiuso, perché esistono polinomi non costanti a coefficienti reali che non hanno radici reali, come i polinomi aX^2+bX+c, in cui $b^2-4ac<0$.

Si ha il seguente classico risultato, dimostrato per la prima volta da Gauss nel 1799.

A.7 Teorema (fondamentale dell'algebra) *Il campo* C *dei numeri complessi è algebricamente chiuso.*

Per la dimostrazione di questo teorema il lettore può consultare, per esempio, [11].

Il risultato seguente viene solitamente chiamato *principio d'identità dei polinomi.*

A.8 Teorema *Siano* K *un campo,* $Z_1, \ldots, Z_N$ *indeterminate, ed* $f(Z_1, \ldots, Z_N) \in K[Z_1, \ldots, Z_N]$. *Se esiste un sottoinsieme infinito* $J \subset K$ *tale che*

$$f(\alpha_1, \ldots, \alpha_N) = 0$$

per ogni $(\alpha_1, \ldots, \alpha_N) \in J^N$, *allora* $f(Z_1, \ldots, Z_N) = 0$.

Dimostrazione

Per induzione su N. Il caso $N=1$ è conseguenza del corollario A.5.

Supponiamo $N \geq 2$ e che il teorema sia vero per polinomi in $N-1$ indeterminate a coefficienti in K. Scriviamo

$$f(X_1, \ldots, X_N) = f_0 + f_1 X_N + \ldots + f_d X_N^d, \quad d \geq 0$$

dove $f_j \in K[X_1, \ldots, X_{N-1}]$. Se $f \neq 0$ possiamo supporre che sia $f_d \neq 0$. Per l'ipotesi induttiva esiste $(\alpha_1, \ldots, \alpha_{N-1}) \in J^{N-1}$ tale che $f_d(\alpha_1, \ldots, \alpha_{N-1}) \neq 0$. Pertanto, per il corollario A.5, esistono al più d valori di α_N per i quali $f(\alpha_1, \ldots, \alpha_N) = 0$. Ciò è contrario all'ipotesi, e quindi $f=0$.

In particolare, se K è infinito e $f(X) \in K[X]$ soddisfa $f(\alpha)=0$ per ogni $\alpha \in K$, allora $f=0$. Questo non è vero se non si suppone K infinito. Ad esempio, si consideri $K = Z/(p)$, p numero primo. Il polinomio $X^p - X \in K[X]$ non è nullo, ma ha per radici tutti gli $\alpha \in K$.

Derivate e teorema di Taylor

La nozione di derivata di un polinomio può essere introdotta in modo formale senza far uso di alcun concetto del calcolo infinitesimale. Ciò consente di estendere tale nozione a polinomi a coefficienti in un dominio qualunque.

Consideriamo un dominio D, e sia

$$f(X) = a_d X^d + a_{d-1} X^{d-1} + \ldots + a_1 X + a_0 \in \mathrm{D}[X].$$

La *derivata* di $f(X)$ è il polinomio

$$f'(X) = d a_d X^{d-1} + (d-1) a_{d-1} X^{d-2} + \ldots + a_1.$$

Per indicare la derivata di $f(X)$ si usa anche il simbolo $\mathrm{d}f/\mathrm{d}X$.

La *derivata* k*-esima di* $f(X)$ è il polinomio $\mathrm{d}^k f/\mathrm{d}X^k$ (indicato anche con $f^{(k)}(X)$) definito induttivamente nel modo seguente:

$$\frac{\mathrm{d}^k f}{\mathrm{d}X^k} = \frac{\mathrm{d}(f^{(k-1)}(X))}{\mathrm{d}X}.$$

Se $f(X_1, \ldots, X_N) \in \mathrm{D}[X_1, \ldots, X_N]$, la *derivata parziale di f rispetto a* X_i, che si indica con $\partial f/\partial X_i$, è definita come la derivata di f considerato come un polinomio in X_i a coefficienti nel dominio $\mathrm{D}[X_1, \ldots, X_{i-1}, X_{i+1}, \ldots, X_N]$.
Analoga definizione si dà delle *derivate parziali successive* di f.
È un facile esercizio dimostrare che le derivate parziali successive di un polinomio f sono indipendenti dall'ordine in cui si eseguono.
(*Suggerimento*: è sufficiente dimostrarlo per i monomi.)

A.9 Lemma $\alpha \in \mathrm{D}$ *è una radice multipla del polinomio* $f(X)$ *se e solo se* α *è radice di* $f(X)$ *e di* $f'(X)$.

Dimostrazione
Supponiamo che α sia una radice di molteplicità $h \geq 1$ di $f(X)$. Si ha

$$f(X) = (X-\alpha)^h g(X).$$

Derivando primo e secondo membro si ottiene l'identità

$$f'(X) = h(X-\alpha)^{h-1} g(X) + (X-\alpha)^h g'(X).$$

Se $h \geq 2$, $f'(\alpha) = 0$. Se invece $h = 1$,

$$f'(\alpha) = g(\alpha) \neq 0.$$

Le derivate di un polinomio sono state definite in modo puramente formale, senza far uso di concetti del calcolo infinitesimale. Sempre in modo formale è possibile dimostrare il teorema di Taylor per i polinomi in una o più indeterminate, purché il dominio D contenga Q. Ricordiamo che questa condizione è in particolare soddisfatta da ogni sottocampo di C.

A.10 Teorema (di Taylor) *Supponiamo che il dominio* D *contenga* Q. *Per ogni* $f(X) \in \mathsf{D}[X]$ *di grado* d *e per ogni* $a \in \mathsf{D}$ *si ha*

$$f(X) = f(a) + f'(a)(X-a) + \frac{f''(a)}{2!}(X-a)^2 + \ldots + \frac{f^{(d)}(a)}{d!}(X-a)^d.$$

Dimostrazione

Consideriamo il polinomio $f(Y+a)$, che supponiamo abbia la forma

$$f(Y+a) = a_0 + a_1 Y + \ldots + a_d Y^d. \qquad [A.2]$$

Derivando successivamente otteniamo

$$f'(Y+a) = a_1 + 2a_2 Y + \ldots + d a_d Y^{d-1},$$
$$f''(Y+a) = 2a_2 + 6a_3 Y + \ldots + d(d-1) a_d Y^{d-2},$$
$$\vdots$$
$$f^{(d)}(Y+a) = d!\ a_d.$$

Ponendo $Y=0$ in ognuna di queste identità otteniamo

$$a_0 = f(a), \quad a_1 = f'(a), \quad a_2 = f''(a)/2!, \ldots, a_d = f^{(d)}(a)/d!$$

(poiché D contiene Q si può dividere per $2!, 3!, \ldots, d!$).

Sostituendo nella [A.2] e ponendo $Y = X - a$ otteniamo la conclusione.

Polinomi omogenei

Siano K un campo e $X_0, \ldots, X_N$ indeterminate. Un polinomio non nullo $F(X_0, \ldots, X_N) \in \mathsf{K}[X_0, \ldots, X_N]$ si dice *omogeneo* se tutti i suoi monomi hanno lo stesso grado.

Si denoterà con $\mathsf{K}[X_0, \ldots, X_N]_d$ l'insieme costituito dal polinomio nullo e dai polinomi omogenei di grado d. $\mathsf{K}[X_0, \ldots, X_N]_d$ è uno spazio vettoriale su K in cui i monomi monici di grado d costituiscono una base.

A.11 LEMMA *Per ogni* $d \geq 0$

$$\dim_{\mathsf{K}}(\mathsf{K}[X_0, \ldots, X_N]_d) = \binom{N+d}{d} \qquad [A.3]$$

dove

$$\binom{N+d}{d} = \frac{(N+d)(N+d-1)\ldots(N+1)}{d!}$$

convenendo di porre $\binom{N}{0} = 1$.

Dimostrazione

Procediamo per doppia induzione su N e su d.

Se $N = 1$ la [A.3] è evidente, perché per ogni $d \geq 0$ esistono $d + 1$ monomi monici di grado d in X_0, X_1, e precisamente X_0^d, $X_0^{d-1}X_1$, ..., $X_0X_1^{d-1}$, X_1^d.

Supponiamo sia $N \geq 2$ e di aver dimostrato la [A.3] per $N - 1$. Se $d = 0$ la [A.3] è ovvia. Supponiamo $d \geq 1$ e che la [A.3] sia stata dimostrata per $d - 1$.

L'insieme T dei monomi monici di grado d in $X_0, \ldots, X_N$ si suddivide nell'unione disgiunta $T = T' \cup T''$, dove T' è l'insieme di quelli in cui compare X_N e T'' è costituito dagli altri monomi. Denotiamo con $\# I$ la cardinalità di un insieme finito I. Dividendo ogni monomio di T' per X_N, T' corrisponde biunivocamente all'insieme dei monomi di grado $d - 1$ in $X_0, \ldots, X_N$. Per l'ipotesi induttiva su d, abbiamo quindi

$$\# T' = \dim_{\mathsf{K}}(\mathsf{K}[X_0, \ldots, X_N]_{d-1}) = \binom{N + d - 1}{d - 1}.$$

D'altra parte, T'' ha cardinalità uguale a quella dell'insieme dei monomi di grado d in $X_0, \ldots, X_{N-1}$, che, per l'ipotesi induttiva su N, è

$$\# T'' = \binom{N + d - 1}{d}.$$

In conclusione:

$$\dim_{\mathsf{K}}(\mathsf{K}[X_0, \ldots, X_N]_d) = \# T = \# T' + \# T'' = \\ = \binom{N + d - 1}{d - 1} + \binom{N + d - 1}{d} = \binom{N + d}{d}.$$

Nella proposizione seguente si enunciano alcune importanti proprietà dei polinomi omogenei.

A.12 Proposizione

1) *Un polinomio non nullo $F(X_0, \ldots, X_N) \in \mathsf{K}[X_0, \ldots, X_N]$ è omogeneo di grado d se e solo se sussiste l'identità*

$$F(tX_0, \ldots, tX_N) = t^d F(X_0, \ldots, X_N) \qquad \text{[A.4]}$$

fra polinomi di $\mathsf{K}[X_0, \ldots, X_N, t]$, dove t è un'indeterminata.

2) *Supponiamo che f, $g \in \mathsf{K}[X_0, \ldots, X_N]$ e che $g \mid f$. Se f è un polinomio omogeneo, anche g lo è.*

3) (*Identità di Eulero*) *Se $F(X_0, \ldots, X_N)$ è omogeneo di grado d, allora*

$$\sum_{i=0}^{N} X_i \frac{\partial F}{\partial X_i} = dF. \qquad \text{[A.5]}$$

Dimostrazione

1) La condizione è evidentemente necessaria. Per dimostrarne la sufficienza,

scriviamo

$$F = F_1 + F_2 + \ldots + F_r,$$

dove $F_j \neq 0$ ed è omogeneo di grado d_j, con $d_1 < \ldots < d_r$. La [A.4] si traduce nell'identità

$$t^{d_1}F_1 + \ldots + t^{d_r}F_r = t^d F_1 + \ldots + t^d F_r.$$

Quindi si deve avere $t^{d_1} = t^d, \ldots, t^{d_r} = t^d$. Ciò implica $r = 1$ e $d_1 = d$.

2) Sia $f = gh$, e supponiamo che g non sia omogeneo. Esprimiamo g e h come somma di polinomi omogenei:

$$g = G_j + G_{j+1} + \ldots + G_{j+r},$$

con $G_j \neq 0$, $G_{j+r} \neq 0$, $r > 0$, $\mathrm{gr}(G_j) = j$, e

$$h = H_i + H_{i+1} + \ldots + H_{i+k},$$

con $H_i \neq 0$, $H_{i+k} \neq 0$, $k \geq 0$, $\mathrm{gr}(H_i) = i$. Si ha quindi

$$f = G_j H_i + (G_j H_{i+1} + G_{j+1} H_i) + \ldots + G_{j+r} H_{i+k}$$

con $G_j H_i \neq 0$, $G_{j+r} H_{i+k} \neq 0$ e $\mathrm{gr}(G_j H_i) = i + j < i + j + r + k = \mathrm{gr}(G_{j+r} H_{i+k})$. Dunque f non è omogeneo, e ciò contraddice l'ipotesi.

3) Derivando primo e secondo membro della [A.4] rispetto a t si ottiene l'identità

$$\sum_{i=0}^{N} X_i \frac{\partial F(tX_0, \ldots, tX_N)}{\partial X_i} = d\, t^{d-1} F(X_0, \ldots, X_N).$$

La conclusione si ottiene ponendo $t = 1$.

Sia $f(X_1, \ldots, X_N) \in \mathsf{K}[X_1, \ldots, X_N]$ di grado d. Il *polinomio omogeneizzato* di $f(X_1, \ldots, X_N)$ è il polinomio $F(X_0, X_1, \ldots, X_N) \in \mathsf{K}[X_0, X_1, \ldots, X_N]$ così definito:

$$F(X_0, X_1, \ldots, X_N) = X_0^d f\left(\frac{X_1}{X_0}, \ldots, \frac{X_N}{X_0}\right).$$

È facile verificare che F è omogeneo di grado d. Viceversa, se $F(X_0, X_1, \ldots, X_N) \in \mathsf{K}[X_0, X_1, \ldots, X_N]$ è un polinomio omogeneo, il suo *deomogeneizzato* è il polinomio $F(1, X_1, \ldots, X_N) \in \mathsf{K}[X_1, \ldots, X_N]$.

Si deduce immediatamente che, dato $f(X_1, \ldots, X_N) \in \mathsf{K}[X_1, \ldots, X_N]$, se si considera il suo omogeneizzato, e di questo il deomogeneizzato, si riottiene $f(X_1, \ldots, X_N)$.

È ugualmente semplice verificare che, se $F(X_0, X_1, \ldots, X_N) \in \mathsf{K}[X_0, X_1, \ldots, X_N]$ è un polinomio omogeneo, l'omogeneizzato del suo deomogeneizzato coincide ancora con F se e solo se X_0 non divide F.

Per i polinomi omogenei in due indeterminate, si ha il seguente risultato.

A.13 PROPOSIZIONE *Se* K *è un campo algebricamente chiuso ed* $F(X_0, X_1) \in \mathsf{K}[X_0, X_1]$ *è un polinomio omogeneo di grado positivo d, esistono d coppie* $(a_i, b_i) \in \mathsf{K}^2$, $i = 1, \ldots, d$, *tutte diverse da* (0, 0), *tali che*

$$F(X_0, X_1) = (a_1X_1 - b_1X_0) \ldots (a_dX_1 - b_dX_0). \quad \text{[A.6]}$$

Le coppie (a_i, b_i) *sono univocamente determinate a meno del loro ordine e di fattori di proporzionalità non nulli* $\alpha_1, \ldots, \alpha_d$ *tali che* $\alpha_1 \ldots \alpha_d = 1$; *esse si dicono* radici del polinomio $F(X_0, X_1)$.

Dimostrazione

Supponiamo che r sia la molteplicità di X_0 come fattore di $F(X_0, X_1)$ (eventualmente $r = 0$). Si ha allora

$$F(X_0, X_1) = X_0^r G(X_0, X_1)$$

dove G è un polinomio omogeneo di grado $d - r$. Il polinomio $G(1, X_1)$ ha grado $d - r$ e, poiché K è algebricamente chiuso, si fattorizza come

$$G(1, X_1) = a(X_1 - b_1) \ldots (X_1 - b_{d-r}), \quad a \neq 0.$$

Quindi, omogeneizzando, otteniamo

$$G(X_0, X_1) = a(X_1 - b_1X_0) \ldots (X_1 - b_{d-r}X_0)$$

e in corrispondenza abbiamo la fattorizzazione

$$F(X_0, X_1) = aX_0^r(X_1 - b_1X_0) \ldots (X_1 - b_{d-r}X_0),$$

che è quanto si voleva dimostrare. L'unicità delle radici segue dal teorema di fattorizzazione unica per $\mathsf{K}[X_0, X_1]$.

La fattorizzazione [A.6] può esprimersi nella forma equivalente

$$F(X_0, X_1) = \begin{vmatrix} a_1 & b_1 \\ X_0 & X_1 \end{vmatrix} \begin{vmatrix} a_2 & b_2 \\ X_0 & X_1 \end{vmatrix} \ldots \begin{vmatrix} a_d & b_d \\ X_0 & X_1 \end{vmatrix}.$$

Sostituzioni lineari

Spesso è utile considerare una N-upla di indeterminate $X_1, \ldots, X_N$ come un "vettore colonna"; denotiamolo con $\mathbf{X}$. Conseguentemente l'anello dei polinomi in $X_1, \ldots, X_N$ a coefficienti nel campo K verrà denotato con $\mathsf{K}[\mathbf{X}]$ e un polinomio in $X_1, \ldots, X_N$ si indicherà con $f(\mathbf{X})$. Con queste notazioni, se

$A = (a_{ij}) \in GL_N(K)$ e $\mathbf{c} \in K^N$, si ha

$$A\mathbf{X} + \mathbf{c} = \begin{pmatrix} a_{11}X_1 + \ldots + a_{1N}X_N + c_1 \\ a_{21}X_1 + \ldots + a_{2N}X_N + c_2 \\ \vdots \\ a_{N1}X_1 + \ldots + a_{NN}X_N + c_N \end{pmatrix}. \qquad [A.7]$$

Se $f(\mathbf{X}) \in K[\mathbf{X}]$, denotiamo con $f(A\mathbf{X} + \mathbf{c}) \in K[\mathbf{X}]$ il polinomio ottenuto da f sostituendo $A\mathbf{X} + \mathbf{c}$ al posto di $\mathbf{X}$. Otteniamo così un'applicazione

$$\begin{aligned} &K[\mathbf{X}] \to K[\mathbf{X}] \\ &f(\mathbf{X}) \mapsto f(A\mathbf{X} + \mathbf{c}) \end{aligned} \qquad [A.8]$$

che è un omomorfismo: infatti segue subito dalla definizione che

$$f(A\mathbf{X} + \mathbf{c}) + g(A\mathbf{X} + \mathbf{c}) = (f + g)(A\mathbf{X} + \mathbf{c}),$$
$$f(A\mathbf{X} + \mathbf{c})g(A\mathbf{X} + \mathbf{c}) = (fg)(A\mathbf{X} + \mathbf{c}),$$

perché queste proprietà sono vere per i monomi.

Inoltre, la [A.8] è un isomorfismo perché possiede un'inversa, che è la trasformazione

$$\begin{aligned} &K[\mathbf{X}] \to K[\mathbf{X}] \\ &f(\mathbf{X}) \mapsto f(A^{-1}\mathbf{X} - A^{-1}\mathbf{c}). \end{aligned}$$

Ciò segue dal fatto che si ha

$$A^{-1}(A\mathbf{X} + \mathbf{c}) - A^{-1}\mathbf{c} = \mathbf{X}.$$

Poiché i polinomi [A.7] sono di primo grado, si ha

$$\mathrm{gr}\,[f(A\mathbf{X} + \mathbf{c})] \leq \mathrm{gr}\,[f(\mathbf{X})].$$

D'altra parte, ragionando nello stesso modo con la trasformazione inversa, si trova anche

$$\mathrm{gr}\,[f(\mathbf{X})] \leq \mathrm{gr}\,[f(A\mathbf{X} + \mathbf{c})],$$

e quindi $f(\mathbf{X})$ e $f(A\mathbf{X} + \mathbf{c})$ hanno lo stesso grado.

Se $\mathbf{c} = \mathbf{0}$, i polinomi [A.7] sono omogenei. Per questo motivo, se $f(\mathbf{X})$ è un polinomio omogeneo, anche $f(A\mathbf{X})$ è omogeneo e dello stesso grado di $f(\mathbf{X})$.

Si noti che, poiché la [A.8] è un omomorfismo, essa rispetta la decomposizione in fattori. In particolare, se

$$f(\mathbf{X}) = f_1(\mathbf{X}) \ldots f_k(\mathbf{X})$$

è la decomposizione in fattori irriducibili del polinomio $f(\mathbf{X})$, allora

$$f(A\mathbf{X}+\mathbf{c}) = f_1(A\mathbf{X}+\mathbf{c}) \dots f_k(A\mathbf{X}+\mathbf{c})$$

è la decomposizione in fattori irriducibili di $f(A\mathbf{X}+\mathbf{c})$.

Consideriamo nuove indeterminate $Y_1, \dots, Y_N$, ed un polinomio $f(\mathbf{Y}) \in \mathsf{K}[\mathbf{Y}]$, dove abbiamo denotato con $\mathbf{Y}$ il vettore colonna delle indeterminate $Y_1, \dots, Y_N$. Sostituendo $\mathbf{Y} = A\mathbf{X}+\mathbf{c}$ nel polinomio $f(\mathbf{Y})$ otteniamo il polinomio in $\mathbf{X}$

$$g(\mathbf{X}) = f(A\mathbf{X}+\mathbf{c}).$$

Si verifica immediatamente che le derivate parziali prime di $g(\mathbf{X})$ sono date dalle seguenti espressioni:

$$\frac{\partial g(\mathbf{X})}{\partial X_1} = \sum_{i=1}^{N} a_{i1} \frac{\partial F}{\partial Y_i}(A\mathbf{X}+\mathbf{c}),$$

$$\vdots$$

$$\frac{\partial g(\mathbf{X})}{\partial X_N} = \sum_{i=1}^{N} a_{iN} \frac{\partial F}{\partial Y_i}(A\mathbf{X}+\mathbf{c}).$$

Il risultante di due polinomi

Sia D un dominio a fattorizzazione unica. Descriveremo un procedimento elementare per stabilire se due polinomi di $\mathsf{D}[X]$ hanno fattori comuni non costanti. Iniziamo dalla seguente proposizione.

A.14 Proposizione *Due polinomi $f, g \in \mathsf{D}[X]$, di gradi n ed m rispettivamente, possiedono un fattore non costante in comune se e solo se esistono A, $B \in \mathsf{K}[X]$ tali che* $\mathrm{gr}(A) < \mathrm{gr}(f)$, $\mathrm{gr}(B) < \mathrm{gr}(g)$, *e* $Bf = Ag$.

Dimostrazione

Se f e g hanno un fattore non costante in comune h, allora

$$f = Ah, \quad g = Bh,$$

con $\mathrm{gr}(A) < \mathrm{gr}(f)$, $\mathrm{gr}(B) < \mathrm{gr}(g)$, e $Bf = Ag$.

Viceversa, supponiamo verificata la condizione dell'enunciato. Ognuno dei fattori irriducibili di g divide Bf. Poiché $\mathrm{gr}(B) < \mathrm{gr}(g)$, uno almeno dei fattori non costanti di g divide f, e quindi f e g hanno un fattore non costante in comune.

Supponiamo che $f, g \in \mathsf{D}[X]$ siano della forma seguente:

$$f = a_0 + a_1X + \dots + a_nX^n, \qquad a_n \neq 0$$
$$g = b_0 + b_1X + \dots + b_mX^m, \qquad b_m \neq 0.$$

Chiameremo *risultante di f e g* il determinante $R(f, g)$ della matrice $(m+n)\times(m+n)$ seguente:

$$\begin{pmatrix} a_0 & a_1 & \dots & & a_n & 0 & \dots & 0 \\ 0 & a_0 & a_1 & \dots & & a_n & 0 \dots & 0 \\ \vdots & & & & & & & \vdots \\ 0 & \dots & & a_0 & a_1 & \dots & & a_n \\ b_0 & b_1 & \dots & & b_m & 0 & \dots & 0 \\ 0 & b_0 & b_1 & \dots & & b_m & 0 \dots & 0 \\ \vdots & & & & & & & \vdots \\ 0 & \dots & & & b_0 & b_1 & \dots & b_m \end{pmatrix} \qquad [A.9]$$

le cui prime m righe sono formate dai coefficienti $a_0, \dots, a_n$, mentre le successive n righe sono formate dai coefficienti $b_0, \dots, b_m$.

A.15 Teorema *f e g hanno un fattore non costante in comune se e solo se* $R(f, g) = 0$.

Dimostrazione

Supponiamo che f e g abbiamo un fattore non costante in comune. Allora esistono $A, B \in \mathrm{D}[X]$, della forma

$$A = -\alpha_1 - \alpha_2 X - \dots - \alpha_n X^{n-1}$$
$$B = \beta_1 + \beta_2 X + \dots + \beta_m X^{m-1}, \qquad [A.10]$$

con $\alpha_j \neq 0$ e $\beta_k \neq 0$ per almeno un j e un k, e tali che $Bf = Ag$. Quest'identità implica che

$$\begin{aligned} a_0\beta_1 &= -b_0\alpha_1 \\ a_1\beta_1 + a_0\beta_2 &= -b_1\alpha_1 - b_0\alpha_2 \\ &\vdots \\ a_n\beta_m &= -b_m\alpha_n. \end{aligned} \qquad [A.11]$$

Le [A.11] esprimono l'esistenza della soluzione non banale $\beta_1, \beta_2, \dots, \beta_m, \alpha_1, \dots, \alpha_n$ di un sistema di equazioni lineari omogenee la cui matrice dei coefficienti è la trasposta della [A.9]. Da ciò segue che $R(f, g) = 0$.

Viceversa supponiamo $R(f, g) = 0$. Allora il sistema [A.11] nelle incognite $\beta_1, \beta_2, \ldots, \beta_m, \alpha_1, \ldots, \alpha_n$ ha una soluzione non banale in F, il campo dei quozienti di D, e quindi anche in D, perché il sistema è omogeneo. Dalla forma delle equazioni [A.11] discende che la soluzione è tale che $\alpha_j \neq 0 \neq \beta_k$ per qualche j, k. Ciò implica che i polinomi [A.10] soddisfano $Bf = Ag$: dalla proposizione A.14 segue che f e g hanno un fattore non costante in comune.

Un'utile conseguenza del teorema A.15 è il risultato seguente:

A.16 Proposizione *Siano $f, g \in \mathsf{D}[X]$ e sia D' un dominio a fattorizzazione unica (ad esempio un campo) contenente* D. *Se f e g hanno un fattore non costante in comune in $\mathsf{D}'[X]$, allora ne hanno uno anche in $\mathsf{D}[X]$.*

Dimostrazione
Entrambe le condizioni sono equivalenti all'annullarsi di $R(f, g)$, il quale dipende unicamente dai coefficienti di f e di g.

Il risultante $R(f, f')$ di un polinomio f e della sua derivata si dice *discriminante di f*, e si indica con $\Delta(f)$. Si ha la seguente proposizione.

A.17 Proposizione *$f \in \mathsf{D}[X]$ ha un fattore multiplo non costante se e solo se $\Delta(f) = 0$.*

Dimostrazione
Supponiamo $\Delta(f) = 0$. Dal teorema A.15 segue che f ed f' hanno un fattore non costante g in comune, che possiamo supporre irriducibile. Si ha $f = gh$ e $f' = g'h + gh'$; poiché $g|f'$, si ha anche $g|g'h$. Dal fatto che $\mathrm{gr}(g') < \mathrm{gr}(g)$ e g è irriducibile, segue che $g|h$. Quindi $g^2|f$.

Viceversa, se esiste g non costante tale che $f = g^2k$, allora $f' = 2gg'k + g^2k'$, cosicché $g|f$ e $g|f'$. Dal teorema A.15 segue che $\Delta(f) = 0$.

Nel caso in cui D = K, un campo algebricamente chiuso, dal teorema A.15 discende che $R(f, g) = 0$ è una condizione necessaria e sufficiente affinché f e g abbiano una radice in comune. La proposizione A.17 implica invece che l'annullarsi di $\Delta(f)$ è condizione necessaria e sufficiente affinché f abbia una radice multipla. Infatti i soli fattori irriducibili non costanti di un polinomio di $\mathsf{K}[X]$ sono della forma $(X - \alpha)$, $\alpha \in \mathsf{K}$, e i loro associati.

Siano $f, g \in \mathsf{K}[X_1, \ldots, X_N]$, $N \geq 2$. Se si considerano come polinomi in X_N a coefficienti in $\mathsf{D}[X_1, \ldots, X_{N-1}]$, il loro risultante $R(f, g)$ viene chiamato *risultante di f e g rispetto a X_N*. $R(f, g)$ appartiene a $\mathsf{D}[X_1, \ldots, X_{N-1}]$, e viene perciò anche detto *il polinomio ottenuto eliminando X_N da f e g*.

La costruzione di $R(f, g)$ è una generalizzazione del metodo di eliminazione di Gauss-Jordan per risolvere i sistemi di equazioni lineari. Tale costruzione può essere estesa a più polinomi simultaneamente.

Nel caso in cui i due polinomi considerati sono omogenei, anche il loro risultante lo è. Più precisamente si ha il seguente teorema.

A.18 Teorema *Siano*

$$F = A_n + A_{n-1}X_N + \dots + A_0X_N^n,$$
$$G = B_m + B_{m-1}X_N + \dots + B_0X_N^m$$

dove, per ogni $j = 0, \dots, n$, $k = 0, \dots, m$, A_j *e* B_k *sono omogenei di grado* j *e* k *rispettivamente in* $X_1, \dots, X_{N-1}$, *e* $A_0B_0 \neq 0$. *Allora il risultante* $R(F, G)$ *di* F *e* G *rispetto a* X_N *è un polinomio in* $X_1, \dots, X_{N-1}$ *omogeneo di grado* mn, *oppure* $R(F, G) = 0$.

Dimostrazione

Ponendo $R(F, G) = R(X_1, \dots, X_{N-1})$, si ha

$$R(tX_1, \dots, tX_{N-1}) =$$

$$= \begin{pmatrix} t^nA_n & t^{n-1}A_{n-1} & \dots & A_0 & 0 & \dots & & & & 0 \\ 0 & t^nA_n & t^{n-1}A_{n-1} & \dots & A_0 & 0 & \dots & & & 0 \\ \vdots & & & & & & & & & \vdots \\ 0 & \dots & & & & t^nA_n & t^{n-1}A_{n-1} & \dots & & A_0 \\ t^mB_m & t^{m-1}B_{m-1} & \dots & B_0 & 0 & \dots & & & & 0 \\ 0 & t^mB_m & t^{m-1}B_{m-1} & \dots & B_0 & 0 & \dots & & & 0 \\ \vdots & & & & & & & & & \vdots \\ 0 & \dots & & & 0 & t^mB_m & t^{m-1}B_{m-1} & & \dots & B_0 \end{pmatrix}.$$

Moltiplichiamo la i-esima riga degli A per t^{m-i+1} e la j-esima riga dei B per t^{n-j+1}. Otteniamo

$$t^pR(tX_1, \dots, tX_{N-1}) =$$

$$= \begin{pmatrix} t^{n+m}A_n & t^{n+m-1}A_{n-1} & \dots & & & t^mA_0 & 0 & \dots & 0 \\ 0 & t^{n+m-1}A_n & \dots & & & t^mA_1 & t^{m-1}A_0 & 0 \dots & 0 \\ \vdots & & & & & & & & \vdots \\ 0 & \dots & & & t^{n+1}A_n & & \dots & & tA_0 \\ t^{n+m}B_m & t^{n+m-1}B_{m-1} & \dots & t^nB_0 & 0 & \dots & & & 0 \\ 0 & t^{n+m-1}B_m & \dots & t^{n-1}B_0 & 0 & \dots & & & 0 \\ \vdots & & & & & & & & \vdots \\ 0 & & & 0 & t^{m+1}B_m & & \dots & & tB_0 \end{pmatrix} =$$

$$= t^qR(X_1, \dots, X_{N-1}),$$

dove

$$p = m + (m-1) + \dots + 1 + n + (n-1) + \dots + 1 = \binom{m+1}{2} + \binom{n+1}{2}$$

e

$$q = (n+m) + (n+m-1) + \dots + 1 = \binom{m+n+1}{2}.$$

Deduciamo

$$R(tX_1, \dots, tX_{N-1}) = t^{q-p} R(X_1, \dots, X_{N-1}) = t^{mn} R(X_1, \dots, X_{N-1})$$

e la conclusione segue dalla proposizione A.12 (1).

A.19 *Esempi*

1. Nel caso $n = m = 2$, cioè se

$$F = A_2 + A_1 X_N + A_0 X_N^2$$
$$G = B_2 + B_1 X_N + B_0 X_N^2,$$

si ha

$$4R(F, G) = (2A_0B_2 - A_1B_1 + 2A_2B_0)^2 - (4A_0A_2 - A_1^2)(4B_0B_2 - B_1^2).$$

2. Nel caso $m = 1$, cioè se

$$F = A_n + A_{n-1}X_N + \dots + A_0 X_N^n,$$
$$G = B_1 + B_0 X_N,$$

si ha

$$R(F, G) = (-B_0)^n F(-B_1/B_0) =$$
$$= A_0 B_1^n - A_1 B_0 B_1^{n-1} + A_2 B_0^2 B_1^{n-2} + \dots + (-1)^n A_n B_0^n.$$

B Permutazioni

In quest'appendice esponiamo alcune proprietà delle permutazioni degli insiemi finiti, che vengono utilizzate nella definizione e nello studio dei determinanti.

Sia $\mathscr{I}$ un insieme finito. Una *permutazione* di $\mathscr{I}$ è una corrispondenza biunivoca p: $\mathscr{I} \to \mathscr{I}$. Supponiamo che $\mathscr{I}$ consista di n elementi. Dopo averli numerati, si può identificare $\mathscr{I}$ con l'insieme $\{1, 2, \dots, n\}$ dei primi n numeri naturali. Ci limiteremo quindi a considerare le permutazioni di $\{1, 2, \dots, n\}$. Esse costituiscono un gruppo rispetto alla composizione, consistente di $n! = 1 \cdot 2 \cdot \dots \cdot n$ elementi (la verifica è lasciata al lettore); denoteremo tale gruppo con il simbolo

σ_n. Un elemento $p \in \sigma_n$ viene spesso indicato con una tabella:

$$\begin{pmatrix} 1 & 2 & \dots & n \\ p(1) & p(2) & \dots & p(n) \end{pmatrix}$$

in cui sotto al numero i compare la sua immagine $p(i)$. Ad esempio, la permutazione identica **1** è rappresentata da

$$\begin{pmatrix} 1 & 2 & \dots & n \\ 1 & 2 & \dots & n \end{pmatrix}.$$

Questa notazione non richiede che nella riga superiore della tabella i numeri $1, 2, \dots, n$ siano disposti in ordine crescente: ad esempio, per ogni $p \in \sigma_n$ la tabella

$$\begin{pmatrix} p(1) & p(2) & \dots & p(n) \\ 1 & 2 & \dots & n \end{pmatrix}$$

rappresenta la permutazione p^{-1}.

Siano $a_1, a_2, \dots, a_r$ elementi distinti di $\{1, 2, \dots, n\}$. La permutazione k definita da

$$k(a_1) = a_2, \quad k(a_2) = a_3, \quad \dots \quad k(a_{r-1}) = a_r, \quad k(a_r) = a_1,$$
$$k(b) = b \quad \text{per ogni} \quad b \notin \{a_1, a_2, \dots, a_r\},$$

è un *ciclo di lunghezza r*, e si denota con $(a_1 \ \ a_2 \ \ \dots \ \ a_r)$. In particolare:

$$(1 \ \ 2 \ \ \dots \ \ n) = \begin{pmatrix} 1 & 2 & \dots & n-1 & n \\ 2 & 3 & \dots & n & 1 \end{pmatrix}.$$

Ad esempio $(1 \ \ 3 \ \ 2 \ \ 6) \in \sigma_6$ è la permutazione

$$\begin{pmatrix} 1 & 2 & 3 & 4 & 5 & 6 \\ 3 & 6 & 2 & 4 & 5 & 1 \end{pmatrix}.$$

Ogni ciclo di lunghezza 1 è la permutazione identica. Un ciclo di lunghezza 2 si dice *trasposizione*. Una trasposizione scambia tra loro due elementi e lascia fissi tutti gli altri. In particolare una trasposizione è inversa di se stessa.

Due *cicli* $(a_1 \ \ a_2 \ \ \dots \ \ a_r)$ e $(b_1 \ \ b_2 \ \ \dots \ \ b_s)$ si dicono *disgiunti* se

$$\{a_1, a_2, \dots, a_r\} \cap \{b_1, b_2, \dots, b_s\} = \emptyset.$$

B.1 PROPOSIZIONE

1) *Ogni permutazione $p \in \sigma_n$ è prodotto di cicli a due a due disgiunti.*
2) *Ogni permutazione $p \in \sigma_n$ è prodotto di trasposizioni.*

Dimostrazione

1) Sia $a_1 \in \{1, ..., n\}$ qualsiasi, e siano $a_2 = p(a_1)$ $a_3 = p(a_2)$, $a_4 = p(a_3)$, ... Nella successione

$$a_1, a_2, a_3, a_4, ... \qquad [B.1]$$

il primo elemento che viene ripetuto è a_1, perché se la prima ripetizione fosse $a_r = a_k$, $2 \leq k < r$, si avrebbe $a_{r-1} = a_{k-1}$, e la ripetizione non sarebbe la prima. La [B.1] è dunque della forma

$$a_1, a_2, ..., a_r, a_1, a_2, ...,$$

e quindi p permuta ciclicamente gli elementi $a_1, a_2, ..., a_r$.

Consideriamo il ciclo $(a_1 \quad a_2 \quad ... \quad a_r)$. Se $r = n$, allora $p = (a_1 \quad a_2 \quad ... \quad a_n)$ e l'asserto è vero. Altrimenti esiste $b_1 \in \{1, ..., n\} \setminus \{a_1, ..., a_r\}$. Ragionando come prima si ottiene un ciclo $(b_1 \quad b_2 \quad ... \quad b_s)$ disgiunto dal precedente. Procedendo in questo modo otterremo un numero finito di cicli disgiunti $K_1, K_2, ..., K_i$ tali che

$$p = K_1 \circ ... \circ K_2 \circ K_i. \qquad [B.2]$$

2) In virtù della (1), è sufficiente dimostrare l'asserto nel caso in cui $p = (a_1 \quad a_2 \quad ... \quad a_r)$ è un ciclo. A questo scopo è sufficiente osservare che

$$(a_1 \quad a_2 \quad ... \quad a_r) = (a_1 \quad a_r) \circ (a_1 \quad a_{r-1}) \circ \quad ... \quad \circ (a_1 \quad a_3) \circ (a_1 \quad a_2).$$

I cicli $K_1, K_2, ..., K_i$, essendo disgiunti, sono a due a due permutabili, cioè la scrittura [B.2] è indipendente dall'ordine in cui vengono presi. Se nella [B.2] compaiono dei cicli di lunghezza 1, questi possono essere omessi perché corrispondono alla permutazione identica. Pertanto ogni permutazione si scrive in modo irridondante come prodotto di cicli disgiunti di lunghezza almeno 2.

Si noti che l'espressione di una permutazione come prodotto di trasposizioni non è unica. Ad esempio si ha

$$(1 \quad 2 \quad 3) = (1 \quad 3) \circ (1 \quad 2) = (2 \quad 3) \circ (1 \quad 3).$$

B.2 Teorema *Sia $p \in \sigma_n$. Supponiamo che*

$$p = T_1 \circ T_2 \circ \cdots \circ T_h = S_1 \circ S_2 \circ \cdots \circ S_k,$$

dove $T_1, ..., T_h, S_1, ..., S_k$ sono trasposizioni. Allora $h \equiv k$ (mod. 2), cioè h e k hanno la stessa parità.

Dimostrazione

Poiché $\mathbf{1} = p \circ p^{-1} = S_1 \circ S_2 \circ \cdots \circ S_k \circ T_h \circ \cdots \circ T_2 \circ T_1$, è sufficiente dimostrare che la permutazione identica non può essere ottenuta come prodotto di un numero dispari di trasposizioni.

Supponiamo dunque per assurdo che per qualche s si abbia

$$\mathbf{1} = R_1 \circ \cdots \circ R_{2s+1}$$

dove le R_i sono trasposizioni. Supponiamo di aver scelto una rappresentazione siffatta con s minimo. Ovviamente $s \geq 1$ perché $\mathbf{1}$ non è una trasposizione. Sia $a \in \{1, ..., n\}$ un elemento che compare in almeno una delle R_i. Allora possiamo riscrivere $\mathbf{1}$ come prodotto di trasposizioni:

$$\mathbf{1} = U_1 \circ \cdots \circ U_{2s+1} \qquad \text{[B.3]}$$

in modo che a non compaia in $U_1, ..., U_t$ per qualche t, e che si abbia: $U_j = (a \quad b_j)$ per $j = t+1, ..., 2s+1$. Ciò può essere ottenuto utilizzando le identità

$$(a \quad b)(c \quad d) = (c \quad d)(a \quad b), \qquad (a \quad b)(b \quad c) = (b \quad c)(a \quad c)$$

che valgono per ogni scelta di a, b, c, $d \in \{1, ..., n\}$ a due a due distinti.

La trasposizione $U_{t+1} = (a \quad b_{t+1})$ non può comparire una sola volta perché in tal caso il secondo membro della [B.3] manderebbe a in b_{t+1} anziché lasciarlo fisso. Quindi si deve avere $U_{t+1} = U_r$ per qualche $r \geq t+2$. Utilizzando l'identità

$$(a \quad b_h)(a \quad b_{t+1}) = (a \quad b_{t+1})(b_{t+1} \quad b_h)$$

si può portare U_r accanto a U_{t+1} e quindi, poiché $U_{t+1} \circ U_r = \mathbf{1}$, cancellarle entrambe. Si ottiene in tal modo una scrittura di $\mathbf{1}$ come prodotto di $2s-1$ trasposizioni, contraddicendo la minimalità di s.

B.3 Definizione *Sia $p \in \sigma_n$. Se $p = T_1 \circ T_2 \circ ... \circ T_h$, con $T_1, T_2, ..., T_h$ trasposizioni, il* segno di p *è* $\epsilon(p) = (-1)^h$.

Dal teorema [B.2] segue che la definizione di segno di una permutazione p è ben posta, perché la parità di h dipende solo da p. Il segno $\epsilon(p)$ gode delle seguenti proprietà, che discendono immediatamente dalla definizione.

B.4 Proposizione

1) $\epsilon(\mathbf{1}) = 1$.

2) *$\epsilon(p^{-1}) = \epsilon(p)$ per ogni $p \in \sigma_n$.*

3) *$\epsilon(p \circ q) = \epsilon(p)\,\epsilon(q)$.*

4) *$\epsilon(T) = -1$ per ogni trasposizione $T \in \sigma_n$.*

Risoluzione degli esercizi

§ 2

1. a) $\begin{pmatrix} 24+9\sqrt{2} \\ -8+5\sqrt{2} \end{pmatrix}$ b) $\begin{pmatrix} 14 \\ -21 \end{pmatrix}$ c) $\begin{pmatrix} 0 & 0 & 0 & 0 \\ 5 & 0 & 1 & 0 \\ 0 & 0 & 0 & 0 \\ 10 & 0 & 2 & 0 \end{pmatrix}$.

5. ${}^t(A + {}^tA) = {}^tA + A = A + {}^tA$; ${}^t(A - {}^tA) = {}^tA - A = -(A - {}^tA)$.

Si ha $A = \frac{1}{2}(A + {}^tA) + \frac{1}{2}(A - {}^tA)$ e il primo addendo è una matrice simmetrica, mentre il secondo è una matrice antisimmetrica.

6. a) $\begin{pmatrix} 1 & \frac{1}{2} \\ \frac{1}{2} & 0 \end{pmatrix} + \begin{pmatrix} 0 & \frac{3}{2} \\ -\frac{3}{2} & 0 \end{pmatrix}$

b) $\begin{pmatrix} 3 & 1 \\ 1 & 0 \end{pmatrix} + \begin{pmatrix} 0 & 0 \\ 0 & 0 \end{pmatrix}$

c) $\begin{pmatrix} 1 & \frac{1}{2} & 1 \\ \frac{1}{2} & -1 & 0 \\ 1 & 0 & 0 \end{pmatrix} + \begin{pmatrix} 0 & -\frac{1}{2} & -1 \\ \frac{1}{2} & 0 & -1 \\ 1 & 1 & 0 \end{pmatrix}$.

10. c), d) e h) non sono ortogonali, tutte le altre lo sono.

§ 3

1. a) Soluzione generale: $(7t, 4t, t)$

b) $\left(-2t_1 - 5t_2 - 4t_3, \frac{1}{2}(t_1 - t_2 + t_3), t_1, t_2, t_3\right)$ c) incompatibile;

d) incompatibile e) $(5 - 2t_1 - 2t_2, t_1, 3 - 2t_2, t_2)$.

4. c) $\begin{pmatrix} -\frac{1}{12} & -\frac{1}{6} \\ -\frac{1}{4} & 0 \end{pmatrix}$ e) $\frac{1}{9}\begin{pmatrix} 2 & 2-i \\ 2+i & -2 \end{pmatrix}$.

5. a) $(0, 1, 0)$ b) $(1, -i)$ c) $(\sqrt{2}, 1, 0)$.

6. a) $\begin{pmatrix} 0 & 2 \\ \frac{1}{2} & 0 \end{pmatrix} = R_{21}R_1\left(\frac{1}{2}\right)R_2(2) = \begin{pmatrix} 0 & 1 \\ 1 & 0 \end{pmatrix}\begin{pmatrix} \frac{1}{2} & 0 \\ 0 & 1 \end{pmatrix}\begin{pmatrix} 1 & 0 \\ 0 & 2 \end{pmatrix}$,

b) $\begin{pmatrix} 1 & -1 \\ 2 & 0 \end{pmatrix} = R_2(2)R_{12}(1)R_1(-1)R_{12} =$

$= \begin{pmatrix} 1 & 0 \\ 0 & 2 \end{pmatrix}\begin{pmatrix} 1 & 1 \\ 0 & 1 \end{pmatrix}\begin{pmatrix} -1 & 0 \\ 0 & 1 \end{pmatrix}\begin{pmatrix} 0 & 1 \\ 1 & 0 \end{pmatrix}$.

c) $\begin{pmatrix} 3 & 5 \\ 1 & 2 \end{pmatrix} = R_{21}\left(\frac{1}{3}\right)R_2\left(\frac{1}{3}\right)R_{12}(5)R_1(3)$

d) $\begin{pmatrix} 2 & 1 & 0 \\ 1 & 1 & 0 \\ 0 & 0 & 2 \end{pmatrix} = R_1(2)R_{21}(1)R_{12}(1)R_2\left(\frac{1}{2}\right)R_3(2)$

e) $\begin{pmatrix} 1 & 3 & 0 \\ 2 & 1 & 1 \\ 2 & -1 & 0 \end{pmatrix} = R_{32}R_{21}(2)R_2(-7)R_{12}(3)R_{31}(2)R_{32}(1)$.

§ 4

1. a) base b) dipendenti e non generano
c) base d) dipendenti e generano
e) Il sistema omogeneo

$$\begin{pmatrix}1\\1\\3\end{pmatrix} a_1 + \begin{pmatrix}2\\2\\0\end{pmatrix} a_2 + \begin{pmatrix}3\\3\\-3\end{pmatrix} a_3 = \begin{pmatrix}0\\0\\0\end{pmatrix}$$

possiede soluzioni non banali se e solo se i vettori dati sono linearmente dipendenti. Risolvendo si trova che il sistema possiede ∞^1 soluzioni, sicché i vettori sono linearmente dipendenti; il sottospazio che essi generano ha dimensione 2 e quindi non è l'intero spazio R^3.

f) base g) dipendenti e generano
h) base i) dipendenti e non generano.

3. a), i).

4. **U** contiene $\mathbf{i} = \frac{1}{2}[(\mathbf{i} + \mathbf{j}) + (\mathbf{i} - \mathbf{j})]$ e $\mathbf{j} = \frac{1}{2}[(\mathbf{i} + \mathbf{j}) - (\mathbf{i} - \mathbf{j})]$; inoltre $\mathbf{U} + \mathbf{W}$ contiene $\mathbf{k} = (\mathbf{j} + \mathbf{k}) - \mathbf{j}$. Quindi $\mathbf{U} + \mathbf{W} = \mathbf{V}$ perché contiene **i**, **j**, **k**. La somma non è diretta perché $\dim(\mathbf{U}) = \dim(\mathbf{W}) = 2$, e quindi, per la formula di Grassmann, $\dim(\mathbf{U} \cap \mathbf{W}) = 1$.

6. I vettori $(1, 1, 0)$ e $(0, 0, 1)$ appartengono a **U** e sono linearmente indipendenti: poiché $\dim(\mathbf{U}) \leq 2$, $\{(1, 1, 0), (0, 0, 1)\}$ è una base di **U**. Si ha $\mathbf{W} \cap \mathbf{U} = \langle \mathbf{0} \rangle$ perché ogni multiplo non nullo di $(1, 0, 1)$ è della forma $(t, 0, t)$, $t \neq 0$, e questo vettore non appartiene a **U** perché la sua prima coordinata è diversa dalla seconda. Quindi $\mathbf{U} + \mathbf{W} = \mathbf{U} \oplus \mathbf{W}$; poiché $\mathbf{U} \oplus \mathbf{W}$ contiene propriamente **U**, si ha $\dim(\mathbf{U} \oplus \mathbf{W}) = 3$, cioè $\mathbf{U} \oplus \mathbf{W} = \mathbf{V}$.

11. $\mathrm{GL}_n(\mathsf{K})$ non contiene la matrice nulla.

12. Identificando $M_n(\mathsf{K})$ con K^{n^2}, $\mathscr{T}_0$ si identifica con l'insieme delle soluzioni dell'equazione di primo grado omogenea $a_{11} + a_{22} + \ldots + a_{nn} = 0$. Quindi $\mathscr{T}_0$ è un sottospazio vettoriale. Poiché l'equazione precedente possiede ∞^{n^2-1} soluzioni, si ha $\dim(\mathscr{T}_0) = n^2 - 1$.

14. Supponiamo per assurdo che esistano n successioni $\mathbf{a}_1 = \{a_{10}, a_{11}, a_{12}, \ldots\}$, $\mathbf{a}_2 = \{a_{20}, a_{21}, a_{22}, \ldots\}$, ..., $\mathbf{a}_n = \{a_{n0}, a_{n1}, a_{n2}, \ldots\}$ che generano S_{K}. Allora, per ogni $(b_0, b_1, \ldots, b_n) \in \mathsf{K}^{n+1}$ esistono $x_1, x_2, \ldots, x_n \in \mathsf{K}$ tali che

$$\mathbf{b} = x_1 \mathbf{a}_1 + x_2 \mathbf{a}_2 + \ldots + x_n \mathbf{a}_n,$$

dove

$$\mathbf{b} = \{b_0, b_1, \ldots, b_n, 0, 0, \ldots\}.$$

Da ciò segue che

$$(b_0, b_1, \ldots, b_n) = x_1(a_{10}, a_{11}, a_{12}, \ldots, a_{1n}) + x_2(a_{20}, a_{21}, a_{22}, \ldots, a_{2n}) + \ldots$$
$$\ldots + x_n(a_{n0}, a_{n1}, a_{n2}, \ldots, a_{nn}),$$

cioè gli n vettori

$$(a_{10}, a_{11}, a_{12}, \ldots, a_{1n}), (a_{20}, a_{21}, a_{22}, \ldots, a_{2n}), \ldots, (a_{n0}, a_{n1}, a_{n2}, \ldots, a_{nn})$$

generano K^{n+1}: ciò è assurdo, perché K^{n+1} ha dimensione $n+1$.

17. Ogni polinomio $f(X) \in \mathsf{R}[X]$ può identificarsi con un elemento di $C_{(a,b)}$ e quindi $\mathsf{R}[X]$ può considerarsi come un sottoinsieme di $C_{(a,b)}$. Poiché le operazioni in $\mathsf{R}[X]$ sono quelle indotte dalle operazioni in $C_{(a,b)}$, $\mathsf{R}[X]$ è un sottospazio vettoriale di $C_{(a,b)}$. Poiché $\mathsf{R}[X]$ non ha dimensione finita, neanche $C_{(a,b)}$ ha dimensione finita.

18. I polinomi $1, X, X^2, \ldots, X^d$ costituiscono una base di $\mathsf{K}[X]_{\leq d}$.

§ 5

1. a) 2 b) 3 c) 2.

§ 6

2. a) Il determinante della matrice dei coefficienti delle incognite è $2+m$, e si annulla per $m=-2$. Quando $m \neq -2$ il sistema è compatibile, per il teorema 5.7, e possiede l'unica soluzione $(1, 1-m)$, che può essere calcolata con la regola di Cramer o con il metodo di eliminazione. Quando $m=-2$ il sistema diventa

$$2X - Y = -1$$
$$-2X + Y = 1,$$

ed è ancora compatibile; esso possiede le infinite soluzioni $(t, 2t+1)$, $t \in \mathsf{R}$.

b) Compatibile solo se $m = \dfrac{1}{3}$, ed in questo caso la soluzione è $\left(\dfrac{1}{2}, 0\right)$.

3. b) Se $m \neq 0, 2$ il sistema possiede l'unica soluzione

$$\left(\frac{1-m}{2-m}, \frac{2}{2-m}, \frac{1-m}{2-m}\right);$$

se $m=0$, possiede le ∞^1 soluzioni $(1+t, 1, -t)$, $t \in \mathsf{R}$; se $m=2$, è incompatibile.
c) Se $m=-1$ il sistema è incompatibile; se $m=2$, possiede le ∞^2 soluzioni $\left(\dfrac{1}{2} - s - t, s, t\right)$, $s, t \in \mathsf{R}$; se $m \neq -1, 2$, possiede l'unica soluzione

$$\left(\frac{1}{2(m+1)}, \frac{1}{2(m+1)}, \frac{1}{2(m+1)}\right).$$

e) Incompatibile se $m \neq 2$. Se $m=2$ possiede le ∞^1 soluzioni $(1, -2t, t)$, $t \in \mathsf{R}$.
f) Incompatibile se $m=-1$. Se $m \neq -1, 1$ il sistema possiede l'unica soluzione $\left(\dfrac{3m+2}{m+1}, \dfrac{m}{m+1}, \dfrac{m}{m+1}\right)$; se $m=1$, possiede le ∞^1 soluzioni $(2+t, t, 1-t)$, $t \in \mathsf{R}$.

g) Se $m=0$ il sistema possiede le ∞^1 soluzioni $(t, 0, 0)$, $t \in \mathsf{R}$; se $m=1$, possiede le ∞^1 soluzioni $(-3t, t, t)$, $t \in \mathsf{R}$; se $m \neq 0, 1$ il sistema possiede l'unica soluzione $(0, 0, 0)$.

4. a) $(1, \sqrt{2}, \sqrt{2})$ b) $(1, \mathrm{i}, -2\mathrm{i})$ c) $(2, 1, 1, -1)$.

6. I minori di ordine massimo di A presi a segni alterni sono:

$$\alpha_i = (-1)^i \det[A(1 \quad 2 \quad \dots \quad n-1 \mid 1 \quad \dots \quad \hat{i} \quad \dots \quad n)], \qquad i = 1, \dots, n.$$

Gli α_i non sono tutti uguali a 0 perché $r(A) = n-1$. Per ogni $j = 1, \dots, n-1$ si ha

$$a_{j1}\alpha_1 + a_{j2}\alpha_2 + \dots + a_{jn}\alpha_n = \det(B),$$

dove

$$B = \begin{pmatrix} a_{j1} & a_{j2} & \dots & a_{jn} \\ a_{11} & a_{12} & \dots & a_{1n} \\ \vdots & \vdots & & \vdots \\ a_{n-11} & a_{n-12} & \dots & a_{n-1n} \end{pmatrix}.$$

Poiché B ha due righe uguali, $\det(B) = 0$, e quindi $(\alpha_1, \dots, \alpha_n)$ è soluzione della j-esima equazione del sistema.

§ 8

1. a) $\left(\dfrac{1-y}{2}, y, z\right)$ b) $\left(\dfrac{1-y}{2}, y, z\right)$

c) $\left(\dfrac{x}{5} - \dfrac{2y}{5} + \dfrac{2}{5}, -\dfrac{2x}{5} + \dfrac{4y}{5} + \dfrac{1}{5}, \dfrac{2\mathrm{i}x}{5} + \dfrac{\mathrm{i}y}{5} + z - \dfrac{\mathrm{i}}{5}\right)$

d) $(x, 1-2x, 4\mathrm{i}x + 2\mathrm{i}y + z - 2\mathrm{i})$.

§ 9

1. a), c).

2. a) $2X + 3Y = 6$ b) $\dfrac{X}{\sqrt{7}} + \dfrac{Y}{172} = 1.$

c) La retta cercata appartiene simultaneamente ai due fasci individuali da $\mathscr{s}$ ed $\mathscr{s}'$, e da $\mathscr{t}$ e $\mathscr{t}'$. La condizione che la retta di equazione

$$(1+3t)X + 5Y + (6t-8) = 0,$$

variabile nel primo fascio, appartenga al secondo è

$$\begin{vmatrix} 1+3t & 5 & 6t-8 \\ 10 & -1 & -2 \\ 1 & -1 & -5 \end{vmatrix} = 0$$

cioè $t = 7$. Pertanto $\mathscr{r}$ è la retta di equazione $22X + 5Y + 34 = 0$.

3. a) $x = \dfrac{21}{13} + 2t, \quad y = -\dfrac{14}{13} + 4t$ b) $x = \dfrac{1}{2} - 5\sqrt{2}\,t, \quad y = \dfrac{1}{2} + 7t.$

4. $\left(\dfrac{13}{2}, \dfrac{3-\sqrt{5}}{2}\right).$

5. $\left(\dfrac{5}{4}, \dfrac{9}{8}\right), \left(\dfrac{3}{2}, \dfrac{13}{4}\right), \left(\dfrac{7}{4}, \dfrac{43}{8}\right).$

§ 10

1. a).

2. a) $m = 2$ b) $m = \dfrac{3}{4}$ c) nessuno d) nessuno.

3. a) $x = 2t + u, \quad y = \sqrt{2}t + u, \quad z = 1 + (\sqrt{2} - 1)\,u;$
$(2 - \sqrt{2})\,X + 2(1 - \sqrt{2})\,Y + (2 - \sqrt{2})\,(Z - 1) = 0$

b) $x = 5 - 4t - 8u, \quad y = -1 + 2t + 2u, \quad z = \sqrt{5}t + \dfrac{\pi}{2}u;$
$(\pi - 2\sqrt{5})\,(X - 5) + (2\pi - 8\sqrt{5})\,(Y + 1) + 8Z = 0$

c) $x = 1 - 3t + u, \quad y = 1 + u, \quad z = 1 - t + u; \quad X + 2Y - 3Z = 0.$

d) $x = t, \quad y = u, \quad z = 0; \quad Z = 0.$

4. a) $X + 2Y + 3Z - 9 = 0$ b) $2X - Y - \mathrm{i} = 0$
c) $\mathrm{i}Y - 2Z + 3 + 2\mathrm{i} = 0$ d) $Y - 1 = 0.$

5. a), b), c) no; d) sì.

6. a) $x = 1 + 2t, \ y = 1 - t, \ z = \sqrt{2}t; \quad X + 2Y - 3 = 0, \ X - \sqrt{2}Z - 1 = 0$
b) $x = -2 + t, \quad y = 2 + t, \quad z = -2t; \quad Z = -2; \quad X - Y + 4 = 0$
c) $x = 1 + t, \quad y = 2 + 2t, \quad z = 3 + 3t; \quad 2X - Y = 0, \quad 3X - Z = 0$
d) $x = t, \quad y = 0, \quad z = 0; \quad Y = 0, \quad Z = 0$
e) $x = 1 + t, \quad y = 1 + t, \quad z = -t; \quad X - Y = 0, \quad X + Z - 1 = 0.$

7. a) $x = \mathrm{i}t, \quad y = t, \quad z = -1 - 2t$
b) $x = t, \quad y = 4 + 3t, \quad z = 1 - 3t$
c) $x = 1, \quad y = t, \quad z = 1$
d) $x = \dfrac{1}{2} - \dfrac{7}{2}\mathrm{i} + (1 - \mathrm{i})\,t, \quad y = 2 + t, \quad z = -\mathrm{i}t.$

8. a) $x = 1 + \mathrm{i}t, \quad y = 1 + t, \quad z = 0$
b) $x = 1, \quad y = 0, \quad z = t$
c) $x = 2 + \mathrm{i}t, \quad y = 1, \quad z = -5 + t$
d) $x = 3 + (\sqrt{2} + 5)\,t, \quad y = (3\sqrt{2} + 1)\,t, \quad z = 14t.$

9. a) $X + Z + 1 = 0$ b) $X - Y + 2Z - 5 = 0$ c) $X - 2Y + 3 = 0.$

10. a) sghembe b) sghembe c) parallele; $3X - 3Y + 3Z - 1 = 0$
d) sghembe e) incidenti; $2X - 3Z + 8 = 0.$

11. a) $\mathscr{r} \subset \mathscr{p}$ b) incidenti, $\mathscr{r} \cap \mathscr{p} = \{(-6, 17, 23)\}$
c) incidenti, $\mathscr{r} \cap \mathscr{p} = \{(-2, 1, 4)\}$ d) parallele.

12. a) $2X+Y-Z-8=0$ b) $7X-Y+10Z-13=0$
c) $Y+3Z-6=0$ d) $3X+2Y+Z-12=0$.

13. a) $2X-Y+Z-1=0,\quad X-Z-1=0$
b) $X+Y+Z+3=0,\quad X+10Y-7Z+4=0$
c) $2X-Y=0,\quad 2X+2Y-Z-3=0$.

14. a) $-13X+25Y-8Z+4=0,\quad 3X+7Y-7Z+4=0$
b) $3X+7Y+4Z+2=0,\quad 13X+2Y-3Z-32=0$
c) $4X+6Y+Z+3=0,\quad 2Y-3Z-1=0$.

16. $2X-3Z-2=0$.

§ 11

3. $p(x_1, x_2, x_3) = \left(x_1, \dfrac{-x_1+x_2-x_3}{2}, \dfrac{-x_1-x_2+x_3}{2}\right)$.

4. $p(x_1, x_2, x_3, x_4) = \left(-\dfrac{x_3}{2}, 3x_4, x_3, x_4\right)$.

5. a) $\{X_1, X_2, X_3\}$ b) $\left\{\dfrac{X_1}{2}, \sqrt{2}X_2, -6X_3\right\}$

c) $\{2X_1+X_2-X_3,\ 2X_1+2X_2-X_3,\ -X_1-X_2+X_3\}$
d) $\{X_1-X_2,\ X_2-X_3,\ X_3\}$.

§ 12

1. La matrice cercata ha per colonne le coordinate rispetto a $\boldsymbol{b}'$ dei vettori $F(1, 1) = (2, -1, 1)$ e $F(0, -1) = (-1, 2, 0)$. Quindi

$$M_{\boldsymbol{b}',\boldsymbol{b}}(F) = \begin{pmatrix} x_1 & y_1 \\ x_2 & y_2 \\ x_3 & y_3 \end{pmatrix},$$

dove x_1, y_1, x_2, y_2, x_3, y_3 sono i coefficienti delle combinazioni lineari seguenti:

$$x_1\begin{pmatrix}1\\1\\1\end{pmatrix} + x_2\begin{pmatrix}1\\-2\\0\end{pmatrix} + x_3\begin{pmatrix}0\\0\\1\end{pmatrix} = \begin{pmatrix}2\\-1\\1\end{pmatrix}$$

$$y_1\begin{pmatrix}1\\1\\1\end{pmatrix} + y_2\begin{pmatrix}1\\-2\\0\end{pmatrix} + y_3\begin{pmatrix}0\\0\\1\end{pmatrix} = \begin{pmatrix}-1\\2\\0\end{pmatrix}.$$

Risolvendo i due sistemi così ottenuti si trova:

$$M_{b',b}(F) = \begin{pmatrix} 1 & 0 \\ 1 & -1 \\ 0 & 0 \end{pmatrix}.$$

2.

$$M_{b',b}(F) = \begin{pmatrix} 1 & 0 \\ 1 & 1 \\ 0 & -1 \end{pmatrix}.$$

3. $\dfrac{i}{2}\begin{pmatrix} -3-2i & 4-2i & -4-i \\ -1-4i & 2i & -2-3i \end{pmatrix}.$

4. I vettori $\mathbf{v}_1$, $\mathbf{v}_2$, $\mathbf{v}_3$ sono linearmente dipendenti. Se F esistesse, anche le loro immagini $\mathbf{E}_1$, $\mathbf{E}_2$, $\mathbf{E}_3$ sarebbero linearmente dipendenti, il che è falso perché $\{\mathbf{E}_1, \mathbf{E}_2, \mathbf{E}_3\}$ è una base di R^3.

5. a) $M_{b,b'} = \begin{pmatrix} 1 & \sqrt{3} \\ \sqrt{3} & 1 \end{pmatrix}.$

b) Detta $\boldsymbol{e}$ la base canonica, si ha

$$M_{b,b'} = M_{b,e}M_{e,b'} = \begin{pmatrix} 1 & 1 \\ -1 & 1 \end{pmatrix}^{-1} \begin{pmatrix} 1 & 1 \\ 0 & 1 \end{pmatrix} = \begin{pmatrix} \frac{1}{2} & 0 \\ \frac{1}{2} & 1 \end{pmatrix}.$$

c) $M_{b,b'} = M_{b,e}M_{e,b'} = \begin{pmatrix} 2 & 2 \\ 1 & 2 \end{pmatrix}^{-1} \begin{pmatrix} \sqrt{5} & \sqrt{5} \\ -\sqrt{5} & \sqrt{5} \end{pmatrix} = \begin{pmatrix} 2\sqrt{5} & 0 \\ -\dfrac{3\sqrt{5}}{2} & \dfrac{\sqrt{5}}{2} \end{pmatrix}$

6. a) $M_{b,b'} = \dfrac{1}{2}\begin{pmatrix} 2-i & 1-2i \\ 1-2i & 2-i \end{pmatrix}$ b) $M_{b,b'} = \dfrac{1}{2}\begin{pmatrix} 1 & 1 \\ -i & i \end{pmatrix}.$

7. a) $M_{b,b'} = \dfrac{1}{2}\begin{pmatrix} 1 & 0 & 1 \\ 1 & 0 & -1 \\ 1 & 2 & 1 \end{pmatrix}$ b) $-\dfrac{1}{2}\begin{pmatrix} 11 & -6 & 7 \\ 19 & 12 & -10 \\ -18 & 2 & 17 \end{pmatrix}.$

8. $x' = -\frac{x}{2} + \frac{y}{2} - \frac{1}{2}$, $y' = \frac{3x}{2} - \frac{y}{2} - \frac{1}{2}$.

9. $x' = -\frac{x}{5} + \frac{y}{5} + \frac{1}{5}$, $y' = -\frac{3x}{5} - \frac{3y}{5}$.

10. $x' = 2x - y - z - \frac{4\pi}{3}$, $y' = x - z$, $z' = -x + y + z + \pi$.

11. Posto $M_{e,b}(\mathbf{1_V}) = (n_{ij})$, $M_{\beta,\eta}(\mathbf{1_{V^*}}) = (m_{kl})$, si ha

$$\mathbf{b}_j = \sum_{i=1}^{n} n_{ij}\mathbf{e}_i, \qquad \eta_e = \sum_{k=1}^{n} m_{kl}\beta_k, \qquad j, l = 1, \ldots, n.$$

Calcolando in $\mathbf{b}_j$ primo e secondo membro della seconda identità troviamo $\eta_l(\mathbf{b}_j) = m_{jl}$. D'altra parte

$$\eta_l(\mathbf{b}_j) = \eta_l\left(\sum_{i=1}^{n} n_{ij}\mathbf{e}_i\right) = n_{lj},$$

e quindi $m_{jl} = n_{lj}$ per ogni $j, l = 1, \ldots, n$.

§ 13

1. Detta $\mathbf{e}$ la base canonica, la matrice cercata è

$$M_b(F) = M_{b,e}(\mathbf{1})\, M_e(F)\, M_{e,b}(\mathbf{1}).$$

Si ha:

$$M_e(F) = \begin{pmatrix} 1 & 1 & -1 \\ 0 & 1 & 1 \\ 2 & 0 & 0 \end{pmatrix}, \quad M_{e,b}(\mathbf{1}) = \begin{pmatrix} 1 & -1 & 1 \\ 1 & 0 & 1 \\ 0 & 1 & 1 \end{pmatrix},$$

$$M_{b,e}(\mathbf{1}) = M_{e,b}(\mathbf{1})^{-1} = \begin{pmatrix} -1 & 2 & -1 \\ -1 & 1 & 0 \\ 1 & -1 & 1 \end{pmatrix},$$

e quindi

$$M_b(F) = \begin{pmatrix} -2 & 6 & 1 \\ -1 & 3 & 1 \\ 3 & -5 & 1 \end{pmatrix}.$$

2. Procedendo come nell'esercizio precedente si deduce che

$$M_b(F)=\begin{pmatrix}1 & 1 & 1\\ \frac{1}{2} & \frac{3}{2} & -\frac{1}{2}\\ -\frac{1}{2} & \frac{7}{2} & -\frac{5}{2}\end{pmatrix};$$

quindi

$$M_b(F^2)=M_b(F)^2=\begin{pmatrix}1 & 6 & -2\\ \frac{3}{2} & 1 & 1\\ \frac{5}{2} & -4 & 4\end{pmatrix}.$$

3. $M_b(F)=\begin{pmatrix}7 & -8i & 6i\\ 12i & 10 & -9\\ 25i & 24 & -20\end{pmatrix}.$

5. $M_b(F)=\begin{pmatrix}0 & 1 & -1\\ -3 & 1 & -1\\ 1 & 1 & -2\end{pmatrix}.$

9. $b=\{(1,1,-1),(1,1,0),(-1,0,1)\}.$

$$M_b(F)=\begin{pmatrix}2 & 0 & 0\\ 0 & 1 & 0\\ 0 & 0 & 1\end{pmatrix}.$$

10. a) Il polinomio caratteristico della matrice assegnata A è $T^3-6T^2+12T-8=(T-2)^3$, e quindi l'unico autovalore è $\lambda=2$, con molteplicità algebrica $h(2)=3$. La matrice $A-2\mathbf{I}_3$ ha rango 2 e quindi $\dim(\mathsf{R}^3_2)=3-2=1$. A non è diagonalizzabile perché la somma delle dimensioni degli autospazi è minore di 3.
b) $\lambda=2,3$, $h(2)=1$, $h(3)=2$, $\dim(\mathsf{R}^3_2)=\dim(\mathsf{R}^3_3)=1$; A non è diagonalizzabile.
c) $\lambda=1,2,3$, $h(1)=h(2)=h(3)=1$, $\dim(\mathsf{R}^3_1)=\dim(\mathsf{R}^3_2)=\dim(\mathsf{R}^3_3)=1$; A è diagonalizzabile.
d) $\lambda=-1,1$, $h(-1)=2$, $h(1)=1$, $\dim(\mathsf{R}^3_{-1})=\dim(\mathsf{R}^3_1)=1$; A non è diagonalizzabile.
e) $\lambda=7,0$, $h(7)=1$, $h(0)=2$, $\dim(\mathsf{R}^3_7)=\dim(\mathsf{R}^3_0)=1$; A non è diagonalizzabile.
f) $\lambda=-4,4$, $h(-4)=2$, $h(4)=1$, $\dim(\mathsf{R}^3_{-4})=\dim(\mathsf{R}^3_4)=1$; A non è diagonalizzabile.

11. $\pm 1, \pm i$.

13. $|C - (a\lambda + b)\mathbf{I}_n| = |(aA + b\mathbf{I}_n) - (a\lambda + b)\mathbf{I}_n| = |a(A - \lambda\mathbf{I}_n)| = a^n|(A - \lambda\mathbf{I}_n)| = 0$.

15. La matrice che rappresenta F rispetto alla base canonica è

$$A = \begin{pmatrix} 0 & 1 & -1 \\ -1 & 2 & -1 \\ 1 & -1 & 2 \end{pmatrix}.$$

Posto $B = M_b(F)$, si ha $A = MBM^{-1}$, dove

$$M = M_{e,b}(\mathbf{1}) = \begin{pmatrix} 1 & 1 & -1 \\ 1 & 1 & 0 \\ -1 & 0 & 1 \end{pmatrix}$$

e quindi $A^5 = MB^5\mathrm{M}^{-1}$. Poiché

$$M^{-1} = \begin{pmatrix} -1 & 1 & -1 \\ 1 & 0 & 1 \\ -1 & 1 & 0 \end{pmatrix}, \qquad B^5 = \begin{pmatrix} 32 & 0 & 0 \\ 0 & 1 & 0 \\ 0 & 0 & 1 \end{pmatrix},$$

si ha

$$A^5 = \begin{pmatrix} -30 & 31 & -31 \\ -31 & 32 & -31 \\ 31 & -31 & 32 \end{pmatrix}$$

e quindi

$$F^5(x, y, z) = (-30x + 31y - 31z, \quad -31x + 32y - 31z, \quad 31x - 31y + 32z).$$

16. a) $\begin{pmatrix} 2 & 1 & 0 \\ 0 & 2 & 1 \\ 0 & 0 & 2 \end{pmatrix}$ b) $\begin{pmatrix} 2 & 0 & 0 \\ 0 & 3 & 1 \\ 0 & 0 & 3 \end{pmatrix}$ c) $\begin{pmatrix} 1 & 0 & 0 \\ 0 & 2 & 0 \\ 0 & 0 & 3 \end{pmatrix}$

d) $\begin{pmatrix} -1 & 1 & 0 \\ 0 & -1 & 0 \\ 0 & 0 & 1 \end{pmatrix}$ e) $\begin{pmatrix} 7 & 0 & 0 \\ 0 & 0 & 1 \\ 0 & 0 & 0 \end{pmatrix}$ f) $\begin{pmatrix} -4 & 1 & 0 \\ 0 & -4 & 0 \\ 0 & 0 & 4 \end{pmatrix}$.

17. a) $\begin{pmatrix} 1 & 1 & 0 \\ 0 & 1 & 1 \\ 0 & 0 & -1 \end{pmatrix}$ b) $\begin{pmatrix} 3 & 1 & 0 \\ 0 & 3 & 0 \\ 0 & 0 & 0 \end{pmatrix}$ c) $\begin{pmatrix} 2 & 1 & 0 \\ 0 & 2 & 0 \\ 0 & 0 & 1 \end{pmatrix}$ d) $\begin{pmatrix} 1 & 0 & 0 \\ 0 & -1 & 0 \\ 0 & 0 & 2 \end{pmatrix}$

e) $\begin{pmatrix} 1 & 0 & 0 & 0 \\ 0 & -1 & 0 & 0 \\ 0 & 0 & i & 0 \\ 0 & 0 & 0 & -i \end{pmatrix}$ f) $\begin{pmatrix} 1 & 0 & 0 & 0 \\ 0 & 1 & 0 & 0 \\ 0 & 0 & -1 & 0 \\ 0 & 0 & 0 & -1 \end{pmatrix}$ g) $\begin{pmatrix} 2 & 1 & 0 & 0 \\ 0 & 2 & 0 & 0 \\ 0 & 0 & -2 & 1 \\ 0 & 0 & 0 & -2 \end{pmatrix}$

h) $\begin{pmatrix} 2 & 1 & 0 & 0 \\ 0 & 2 & 1 & 0 \\ 0 & 0 & 2 & 0 \\ 0 & 0 & 0 & -1 \end{pmatrix}$ i) $\begin{pmatrix} 1 & 1 & 0 & 0 \\ 0 & 1 & 1 & 0 \\ 0 & 0 & 1 & 1 \\ 0 & 0 & 0 & 1 \end{pmatrix}$ j) $\begin{pmatrix} 1 & 1 & 0 & 0 \\ 0 & 1 & 1 & 0 \\ 0 & 0 & 1 & 0 \\ 0 & 0 & 0 & 1 \end{pmatrix}$

k) $\begin{pmatrix} 1 & 1 & 0 & 0 \\ 0 & 1 & 0 & 0 \\ 0 & 0 & 1 & 0 \\ 0 & 0 & 0 & 2 \end{pmatrix}$ l) $\begin{pmatrix} i & 1 & 0 & 0 \\ 0 & i & 0 & 0 \\ 0 & 0 & -i & 0 \\ 0 & 0 & 0 & -i \end{pmatrix}$

m) $\begin{pmatrix} 2 & 0 & 0 & 0 & 0 \\ 0 & 2 & 0 & 0 & 0 \\ 0 & 0 & 1 & 1 & 0 \\ 0 & 0 & 0 & 1 & 1 \\ 0 & 0 & 0 & 0 & 1 \end{pmatrix}$

n) $\begin{pmatrix} 1 & 1 & 0 & 0 & 0 & 0 \\ 0 & 1 & 1 & 0 & 0 & 0 \\ 0 & 0 & 1 & 0 & 0 & 0 \\ 0 & 0 & 0 & 0 & 1 & 0 \\ 0 & 0 & 0 & 0 & 0 & 0 \\ 0 & 0 & 0 & 0 & 0 & 0 \end{pmatrix}$

18. Poiché $r({}^tJ_n(\lambda) - \lambda \mathbf{I}_n) = n - 1$, la forma canonica di Jordan di ${}^tJ_n(\lambda)$ consiste di un solo blocco di Jordan, e quindi è uguale a $J_n(\lambda)$. Si verifica subito che la base rispetto alla quale la matrice ${}^tJ_n(\lambda)$ assume forma canonica è $\{\mathbf{e}_n, \dots, \mathbf{e}_1\}$.
Sia $A \in M_n(C)$ e sia $M \in \mathrm{GL}_n(C)$ tale che $J := M^{-1}AM$. Allora ${}^tJ = {}^tM\,{}^tA\,{}^tM^{-1}$ ed è sufficiente dimostrare che J e ${}^tJ$ sono simili. Supponiamo che J sia della forma [13.13]. Allora dalla prima parte della dimostrazione segue che la matrice ${}^tJ$ assume forma canonica J rispetto alla base:

$$\{\mathbf{e}_{n_1}, \mathbf{e}_{n_1-1}, \dots, \mathbf{e}_1, \dots, \mathbf{e}_n, \mathbf{e}_{n-1}, \dots, \mathbf{e}_{n_1+\dots+n_{s-1}+1}\}$$

20. Ogni blocco di Jordan $J_n(\lambda)$ si esprime come:

$$J_n(\lambda) = \begin{pmatrix} \lambda & 0 & 0 & \dots & 0 \\ 0 & \lambda & 0 & \dots & 0 \\ . & . & . & & . \\ . & . & . & & . \\ 0 & 0 & \dots & \lambda & 0 \\ 0 & 0 & 0 & \dots & \lambda \end{pmatrix} + \begin{pmatrix} 0 & 1 & 0 & \dots & 0 \\ 0 & 0 & 1 & \dots & 0 \\ . & . & . & & . \\ . & . & . & & . \\ 0 & 0 & 0 & \dots & 1 \\ 0 & 0 & 0 & \dots & 0 \end{pmatrix}$$

e quindi ogni matrice in forma canonica di Jordan si esprime come $P = \Delta + N'$, con Δ diagonale e N' nilpotente. Dal teorema 13.16 segue che, per qualche $M \in \mathrm{GL}_n(\mathsf{K})$ e P in forma canonica di Jordan, si ha:

$$A = M^{-1}PM = M^{-1}(\Delta + N')M = M^{-1}\Delta M + M^{-1}N'M = D + N.$$

§ 14

1. Gli elementi di U(1) si possono identificare con i numeri complessi di modulo 1. Definiamo $f\colon \mathrm{U}(1) \to \mathrm{SO}(2)$ ponendo

$$f(a + \mathrm{i}b) = \begin{pmatrix} a & -b \\ b & a \end{pmatrix}.$$

È immediato verificare che f è un isomorfismo di gruppi.

2. a) $A = \bar{A} = {}^tA = {}^*A$ b) $A = {}^tA, \quad \bar{A} = {}^*A = \begin{pmatrix} -\mathrm{i} & 0 \\ 0 & -\mathrm{i} \end{pmatrix}$

c) $A = {}^tA, \quad \bar{A} = {}^*A = \begin{pmatrix} 1 & -\mathrm{i} \\ -\mathrm{i} & 1 \end{pmatrix}$

d) $A = {}^tA, \quad \bar{A} = {}^*A = \begin{pmatrix} \frac{\sqrt{2}}{2} & -\frac{\sqrt{2}\mathrm{i}}{2} \\ -\frac{\sqrt{2}\mathrm{i}}{2} & \frac{\sqrt{2}}{2} \end{pmatrix}$

e) $A = {}^tA, \quad \bar{A} = {}^*A = \begin{pmatrix} \frac{3}{5} & -\frac{4\mathrm{i}}{5} \\ -\frac{4\mathrm{i}}{5} & \frac{3}{5} \end{pmatrix}$

f) ${}^tA = \bar{A} = \begin{pmatrix} 1 & 1-\mathrm{i} \\ 1+\mathrm{i} & -1 \end{pmatrix}, \quad {}^*A = A.$

3. a), b), d), e).

7. a) $f(x, y) = (2x + y + 1,\ 3y - 1)$

b) $f(x, y) = \left(-\frac{1}{2}x + \frac{3}{4}y + \frac{5}{4},\ \frac{3}{2}x - \frac{7}{4}y + \frac{3}{4}\right)$

c) $f(x, y) = \left(-\frac{x}{4} - \frac{y}{12} + \frac{1}{3},\ \frac{x}{2} - \frac{y}{6} - \frac{1}{3}\right)$.

10. $\omega_{\mathbf{b},c}$ è individuata dalla condizione

$$\mathbf{y} - \mathbf{b} = c(\mathbf{x} - \mathbf{b}),$$

dove $\mathbf{y} = \omega_{\mathbf{b},c}(\mathbf{x})$, e quindi

$$\mathbf{y} = \mathbf{b}(1 - c) + c\mathbf{x},$$

cioè

$$\omega_{\mathbf{b},c} = T_{c\mathbf{1},\,\mathbf{b}(1-c)}.$$

§ 15

1. c), e).

2. a) $3x_1x_2 - 4x_1y_2 - 4x_2y_1 - 3y_1y_2$ b) $4x_1x_2 - \frac{9}{2}x_1y_2 - \frac{9}{2}x_2y_1 + 5y_1y_2$

c) $4x_1x_2 - 2x_1y_2 - 2x_2y_1 + 7y_1y_2$ d) $x_1x_2 - x_1y_2 - x_2y_1 + y_1y_2$

e) $3x_1x_2 + 5x_1y_2 + 5x_2y_1 + 3y_1y_2$ f) $3x_1y_2 + 3x_2y_1$.

3. a) $\begin{pmatrix} 3 & -4 \\ -4 & -3 \end{pmatrix}$, $r = 2$ b) $\begin{pmatrix} 4 & -\frac{9}{2} \\ -\frac{9}{2} & 5 \end{pmatrix}$, $r = 2$

c) $\begin{pmatrix} 4 & -2 \\ -2 & 7 \end{pmatrix}$, $r = 2$ d) $\begin{pmatrix} 1 & -1 \\ -1 & 1 \end{pmatrix}$, $r = 1$

e) $\begin{pmatrix} 3 & 5 \\ 5 & 3 \end{pmatrix}$, $r = 2$ f) $\begin{pmatrix} 0 & 3 \\ 3 & 0 \end{pmatrix}$, $r = 2$.

4. a) $\frac{1}{2}x_1z_2 + \frac{1}{2}x_2z_1 + \frac{1}{2}x_1y_2 + \frac{1}{2}x_2y_1 + \frac{1}{2}y_1z_2 + \frac{1}{2}y_2z_1$

b) $x_1y_2 + x_2y_1 + y_1y_2 - x_1z_2 - x_2z_1$

c) $x_1x_2 - x_1z_2 - x_2z_1 - y_1y_2 - z_1z_2$

d) $5x_1x_2 + 3y_1y_2 + \frac{1}{2}x_1z_2 + \frac{1}{2}x_2z_1$ e) $-x_1x_2 - 2x_1y_2 - 2x_2y_1 + 3y_1y_2 + 2z_1z_2$.

5. a) $\begin{pmatrix} 0 & \frac{1}{2} & \frac{1}{2} \\ \frac{1}{2} & 0 & \frac{1}{2} \\ \frac{1}{2} & \frac{1}{2} & 0 \end{pmatrix}, r = 3$ b) $\begin{pmatrix} 0 & 1 & -1 \\ 1 & 1 & 0 \\ -1 & 0 & 0 \end{pmatrix}, r = 3$

c) $\begin{pmatrix} 1 & 0 & -1 \\ 0 & -1 & 0 \\ -1 & 0 & -1 \end{pmatrix}, r = 3$ d) $\begin{pmatrix} 5 & 0 & \frac{1}{2} \\ 0 & 3 & 0 \\ \frac{1}{2} & 0 & 0 \end{pmatrix}, r = 3$

e) $\begin{pmatrix} -1 & -2 & 0 \\ -2 & 3 & 0 \\ 0 & 0 & 2 \end{pmatrix}, r = 3.$

§ 16

1. a) $\{(i, 0), (0, 1)\}$, $x = ix'$, $y = y'$

b) $\left\{\left(\frac{\sqrt{2}}{2} + \frac{\sqrt{2}}{2}i, 0\right), \left(0, \frac{i}{\sqrt{2}}\right)\right\}$, $x = \left(\frac{\sqrt{2}}{2} + \frac{\sqrt{2}}{2}i\right)x'$, $y = \frac{i}{\sqrt{2}}y'$

c) $\left\{\left(\frac{1}{2}, 0\right), \left(0, \frac{1}{3}\right)\right\}$, $x = \frac{1}{2}x'$, $y = \frac{1}{3}y'$

d) $\{(i, 0), (0, 5i)\}$, $x = ix'$, $y = 5iy'$.

2. a) $\left\{\left(\frac{1}{2}, 0, 0\right), \left(0, 0, \frac{1}{2\sqrt{3}}\right), \left(0, \frac{1}{\sqrt{5}}, 0\right)\right\}$, (2, 1)

b) $\left\{\left(0, 0, \frac{1}{3}\right), (1, 0, 0), (0, 1, 0)\right\}$, (1, 1)

c) $\{(0, 0, 1), (1, 0, 0), (0, 1, 0)\}$, (1, 2)

d) $\left\{(0, 1, 0), \left(0, 0, \frac{1}{4}\right), (1, 0, 0)\right\}$, (2, 0).

3. a) Seguendo il procedimento utilizzato nella seconda dimostrazione del teorema 16.1, si effettua il cambiamento di coordinate $x = x' + \frac{4}{3}y'$, $y' = y$, il quale trasforma q nella forma diagonale:

$$q(x', y') = 3x'^2 - \frac{25}{3}y'^2.$$

La segnatura è (1, 1).

b) $4x'^2 - \frac{1}{16}y'^2, \quad x = x' + \frac{9}{8}y', \quad y = y'$, (1, 1).

c) $4x'^2 + 6y'^2, \quad x = x' + \frac{1}{2}y', \quad y = y'$, (2, 0).

d) x^2, $x = x' + y', \quad y = y'$, (1, 0).

e) $3x'^2 - \frac{16}{3}y'^2, \quad x = x' - \frac{5}{3}y', y = y'$, (1, 1).

f) In questo caso è evidente che il cambiamento di coordinate $x = x' - y', y = x' + y'$, trasforma la forma quadratica nella forma diagonale $6x'^2 - 6y'^2$. Segnatura: (1, 1).

4. a) $$\begin{pmatrix} 3 & 0 \\ 0 & -\frac{25}{3} \end{pmatrix} = \begin{pmatrix} 1 & 0 \\ \frac{4}{3} & 1 \end{pmatrix} \begin{pmatrix} 3 & -4 \\ -4 & -3 \end{pmatrix} \begin{pmatrix} 1 & \frac{4}{3} \\ 0 & 1 \end{pmatrix}$$

b) $$\begin{pmatrix} 4 & 0 \\ 0 & -\frac{1}{16} \end{pmatrix} = \begin{pmatrix} 1 & 0 \\ \frac{9}{8} & 1 \end{pmatrix} \begin{pmatrix} 4 & -\frac{9}{2} \\ -\frac{9}{2} & 5 \end{pmatrix} \begin{pmatrix} 1 & \frac{9}{8} \\ 0 & 1 \end{pmatrix}$$

c) $$\begin{pmatrix} 4 & 0 \\ 0 & 6 \end{pmatrix} = \begin{pmatrix} 1 & 0 \\ \frac{1}{2} & 1 \end{pmatrix} \begin{pmatrix} 4 & -2 \\ -2 & 7 \end{pmatrix} \begin{pmatrix} 1 & \frac{1}{2} \\ 0 & 1 \end{pmatrix}$$

d) $$\begin{pmatrix} 1 & 0 \\ 0 & 0 \end{pmatrix} = \begin{pmatrix} 1 & 0 \\ 1 & 1 \end{pmatrix} \begin{pmatrix} 1 & -1 \\ -1 & 1 \end{pmatrix} \begin{pmatrix} 1 & 1 \\ 0 & 1 \end{pmatrix}$$

e) $$\begin{pmatrix} 3 & 0 \\ 0 & -\frac{16}{3} \end{pmatrix} = \begin{pmatrix} 1 & 0 \\ -\frac{5}{3} & 1 \end{pmatrix} \begin{pmatrix} 3 & 5 \\ 5 & 3 \end{pmatrix} \begin{pmatrix} 1 & -\frac{5}{3} \\ 0 & 1 \end{pmatrix}$$

f) $$\begin{pmatrix} 6 & 0 \\ 0 & -6 \end{pmatrix} = \begin{pmatrix} 1 & 1 \\ -1 & 1 \end{pmatrix} \begin{pmatrix} 0 & 3 \\ 3 & 0 \end{pmatrix} \begin{pmatrix} 1 & -1 \\ 1 & 1 \end{pmatrix}.$$

5. a) Una prima sostituzione $x = x', y = y' - x', z = z'$ riduce q alla forma $q(x', y', z') = -x'^2 + x'y' + y'z'$. Procediamo come nella dimostrazione del teorema 16.1. Con la sostituzione $x' = x'' + \frac{1}{2}y'', y' = y'', z' = z''$ la forma si riduce alla seguente: $q(x'', y'', x'') = -x''^2 + \frac{1}{4}y''^2 + y''z''$. Infine, la sostituzione $x'' = \tilde{x}, y'' = \tilde{y} - 2\tilde{z}$,

$z'' = \tilde{z}$ dà luogo alla seguente espressione per q:

$$q(\tilde{x}, \tilde{y}, \tilde{z}) = -\tilde{x}^2 + \frac{1}{4}\tilde{y}^2 - \tilde{z}^2.$$

Scambiando tra loro $\tilde{y}$ e $\tilde{x}$ otteniamo $q(\hat{x}, \hat{y}, \hat{z}) = \frac{1}{4}\hat{x}^2 - \hat{y}^2 - \hat{z}^2$, dove si è posto $\tilde{x} = \hat{y}$, $\tilde{y} = \hat{x}$, $\tilde{z} = \hat{z}$. Segnatura (1, 2).

b) $x'^2 + y'^2 - z'^2$, $\quad x = z' - y'$, $\quad y = x' + y' - z'$, $\quad z = y'$, segnatura (2, 1)

c) $x'^2 - y'^2 - 2z'^2$, $\quad x = x' + z'$, $\quad y = y'$, $\quad z = z'$, segnatura (1, 2)

d) $5x'^2 + 3y'^2 - \frac{1}{20}z'^2$, $\quad x = x' - \frac{1}{10}z'$, $\quad y = y'$, $\quad z = z'$, segnatura (2, 1)

e) $2x'^2 + 7y'^2 - z'^2$, $\quad x = z'$, $\quad y = y'$, $\quad z = x' - 2y'$, segnatura (2, 1).

6. a) La matrice M è ottenuta come prodotto delle matrici corrispondenti alle successive sostituzioni effettuate; pertanto

$$M = \begin{pmatrix} 1 & 0 & 0 \\ -1 & 1 & 0 \\ 0 & 0 & 1 \end{pmatrix} \begin{pmatrix} 1 & \frac{1}{2} & 0 \\ 0 & 1 & 0 \\ 0 & 0 & 1 \end{pmatrix} \begin{pmatrix} 1 & 0 & 0 \\ 0 & 1 & -2 \\ 0 & 0 & 1 \end{pmatrix} \begin{pmatrix} 0 & 1 & 0 \\ 1 & 0 & 0 \\ 0 & 0 & 1 \end{pmatrix} = \begin{pmatrix} \frac{1}{2} & 1 & -1 \\ \frac{1}{2} & -1 & -1 \\ 0 & 0 & 1 \end{pmatrix}.$$

Si ha dunque:

$$\begin{pmatrix} \frac{1}{4} & 0 & 0 \\ 0 & -1 & 0 \\ 0 & 0 & -1 \end{pmatrix} = \begin{pmatrix} \frac{1}{2} & \frac{1}{2} & 0 \\ 1 & -1 & 0 \\ -1 & -1 & 1 \end{pmatrix} \begin{pmatrix} 0 & \frac{1}{2} & \frac{1}{2} \\ \frac{1}{2} & 0 & \frac{1}{2} \\ \frac{1}{2} & \frac{1}{2} & 0 \end{pmatrix} \begin{pmatrix} \frac{1}{2} & 1 & -1 \\ \frac{1}{2} & -1 & -1 \\ 0 & 0 & 1 \end{pmatrix}.$$

b) $$\begin{pmatrix} 1 & 0 & 0 \\ 0 & 1 & 0 \\ 0 & 0 & -1 \end{pmatrix} = \begin{pmatrix} 0 & 1 & 0 \\ -1 & 1 & 1 \\ 1 & -1 & 0 \end{pmatrix} \begin{pmatrix} 0 & 1 & -1 \\ 1 & 1 & 0 \\ -1 & 0 & 0 \end{pmatrix} \begin{pmatrix} 0 & -1 & 1 \\ 1 & 1 & -1 \\ 0 & 1 & 0 \end{pmatrix}$$

c) $$\begin{pmatrix} 1 & 0 & 0 \\ 0 & -1 & 0 \\ 0 & 0 & -2 \end{pmatrix} = \begin{pmatrix} 1 & 0 & 0 \\ 0 & 1 & 0 \\ 1 & 0 & 1 \end{pmatrix} \begin{pmatrix} 1 & 0 & -1 \\ 0 & -1 & 0 \\ -1 & 0 & -1 \end{pmatrix} \begin{pmatrix} 1 & 0 & 1 \\ 0 & 1 & 0 \\ 0 & 0 & 1 \end{pmatrix}$$

d) $$\begin{pmatrix} 5 & 0 & 0 \\ 0 & 3 & 0 \\ 0 & 0 & \frac{1}{20} \end{pmatrix} = \begin{pmatrix} 1 & 0 & 0 \\ 0 & 1 & 0 \\ -\frac{1}{10} & 0 & 1 \end{pmatrix} \begin{pmatrix} 5 & 0 & \frac{1}{2} \\ 0 & 3 & 0 \\ \frac{1}{2} & 0 & 0 \end{pmatrix} \begin{pmatrix} 1 & 0 & -\frac{1}{10} \\ 0 & 1 & 0 \\ 0 & 0 & 1 \end{pmatrix}$$

e) $\begin{pmatrix} 2 & 0 & 0 \\ 0 & 7 & 0 \\ 0 & 0 & -1 \end{pmatrix} = \begin{pmatrix} 0 & 0 & 1 \\ 0 & 1 & -2 \\ 1 & 0 & 0 \end{pmatrix} \begin{pmatrix} -1 & -2 & 0 \\ -2 & 3 & 0 \\ 0 & 0 & 2 \end{pmatrix} \begin{pmatrix} 0 & 0 & 1 \\ 0 & 1 & 0 \\ 1 & -2 & 0 \end{pmatrix}$

§ 17

6. $\dim(\mathbf{W}) = 2$; base ortonormale di $\mathbf{W}$:

$$\left\{\mathbf{v}_1\left(\frac{1}{\sqrt{3}}, \frac{1}{\sqrt{3}}, 0, \frac{1}{\sqrt{3}}\right), \mathbf{v}_2\left(\frac{2}{\sqrt{6}}, -\frac{1}{\sqrt{6}}, 0, -\frac{1}{\sqrt{6}}\right)\right\};$$

vettori che la completano a una base ortonormale di $\mathbf{V}$:

$$\mathbf{v}_3(0, 0, 1, 0), \mathbf{v}_4\left(0, -\frac{1}{2}, 0, \frac{1}{2}\right).$$

7. a) $\left\{\left(\frac{2}{\sqrt{5}}, 0, 0, \frac{1}{\sqrt{5}}\right), \left(-\frac{1}{\sqrt{13}}, \frac{2}{\sqrt{13}}, \frac{2}{\sqrt{13}}, \frac{2}{\sqrt{13}}\right),\right.$

$\left.\left(\frac{2}{\sqrt{33}}, \frac{2}{\sqrt{33}}, \frac{3}{\sqrt{33}}, \frac{-4}{\sqrt{33}}\right)\right\}$

b) $\left\{\left(-\frac{1}{\sqrt{3}}, 0, \frac{1}{\sqrt{3}}, \frac{1}{\sqrt{3}}\right), \left(\frac{3}{\sqrt{19}}, \frac{1}{\sqrt{19}}, 0, \frac{3}{\sqrt{19}}\right)\right\}$

c) $\left\{\left(\frac{1}{2}, \frac{1}{2}, -\frac{1}{2}, \frac{1}{2}\right), \left(\frac{1}{\sqrt{6}}, 0, \frac{2}{\sqrt{6}}, \frac{1}{\sqrt{6}}\right), \left(\frac{1}{\sqrt{2}}, 0, 0, -\frac{1}{\sqrt{2}}\right)\right\}.$

8. $\left\{\left(0, \frac{\sqrt{2}}{2}, 0, \frac{\sqrt{2}}{2}\right), (1, 0, 0, 0), \left(0, -\frac{\sqrt{2}}{2}, 0, \frac{\sqrt{2}}{2}\right), (0, 0, 1, 0)\right\}.$

9. $\left\{(1, 0, 0, 0), \left(-\frac{1}{2}, 1, 0, 0\right), (0, 0, 1, 0) \left(0, 0, -\frac{1}{2}, 1\right)\right\}.$

§ 19

2. a) $\frac{6}{\sqrt{5}}$ b) $\frac{1}{5}$.

3. $X - Y - 2Z - 3 = X + 3Y - Z - 2 = 0.$

4. $5X - 6Y + 2Z + 7 = 0.$

5. $X + Y - 3 = 0, \ Z = 1.$

6. $\mathscr{t}: \frac{X-3}{3} = Y - 2 = \frac{Z-1}{5}; \quad d(\mathscr{t}, \mathscr{s}) = \frac{4}{\sqrt{10}}.$

9. a) Perpendicolare comune: $\frac{3X}{2} + \frac{1}{2} = 6Y + 3 = -\frac{6Z}{5} + 1; \quad d(\mathscr{t}, \mathscr{s}) = \frac{5}{\sqrt{42}}.$

10. a) $X^2+Y^2-6X+8Y+24=0$ b) $X^2+Y^2-2X-4Y+3=0$

c) $X^2+Y^2-2X+2Y+\dfrac{7}{4}=0.$

11. a) $C=(3,\ -4),\ r=5$ b) $C=(-4,\ 5),\ r=3.$

§ 20

1. a) Poiché è un'isometria diretta, f è della forma $f(x)=x+c$ per qualche $c\in\mathbb{R}$. Per la condizione $f(1)=\dfrac{\pi}{2}$ dev'essere $c=\dfrac{\pi}{2}-1$. Pertanto $f(x)=x+\dfrac{\pi}{2}-1$.

b) $f(x)=-x+\pi-2.$

2. a) $f(x,y)=(-x,y)$ b) $f(x,y)=(-y,-x)$

c) $f(x,y)=\left(\dfrac{3}{5}x+\dfrac{4}{5}y,\ \dfrac{4}{5}x-\dfrac{3}{5}y\right)$ d) $f(x,y)=\left(\dfrac{5}{13}x+\dfrac{12}{13}y,\ \dfrac{12}{13}x-\dfrac{5}{13}y\right)$

e) $f(x,y)=(-y+1,\ -x+1).$

3. a) $f(x,y)=(x+1,\ y+1)$ b) $f(x,y)=(x+1,\ -y+1)$

c) $f(x,y)=\left(\dfrac{3}{5}x+\dfrac{4}{5}y,\ \dfrac{4}{5}x-\dfrac{3}{5}y\right)$

d) $f(x,y)=\left(-\dfrac{4}{5}x+\dfrac{3}{5}y-\dfrac{12}{5},\ \dfrac{3}{5}x+\dfrac{4}{5}y+\dfrac{4}{5}\right).$

4. a) $f(x,y,z)=(y,x,z)$

b) $f(x,y,z)=\left(\dfrac{x}{3}-\dfrac{2}{3}y-\dfrac{2}{3}z,\ -\dfrac{2}{3}x+\dfrac{y}{3}-\dfrac{2}{3}z,\ -\dfrac{2}{3}x-\dfrac{2}{3}y+\dfrac{z}{3}\right)$

c) $f(x,y,z)=\left(\dfrac{x}{3}+\dfrac{2}{3}y-\dfrac{2}{3}z,\ \dfrac{2}{3}x+\dfrac{y}{3}+\dfrac{2}{3}z,\ -\dfrac{2}{3}x+\dfrac{2}{3}y+\dfrac{z}{3}\right)$

d) $f(x,y,z)=\left(-\dfrac{3}{5}x+\dfrac{4}{5}z-\dfrac{4}{5},\ y,\ \dfrac{4}{5}x+\dfrac{3}{5}z+\dfrac{2}{5}\right)$

e) $f(x,y,z)=\left(\dfrac{x}{9}+\dfrac{8}{9}y-\dfrac{4}{9}z+\dfrac{16}{9},\ \dfrac{8}{9}x+\dfrac{y}{9}+\dfrac{4}{9}z-\dfrac{16}{9},\right.$

$\left.-\dfrac{4}{9}x+\dfrac{4}{9}y+\dfrac{7}{9}z+\dfrac{8}{9}\right).$

5. a) f è l'identità. b) $f(x,y,z)=(-x,y,z).$

6. r incontra p nel punto $P=\left(-\dfrac{1}{2},\ -\dfrac{1}{4},\ \dfrac{3}{4}\right)$. La retta r' contiene P ed il simmetrico di un qualsiasi punto di r, ad esempio di $(0,0,1)$, il cui simmetrico è $Q=\left(-\dfrac{2}{3},\ -\dfrac{2}{3},\ \dfrac{1}{3}\right)$. Pertanto r' è la retta di equazioni cartesiane:

$$5X-2Y+2=0,\qquad X-Z+1=0.$$

L'esercizio può essere risolto calcolando direttamente la trasformata di $\mathscr{r}$ rispetto alla riflessione definita da $\mathscr{p}$ (cfr. esercizio 4(b)). Si trovano per la retta $\mathscr{r}'$ le equazioni $5X - 4Y + 2Z = 0$, $X - Z + 1 = 0$.

§ 22

1. a) $\begin{pmatrix} \frac{2}{\sqrt{5}} & \frac{1}{\sqrt{5}} \\ -\frac{1}{\sqrt{5}} & \frac{2}{\sqrt{5}} \end{pmatrix}$ b) $\begin{pmatrix} \frac{1}{\sqrt{2}} & -\frac{1}{\sqrt{2}} \\ \frac{1}{\sqrt{2}} & \frac{1}{\sqrt{2}} \end{pmatrix}$

c) $\begin{pmatrix} \frac{1}{\sqrt{10}} & -\frac{3}{\sqrt{10}} \\ \frac{3}{\sqrt{10}} & \frac{1}{\sqrt{10}} \end{pmatrix}$ d) $\begin{pmatrix} \frac{1}{\sqrt{2}} & -\frac{1}{\sqrt{2}} \\ \frac{1}{\sqrt{2}} & \frac{1}{\sqrt{2}} \end{pmatrix}$.

2. a) La trasformazione ortogonale è quella che fa passare dalla base canonica ad una base ortonormale costituita da autovettori della matrice di q. Gli autovalori sono $\lambda = 1, 4$. L'autospazio R^3_1 ha dimensione 2, ed una sua base ortonormale è $\left\{\left(0, \frac{1}{\sqrt{2}}, \frac{-1}{\sqrt{2}}\right), \left(\frac{-2}{\sqrt{6}}, \frac{1}{\sqrt{6}}, \frac{1}{\sqrt{6}}\right)\right.$. L'autospazio R^3_2 ha dimensione 1 e un suo versore è $\left(\frac{1}{\sqrt{3}}, \frac{1}{\sqrt{3}}, \frac{1}{\sqrt{3}}\right)$. Quindi la trasformazione ortogonale è

$$\begin{pmatrix} x_1 \\ x_2 \\ x_3 \end{pmatrix} = \begin{pmatrix} 0 & \frac{-2}{\sqrt{6}} & \frac{1}{\sqrt{3}} \\ \frac{1}{\sqrt{2}} & \frac{1}{\sqrt{6}} & \frac{1}{\sqrt{3}} \\ -\frac{1}{\sqrt{2}} & \frac{1}{\sqrt{6}} & \frac{1}{\sqrt{3}} \end{pmatrix} \begin{pmatrix} y_1 \\ y_2 \\ y_3 \end{pmatrix}.$$

La corrispondente forma diagonale è $q(y_1, y_2, y_3) = y_1^2 + y_2^2 + 4y_3^2$.

b) Forma diagonale: $q(y_1, y_2, y_3) = -2y_1^2 - 3y_2^2 + y_3^2$. Trasformazione ortogonale:

$$\begin{pmatrix} x_1 \\ x_2 \\ x_3 \end{pmatrix} = \begin{pmatrix} \frac{1}{\sqrt{3}} & 0 & -\frac{2}{\sqrt{6}} & y_1 \\ \frac{1}{\sqrt{3}} & \frac{1}{\sqrt{2}} & \frac{1}{\sqrt{6}} & y_2 \\ -\frac{1}{\sqrt{3}} & \frac{1}{\sqrt{2}} & -\frac{1}{\sqrt{6}} & y_3 \end{pmatrix}.$$

c) Forma diagonale: $q(y_1, y_2, y_3) = -y_1^2 - y_2^2 + 3y_3^2$. Trasformazione ortogonale:

$$\begin{pmatrix} x_1 \\ x_2 \\ x_3 \end{pmatrix} = \begin{pmatrix} \frac{1}{\sqrt{2}} & 0 & \frac{1}{\sqrt{2}} \\ 0 & 1 & 0 \\ -\frac{1}{\sqrt{2}} & 0 & \frac{1}{\sqrt{2}} \end{pmatrix} \begin{pmatrix} y_1 \\ y_2 \\ y_3 \end{pmatrix}.$$

§ 23

1. c), e).

2. a), c), e).

3. $\left\{\left(\frac{i}{\sqrt{2}}, -\frac{i}{\sqrt{2}}, 0\right), \left(\frac{i}{\sqrt{2}}, \frac{i}{\sqrt{2}}, 0\right), (0, 0, i)\right\}$.

4. a) A possiede gli autovalori $\lambda = 0, 2$. I corrispondenti autovettori $\left(\frac{i}{\sqrt{2}}, -\frac{1}{\sqrt{2}}\right)$ e $\left(\frac{1}{\sqrt{2}}, \frac{i}{\sqrt{2}}\right)$ costituiscono una base ortonormale di $\mathbf{C}^2$ rispetto al prodotto hermitiano standard; pertanto la matrice cercata è:

$$M = \begin{pmatrix} \frac{i}{\sqrt{2}} & \frac{1}{\sqrt{2}} \\ -\frac{1}{\sqrt{2}} & \frac{i}{\sqrt{2}} \end{pmatrix}$$

b) $$M = \begin{pmatrix} \frac{\sqrt{3}}{2} & \frac{i}{2} \\ \frac{i}{2} & \frac{\sqrt{3}}{2} \end{pmatrix}.$$

§ 24

1. a) $(2i - 3)X_0 + (2i + 1)X_1 - 4X_2 = 0$

b) $-(1 + i)X_0 - 2X_1 + (1 + i)X_2 = 0$

c) $2iX_0 - X_2 = 0$.

3. $6X_0 + 2X_1 - 5X_2 = 0$.

4. $\pi_{P,H}(Q_1) = [1, 2, 0, 0]$, $\pi_{P,H}(Q_2) = [1, 1, -1, -1]$, $\pi_{P,H}(Q_3) = [3, 5, 1, -1]$, $\pi_{P,H}(Q_4) = Q_4$.

5. $\mathscr{r}$ ed $\mathscr{s}$ sono sghembe.

6. $\mathscr{s} = L(P, \mathscr{r}) \cap L(P, \mathscr{r}')$.

7. a) $L(P, \mathscr{r})$ è il piano contenente P e due punti di $\mathscr{r}$, per esempio $[0, 0, 2, 1]$ e $[1, -2, 1, 0]$. Similmente $L(P, \mathscr{r}')$ è individuato da P e da $[0, 3, 2, 0]$, $[2, 1, 0, -2] \in \mathscr{r}'$. Quindi $\mathscr{s} = L(P, \mathscr{r}) \cap L(P, \mathscr{r}')$ ha equazioni $3X_0 + 2X_1 + X_2 - 2X_3 = 0$, $3X_0 - 2X_1 + 3X_2 + 2X_3 = 0$.

b) $\mathscr{s}$ ha equazioni cartesiane: $4X_0 - 3X_1 + X_2 + X_3 = 0$, $7X_0 - 3X_1 + X_2 + 2X_3 = 0$.

§ 25

1. a) [0, 1, − 3] b) [0, 2, 1] c) [0, − 3, 2i] d) [0, 0, 1].

2. a) $3X_1 + X_2 + X_0 = 0$ b) $X_1 - 2X_2 - X_0 = 0$
c) $2iX_1 + 3X_2 + 9X_0 = 0$ d) $X_1 + X_0 = 0$.

3. a) $-4X + Y + 7 = 0$ b) $2X - Y + i = 0$
c) $2iY - X + i = 0$ d) $2Y + 1 - i = 0$.

4. a) [3 + i, − 1, − 1] b) [1, 1, 1] c) [0, 3, 1].

5. La giacitura del piano di $\mathbf{A}^3(\mathsf{R})$ cercato è generata dalle direzioni di r ed s. Imponendo il passaggio per il punto assegnato, si ottiene il piano di equazione in coordinate omogenee: $X_0 - X_2 - X_3 = 0$.

§ 27

1. a) $A = \begin{pmatrix} 1 & -2 & 2 \\ -2 & 1 & -1 \\ 1 & -2 & -1 \end{pmatrix}$ b) $A = \begin{pmatrix} 1 & 2 & -2 \\ -1 & -1 & 2 \\ 1 & 1 & -1 \end{pmatrix}$

c) $A = \begin{pmatrix} -1 & 2 & 1 \\ 1 & -2 & 1 \\ 1 & 0 & -1 \end{pmatrix}$

2. $f([x_0, x_1]) = [x_0 - 3x_1, x_0 + x_1]$.

3. $f([x_0, x_1, x_2]) = \left[-\frac{x_0}{2} - \frac{x_1}{2} + \frac{5x_2}{2}, \frac{-3x_0}{2} + \frac{5x_1}{2} - \frac{5x_2}{2}, 2x_0 - 2x_1 + 3x_2\right]$.

4. a) f possiede i 3 punti fissi [3, 2, − 4], [4, 2, − 5], [1, 1, − 2].
b) f fissa tutti i punti della retta di equazione $X_0 + X_1 = 0$, e il punto [0, 0 1].

§ 28

1. a) $X_0X_1 + 2X_2^2 - X_0^2 = 0$, [0, 1, 0]
b) $X_1^2X_2^2 - X_0^4 = 0$, [0, 1, 0], [0, 0, 1]
c) $3X_0^2X_2 + X_0X_1X_2 + X_1X_2^2 = 0$, [0, 1, 0], [0, 0, 1];
d) $X_1{}^2X_2 - X_1X_2^2 + X_1^2X_0 - X_2X_0^2 = 0$, [0, 1, 0], [0, 0, 1], [0, 1, 1].

2. a) e b) non sono simmetriche rispetto all'origine né rispetto ad alcuno degli assi coordinati; c) è simmetrica rispetto all'origine e rispetto ad entrambi gli assi coordinati.

§ 31

2. a) Poiché

$$\begin{vmatrix} 1 & \frac{1}{2} \\ \frac{1}{2} & 1 \end{vmatrix} = \frac{3}{4} > 0, \quad \begin{vmatrix} 1 & \frac{1}{2} & \frac{1}{2} \\ \frac{1}{2} & 1 & \frac{1}{2} \\ \frac{1}{2} & \frac{1}{2} & 1 \end{vmatrix} = \frac{1}{2} \neq 0,$$

$\mathscr{C}$ è un'ellisse non degenere, in particolare è una conica a centro. Inoltre il punto $(-1, -1)$ appartiene a $\mathscr{C}$, e quindi $\mathscr{C}$ è un'ellisse a punti reali. Le coordinate del centro sono la soluzione del sistema

$$X + \frac{1}{2} Y + \frac{1}{2} = 0, \quad \frac{1}{2} X + Y + \frac{1}{2} = 0,$$

e quindi $C = \left(-\frac{1}{3}, -\frac{1}{3}\right)$. I punti impropri $[0, x_1, x_2]$ hanno per coordinate le soluzioni dell'equazione $X_1^2 + X_2^2 + X_1X_2 = 0$, e sono pertanto $[0, -1 + \sqrt{3}\, i, 2]$, $[0, 1 + \sqrt{3}\, i, -2]$.

b) Iperbole non degenere. $C = (0, 0)$. Punti impropri: $[0, 5, 1]$, $[0, 1, 5]$.

c) Parabola non degenere. Punto improprio: $[0, 1, 1]$.

d) Iperbole non degenere. $C = (0, 0)$. Punti impropri: $[0, 3, 1]$, $[0, -1, 3]$.

e) Iperbole non degenere. $C = (-\sqrt{3}, 1)$. Punti impropri: $[0, 1, 0]$, $[0, -1, \sqrt{3}]$.

f) Parabola non degenere. Punto improprio: $[0, 4, -3]$.

g) Ellisse a punti reali. $C = (0, 0)$. Punti impropri: $[0, -2 + i\sqrt{6}, 2]$, $[0, 2 + i\sqrt{6}, -2]$.

h) Ellisse a punti reali. $C = \left(-\frac{\sqrt{2}}{2}, \frac{\sqrt{2}}{2}\right)$. Punti impropri: $[0, -1 + 2\sqrt{2}, 3]$, $[0, 1 + 2\sqrt{2}, -3]$.

3. a) Poiché il centro di $\mathscr{C}$ è $C = \left(-\frac{1}{3}, -\frac{1}{3}\right)$ la traslazione

$$X = X' - \frac{1}{3}, \quad Y = Y' - \frac{1}{3}$$

trasforma $\mathscr{C}$ nella conica di equazione

$$X'^2 + Y'^2 + X'Y' - \frac{4}{3} = 0,$$

che ha centro nell'origine. Gli autovalori della matrice $\begin{pmatrix} 1 & \frac{1}{2} \\ \frac{1}{2} & 1 \end{pmatrix}$ della forma quadratica $X'^2 + Y'^2 + X'Y'$ sono $\lambda = \frac{1}{2}, \frac{3}{2}$, con autospazi

$\mathsf{R}^2_{1/2} = \langle(-1, 1)\rangle$, $\mathsf{R}^2_{3/2} = \langle(1, 1)\rangle$.

La base ortonormale $\left\{\left(\frac{1}{\sqrt{2}}, -\frac{1}{\sqrt{2}}\right), \left(\frac{1}{\sqrt{2}}, \frac{1}{\sqrt{2}}\right)\right\}$ consiste di autovettori ed è concordemente orientata con la base canonica. In corrispondenza otteniamo la rotazione

$$X' = \frac{X''}{\sqrt{2}} + \frac{Y''}{\sqrt{2}}, \qquad Y' = -\frac{X''}{\sqrt{2}} + \frac{X''}{\sqrt{2}}$$

di matrice $\begin{pmatrix} \frac{1}{\sqrt{2}} & \frac{1}{\sqrt{2}} \\ -\frac{1}{\sqrt{2}} & \frac{1}{\sqrt{2}} \end{pmatrix}$. Sostituendo troviamo la conica di equazione

$\frac{1}{2}X''^2 + \frac{3}{2}Y''^2 - \frac{4}{3} = 0$. La forma canonica è pertanto $\frac{3}{8}X''^2 + \frac{9}{8}Y''^2 = 1$.

L'isometria cercata è la composizione della traslazione e della rotazione effettuate, cioè: $X = \frac{X''}{\sqrt{2}} + \frac{Y''}{\sqrt{2}} - \frac{1}{3}$, $Y' = -\frac{X''}{\sqrt{2}} + \frac{Y''}{\sqrt{2}} - \frac{1}{3}$.

b) Isometria: $X = \frac{X'}{\sqrt{2}} - \frac{Y'}{\sqrt{2}}$, $Y = \frac{X'}{\sqrt{2}} + \frac{Y'}{\sqrt{2}}$.

Forma canonica: $\frac{X'^2}{4} - \frac{Y'^2}{9} = 1$.

c) Rotazione: $X = \frac{X'}{\sqrt{2}} - \frac{Y'}{\sqrt{2}}$, $Y = \frac{X'}{\sqrt{2}} + \frac{Y'}{\sqrt{2}}$.

Traslazione: $X' = X'' + \frac{\sqrt{2}}{8}$, $Y' = Y'' - \frac{1}{2\sqrt{2}}$.

Forma canonica: $Y''^2 = \frac{\sqrt{2}}{2}X''$.

d) Isometria: $X = \frac{X'}{\sqrt{5}} - \frac{2}{\sqrt{5}}Y'$, $Y = \frac{2}{\sqrt{5}}X' + \frac{Y'}{\sqrt{5}}$.

Forma canonica: $\frac{X'^2}{2} - \frac{Y'^2}{2} = 1$.

e) Isometria: $X = \frac{X'}{2} - \frac{\sqrt{3}}{2}Y' - \sqrt{3}$, $Y = \frac{\sqrt{3}}{2}X' + \frac{Y'}{2} + 1$.

Forma canonica: $3X'^2 - Y'^2 = 1$.

f) Isometria: $X = \frac{4}{5}X' + \frac{3}{5}Y'$, $Y = -\frac{3}{5}X' + \frac{4}{5}Y'$.

Forma canonica: $Y'^2 - 2X' = 0$.

g) Isometria: $X = \frac{2}{\sqrt{5}}X' + \frac{Y'}{\sqrt{5}}$, $Y = -\frac{X'}{\sqrt{5}} + \frac{2}{\sqrt{5}}Y'$.

Forma canonica: $\frac{X'^2}{12} + \frac{Y'^2}{2} = 1$.

h) Isometria: $X = \frac{X'}{\sqrt{2}} - \frac{Y'}{\sqrt{2}} - \frac{\sqrt{2}}{2}$, $Y = \frac{X'}{\sqrt{2}} + \frac{Y'}{\sqrt{2}} + \frac{\sqrt{2}}{2}$.

Forma canonica: $2X'^2 + Y'^2 = 1$.

4. a) $X + Y + 2 = 0$, $X - Y = 0$ b) $2X + 2Y - 1 = 0$, $\frac{X}{2} + \frac{Y}{2} + 1 = 0$

c) $Y - 3X = 0$, $X + \sqrt{2}\,Y = 0$ d) $X + Y = 0$.

§ 34

2. a) La curva contiene l'origine perché la sua equazione non ha termine costante; i termini di grado più basso sono quadratici, e quindi l'origine è un punto doppio per $\mathscr{C}$. Poiché $X^2 + Y^2 = (X + \mathrm{i}Y)(X - \mathrm{i}Y)$, le tangenti principali nell'origine hanno equazioni: $X + \mathrm{i}Y = 0$, $X - \mathrm{i}Y = 0$. Le coordinate $[0, x_1, x_2]$ dei punti impropri sono radici dell'equazione ottenuta annullando i termini di grado massimo, cioè di $X_2^2(X_1 - 2X_2) = 0$, e quindi i punti impropri sono: $[0, 1, 0]$, $[0, 2, 1]$. Poiché la retta impropria interseca $\mathscr{C}$ in $[0, 2, 1]$ con molteplicità 1, il punto $[0, 2, 1]$ è semplice per $\mathscr{C}$ e la retta impropria non è la tangente. Quindi $\mathscr{C}$ ha un asintoto in corrispondenza a questo punto, ed esso ha equazione $X - 2Y = c$ per qualche $c \in \mathbb{C}$. Per determinare c si considerano le intersezioni di $\mathscr{C}$ con la retta variabile di equazione precedente, e si ottiene l'equazione in Y

$$(c - 5)\,Y^2 - 4cY - c^2 = 0.$$

Poiché il grado di quest'equazione si abbassa per $c = 5$, la retta di equazione $X - 2Y = 5$ ha due delle sue tre intersezioni con $\mathscr{C}$ raccolte nel punto improprio, e quindi è l'asintoto cercato.
Procedendo in modo simile con l'altro punto improprio si trova che esso è semplice per $\mathscr{C}$, con tangente la retta impropria.

b) L'origine è un punto semplice, con tangente di equazione $X = 0$. L'unico punto improprio è $[0, 1, 1]$, che è un punto doppio ordinario con tangenti principali la retta impropria e la retta di equazione $X - Y - 2 = 0$, che è pertanto un asintoto di $\mathscr{C}$.

c) L'origine è un punto triplo ordinario, con tangenti principali:

$$Y = 0, \quad 2X - Y = 0, \quad 2X + Y = 0.$$

Punti impropri: $[0, 0, 1]$ $[0, 1, 1]$ e $[0, 1, -1]$ semplici, con tangenti rispettivamente la retta impropria e le rette $X - Y = \frac{3}{2}$, $X + Y = -\frac{3}{2}$.

f) L'origine è un punto doppio non ordinario (che non è una cuspide ordinaria), con tangente principale $Y = 0$. L'unico punto improprio è $[0, 0, 1]$, che è semplice con tangente la retta impropria: è un flesso di specie 3.

3. a) $\Gamma_{F_0}: X_0 = 0$, $\Gamma_{F_1}: X_1 = 0$, $\Gamma_{F_2}: X_2 = 0$, $\Gamma_U: -4X_0 + X_1 + 2X_2 = 0$,

$\Gamma_P: -2X_0 + X_1 + 3X_2 = 0$.

b) $\Gamma_{F_0}: X_2 = 0$, $\Gamma_{F_1}: 2X_1 - 3X_2 = 0$, $\Gamma_{F_2}: -3X_1 + X_0 = 0$,

$\Gamma_U: X_0 - X_1 - 2X_2 = 0$, $\Gamma_P: 3X_0 - 5X_1 - 5X_2 = 0$.

4. Le rette cercate sono le tangenti a $\mathscr{C}$ nei due punti $\mathscr{C} \cap \Gamma_P$. La polare Γ_P ha equazione $X_0 + X_2 = 0$, e interseca $\mathscr{C}$ nei punti $[1, \pm\sqrt{2}, 1]$; le corrispondenti tangenti hanno equazioni $X_0 \mp \sqrt{2}\, X_1 - X_2 = 0$.

§ 35

1. Il determinante si annulla se e solo se esiste una relazione di dipendenza lineare tra le colonne della matrice, cioè se e solo se esistono α_{00}, $2\alpha_{01}$, $2\alpha_{02}$, α_{11}, $2\alpha_{12}$, $\alpha_{22} \in \mathsf{K}$ non tutti nulli tali che si abbia:

$$\alpha_{00}\begin{pmatrix} a_0^2 \\ b_0^2 \\ c_0^2 \\ d_0^2 \\ e_0^2 \\ f_0^2 \end{pmatrix} + 2\alpha_{01}\begin{pmatrix} a_0a_1 \\ b_0b_1 \\ c_0c_1 \\ d_0d_1 \\ e_0e_1 \\ f_0f_1 \end{pmatrix} + 2\alpha_{02}\begin{pmatrix} a_0a_2 \\ b_0b_2 \\ c_0c_2 \\ d_0d_2 \\ e_0e_2 \\ f_0f_2 \end{pmatrix} + \alpha_{11}\begin{pmatrix} a_1^2 \\ b_1^2 \\ c_1^2 \\ d_1^2 \\ e_1^2 \\ f_1^2 \end{pmatrix} +$$

$$+ 2\alpha_{12}\begin{pmatrix} a_1a_2 \\ b_1b_2 \\ c_1c_2 \\ d_1d_2 \\ e_1e_2 \\ f_1f_2 \end{pmatrix} + \alpha_{22}\begin{pmatrix} a_2^2 \\ b_2^2 \\ c_2^2 \\ d_2^2 \\ e_2^2 \\ f_2^2 \end{pmatrix} = \begin{pmatrix} 0 \\ 0 \\ 0 \\ 0 \\ 0 \\ 0 \end{pmatrix}.$$

Questa condizione equivale all'appartenenza dei 6 punti assegnati alla conica di equazione

$$\alpha_{00}X_0^2 + 2\alpha_{01}X_0X_1 + 2\alpha_{02}X_0X_2 + \alpha_{11}X_1^2 + 2\alpha_{12}X_1X_2 + \alpha_{22}X_2^2 = 0.$$

5. Supponiamo che le coniche del fascio abbiano equazione

$$\lambda F(X_0, X_1, X_2) + \mu G(X_0, X_1, X_2) = 0, \quad (\lambda, \mu) \in \mathsf{K}^2 \setminus \{(0, 0)\}.$$

Se

$$F(X_0, X_1, X_2) = {}^t\mathbf{X} A \mathbf{X}, \quad G(X_0, X_1, X_0) = {}^t\mathbf{X} B \mathbf{X},$$

dove $A = (a_{ij})$ e $B = (b_{ij})$ sono le matrici delle due coniche, allora

$$\lambda F(X_0, X_1, X_2) + \mu G(X_0, X_1, X_2) = {}^t\mathbf{X}(\lambda A + \mu B)\mathbf{X}$$

e le coniche degeneri corrispondono alle coppie (λ, μ) tali che

$$\det(\lambda A + \mu B) = 0.$$

Questa è un'equazione omogenea di grado 3 in λ, μ, che ha al più tre soluzioni distinte: quindi le coniche degeneri del fascio sono al più 3.
Se il fascio ha 4 punti base distinti P_1, P_2, P_3, P_4, allora questi punti sono a tre a tre

non allineati, e le tre coniche riducibili

$$L(P_1, P_2) + L(P_3, P_4),\ L(P_1, P_3) + L(P_2, P_4),\ L(P_1, P_4) + L(P_2, P_3)$$

sono distinte e appartengono al fascio.

§ 36

1. L'hessiana ha equazione $X_0X_1X_2 = 0$. Quindi i flessi sono i 9 punti di intersezione di $\mathscr{C}$ con le rette $X_0 = 0$, $X_1 = 0$, $X_2 = 0$, e si verifica immediatamente che essi coincidono con i punti assegnati.

3. Sono le 4 cubiche di equazioni seguenti:

$$X_0X_1X_2 = 0,$$
$$(X_0 + X_1 + X_2)(\epsilon^2X_0 + \epsilon X_1 + X_2)(X_0 + \epsilon X_1 + \epsilon^2 X_2) = 0,$$
$$(X_0 + \epsilon^2X_1 + \epsilon^2X_2)(\epsilon^2X_0 + X_1 + \epsilon^2X_2)(\epsilon^2X_0 + \epsilon^2X_1 + X_2) = 0,$$
$$(\epsilon X_0 + X_1 + X_2)(X_0 + \epsilon X_1 + X_2)(X_0 + X_1 + \epsilon X_2) = 0,$$

ognuna delle quali è riducibile in 3 rette distinte. Queste 12 rette si ottengono congiungendo in tutti i modi possibili 2 dei 9 punti base del fascio.

4. È sufficiente dimostrare che l'hessiana di ogni cubica del fascio contiene i punti base. L'hessiana della cubica corrispondente ai valori l, m dei parametri ha equazione

$$\begin{vmatrix} 6lX_0 & mX_2 & mX_1 \\ mX_2 & 6lX_1 & mX_0 \\ mX_1 & mX_0 & 6lX_2 \end{vmatrix} = 0.$$

È immediato verificare che le coordinate di ognuno dei punti base annullano il determinante a primo membro.

Bibliografia

[1] Benson C. T. e Grove L. C., *Finite Reflection Groups*, Springer, Berlin-Heidelberg-New York 1985.

[2] Berger M., *Geometry I, II*, Springer, Berlin-Heidelberg-New York 1987.

[3] Bertini E., *Introduzione alla geometria proiettiva degli iperspazi*, Principato, Messina 1923.

[4] Carathéodory C., *Theory of Functions of a Complex Variable*, Chelsea Publishing Company, New York 1964.

[5] Guggenheimer H. W., *Plane Geometry and Its Groups*, Holden Day, San Francisco 1967.

[6] Herstein I., *Topics in Algebra*, Wiley, London 1976 [trad. it. *Algebra*, Editori Riuniti, Roma 1982].

[7] Hilbert D. e Cohn-Vossen S., *Anschauliche Geometrie*, J. Springer, Berlin 1932 [trad. it. *Geometria intuitiva*, Bollati Boringhieri, Torino 1972].

[8] Kleiman S. e Laksov D., *Schubert Calculus*, in "Am. Math. Monthly", 73 (1972), pp. 1061-82.

[9] Klein F., *Lectures on the Icosahedron*, Dover, New York 1956.

[10] — *Elementary Mathematics from an Advanced Standpoint: Geometry*, Dover, New York 1948.

[11] Lang S., *Linear Algebra*, Addison-Wesley Publishing Company, Reading, Mass. 1966 [trad. it. *Algebra lineare*, Bollati Boringhieri, Torino 1970].

[12] Lyndon R. C., *Groups and Geometry*, Cambridge University Press, Cambridge 1985.

[13] Nikulin V. V., Šafarevič I. R., *Geometries and Groups*, Springer, Berlin-Heidelberg-New York 1987.

[14] Schwerdtfeger H., *Geometry of Complex Numbers*, Dover, New York 1979.

[15] Walker R. J., *Algebraic Curves*, Dover, New York 1962.

[16] Weyl H., *Symmetry*, Princeton University Press, Princeton 1952 [trad. it. *La simmetria*, Feltrinelli, Milano 1962].

[17] Sernesi E., *Geometria 2*, Bollati Boringhieri, Torino 1994.

Elenco dei simboli

Indice analitico